Friedrich Schleiermacher's

sämmtliche Werke.

Dritte Abtheilung.

Zur Philosophie.

Vierten Bandes zweiter Theil.

Berlin,
gedruckt und verlegt bei G. Reimer.
1839.

Friedrich Schleiermacher's

literarischer Nachlaß.

Zur Philosophie.

Zweiten Bandes zweite Abtheilung.

Berlin,
gedruckt und verlegt bei G. Reimer.
1839.

Dialektik.

Aus Schleiermacher's handschriftlichem Nachlass

herausgegeben

von

L. Jonas,
Prediger an der St. Nikolaikirche zu Berlin.

Berlin,
gedruckt und verlegt bei G. Reimer.
1839.

Vorwort des Herausgebers.

Schleiermacher hat in Halle niemals, hier aber öfter Dialektik gelesen, zuerst 1811, dann 1814, 1818, 1822, 1828 und zulezt 1831. Was von seiner Hand geschrieben über diese Disciplin unter seinen nachgelassenen Papieren sich vorfindet, besteht

1. aus Zetteln, die sich auf die im Jahre 1811 gehaltenen Vorlesungen beziehen. Sie beginnen mit dem, der Zwölfte Stunde überschrieben ist, und endigen mit N. XLIX. Siehe Beilage A.
2. aus einem Hefte, Dialektik 1814 überschrieben.
3. aus Zetteln, die N. 2. voraussezen und sich eng daran anschließen. In ununterbrochener Folge sind N. —XIV., außer diesen aber nur noch einer vorhanden, den ich mit x. bezeichnet habe. Aus der Vergleichung mit Nachschriften von 1818 erhellt, daß sie den in diesem Jahre gehaltenen

Vorträgen entsprechen, und da fast jeder spätere einen Theil dessen wiederholt, was der frühere auch schon enthält: so ist deutlich, daß sie nicht nach den Vorlesungen, um das wesentliche derselben für zukünftigen Gebrauch zu fixiren, sondern als Präparation auf dieselben geschrieben sind. S. Beil. B

4. Aus Bemerkungen zu N. 2., oder velmehr zu den darüber im Jahre 1822 gehaltenen Vorträgen — Siehe Beilage C. — mit

5. später, offenbar im Jahre 1828, hinzugefügter Randschrift. Siehe Beilage D. Beide, N. 4 und 5., reichen bis in den Anfang des zweiten Theils. Sie endigen, wo die Worte stehen: So weit war ich 1831 gekommen in 61 Stunden, und was unter N. LXII—LXXXII. folgt gehört zu N. 6.

6. aus Zetteln vom Jahre 1831, beginnend mit N. VII., und, das eben genannte hinzugerechnet endigend mit N. LXXXII. Siehe Beilage E.

7. aus zwei Einleitung überschriebenen Bogen und einigen die Vorstudien dazu enthaltenden Blättern. Siehe Beilage F.

Daß ich N. 2., also das Heft von 1814, der ganzen Darstellung zum Grunde gelegt habe, wird sich jedem, der es mit allem übrigen vergleicht, von selbst rechtfertigen, und auch das wird allgemeine Zustimmung finden, daß ich N. 7. als Beilage vollständig habe abdrucken lassen, wenn man hört, daß es der wirkliche Anfang der Dialektik ist, wie Schleiermacher sie kurz vor seinem Tode für den Druck niederzuschreiben begonnen hatte, daß es also zeigen kann, wie sehr wir zu beklagen halber, daß ihm nicht vergönnt war die Arbeit in derselben Weise auch zu beendigen. Das aber wird schwerlich von allen gebilligt werden, daß ich dem Texte oft sehr ausgedehnte Auszüge aus Collegienheften beigegeben und zugleich in den Beilagen A. B. C. D. E. alles halbe abdrucken lassen, was auch noch außer F. aus den verschiedensten Zeiten von des Verfassers Hand geschrieben vorlag. Doch daß ich das letzte ganz hätte bei Seite lassen können, wird wol niemand glauben; daß ich aber auch jedes abkürzende Verfahren bei der Mittheilung desselben verschmähte, hing mir wenigstens unzertrennlich zusammen mit dem gewiß allen erwünschten Bestreben, auch nicht den leisesten Schein aufkommen zu lassen, als hätte ich, geflissentlich oder aus Unkunde, irgend etwas von dem zurückgehalten oder auch nur verdunkelt, was den Acten angehört, aus welchen das Endurtheil darüber gefällt werden muß, mit welchem Rechte Schleiermacher, mag er sich die Ehre noch so ernstlich verbitten, von einigen standhaft für einen Spinozisten gehalten wird *). Was aber das erste betrifft, die Auszüge aus Collegienheften: so mögen sie freilich, besonders neben den Beilagen, für die Meister auf dem Gebiete der Philosophie größtentheils überflüssig sein; aber für diese habe ich sie auch nicht gegeben, sondern für Weisheit suchende Jünglinge, wie sie Schleiermacher voraussetzte, so oft er die Disciplin vortrug. Wo nun für diese wieder scheint

*) Die Acten werden spruchreif sein, wenn auch des Verfassers Geschichte der Philosophie vorliegen wird, deren Druck sofort beginnt und in einigen Wochen vollendet sein wird.

zu wenig gegeben zu sein, oder sonst nicht auf die rechte Weise, da bitte ich billige Richter, nich dafür nur mit Rücksicht auf die Quellen, aus denen ich schöpfen mußte, in Anspruch zu nehmen. Eine Nachschrift der Vorlesungen vom Jahre 1814, de zur Erläuterung des Textes wesentliche Dienste würde geleistet haben, war leider nicht aufzutreiben; doch wird dieser Uebelstand auch nicht zu hoch angeschlagen werden dürfen, da zu helfen war durch Auszüge aus den Vorlesungen des Jahres 1818, in welchem der Verfasser, so viel ihm sein nie rastender Genius überhaupt zuließ stehen zu bleiben, sich überwiegend noch in derselben Anschauungsweise bewegte, die ihn 1814 leitete. Die gegebenen Auszüge selbst werden diese Behauptung rechtfertigen, zugleich aber wird klar werden, daß ich nicht unterlassen habe auch die Differenzen, die sich mir zeigten, wenn auch nicht immer ausdrücklich hervorzuheben, doch überall wenigstens sehen zu lassen.

Was außerdem schien gesagt werden zu müssen, habe ich im Werke selbst unter dem Texte ausgesprochen, wo was zwischen Schleiermachers Worten meine Anmerkung ist sich leicht kenntlich macht theils durch seinen Inhalt, theils durch die ihm gegebene Form, was sonst aber, dadurch, daß keine Quelle dafür angegeben wird. Hier erlaube ich mir nur noch zunächst, denen meinen innigsten Dank abzustatten, die mir mit so freundlichem Entgegenkommen ihre Collegienhefte geliehen haben, dem Herrn Licentiaten Erbkam, dem Herrn Licentiaten Dr. George, dem Herrn Prediger Klamroth, dem Herrn Consistorialassessor Professor Pischon, dem Herrn Prediger Schubring, dem

Herrn Professor Wigand und dem Herrn Prediger Zander. Dem zuerst genannten verdanke ich einen lesbaren, durchweg mit Geist und Geschicklichkeit, theilweise jedoch nur flüchtig angefertigten Auszug aus der von ihm 1831 nachgeschriebenen Vorlesung, dem ich größtentheils das entnommen habe, was der Beilage E. als Erläuterung und Ergänzung beigegeben ist; dem Herrn Dr. Bruns die Entzifferung eines bedeutenden Theiles des von Herrn Schubring geschriebenen Heftes vom Jahre 1828, und dem Herrn Dr. Brandes den größten Theil einer in der Beilage F. abgedruckten Copie des von Schleiermacher selbst für den Druck ausgearbeiteten Bruchstückes der Einleitung zur Dialektik.

Ferner bemerke ich, daß die Interpunction des Werkes, da in Schleiermachers Handschriften so gut als keine ist, in sofern ganz auf meine Rechnung kommt und also von jedem Leser in Frage gestellt werden muß, als sie auf Interpretation beruht, daß sie aber übrigens den Principien gemäß ist, die sich der Verfasser, freilich ohne sie jemals auszuführen, gebildet hatte. Vergl. Fr. Schl's liter. Nachl. Zur Philosophie. Band 1. Vorwort des Herausgebers S. XIII.

Zuletzt noch dieses. In dem Werke des Verfassers, das ich hiemit, der Ungeduld vieler und auch meiner eigenen viel zu spät, der Oeffentlichkeit übergebe, steckt eine unendliche Arbeit auch von meiner Seite. Schon die mechanischen Schwierigkeiten schienen oft unüberwindlich; dennoch waren sie nur die geringeren, was niemanden befremden wird, der die verschiedenen schriftlichen Darstellungen Schleiermachers unter einander vergleicht, den mündlichen Vortrag desselben kennt, und weiß, an welchen Unvollkommenheiten alle Nachschriften eines solchen Vortrages nothwendig laboriren. Könnte ich denen, die sehr schnell bei der Hand gewesen sind über mich den Stab zu brechen, eine Anschauung geben von den Hindernissen, auf die ich bei jedem Schritte vorwärts stieß: so würden sie selbst sich wundern, nicht daß jetzt erst, sondern daß jetzt schon die Dialektik ans Licht tritt. Um so mehr aber muß ich mich von aller Schuld einer Verzögerung freisprechen, als ich mir schon über dem mühsamen Errathen der schleiermacherschen Manuscripte eine Augenkrankheit zuzog, die mich länger als achtzehn Monate unfähig gemacht hat etwas anderes zu lesen und zu schreiben, als was mein Amt gebieterisch forderte. Ich wünsche und bitte sehr, daß dieses alles nicht übersehen werde; denn so ruhig ich es ertragen kann, wenn man übrigens nicht zweifelt, Schleiermacher habe leicht einem würdigeren, als ich bin, seinen literarischen Nachlaß übergeben können: das weiß ich, und das mögte ich gern, nicht meinetwegen allein sondern auch seinetwegen, anerkannt wissen, daß ich an treuer Hingebung für die mir übertragene Sache schwerlich übertroffen werden kann. — So viel nun ein für allemal über mich selbst in dieser Beziehung. Aber auch denen noch ein Wort, die mir oft vorgehalten haben, es sei meine Pflicht den Angriffen öffentlich entgegenzutreten, die öffentlich auf Schleiermacher sind gemacht worden. Welchen doch? Den Angriffen auf seine Lehre? Aber diese, scheint mir, werden zum Theil durch seine Werke am gründlichsten zurückgeschlagen, zum Theil durch eben dieselben einerseits noch erst mehr begründet, andreiseits noch sehr vermehrt werden. Sofern ich ihnen also wirklich entgegenzutreten hätte, geschähe es jedenfalls besser später, als jetzt. Oder den Angriffen auf seine Person, auf seine sittliche Würde? Ich gebe zu, daß diese leider nicht nur von solchen ausgegangen sind, denen zu antworten niemandem kann zugemuthet werden, sondern auch von solchen, denen nicht entgegenzutreten allerdings nicht leicht ist, und vielleicht auch nicht rathsam. Ich denke aber, daß es zwei Methoden giebt diesen Kampf zu führen, je nachdem man sich mehr die Aufgabe stellt die Nichtigkeit der Angriffe aufzudecken, oder mehr darauf ausgeht die Tüchtigkeit des Angegriffenen zur Anschauung zu bringen. Die erste Methode will ich Anderen überlassen, wenigstens so lange ich nicht in der letzten alles gethan habe, was in meinen Kräften steht; und das werden wenigstens diejenigen nicht mißbilligen, die mit mir überzeugt sind, daß die erste viel schwerer die zweite, als die zweite die erste überflüssig machen kann, vorausgesetzt, daß man überall nur ein gerechtes Urtheil über Schleiermachers Gesinnung und nicht etwa auch das beabsichtigt, daß die sie zu verdächtigen suchen *) nach Gebühr zurechtgewesen werden.

Berlin den 21. Nov. 1838.

Jonas.

---

*) Unter disen auch Herrn Prof. Dr. Tholuck zu begegnen, hat mich nicht überascht, ist mir aber deßhalb um nichts weniger schmerzlich gewesen. Er sagt (Glaubwürdigkeit der evangelischen Geschichte S. 117.): „Gewiß giebt es nicht wenige von den Lesern der Schriften dieses Mannes, zumal wenn sie ihn auf verschiedenen Feldern der Wis-

senschaft begleitet haben, denen nicht dann und wann der Eindruck entgegengekommen wäre, daß sie es hier mit einem Manne zu thun haben, der — ein anderer Bossuet — sich unterfangen kann zu beweisen, was er will."

Was liegt darin? Offenbar der Vorwurf schnöder moralischer Nullität bei ausgezeichneter dialektischer Gewandheit. Wer aber wem auch immer und nun gar einem Manne wie Schleiermacher diesen Vorwurf macht, und sich nicht selbst dadurch schänden will, der muß Beweise beibringen, schlagende unwiderlegliche Beweise. Und welche giebt uns nun Tholuck? Schleiermachers kritische Leistungen bewährten sich ja nicht; denn gegen einen Theil derselben protestire dieser, gegen einen anderen jener Gelehrte, gegen einen dritten alle, den engsten Kreis schleiermacherscher Schüler etwa ausgenommen. Vortrefflich! Doch gewiß ist besseres zu lesen S. 14. des Commentars zur Bergpredigt, wohin wir verwiesen werden? Aber auch da findet sich nichts als auch nur die nackte Anklage, deren Substanz eben zu beweisen war. So verfährt — Tholuck, der verdienstvolle Doctor der Theologie, der reichbegabte Prediger des Herrn? gewiß nicht, sondern der Tholuck nur, der seinerseits dann und wann nicht beweisen kann, was er will, und dann zur Strafe beweisen muß, was er nicht will.

Inhaltsverzeichniß.

II.

Technischer oder Formaler Theil.

Einleitung.

§. 1.

Jede gemeinschaftliche Untersuchung leidet am Anfang durch die schwere Aufgabe einen Anknüpfungspunkt zu finden *).

§. 2.

Am meisten die gegenwärtige, weil der Gegenstand derselben gar nicht außerhalb der Untersuchung vorhanden ist, also beide eins und dasselbe sind **).

*) Vorles. 1818. Zuvörderst sollte wol eine Erklärung gegeben werden. Andrerseits ist deutlich, daß die Erklärung das lezte ist, das ganze Erkennen. Denn ist sie rechter Art: so giebt sie den das Wesen des Gegenstandes darlegenden Begriff, und damit nicht nur sein Verhältniß zu allen anderen, sondern auch seinen rechten Gebrauch. Soll man also mit ihr anfangen: so dreht man sich im Kreise. Demohnerachtet muß man mit ihr beginnen; es ist dies die cyclische Natur des Erkennens, und es giebt kein Erwerben im Gebiete des Wissens so, daß ein Wissen vom andern abgeschnitten wäre, sondern nur so, daß eine allmählige Verklärung des Wissens entsteht, indem deutlicher bestimmter sicherer wird, was man auf einer niedrigeren Stufe des Bewußtseins auch schon hatte.

**) Die Vorlesungen von 1818 schikken voraus, das Wort Dialektik werde sehr verschieden gebraucht. Im gewöhnlichen Leben werde es durch So-

§. 3.

Dialektik muß irgend wie die Principien des Philosophirens enthalten *).

§. 4.

Philosophiren heißt im engern Sinne die Philosophie, d. h. den innern Zusammenhang alles Wissens machen **).

§. 5.

Alles Philosophiren im weitern Sinne von einzelnen Dingen aus findet nur statt, so lange die Philosophie nicht fertig ist.

---

phistik erklärt; Philosophen sei es die negative Seite der Philosophie. Schleiermacher aber verstehe darunter einen wesentlichen Theil der Philosophie von eigenthümlichem Inhalte. Von der Philosophie nun gelte, daß sie ihren Gegenstand außerhalb ihrer selbst nicht aufzuzeigen vermöge, folglich gelte dasselbe von der Dialektik. —

*) Vorles. 1818. Welcher Theil der Philosophie ist nun die Dialektik? Ehe wir diese Frage beantworten, ist zu zeigen, was Philosophie sei.

**) Vorles. 1818. Alle Erkenntniß muß mit einem unvollkommnen Begriff ihres Gegenstandes anfangen. Mag sie sich vervollkommnen, ja mag sie sogar das Wesen des Gegenstandes wirklich ergreifen: was wäre das höchste Resultat? Ist man von einem einzelnen Punkte ausgegangen: so kann man nicht dahin kommen, daß das Wesen des Gegenstandes und die Totalität seiner Relationen zu den übrigen Gegenständen eins und dasselbe wäre. Dies ist nur möglich, wenn das Wesen des Gegenstandes von einem Mittelpunkte aus gefunden ist. Darum bleiben alle einzelnen Wissenschaften unvollkommen, wenn nicht über ihnen Eine Centralwissenschaft schwebt, und diese ist eben die Philosophie. Von ihr getrennt ist alle Erkenntniß, sowol die der Natur, als die der Thatsachen der Menschheit, nur ein Aneinanderreihen des einzelnen. Wie kommt der Mensch zur einzelnen Erkenntniß? Entweder durch Entdekkung, oder durch Tradition. Die erste verhält sich aber zur zweiten nur wie ein Minimum, so daß wir unser ganzes Wissen ein traditionelles nennen können, das erst höhern Gehalt bekommt durch die Verbindung mit der Philosophie.

§. 6.

Philosophie ist also das höchste Denken mit dem höchsten Bewußtsein.

§. 7.

Ich kann nicht von der Voraussezung ausgehen, daß meine Zuhörer schon philosophirt hätten, weil ich sonst mit Polemik oder Apologie anfangen müßte.

§. 8.

Wenn ich nun von der ausgehe, daß sie noch nicht: wie soll ich über den Gegenstand mit ihnen reden?

§. 9.

Diese Schwierigkeit drükkt die Philosophie überhaupt, da doch jeder sein Philosophiren mittheilen soll, und darum ist sie nur im Werden und Gestalten aus dem Chaos heraus.

§. 10.

Demohnerachtet muß jeder wissenschaftliche philosophiren, weil sonst sein Wissen nur ein traditionelles sein kann; aber keiner soll bloß philosophiren, weil er sonst in todtem Formelwesen (Scholastik), oder in unreifen Grübeleien (Mystik) vergehen muß *).

---

*) Vergl. Beilage B, II., Beil. C, V. VI., Beil. D, 11. 12., Beil. E, XI. Vorles. 1818. Es entsteht jezt die Frage, Wer soll philosophiren? Jeder, der auf ein Wissen im höhern Sinne des Worts Anspruch macht; sonst ist er mit seinem Wissen nur Durchgangspunkt traditionell erworbener Massen, die sich durch ihn fortpflanzen sollen. Für wen? für den, der zugleich philosophirt. Wird aber die Frage so gestellt, Sollen wir wir alle Philosophen sein? so möchte ich doch erst fragen, was man darunter versteht.

Hier folgt nun eine weitläufige, aber sehr geistvolle Auseinandersezung, die im wesentlichen das folgende enthält.

§. 11.

Es giebt ein allmähliges Aufsteigen des Bewußtseins (a) von den verworrenen Wahrnehmungen des

---

Philosophen von Profession können nicht alle sein. Denn wie es überall eine Differenz gibt zwischen solchen, die etwas als Hauptgeschäft treiben, und solchen, denen es nur Nebengeschäft ist: so auch auf dem Gebiete der Philosophie. Aber die Differenz ist nicht groß. Denn

a) kann das Philosophiren der lezteren kein anderes sein, als das der ersteren. Jede Wissenschaft kann von einem einzelnen Punkte anfangen, die verschiedenen Wissenschaften gehen dann aber nicht zusammen, sondern sind in Streit mit einander, sofern sie von der Philosophie getrennt sind. Die Philosophie soll diesem Mangel begegnen, soll den durchgängigen Zusammenhang hervorbringen, und die gemeinsame Begründung des ganzen und jedes einzelnen für sich. Die Philosophie ist also die innerste Tiefe der menschlichen Erkenntniß, weil sie die gemeinsame Begründung und den gemeinsamen Zusammenhang alles andern giebt, und wer philosophirt sucht diesen Zusammenhang und diese Begründung. Demnach gibt es auch nur dieses eine in der Philosophie und nicht auch noch ein andres, und wenn es Zeiten gegeben hat, wo man (im sogenannten populären Philosophiren) diesen Zusammenhang und diese Begründung jeder von einem andern Punkte aus gesucht hat, ohne gerade ein System zu wollen: so war damit nur der Fortschritt des eigentlichen Philosophirens gehemmt, das immer entweder von einem schon gefundenen oder auf ein noch zu findendes System ausgehen muß. Steht es aber so, daß jeder, der sich über das bloß traditionelle Auffassen erheben will, sich dieser Operation des Philosophirens, d. h. des Suchens nach einem allgemeinen Zusammenhange, nicht überheben kann: so wird auch kein wesentlicher Theil der Philosophie gedacht werden können, den nicht jeder umfassen müßte.

Ebenso aber ist

b) deutlich, daß niemand sich bloß mit dem Philosophiren beschäftigen darf. Wie sollte es doch auch zugehen, daß jemand bloß philosophirte? Entweder wäre er ein schwergebärender, der schlechthin nur im Suchen bliebe. Einem solchen könnten wir aber nur von seinem Streben abrathen und ihm sagen, er habe nicht mit dem guten Willen seiner Natur diesen Beruf erwählt. Oder ein vielgebärender, der aber eins seiner Kinder nach dem andern aussezte. Die neuere Zeit hat uns auch solche Männer gezeigt, aber wir könnten ihnen nichts anderes sagen, als jenem, nur in einem andern Sinne. Ist nun aber der rechte Philosoph weder das eine noch das andre: so muß es doch wol nur Schein sein mit seinem Immerphilosophiren, und in der That sind Männer solcher Art zu gleicher Zeit immer Künstler gewesen in fortdauernden Darstellungen der Art, wie sich ihnen der Zusammenhang

Kindes durch (b) die traditionelle Auffassung wissenschaftlicher Elemente zur (c) Philosophie oder vollkommnen Entwikklung des Bewußtseins.

§. 12.

Die realen Wissenschaften scheinen zwar zwischen b und c zu liegen; allein Wissen ist doch jedes nur, in wiefern es von Philosophie durchdrungen ist *).

alles Wissens gebildet hatte. Wenn aber das: so waren sie nicht im Philosophiren begriffen, sondern in einer bestimmteren oder allgemeineren Bearbeitung der menschlichen Seele, also eben so gut in einer Praxis, wie irgend ein anderer. — Wenn wir denn nun sagen können, daß der Philosoph von Profession zugleich ein praktischer Mann sein muß, wenn er auch nur Philosoph sein will, wo bleibt dann der große Unterschied zwischen ihm und einem solchen, der nur nebenher philosophirt, wenn dieser wirklich philosophirt und jener wirklich ein Gebiet des Lebens bearbeitet? Sie rükken einander sehr nahe.

Es findet sich stets Feindschaft des empirischen Wissens gegen die Philosophie. Verblendung. Es hat auch immer eine Feindschaft des praktischen Interesses gegen die Philosophie gegeben, und von diesem Standpunkte aus ist gesagt worden, es solle schon philosophirt werden, aber mit Maaß. Im Namen der Staatsmänner hat dies schon Kallikles im Gorgias vorgetragen. Zu unserer Zeit ist auch auf dem religiösen Gebiet Feindschaft gegen die Philosophie eingewurzelt, und auch hier sagt man, es dürfe nur in einem gewissen Maaße philosophirt werden, wenn nicht die übrigen Elemente des menschlichen Daseins im einzelnen Menschen verstimmt werden sollten. Dagegen haben die Philosophen immer das Motto gestellt, man solle einen tüchtigen Zug aus dem Becher nehmen, oder gar nicht kosten. Daß keine dieser Maximen geradezu falsch ist, jede aber doch auch nur eine sehr relative Wahrheit hat, ergiebt sich aus dem vorigen. —

*) Vorles. 1818. Wie steht es nun um den Inhalt unserer Disciplin? Ist sie, wie wir vorausgesezt haben, ein Theil der Philosophie: so muß sie etwas sein, das sich auch diejenigen aneignen müssen, die ihre philosophisch gewordenen Einsichten auf andern Gebieten des Lebens in Anwendung bringen wollen. Gehen wir also noch einmal zurükk auf das Verhältniß alles Wissens ohne Unterschied zum philosophischen. Das Erkennen des Menschen fängt als ein verworrenes an. So ist es in der Kindheit. Je mehr sich das ganze Bewußtsein aufschließt, desto mehr kann sich der Mensch das aneignen, was andere vor ihm hervorgebracht haben, das verworrene sondern, sich in seinen Vorstellungen zurechtfinden und sie in ein bestimmtes Verhältniß zu seinen übrigen

§. 13.

Jedes einzelne Wissen hängt auf eine zwiefache Weise vom philosophischen ab; in wiefern es sich auf ein früheres Wissen bezieht als Verknüpfung, und in wiefern es sich auf einen Gegenstand bezieht als den innersten Gründen des Wissens und seines Zusammenhanges mit dem Sein unterworfen *).

Thätigkeiten sezen. Aber immer noch gehen seine Erkenntnisse nicht zu einem ganzen zusammen, immer noch bleibt ihm das Gefühl, daß die verschiedenen Gebiete jedes für sich ihr Wesen treiben, und daß es bei Berührung derselben Streit giebt. Dadurch wird allmählig rege, was wie im ganzen Menschengeschlechte so immer auch in jedem einzelnen lange geschlummert hat, das Verlangen diesen Widerstreit aufzuheben und einen allgemeinen Zusammenhang zwischen den verschiedenen Gebieten des Wissens zu suchen, um jedes für sich und alle gleichmäßig zu begründen, das Verlangen nach der Philosophie. Diesen Gemüthszustand müssen wir in allen voraussezen, in welchen ein wissenschaftliches Streben ist. Ist nun so alles Wissen von Philosophie abhängig: so entsteht die Frage nach dem Wie. S. d. folg. §.

*) Vorles. 1818. a) Jedes einzelne Wissen steht im Zusammenhange mit anderem, und hat seine Wahrheit in der Wahrheit dieses bestimmten Zusammenhanges, d. h. es hängt ab von dem Besiz allgemeiner Regeln der Verknüpfung des menschlichen Denkens, welche, für alle verschiedenen Gebiete des Wissens dieselben, nur der Philosophie angehören können. Das ist also das erste, wodurch jedes Gebiet des Wissens mit ihr zusammenhängt.

b) Jedes Wissen hat doch einen Gegenstand, und ist nur wahr, in wiefern es zu diesem Theile des Seins dasselbe Verhältniß hat, welches im allgemeinen statt findet zwischen Wissen und Sein. Und dieses Bewußtsein von einem allgemeinen Verhältniß zwischen Wissen und Sein ist eben so etwas über alle einzelnen Gebiete des Wissens hinausliegendes, was aber in allen dasselbe ist, und kann also auch nur der Philosophie angehören. Diese soll uns also über das Verhältniß des Denkens zum Sein gewiß machen und die sichern und untrüglichen Regeln der Verknüpfung des Denkens an die Hand geben. Wo wir in einem Theile des Wissens auf diese beiden Punkte ausgehen, da wollen wir das eigentliche Wissen produciren, das reale Erkennen mit Philosophie durchdringen. Näher betrachtet aber werden wir sehen sind beide Punkte nur eins und dasselbe, so daß das Wesen der Philosophie nicht in einer Duplicität sondern in einem einfachen wurzelt. (Vergl. §§. 75—85.)

§. 14.

Die Regeln der Verknüpfung, wenn man sie wissenschaftlich besizen will, sind nicht von den innersten Gründen des Wissens zu trennen. Denn um richtig zu verknüpfen kann man nicht anders verknüpfen als die Dinge verknüpft sind, wofür wir keine andere Bürgschaft haben als den Zusammenhang unseres Wissens mit den Dingen.

§. 15.

Die Einsicht in die Natur des Wissens als auf die Gegenstände sich beziehend kann sich in nichts anderem aussprechen und verkörpern als in den Regeln der Verknüpfung. Denn Sein und Wissen kommen nur vor in einer Reihe von verknüpften Erscheinungen *).

§. 16.

Also Logik, formale Philosophie, ohne Metaphysik, transcendentale **) Philosophie, ist keine Wissenschaft; und Metaphysik ohne Logik kann keine Gestalt gewinnen als eine willkührliche und fantastische.

Man kann also auch nicht Logik den andern Wissenschaften voranschikken, und Metaphysik hinterher.

---

*) Vorles. 1818. Es ist also beides eins und dasselbe. In der Anwendung aber kann es geschieden sein. Da kann ich die eine Form vorziehen und die andere fahren lassen, aber nur im einzelnen. Im ganzen müssen wir immer beides für dasselbe erkennen.

Dennoch beruht auf der Trennung beider Fragen über den Grund der Zusammenstimmung des Denkens und Seins und über den Grund der Verknüpfung des Denkens die Hauptgestaltung, die man seit langer Zeit der Philosophie gegeben hat. Nämlich die Kenntniß des Grundes von der Verknüpfung des Denkens für sich betrachtet ist die sogenannte Logik, und die Einsicht von der Bewährung des Zusammenhanges zwischen Denken und Sein überhaupt ist die sogenannte Metaphysik.

**) Ueber diesen Ausdrukk vergl. §. 85. Anm.

Man kann nicht sagen, daß die Trennung so vom Aristoteles gemacht worden *).

§. 17.

Unsere Untersuchung sucht also eine Form und einen Namen, und findet den der Dialektik als Principien der Kunst zu philosophiren **).

---

*) Vorles. 1818. Die Trennung hat angefangen, ich will nicht sagen vom Aristoteles, aber wohl von dem mißverstandenen Gebrauch des Aristoteles, und geendet damit, daß man das Streben nach einer organisirten Philosophie aufgegeben und das Philosophiren zu einem Raisonniren über einzelne Gegenstände gemacht hat, wobei man sich zulezt auf das Gefühl berief, also das alles andre Wissen begründende selbst auf einem Nichtwissen beruhen ließ.

**) Vorles. 1818. Ich gehe auf die Zeit zurükk, welche jenseit der Trennung liegt. Da hat das ganze philosophische Bestreben einen andern Charakter. Es will auch Wissenschaft, diese aber nicht Philosophie werden, sondern Wissenschaft der Natur und des Menschen, Physik und Ethik, und die Philosophie tritt dabei mehr heraus als Kunstlehre, nach welcher auf diesen Gebieten ein wirkliches Wissen hervorzubringen sei, und das eben ist es, was die platonische und auch einige nacharistotelische Schulen, die sich aber nicht an Aristoteles gehalten haben, Dialektik genannt haben. Nach dem, was unter diesem Namen bei den alten vorkommt, ist sie eine eigentliche Theorie des Denkens, nach welcher jedes Denken so gestaltet werden soll, daß es mit seinem Gegenstande übereinstimmt und einen bestimmten Ort in dem System des gesammten Denkens einnimmt, und also auch die Regeln der Gedankenverknüpfung in sich darstellt. So habe ich den Namen genommen, und mich durch einen späteren geringeren Gebrauch auch durch die jezige zweideutige Anwendung des Wortes nicht von ihm abschrekken lassen. —

Hier endet nun der das Verhältniß der Dialektik zur Philosophie darstellende Abschnitt der Einleitung und zugleich beginnt die Untersuchung über das Verhältniß von Wissenschaft und Kunst in der Philosophie. Das bisher abgehandelte findet sich Beil. C, I—VI; D, 1—6 in nicht zu übersehenden Erläuterungen. Auch in den Beilagen E und F fehlt es dem Wesen nach nicht. Die leztere vermeidet den Ausdrukk philosophiren, aber ihr Gesprächführen im Gebiet des reinen Denkens meint nichts anderes, und die Dialektik auf dieses Gebiet beschränkend macht sie dieselbe zu einer philosophischen Disciplin, wie oben der Text.

Den zunächst folgenden Abschnitt fassen der Text und die Beilagen B, IV; C, VII. VIII; D, 6. 7; E, VII, VIII; F, §. 5. Anmerk. unter

§. 18.

Alle Wissenschaft will Kunst werden und alle Kunst Wissenschaft, und zwar desto mehr, je höher jede steht auf ihrer Seite. Also muß die höchste Wissenschaft auch Kunst sein *).

§. 19.

Im allgemeinen ist alles eigentliche Wissen aus einem Handeln hervorgegangen, und allem kunstmäßigen Handeln ist ein Wissen im weiteren Sinne vorangegangen.

1. Es giebt Zustände des Bewußtseins, die mehr aus einem Leiden als aus einem Handeln entstanden sind; aber diese sind kein Wissen, welches nur, auch auf dem sinnlichen Gebiete, durch gewolltes und besonnen auseinandergelegtes Aufmerken entsteht **).

---

5. im ganzen so, daß der Darstellung der Identität von Metaphysik und Logik als Wissenschaft, an sich derselbe Werth beigelegt wird, als ihrer Darstellung unter der Form der Kunstlehre, und daß hier die leztere gegeben wird, motiviren sie theils aus der gegenwärtig herrschenden Vielheit der philosophischen Systeme, theils aus dem Bedürfniß der Zuhörer. Finden sich dagegen hier oder da einzelne Aussprüche, welche die Wissenschaftsform überhaupt gegen die Kunstform mehr in Schatten zu stellen scheinen: so sind sie doch nur jener Anschauung gemäß zu interpretiren und nur aus der Richtung gegen metaphysische Anmaßung zu verstehen.

*) Vorles. 1818. Die Art, die Aufgabe zu fassen, von der ich ausgehe, scheint schon deswegen sehr parador, weil wir gewohnt sind, Wissen und Handeln als theoretisches und praktisches einander entgegenzustellen. Eine technische Anweisung will aber doch nur zeigen, wie man im Handeln verfahren soll; also tritt uns der Gegensaz zwischen Handeln und Wissen in den Weg. Doch dieser ist in der That gar nicht vorhanden.

**) Vorles. 1818. Gegen die zweite Behauptung (allem Handeln ist ein Wissen vorangegangen) wäre einzuwenden, was ich gar sehr anerkenne, daß es ein Handeln giebt, wobei alles zuvor überlegt und berechnet ist, und ein anderes, das als ein völlig unmittelbares auftritt. Das lezte ist von unendlich höherem Werthe als das erste. Schon im Leben jedes einzelnen beruht nur das wenigste und das geringste auf einem Ueberlegen und Berechnen, von dem wir beim frischesten und meisten nichts

§. 20.

Jeder Act des Bewußtseins ist also, je mehr er Wissen ist, um desto mehr ein gewolltes Hervorbringen, also aus Kunst her *).

§. 21.

Die Philosophie existirt noch nicht als Wissenschaft, weil eine Darstellung die andere aufhebt, und also in keiner die beiden Elemente der Natur des Wissens auf eine allgemeingültige Weise vorhanden sind.

Vergleichung mit den Differenzen in andern Wissenschaften.

§. 22.

Wenn jeder seine Philosophie für die höchste Wissenschaft hält: so ist das löblich als Beweis der festen Ueberzeugung, aber tadelhaft, sofern es ohne Akrisie nicht statt finden kann.

§. 23.

Es ist anmaßend unmittelbar Philosophie als Wissenschaft vorzutragen, und ungehörig sie denen vor-

---

wissen, noch mehr aber gilt dies vom Handeln im großen, wo alles auf großen Erregungen und Bewegungen der Völker, auf einem gemeinschaftlichen impetus beruht. Aber wir würden doch sehr Unrecht thun, wenn wir solches Handeln vom Wissen trennen wollten. Das Wissen ist nur nicht das unmittelbar vorhergehende. Ist das unmittelbare Handeln eines Menschen bewußtlos: so können sich in ihm die entgegengeseztesten Bewegungen ablösen, ohne daß er dessen gewahr wird. Wo es aber, und das soll es sein, sich durchgängig klar ist, da ist auch ein lebendiges Wissen um die Principien des Handelns, und in so fern liegt ihm auch ein Wissen zum Grunde.

*) Vorles. 1818. Liegt also jedem Wissen ein Handeln zum Grunde, und diesem Handeln, das selbst Wissen ist und wodurch das Wissen wird, wieder ein Wissen, d. h. ein Wissen der Art und Weise dieses Handelns: so ist das Handeln, durch welches sich das Wissen realisirt, Kunst, und das Wissen darum Kunstlehre. Und wie es eine solche Kunstlehre geben muß: so muß auch alles in ihr gesezt sein, was den Charakter des Wissens bildet; das Wesen des Wissens muß sich seinem ganzen Inhalte nach in ihr abbilden.

zutragen, für welche theils der wissenschaftliche Zustand vorübergehend ist, oder welche doch zunächst und überwiegend im realen Wissen leben sollen *).

---

*) Vergl. über §§. 20—23. meine Anmerk. zu §. 17. — Vorles. 1818. Läßt sich nun die Aufgabe der Philosophie eben so gut fassen auf diese Weise, daß sie eine Anweisung sei das Wissen zu produciren: so scheint mir bei der gegenwärtigen Lage des Wissens und der philosophischen Bestrebungen eben diese Fassung subjectiv besser. Zu einem Wissen nämlich gehört offenbar dieses, daß jeder, wiefern er seiner eigenen Ueberzeugung nach weiß, auch die Ueberzeugung hat, daß über denselben Gegenstand jeder Mensch das gleiche denken müsse, und daß er jeden, in dem Maaße als er sich mit ihm verständige, nöthigen könne, über denselben Gegenstand so und nicht anders zu denken. Fehlt diese Ueberzeugung: so weiß man nicht, sondern man glaubt; so ist alles nur subjective Ueberzeugung, Sache des Geschmakks, der Empfindung. Wenn nun die Aufgabe der Philosophie so gefaßt wird, daß sie das Wissen des Wissens sein soll: so liegt darin, daß jeder den andern nöthigen wolle, über das Wissen eben so zu denken, wie er. Dies Wollen ist eine schöne Sache, aber wie die ganze Geschichte der Philosophie vor uns liegt, erscheint es doch immer als Mangel an strengem Urtheil, wenn jemand meint, sein System sei dasjenige, wozu er jeden nöthigen könne. Wenigstens ist es unter der großen Menge von Heroen und Heerführern der Philosophie, die den verschiedensten Formen gefolgt sind, bis jezt mit dem Nöthigen noch nicht gelungen. Ohne also über die Sache an und für sich aburtheilen zu wollen, scheint angenommen werden zu müssen, bis jezt gebe es nur eine Mannigfaltigkeit von Systemen, die ihre Gültigkeit nur haben in einer bestimmten Zeit und in einem bestimmten Kreise. Die Leiter haben eine selbstständigere und kräftigere Ueberzeugung, als die, welche folgen, und das ganze gegenseitige Verhältniß beider beruht auf geistiger Verwandtschaft. Je größer diese ist, desto stärker zieht der Führer sich nach. Den Verwandtschaftskreis aber kann niemand vorher bestimmen, und so richtet jeder seine Bestrebungen ins unbestimmte hinaus. Trifft er verwandte Gemüther: so folgen sie ihm; die nichtverwandten, die aber noch keinen Führer gefunden haben: so fühlen sie sich abgestoßen. Da sie aber noch nichts positives gefunden haben, das sie der an sie ergehenden Anforderung entgegenstellen könnten: so werfen sie sich auf die Seite des Skepticismus, und wer auf sie wirken will, muß seine Kräfte erst gegen diesen richten. Diesem großen Nachtheil entgehen wir, wenn wir die Aufgabe von der andern Seite fassen. — —

Wie wenig Schl. meint, er entgehe auf seinem Wege diesem Nachtheile absolut, lehrt die vortreffliche Auseinandersezung in Beil. F. §. 2.

§. 24.

Das Einbilden der beiden philosophischen Elemente in die realen Denkacte ist Kunst, weil die Tendenz zu demselben im Produciren bewußt muß zum Grunde gelegen haben *).

§. 25.

Jedes reale Wissen ist ein Kunstwerk, in sofern die beiden philosophischen Elemente als ein allgemeines in einem einzelnen als Denkact dargestellt werden **).

---

*) Vorles. 1818. Dasselbe (daß sich die Aufgabe der Philosophie als Kunstlehre muß darstellen lassen — vergl. §. 20. nebst Anmerk. —) läßt sich auch so nachweisen. Was ein Denken zu einem Wissen macht (vergl. §. 13—15, besonders auch Anmerk. zu §. 13.), das ist 1. die Uebereinstimmung desselben mit dem ihm entsprechenden Sein, 2. dieses, daß das Denken geworden ist in seinem Zusammenhange mit dem früheren nach den Regeln der Verknüpfung. In sofern also in uns der Trieb ist zu wissen, ist auch eine Richtung da, diese beiden Elemente jedem einzelnen Denken einzubilden, und in dem Maaße als uns unser Handeln mit dieser Tendenz klar sein soll, muß es auch ein sicheres geregeltes Verfahren zur Verwirklichung der Richtung geben. Jeder Mensch muß unterscheiden können, ob sein Denken ein Wissen ist, oder nicht. Dies thut er durch das Ueberzeugungsgefühl, das zuerst als Gefühl ein bewußtloses ist, sich aber zu immer höherem Grade des Bewußtseins muß erheben lassen, was durch nichts anderes hervorzubringen ist, als dadurch, daß das Verfahren im Denken in uns selbst Theorie geworden ist. Also läßt sich die ganze Aufgabe allerdings unter dem Begriff einer Kunstlehre betrachten.

**) Vorles. 1818. Noch dieses füge ich hinzu. Jedes einzelne Wissen, sein Gegenstand sei welcher er wolle, wenn es in Verbindung steht mit einer solchen Theorie und auf sie bezogen wird, wird eben dadurch ein Kunstwerk, und ist ein solches, inwiefern sich die Theorie darin ausdrükkt. Also ist auch das, was das Wesen des Wissens constituirt, in der Theorie enthalten, wodurch es als Kunstwerk gesezt ist. Ein Kunstwerk nämlich nennen wir, worin als in einem einzelnen eine allgemeine Idee ausgedrükkt ist, und ein Kunstwerk im engern Sinne, wenn solche Idee auf bewußte Weise darin gesezt ist. Wenn nun beide Elemente sich in einem einzelnen Denken als das allgemeine darin darstellen: so ist es ein Kunstwerk; und ein Kunstwerk im engern Sinne, wenn sie auf bewußte Weise darin gesezt sind. Indem nun jedes einzelne Wissen als solches

§. 26.

Die Principien dieser Kunst muß jeder inne haben, der auch nur auf dem Gebiet des realen Wissens fortleben will *).

§. 27.

Wie einer künstlerisch sittlich handeln und über dieses Handeln sich besinnen kann, ohne die Sittlichkeit als Wissenschaft zu haben: so auch künstlerisch Wissen produciren, ohne das Wissen als Wissenschaft zu haben **).

§ 28.

Wie aber jener auf dem Wege ist zur Wissenschaft der Ethik und sie ihm aufgehen kann: so sind auch wir auf dem Wege zur Philosophie als Wissenschaft, und zwar ganz, weil beide Theile der höchsten philosophischen Wissenschaft, formal und transcendental, im Produciren des Wissens vorkommen.

§. 29.

Wie die philosophische Kunst aber freilich erst vollendet wird mit der Wissenschaft und umgekehrt: so ist auch jedes einzelne reale Wissen erst als solches bei der

---

(Wissen) durchaus als ein Kunstwerk angesehen werden kann: so muß sich das Wesen des Wissens auch ausdrükken lassen durch die Art und Weise, wie es geworden ist, also durch die Regeln des Verfahrens, also durch die Kunstlehre.

*) Vergl. §. 10; Beil. C, VIII.; D, 7.

**) Diesen und die folgenden §§. bis §. 33. mit Ausnahme von §. 31. a. dessen sie, wie auch die Beilagen insgesammt gar nicht erwähnen, knüpfen die Vorles. 1818 an den Saz, Wir mögen die Aufgabe so oder so fassen, gelöst muß sie auf beiden Seiten dasselbe Resultat geben, und an eine Wiederaufnahme und weitere Entwikkelung des in §. 18. dargestellten allgemeinen Verhältnisses zwischen Kunst und Wissenschaft.

Vollendung der philosophischen Kunst und Wissenschaft vollendet.

§. 30.

Das Fortschreiten der philosophischen Kunst ist ein Annähern zur Philosophie als Wissenschaft, so wie das Besinnen über das sittliche Princip eine Annäherung zur ethischen Wissenschaft ist.

§. 31. a.

Man kann sagen, Es ist ein Sprung in der Entwikkelung vom Reflectiren über die Kunst zur Philosophie als Wissenschaft, wie ein Sprung ist vom traditionellen Auffassen zum eigentlichen Wissen.

§. 31. b.

Aber wie in diesem Gebiet so auch in jenem bereitet das erste dem zweiten vor. Man kann also sagen, die Uebung in der philosophischen Kunst sei das nur noch latitirende und unbewußte Leben der Philosophie als Wissenschaft.

§. 32.

Wenn in andern Künsten und auch auf dem sittlichen Gebiet man die Theorie und selbst die wissenschaftliche Anschauung haben kann ohne die Ausübung: so ist dasselbe hier nicht möglich, weil hier der Trieb selbst auf das Wissen geht *).

*) Wie verhält sich dies zu §. 27.? Das früher gesagte bezieht sich auf das Verhältniß zwischen den beiden Formen, der Wissenschafts- und der Kunstform, die einander relativ entgegengesezt sind, so daß die eine Maximum sein kann, wenn die andere noch Minimum ist, und umgekehrt. Hier dagegen wird eine ganz andere Differenz, nämlich die zwischen Theorie und Praxis, und zwar diese auch nur auf unserm Gebiete und was wohl zu merken ist, auch nur so geleugnet, daß behauptet wird,

§. 33.

Man kann also sagen, daß in der Philosophie Kunst und Wissenschaft in einer gegenseitigen Approximation zu einander sind; aber auch daß beides zwei verschiedene Arten sind dasselbe Princip zu haben.

§. 34 *).

Wenn also Kunst und Wissenschaft in der Philosophie neben einander gehen: so ist ihr Anfang da, wo ein Minimum, oder eigentlich der Nullpunkt von beiden ist, welches aber nur heißen kann, wo die Philosophie noch nicht selbständig ist sondern in einem andern involvirt.

§ 35.

Die Philosophie ist ursprünglich gemischt mit den Producten der Fantasie als der andern Form des höchsten Princips, in welcher Mischung weder Wissenschaft ist noch philosophische Kunst.

§. 36.

Aus diesem Zustande kann sie nun mehr als Kunst oder mehr als Wissenschaft heraustreten, worauf sich der wesentliche Unterschied zwischen der alten und neuen Zeit gründet.

§. 37.

Im Alterthum entwikkelten sich aus diesem Zustande zunächst Elemente der realen Wissenschaft durch Thätigkeit der philosophischen Kunst, und aus Reflexion

---

wer die Theorie auf unserm Felde hat, der hat auch die Praxis, nicht umgekehrt. Vergl. §. 55. 56.

*) Ueber den nun folgenden historischen Abschnitt (§§. 34—44.) vergl. man Beil. C, IX. X.

über diese die Dialektik, welche also nichts anderes war als die Theorie der wissenschaftlichen Construction. Die absolute Wissenschaft war nur in dieser Trias und nicht für sich.

§. 38.

In der neueren Zeit, wo alles durcheinander geworfen wurde und aus einzelnen Elementen wieder neu zusammengehen mußte, entwikkelte sich vom religiösen durch das Christenthum vollendeten Triebe aus ein unmittelbares Losgehen auf Philosophie als Wissenschaft.

§. 39.

Diese Versuche trennten sich daher als Metaphysik je länger je mehr von der Kenntniß der Combinationsgeseze, von denen man glaubte, daß sie nichts mit göttlichen Dingen zu schaffen hätten.

§. 40.

Da die metaphysischen Disciplinen selbst Combinationen waren: so schikkte man also die Combinationsregeln voran, die aber nichts combinirten.

§. 41.

Auch dies wäre gut gewesen, wenn man nichts gewollt hätte als zeigen, wie in allem realen Wissen das höhere enthalten sei. Da man aber mehr wollte, mußte alles in Mißverständniß ausgehen.

§. 42.

Das hypothetische Verfahren in den realen Wissenschaften wurde viel willkührlicher, nachdem man die höchste Wissenschaft ausgeschieden hatte, und die metaphysischen Disciplinen wurden selbst hypothetisch, weil sie sich gleichförmig mit den andern Disciplinen gestalten wollten.

§. 43.

Das leztere wollte Kant heben durch den Unterschied zwischen constitutiven und regulativen Principien, aber durch neuen Mißverstand.

§. 44.

Ein positives Einlenken muß sich an das alte anschließen mit beständigem Festhalten des unterscheidenden modernen Factum. Also das einwohnende Sein Gottes als das Princip alles Wissens, aber dieses Princip nicht anders haben wollen als in der Construction des realen Wissens.

§. 45.

Daher richtig, auch den Namen der Dialektik wieder aufzunehmen, welche eigentlich Kunst des Gedankenwechsels ist von einer Differenz des Denkens aus, denn sonst giebt es keinen Wechsel, bis zu einer Uebereinstimmung, denn sonst giebt es keinen Schluß *).

*) Vorles. 1811. Dialektik=Kunst des Gedankenwechsels, Kunst mit einem andern in einer regelmäßigen Construction der Gedanken zu bleiben, woraus ein Wissen hervorgeht. Es könnte wunderlich scheinen, daß die erste philosophische Disciplin einen so speciellen Namen bekam. Es erklärt sich aber leicht. Denn als man die Principien des Philosophirens fand, wurde die freiere Composition des bis dahin geltenden poetischen Philosophirens bloße Willkühr, und aus dieser zu befreien kam der Dialog der sokratischen Schule auf, der ein und dasselbe war mit der wissenschaftlichen Construction. Auch liegt noch etwas tieferes in dem Namen, ohne welches er gewiß nicht so lange gültig geblieben wäre, nämlich die Gemeinschaftlichkeit des Denkens und der Construction, die Identität der Principien und des Verfahrens in allen.

Vorles. 1818. Dialektik=Kunst ein Gespräch zu führen und zu leiten. Das scheint freilich etwas sehr specielles zu sein für einen so großen Gegenstand. Aber ein Gespräch führt man doch nicht, wenn man

§. 46.

Kunst als Besinnung über den Prozeß mit Sicherheit des Erfolgs sezt also voraus gemeinsame Regeln der Combination und ein gemeinsames ursprüngliches Wissen, welches jene begründen und also Grund alles Wissens sein muß *).

---

vollkommen einerlei Meinung ist, sondern nur bei Differenz der Vorstellungen, und das Gespräch soll eben die Differenz aufheben. Hiernach die Erklärung gefaßt ist sie so zu stellen, Dialektik ist die Kunst von einer Differenz im Denken zur Uebereinstimmung zu kommen. —

Von 1822 an ist Schl. immer nur von dieser Erklärung ausgegangen und hat an sie alles übrige angeknüpft und zwar nicht nur in der Einleitung, sondern auch in der Ausführung der Disciplin selbst. Vergl. die Beilagen.

*) Vorles. 1818. Welche Mittel gehören dazu (nämlich von der Differenz im Denken zur Uebereinstimmung zu kommen)? Hier kommen wir wieder auf die beiden Hauptpunkte der Philosophie zurükk. Denn es kann kein kunstgemäßes Verfahren geben zur Uebereinstimmung zu kommen, als wenn 1. ein gemeinschaftliches Bewußtsein da ist, und 2. gemeinschaftliche Regeln der Gedankenverknüpfung. Haben wir kein gemeinsames Bewußtsein: so können wir bloß zu der Ueberzeugung gelangen, daß wir nie zusammenkommen werden; haben wir nicht gemeinschaftliche Regeln des Ueberganges von einem Denken zum andern: so kann auch nie Uebereinstimmung entstehen. Beide Punkte sind also conditiones sine quibus non für die Aufhebung der Differenzen im Denken. Eben so klar aber ist, daß man mit beiden dazu vollkommen ausreicht. Denn ist ein gemeinsames Denken gegeben, von wo aus es eine Reihe giebt, in welcher der Gegenstand, über den differentes gedacht wird, liegt, und sind gegeben gemeinsame Regeln des Verfahrens: so müssen die gesprächführenden nothwendig an einem und demselben Ziele mit Bewußtsein ankommen. Mit beiden ist aber nothwendig auch die Kunst gegeben, und am besten wird sie üben, wer am schnellsten den andern auf das gemeinsame zurükkführt unter beständiger Vorhaltung und Geltendmachung der Regeln, die gemeinsam anerkannt sind. Was also die alten unter dem Namen Dialektik dachten, das wollen wir aufstellen, nämlich das ursprünglich gemeinsame im Bewußtsein und die gemeinsamen Regeln des Verfahrens lediglich als Kunst der wissenschaftlichen Construction. Dies scheint einerseits mehr andererseits weniger zu sein, als Kunst der Gesprächführung. Denn Gespräch deutet auf etwas einzelnes, wissenschaftliche Construction auf ein ganzes, ferner

§. 47.

Die Vollendung dieser Kunst ist allerdings in der Construction des Organismus des Wissens, und in so-

---

wissenschaftliche Construction auf ein Individuum in der Betrachtung, Gespräch auf mehrere. Allein im wesentlichen ist es eins. — (Vergl. C, I. II. III. IV., und ganz besonders F, §. 1, 3. *Gesprächführung auf dem Gebiet des reinen Denkens*, auch Text §. 45., wonach *Streit, Zweifel* nothwendige Voraussezung sind und in dem Bewußtsein aller wissenwollenden gegeben, und *Gesprächführung* eben sowol für den einzelnen als für alle insgesammt in der Richtung auf das Wissen postulirt wird.)

Noch ist zu bemerken, daß in den Vorlesungen 1818 das daraus zu §§. 45. und 46. mitgetheilte an den in §. 37. enthaltenen Saz angeknüpft ist, dann aber ähnliches folgt, als oben §§. 38—44. gegeben ist, und nun die §. 47. seqq. folgende Entwikkelung des eigentlichen Inhaltes und Umfanges unserer Aufgabe durch eine Untersuchung eingeleitet wird, der ich das folgende entnehmen zu müssen glaube.

Wie verhält sich denn dem Inhalte und der Form nach die Dialektik der alten zur bisherigen Logik und Metaphysik? Die Logik ist ihr der Form nach ähnlich, denn sie will eine Kunstlehre sein. Allein sie enthält nicht das andere philosophische Element, das ursprüngliche gemeinsame Bewußtsein. Die Metaphysik dagegen enthält dieses andere Element, aber als ein Wissen, wogegen die Dialektik bloß auf dem Gebiet des realen Wissens ein Wissen construiren will. Allerdings ist also Dialektik ihrem Inhalte nach Logik und Metaphysik, aber nicht Aggregat von beiden, sondern beides in der Form der Logik. Dagegen sind neuerdings Versuche gemacht beides zu vereinigen in der Form der Metaphysik, d. h. als ein Wissen, worin zugleich die Regeln des Verfahrens enthalten und woraus sie abzuleiten seien. (Vergl. D, 5. daß logische und metaphysische Principien . . . . entstehen, und 12.) —

Die Logik ist nur eine kritische Disciplin. Man wendet sie nicht an zum Componiren, sondern, wenn eine Gedankenreihe gegeben ist, diese zu beurtheilen. Sie giebt Regeln, nach welchen erkannt werden kann, ob ein Begriff den gehörigen Grad der Klarheit, ein Urtheil den des Umfangs, ein Schluß den seiner Bündigkeit habe; sie ist, wie man sich auszudrükken pflegte, Kanon des Denkens. Das ist für die Dialektik, die alle willkührlichen Combinationen vernichten und die Construction des Wissens selbst sein will, nur große Nebensache.

Die Metaphysik jener Zeit, in der man die Philosophie theilte in Logik und Metaphysik, stellt das höhere Wissen, worauf das reale sich stüzen soll, als eigentliche Wissenschaft auf. Wenn ich aber etwas weiß, was einer Begründung bedarf, und ich weiß den Grund des zu begründenden: so ist jenes erste Wissen nur eine Folge dieses Wissens des Grundes. Leiten wir also unser Wissen des endlichen Seins ab von

fern ist sie Wissenschaftslehre, wie es die ausdrükklich so genannte nicht geworden ist, indem diese Wissenschaftswissenschaft sein wollte.

§. 48.

Sie ist aber auch Kunst der philosophischen Kritik für jedes fragmentarisch gegebene Wissen. Also die Kunst beider Formen der Philosophie.

§. 49.

Wie sie wesentlich die beiden Hauptmomente in sich hält: so muß sie auch die höchsten Principien des Wissens zum möglichst klaren Bewußtsein bringen, und deutet also vorbereitend auf eine andere ihr gegenüberstehende Form, wo das künstlerische zurükk, und das wissenschaftliche heraustritt, indem die Theorie der philosophischen Kunst nur als Mittel gebraucht wird, um die Philosophie als Wissenschaft darzustellen.

§. 50.

Im kritischen Gebrauch ist sie in Gefahr für Sophistik gehalten zu werden, kann es aber nur sein, in

---

einem Wissen des Unendlichen als seines Grundes: so können wir nicht weiter sagen, daß unser Wissen des einen ein anderes sei a s das des andern; denn das Wissen des endlichen ist dann nur eine Fortsezung des Wissens um das ursprüngliche. Und eben diese Aufgabe, das reale von dem transcendenten abzuleiten, haben sich die meisten neueren Systeme gestellt. Aber diese Aufgabe der regenerirten Metaphysik ist auch nicht die unsrige. Damit soll nicht gesagt sein, daß die gewöhnliche Logik keinen Werth habe, auch nicht daß jene Ableitung unmöglich sei, sondern wir lassen dies nur dahin gestellt sein, und müssen also von Anfang an die Art, wie wir das transcendente in uns tragen, unterscheiden von der Art, wie das gegebene; wir wollen die lezten Gründe alles Wissens nur als die Geseze, wie wir überhaupt zu einem Wissen gelangen auf dem realen Gebiete; in dem Gebiete des gegebenen allein wollen wir ein wirkliches Wissen construiren im Gegensaz gegen das bloße Meinen. (Vergl. §. 76. seqq.)

wiefern sie principienlos wäre; im constructiven Gebrauch kann sie für poetisch gehalten werden, ist es aber nur, wenn sie über die Combinationsregeln hinausgeht *).

Gegen das lezte hat Kant, gegen das erste die Popularphilosophie gearbeitet.

§. 51. a.

Die gewählte Form ist unsrer Lage und unsrer gemeinschaftlichen Absicht gemäß, und muß die Gründlichkeit alles Wissens befördern, ohne ein Scheinwissen hervorzubringen.

---

*) Vorles. 1818. Wenn die Dialektik als die eigentliche Kunstlehre des Denkens, als das System der Anweisungen, nach welchen das Denken erzeugt wird, bloß wollte als Kanon zur Beurtheilung des gegebenen Denkens auftreten: so würde sie eristisch. Denn wenn ich im Besiz einer solchen Technik bin, nach welcher jedes Denken ein Wissen wird, und ich mache davon in der Mittheilung keinen andern Gebrauch, als daß ich das von andern gedachte kritisire: so erscheine ich als ein solcher, der b oß andere zu nichte macht. Das wäre aber ein sehr kleinliches Wesen, über welches die Dialektik unendlich erhaben ist. Sie vernichtet vermeintes Wissen, aber das ist ihr immer nur etwas propädeutisches.

Wenn ferner die Dialektik außer dem Wissen um das endliche Sein ein anderes Wissen um das ursprüngliche als ein demselben gleichartiges aufstellen will: dann muß sie poetisch erscheinen. So wenig sie aber eristisch erscheinen will, als läge sie mit einem Wissen hinter dem Berge: so wenig will sie poetisch erscheinen, als könnte sie machen, was ihr gegeben s in muß.

Ist nun transcendentales und formales Wissen eins und dasselbe (§. 16.), und wollen wir das ursprüngliche Wissen nur darstellen als Verfahrungsweise jedes andre Wissen hervorzubringen, wollen wir also auch nicht das Sein, welches der Gegenstand des realen Wissens ist, ableiten von dem ursprünglichen Sein: so lehrt unsre Untersuchung uns auch nicht, ob eine Behauptung, z. B. eine physikalische, wahr ist, d. h. dem Sein entspricht, oder nicht, sondern nur welchen wissenschaftlichen Werth jede hat. Die philosophischen Systeme, welche sich die Aufgabe stellen, das endliche Sein aus dem ursp ünglichen abzuleiten, müssen darauf ausgehen, von dem unendlichen aus auch eine vollständige Physik zu machen, wir aber maaßen uns dieses gar nicht an.

§. 51. b.

Zusammengefaßt also ist die Dialektik 1. Organon des Wissens, d. h. der Siz aller Formeln seiner Construction. Denn Geseze der Combination gehen nicht nur auf die Richtigkeit des subjectiven Fortschreitens in jeder angelegten Gedankenreihe, sondern auch auf das objective Coalesciren des Wissens in große Körper. Beides hängt genau zusammen; nämlich theils erscheinen doch die wissenschaftlichen ganzen geschichtlich zugleich in Gedankenreihen einzelner zusammengefaßt, theils gehört zum Combiniren, wenn es Kunst sein soll, auch daß man wisse, mit welchen Gedanken sich ein gegebener combiniren lasse und wie, also Construction des ganzen Wissens seiner relativen Verwandtschaft nach von jedem Punkte aus.

§. 52.

Sie ist 2. Mittel, sich über jedes einzelne als Wissen gegebene zu orientiren durch Anknüpfung an die zur Klarheit gebrachten lezten Principien alles Wissens, auch ohne jedes in seinem unmittelbaren wissenschaftlichen Zusammenhang aufgefaßt zu haben; also Supplement alles realen Wissens, welches man nicht auf dem scientifischen Wege selbst erlangt hat.

§. 53.

Dies scheint nur sophistisch, wenn der, dessen reales Wissen geprüft wird, es nur traditionell hat. Es wäre nur wirklich sophistisch, wenn das reale Wissen an leeren Combinationsformeln sollte geprüft werden.

§. 54.

Beurtheilendes Princip anderer philosophischen Darstellungen ist die Dialektik nur mittelbar, a. in wiefern sie als Complication von Säzen den Combinationsgesezen unterliegen, auf welchem Wege aber nur die Richtigkeit kann geprüft werden, nicht die Wahrheit des zum Grunde liegenden Princips; b. in wiefern der lezte Grund des Wissens zur Klarheit gebracht wird nnd man also empfinden lernt, in wiefern das fremde Princip mit unsrer Auffassung übereinstimmt. Dieses Urtheil betrifft die Wahrheit des Princips, aber nur für uns, und ist nur richtig nach dem Maaß unseres Selbstverständnisses *).

Das Nebeneinanderbestehen philosophischer Systeme kann durchaus nur verstanden werden, wenn man die Philosophie nicht als Wissenschaft aufstellen will.

*) Vergl. die Charakteristik der Aufgabe unserer Disciplin in den Beilagen A, Vorles. 1 — 11 gleich am Anfange; B, VI, 4; C, X. XI; D, 9; E, VIII und XI, Anmerk. †. F ist bis zu diesem Punkte nicht fortgeführt, hätte aber der ganzen Anlage nach die Aufgabe zusammengefaßt im wesentlichen nicht anders beschreiben können, als es im Text und in den Beilagen geschehen ist, die unter sich verglichen auch keine andere Differenz darbieten, als die des Ausdrukks, denn auch in den Vorles. 1811 ist die Aufgabe schon ganz dieselbe als später, wenn sie auch nicht, wie nachher geschah, bis an die äußersten Grenzen ihres Umfangs ausgeführt wurde.

Beilage C, XI. giebt hier erst die oben §. 46. enthaltene Grundvoraussezung, nimmt auch diejenige wieder auf, von welcher sie ausgegangen, nämlich die der streitigen Vorstellungen, und fügt die hinzu, welche §. 55. folgt, um die Grundvoraussezungen alle beisammen zu haben und so desto anschaulicher zu machen, mit welchen Richtungen unsre Disciplin absolut unverträglich ist, eine Untersuchung, die alle übrigen Beilagen mit ihr gemein haben und die nun §. 55 — 74. im Texte folgt. S. Beil. A, Vorles. 1 — 11 am Anfange; B, VII VIII. IX; D, 9. 10. 11; E, Vorles. IV. V. VI; F, §. 1, 4 und §. 4, 1. 2. 3. Den Vorles. 1818 (vergl. B, VII. 1. a. b.) ist noch als Folgerung aus der

§. 55.

Der Vorsaz, die Production des Wissens durch Besinnung über das Verfahren zur Kunst zu erheben, sezt voraus, daß ein anderweitig, also kunstlos, entstandenes Wissen vorhanden sei, in welchem das Verfahren könne beobachtet werden.

§. 56.

Diese Voraussezung stimmt nicht nur mit der Ansicht von der Philosophie als Kunstlehre, welche leztere immer später ist, als die Production selbst, sondern es streitet auch mit keiner Dignität der Philosophie, daß dasselbe Princip früher auf einer niederen Entwikkelungsstufe thätig gewesen ist.

§. 57.

Die erste Voraussezung, mit welcher das entworfene Verfahren nicht bestehen könnte, wäre, wenn das gemeine Wissen mit dem höheren gar nichts zu schaffen hätte, so daß aus demselben das gesuchte Princip gar nicht könnte erkannt werden *).

Fassung der Aufgabe (§. 47—§. 54.), womit zugleich der Uebergang in den nächsten Abschnitt gemacht wird, die Wendung eigenthümlich, Was folgt hieraus? Offenbar etwas ziemlich überraschendes, nämlich daß dasjenige, was wir als Gesez zum Wissen zu gelangen suchen wollen eigentlich nichts ist als das, wonach alle Menschen von selbst verfahren, nur daß die Abnormitäten im natürlichen Prozeß durch klares Bewußtsein über denselben weggeschafft werden. Was wir also als Kunstregel suchen muß auch Naturgesez sein, so daß auch hier gilt, was sonst überall, daß das Kunstwerk früh r ist, als di. Kunstregeln im Bewußtsein klar sind, daß aber, sobald die Kunstregeln zum Bewußtsein kommen, dann auch danach muß verfahren worden sein.

*) Diese der unsrigen widersprechende Voraussezung nennen die Vorlesf. 1818 Idealismus, die Beil. D, 10. ihre Verfechter Dogmatiker, wogegen in F, §. 1, 4 jede dem Skepticismus entgegengesezte Anschauungs-

§. 58.

Die Differenz liegt nicht im Gegenstande, Denn das reale Wissen hat denselben Gegenstand mit dem gemeinen, und jede speculative Philosophie muß eine Ethik und Physik wenigstens machen wollen, wenn sie auch jede schon vorhandene nur für Empirie und Doxosophie erklärt.

§. 59.

Sie liegt auch nicht in dem dem Denken mitgegebenen Ueberzeugungsgefühl; denn daß die Unvollkommenheit des Wissens im Ueberzeugungsgefühl sich nicht mit abspiegelt, ist wieder nur die Unvollkommenheit dieses Ueberzeugungsgefühls, und diese findet sich eben sowol auf dem speculativen Gebiet als auf dem empirischen *).

---

und Handlungsweise Dogmatismus genannt wird. So kurz F (am eben angeführt. Ort) den Skepticismus zurükkweist, so ausführlich sezt sie sich mit dem Idealismus, an mehreren Stellen immer wieder darauf zurükkkommend, auseinander, und gerade so forderte es das nur sehr vereinzelte Erscheinen des Skepticismus in der Geschichte der neueren Philosophie und Schleiermachers polemische Stellung gegen die neusten philosophischen Bestrebungen, deren πρῶτον ψεῦδος er in der Annahme einer absoluten Trennung zwischen gemeinem und philosophischem Wissen zu erkennen glaubte.

*) Vorles. 1818. Wenn man sagt, Wie weniges im gewöhnlichen Wissen ist denn Wissen? so kann man auch sagen, Wie weniges ist doch ein Wissen im Speculiren! besonders wenn man auf die Gedanken sieht die unterweges nach dem Ziele hin vorkommen. Muß man nun zugeben, daß nicht alles im philosophischen Verfahren vorkommende wirkliches Wissen ist: so entsteht die Frage, Wodurch unterscheidet man das Wissen von denjenigen Produkten des Denkens, die kein Wissen sind? Das ist die alte Frage nach dem Kriterion, wie es die alte Philosophie nennt. Wird sie objectiv genommen: so ist nur die ganze Philosophie ihre Lösung. Ich nehme sie hier subjectiv. Nun unterscheidet jeder sein Wissen und Nichtwissen am Ueberzeugungsgefühl, so daß ich einem andern erst dann demonstrirt habe,

§. 60.

Sie würde nur in diesem Ueberzeugungsgefühl liegen, wenn das eine geradezu dem andern entgegengesezt wäre, so daß wenn das gemeine Wissen ein Wissen wäre, dann das speculative keines sein könnte, und umgekehrt.

§. 61.

Wenn dieses wäre: so wäre eine gänzliche Scheidewand gezogen zwischen denen, welche in der Speculation leben, und denen, welche nicht darin leben, so daß jene auf diese gar keinen Einfluß haben könnten, welches nicht kann gedacht werden, und so daß der Uebergang aus dem einen Zustand in den andern der Anfang eines ganz neuen Lebens wäre.

---

sein Denken sei noch kein Wissen, wenn ich ihm das damit verbundene Ueberzeugungsgefühl wankend gemacht habe. Dieses Ueberzeugungsgefühl ist aber überall dasselbe im speculativen und im gemeinen Wissen, nur daß der speculirende, weil wir in der Betrachtung mehr isolirt, im Leben aber von tausend Seiten angeregt und viel schwerer auf Einen Punkt gerichtet sind, unter günstigeren Umständen operirt. Sagt man nun, Im gem inen Leben ist fast in allen Vorstellungen etwas falsches, ohne daß das Ueberzeugungsgefühl es von dem wahren unterscheidet: so findet sich dasselbe auch, wenn gleich in geringerem Maaße auf dem Gebiet des höheren Bewuß seins. Nur Ein Beispiel. Wie viele philosophirende hat es gegeben, die nicht geglaubt hätten, ihr Wissen werde von allen anerkannt sein? Dies Nichtwissen in ihrem Wissen war also auch nicht mit abgespieg lt in ihr m Ueberzeugungsgefühl; mithin zeigt sich das höhere Ueberzeugungsgefühl im wesentlichen nicht verschieden vom gemeinen. Besond rs wird dies deutlich, wenn wir in demselben Subject das eine dem andern entgegensezen sollen. Das Philosophiren nämlich ist etwas, wozu der Mensch erst später gelangt, jeder fängt also mit dem gemeinen Bewußtsein an. Stekkt nun das höhere nicht schon darin, wie soll er den Sprung dahin machen? Entstände das Philosophiren nicht aus dem alten Zustande: so müßte es aus nichts entstehen, es müßte als ein neues Leben anfangen, wozu aber gar keine Analogie ist.

§. 62.

Das leztere läßt sich zwar durch die Analogie der Bekehrung vertheidigen, durch welche auch einiges Leben auf einer höheren Potenz erscheint und ursprünglich entstanden, so daß der Zusammenhang zwischen zwei Perioden des Lebens nicht nachzuweisen ist. Allein hier entsteht auch Zwiespalt gleichzeitig in jedem Bewußtsein, weil keiner ganz im Gebiet der Speculation lebt, und zwar ist dieser Widerspruch nicht wider Willen, weil keiner auf dem Gebiet der Erfahrung kann abweichend von allen anderen denken und handeln wollen. Ja es ist nicht einmal eine strenge Scheidung möglich, weil das speculative Wissen durch das reale auf die bloße Empirie einwirken muß; also wird die Einheit des Bewußtseins ganz aufgehoben in einzelnen Punkten *).

---

*) Vorlesf. 1818. Bloß die Analogie auf dem religiösen Gebiet könnte man dafür annehmen, wo der Anfang des höhern Lebens als nicht aus dem frühern hervorgehend gesezt wird. Verfolgen wir es aber weiter: so verschwindet die Analogie. Denn wenn solches Leben anfängt: so ist die Aufgabe gestellt, daß das geistige Leben das sinnliche verschlingen soll; wo sinnliches bleibt, soll es unter der Potenz des Geistes stehen. Angenommen nun, wir könnten den Anfang des Philosophirens auch ansehen als rein aus dem Nichts sich entwikkelnd: so könnte doch nicht die Aufgabe gestellt werden, daß das höhere Bewußtsein das gemeine verschlingen sollte, weil für das Leben das Verkehr mit dem gemeinen Bewußtsein unentbehrlich ist. So müßte es denn eine zwiefache Wahrheit geben, die doch nicht statt haben kann, und so fehlt doch jene Analogie. Aber auch davon abgesehen, gesezt, der philosophische Zustand könnte aus dem Nichts entstehen und dann fortbestehen: so könnte er dann doch unmöglich mitgetheilt werden, sondern er müßte in jedem auf ursprüngliche Weise sich entwikkeln; das Bestreben der Mittheilung also wäre ganz leer, weil jeder Anknüpfungspunkt dafür fehlte. Der philosophische Zustand theilt sich aber wirklich mit, wenngleich das Philosophiren nicht gelernt werden kann. — Vrgl. Beil. D, 9—11; F. §. 4.

§. 63.

Das Wissen ist also der Art nach nicht zwiefach, sondern einfach. Wo ein Ueberzeugungsgefühl ist erstrebt worden (im dumpfsinnigen Zustande geschieht dies gar nicht): da ist auch das höchste Princip des Wissens thätig gewesen.

§. 64.

Dasselbe Princip ist also auf dem Gebiet des gemeinen Wissens ein bewußtloses Agens, auf dem speculative n ein sich selbst durch seine Handlungen zum Bewußtsein kommendes *).

§. 65.

Alles Wissen als Product dieses selben Princips strebt in ein ganzes befaßt zu werden, und es giebt objectiv nur den Unterschied zwischen dem, welches mehr, und dem, welches weniger damit befaßt ist **).

---

*) Vorles. 1818. Also ist hier im Bewußtsein, stellen wir auch das des größten Philosophen mit dem des Kindes zusammen, keine specifische sondern nur eine Differenz des Grades. Das ganze ist ein Continuum von Entwikkelung, ein Steigern des Sichseinerbewußtwerdens, womit das Bewußtsein der Welt und des Verhältnisses unseres Denkens zu ihr mitgesezt ist.

**) Vorl s. 1818. Die Sache ist auch so zu fassen. Denken bezieht sich immer auf Sein. Betrachten wir nun die ersten Regungen des Denkens: so ist, wie unvollkommen das Denken ist als Action, eben so unvollkommen auch das Se n gesezt. Dem Kinde ist das Sein nur gegeben als ein Chaos, g schieden und wieder nicht geschieden, verbunden und wider nicht. Stellen wir uns aber das Denken vor in seiner höchsten Entwikkelung: so muß ihm auch das Sein als eine vollständig organisirte Totalität gegeben sein, worin auch die lezte Spur des chaotischen verschwunden ist. Halten wir beide Endpunkte an einander: so bekommen wir die Formel, Die größere oder geringere Vollkommenheit läßt sich an dem Grade messen, in welchem alles einzelne in die Idee der Totalität aufgenommen ist und eins auf das andere bezogen wird. Im Denken des Kindes ist die Idee der Totalität nicht, aber auch nichts

§. 66.

Da nun jedes in einem Menschen lebendige auch in einer Oscillation von Zuständen begriffen ist: so hat auch jeder Mensch, der überhaupt ein Ueberzeugungsgefühl anstrebt, Momente, in denen das Princip des Wissens in ihm mehr hervortritt und sich der Klarheit nähert *).

§. 67.

Hieraus sind als bestätigende Erfahrungen die all-

---

einzelnes, und das ist der unvollkommenste Zustand des Denkens. Bald aber entwikkelt sich die Idee der Welt, und das Streben, alles einzelne dahinein zu sezen. Das ist aber auch noch nicht das höchste Erkennen, daß man auf unbestimmte Weise das einzelne auf die Totalität bezieht, sondern es ist erst da, wenn jedem einzelnen sein Ort in der Totalität gegeben, und die Totalität in jedem einzelnen mitgesezt ist und angeschaut wird. So ist also das chaotische der Anfang; die zweite Stufe das allgemeine Sezen von einzelnem und Totalität, und diese Stufe wieder nur Chaos und Keim für die dritte, nämlich das lebendige Anschauen jedes einzelnen in der Totalität und der Totalität in jedem einzelnen.

*) Vorles. 1818. Ist nun allerdings in der ersten Stufe des Bewußtseins schon das Wesen der höchsten gesezt: so ist damit keinesweges der Unterschied verschwunden zwischen vollkommnerem und unvollkommnerem Erkennen, auch nicht der Unterschied von Menschen, die auf der vollkommneren und unvollkommneren Stufe stehen. (Vergl. F. §. 4, 2 das unterstrichene.) Aber weil keiner ist, in dem wir das Erkennen ganz leugnen dürften, und keiner, in dem es ganz vollkommen wäre, und weil die Regeln der Entwikkelung schon in der Natur liegen: so müssen wir, fragend, ob denn diese Naturgeseze in allen Actionen des Bewußtseins auf gleiche Weise hervortreten, mit Nein antworten, denn wir finden sie nur in denen, die ein Wissen constituiren, und können eben daran Wissen und Nichtwissen von einander unterscheiden. Objectiv geschieht dies (vergl. §. 59. Anmerk.) durch das, was wir suchen, subjektiv durch das Ueberzeugungsgefühl, das Bewußtsein vom naturgemäßen des Actes. Nun kann troz des Ueberzeugungsgefühls ein Nichtwissen sein, aber ganz irren kann es nie, denn es ist auf diesem Gebiete, was das sittliche Gefühl auf der Seite des Handelns ist, und nie darf man annehmen, es könne bei schwachem Ueberzeugungsgefühl hohe Wahrheit, und bei starkem Ueberzeugungsgefühl großer Irrthum sein.

gemeine Neigung zum Raisonniren *) und der Mysticismus **) zu erklären.

§. 68.

Auch die Philosophie als Wissenschaft wäre nur die höchste Entfaltung des Einen und selbigen Wissens, welches auch im dunkelsten wahrhaft menschlichen ist, wie die Krystallisation nur der höchste Zustand desselbigen Gesteins ist, das auch als ganz formlose Masse existirt.

§. 69.

Wie jene Ansicht von einem zwiefachen Wissen schon eine Abart des Skepticismus ist, nämlich vom speculativen aus anzweifelnd das empirische: so giebt es eine entgegengesezte, die Denkart der Empiriker, die vom empirischen aus anzweifeln das speculative.

§. 70.

Indem diese nicht eingestehen, daß ihre Wahrnehmungen nur ein Wissen sind durch das Insichhaben des speculativen: so haben sie, um auf ihrem eignen

---

*) Vorles. 1818. Dies giebt selten richtigen Erfolg, weil es nicht auf einer regelmäßigen Entwikkelung beruht, aber daß es in Menschen, die auf der niedrigsten Stufe der intellectuellen Bildung stehen, vorkommt, ist doch nur zu begreifen, wenn wir es als allgemeinmenschliche Tendenz ansehen.

**) Vorles. 1818. Mysticismus, wie der des Jakob Böhme, das Bestreben sich ein System der Natur zu entwerfen ohne klare Vorstellung von der Wissenschaft. Er ist nicht denkbar ohne die Voraussezung, daß in jedem Menschen die Entwikkelung des Bewußtseins bis zur Philosophie angelegt ist, daß also eine aristokratische Ansicht von der Entwikkelung der Intelligenz gar keinen Grund hat. Die große Masse bleibt zurükk durch übermächtige Gewalt anderer Triebe, durch ungünstige Umstände und durch das Hervorbrechen der innern Anlage in jene falschen Gestaltungen.

Gebiet Wahrheit und Irrthum zu unterscheiden, kein Mittel als die bloß analytischen Combinationsgeseze. Man kann ihnen aber zeigen, daß sie durch die Einwirkungen der Dinge gar keine einer Analysis fähige Einheiten, sondern nur ein unendliches Chaos erhalten.

§. 71.

Der ächte Skepticismus, oder die Polemik gegen das Wissen überhaupt, sezt, wenn er doctrinal sein will, ein Wissen des Nichtwissenkönnens, also auch einen Unterschied des begleitenden Gefühls bei diesem Gedanken und bei anderen, also unsre ganze Aufgabe. In seinem Hauptsaz ist also ein Widerspruch zwischen dem formalen und materialen, und er ist in sich selbst gefangen *).

§. 72.

Wenn der Skepticismus nur das Wissenkönnen des Wissens leugnet: so sagt er entweder nur die der Idee des Wissens und dem Streben sie zu realisiren gar nicht entgegenlaufende Behauptung aus, daß alles Wissen nur im Werden ist, und man also der Vollen-

---

*) Vorles. 1818. Der doctrinale Skepticismus stellt den Saz auf, Es giebt kein Wissen. Das Wissen leugnend muß er aber eine Vorstellung vom Wissen haben, und das Vorstellen überhaupt nicht leugnend muß er von der Vorstellung vom Wissen alle übrigen unterscheiden. Der Form nach kommt er dann ganz auf unsre Aufgabe zurükk. Dies ist nämlich sein Wissen, daß er das Wissen leugnet, und um sich frei zu halten von dem Wahne, daß er, wie andre, etwas zu wissen glaube, muß er eine Kunstlehre dazu aufstellen. Die Sache dreht sich also bloß um, und da wir über den Inhalt unserer Operation noch nichts gesagt haben: so können wir ihn so abweisen, daß wir sagen, Gut, ob wir Regeln bekommen werden uns vor dem Wissen zu hüten oder vor dem Nichtwissen, das ist jezt noch nicht klar; wir haben es bloß noch mit der Form zu thun, die dieselbe ist.

dung keines einzelnen gewiß sein kann, oder wenn er den Unterschied des begleitenden Bewußtseins leugnet: so ist er nicht doctrinal.

§. 73.

In seinem empirischen Verfahren, welches vermeintes Wissen einander entgegenstellt als sich gegenseitig aufhebend, stellt er doch einen Gegensaz in Meinungen auf und diesen als gewußt, wenn überhaupt etwas soll bewiesen werden, und ist also eben so in sich gefangen *).

---

*) Vorles. 1818. - Eine andere Form des Skepticismus ist die polemische. Dieser sagt (Sextus Empiricus ist so zu Werke gegangen), nicht glaube er, das Nichtwissen wissen zu können, aber zeigen wolle er, daß das Wissen der Menschen sich entgegengesezt sei, und man also nicht wisse, auf welche Seite man sich schlagen solle. Kein Mensch nun kann Regeln suchen für das Wissen, wenn er glaubt, daß das Gegentheil eben so gut ein Wissen ist. Dies ist das wahre in diesem Skepticismus. Aber wenn er sagt, Dieser hält das, jener jenes für Wissen und beides widerspricht sich: so weiß er doch den Widerspruch. Er sezt also ein Wissen voraus, kann also nicht alles Wissen aufheben. Er müßte sein Wissen des Widerspruchs zum Grunde legen und daraus das weitere entwikkeln, nämlich das Wissen der Bedingungen, unter denen es nicht zusammenstimmt. So hat er mit uns wieder dieselbe Form des Verfahrens, nur daß er sie negativ ausdrükkt.

Eine dritte Art des Skepticismus (§. 72.) leugnet nicht die Möglichkeit des Wissens, sondern daß etwas gewußt wird. Dieser steht mit uns gar nicht in Widerspruch; er ist nichts anderes, als das die Wissenschaft beständig begleitende Princip der Kritik, die Voraussezung, daß in jedem Wissen noch ein falsches sein könne und daß man dieses aufsuchen müsse. In jedem Wissen. Denn das wissen wir freilich, daß $2 \times 2 = 4$ und die $\angle\angle$ in einem $\triangle = 180°$, aber das sind nur identische Säze; sobald wir dagegen aus dem Gebiet des formalen herausgehen, kann nur verwerfliche Anmaaßung eine Untrüglichkeit träumen. Diese Voraussezung der Möglichkeit des Irrthums in allem Wissen, dies Wissen, daß das Wissen weder ganz vollkommen ist noch jemals wird, thut dem Glauben an die Idee des Wissens keinen Abbruch, sondern fordert nur die Kritik heraus, die Aberration von den Kunstregeln aufzusuchen und je länger je mehr zu vernichten. (Vergl. gegen den Skepticism. auch Beil. A, XII und die dazu gehörigen Erläuterungen aus den Vorles., ferner E, XVIII.)

§. 74.

Dem Skepticismus steht entgegen der Glaube an das Wissen als Princip alles philosophischen Strebens. Doch kann man nicht sagen, daß von beiden, Glauben und Wissen, eins über dem andern stände, sondern sie bedingen sich gegenseitig.

§. 75.

Von Seiten der Form kann gegen das projectirte Verfahren eingewendet werden, daß von einer bekannten Größe aus nicht zwei unbekannte, das transcendentale und das formale, können gefunden werden, und man sich mit einem hypothetischen Annehmen des einen von beiden nicht begnügen könne, weil immer die Unsicherheit bleibe, das zerstörende Factum könne kommen, wie bei der Physik. Doch dies geht nur auf die Trennung des transcendentalen und formalen *).

---

*) Für den hier beginnenden, die Grundvoraussezung behufs der Eintheilung der Disciplin wieder aufnehmenden und so die Einleitung beschließenden Abschnitt vergl Beil. A, Vorles. 1—11; B, X.; C, XV. XVI. XVII.; D, 12. 13; E, XII. und Anm. zu XIV.; F, §. 4 und 5 und besonders auch Anmerk. zu §. 5. Wenn aber auch die Beilagen den Abschnitt hinreichend theils erläutern, theils näher bestimmen, so wird es doch lehrreich sein, das wesentlichste aus den Vorles. 1818 daneben zu haben. —

Den Vorlesungen 1811, wie dem Texte, ist die bekannte Größe der Glaube an das Wissen als ein in allem, was unter die Form des Erkennens gehört, allgegenwärtiges. Von 1822 an faßte sie Schl. zwar eben so, aber nicht ohne die Voraussezung des Zustandes streitiger Vorstellungen damit zu verbinden.

Vorles. 1818. Philosophiren = Feststellung des Wissens in Beziehung auf das Sein, und Feststellung der Verknüpfung alles Wissens; worin alles Wissen, was nicht schon auf ein reales Gebiet des Wissens übergegangen ist, aufgehen muß.

Die Metaphysik vor Kant dehnt sich in viele Disciplinen aus und scheint mehr zu enthalten, als jenes erste Element unserer Philosophie.

§. 76.

Sind aber transcendentales und formales dasselbe: so scheint jedes gegebene Wissen zu sein was es ist durch das formale und durch ein früheres Wissen u. s. w., so daß man auf ein erstes gegebenes kommt. Ist dieses nun das transcendentale selbst: so ist alles reale nichts als das transcendentale; ist es ein anderes: so ist alles reale Einem realen untergeordnet.

Aber genau genommen doch nicht. Ihr Gegenstand war der Begriff des Dinges, des Geistes, der Gottheit. Der Begriff des Dinges ist aber eben der ursprüngliche Zusammenhang zwischen Begriff und Sein, der Begriff des Geistes das Subject des Wissens, dasjenige, worin der Complexus des Denkens und der Uebergang von dem einen zum andern Denken als solchem gesezt ist; von allem Wissen, das einen bestimmten Inhalt hat, wurde doch immer abstrahirt. Und die Idee der Gottheit ist doch nur der lezte Grund für das Wesen des Geistes und des Dinges und der Grund des Zusammenhanges beider. Die Logik dagegen war das andre Element unsrer Philosophie. Kant polemisirte wol gegen die Metaphysik, ging aber doch davon aus, das eigentliche Wissen sei Uebereinstimmung des Denkens mit dem Sein, und zeigte nur, daß jene Art dies klar zu machen, nämlich das Wesen des Geistes als Subject und das Wesen des Dinges als Object in ein organisirtes Wissen auseinander zu legen, nichts tauge, denn das lezte Wissen sei nicht hinter sondern im realen Wissen. Seine Polemik richtet sich also nur gegen jene Form und ist eine Annäherung an die unsrige.

Jene beiden Elemente also ins Auge fassend, gehen wir davon aus, daß wir sie in dem in uns vorkommenden Wissen aufzusuchen und was schon Naturgesez des Denkens ist rein herauszuheben und als Kunstregel darzustellen haben. So, scheint es, wollen wir aus Einem, nämlich aus dem im Denken vorkommenden Wissen, zwei unbekannte Größen finden. Wäre das: so müßten wir das eine oder das andere Element hypothetisch bestimmen und dann aus dem andern rechtfertigen, und das ist das lange beobachtete Verfahren, das Logik und Metaphysik trennte und immer eine Hypothese voransezte. Wir aber gehen davon aus, daß beide nur eins und dasselbe sein können, und so haben wir nicht zwei unbekannte Größen, sondern nur eine. Beide in ihrer Einheit sind uns die Form des Wissens, von dessen Inhalt wir hier abstrahiren.

§. 77.

Dieses ist aber weder subjectiv richtig. Denn wenn zwei Menschen auch von einem ganz verschiedenen ersten Wissen in ihrem Bewußtsein ausgehen: so wird sich ihr Wissen doch je länger je mehr gegen einander ausgleichen, so daß die Ableitungsordnung nur unwesentlich ist *).

§. 78.

Auch ist es nicht objectiv richtig. Denn es giebt in jeder Wissenschaft viele subordinirte gleiche Punkte a, b, c, d, so daß man von d nach dem Princip aufsteigen kann ohne durch a, b, c; und so vice versa. Und eben so giebt es von jedem höheren eine Mehr-

*) Vorles. 1818. Es ist weit verbreitete Ansicht, die Philosophie müsse Einen Grundsaz aufstellen, der weiterhin wieder in mehrere zerfalle für die verschiedenen Gebiete des realen Wissens, und der ganze Inhalt jeder realen Wissenschaft müsse dann aus ihrem Grundsaze nach den Ableitungsregeln des zweiten Elements der Philosophie hervorgebracht werden. Man hat sich lange in dieser Form bewegt, aber niemand wird sagen, daß so eine reale Wissenschaft zu Stande gekommen wäre. Immer ist es nur Schein gewesen mit dem obersten Grundsaz an der Spize; es lagen mehrere Hypothesen zum Grunde und es fehlte viel, daß nur aus Einem Grundsaze wäre abgeleitet worden. Wäre dem nicht so gewesen: wie könnte die Verschiedenheit der entgegengesezten Systeme in dem Maaße schwinden, als sie in der Ableitung vorrükken? z. B. Welche entgegengeseztere Voraussezungen giebt es, als die, von denen man in der Construction der Sittenlehre ausgegangen ist. Der eine sezt den Menschen als ein eigensüchtiges, der andere als ein wohlwollendes Wesen, je nachdem der eine das Wesen des Geistes so faßt oder entgegengesezt. Kommt man aber an die wirklichen Formeln des Handelns: so kommen beide wieder zusammen; der wohlwollende soll dann auch sich selbst, der eigensüchtige die andern erhalten. Wenn aber das reale Wissen sich so gestaltet, daß die Ableitungen aus entgegengeseztem dasselbe Resultat geben: so kann auf diese Weise kein Princip der Construction gegeben sein.

heit niederer, auf die man gleich unmittelbar herabsteigt *).

Beispiel in Mathematik aus Punkt und Bewegung gleich unmittelbar gerades und krummes.

§. 79.

Es ist also nicht das Wesen des formalen, daß es Ableitungsregel ist; es muß also auch nicht bloß im Fortschritt von einem Wissen zum andern, sondern in jedem einzelnen Wissen für sich können angeschaut werden.

Hiebei kann unser Verfahren nur bestehen.

§. 80.

Dies ist nur richtig, wenn jedes gegebene Wissen in sich ein verknüpftes, d. h. ein mannigfaltiges ist. Diese Voraussezung selbst aber ist so lange richtig, bis jemand ein wirkliches Wissen aufzeigt unter einer einfacheren Form als der eines Begriffs oder Urtheils.

§. 81.

Es sind auch außer dem Verknüpfungsprincip, das jedes einzelne Wissen in sich hat, keine besonderen Ableitungsregeln für unsern Zwekk zu suchen. Denn alle hievon unterschiedene Ableitung ist nur interimistisch für den kunstlosen Zustand, indem jede objective Sphäre des Wissens vollendet wiederum ein einzelnes Wissen

*) Vorles. 1818. Wird nun weder das eine Element richtig vorgestellt, wenn es bloß als Ableitungsregel, noch das andre, wenn es nur als oberster Grundsaz aufgestellt wird: so bleibt nur übrig, daß beide Elemente in jedem Wissen seien, daß jedes einzelne Wissen als solches, ohne erst aus einem andern abgeleitet zu werden, die Beziehung auf das Sein, und eben so auch, ohne daß erst zwei Punkte mit einander verglichen werden, die Verknüpfungsregeln in sich trage.

ist, in welchem das früherhin als einzeln gesezte eben so verknüpft ist, wie die Elemente in einem Begriff und die Glieder in einem Urtheil.

§. 82.

Da wir nun das Wissen als gegeben annehmen ohne eine Größe desselben besonders zu bestimmen: so muß unser Verknüpfungsgesez auf alles Wissen, auch das größte, passen, und wir bedürfen dann von dieser Seite nichts anderes.

§. 83.

Wäre das formale Ableitungsregel, so könnte es nicht gleichgelten, ob wir von dem gegebenen Wissen aus zuerst das transcendentale oder das formale suchten. Denn da wir dann das formale nicht aus Einem Wissen finden könnten, und wir doch von allem materialen Unterschied abstrahiren müssen: so könnten wir das formale nicht unmittelbar sondern nur vielleicht durch das transcendentale finden, und beide ständen also gegen einander nicht gleich.

§. 84.

Da dies nun jedes gleich steht: so kann sich unser Verfahren doppelt gestalten, je nachdem wir zunächst das eine suchen und dann das andre.

§. 85.

Da unser eigentliches Ziel die Construction ist: so ist auch das formale unser Zielpunkt, den wir also zulezt stellen; und eben damit wir uns bei jedem Verfahren mit dem formalen zugleich seiner Identität mit dem transcendentalen bewußt sein können, wollen wir das transcendentale *) zuerst suchen.

---

*) Vorles. 1831. Das ist ein Ausdrukk, welcher in verschiedenen Beziehungen schon seit langer Zeit im philosophischen Gebiet gebräuchlich ist. Man hat dabei noch einen Unterschied gemacht zwischen transcendent und transcendental, von dem wir aber ganz abstrahiren. Das Denken, welches wir hier suchen, geht über jede mögliche bestimmte Erfahrung und jedes mögliche bestimmte Denken hinaus, und darum nennen wir es transcendental, und den Theil unsrer Untersuchung, der darauf ausgeht, es als den Anfangspunkt zu finden, den transcendentalen.

I.

Transcendentaler Theil *).

§. 86.

Jedes Wissen ist ein Denken, aber nicht jedes Den-

*) Das Manuscript enthält diese Ueberschrift nicht. — Wie die Einleitung, so wird auch der transcendentale Theil im Texte uno tenore gegeben, ohne daß die Gliederung des ganzen, oder das Zusammenfassen des einzelnen in größere Abschnitte bestimmt hervortritt. 1822 und 1828 lag etwa diese Construction zum Grunde,

I. Entwikkelung des transcendentalen an der Anschauung des Wissens überhaupt;

II. Entwikkelung dessen, was in der transcendentalen Seite der formalen entspricht, an der Anschauung des Wissens als verknüpften;

III. Untersuchung über das transcendentale an der Anschauung der Correspondenz zwischen Denken und Sein;

IV. Verhältniß von Gott und Welt;

V. Gott und Welt im Verhältniß zur Identität der transcendentalen und formalen Seite der Aufgabe.

Die Differenz der verschiedenen Darstellungen bezieht sich besonders auf I. II. III. In den Vorles. 1811 nämlich ist die aufgestellte Construction kaum angelegt; der Text ferner geht zwar nicht in ihr auf, kommt ihr aber doch ziemlich nahe; die Vorles. 1831 dagegen verwischen sie wieder, um etwas recht scharf hervortreten zu lassen, was früher nur wie beiläufig dargestellt war.

1811 nämlich ist nur vorausgesezt, im Texte und 1818 aber bestimmt darauf hingewiesen, daß wir für das Wollen desselben tran-

ken ein Wissen *).

1. Denken wird als bekannt gesezt in seinem Unterschiede von anderen Verrichtungen im Bewußtsein.

---

scendenten Grundes bedürfen, als für das Wissen, aber die darauf gerichtete Untersuchung giebt sich nur als eine supplementarische. Dieselbe Fassung der Sache finden wir 1822 und 1828 (vergl. die Beil. C, XLVI. seqq. und D, 46, seqq.), nur bei weitem vollständiger, und so wird der Uebergang gebahnt zu der Gliederung, die der Darstellung 1831 (vergl. Beil. E, XLI. seqq.) gegeben ist, welche eben jene Untersuchung über den transcendenten Grund des Wollens der anderen über den transcendenten Grund des Wissens vollständig coordinirt und als zweiten Hauptabschnitt des ersten Theils charakterisirt, so daß folgende Construction hervortritt,

I. Entwikkelung des transcendentalen an der Anschauung des Wissens;
II. an der Anschauung des Wollens;
III. Verhältniß von Gott und Welt.

*) Die Vorlesungen 1811 beginnen hier wie der Text mit dem im §. enthaltenen Saze ohne zu sagen, wohin zurükk und wohin vorwärts er zeige. Nicht so die übrigen.

Vorles. 1818. Im ersten Theil haben wir uns also der Beziehung unseres Denkens auf das Sein, im zweiten, durch welchen die Construction, der Organismus des gesammten Wissens unmittelbar zu Stande kommt, der Production des Wissens in der Verknüpfung zu versichern. Wir haben aber nichts, wovon wir ausgehen könnten, als diese Thatsache, daß es in der ganzen Masse derjenigen Thätigkeiten, die wir ein Denken nennen, solche giebt, die wir ein Wissen nennen, und je kleiner das Capital ist, womit wir anfangen, desto nothwendiger ist es, daß wir dieses recht sicher haben.

Die Vorles. 1822 (vergl. Beil. C, XVII.) sagen, gegeben sei als Ausgangspunkt der Zustand streitiger Vorstellungen, aufgegeben aber sei als Zielpunkt die Aufhebung alles Streites, also komme es darauf an das Verhältniß beider Punkte zu bestimmen.

1828 (vergl. Beil. D, 13.) heißt es in den Vorles., Wir fragen nach demjenigen, was allen Denkoperationen, sofern sie Wissen werden wollen, zum Grunde liegt. Das Wissenwollen. Dieses kann nichts anderes sein als die Idee des Wissens. Nur müssen wir uns erst über diesen Ausdrukk und über die Differenz zwischen der Idee des Wissens und dem wirklichen Wissen verständigen, denn ohne diese Differenz zu verstehen werden wir unserer Aufgabe nicht genügen können.

Die Vorles. 1831 (vergl. Beil. E, XII—XIV.) leiten §. 86. auf dieselbe Weise ein als die 1828, nur bei weitem vollständiger und so, daß sie hier erst entwikkeln, was die früheren Vorlesungen in der allgemeinen Einleitung (§. 76—80.) enthielten.

2. Wissen ist immer ein Denken. Denn wenn wir es uns als Besiz vorstellen, nicht als wirklichen Act: so ist dieses

---

Was nun die Sache selbst betrifft: so sezte Schl. von 1822 an das Denken in seinem Unterschiede von andern intelligenten Thätigkeiten nicht mehr als bekannt voraus, sondern er entwikkelte es aus seinem Gegensaze gegen das Empfinden einerseits und das Wollen andrerseits, nur 1831 so, daß er sich gleich den Weg bahnte für die oben angedeutete den Vorlesungen dieses Jahres eigenthümliche Construction des ersten Theils. Er sagt, unmittelbar anknüpfend an das in Beil. E, XIV. ††† gegebene,

Ehe sich der Mensch die Sprache aneignet, hat er auch noch kein Denken. In dem Denken aber, welches sich auf einen Empfindungszustand bezieht, unterscheiden wir etwas, was kein sprechendes Denken aber mit in dem Denken enthalten ist, nämlich das Bild. Es ist dies auf der einen Seite gleichsam der Nachklang des Empfindungszustandes. Kommt nun das Denken hinzu: so wird das Bild in die Sprache übertragen, das Wort zu einem Zeichen dafür fixirt, welche Thätigkeit, den Empfindungszustand im Bilde festzuhalten, andererseits auch immer schon dem Denken voraufgeht. Hier ist nun große Analogie mit dem Zustand der Thiere nicht zu verkennen, nur daß diesen das Denken und Sprechen fehlt. Die Richtung auf das Denken und die Sprache ist also nicht gegeben in der auf die Empfindung, denn die haben auch die Thiere, auch nicht allein in der Richtung auf die Thätigkeit, denn auch diese haben die Thiere in ihren Kunsttrieben, sondern die Richtung auf die Sprache ist eben die auf das Wissen, und weil jedes Denken, auch das um des Genusses und um der Praxis willen, ein Sprechen werden muß: so liegt auch in jedem Denken die Richtung auf das Wissen. Das Wissenwollen also als der Impuls zu allem und jedem Denken ist zugleich der Anfang, der allem Denken vorhergeht.

Was ist nun Wissen? Ein Denken. Eine andre intelligente Thätigtigkeit ist das Wollen, das aber in seiner Vollkommenheit immer auch zugleich ein gedachtes ist. Denn wer nicht weiß, was er will, hat nur einen unvollkommenen Willen. Das Wissenwollen ist also nur auf der Stufe möglich, wo Denken und Wollen schon verbunden vorkommt; aber wie wir sagten, daß auch die unterste Stufe des Denkens doch die Richtung auf das Wissen habe: so liegt auch allen Willensthätigkeiten das gedachte Wollen zum Grunde, und es ist ein beständiger Zusammenhang zwischen dem Wollen des Wissens und dem Wissen des Wollens.

Füllt nun dieses beides, Wissen und Wollen, unser gesammtes intelligentes Sein aus? Man kann Ja sagen, indem wir alle unsre Lebensmomente, sofern sie intelligent sind, wesentlich nur als Selbstthätigkeit sezen können, denn die Intelligenz läßt keine reine Passivität zu. Man kann auch Nein sagen, in sofern wir unser Sein nur in dem

nur ein Schein, es geht doch auf den ursprünglichen producirenden Act zurükk.

Wechsel von Denk- und Willensmomenten auffassen können, wir aber doch dabei uns der Stätigkeit des Daseins bewußt sind, und auch nicht behaupten können, daß alles einzelne Denken oder einzelne Wollen nur eine weitere Entwikkelung einer ersten Identität von Denken und Wollen ist. So finden wir auch Momente in unserm Dasein, wo die immer vorhandene Selbstthätigkeit verringert ist und überwiegende Bestimmtheit von außen hervortritt. Das sind die Empfindungs- und Wahrnehmungszustände, wie sie sich vom Denken und Wollen unterscheiden, aber den Keim zu beidem enthalten, den empirischen Zusammenhang zwischen den Denk- und Willensmomenten vermitteln, und sich besonders zeigen, wenn wir auf die früheren unvollkommnen Zustände zurükkgehen. So müssen wir sie also als drittes zu den beiden andern hinzunehmen, um unser gesammtes geistiges Sein in der Reihe seiner Momente zu begreifen.

Das Denken unterscheidet sich nun eben dadurch von den andern Thätigkeiten, daß es in der Rede zur Vollendung kommt, das Wollen dagegen in der äußern Thätigkeit und Bewegung. Der Empfindungszustand hat an sich kein Ende, sondern dies ist nur der Uebergang zum Denken oder Wollen. Ist z. B. ein Gesichtseindrukk widerwärtig: so entsteht der Wille das widerwärtige zu entfernen; ist er angenehm: so der das angenehme festzuhalten. Aber der Empfindungszustand selbst hört auf. Und geschieht das nicht, daß sich Wollungen entwikkeln: so geht der Zustand über in die Wahrnehmung und Betrachtung, und wird also ein Denken. Da beziehen wir den Eindrukk auf die einwirkende Thatsache und die Beziehung auf das organische als Lust und Unlust verschwindet, oder wird durch die Willenskraft überwunden, immer aber endigt der Empfindungszustand in den der Selbstthätigkeit.

Beides nun, das Abschließen eines Denkmomentes in der Rede und das Sezen desselben als Wissen hängt zusammen, denn wir schließen das Denken in der Rede nur ab, sofern wir es als ein Wissen sezen. Gilt dies wirklich von allem Denken? Es scheint nicht. Nämlich das Wollen, wie wir vorher sagten, ist erst vollkommen, wenn sein Resultat vorhergedacht ist. Von diesem Denken des Wollens also, was man Zwekkbegriff nennt, müßte dasselbe gelten, daß es nicht abgeschlossen werde bevor es seine Befriedigung im Ausdrukk gefunden habe und als Wissen gesezt sei. Sehen wir nun das Resultat oder das Werk der Handlung als Gegenstand des Denkens an: so scheint dies Denken, obwol in der Sprache abgeschlossen, doch kein Wissen sein zu können, denn der Gegenstand desselben ist ja noch gar nicht da. Ganz anders ist es, sobald ein Denken mit einem Wahrnehmungszustande anfängt. Da geht der Ge-

§. 87.

Dasjenige Denken ist ein Wissen, welches a. vorgestellt wird mit der Nothwendigkeit, daß es von allen denkensfähigen auf dieselbe Weise producirt werde; und welches b. vorgestellt wird als einem Sein, dem darin gedachten, entsprechend *).

Es kann nicht eingesehen, braucht aber auch nicht angenommen zu werden, daß hierin alles eigenthümliche des Wissens enthalten sei.

---

genstand dem Denken selbst voraus und da gilt das, daß das Denken nur als ein Wissen in der Sprache abgeschlossen wird. So scheint also beides zweierlei zu sein, die Befriedigung beim Ausdrukk des Denkens in der Rede, was ganz allgemein ist, und das Sezen desselben als Wissen, was etwas besonderes ist. Dieser Schein löst sich aber, und es zeigt sich beides als dasselbe, wenn wir das Denken des Wollens nur recht betrachten. Es ist nämlich nicht das Resultat und Werk der Handlung, welches wir dabei denken, sondern die Richtung der Thätigkeit selbst, das Wollen, und das ist eben so vor dem Denken und kann eben so ein Wissen werden, wie jenes andre.

Hievon können wir nun auch eine Anwendung auf das Wissenwollen machen. Soll das eine regelmäßig fortschreitende Thätigkeit sein, wovon das Ende dem Anfang und ursprünglichen Impuls entspricht: so muß sie auch gedacht und gewußt sein; aber der Gegenstand dieses Denkens ist nicht das Resultat der Thätigkeit, sondern die innere Richtung auf das Wissen selbst.

*) Vorles. 1818. Wodurch unterscheidet sich nun dasjenige Denken, das ein Wissen ist, von demjenigen, das keines ist? Den Unterschied zu demonstriren wäre ein unendlicher Prozeß, denn man müßte dazu alles Denken herbeiholen und unter einander vergleichen; es bleibt also nur übrig, mit einer inneren Erfahrung anzufangen, welche voraussezt, daß jene Vergleichung gemacht sei. Demnach sagen wir, das charakteristische desjenigen Denkens, das ein Wissen ist, ist dieses u. s. w. wie oben im §.

Die Vorles. 1822, 1828 und 1831 (vergl. Beil. C, XVIII.; D, 14. 15; E, XVI. XVII) deduciren die im Text angegebenen Merkmale des Wissens aus der Grundvoraussezung des streitigen Denkens, das ein identisches werden soll, jedoch auch ohne zu behaupten, damit eine erschöpfende Erklärung des Wissens gegeben zu haben. Die Vorles. 1831 (vergl. Beil. E, XVIII.) schließen dann aber auch gleich eine Untersuchung an über das Verhältniß beider Merkmale des Wissens, welche

§. 88.

(ad a.) Das Sezen einer Gleichmäßigkeit der Production giebt die das Wissen begleitende Ueberzeu-

---

wohl zu beachten ist. Die Vorlesf. 1818 sagen darüber dieses, Diese Merkmale, die Gleichmäßigkeit der Vollziehung des Denkens und die Uebereinstimmung desselben mit dem Sein constituiren das Wissen nur zusammen. Wer etwas gedacht hat, wie es ist, in dessen Denken ist Wahrheit. Hat er aber dabei nicht das Bewußtsein, daß alle Menschen eben so denken müssen als er: so weiß er auch nicht. Denken wir uns, es könnten alle Menschen ein Denken auf dieselbe Weise vollziehen, aber es stimmte nicht mit dem Sein: so wäre es kein Wissen, sondern ein allgemeiner Irrthum; oder stimmte es wirklich mit dem Sein, aber ohne daß diese Uebereinstimmung von den denkenden vorausgesezt und lebendig angeschaut würde: so wäre es kein Wissen, sondern nur eine richtige Meinung. —

Aus den Vorlesf. 1831 folge zu dem Beil. E, XVIII. gegebenen noch dieses, Betrachten wir noch einmal den vorhin als möglich aufgestellten Widerspruch, daß es nämlich ein übereinstimmendes Denken geben könne, welches aber kein Wissen ist, d. h. Ueberzeugung ohne Wahrheit: so ist diese Differenz auf jedem Gebiet des Denkens, wovon es eine zusammenhangende Geschichte giebt, geschichtlich immer nachzuweisen. Es war oft die Wahrheit in den denkenden ohne Ueberzeugung, und Ueberzeugung ohne die Wahrheit. Dies begründet aber keinesweges denjenigen Skepticismus, welcher die Beziehung zwischen Denken und Sein aufhebt, wohl aber den anderen, den kritischen nämlich, weil nur durch Kritik der Irrthum vermieden werden kann. Vergleichen wir beide Merkmale des Wissens: so ist die Identität des Denkens und Seins eigentlich das Grundmerkmal, die Uebereinstimmung im Denken dagegen, oder die Ueberzeugung, das Maaß für die geschichtliche Entwikkelung des Denkens. Ist nämlich Uebereinstimmung in irgend einem Denken: so kann darin, so lange sie sich erhält, kein Fortschritt weiter sein, aber sie kann falsch sein, wie z. B. bei der früher allgemeinen Annahme über die Gestalt der Erde. Ist die Uebereinstimmung noch nicht da: so kann in dem Denken doch das wahre sein, es ist nur noch nicht anerkannt, und so geht die Geschichte immer fort im Wechsel zwischen regem Fortschreiten und partiellem Zur Ruhe gekommen sein. Daß allmählig beides zusammtreffen, die reine Wahrheit zugleich die allgemeine Ueberzeugung aller denkenden sein muß, dafür liegt die Bürgschaft in der lebendigen Richtung auf das Wissen, welche die Wahrheit immer wieder zur Geltung bringt. Steht die Denkthätigkeit unter diesem Gesez, dann ist sie das Denken um sein selbst willen. — Hier muß ein Einwurf berükksichtigt werden, der gemacht werden kann, daß nämlich, weil wir immer

gung (von theoretischer Seite), aber nicht umgekehrt ist jede Ueberzeugung ein solches Sezen *).

Wir sezen unsre Maximen und unsre Geschmakksurtheile, die auch mit Ueberzeugung begleitet sind, freilich zum Theil als für jeden Fall von uns nur eben so zu produciren, und nur in sofern haben wir Ueberzeugung als wir dieses sezen. Allein diese

---

ausgegangen sind von dem Denken als Thatsache in einem einzelnen, unser ganzes Verfahren den Charakter der Subjectivität an sich trage, da doch der einzelne nur die zufällige Erscheinung des Geistes sei; das Wissen aber müsse der Subjectivität ganz genommen und durchaus objectiv behandelt werden. Allein wir haben den einzelnen nicht behandelt in seiner Besonderheit und Individualität, sondern als Erscheinung der Intelligenz im allgemeinen. Soll das Wissen in seiner Objectivität und das als Thatsache in einem einzelnen etwas ganz verschiedenes sein: so ist das eine rein willkührliche Voraussezung, und wo hat sie ihren Ursprung? doch nur in dem Kopfe eines einzelnen, der als denkender sich zum allgemeinen Maaß alles Denkens macht. Und so geschieht es, daß die Subjectivität am größten ist in dem Verfahren derer, die sie am meisten tadeln. — —

1831 wird also das oben im §. aufgestellte erste Merkmal der Ueberzeugung, das zweite der Wahrheit gleichgesezt, wogegen früher (vergl. die folgenden §§.) gelehrt wurde, beide Merkmale zusammen begründeten das dem Wissen einwohnende Ueberzeugungsgefühl.

*) Vorles. 1811. Wir haben manches in uns mit Ueberzeugungsgefühl ohne irgend ein Schwanken, aber nicht mit der Prätension, jeder solle es eben so in sich haben. So z. B. gewisse Maximen, woran die Eigenthümlichkeit unseres Daseins hängt.

Vorles. 1818. Was nun das erste betrifft, daß das Denken von allen soll gleich vollzogen werden: so müssen wir zunächst eine Vergleichung anstellen mit der von uns aufgestellten Behauptung (§. 59 und 66.), dasjenige Denken sei ein Wissen, welches mit Ueberzeugungsgefühl verbunden sei. Das ist etwas anderes, als die oben (§. 87.) gegebenen beiden Merkmale des Wissens. Wie verhält es sich zu ihnen? Bleiben wir beim ersten Merkmal stehen: so scheint das Ueberzeugungsgefühl weiter zu sein. Denn unsre Handlungsweise und unsre Geschmakksurtheile sind auch unsre Ueberzeugung, wir nennen sie aber nicht Wissen, weil wir sie nicht allen auf gleiche Weise zumuthen und unsre Ueberzeugung nur als eine subjective sezen. Der Ausdrukk im ersten Merkmal ist also genauer, als jener frühere, der aber auch nicht mehr geben sollte, als eben nöthig war. — (Vergl. Beil. C, XVIII, Anmerk. *** und das darauf folgende; D, 15. 16; E, XVIII).

Ueberzeugung ist eine subjective, denn wir sezen nicht, daß jeder andre eine eben solche Handlungsweise vornehmen und ein eben solches Urtheil fällen müsse.

§. 89.

Das Sezen einer Gleichmäßigkeit der Production giebt die Allgemeingültigkeit des Resultats, aber nicht umgekehrt *).

In der Kunst wird auch angestrebt und gesezt eine Allgemeingültigkeit des Resultats; allein es ist keine Gleichmäßigkeit der Production, sondern eine Umkehrung, indem der betrachtende aus der Darstellung die Idee gewinnt, der producirende aber umgekehrt. Auch ist die Allgemeingültigkeit des Resultats eine durch die Darstellung des producirenden vermittelte. Im Wissen hingegen ist sie direct und parallel.

§. 90. **).

Wenn auch kein Act diesem Charakter vollständig

---

*) Vorles. 1818. In der gemeinen Rede wird statt der Gleichheit der Production die Gleichheit des Resultats als Kriterion des Wissens gegeben. Was in allen Menschen als Resultat gleich ist, das ist Wahrheit — so lautet diese Rede. Aber das ist wiederum zu weit. Wenn wir annehmen, daß vom ersten Anfange des Denkactes an alle Menschen gleich verfahren, dann müssen sie auch zu demselben Resultat gelangen; aber keinesweges braucht, wo ein gleiches Resultat ist, die Gleichmäßigkeit des Verfahrens zu sein. So im Verhältniß dessen, der ein Kunstwerk producirt hat, zu dem, der es angeschaut. In beiden ist dieselbe Idee als Resultat, aber in dem ersten ursprünglich, in dem andern nur abgeleitet, und darum nicht als Wissen. Eben so bei einem bloßen Gelernthaben ist Gleichheit des Resultats, aber kein Wissen. Unsere Bestimmung ist also schärfer, das Wesen des Wissens richtiger treffend.

**) Die Vorles. 1818 folgen auch hier und im zunächst folgenden fast immer dem Texte. 1822 (vergl. Beil. C, XIX. seqq.) nahm aber Schl. schon einen anderen Gang, denn nach flüchtiger Berührung des individuellen im Denken (vergl. §. 90. 91.) ging er sofort auf das zweite Merkmal des Wissens ein (vergl. §. 94—97) und holte dann erst den Gegensaz der intellectuellen und der organischen Function (§. 92) herbei, um daran die Frage zu beantworten, wie das Denken zum gedachten komme. Fast eben so ging er 1828 zu Werke (vergl. Beil. D, 17 seqq), 1831 aber

entspricht: so ist doch die Idee in demselben rein dargestellt.

Denn alles wird aus dem Wissensgehalt eines Actes ausgeschiedem *), sobald es als individuell anerkannt wird.

§. 91.

Die Vollendung des Wissens wäre eigentlich darin, wenn jedes Wissen jedem nicht nur als Resultat sondern auch als Grund gleichmäßig durchschaut wäre, und wenn jeder sein und aller anderen individuelles auch vollkommen durchschaute.

§. 92.

Wenn und sofern jedes Denken ein gemeinschaftliches Product der Vernunft und der Organisation des denkenden ist, ist das Wissen dasjenige Denken, welches Product der Vernunft und der Organisation in ihrem allgemeinen Typus ist.

1. Die Annahme kann hier noch nicht als alles Denken

---

entwikkelte er (Beil. E, XVII, XVIII.) beide Merkmale des Wissens, coordinirte (Beil. E, XIX.) zu dem in der Anmerk. vor §. 86. angegebenen Zwekke dem Saze Das Denken soll dem Sein gleich sein den andern Das Sein soll dem Denken gleich sein, und entwikkelte dann (Beil. E, XX. seqq.) die Gegensäze des universellen und individuellen und der intellectuellen und der organischen Function an und mit einander, auch um die Identität von Denken und Sein nachzuweisen. Im Texte treten beide Gegensäze (§. 90. 91. und 92. 93.) zunächst nur auf in ihrem Verhältniß zum ersten Merkmale des Wissens (§. 87.), und auch im weiteren Verlauf der Darstellung werden sie öfter aufgenommen und dann wieder bei Seite gelassen, je nachdem der Gang der Untersuchung über das Wesen des Wissens ihre Berükksichtigung fordert oder nicht.

*) Hier soll nicht mehr gesagt sein, als Beil. D, 17. und E, XXII. gesagt ist; nämlich nur in dem Sinne will Schl. das individuelle ausgeschieden wissen, daß es auf das universelle zurükkgeführt wird. Diese Exegese wird durch §. 91. und §. 124. nothwendig gefordert. Auch die Vorles. 1811 lehren, es gebe kein Außereinander des universellen und individuellen.

umfassend nachgewiesen werden, wird aber doch von jedem als für das ganze reale Gebiet gültig zugegeben.

2. Die individuelle Vernunft ist die Fantasie, die individuelle Organisation, wenn sie für objectiv genommen wird, begründet auch den Irrthum.

§. 93.

Das Wissen ist also von dieser Seite angesehen dasjenige Denken, welches nicht in der Mehrheit und Differenz der denkenden Subjecte sondern in ihrer Identität gegründet ist.

§. 94.

(ad b.) In jedem Denken wird ein gedachtes außer dem Denken gesezt.

Man denkt etwas heißt nicht nur das Denken ist bestimmt, sondern auch es bezieht sich auf ein außer ihm geseztes *).

---

*) Vorles. 1818. Zweites Merkmal. Das Wissen ist dasjenige Denken, worin mit jenem ersten Merkmal auch dieses gesezt ist, daß es einem Sein entspricht. Dies ist im allgemeinen Bewußtsein vom Denken mitgesezt. Nämlich wir sezen in jedem Denken außer dem Denken ein gedachtes selbst. Das gedachte kann in uns und außer uns sein, aber der Zustand und die Handlung in uns sind immer noch vom Denken verschieden, denn beide können sein ohne ein Denken derselben, also ist der Gegenstand, wenn er auch ein innerer ist, doch außer dem Denken, und in uns ist er nur, nicht sofern wir das Denken, sondern sofern wir das Sein sind. — Vergl. C, XIX. XX. —

Vorles. 1831 (anknüpfend an das aus ihnen unter §. 86 mitgetheilte). Als die einfachste und verständlichste Erklärung vom Wissen bietet sich diese dar, Es ist dasjenige Denken, welches dem Sein entspricht. Fängt das Denken mit einem Wahrnehmungszustande an: so ist das Sein alles das, was Einwirkung auf uns ausübt. Das einwirkende ist ein mannigfaltiges, wie auch die Einwirkung selbst, so daß die Aufgabe entsteht, das einwirkende als eine Einheit zu isoliren. Geschieht das nun so, daß das Denken dasselbe wirklich abbildet: so sagen wir, wir wissen es. Aber eben so ist es auf der andern Seite, wo das Denken der Einwirkung vorangeht. Da ist unsere Thätigkeit, wie sie gedacht wird, als ursprüngliche, und von ihr gehen Einwirkungen auf das Sein aus, und das Sein wird also gedacht als modificirbar durch

§. 95.

Das Sezen der Uebereinstimmung des Gedankens mit einem außer ihm gesezten giebt die Ueberzeu-

---

unsre Thätigkeit. Wir haben somit zwei Ausdrükke für das Sein gefunden; es ist das, wovon Eindrükke auf uns, und ferner das, worauf Einwirkungen von uns ausgehen. Das Wissen muß beidem entsprechen und im Sein ist keine Theilung ausgesprochen, sondern jedes Sein muß in beiden Beziehungen gedacht werden können, nur in verschiedenem Verhältniß der Quantität. Wie wir nun schon sagten (§. 86), daß der Gegenstand des Denkens, welches das Denken einer Thätigkeit ist, nicht das Resultat derselben ist sondern der innere Impuls, wovon sie ausgeht: so ist auch das Sein, welchem das Denken als Wissen entsprechen soll, hier nicht ein außer sondern in uns geseztes, die innere Willensbewegung, und wenn unser Denken diesem Sein entspricht, dann wissen wir, was wir wollen. So ist es auch, wenn andre unsre Thätigkeit erkennen; nur wenn ihr Denken derselben unserem innern Impuls entspricht, dann wissen sie um unsre Thätigkeit. Zwischen beiden Arten des Wissens, dem um den Anfang unsrer inneren Lebensbewegungen und dem um das was sein Sein außer uns hat, ist aber kein Unterschied. Also muß auch das Sein, dem dieses Wissen entspricht, nicht verschieden sein, d. h. das Sein als Gegenstand des Denkens, sofern es Wollen wird, nicht verschieden vom Sein als Gegenstand des Denkens, sofern es von der Wahrnehmung ausgeht. Beides zusammen ist vielmehr die Totalität des Seins, wie jenes beides die Totalität des Wissens. Was aber den Ausdrukk betrifft, Das Wissen entspricht dem Sein: so könnte man noch viele ähnliche dafür sezen, alle mit demselben Werthe; aber was er sagen will würde dadurch nicht klarer, denn weil es das ursprüngliche ist in der Richtung auf das Wissen, wovon alles andre erst eine Entwikkelung ist: so kann es gar nicht erklärt werden. Es soll damit nur ausgedrükkt sein, daß die Richtung auf das Wissen als das Wesen des menschlichen Geistes constituirend angesehen werden muß. Daraus folgt indeß nicht, daß die Frage nach dem eigentlichen Sinn jener Erklärung abgewiesen werden müsse, vielmehr ist sie der eigentliche Gegenstand des transcendenten Theils. S. Beil. E, XVI. XVII. —

Hiezu nehme man nun Beil. E, XIX., so sieht man, wie es Schl. 1831 ganz vornämlich darauf ankam zu zeigen, das ethische Wissen sei als Wissen ganz dasselbe als das physische, um desto sicherer entwikkeln zu können, vom Wollen aus komme man mit derselben Nothwendigkeit auf das transcendentale als vom Sein aus, und umgekehrt, so wie von dem einen aus nicht auf befriedigendere Weise als vom andern aus. Dem Inhalte nach sind in dieser Hinsicht die Vorles. 1831. von den früheren nicht verschieden. Vergl. besonders auch Beil. A, XII. die zweite Antwort mit ihrer Erläuterung aus den Vorlesungen.

gung, aber nicht jede Ueberzeugung entsteht aus jenem Sezen.

Die ethischen und technischen Imperative führen auch Ueberzeugung mit sich, aber man sezt nicht, daß ihnen ein Sein genau entspreche *).

§. 96.

Jeder Gedanke, der zwar auf ein außer ihm gesezteś bezogen aber nicht als übereinstimmend gesezt wird, ist kein Wissen **).

---

*) Vorles. 1818. In sofern im Denken gesezt wird, das Denken entspreche dem Sein, in sofern ist wieder ein Ueberzeugungsgefühl mit dem Denken verbunden; aber das Ueberzeugungsgefühl kann auch wiederum sein, wo noch keine Uebereinstimmung mit dem Sein ist. Denn wenn wir z. B. auf das sehen, was in uns gedacht wird als Urbild einer künftigen Handlung: so müssen wir gestehen, daß diesem Denken ein Sein nur entspricht, wenn die Handlung zu Stande kommt; aber die Handlung kann eben auch nicht zu Stande kommen, oder doch dem Denken nicht genau entsprechen, und dann ist dies Denken, wiewol Ueberzeugungsgefühl dabei sein kann, kein Wissen. —

Schleiermachers Ansicht ist diese. Die bloßen Imperative, die nichts sind als das Denken des Werkes, das noch nicht zu Stande gebracht ist, entsprechen nicht dem Sein und sind darum kein Wissen. Es giebt also überall da auch keine Ethik, wo nichts gegeben ist als solche Imperative. Etwas ganz anderes ist es, wenn der Imperativ, das Gesez, als lebendige schöpferische Kraft gesezt wird; aber dann entspricht ihm auch ein Sein, wie nur irgend einem Denken. Siehe Schl's Entwurf eines Systems der Sittenlehre (3. Band des literarischen Nachlasses) §. 63, §. 93. und §. 95. Die Vorles. 1811 sagen, Richtig angeschaut entspricht dem kategorischen Imperativ auch ein Sein, und der Fehler ist nur, daß man es als willkührlich gesezteś nicht als Anschauung dargestellt hat. Wir sezen die Vernunft als Sein, und der kategorische Imperativ ist die Function der Vernunft in dem Menschen, und wer ihn nicht so anschaut, hat ihn nur als Fantasie.

**) Vorles. 1818. Wo die Uebereinstimmung (des Gedankens mit dem außer ihm gesezten, worauf er bezogen wird) nicht gesezt wird, da ist auch kein Wissen, zu welchem eben dieses beides gehört, daß sie sei und gesezt sei. Das heißt, Wir gehen aus von einer Mehrheit denkender Subjecte. Wenn nun in dem einen ein Gedanke zwar identisch ist mit dem gedachten, er selbst ist sich aber dessen nicht bewußt sondern ein andrer: so ist der Gedanke in ihm kein Wissen. Ferner, es giebt ein Denken, das

Dahin vorzüglich 1. das freie Fantasiren, welches einen unbestimmt gedachten Gegenstand näher zu bestimmen trachtet, 2. alles ins wissenschaftliche Gebiet gehörige, was aber nur noch als Hypothese aufgestellt wird.

§. 97.

Wenn auch nicht jedes Wissen diesem Charakter rein entspricht: so ist doch die Idee überall rein gehalten *).

Beispiel die alten astronomischen Meinungen. Wir erkennen sie jezt für falsch, da wir nicht mehr sezen, daß sie mit dem Gegenstande zusammenstimmen; aber wir nehmen doch an, daß sie in der Entwikkelungsreihe des Wissens liegen, weil sie damals so gesezt wurden, welches wir von der Feenlehre z. B. nicht annehmen, weil sie nie so gesezt worden.

§. 98.

In sofern jedes Denken aus den in §. 92. gesezten Elementen besteht, kann man sagen, das Wissen sei dasjenige Denken, welches auf gleiche Weise gesezt werden könne als von der selbständigen Thätigkeit der

---

auch auf ein Sein geht aber nicht auf jene Uebereinstimmung; das ist aber kein Wissen sondern ein freies Fantasiren. Jeder hypothetische Gedanke endlich bezieht sich auf ein Sein, und wir sezen eine mögliche Uebereinstimmung. Aber so lange wir sie nicht als wirklich sezen, ist auch kein Wissen, sondern nur ein Verfahren, das zum Wissen führen soll.

*) Vorles. 1818. Indeß unterscheiden wir allerdings dasjenige, was in der Entwikkelung eines Wissens gesezt ist und was nicht, und das geht selbst bis in das hinein, was wir bestimmt als Irrthum erkennen. Wir könnten z. B. physikalische Irrthümer oder falsche Theorien in der Astronomie mit mythologischen Vorstellungen zusammenstellen, aber nie werden wir beide mit einander verwechseln. Die lezteren sind ein Denken, wo es von Anfang an nicht auf ein Sein abgesehen ist, die ersteren dagegen liegen im zusammenhangenden Suchen des Seins, in diesem großen Act, in welchem Irrthum und Wahrheit zusammenliegen.

organischen oder der intellectuellen Function ausgegangen.

1. Dem freien Fantasiren hängt zwar die organische Function auch an, aber nur als Form, und sie kann nicht als primitiv gesezt werden. Dies wäre der Wahnsinn.

2. Dem hypothetischen Wissen oder dem unwissenschaftlichen Wahrnehmen hängt auch die intellectuelle Function an, aber nur als Form, und sie kann nicht als primitiv gesezt werden.

§. 99.

Das Wissen, und hier zunächst das reale, ist also dasjenige Denken, welches nicht mit der Differenz sondern in und mit der Identität beider Functionen gesezt, und von beiden aus gleich ursprünglich auf das außer ihm als Sein gesezte bezogen wird *).

§. 100.

Das Wissen ist das, wenn sich nicht der Gegenstand ändert, ohne Verschlimmerung nicht veränderliche;

---

*) Die §§. 98. und 99. wurden 1818 nach §. 106. aufgenommen, §. 100. aber gänzlich übergangen. Vgl. Beil. B, XII. XIII.— Die Vorles. 1822 (vergl. Beil. C, XIX. seqq) vereinfachen sich hier die Untersuchung über das Verhältniß von Denken und Sein gar sehr, indem sie Zusammenhang und Getrenntsein beider wieder aus der Grundvoraussezung (§. 45.) ableiten. — 1828 (s. Beil. D, 18. seqq.) und eben so 1831 (s. Beil. E, XVII. seqq.) wird zur Beantwortung der Frage, Wie kommt das Denken zu dem Sein außer ihm, worauf es sich bezieht? und zur Förderung der darin verwebten Untersuchung über die organische und die intellectuelle Function im Denken noch manches lehrreiche beigebracht, was früher hier wenigstens fehlte. — Die Differenz des Inhaltes ist in den verschiedenen Darstellungen nur gering; sie sind nur verschiedene Versuche, ein und dasselbe immer genügender darzustellen und unterscheiden sich von einander so, daß die einen mehr auf Ausscheidung und Zusammenfassung eines jeden der verschiedenen Elemente, die andern mehr auf gegenseitige Durchdringung aller ausgehen. Die verschiedenen Elemente aber sind Verhältniß von Denken und Sein, Verhältniß des Wissens zum Gegensaz des universellen und individuellen, Verhältniß des Wissens zum Gegensaz des organischen und intellectuellen und die Ueberzeugung im Wissen.

das nichtwissende Denken dagegen das ohne Verände-
rung des Gegenstandes mit möglichem Fortschritt ver-
änderliche Denken *).

§. 101.

Man könnte sagen, Uebereinstimmung des Gedan-
kens mit dem Sein sei ein leerer Gedanke wegen ab-
soluter Verschiedenartigkeit und Incommensurabilität bei-
der. Allein im Selbstbewußtsein ist uns gegeben, daß
wir beides sind, Denken und gedachtes, und unser Le-
ben haben im Zusammenstimmen beider.

Dies ist nothwendig gegeben mit der Voraussezung einer
Mehrheit von Individuen.

§. 102.

Man könnte sagen, es sei petitio principii außer
dem Wissen ein Sein zu sezen. Allein das Wissen
selbst ist uns im Selbstbewußtsein nur im Sein gege-
ben, aber als ein von ihm verschiedenes, und diese An-
nahme ist nur die Basis der Aufgabe selbst das un-
terscheidende Merkmal des Wissens zu suchen.

§. 103.

Man könnte sagen, Beziehung des Denkens auf
das Sein sei leer, beides könne nur absolut getrennt
sein. Allein im Selbstbewußtsein ist uns ein gegen-
seitiges Werden beider durcheinander in der Reflexion
und im Willen gegeben, und niemand kann glauben,
daß beide beziehungslos neben einander hingehen.

§. 104.

Wenn im Denken keine Verschiedenheit der Bezie-

---

*) Vergl. Beil. C, XX. zu §. 94.

hung auf das Sein statt findet: so findet überhaupt keine Differenz in der Dignität desselben statt.

§. 105.

Der Zweifel, ob in irgend einem Denken das gedachte mit dem Sein übereinstimme, rührt nur daher, daß man nicht glaubt zu begreifen, wie so Einheit und Vielheit in beiden auf gleiche Art müsse vertheilt sein. Allein diese Gleichheit, auf der die materiale Vollkommenheit des Wissens beruht, ist nur durch Approximation zu erreichen; der innere Grund aber dieser Gleichheit ist eben das gesuchte transcendentale.

§. 106.

Das Correspondiren des Denkens und Seins ist vermittelt durch die reale Beziehung, in welcher die Totalität des Seins mit der Organisation steht, und man kann sagen, das ganze Denken ist ein Wissen, welches die Beziehungen eines bestimmten Seins zur Organisation richtig ausdrükkt *).

---

*) Die Vorles. 1818 gaben §. 101 bis hierher und dann §. 98 und §. 99 in folgender Weise.

Das vorher (§. 94—97) gesagte bezog sich sowol auf das in als auf das außer uns gedachte. Nicht alles Sein ist in uns, wie das schon in der Hypothesis der Mehrheit der denkenden Subjecte gegeben ist, und es entsteht nun die große Frage, Wie kommen wir dazu, das Denken auf irgend etwas außer uns zu beziehen? Wir müssen auf das unmittelbare Selbstbewußtsein verweisen und können hier nur auf folgendes aufmerksam machen. Wir selbst sind noch etwas anderes, als das bloße Denken, und alles was wir anderes sind, ja auch das Denken selbst, kann für uns Gegenstand des Denkens werden. Nennen wir das gedachte ein Sein: so sind wir ein Sein neben dem Denken. So wie wir aber damit zugleich die Mehrheit der denkenden Subjecte sezen, sezen wir dasselbe Sein eben so gut außer uns als in uns. Nun werden wir keinen Grund haben, dies nur auf die Mehrheit der denkenden Subjecte zu beziehen, und wenn demnach alles Wissenwollen

§. 107.

Wenn man von dem die Erfahrung bildenden Denken ausgeht, in welchem beide Elemente, das in-

nur auf dieser Voraussezung des Seins in uns und außer uns beruht: so ist unser Selbstbewußtsein nur in dem relativen Getrenntsein des Denkens und des Seins, denn unser Bewußtsein ist erst das Beziehen des Denkens auf ein gedachtes. Also ist die Scheidung des Seins vom Denken eben so nothwendige Voraussezung des Denkens, als das Zusammenstimmen beider. Das Getrenntsein beider offenbart sich auch schon darin, daß wir wissen, es geht in uns noch anderes vor als das Denken. So sagen wir auch, Wir sind. Wir sezen also ein Sein in uns ohne Wissen. Zwar ist kein Moment ganz ohne Denken; aber dieses kann doch bloß Minimum sein, das dagegen hervortretende Maximum, und dies Minimum und Maximum unterscheiden wir doch. Und so sehen wir, wie natürlich es ist, alles Denken auf ein Sein zu beziehen, und wie nothwendig, dasjenige Denken, wo die Beziehung realisirt ist, zu unterscheiden von dem, wo nicht. Es giebt aber auch keine andre Differenz in der Dignität des Denkens, als eben diese, daß das Denken mit dem Sein stimmt, oder nicht. Wenn man nun an der Realität dieser Beziehung zweifelt: so fragt sich, Woher dieser Zweifel? Angenommen das Sein wäre eins und das Denken auch: so würde jeder die Beziehung klar sehen. Aber das Sein ist getheilt und das Denken auch, und in dieser Theilung beider eine Uebereinstimmung zu finden, scheint grundlos. Darauf bezieht sich auch wirklich aller Irrthum, und sofern diese Theilung ist, ist alles Wissen immer nur Approximation. Aber wir wissen auch, daß das innerste Wesen von beiden jenseit der Theilung liegt, und sofern wir darauf sehen, können wir an der Möglichkeit des Zusammenstimmens und an der Zusammengehörigkeit nicht zweifeln, sondern das ist nur möglich in der Theilung. Aber auch die Beziehung des getheilten Denkens auf das getheilte Sein hat eine nothwendige Wurzel in unserm Selbstbewußtsein; die Zusammenstimmung hat ihre Gewißheit in der Einheit unseres Wesens. In der Operation des Denkens nämlich, wozu wir die Regeln suchen, gehen wir aus dieser Einheit heraus und haben nun eine Mannigfaltigkeit des Denkens, die einer Mannigfaltigkeit des Seins entsprechen soll. Wie ist nun diese Beziehung der einen auf die andere in unserm Selbstbewußtsein angelegt? Unser leibliches Dasein ist auch ein zusammengeseztes und verknüpftes ganze in unserm Selbstbewußtsein und steht mit dem außer uns gesezten Sein in Verbindung, das sich durch seine Einwirkungen auf uns offenbart, und nun beruht unser ganzes Selbstwußtsein auf der Unterscheidung und Verknüpfung der verschiedenen Momente, die bestimmt sind durch die Art wie einzelnes außer uns auf einzelnes von uns einwirkt. Wir haben also auch ein bestimmtes Bewußtsein von dem Getheiltsein unsres Denkens in Be-

tellectuelle und das organische, unleugbar sind: so kann man sagen, Wenn man zu beiden Seiten so weit geht,

---

ziehung auf die Getheiltheit des Seins, weil in jedem wirklichen Denken auch dasjenige thätig ist in uns, was unmittelbar mit dem außer uns gesezten Sein in beständiger Wechselwirkung steht, nämlich unsre Organisation, und eben darauf, daß es kein Denken giebt, worin nicht beide Enden zusammen wären, die intellectuelle und die organische Seite, beruht das Sezen einer Zusammenstimmung des Denkens mit dem gedachten. Gäbe es ein Denken, worin eins isolirt wäre, ein Denken, womit die organische Function, d. h. unser Sein, sofern es mit dem außer uns gesezten Sein identisch ist, gar nichts zu schaffen hätte: ja dann hätten wir keinen Grund die Zusammenstimmung anzunehmen. Ich behaupte nun, daß das Wissen eben dasjenige Denken ist, welches auf gleiche Weise aus der einen wie aus der andern Seite begriffen werden kann, worin also eben die Operationen beider zusammentreffen und sich durchdringen.

Vergleichen wir nun die dargelegten Bestimmungen des Wissens: so werden wir folgende Parallele finden. Wir sagten früher, das Wissen sei dasjenige Denken, welches auf der Identität der denkenden Subjecte beruhe (§. 93.); nun haben wir gefunden, es sei dasjenige Denken, welches nicht in der Differenz, sondern in der Identität der beiden Functionen gegründet ist, so daß, wo wir Irrthum sezen oder bloße Subjectivität, da das Nichtzusammenstimmen beider gesezt wird. Beide Merkmale aber, wiewol im Denken getrennt, sind wesentlich eins und dasselbe; sie lösen sich vollkommen in einander auf und werden uns dadurch erst klar. Wo wir eine Mehrheit von denkenden Subjecten sezen, da werden wir es natürlich finden, daß nur das Denken als identisch angesehen werden kann, was auf der Gleichmäßigkeit der Production beruht (§. 88. 89.). Sezen wir nun aber ein Sichdurchdringen beider Functionen, und denken wir uns, daß sie in einander aufgehen können und auch nicht: so wird natürlich nur dasjenige Denken in allen dasselbe sein, in welchem beide in einander aufgehen. (Vgl. Beil. C, XXI., die dieses aber als Folgerung giebt aus §. 107—113.). Beide Merkmale erläutern sich also, indem sie nothwendig mit einander verknüpft sind, und ihre Nothwendigkeit beruht eben auf dem, was bei allem Wissen vorausgesezt wird, auf der Einheit des denkenden Wesens in allen und auf der Duplicität der Functionen im denkenden Wesen. — Aber dies lezte, daß es kein Denken giebt, wo nicht beide Seiten mit einander verknüpft wären, muß noch weiter ausgeführt werden. (S. die folg. §§.) — —

Die Vorles. 1811 leiten die (§. 107 seqq.) folgende Untersuchung, ohne vorher der beiden Functionen erwähnt zu haben, so ein, Wissen ist also das Denken mit Allgemeingültigkeit und mit welchem ein Sein gesezt ist. Nun gehen wir von dem ersten Merkmal aus, daß es von allen identisch muß producirt werden können. Was ist denn aber Den-

daß auf der einen der Vernunftgehalt auf der andern der organische in nichts verschwindet, ist man auch aus dem Gebiet des Denkens herausgetreten.

§. 108.

Die Thätigkeit der organischen Function ohne alle Vernunftthätigkeit ist noch kein Denken.

1. Denn sie ist noch nicht einmal das Fixiren des Gegenstandes, sondern nur die chaotische Mannigfaltigkeit der Impression. Beispiel vom Sehen.

2. Man sezt noch nicht, weil man sich das empirische Denken als mit der Affection der Organe anfangend denkt. Man könnte auch umgekehrt sagen, wenn man von der Construction herkommt.

§. 109.

Die Thätigkeit der Vernunft, wenn man sie ohne alle Thätigkeit der Organisation sezt, wäre kein Denken mehr.

Nicht mehr, weil je weniger organische Thätigkeit, um so mehr schon das unmittelbare Leben des Denkens aufgehoben ist *).

---

ken?, und diese Frage beantwortend kommen sie auf die beiden Functionen, die eine auch die organische, die andre aber die formale nennend. Vergl. Beil. A.

Die Vorles. 1828 (vergl. Beil. D, 18. 19.) nennen die organische Function auch das Geöffnetsein nach außen, die intellectuelle das Geöffnetsein nach innen. Auch sie entwikkeln, in uns, in unserm Selbstbewuztsein, seien Denken und Sein nicht außer einander, sondern ursprünglich für durch und in einander, und daß, gäbe es nicht solch ursprüngliches Einssein beider, wir nie Rechenschaft darüber würden geben können, wie eins zum andern komme, dann auch, daß der Zusammenhang zwischen dem mit der intellectuellen Function zusammenhangenden Beziehen auf das eigene Sein und dem mit der organischen zusammenhangenden Sezen der Außenwelt im Selbstbewußtsein vermittelt sei durch das Sezen anderen menschlichen Seins. Eben so, nur vollständiger die Vorles. 1831 (vergl. Beil. E, XX—XXIII.).

*) Genauer gefaßt sind §. 108. und 109. in Beil. B, XIII, 1. 2. Den

§. 110.

Die allgemeinen realen Begriffe, die substantiellen, enthalten organische Thätigkeit, denn in ihrer ursprünglichen Entstehung rufen sie die einzelnen sinnlichen Vorstellungen der darunter zu subsumirenden Gegenstände zurükk.

1. Wir haben dies nicht mehr unmittelbar im Bewußtsein, weil wir diese Begriffe im gemeinen Gebrauch selten zu ihrem wahren Leben kommen lassen, sondern in unsrer Combination weiter gehen. Je mehr wir sie aber so nur als Zeichen brauchen, um desto weniger denken wir wirklich dabei.

2. Bei uns knüpfen sich die allgemeinen Begriffe nicht ursprünglich und allein an die eigne Erfahrung, sondern auch an die Tradition fremder Erfahrung, welche auch schon nicht mehr zum vollen Leben kommt.

3. Von den ethischen allgemeinen Begriffen gilt dies vollkommen eben so, wie von den physischen *).

§. 111.

Die allgemeinen formalen **) Begriffe enthalten eben so die organischen Elemente der einzelnen Thätigkeiten, welche darunter subsumirt sind, und in dem Maaß als wir sie nicht so beleben, ist auch nichts wirklich darunter gedacht, sondern sie werden nur als Zeichen gebraucht.

1. In dem Begriff Subject z. B. sind alle Thätigkeiten,

Uebergang von §. 109. zu §. 110. machen die Vorles. 1818 so, Dennoch giebt es Formen, von welchen man glaubt, daß sie ohne alle organische Thätigkeit bestehen können. Die Hauptpunkte, an welche diese Vorstellung sich geheftet hat, sind 1. die allgemeinen Begriffe u. s. w.

*) Vergl. Beil. E, XXIV.

**) Vorles. 1818. Formale Begriffe sind solche, welche nur die Stelle bezeichnen, wo etwas im Acte des Denkens steht. S. Beil. B, XIV, 2.

welche einen Gegenstand fixiren, zusammengefaßt, die offenbar eine organische Seite haben.

2. Weder hier noch oben soll gesezt sein, daß die allgemeinen Begriffe durch die organische Thätigkeit entständen, da schon die einzelnen Vorstellungen nicht allein durch sie entstehen, sondern sie entstehen nur nicht ohne sie.

3. Wenn das bisherige nicht immer in jedem einzelnen Bewußtsein nachzuweisen ist: so schadet das nicht, weil wir alles Bewußtsein als Eins ansehen können.

§. 112.

Die allgemeinen Denkformen, deren Repräsentant der Saz a = a, haben auch eine organische Seite, sofern sie die Form des Prozesses enthalten, oder eine Bedingung desselben aussprechen; und sofern sie keine organische Thätigkeit enthalten, wird auch nichts in ihnen gedacht.

a = a ist entweder Identität des gedachten und des Seins, also Form des Wissens, oder Identität des Subjects, also Bedingung des Wissens. Ohne organische Thätigkeit ist es nichts, als die bloße Wiederholbarkeit des Gedankens, also leer.

§. 113.

Der höchste reale Begriff des Dinges, ens, enthält auch organische Elemente, denn es ist dasjenige, was die Organisation afficiren kann, und zwar als ein subsistirendes in einer Mannigfaltigkeit von Eindrükken.

1. Wenn man sich auch das seiende einer andern Weltordnung darunter subsumirt denkt: so sezt man in dieser ebenfalls ein Verhältniß einer vernünftigen Organisation zu einem umgebenden.

2. Wenn auch im Begriff des Dinges die organischen Thätigkeiten nur mittelbar sind, in sofern die allgemeinen Begriffe

lebendig darin gedacht werden: so sind sie doch darin, wie in dem Saz a = a.

3. Sezt man diesen Begriff ohne alle organische Thätigkeit: so wird er eben so nur leere Form, wie a = a *).

§. 114.

Nur im transcendentalen Gebiet wäre eine Sonderung dieser Elemente zu sezen; aber wie wir dieses in kein Wissen gestalten wollen: so können wir es auch zu keinem für sich bestehenden Denken gestalten.

Im Aufsteigen bleibend können wir in dieses Gebiet nur die Begriffe Gott und Chaos sezen. Im ersten ist jede organische Thätigkeit negirt, im lezten jede intellectuelle. Auf diese Weise gefaßt sind sie kein wirkliches Denken **).

---

*) Vorles. 1818. Am weitesten entfernt von der organischen Function des Denkens ist der Begriff des Dinges, der der schlechthin allgemeinste ist. Aber das Ding ist nur das für uns, was als ein Substrat gesezt wird in unserm Verkehr mit dem außer uns gesezten; wir schreiben ihm eine Beharrlichkeit zu in Beziehung auf die Afficirbarkeit und Beweglichkeit unseres eigenen Seins. Es liegt also das Schema zum Grunde, daß in diesem Spiel zwischen unserem Sein und dem außer uns gesezten, wovon die Erregungen unserer Sinne das Resultat sind, das außer uns gesezte als ein getheiltes und in der Getheiltheit beharrliches gesezt wird. Das ist aber gar nicht zu denken ohne die Erregung der Organe dabei gegenwärtig zu haben, also auch zu reproduciren. — Weiter nun können wir nicht kommen, aber zwei Grenzen können wir noch stellen. Wir fragen, Was kann denn herauskommen, wenn wir die organische Seite völlig negiren oder die intellectuelle? S. den folg. §.

**) Vorles. 1818. Nur im Gedanken des höchsten Wesens ist alle organische Thätigkeit negirt. Aber wir können ihn auch nicht vollziehen, wie jeden anderen; er ist nicht als einzelner Gedanke in uns, sondern blos als Grund des Denkens. Mit der organischen Thätigkeit für sich allein dagegen, sei sie noch so rege, können wir keinen bestimmten Gegenstand fixiren, und so führte sie auf das Chaos. Aber auch dieser Gedanke ist nicht zu vollziehen. Es giebt vielleicht in der Entwickelung des Menschen einen Punkt, wo ihm alles noch ein Chaos ist, aber da denkt er auch nicht. Sobald wirkliches Denken da ist, ein Zusammensein beider Functionen, kann das Chaos, die bloße unbestimmte Mannigfaltigkeit nicht mehr vorkommen. Höchstens bleibt nur die Annäherung an das

§. 115.

Wenn in jedem wirklichen bestimmten Denken beide Elemente sind: so theilt sich alles Denken in drei Gebiete, das eigentliche Denken mit überwiegender Vernunftthätigkeit und anhangender organischer, das Wahrnehmen mit überwiegender organischer und anhangen-

---

chaotische im Zustand zwischen Wachen und Schlaf, aber die wirkliche Ergreifung des chaotischen ist so wenig möglich durch Zuruhesezung der intellectuellen Function, als die Ergreifung der Idee Gottes möglich ist durch Zuruhesezung der organischen. Will man das erste: so kommt man ganz ins bewußtlose; will man das zweite: so kommt man darauf, daß man sagt, die Gottheit sei das Nichts. Und so sehen wir denn, daß alles wirkliche Denken im unmittelbaren Zusammensein beider Thätigkeiten, der organischen und der intellectuellen, eingeschlossen ist. — Hierauf nun wird der folgende §. als unmittelbare Folgerung vorgetragen.

1822 (Beil. C, XX. XXI.) ist alles wesentliche des in §. 107—113. enthaltenen angedeutet. Dann folgt (XXII.) sich an §. 114. anlehnend ein Versuch, die transcendentale Aufgabe zu lösen von der polarischen Duplicität des Denkens aus. Nachdem aber gezeigt ist, daß dieser Versuch kein genügendes Resultat geben könne, so lange nicht die Beziehung beider Seiten auf einander als in allen dieselbe gegeben sei, wird mit Rükksicht auf §. 118—122 die Frage beantwortet (XXIII), Wie müssen sich beide Seiten auf einander beziehen, wenn der Zustand streitiger Vorstellungen soll aufgehoben werden können? und dann erst folgt (XXIV—XXVI.) die Charakteristik des Wissens in Bezug auf beide Functionen im Denken, also §. 115—117.

1828 (Beil. D, 20. 21. 22.) enthält eine lehrreiche Darstellung unseres eben beendigten Abschnittes (§. 107—114), und folgt darauf im großen angesehen dem Gange in 1822, nur mit ganz besonderer Rükksicht auf das Merkmal der Ueberzeugung. (Siehe 23—26.)

1831 (Beil. E, XXIV.) findet sich die umfassendste Darstellung davon, daß in jedem wirklichen Denken beide Functionen sind, dann folgt, immer mit Rükksicht auf den Unterschied zwischen dem universellen und individuellen Denken, die Beantwortung der Frage, was beide Functionen dem Wissen werden wollenden Denken zubringen (XXIV—XXIX. Vergl. §. 118—122), und darauf (XXX—XXXII.) die Untersuchung über das Verhältniß beider Functionen zum Wissen (§. 115—117). Hiebei kommt manches zur Sprache, was in den früheren Darstellungen eine andre Stelle hat, manches ist zusammengezogen, manches erweitert, und durch veränderte Terminologie wird die Vergleichung nicht wenig erschwert.

der rationaler, und das Anschauen mit dem Gleichgewicht beider *).

1. Das Denken heißt billig so, indem wir damit die charakteristische Form des menschlichen Bewußtseins bezeichnen. — Im Wahrnehmen ist das Wahr nicht zu urgiren, da in beiden Formen auch das Gegentheil des Wissens gegeben sein kann.

2. Auch Anschauen schließt den Irrthum nicht aus.

§. 116.

Die mittlere Form ist nur als werdend in der Oscillation der beiden ersten, und jedes Anschauen unter eins von beiden zu subsumiren **).

Auch der Ausdrukk bezeichnet kein reines Gleichgewicht, sondern nur das Wahrnehmen des vorher gedachten, nicht umgekehrt.

§. 117.

Das Wissen kann als Denken und als Wahrnehmen vorhanden sein, aber nur unter Voraussezung des andern, und selbstgenügsam ist nur die mittlere Form *).**

---

*) Vergl. Beil. C, XXIV; D, 20, 25.; E, XXX. —

**) Vorlesf. 1818. Eine Wahrnehmung wird eine Anschauung, wenn man das wahrgenommene zugleich denkt in allen seinen Verhältnissen zum übrigen. Man kann aber auch vom Denken aus zur Anschauung gelangen, wenn die Wahrnehmung dazu kommt. Diese vollkommenste mittlere Form haben wir aber immer nur aus der Approximation der beiden andern, und entweder das Denken wird Anschauung oder das Wahrnehmen, und so wie das absolute Gleichgewicht nirgend gegeben ist: so wird jede Anschauung bald mehr nach der einen, bald mehr nach der andern Seite hin liegen.

***) Beil. C, XXV. XXVI. entwikkelt dies a. in Bezug auf die Identität der Production, b. in Bezug auf die Ueberzeugung, c in Bezug auf die Darstellung des absoluten Zusammenhanges, der mit allem Wissen gegeben sein soll.

Beil. E, XXX—XXXII. zeigt zuvörderst, daß der Gegensaz zwischen einzelnen und allgemeinen Vorstellungen nicht derselbe ist als der

§. 118.

In allem Denken ist die Vernunftthätigkeit der Quell der Einheit und Vielheit, die organische Thätigkeit aber der Quell der Mannigfaltigkeit *).

1. Was jede von ihnen beiträgt, läßt sich nicht isoliren, ohne das reale Denken zu zerlegen, also etwas zu erhalten, was für sich nicht nachgewiesen werden kann.

2. Das Erfülltsein der Sinne (Sinn = Vermögen, wodurch die Affection der Organisation Mitursach des Denkens werden kann) ist durch die Sinne für sich selbst nur ein chaotisches mannigfaltiges von Eindrükken; die Sonderung, wodurch sie das getheilte und bestimmte Sein vorstellen, ist also nur durch die Vernunftthätigkeit zu beschaffen, die Einheit und Vielheit bringt.

3. Das abstracteste Denken war leere Bestimmtheit ohne die organische Thätigkeit, die aber nur unbestimmte Mannigfaltigkeit bringen kann (so sind die Erinnerungen der einzelnen

---

zwischen überwiegend organischen und überwiegend intellectuellen Denkacten (vergl. Beil. C, XXI. zu Anfang), und entwikkelt dann mit Rükksicht auf die vorangegangene Untersuchung über das, was beide Functionen dem Wissen werden wollenden Denken hinzubringen, daß alle Denkacte, die unter der Form der Zusammenfassung stehen überwiegend organische, und alle, welche unter der Form der Sonderung = Einheitsezung und zugleich Entgegensezung stehen, überwiegend intellectuelle sind. Zulezt zeigt sie, daß beide Denkacte werdendes Wissen sind, aber auch nur im Zusammentreffen und zwar nicht minder in der Fortsezung wie im ersten Auffassen, worauf dann die sich freilich auch hier ganz natürlich anschließende Digression über die Einseitigkeit der Aposterioristen und der Aprioristen folgt, wovon der Text erst später handelt §. 168 seqq.

*) 1831 (Vgl. E, XXIV.) wird nach dem Vorgange der Beil. D, 20. das bloße Organischafficirtsein als Denkstoff, die Richtung der intellectuellen Thätigkeit, rein für sich gedacht, als Denkform beschrieben, und dann (XXVI.) gesagt, die organische Function bringe die verworrene Mannigfaltigkeit, die intellectuelle die Einheitsezung und zugleich Entgegensezung. Dieses leztere wird XXVII. ausgeführt und zwar so, daß die frühere Behauptung (§. 80. E, XIV.), jedes gegebene Wissen sei ein verknüpftes, dagegen gehalten und die Zusammenstimmung beider nachgewiesen wird.

Vorstellungen, die unter die allgemeinen Begriffe lebendig subsumirt werden), wenn nicht die Vernunftthätigkeit wieder in sie eingeht und mit ihnen *) einen besonderen Act producirt.

§. 119.

Ohne Einheit und Vielheit ist die Mannigfaltigkeit unbestimmt; ohne Mannigfaltigkeit ist die bestimmte Einheit und Vielheit leer. Die Verrichtung der Vernunft im Denken ist also die Bestimmung, die Verrichtung der Organisation ist die Belebung.

Durch die erste wird jedes Ein Denken, durch die andre wird jedes ein Denken.

§. 120 **).

Nach §. 93. kann also der organischen Thätigkeit des einen auch die des andern substituirt werden und sich mit seiner intellectuellen Function einigen, und eben so der intellectuellen Thätigkeit des einen die des andern substituirt werden und sich mit seiner organischen Function einigen.

1. Das heißt im Gebiet des Wissens gehören die Sinne aller einem jeden zu seiner Vernunft, und die Vernunft aller einem jeden zu seinen Sinnen und können ein und dasselbe Wissen constituiren.

---

*) Statt ihnen ist ihr zu lesen.

**) Die Vorles. 1818 stellen diesen §. als Folgerung aus diesen beiden Sätzen, Das Wissen, als dasjenige Denken, das in der Identität der denkenden, Subjecte gegründet ist, ist das Denken, welches von allen gleichmäßig muß vollzogen werden können, und, Jedes Denken besteht aus zwei Elementen, einem organischen und einem intellectuellen. Sie schließen ihn aber so, Es ist klar, beides muß mit einander stehen und fallen, die Möglichkeit des Wissens in einer Mehrheit von denkenden Subjecten und die Möglichkeit jener Substitutionen, denn beides ist in der That eins und dasselbe, wie wir denn auch überall, wo wir Irrthum voraussezen, jenes beides nicht sezen.

2. Dies gilt nicht vom Irrthum. Man sezt, daß diese organische Thätigkeit mit der Vernunftthätigkeit anderer sich nicht zu diesem Denken sondern zu einem andern, das ein Wissen wäre, verbinden würde.

§. 121. *)

Eben so nach §. 117. kann das wahrgenommene Wissen, das zu einem gedachten gehört, in einem andern sein, als dieses, und ist doch zu Einem Wissen mit demselben geeint; und umgekehrt das gedachte, das zu einem wahrgenommenen gehört.

Das heißt, die Denkacte des einen sind oft nur ein Wissen in Eins gesezt mit den Denkacten eines anderen, so daß die Denkacte der einzelnen in einander greifen und sich zum Wissen ergänzen.

Der Irrthum ist nicht so, sondern umgekehrt als ein Denken gesezt, dem kein Wahrnehmen in einem anderen entspricht; und umgekehrt.

§. 122.

Zusammengenommen, Mit der Idee des Wissens ist gesezt eine Gemeinsamkeit der Erfahrung und eine

---

*) Vorles. 1818. Eine andre Folgerung aus eben jenen Säzen und der Behauptung, die wir als das zweite Merkmal des Wissens aufgestellt haben, daß das Wissen die Uebereinstimmung sei des Denkens mit dem Sein. Das wahrgenommene Wissen nämlich, das zu einem gedachten gehört u. s. w. wie im §. Das Denken eines Menschen ist oft unvollkommen, findet aber in dem des andern sein Complement. Es ist in jeder Form ein Irrthum möglich, wenn nämlich die eine Function nicht in gehörigem Maaße dabei ist, und die Correction ist nur da, wo das Uebergewicht auf der andern Seite ist. Jeder hat überwiegende Neigung entweder zur Wahrnehmung oder zur Betrachtung, und so wird das lebendige Werden und Wachsen des Wissens immer nur im Ineinandergreifen und Sichergänzen beider Richtungen sein, also, wenn jeder mit seinem ganzen Sein entweder mehr auf der einen oder auf der andern Seite steht, in der Ergänzung jedes denkenden durch andre.

Gemeinsamkeit der Principien unter allen mittelst der Identität der Vernunft und der Organisation in allen *).

---

*) Die hier §. 120—122. gegebenen Folgerungen sind in der Beil. C, XXIII XXIV. als Grundlage alles Wissen werden wollenden Denkens mit demjenigen zugleich aufgeführt, was im Text unter §. 128. seqq. folgt.

1828 (Beil. D, 23—26) eben so, nur ist besonders hervorgehoben das Füreinander beider Prozesse, des organischen und des intellectuellen, nicht nur im allgemeinen, sondern auch in der Vereinzelung als der nothwendigen Form der zeitlichen Entwikkelung des Wissens, und die Ueberzeugung, die dem Wissen einwohnen muß, genauer bestimmt, so daß daran die Untersuchung über das Verhältniß des Wissens zum individuellen Denken geknüpft und darein verwebt wird.

1831 wurde auf den Grund des bisher entwikkelten zuvörderst das Wissen in seinem Werden beschrieben. Nämlich das Wissen werde, so lange auf der organischen Seite das einzelne gedachte noch nicht völlig gesondert sei aus der verworrenen Mannigfaltigkeit, und auf der intellectuellen die Entgegensezung und Verknüpfung noch nicht vollkommen auf einander bezogen zur Totalität der Einheit. Oder vom Ueberzeugungspunkte aus die Sache angesehen, so lange die Ruhe im Denken noch wieder wankend werden könne, denn so lange müsse immer noch chaotisches geblieben sein im organischen und Indifferenz von Gegensaz und Nichtgegensaz im intellectuellen Prozeß, Denkstoff ohne Denkform und umgekehrt. Dann wird (E, XXVIII) die Vollendung des wirklichen Wissens seiner Extension und seiner Intension nach beschrieben. Die extensive Vollendung sei die Erschöpfung der Gesammtheit der das gesammte Sein erschöpfenden Dinge, und die Erschöpfung der Gesammtheit der Begriffsanfänge, in welchen die Gesammtheit der intellectuellen Function gegeben sei. Die intensive Vollendung sei das Aufgelöstsein des chaotischen, was in den Begriffsanfängen liege (in welchen zwar ein Etwas, aber zunächst nur als eine Unendlichkeit, in sich selbst betrachtet noch als eine verworrene Mannigfaltigkeit, fixirt sei), in eine bestimmte Vielheit, die alle Denkacte enthalte, welche zwischen dem Anfang und der vollständigen Definition liegen. Dann aber wird (vergl. E, XXIX.) so fortgefahren,

Wenn nun die Ueberzeugung darauf beruht, daß die Totalität der Dinge in die Totalität der Begriffsanfänge aufgenommen ist, so daß kein neuer Impuls entsteht in den organischen Affectionen etwas zu sondern: so darf auch die Gesammtheit der Begriffsanfänge kein verworrenes Aggregat sein, sondern eine Totalität, wie dies auch schon in dem Ausdrukk Welt liegt, der eine in sich abgeschlossene Totalität bezeichnet, und so ruht die Ueber=

§. 123.

Da in demjenigen, was im Bewußtsein auch mit Ueberzeugung, aber nur mit persönlicher und nicht als

---

zeugung, die Ruhe im Denken, in dieser Beziehung auf der Voraussezung des Incinanderaufgehens der organischen Mannigfaltigkeit und der gemeinsamen Welt. Der intensive Prozeß aber vollendet sich erst durch die Verwandlung des Begriffsanfanges in den vollständigen Begriff, und in einem solchen müssen wieder alle Beziehungen des Etwas zur Gesammtheit des Außer uns in eine bestimmte Vielheit aufgelöst sein. Das kann aber nicht geschehen, so lange das gesammte Außer uns selbst noch nicht durch den extensiven Prozeß in die Totalität der Begriffsanfänge aufgelöst ist, sonder nur als verworrene Mannigfaltigkeit gegeben bleibt. Daraus folgt, daß in Beziehung auf ein einzelnes gesondertes Etwas der intensive Prozeß nicht eher vollendet sein kann, als es der extensive ist, und eben so umgekehrt. Jedes geschiedene Etwas und jeder aufgestellte Begriff ist nur etwas provisorisches bis zur Vollendung des Wissens. Die Geschichte der Fortschreitung des Denkens bestätigt dies auch hinreichend. Nämlich so oft der eine Prozeß still stand, kam auch der andre zur Ruhe, und so oft der eine einen neuen Stoß bekam, mußte auch der andre fortschreiten. (Vergl. §. 65.)

Nehmen wir nun hinzu, was ebenfalls in der Vollendung des Wissens liegt, die schon gefundene Identität des Denkens für alle denkenkenden: so kann das Denken des einzelnen nicht die Vollendung des Wissens sein, wenn es nicht auch zugleich das aller anderen denkenden geworden ist. Darin liegt die doppelte Voraussezuug, daß die organischen Thätigkeiten in den einzelnen einander substituirt werden können, und eben so auch die intellectuellen, also die Voraussezung der Identität beider Elemente in allen denkenden, und die andre des Füreinander beider Elemente, so daß sie, als dieselben in allen, in einander aufgehen, und zwar in der Indifferenz ihrer Priorität. Und was die Gleichmäßigkeit des Denkens in allen betrifft: so liegt darin, daß der in dem einen angelegte Begriffsanfang durch den andern vollendet werden kann, und zwar wiederum gleichviel, ob er mit einer organischen Affection oder einer intellectuellen Thätigkeit angefangen habe. Was auf der einen Seite voraussezt, daß das gemeinsame Außer uns für die organischen Affectionen des einen dasselbe ist als für die des andern, und auf der andern Seite, daß der Begriffsanfang in dem einen dasselbe ist als in dem andern, oder daß die menschliche Vernunft in allen dieselbe ist, so daß also jeder dem andern seinen Denkprozeß, er sei auf welcher Stufe er wolle, zur weitern Vollendung übertragen kann. Diese Voraussezungen sagen nichts andres aus, als die Identität des Denkens und Seins, die, wie wir oben sagten, uns ursprünglich gege-

Wissen vorkommt (z. B. in Maximen und Schönheitsgefühl) auch Vernunftthätigkeiten und organische enthalten sind: so ist in beiden außer jener Identität auch eine Differenz gesezt.

1. Kein Entschluß ohne organische Thätigkeit und kein Schönheitsgefühl ohne intellectuelle.

2. Wer keine Differenz in der Vernunft sezen will, seze sie vorläufig bloß in der Organisation.

§. 124.

Wiewol diese Functionen der Vernunft und Organisation andre sind, als die im Wissen: so kann doch nicht das differente und das identische gesondert sein; also muß auch das Denken in seinem ganzen Umfange davon tingirt sein.

§. 125.

Sonach giebt es in der Realität kein reines Wissen, sondern nur verschiedene concentrische Sphären der Gemeinsamkeit der Erfahrung und der Principien.

1. Engstes Schema die Identität der Erzeugung mit dem Zusammenaufwachsen verbunden, worin die persönliche Differenz bis zur Identität der Maximen und der Gefühle verschwindet. Weitestes die Identität der Sprache, in welche die reale Möglichkeit der Ausgleichung des Prozesses eingeschlossen ist.

2. Indem wir die Ueberzeugung sezen, so daß wir dem andern unser Wissen beweisen könnnten: so sezen wir ein Medium der Mittheilung voraus, welches nur begrenzt ist. Kein Wis-

---

ben ist in unserm Selbstbewußtsein und von da aus auch ganz allgemein. — (Hierauf folgt nun das oben §. 115. vorgetragene, was hier so eingeleitet wird, Unsre nächste Aufgabe ist nun zu zeigen, daß diese Voraussezung dieselbe ist für alles Denken, es mag nun von der organischen und intellectuellen Seite ausgehen, oder unter der Potenz der einen oder der andern stehen). —

sen in zwei Sprachen kann als ganz dasselbe angesehen werden, auch Ding und a = a nicht.

§. 126.

Dennoch müssen wir hinter der Differenz des gesonderten Wissens eine allgemeine Identität nothwendig voraussezen, und halten daran die Reinheit der Idee des Wissens fest, wenn wir auch kein Object aufzeigen können, woran sie sich manifestirt.

Es bliebe übrig

a. das mathematische, das keiner Sprache bedarf. Aber es existirt dafür nur in persönlichen Combinationen und wird auf diese Art relativ. Gegensaz der alten und neueren mathematischen Methoden *);

b. das transcendentale, repräsentirt durch die Idee des absoluten Seins = Gottheit. Allein auch in dieser ist die reine Identität nur in sofern sie lebendiger Grund aller Prozesse ist; als bestimmtes Denken hervortretend wird sie durch die Sprache relativirt. In allen Ausdrükken für Gott ist etwas relatives, welches nur dadurch aufgehoben wird, daß man sie nicht mehr etymologisch verfolgen kann **).

§. 127.

Die Relativität des Wissens ist mit demjenigen zugleich gesezt, wodurch wir uns seiner in seinem Unterschiede von andern Operationen bewußt sind, also mit dem Bewußtsein des Wissens selbst gesezt und ihm wesentlich ***).

---

*) Vorles. 1818. Die Resultate sind zwar dieselben, aber das Wissen ist nicht im Resultat, sondern im Vollziehen des Denkens. (Vergl. §. 89.)

**) Vergl. Beil. C, XXVII., Verhältniß des transcendenten Grundes zur Individualität. D, 28., In Beziehung auf das transcendente u. s. w.

***) Der Abschnitt §. 123—127. über das Verhältniß des Wissens zum individuellen Denken hat in der Vorles. 1818 dieselbe Stellung als hier im Texte. Es ist eine zwiefache Möglichkeit gelehrt, die, daß der organischen Thätigkeit des einen die des andern, und die, daß der intellectuellen Thätigkeit des einen die des andern substituirt werden kann, und aus der ersten die Gemeinsamkeit der Erfahrung, aus der zweiten die Gemeinsamkeit der Principien gefolgert. Nun entsteht die Frage, ob beiderlei Substitutionen unbegrenzt sind, oder nicht, und darauf enthält unser Abschnitt die Antwort.

Die Beil. C, XXVI. XXVII. kommt auf das hier abgehandelte von der Beantwortung der Frage, wie sich das Wissen zu den drei Formen des Denkens, dem Wahrnehmen, dem Denken im engern Sinne und dem Anschauen verhalte, durch Wiederaufnahme des Sazes, das Wissen sei dasjenige Denken, welches auf der Identität der denkenden Subjecte ruhe (§. 93.), und des andern (§. 88—91. C, XVIII. XIX), daß es im Denken ein Element gebe, das individuelle nämlich, kraft dessen im Denken jeder ein anderer sei als die übrigen und also das Gebiet des Wissens beschränkt werde.

Die Beil. D, die auch schon früher (17.) vom individuellen Denken gesprochen hat, kommt (27. 28.) auf unsern Abschnitt von der Differenz in der Ueberzeugung aus, sich übrigens an C. anlehnend.

Die Beil. F. behandelt den Kern des in §. 123—127. und in den correspondirenden Stellen der Beilagen C. und D. enthaltenen gleich in ihrem zweiten §. und zwar so vollständig und genügend, daß es mir überflüssig schien aus den Vorlesungen 1818, die hier auch sehr ausführlich sind aber ohne etwas anderes darzubieten als der Text und die Beilagen C. und D., Auszüge zu geben.

Am meisten beschäftigen sich aber mit der Sache die Vorles. 1831 (vergl. Beil. E. XXI—XXVI.), und da sie dabei manches nur ihnen angehörige enthalten: so möge dem folgenden hier seine Stelle gegönnt sein. — Wie sie die Untersuchung einleiten, ist (E, XX. lezte Anmerk. zu Ende) angegeben. Dann fahren sie (zu XXI. ꝛc.) fort,

Zu dem Saz, Das Denken soll dem Sein gleich sein, stellten wir als Princip für die Willensthätigkeiten das Correlatum, Das Sein soll dem Denken gleich sein, und jeder eine Willensthätigkeit aussprechende Zwekkbegriff ist ein Gedanke. Gilt nun von diesem dasselbe, daß er soll dem Sein gleich sein? Ohne Zweifel, nur ist das Sein hier nicht das Sein außer uns, sondern das denkende menschliche Sein, die Intelligenz. Solche Gedanken sind ganz von derselben Art als die anderen, und in ihrer Totalität genommen eines wissenschaftlichen Zusammenhanges fähig, welcher das menschliche Sein, sofern von demselben Handlungen ausgehen, darstellt. Indeß scheint das nicht von allen Willensthätigkeiten gesagt werden zu können; denn wir machen ja immer eine Scheidung zwischen solchen, die als nothwendig das menschliche Sein ausdrükkend gesezt werden, und solchen, die als freie Aeußerungen des Einzelwesens anzusehen sind. Die lezten würden also nicht unter die Idee des Wissens fallen. Dasselbe haben wir nun auch auf die andre Seite anzuwenden. Nämlich wie wir als Grundbedingung des Gesprächführens die Voraussezung einer gemeinsamen Welt außer uns fanden: so fragt sich, Fallen alle sich auf dieses gemeinsame Außer uns beziehenden Gedanken auf gleiche Weise unter die Idee des Wissens, oder ist hier eine solche Theilung wie dort? Ist von vorzunehmenden Handlungen die Rede: so ist es allgemein zugestandene Thatsache, daß wir einiges so behandeln, daß wir ein gleiches Denken bei uns und andern hervorzubringen suchen, anderes aber anders. Da uns nun doch das menschliche Sein nicht anders als in einer Gesammtheit einzelner gegeben ist: so müßten wir, wenn jeder nur ein Ausdrukk des gemeinsamen menschlichen Seins wäre, auch von allen in jeder Beziehung nur ein gemeinsames Denken fordern. Da wir das aber nicht thun: so sezen wir in jedem ein doppeltes voraus, das eine, wonach er Ausdrukk des gemeinsamen menschlichen Seins ist, das andre, wonach er etwas besonderes für sich ist. Jenes wollen wir die Persönlichkeit, dieses die Eigenthümlichkeit nennen. Muß es demnach in jedem Gedanken geben, welche seine Besonderheit ausdrükken: so können diese nicht auf dieselbe Weise als die anderen unter die Idee des Wissens fallen und sind von unserem Gebiete auszuschließen. Und das muß von beiden Seiten des Denkens gelten, wenngleich am bestimmtesten von dem Gebiet, auf welchem die Gedanken der Ausdrukk von Willensthätigkeiten sind. Steht nun das individuelle in gar keiner Beziehung zur Idee des Wissens? Das müssen freilich alle behaupten, die nicht ausgehen von dem Wissen als Thatsache in den einzelnen, sondern vom Wissen schlechthin, weil sie das Einzelwesen als solches für schlechthin zufällig und alles was von da ausgeht für unwißbar halten. Aber was sie so von der Idee des Wissens ausschließen, müssen sie nachher durch eine Hinterthür doch wieder hereinlassen, und so sollten sie mit uns nur behaupten, daß sich das individuelle nicht gar nicht sondern nur auf andre Weise auf die Idee des Wissens beziehe, als das universelle. Wie sollte auch jede Beziehung fehlen? Denn eben wenn wir sagen, jene Gedanken drükken das besondere Sein des einzelnen aus: so liegt doch in diesem Urtheil ein Gedanke, der einem Sein entsprechen soll, nämlich dem Sein des einzelnen, und es entsteht uns die Aufgabe, die Individualität des einzelnen aus der Gesammtheit seiner Erscheinung auszumitteln, und das heißt doch, ihn sofern er ein besonderer ist unter die Idee des Wissens zu subsumiren, wie wir dabei auch ein übereinstimmendes Denken aller fordern. So charakterisiren wir einen Dichter, ein Volk, beide in ihrer Eigenthümlichkeit, und niemand kann das nicht für einen Gegenstand des Wissens halten, ohne die ganze Geschichte aufzuheben. Also ist das individuelle Denken auch Gegenstand des Wissens, nur freilich nicht des Wissens um den Inhalt des Denkens sondern um die productive Thätigkeit des einzelnen. Aber beides, das individuelle und das in allen identische, ist auch niemals streng von einander gesondert, wie denn selbst in der Mathematik gerade das, was am meisten die Wissenschaft fördert, nämlich die Erfindung und Aufstellung neuer Verfahrungsweisen, am meisten dem Einfluß des individuellen ausgesezt ist, also eben das in ihr, was der Sprache bedarf, denn das übrige bedarf nur der Zeichen. Wollte aber jemand behaupten, er habe ein Wissen schlechthin, was nicht eine Thatsache in ihm sei, sondern der reine Ausdrukk der Identität aller denkenden: so könnte man ihn leicht widerlegen durch die Frage, ob er auch glaube, daß dieses Wissen in allen Sprachen dasselbe sei. Freilich würde er antworten, Wenn auch jezt noch nicht, nach Ausgleichung aller Sprachen wird doch von allen eben so gedacht werden als jezt von mir. Aber um dazu beizutragen und dessen gewiß zu werden, daß ihn alle verstehen, wäre er doch genöthigt seinen Gedankencomplexus näher zu erklären und dazu das Gebiet der gemeinen Sprache zu Hülfe zu nehmen. Damit würde er aber selbst eingestehen, daß es in einer und derselben Sprache verschiedene Arten giebt die Sprachelemente zu gebrauchen, daß also auch seine Art eine Thatsache in ihm ist und folglich auch etwas von seiner Besonderheit an sich tragen muß.

Ist nun aber beides, das individuelle Denken und das gemeinsame, nicht völlig getrennt: so ist es doch auch wohl zu unterscheiden. Untersuchung über die beiden Bestandtheile des Denkens (siehe E, XXIII.). Beide sind in jedem Denken ohne Unterschied (E, XXIV.), indem das organische den Stoff, das intellectuelle die Form giebt. Stellen wir uns nun (E, XXV.) vor, aber das ist freilich nur eine Fiction, einen Menschen, der ohne allen Zusammenhang mit schon entwikkeltem Denken dächte: so würde für diesen der Unterschied des individuellen und universellen nicht vorhanden sein, und sein erster Denkact könnte eben so wohl ein werdendes Wissen als eine freie Combination sein. Wer z. B. so zuerst den organischen Eindrukk des gestirnten Himmels bekäme, könnte da aus die geschichtlich auch wirklich zum Vorschein gekommenen Vorstellungen bilden, also entwede daß das blaue eine dichte Masse wäre und die Lichtpunkte nur deren Oeffnungen, oder die entgegengesezte unsrige. Wollte aber jezt jemand die erste Vorstellung aufstellen: so würde jeder das als den Anfang einer Dichtung über den Himmel, d. h. als eine freie Combination ansehen. In dem, welcher isolirt für sich denkt, kommt aber dieser Unterschied nicht zum Bewußtsein. Man sagt zwar gewöhnlich, das mit den gemeinsamen Vorstellungen übereinstimmende Denken sei hervorgebracht durch eine innere Nöthigung des Denkens; aber diese liegt eben nur in der Richtung auf die Gemeinsamkeit des Denkens, kann also im ersten Anfang nicht vorhanden sein, vielmehr erscheint da in beiden Arten des Denkens derselbe Grad von Freiheit, weil in beiden das intellectuelle Moment gleich thätig ist. Daraus folgt also, daß der Unterschied des gemeinsamen und eigenthümlichen Denkens in der Beziehung des Denkens des einzelnen auf das Denken anderer liegt. Das Denken, sofern es an das gemeinsame Denken anknüpft, liegt in der Richtung auf das Wissenwollen; sofern es dagegen nicht an gemeinsames anknüpft und also individuell ist, ist es eine freie Combi-

§. 128.

Nach §. 87. und §. 117. kann ein Denken eben sowol einem Sein entsprechen als ein Wahrnehmen, und nach §. 116. giebt es nur unter dieser Voraussezung eigentlich wirklich ein Wissen. Also muß in

---

nation. So ist z. B. alle Dichtung eine freie Combination, und wenn auch der Dichter seinen Stoff aus der Geschichte nimmt, welche ein gemeinsames Denken ist: so bleibt sie doch ein Losreißen vom gemeinsamen, und wenn er auch seine Charaktere der Geschichte treu schildert und sie in geschichtlichen Umgebungen auftreten läßt: so ist das nur eine größere Menge von Einzelheiten, die er aus dem gemeinsamen Denken benuzt; aber immer reißt er sie aus diesem heraus, und eben dadurch unterscheidet er sich vom Historiker, dessen Maaß das Anknüpfen an das gemeinsame Denken ist. Dazu ein Correlat (E, XXVI.) von der entgegengesezten Seite aus. Nämlich wenn jemand ein ganz neues System des Wissens aufstellt: so ist das, je mehr es neu ist, desto mehr losgerissen vom gemeinsamen Denken, also individuell, und scheint in sofern eine freie Combination zu sein. Da sehen wir ist es so wie bei der vorigen Fiction, nämlich im Anfang ist beides nicht zu unterscheiden, sondern erst in der Fortschreitung. Betrachten wir nun aber diesen weiteren Verfolg des Denkens: so zeigt sich auch bald der Unterschied; denn es wird gewöhnlich lebhaft angefochten, und eben darin liegt die Voraussezung, es wolle in das gemeinsame gehören, so wie die Vertheidiger es auf alle Weise an das vorhandene gemeinsame Denken anzuknüpfen und in dasselbe rükkwärts eingreifen zu lassen suchen, indem sie für jedes frühere philosophische System in dem neuen einen Ort aufzuweisen sich bemühen. Solches streitige Denken kann nun einen zwiefachen Ausgang haben; es kann als das dem Sein entsprechende anerkannt und das bisherige danach umgebildet werden, oder nicht. Im lezten Fall hat es nur den Werth einer freien Combination. So ist z. B. das fichtesche Naturrecht gewiß eins der vollendetsten Kunstwerke, wenngleich es wol niemand jezt für eine richtige Auffassung der socialen Verhältnisse der Menschen halten wird. Der erste Anfang kann also nicht entscheiden, ob etwas dem einen oder dem andern Denken angehört, worin eben liegt, daß beides niemals ganz getrennt erscheint und immer nur bald das eine bald das andre überwiegt, aber daß auch beides daran zu unterscheiden ist, daß das eine ein Losreißen ist vom gemeinsamen Denken, das andere ein Anknüpfen daran. Mit dem ersten haben wir es hier nicht zu thun, sondern nur mit dem zweiten. (Vergl. des Verf. Entwurf eines Systems der Sittenlehre §. 130—133. §. 157—159. §. 168—176.)

dem Denken in Bezug auf das Sein dasselbe enthalten sein können wie in dem Wahrnehmen; und umgekehrt *).

§. 129.

Also muß in der Vernunftthätigkeit unter der Form der Einheit und Vielheit dasselbe können gesezt sein, was in der organischen Thätigkeit als unbestimmte Mannigfaltigkeit gesezt ist.

Weil nämlich im Denken die organische, im Wahrnehmen die intellectuelle Function ein Minimum ist. Was also in jenem gesezt ist, ist durch die intellectuelle, was in diesem, durch die organische Thätigkeit gesezt. Das Bild und der Begriff repräsentiren also dasselbe Sein.

§. 130.

Ein Wissen ist also derjenige Denkact, welcher, ohne daß das in ihm gesezte geändert werde, vom Denken zum Wahrnehmen und umgekehrt übergehen kann.

1. Man denke sich ein Wahrnehmen im Gedächtniß ruhend und nun eine verstärkte Thätigkeit der intellectuellen Function, welche wiederum auf denselben Gegenstand bezogen wird: so ist ein jenem Wahrnehmen correspondirendes Denken entstanden, in welchem, wenn beides ein Wissen ist, dieselbe organische Thätig-

---

*) Siehe §. 122. Anmerk. —

Vorles. 1818. Wenn das Wissen dasjenige Denken ist, welches mit dem Sein übereinstimmt: so folgt, daß dieselbe Uebereinstimmung mit dem Sein gesezt sein kann im Resultat der intellectuellen und der organischen Function, wenn doch in dem einen wie in dem andern auf gleiche Weise das Wissen muß gegeben sein können. Wäre dem nicht so: so könnte auch kein Anschauen zu Stande kommen, das nur darauf beruht, daß die Uebereinstimmung mit dem Sein nicht weniger an der einen Function haftet als an der andern.

keit als Minimum enthalten ist, welche in jenem Wahrnehmen das hervorragende war.

2. Ist eins von beiden irrig: so wird das richtige Denken nicht die organische Thätigkeit desselben Bildes zurükkrufen, welches in der irrigen Wahrnehmung zusammengefaßt war; und das Bild der richtigen Wahrnehmung wird nicht auf denselben allgemeinen Eintheilungen und Combinationen ruhen, welche der Inhalt des irrigen Denkens waren.

3. Ein gleichförmiges Uebergehen des Irrthums aus einer Form in die andre, so daß jede auf ihre ursprüngliche Weise entstanden wäre, kann nur als höchst zufällig vorgestellt werden.

§. 131.

In jedem Denken kann auch das im Wahrnehmen vorzüglich heraustretende schon enthalten sein auf seine Weise; und eben so im Wahrnehmen das hervortretende des Denkens auf seine Weise.

Im allgemeinen Begriff einer Thierspecies muß z. B. wenn er lebendig ist auch schon enthalten sein das Maaß der Größe, in welches sie eingeschlossen ist; ja niemand wird was in dieser Hinsicht zu weit auseinander liegt unter Eine Species stellen. Ja auch das Maaß, in welches die Differenz der Farbe u. s. w. eingeschlossen ist, kurz alles dessen, was im unmittelbaren sinnlichen Eindrukk gesezt ist.

Eben so muß in der Wahrnehmung schon vorzüglich heraustreten was die allgemeinen Züge bildet, und das höchste, z. B. am Thier die freie Beweglichkeit, muß auch das lebendigste sein in der Wahrnehmung.

§. 132.

Da nun die Vernunftthätigkeit gegründet ist im idealen, die organische aber als abhängig von deu Einwirkungen der Gegenstände im realen: so ist das Sein auf ideale Weise eben so gesezt wie auf reale, und ideales und reales laufen parallel neben einander fort als modi des Seins.

§. 133.

Es giebt keine andre positive Erklärung dieses höchsten Gegensazes, als daß das ideale ist dasjenige im Sein, was Princip aller Vernunftthätigkeit ist, in wiefern diese durchaus nicht von der organischen abstammt, und das reale dasjenige im Sein, vermöge dessen es Princip der organischen Thätigkeit ist, in wiefern diese durchaus nicht von der Vernunftthätigkeit abstammt.

1. Sie ist positiv genug als Anleitung zur Scheidung beider Glieder in ihren Producten, aber der Gegensaz selbst bleibt dabei immer hinter dem Vorhang.

2. Jede Erklärung, die mehr leisten wollte, würde poetisch sein, und unter den Bildern doch nichts darbieten als Erinnerungen an die Productionen beider Glieder, oder rhetorisch d. h. leer.

3. Die Terminologie ist gleichgültig; diese aber ist die einfachste, vom Haupttypus der Denkfunctionen hergenommen.

§. 134.

Die Annahme dieses höchsten Gegensazes beruht uns, und hier lediglich, darauf, daß beide Elemente im Denken als unabhängig gesezt werden, und dies ist, weil es nur auf der Ansicht des Bewußtseins beruht, zulezt Sache der Gesinnung.

1. Wer ein Wissen will, d. h. das Gefühl der Ueberzeugung anerkennt, muß diese Duplicität wollen, denn es läßt sich sonst kein Unterschied zwischen Wissen und anderem Denken nachweisen.

2. Wer sich selbst finden und festhalten will, muß diese

Duplicität amehmen. Denn wenn die Vernunftthätigkeit von der organisschn abstammt: so sind wir nur Durchgangspunkte für das Szpié des gespaltenen Seins.

3. Weer die Welt im Gegensaze mit dem Ich halten will, muß sie wcolln. Denn wenn die organische Thätigkeit von der Vernunftthcätizkeit abstammt: so machen wir die organischen Eindrükke selbsst ind haben keine Ursach ein Sein außer uns anzunehmen, wcelches sie machen hülfe.

4. Alsso wer überhaupt die Anschauung des Lebens will, muß diese Diplicität wollen.

§. 135.

Der hochste Gegensaz ist die Grenze des transcendentalen uind immanenten, und so wie er alles unter sich befaßt, worin sich das System der Gegensäze ausdehnt: so kann er nur, weil er ein leeres Mysterium wäre, wenn man bei ihm stehen bliebe, von dem Einen Sein befaßt werden und auf dieses zurükkführen, welches ihn und mit ihm alle zusammengesezten Gegensäze aus sich entwikkelt.

§. 136.

Das transcendentale, worauf wir von hieraus kommen, ist also die Idee des Seins an sich unter zwei entgegengesezten und sich auf einander beziehenden Arten oder Formen und modis, dem idealen und realen, als Bedingung der Realität des Wissens.

§. 137.

Von den beiden Functionen im Denken ausgehend hat sich uns die Idee des Wissens zuerst in die Gesammtheit der Sphären des relativen Wissens nach außen erweitert, dann aber hat sie sich zur höchsten Einheit zusammengezogen *).

---

*) Die Vorles. 1818 urgiren in diesem Abschnitt §. 128—137. weniger die Differenz der Glieder des Gegensazes ideal und real, und mehr die Identität derselben, als oben der Text. Sie sagen unter anderem,

Organische Affection, wenn wir auf den ganzen Umfang des möglichen Wissens sehen, ist successiv und niemals vollkommen zu Stande kommend. Aber die Quelle der Vermehrung des Wissens von dieser Seite ist außer uns gesezt, ist das außer uns gesezte Sein. Aber auch unser Wissen vermittelst der intellectuellen Thätigkeit kommt nur successiv zu Stande. Denn wiewol die Quelle davon in uns gesezt ist: so ergießt sie sich doch nur bei Affectionen von außen. Wir haben also zwei Punkte, von welchen aus uns das Wissen in seinem Werden gegeben wird, und die beständig zusammenwirken müssen. Der eine ist in dem vom Denken selbst getrennten Sein, der andere im Denken selbst gesezt; der eine ist der reale Factor, der andre der ideale. Beide lassen sich einander substituiren, also müssen sie einander gleich sein; beide, wie sie das Wissen bilden, so gehören sie auch dem Sein an, der eine dem vom Denken getrennten, der andre dem Sein als Denken. Hätten wir das ganze Wissen beisammen: so wäre das ganze Sein darin. Hätten wir es unter der intellectuellen Form: so hätten wir die Fülle des idealen, die Einheit bestimmt und die bestimmte Vielheit, und so wäre in der intellectuellen Thätigkeit abgebildet, was jemals uns anregen könnte von außen. Sezen wir das ganze Sein außer uns als Wissen von der organischen Seite her: so müßte es die ganze Vernunft abspiegeln. Beide Formen zusammen bilden unser Selbstbewußtsein, in welchem uns die Einheit beider gegeben ist. Und eben diese Einheit des nur in beiden modis seienden Seins ist das transcendente, d. h. dasjenige, was wir niemals unmittelbar anschauen, sondern dessen wir uns nur als eines nothwendig anzunehmenden bewußt werden können, so daß uns die allgemeine Einheit des Seins hier völlig hinter dem Vorhang bleibt. Angegeben haben wir sie, aber nicht erklärt, und wollten wir sie erklären: so würden wir von unserm Wege abgehen und entweder poetisches oder rhetorisches aufstellen. Denn wir können sie weder denken noch wahrnehmen, am wenigsten also anschauen. Also können wir auch nicht sagen, daß wir die Identität jener höchsten Differenz wissen, sondern wir sezen sie nur voraus zum Behuf des Wissens. Will man sagen, daß wir sie nur glauben und um des Wissens willen glauben müssen: so lassen wir uns das in dem Sinne des Worts gefallen, in welchem es auch auf dem religiösen Gebiete vorkommt, wo es eine Gewißheit bezeichnet, die der lezte Grund aller Thätigkeit ist, denn die Annahme ist hier der Grund alles Wissens. Wollten wir ein Bild davon gestalten: so würden wir poetisch; einen Begriff: so könnte er nur lauter negatives rhethorisch enthalten. Auf dem religiösen Gebiet finden wir eine Menge von Versuchen der Art in der guten Absicht angestellt den Irrthum abzuwehren, Versuche das ursprüngliche Sein im Gedanken zu erfassen und die Schöpfung als Ableitung des endlichen aus dem ursprünglichen; aber immer nur mit dem angegebenen Erfolge. Auch auf dem philosophischen Gebiete hat man es oft versucht. Aber das dialektische Verfahren ging nie weiter hinauf als bis an das ursprüngliche Sein; wenn dieses selbst dargestellt oder das endliche aus ihm abgeleitet werden sollte, ging die Darstellung in das mystische über, dessen wir aber auf dem philosophischen Gebiete gar nicht benöthigt sind, weil uns in der philosophischen Thätigkeit selbst die Gewißheit des ursprünglichen Seins, nach welcher jene mystischen Productionen streben, gegeben ist. Wir haben also hier den Grund des Wissens und Seins hinter dem Wissen und Sein gefunden, aber wir können ihn weder in Gedanken fassen noch das im Wissen dargestellte Sein aus ihm ableiten. —

Beil. C. geht, nachdem sie (XXVII.) gelehrt hat, im transcendentalen an und für sich sei der Einfluß des individuellen Null, und deßhalb sei es nicht von der Structur, auch nicht vom allgemeinen Zusammenhang aus, als welche am wenigsten ohne individuelles seien, sondern von der Ueberzeugung aus zu suchen, auf die Construction des Gegensazes ideal und real über (XXVIII.), mit Klarheit und Schärfe die §. 128—137. und früher gegebenen Elemente dazu benuzend. Darauf (XXIX.) nach Vergleichung und Unterscheidung des gefundenen höchsten Gegensazes und der früher (XXII. s. §. 114.) aufgestellten Denkgrenzen weist sie nach, daß dem von der intellectuellen Seite aus erreichten Gegensaze des idealen und realen auch etwas von der organischen Seite her entsprechen müsse und entspreche, nämlich die Raum- und Zeiterfüllung als Bild des idealen und realen, wovon der Text erst später (§. 203—208.) handelt; und zulezt entwikkelt sie das Verhältniß des höchsten Gegensazes zur transcendentalen Aufgabe, zeigend, daß sofern die Grundlage des Zusammenhanges alles Wissens gesucht werde, diese in jenem Gegensaze und der Zusammenfassung seiner Glieder genügend gegeben sei, nicht aber, sofern es auf die transcendentale Grundlage des einzelnen Wissens ankomme, die von dem leztern vollständig gelöst sein müsse, was in dem aufgestellten nicht der Fall sei, welches Bedenken sie indeß selbst schon wieder in der den Abschnitt (Beil. C, XXX. b.) beschließenden Parenthese zu heben sucht. Mangelhaft aber bleibt, daß, nachdem bevorwortet ist das transcendentale müsse von der Ueberzeugung aus gesucht werden, auf diese gar nicht weiter scheint Rükksicht genommen zu werden.

Die Beilage D, 28—31 läßt in lezterer Beziehung nichts zu wünschen übrig und weist, jenes Bedenken im Auge habend, nach, daß die gefundene Identität des höchsten Gegensazes mit der auf einander bezogenen Raum- und Zeiterfüllung nicht als wirklicher bestimmter Gedanke, denn als solcher würde sie es nicht sein, sondern nur als Aufgabe, in der That und Wahrheit das gesuchte transcendentale sei, das allem wissenden Denken zum Grunde liege, der Gehalt des zwiefachen Impulses in jedem Wissen werdenden Denken und der allgemeine Grund aller Ueberzeugung, so daß, wenn man sie wegnehme, die Gewißheit keinen Sinn habe und Construction sowol als Auffassung nichts sei als willkührliches und zufälliges, etwas das zu verdeutlichen im folgenden wo irgend Gelegenheit dazu ist niemals unterlassen wird.

Die Vorles. 1831 (Beil. C, XXXI. XXXIII.) enthalten sich hier des Ausdrukks ideal und real, den höchsten Gegensaz als den zwischen Subject und Object bezeichnend.

Die Differenz aber der verschiedenen Darstellungen scheint diese zu sein. Zuerst ist Schleiermacher's Grundanschauung (siehe unten den Deductionsprozeß §. 278. seqq.), daß man niemals mit einem einfachen sondern immer mit einem zusammengesezten Gegensaze operiren, daß also auch der erste Act der Sezung und Entgegensezung einen zusammengesezten Gegensaz enthalten müsse, weil sonst durch die Theilung die Einheit des getheilten absolut zerrissen werde. Nun ist der Gegensaz ideal und real, wenn er nicht genauer bestimmt wird, nur ein einfacher; er mußte also, um zu genügen, mit dem ihn kreuzenden (dem der Spontaneität und der Receptivität) so verbunden werden, daß damit das Aufeinanderbezogenwerden seiner Glieder hervorgehoben und gesichert würde. Diese Construction wird von 1822 an gegeben, 1831 aber erst so, daß sie von Anfang an mit beständiger Hinsicht auf das, was geleistet werden sollte, angelegt wird. S. besonders auch E, XXVII. vergl. mit LXXII. LXXIV.

Ferner fuhrt der Text den Gegensaz des idealen und realen auf als Grenze des transcendentalen und immanenten, und die Einheit seiner Glieder als das transcendentale selbst, eine Vorstellungs- und Ausdrukksweise, die später nicht wieder vorkommt, denn überall sonst wird die Einheit, nicht der Gegensaz, des idealen und realen als transcendentale Grenze darstellt.

Die Vorles. 1818 gehen, eine Betrachtung über die Gottheit als den absoluten Grund des Wissens und Seins anknüpfend, offenbar über das im Text gegebene hinaus (vergl. §. 183. Anm.), wogegen die späteren Darstellungen hier gleich auf das bestimmteste erkennen lassen, daß sie nichts im Sinne haben, als das transcendentale = Idee der Welt.

Daß aber von 1822 an die Formel für das an diesem Punkte sich ergebende transcendentale zweitheilig construirt und so erweitert wurde zur Identität des idealen und realen mit auf einander bezogener Raum- und Zeiterfüllung, oder welche Ausdrükke sonst für eben dieselbe Sache mögen gebraucht sein, hat seinen Grund in der Absicht sie so zu stellen, daß sie sich gleich als Quelle beider Denkformen ausweisen könnte, womit denn zugleich aufgegeben war, das dazu nöthige aus dem, was der Text zum Theil erst tief unten nachbringt, vorwegzunehmen. Die Beilagen C. und D. gehen dabei so zu Werke, daß sie hier einen tiefen

§. 138.

Das Wissen als Denken ist unter keiner andern Form als der des Begriffs und des Urtheils *).

1. Außerhalb und gleichsam unterhalb des Begriffs steht das Empfinden, die Action der noch nicht objectiv gewordenen Receptivität; außerhalb und gleichsam oberhalb des Urtheils steht das Wollen, die Action der schon objectiv werdenden Spontaneität. Wie nun das Denken zwischen beidem eingeschlossen ist, ist es auch in jene beiden Formen gemarkt, deren eine sich dem Empfinden, die andre dem Wollen nähert. Wem dieses nicht genügt, für den gilt alles folgende nur bis er ein Wissen producirt, das weder Begriff noch Urtheil ist.

2. Der Syllogismus ist nicht die ausschließende Form des Wissens, so daß kein Denken ein Wissen wäre, als das syllogistische. Denn der **major** muß auch ein Wissen sein, und dieser kann nicht immer wieder **conclusio** gewesen sein, sondern es

---

Einschnitt machen und sich rüsten das Wissen als verknüpftes zu betrachten, um dann zeigen zu können, was in dem bisher gefundenen Resultat der formalen Seite zugewandt sei, die Beil. E. dagegen so, daß sie den Einschnitt ziemlich verwischt und Wiederholungen vermeidend alles so stellt, daß wo sich die Formel für die transcendentale Grenze überhaupt ergiebt, zugleich diejenige Gestaltung derselben hervortreten kann, in der ihre Beziehung auf die formale Seite am bestimmtesten einleuchtet. S. C, XXX.; D, 31; E, XXXIII—XXXV.

Die Vorles. 1818 machen den Uebergang zum folgenden so, Bis jezt haben wir nun nur Grenzen gefunden für unsere Aufgabe, und wir sehen ein, daß wir auch mit den besten Regeln, aus dem Denken ein Wissen zu Stande zu bringen, doch keins produciren werden, was der Idee vollkommen adäquat wäre. Dennoch müssen wir die Regeln suchen, wie denn jeder Künstler, auf seinem Gebiet in derselben Lage, dasselbe thut. Zuvor aber müssen wir das Gebiet des Denkens beschauen und sehen, in welchen verschiedenen Formen es ursprünglich in uns vorkommt.

*) Vergl. C, XXX. XXXI. — E, XXXIII. folgert unsern §. daraus, daß Begriff in Urtheil und Urtheil in Begriff zu Ende geht. — Die Vorles. 1818 sind nur Ausführung des im Text gegebenen.

muß ursprüngliche Theses geben, welche auch ein Wissen sind. Er gilt also nur für das Gebiet des abgeleiteten Wissens.

Die **conclusio** ist selbst unter der Form des Urtheils und enthält das durch den Syllogismus hervorgebrachte Urtheil. Wir fragen aber jezt nicht nach der Genesis sondern nach der Form des Wissens für sich. Diese ist also nur jene zwiefache.

§. 139.

Auf unserm Wege liegt die Frage, wie sich Begriff und Urtheil gegen einander verhalten.

Sowol auf dem zum lezten Ziel; denn wir müssen wissen, in wiefern es zweierlei Verfahren giebt für die richtige Construction des realen Wissens. Als auch auf dem zum transcendentalen Mittelpunkt; denn wir müssen wissen, ob wir einen zwiefachen Grund des Wissens zu suchen haben.

§. 140.

Das Urtheil sezt seinem Wesen nach den Begriff voraus.

1. Wo Subject und Prädicat allgemeine Begriffe sind, ist es klar.

2. Wo das Subject ein einzelnes Ding ist, ist es doch nur Subject als unter einen Begriff subsumirt. Diese Flamme ist weiß.

3. Wo das Prädicat eine unmittelbare sinnliche Vorstellung zu sein scheint (weiß, süß u. s. w.) ist diese doch mehrerer Modificationen fähig, welches von dem speciellsten durch die Sprache bezeichneten gilt, und also als Begriff im Urtheil gesezt, nicht in der individuellen Bestimmtheit.

§. 141.

Urtheile sind daher auch desto vollkommner, je mehr die Begriffe schon gebildet sind.

Das Urtheil Diese Flamme ist weiß ist vollkommner, als

das Urtheil Ein weißes zeigt sich hier, welchem der in jenem schon gebildete Begriff fehlt *).

§. 142.

Der Begriff sezt überall das Urtheil voraus.

Nicht nur wo er auf kunstmäßige Weise gebildet ist; sondern auch der natürlich gewordene kommt in der Mittheilung auf streitige Punkte (Thier und Pflanze auf Zoophyt), und kann dann nur durch scheidende Urtheile als Wissen fixirt werden **).

§. 143.

Der Begriff ist desto vollkommner, je mehr er auf einem System von Urtheilen ruht.

Denn jeder Begriff hat ein streitiges Gebiet nach allen Seiten, und ist also als Wissen erst recht fixirt, wenn er nach allen Seiten hin systematisch in Beziehung auf alles umgebende Sein durch scheidende Urtheile bestimmt ist ***).

§. 144.

Wenn also das Wissen in gleichmäßig producirten Begriffen bestehen soll: so müssen diese auf gleichmäßig gebildeten Urtheilen beruhen, und umgekehrt; und wir sind in einem Kreise befangen.

Es wäre ein Sprung und also nur eine Ahndung, wenn wir sagen wollten, Urtheil und Begriff müßten also auf einer Indifferenz von beiden ruhen, welche dann dem Sein entsprechend das transcendentale wäre, und in den Begriffen und Urtheilen sich entwikkelnd das formale.

Randbem. Positiver Inhalt ist, daß von dem Punkt im Denken aus, wo wir uns finden, keine der beiden Formen für sich allein kann vervoll-

---

*) Vergl. C, XXXI. zu §. 141.
**) Vergl. C, XXXI. zu §. 142.
***) Vergl. C, XXXI. zu §. 143.

kommnet werden. Ferner, Im Rükkgehn von dem Punkt, wo wir uns mit Bewußtsein finden, müssen wir kommen auf ein Bewußtsein, welches eine Verworrenheit von beiden ist. Und dieses begünstigt die Ahndung, daß es auch eine obere Indifferenz, welche die Beschränkung von beiden in sich aufhebt, geben muß *).

§. 145.

Das Gebiet des Begriffs erscheint ursprünglich schwebend in einem relativen Gegensaz des höheren und niederen, allgemeineren und besonderen.

Er ist Aussonderung einer Einheit des Seins aus der unbestimmten Mannigfaltigkeit, welche aber selbst wieder Mannigfaltigkeit in sich trägt und als Theil mit anderem eine höhere Einheit bildet.

Dies geht daraus hervor, daß sich die Begriffe gegen

---

*) Dieser Randbemerkung entsprechend sagen die Vorles. 1818, Wir fangen nicht eher an nach Regeln zu denken, als nachdem wir schon lange im Denken gewesen sind. Urtheile und Begriffe sind in diesem Denken schon, aber unvollkommen. Verfolgen wir sie: so kommen wir auf die ersten Anfänge des Bewußtseins, die ein verworrenes von Begriff und Urtheil sind, d. h. auf eine Indifferenz, die eben so gut Begriff als Urtheil werden kann. Aber von dieser Indifferenz können wir nicht anfangen bei unsern Regeln, da sie eben das ist, was durch die Regeln, wenn sie gefunden sind, eliminirt werden soll. Sezen wir sie aber als die unterste Spize, wo Begriff und Urtheil auseinander gehen: so werden wir ahnden können, daß sie oben wieder zusammen kommen und so das höchste Sein bilden über dem Gegensaze des Denkens und Seins stehend, und welches, sofern es in Begriff und Urtheil auseinander tritt, das formale, sofern aber beide darin zusammen kämen, das transcendentale Sein wäre. Wir können ahnden, daß, wenn wir auf gesezmäßigem Wege zur Entdekkung dieser Identität kämen, sie unsre Aufgabe lösen müßte. Also scheint nichts besser zu sein, als daß wir das bisher im allgemeinen gehaltene noch genauer verfolgen und mit dem früheren combiniren, um zu sehen, ob wir weiter kommen können als bis zur aufgezeigten Ahndung. Wir müssen aber, wie oben beim Denken im allgemeinen, so auch hier bei der genaueren Betrachtung der beiden Formen ihre Grenzen und zwar zunächst die des Begriffs suchen. — Die Beil. C, XXXII. zu §. 144. läßt sich auf die Ahndung noch gar nicht ein. Ebenso D. und E.

einander theils als coordinirte, theils als subordinirte verhalten *).

§. 146.

Jeder vollkommene Begriff ist ein höherer, in wiefern er nur noch einiges unter sich begreift.

Auch das einzelne Ding, in wiefern wir es im Denken auffassen, ist noch Begriff; denn es entwikkelt Erscheinungen oder Thätigkeiten aus sich, welche seinen ganzen Charakter in sich tragen (so die Handlungen des einzelnen Menschen), aber durch ein hinzukommendes bestimmt, und welche sich also zu ihm verhalten, wie das niedere zum höheren. Und auch in diesen wieder ist noch eine Möglichkeit von Modificationen gesezt wie die Specificabilität in jedem höhern Begriff **).

§. 147.

Das Gebiet des Begriffs endet also nach unten in die Möglichkeit einer Mannigfaltigkeit von Urtheilen, welche wieder mannigfaltig könnten zusammengefaßt werden.

Das heißt, die Grenze des Begriffs nach unten ist die unerschöpfliche Mannigfaltigkeit des wahrnehmbaren ***).

---

*) Beil. C, XXXII. zu §. 145. deducirt es aus dem Ineinander beider Functionen.

Vorles. 1818. Eine andre Differenz als die des höhern und niedern ist nicht in den Begriffen. Um nun aber die Grenzen zu finden, werden wir anknüpfend an jenen schwebenden Unterschied zunächst bestimmen können, was auf jeden Fall noch nicht der höchste und noch nicht der niedrigste Begriff ist.

**) C, XXXII. zu §. 146.

***) Vorles. 1818. Je mehr wir den Gegenstand ins besondre spielen, desto mehr allgemeine Begriffe müssen wir zu Hülfe nehmen (so zu den Handlungen des einzelnen die allgemeinen sittlichen Begriffe). Das lezte also, was herauskommt, ist das Verwandtsein jedes Gegenstandes mit allen, d. h. die bloße Modificabilität des Gegenstandes. Diese ist aber nichts als eine unerschöpfliche Mannigfaltigkeit von Urtheilen. Eben weil hier

§. 148.

Jeder vollkommene Begriff ist zugleich ein niederer, in wiefern er nur noch einiges ausschließt.

Auch der allgemeinste Begriff des Dinges ist noch ein niederer; denn über ihm steht der höhere des absolut Einen ungetheilten Seins.

Auch dieser ist noch ein niederer, in wiefern ihn noch der Gegensaz von Begriff und Gegenstand begleitet.

§. 149.

Nur die Idee der absoluten Einheit des Seins, in wiefern darin der Gegensaz von Gedanke und Gegenstand aufgehoben ist, ist kein Begriff mehr.

Denn sie kann nicht angesehen werden als aus einem System von Urtheilen entstanden, indem von dem Sein nichts kann ausgesagt werden; und sie schließt auch nichts mehr aus.

§. 150.

Diese Idee ist also zwar der Materie nach ein Begriff, aber nicht der Form nach.

Der Materie nach, weil eine Einheit des Seins darin gesezt ist *).

§. 151.

Auch durch die Mehrheit von Urtheilen, daß in jener Idee alle höchsten Gegensäze aufgehoben sind, wird sie nicht zum Begriff.

---

die Urtheile unendlich sind, darum giebt es keinen vollkommenen Begriff von einem einzelnen.

Vergl. Beil. C, XXXII. zu §. 147. Beil. E, XXXIII. Vorles.

*) Vorles. 1818. Aber nicht der Form nach; denn es kann nichts davon ausgesagt werden; sie ist die bloße Sezung, die aber nicht in eine Mannigfaltigkeit in ein System von Gegensäzen zerlegt werden kann.

Vergl. C, XXXII. zu §. 149. und XXXIII., wo §. 148—152. genauer bestimmt werden.

Denn da diese Urtheile nur negativ sind, läßt sich kein Begriff daraus zusammensezen.

§. 152.

Das Gebiet des Begriffs endet also nach oben ebenfalls in eine Mehrheit möglicher Urtheile.

§. 153.

Die Idee des absoluten Seins als Identität von Begriff und Gegenstand ist also kein Wissen.

Da sie weder Begriff noch Urtheil ist; denn der Thesis über die Aufhebung der Gegensäze darin fehlt zum Urtheil, daß das Subject ein Begriff sei.

Randbem. Daß sie kein Begriff in uns sein könne, geht schon daraus hervor, daß dann Begriff und Gegenstand getrennt wären.

§. 154.

Sie ist aber der transcendentale Grund und die Form alles Wissens.

1. Das erste kann noch nicht ganz deutlich werden. Nur so viel, daß es gegen die Skepsis aus der Getrenntheit von Begriff und Gegenstand keinen Stüzpunkt giebt als in der Voraussezung einer ursprünglichen Identität von beiden.

2. Das zweite ist klar. Denn das Entsprechen von Begriff und Gegenstand ist nur dasselbe wie jene Identität, nur in das Gebiet des gespaltenen Seins versezt, und die Differenz alles Wissens vom unbestimmten Denken liegt eben in der Beziehung auf jene Identität, auf welche ein unbestimmtes Denken als solches nicht bezogen wird *).

*) Vorles. 1818. Wie ist sie aber die Urform alles Wissens? Weil sie die Identität beider Formen ist. Sie ist Begriff bloß dem Inhalte, Urtheil bloß der Form nach, und alle Differenz des Wissens vom unbestimmten Denken liegt immer in der Beziehung auf sie. Ist nun kein Wissen, wenn und sofern nicht die Beziehung auf die Identität von Begriff und Gegenstand im Denken gesezt ist: so ist diese Identität die Form alles Wissens.

§. 155.

In sofern das Urtheil den Begriff und namentlich den Begriff des Subjects voraussezt, giebt es nur zweierlei Urtheile. Eigentliche, welche im Prädicat etwas aussagen, das im Begriff des Subjects nur seiner Möglichkeit nach gesezt ist, und uneigentliche, welche etwas aussagen, was im Begriff des Subjects bestimmt gesezt ist *).

Beil. C, XXXIII. macht hier einen Rükkblikk auf das ihr XXX. entstandene Bedenken und bestätigt sich, daß das dort gefundene (§. 137. Anmerk.) nicht wirkliches Wissen, sondern nur transcendente Voraussezung alles wirklichen Wissens, und dem hier gefundenen ganz gleich sei, zeigt aber auch, wie hier dasjenige im transcendenten Grunde heraustrete, was der formalen Seite zugewandt sei. Vergl. XXXVI.

Beil. D, 34. begnügt sich hier noch mit dem ersteren, das zweite erst aufzeigend, nachdem dasselbe Resultat, als jezt von Seiten des Begriffs, auch von Seiten des Urtheils gewonnen ist.

*) Vorles. 1818. Beim Begriff fanden wir erst aus der Vergleichung höherer und niederer Begriffe, also nur mittelbar, daß jeder zugleich ein höherer sei und ein niederer. Im Urtheil dagegen ist uns die Duplicität geradezu gegeben, denn in jedem ist Subject und Prädicat. Nun giebt es eine zwiefache Beziehung des Prädicats auf das Subject, je nachdem das Prädicat aussagt, was im Subject bloß möglich, oder was in demselben bestimmt, wirklich, nothwendig ist. Wir könnten noch zwei andre Beziehungen sezen; 1. die, wo Subject und Prädicat gleich wären, wo das Prädicat das Subject ganz ausfüllte; 2. wo das Prädicat im Subject auch nicht einmal der Möglichkeit nach wäre. Aber ein Urtheil der ersten Art, ein identisches, wäre ganz leer, denn ihm fehlte der Inhalt, und das Urtheil der anderen Art wäre ebenfalls leer, denn ihm fehlte die Form, die Relation zwischen Prädicat und Subject, also das Zusammenstimmen des Denkens mit dem Sein. Also bleibt nur jene zuerst gesezte Duplicität übrig. Betrachten wir diese nun näher: so ist das Prädicat, wenn es im Begriff des Subjects schon bestimmt gesezt ist, ein Theil desselben; wenn aber nur der Möglichkeit nach, dann nicht. Im vollkommnen Begriff müßte alles, was irgend in Beziehung auf ihn ausgesagt werden könnte, als Theil von ihm gesezt sein. Gäbe es also wirklich vollkommne Begriffe: so gäbe es in Beziehung auf sie auch nur Urtheile dieser Art (analytische). Natürlich haben wir nur allgemeine Urtheile im Auge, nicht Aussagen einer blo-

1. In einem vollkommnen Begriff muß auch das zufällige seiner Möglichkeit und seinem Umfange nach enthalten sein. Denn wenn ein Ding etwas thun oder leiden kann, dessen Möglichkeit nicht in seinem Begriff enthalten ist: so ist der Begriff nicht vollständig. Also in Bezug auf den vollständigen Begriff giebt es keine rein synthetischen Urtheile.

2. In Bezug auf den unvollständigen Begriff, der noch im Gebildetwerden begriffen ist, giebt es keine rein analytischen Urtheile. Denn alles kann über einen bestimmten Moment in der Geschichte des Begriffs hinausgehen. Es kann einen Begriff von Mensch geben, worin das Prädicat sterblich noch nicht mit gesezt ist.

3. Der Unterschied zwischen analytischen und synthetischen Urtheilen ist also nicht festzuhalten, und überhaupt keiner, da identische Urtheile keine sind sondern nur leere Formeln, wenn man nicht den vollständigen *) Begriff zum Grunde legt, in welchem jener Unterschied allein begründet ist.

§. 156.

Da wir das Urtheil als auf dem Begriff beruhend

ßen Thatsache, wo das eigentliche Urtheil bloße Zeitbestimmung ist und mit dem Wissen nichts zu thun hat. In Beziehung auf die unvollständigen Begriffe dagegen giebt es Urtheile der einen und der andern Art; je unvollständiger die Begriffe sind, desto mehr sind die Prädicate bloße Möglichkeiten des Subjects, je vollständiger, desto mehr haben alle Urtheile die Form, daß die Prädicate schon im Subject mitgesezt sind. Z. B. Wenn wir sagen Der Mensch ist sterblich: so wird jezt jeder zugeben, der Begriff sterblich sei ein Theil des Begriffes Mensch. Aber gehen wir weiter zurükk: so gab es eine Zeit, wo der Begriff Mensch noch so unvollkommen war, daß der Begriff der Sterblichkeit noch nicht mit darin gesezt war, sondern wenn man den Tod wahrnahm: so sezte man die Sterblichkeit bloß als Möglichkeit in dem Begriffe Mensch. Die Urtheile nun, welche auf dem unvollkommnen Begriff ruhen, und etwas in ihn hineinsezend zu seiner Vervollkommnung beitragen, sind eigentliche (synthetische); die uneigentlichen gehen dem Begriff voran. (Vergl. Beil. C, XXXIII. XXXIV. zu §. 155. und D, 34.)

*) Offenbar ist zu lesen unvollständigen.

ansehen, können wir nur von den eigentlichen reden, indem die uneigentlichen dem Begriff vorangehen.

§. 157.

Das Subject im Urtheil ist ein für sich gesetztes, das Prädicat ein in einem andern gesetztes Sein.

Randbem. Wenn der Begriff vollkommen geworden ist, dann paßt für die uneigentlichen Urtheile nicht mehr das Verbum, welches ein schwebendes bezeichnet, sondern das Participium *).

§. 158.

Das Prädicat ist vor dem Urtheil außer dem Subject gesezt, und also das Nichtsein desselben, und die Totalität der Prädicate wäre die Totalität des Nichtseins des Subjects **).

Es ist hier vom Denken nur als Denken die Rede, und es fragt sich also nicht, was für Prädicate zu einem Wissen mit einem Subject können verbunden werden. Aber alle Begrenzungen eines Subjects müssen als Urtheile aufgefaßt werden.

§. 159.

Das Urtheil ist also eine Identität von Sein und Nichtsein des Subjects, und die Grenzen seines Gebie=

*) Vorles. 1818. Wie verhält sich nun in dem so (§. 156.) näher bestimmten Urtheil Subject und Prädicat? Das Subject im Urtheil u. s. w. wie §. 157. Im allgemeinen verhalten sich Subject und Prädicat wie Nomen und Verbum. Das Subject wird durch das Nomen, das einem beharrlichen Sein entspricht, ausgedrükkt; das Verbum drükkt einen Zustand, eine That ein Leiden aus, also nicht für sich gesetztes, sondern in anderem sezbares. Sagen wir aber, der Begriff des Prädicats ist im Subject gesezt: so verhalten sich beide nicht mehr so, denn dann ist der Begriff des Prädicats in das Wesen des Subjects als innere Kraft desselben aufgenommen und alle Unbestimmtheit unseres Erkennens ist aufgehoben. Also nur unter dieser Voraussezung, daß wir dem Subject das Prädicat als Zustand, Handeln oder Leiden beilegen, daß das Prädicat also noch nicht vollkommen unter dem Begriff des Subjects aufgefaßt ist, paßt die obige Erklärung (§. 157.) und auch die Bedeutung des Verbum. — Vergl. C, XXXIV. zu §. 157.

**) Vergl. C, XXXIV. zu §. 158. und D, 35.

tes also gleichfalls aus dem Maximo des Seins und des Nichtseins zu finden.

§. 160.

Je mehr Sein in einem Subject gesezt ist, um desto wenigeres ist von ihm ausgeschlossen und also als von ihm prädicabel gesezt, und das absolute Subject ist dasjenige, in welchem alles Sein gesezt und von dem also nichts zu prädiciren ist.

Die entgegengesezte Formel, daß von einem Subject, in welchem null Sein gesezt ist, alles könne prädicirt werden, wäre leer, und wir müssen also hier suchen vom Prädicat auszugehen.

Randbem. Es folgt hieraus und aus dem obigen, daß wenn die Welt speculativ gesezt ist, nur noch die Geschichte zu sezen bleibt.

§. 161.

Das Prädicat als in einem andern geseztes Sein ist dasselbe in einem und in einem andern gesezt, und es ist also nur desto größer in je mehreren es gesezt ist.

§. 162.

Je mehr aber in anderem gesezt ist, um desto weniger ist für sich selbst gesezt, und das Maximum des Prädicats besteht darin, wenn alles in allem gesezt ist, wobei aber kein Subject im engern Sinne übrig bleibt.

§. 163.

Das Gebiet des Urtheils ist also begrenzt auf der einen Seite durch das Sezen eines absoluten Subjects, von welchem nichts prädicirt werden kann, und auf der andern Seite durch das Sezen einer Unendlichkeit von Prädicaten, für welche es keine bestimmten

Subjecte giebt, d. h. einer absoluten Gemeinschaftlichkeit des Seins *).

§. 164.

Diese Formeln finden ihren Inhalt in dem, was der Begriff gegeben hat. Nämlich die absolute Einheit des Seins, welche den Begriff begrenzt, ist zugleich das absolute Subject, dessen Sezen alles Urtheil begrenzt. Und die unerschöpfliche Mannigfaltigkeit des wahrnehmbaren, in sofern noch nicht zur Einheit des Begriffs erhoben, welche den Begriff nach unten begrenzt, ist zugleich die Unendlichkeit von Prädicaten ohne Sezen bestimmter Subjecte, welche das Urtheil begrenzt.

Denn der reine Gedanke des Seins ist nichts als das Schema zum Subject; und die bloße Erscheinungsmasse, abstrahirt von aller Vernunftthätigkeit, ist nichts als ein Aggregat von möglichen Prädicaten.

§. 165.

Das Sezen einer absoluten Einheit des Seins und das Sezen einer absoluten Mannigfaltigkeit des Erscheinens ist kein Denken, da es weder Begriff noch Urtheil ist; aber beides sind die transcendentalen Wurzeln alles Denkens und also auch alles Wissens **).

---

*) Vergl. Beil. C, XXXIV. zu §. 159—163.; D, 35.

**) Vorles. 1818. Wo ist uns nun gegeben das absolute Subject, von dem nichts mehr prädicirt werden kann, und wo der höchste Begriff, in welchem der Gegensaz von Begriff und Gegenstand aufgehoben ist? Nicht in unserm Denken, über welches beide hinausliegen. Wo ist uns gegeben die Möglichkeit unendlich vieler Urtheile, die das schlechthin einzelne bildet, und wo der unendliche Vorrath von Prädicaten ohne alles Subject? Auch nirgend in unserm Denken, sondern in jedem wirklichen Denken sind wir immer schon über beides hinaus, es liegt uns also

§. 166.

Indem nun der transcendente Begriff und das transcendente Urtheil dasselbe sind: so ist in der absoluten Einheit des Seins nicht nur der Gegensaz von Begriff und Gegenstand, sondern auch der von Urtheil und Thatsache aufgehoben *).

Das eigentliche Urtheil geht nothwendig immer auf Thatsache.

überall vor dem Bewußtsein und ist nichts als das schlechthin chaotische des wahrnehmbaren. Im Uebergange aus der Bewußtlosigkeit ins Bewußtsein können wir es gleichsam ertappen, aber in diesem Uebergange giebt es noch kein Subject, sondern alles ist nur Merkmal, nur unendliche Beziehbarkeit, aber nichts festes.

*) Es kam der Darstellung im Texte darauf an, das Verhältniß von Begriff und Urtheil zu entwikkeln, um nachweisen zu können, daß die eine Form des Wissens, sofern dieses ein Denken sei, auf denselben transcendenten Grundlagen ruhe als die andre (§. 139.). Darum ist hier oder vielmehr wird bis §. 174. b. die Sache nur so weit geführt, daß gezeigt wird, die obere Begriffsgrenze sei gleich der oberen Urtheilsgrenze, und eben so das untere Ende des Begriffs gleich demselben Ende des Urtheils, wie sich aber die identischen oberen Enden zu den identischen unteren verhalten, darüber und uber die daran hangenden Fragen wird in diesem Abschnitte nur geahndet (s. den folg. §.), nicht entschieden. Wogegen C, (XXXV—XXXVIII.) und D. (35—38) jede auf ihre Weise schon zu §. 164. s. qq. feststellen

1. das Verhältniß der oberen Begriffsgrenze zur oberen Urtheilsgrenze (der absoluten Einheit des Seins zum absoluten Subject);

2. das Verhältniß dessen, wohinein der Begriff, zu dem, wohinein das Urtheil nach unten hin endigt (die unendliche Mannigfaltigkeit möglicher Urtheile zur Gemeinschaftlichkeit des Seins);

3. das Verhältniß der oberen Grenzen zu den unteren;

4. das Verhältniß dieser Grenzen zu der früher gefundenen transcendenten Formel in ihren verschiedenen Theilen; und

5. daß in der lezteren gegeben sei das Princip für die Fortschreitung der Begriffs- und Urtheilsbildung, jede in sich selbst betrachtet.

Ob nun in den nicht weniger complicirten als anziehenden Bestimmungen, die hier gemacht werden, der Inhalt des Textes theilweise aufgehoben, oder nur erweitert und näher bestimmt, oder ob hier nur vorweggenommen wird, was später auch der Text nachbringt, das kann an dieser Stelle noch nicht übersehen werden; aber das ist wol deutlich, daß es schon oben (siehe Anmerk. zu §. 137. und C, XXVIII—XXX.; D, 28—31.) der veränderten Formel für den transcendenten Grund des

§. 167.

Man könnte auch von hier aus schon ahnden (auch §. 164. und 166. sind nur geahndet) daß die Erscheinung des vollendeten Wissens in der Totalität des Wissens der einzelnen entspreche einer Identität der absolutn Einheit des Seins und der unendlichen Mannigfaltigkeit des wahrnehmbaren, und daß die Einerleiheit, ob ein Wissen entstanden sei von der intellectuellen oder von der organischen Function aus, entspreche einer Einerleiheit, ob es als Begriff gesezt sei oder Urtheil. Aber um hierüber wirklich auf etwas zu kommen, müssen wir erst gefunden haben, wie sich nun das Wissen besonders zu jenen beiden Formen des Denkens verhält *).

Wissens bedurfte, wenn hier Folgerungen gemacht wirden sollten, wie C. und D. sie geben.

Was die Beil. E. betrifft: so ist sie auch hier (XXXIV. XXXV) einfacher als C. und D. Sie sezt, wie der Text, die obere Begriffsgrenze der oberen Urtheilsgrenze gleich, ohne wie C. und D. auch einen Unterschied zwischen ihnen zu machen, und eben so die beiden unteren Grenzen, und deducirt, daß auch die lezteren in ihrer Identität dem transcendenten Grunde angehörig seien, daraus, daß sie den Uebergang von der einen Denkform zur andern möglich machen, denn was jeden Uebergang möglich mache, das liege ihm auch zum Grunde, und was dem Uebergange, der auf jeder Stufe des Denkens postulirt sei, zum Grunde liege, das sei der Grund des Wissen werden wollenden Denkens überhaupt, also dem transcendenten angehörig, welches in dieser Hinsicht die Beziehung der oberen Grenze auf die untere und in sofern die Identität beider sei; welcher Ausdrukk des transcendenten Grundes denn zugleich der sein müsse, der sich am bestimmtesten auf die formale Seite beziehe.

*) Vorles. 1818. Wir haben bisher nur vom Denken geredet. Nachdem nun seine beiden Formen, Begriff und Urtheil, gemessen sind, wie verhält sich zu denselben das Wissen.

§. 168.

Man darf nicht sagen, alles Wissen sei nur in der Form des Begriffs gesezt, nicht des eigentlichen Urtheils; diese Behauptung hängt im Idealismus *).

1. Der Idealismus behauptet, die einzelnen Dinge seien das nichtseiende, weil sie im Begriff nicht aufgehen, und im Urtheil auch nur im unendlichen aufgehen könnten. Also sei in ihrem Denken keine Identität des Gedankens und des Gegenstandes; es sei also kein Wissen und ihm entspreche kein Sein. Das Wissen komme also vom andern Ende her, von der absoluten Einheit des Seins, von welcher man durch Spalten und Verbinden nur ein System von Begriffen erlange, aber kein Urtheil. In dieser Quelle und dem, was aus ihr fließt, sei alles Wissen beschlossen.

2. Hierdurch wird das Ueberzeugungsgefühl, welches uns beim Verkehr mit den Dingen begleitet, (ὀρθὴ δόξα) von dem im Begriff (ἐπιστήμη) völlig getrennt, und jene Duplicität in das Bewußtsein gebracht, welche oben schon wiederlegt ist **). — Es wird ferner die Relativität des Wissens aufgehoben; denn in der Idee des absoluten Einheit des Seins rein für sich, ohne diese auch als organisch entsprungen zu betrachten, ist keine, und kann also auch in dem rein aus ihr abgeleiteten (a priori) keine sein. Diese Relativität hängt aber für uns mit der Idee des Wissens genau zusammen ***). — Es wird endlich die organische Function, und also die Duplicität, ohne welche wir das Wissen vom unbestimmten willkührlichen Denken nicht trennen

---

*) Beil. C, XXXVII. seqq; D, 37. seqq. Die leztere faßt hier alle verwandten Gegensäze zusammen, also den des intellectuellen und organischen, den der Begriffs- und Urtheilsbildung, den des speculativen (a priori) und des empirischen (a posteriori), und sezt ihre Glieder identisch wie beide Seiten der von ihr aufgestellten transcendenten Formel.

**) §. 57. seqq.

***) §. 127.

können, aufgehoben (wie denn auch dies nicht trennen zu können die alte Klage gegen den Idealismus ist). Also kann dieser Saz von uns nicht angenommen werden.

3. Der Saz widerspricht auch unserer früheren Annahme, indem ohne alle organische Function, auch die des innern Sinnes, kein Theilungsgrund für die Einheit des Seins zu finden ist, und wir auch in der Idee des absoluten Seins, in wiefern sie als höchster Begriff gelten soll, organische Functionen finden.

§. 169.

Man darf auch nicht sagen, alles Wissen sei nur in der Form des eigentlichen Urtheils gesezt, nicht in der des Begriffs, welche Behauptung im Realismus hängt.

1. Der Realismus behauptet, im Auffassen des einzelnen fühle sich jeder am meisten durch eine für alle identisch gedachte Nothwendigkeit gebunden. Dieses Auffassen sei also das Wissen vermöge des ersten Charakters; also entspreche ihm das Sein. In den Begriffen hingegen sei die Uebereinstimmung zufällig, ihnen also entspräche auch nicht das Sein, sondern sie wären nur Zeichen, deren man am liebsten ganz entübrigt wäre. Das Auffassen aber auf der Stufe des wirklichen Denkens gesezt sei überall Urtheil, und das Wissen sei nur in der Gesammtheit der Urtheile über das einzelne. Die sogenannten allgemeinen Dinge hingegen seien das nichtseiende.

2. Wenn nun die Begriffe nur Zeichen sind, und die Nothwendigkeit, die einzelnen Phänomene des Bewußtseins gerade so für die Bezeichnung zusammenzustellen, nicht in der Affection selbst liegen kann: so ist das System der Subjecte ganz willkührlich, und es geht doch eigentlich die Sicherheit des Wissens verloren, und die Möglichkeit ist immer gesezt, daß alle Prädicate auf ein anderes System von Subjecten könnten bezogen werden. Es wird also gar kein System eines für sich bestehen-

den Seins gewußt. Da nun zugleich die Unabhängigkeit der intellectuellen Function aufgehoben ist, ohne die wir kein Wissen von anderem Denken unterscheiden könnten: so wäre uns hiemit die Idee des Wissens aufgehoben.

3. Da nun ohne alle intellectuelle Thätigkeit auch kein Vereinigungspunkt für die unendliche Mannigfaltigkeit zu finden ist, und wir, sobald das Auffassen ein bestimmtes Wahrnehmen wird, auch intellectuelle Function darin sezen: so widerspricht die Annahme allen unsern früheren Positionen.

§. 170.

Wenn wir die Position beider Ansichten geleugnet hätten, deren eine den Begriff als Form des Wissens sezt und die andre das Urtheil: so hätten wir alle Form des Wissens geleugnet, und wären in der Skepsis.

1. Dies wäre die am meisten systematische Art des indirecten Verfahrens der Skepsis. S. oben §. *).

2. Idealismus und Realismus, wenngleich gewöhnlich anders deducirt, haben durch diese Darstellung nichts verloren. Die hier aufgestellte Position eines jeden ist in jeder idealistischen und realistischen Darstellung geradezu oder implicite enthalten **).

§. 171.

Da wir aber nur die Negation beider, wodurch jeder Eine Form des Denkens als Form für das Wis-

---

*) §. 73.

**) S. C, XXXVIII. zu §. 170—172.; D, 38. 39. In D. besonders zu beachten die Bemerkung a. das transcendente sei die Indifferenz beider Formen (vergl. §. 144.); b. das Begriffsbildungssystem sei auf die Urtheilsgesammtheit durchgängig und zwar so zu beziehen, daß jeder Punkt in dem ersten auf die Gesammtheit der andern gehe, und umgekehrt, d. h. jeder Begriff auf die gesammte Gemeinschaftlichkeit des Seins (= auf die in einander aufgehende Raum- und Zeiterfüllung), und jedes Urtheil auf die gesammte Identität des idealen und realen.

sen ausschloß, geleugnet haben: so nehmen wir die Position eines jeden gegen die Ausschließung des andern in Schuz.

1. In den gewöhnlichen Darstellungen leugnet der Idealismus nicht, daß man urtheilend auch weiß, aber wol nur deswegen, weil er unser eigentliches Urtheil nicht kennt. Der Saz aber kommt in jedem Idealismus vor, daß das einzelne Ding als solches kein gewußtes ist, und der führt auf jenen. Denn es ist nicht eine strenge Unendlichkeit von Urtheilen nöthig, indem ein endliches zwischen Anfang und Ende beschlossenes Ding auch durch endliches Denken muß erschöpft werden können, in sofern überhaupt eine Erschöpfung auch unter der Form des Begriffs möglich ist. Alle Subsumtion eines niederen Begriffs unter den höheren ist aber in Bezug auf diesen auch eigentliches Urtheil.

2. Jede Darstellung des Realismus (in diesem Sinne) muß nominalistisch sein, d. h die Begriffe nur als Zeichen ansehen. Einen, der dieses nicht thäte, hätten wir hier nicht widerlegt.

§. 172.

Vermöge unserer Widerlegung also des Idealismus und Realismus behaupten wir, es gebe Wissen sowol unter der Form des Begriffs als unter der Form des Urtheils.

Beides kann aber nicht getrennt sein, da alles Wissen Eines ist, und auch Begriff und Urtheil ihrer Natur nach durch einander bedingt sind *).

Randbem. D. h. 1. a. identisch vollzogene Begriffe, b. eine Theilung des Seins **), welche den nach Gegensäzen construirten Begriffen ent-

*) S. D, 39. über die Art und Weise, wie das Wissen unter der einen Form auf das unter der andern zu beziehen ist. §. 170. Anmerk.

**) Vorles. 1818. Ein getheiltes Sein. Denn die Begriffe sind 1. subordinirt, 2. coordinirt. Im Coordinirtsein werden sie am besten auseinander gehalten. Soll es aber ein Wissen sein: so muß, damit ihm das Sein entspreche, in diesem eine Theilung sein. Die coordinirten Be-

spricht; 2. a identisch vollzogene Urtheile, b. eine Entwikkelung *) des Seins, welche dem Verhältniß der Subjecte zu den Prädicaten entspricht.

§. 173.

Wenn dasselbe Sein als Begriff gewußt werden kann und auch als Urtheil (S. §. 171. 1. das unterstrichene): so ist auch das Sein, welches allem als Begriff gewußten und allem als Urtheil gewußten selbst nicht eigentlich gewußt zum Grunde liegt, nur Eines **).

§. 174. a.

Das absolute Subject und die absolute Einheit des Seins sind zwar als Gedanken genetisch verschieden, drükken aber nur dasselbe Sein aus.

Randbem. Weil beides Wissen dasselbe ist, sind auch beide Grenzen dasselbe ***).

---

griffe schließen nämlich einander aus, beim Sein aber ist dies nur eine Theilung.

*) Vorles. 1818. Eine Entwikkelung des Seins. Wird geurtheilt: so wird etwas ausgesagt, was im Subject nur seiner Möglichkeit nach gesezt ist. Nun schließen die Urtheile, durch welche wir successive zu demjenigen gelangen, was sich von einem Dinge aussagen läßt, einander aus, was aber den Gegenstand betrifft: so sind sie nur die Entwikkelung desselben. — Vergl. E, XXXV. Vorles. das unterstrichene.

**) Vorles. 1818. Das heißt, es giebt keine Trennung des Wesens der Dinge von ihrer Erscheinung.

***) Vorles. 1818. Von den Grenzen muß dasselbe gelten. Und nun ist uns nicht mehr bloße Ahndung, daß was wir am obern Ende des Begriffs und des Urtheils gefunden haben identisch ist (§. 164. 166.), sondern wir können es uns construiren. Das Wissen nämlich ist nur ein Wissen vermöge seiner Uebereinstimmung mit dem Sein, und wir sagen, Es ist dasselbe Sein, was jezt unter der Form des Begriffs jezt unter der Form des Urtheils gedacht ist. Was an der Grenze des Begriffs ist, ist seiner Form nach kein Begriff mehr, weil wir keine Mannigfaltigkeit von Merkmalen davon aufstellen können. Damit sprechen wir ihm aber nur die Form des Wissens ab, nicht den Inhalt; dem Inhalt nach liegt es in derselben Reihe mit allem übrigen Wissen. Der Inhalt des Wissens aber ist das Sein, hier also das Sein, wovon ein wirklicher Begriff nicht zu vollziehen ist. Am Ende des Urtheils

§. 174. b

Auch materialiter sind sie als Gedanken betrachtet dasselbe.

Denn das absolute Subject wäre noch nicht dieses, wenn von ihm noch könnte in einem eigentlichen Urtheil prädicirt werden, daß es gedacht würde. Und die absolute Einheit des Seins wäre noch nicht diese, wenn noch etwas außer ihr gesezt wäre, was in einem eigentlichen Urtheil von ihr könnte prädicirt werden.

Randbem. Das absolute Subject ist die Beschränktheit *), zu der sich alles andere als ein verringertes verhält, von welchem etwas ausgeschlossen ist. Der höchste Begriff ist die absolute Einheit, zu der sich alles andre verhält wie ein verringertes, indem es unter einem Gegensaz steht **).

---

ferner finden wir das absolute Subject, von dem nichts mehr prädicirt werden kann. So fehlt die Form des Urtheils. (Dies scheint dem §. 154. Vorles. 1818 zu widersprechen, wo gesagt ist, die Idee des absoluten Seins sei kein Urtheil dem Inhalte sondern bloß der Form nach. Aber man bedenke, daß dort das negative, hier das eigentliche Urtheil gemeint ist. Im negativen Urtheil ist der Inhalt Null, also nichts als die Form des Urtheils.) Es ist aber ein angelegtes Urtheil, wie jenes ein angelegter Begriff, und das ihm zum Grunde liegende Sein ist ein solches, daß wir auch das Urtheil darüber nicht mehr vollziehen können. Dort wie hier wird also vorgestellt das Sein, das über jene beiden Formen hinausgeht, und seinem Inhalte nach als unvollzogener Gedanke dasselbe ist, während genetisch beides verschieden ist, indem wir zu dem einen vom Begriff, zu dem andern vom Urtheil aus kommen.

*) Muß offenbar heißen die Unbeschränktheit.

Vorles. 1818. Vom eigentlichen Urtheil ausgehend, welches das Prädicat nur der Möglichkeit nach im Subject sezt, kamen wir auf das absolute Subject, worin nichts nur der Möglichkeit nach enthalten, wovon also nichts der Wirklichkeit nach ausgeschlossen ist, auf das unbeschränkte und unendliche, zu welchem alle anderen möglichen Subjecte sich als ein verringertes verhalten, von denen etwas ausgeschlossen ist, damit etwas von ihnen ausgesagt werden könne.

**) Vorles. 1818. Beim Begriff gingen wir davon aus, daß in jedem höheren immer coordinirte wären, die sich gegenseitig ausschlößen. Kein coordinirter konnte also der höchste sein, sondern nur der, welcher auf keinem Gegensaze mehr beruht, auch nicht auf dem zwischen Begriff und Gegenstand. Also ist der höchste die absolute Einheit, wozu alles andere sich wie ein verringertes verhält. So ist nun beides eins, das oberste Ende des Begriffs und das des Urtheils, und in dieser Einheit haben wir den transcendenten Grund alles Wissens, die absolute Einheit gefunden, die gleich ist der absoluten Unendlichkeit, und zwar eine Einheit nicht aus Mangel, weil sie keine Vielheit sein könnte, sondern weil sie Unendlichkeit ist; und eine Unendlichkeit, die nicht ein verworrenes mannigfaltiges ist, sondern Einheit. Alles andre ist abhängig von diesem transcendenten Grunde alles Wissens, der nicht Wissen in uns ist, auf den aber alles Wissen bezogen werden muß und der unser gesammtes Wissen begleitet. So weit also haben wir auf diesem Wege den transcendenten Grund des Wissens gefundeu. Indem wir ihn gleich gefunden haben als etwas, das nicht vollzogen werden kann: so haben wir auch keine Aussicht noch mehr davon zu finden. Desto nothwendiger aber ist es, daß wir ihn uns rein erhalten und uns hüten ihm wissentlich oder unwissentlich etwas zu substituiren, was noch im Bereiche des Wissens selbst liegt, schon um das formale Princip nicht zu verfehlen, das wir ihm gleichgesezt haben. (S. Einleitung §. 13. seqq. und §. 75. seqq.) —

Hier ist nun zuvörderst ein Blikk zu werfen auf die Beil. A, die von dieser Stelle an überhaupt die anziehendsten Vergleichungspunkte darbietet.

Schleiermacher entwikkelte 1811 bis zur zwölften Stunde, ohne einen Abschnitt zu machen, wie wir ihn im Text §. 137. und auch in andern Darstellungen gefunden haben, die Untersuchung über den transcendenten Grund des Wissens bis auf den Punkt, den der Text in §. 164—166. enthält, also bis auf d e Denkgrenzen. Von XII—XIV. sucht er das von der Anschauung des Denkens aus gefundene (Begriff und Urtheil) auch dem Wissen zu sichern (§. 168—174.), und geht dann (noch in XIV.) darauf über, das Wissen unter beiden Formen, sofern ihnen im Sein etwas entsprechen müsse, von seiner transcendentalen Seite zu betrachten, also auf §. 180. seqq. des Textes.

Die Beilage C, XXXVIII. XXXIX. erklärt, sie lasse nun die Beziehung der transcendentalen Voraussezung auf das formale ruhen, um diese an und für sich genauer ins Auge zu fassen. Es sei dieselbe aber als eine zweiseitige gefunden, als allem wirklichen Denken vorhergehend und über alles wirkliche Denken hinausgehend, und es müsse ihr nach beiden Richtungen ein Sein entsprechen. Um dieses zu finden, sei zunächst das beiden Formen des wirklichen Denkens im Sein entsprechende zu ermitteln. In der Ausführung schließt sie sich möglichst an den Text an.

Die Beilage E, XXXVI. will dasselbe als C, kann sich aber dabei nicht eben so an den Text halten, weil sie viel mehr von demselben schon vorweggenommen hat, und wo es an die nähere Betrachtung der transcendentalen Voraussezung geht, alles dazu gehörige zusammenfassen will, während der Text und die andern Darstellungen was der Art von

§. 175.

Zuerst, Das Wissen unter der Form des Begriffs, sofern es von allen identisch producirtes Denken ist, und nur in der vereinten Thätigkeit beider Functionen sein Wesen hat, kann nicht in der organischen Function gegründet sein.

1. Weder in der Zusammengehörigkeit der organischen Affectionen (S. §. *)). Diese ist vielmehr selbst durch die identische Begriffsproduction bedingt. Denn ich bekomme das Materiale eines anderen nur unter der Gestalt seines Denkens, und und kann mir aus diesem das Materiale nur reduciren, in sofern sein Denken in meinem aufgeht **).

---

der Betrachtung des Begriffs aus gefunden wird, an diese, was von der Betrachtung des Urtheils aus, an diese anknüpfen.

Die Vorles. 1818, dem Text am nächsten verwandt, leiten das zunächst folgende so ein, Nun fragt sich, wie das Wissen in seinen beiden Formen innerhalb seines transcendenten Grundes begründet ist. Nämlich innerhalb desselben heißt, im Gebiet des wirklichen Denkens, der Begriffe und der Urtheile, die vollzogen werden können. Da sind nun die das Denken überall begleitenden Gründe des Wissens die verschiedenen Functionen des Denkens, die organische und die intellectuelle. Wir haben schon hie und da über das Verhältniß der Formen des Denkens zu diesen beiden Elementen in allem Denken etwas ausgesagt, aber nur beiläufig um eines andern willen, also ohne es in dem eigentlichen Gang unsrer Untersuchung ins reine gebracht zu haben. Dies müssen wir nun in Beziehung auf das Wissen nachholen. Früher konnten wir es nicht, weil wir noch nicht wußten, ob es unter beiden Formen, der des Begriffs und der des Urtheils, ein Wissen gebe. Wir fragen also, Ist das Wissen in beiden Functionen, in der organischen und in der intellectuellen, gleichmäßig begründet, oder in der einen primitiv und in der andern nur secundär?

Wo und wie C. auch schon früher und E diesen Gegenstand abhandeln, siehe oben §. 117. Vergl. auch D, 23. und 26. —

*) §. 120.

**) Vorles. 1818. Es giebt z. B. verschiedene Hypothesen in den Naturwissenschaft n, wonach die naturwissenschaftlichen Gegenstände verschieden bezeichnet werden. Hat nun jemand ein Factum gesehen, das ich nicht gesehen habe: so theilt er es mir mit durch Urtheile. Hier hat er

2. Eben so wenig in der allerdings den denkenden Einer Art wesentlichen Einerleiheit der organischen Function. Denn die Begriffe als solche sind überhaupt nicht in ihr gegründet. Dies erhellt schon daraus, daß dieselbe organische Affection auf ganz verschiedene Begriffe führt zu verschiedenen Zeiten Die Wahrnehmung eines Smaragd wird mir einmal ein Schema eines bestimmten Grün, dann einer bestimmten Krystallisation, endlich eines bestimmten Gesteins. Man kann nicht einwenden, dies rühre in jenen Fällen nur von einer Richtung des Denkens her, in der ich den ganzen Gehalt der organischen Affection nicht auffasse; wenn ich aber diesen auffasse, müsse *) immer derselbe sein. Denn irgend ein wahrgenommenes geht nie in einem Begriffe ganz auf, und diese Relativität, ohne welche der Begriff gar nicht zu Stande käme, zu bestimmen hängt von der intellectuellen Thätigkeit ab, ohne welche auch schon die Wahrnehmung nicht begrenzt werden könnte.

Anmerk. Daher so viele Mißverständnisse der Kinder bei unsern Bestrebungen ihnen zur Begriffsbildung zu verhelfen, wenn sie nicht wissen, in welcher Reihesezung wir eben begriffen sind **).

Subjecte und Prädicate mit einander verknüpft, und ich muß diese Begriffe nicht nur kennen, sondern selbst haben, wenn ich mir seine Thatsache unmittelbar aneignen soll. Sind also diese Begriffe aus einem von mir nicht anerkannten Schematismus: so kann ich sie nicht brauchen; aber da ich das gesehene Factum nicht verwerfen kann: so übersetze ich seine Begriffe in die meinigen, und eigne mir dadurch seine Thatsache an. In jeder einzelnen Operation der Aneignung fremder Wahrnehmung wird also entweder Gleichheit der Begriffe, oder, wenn diese fehlt, eine solche Ausgleichung derselben vorausgesezt, daß das Resultat dasselbe ist.

*) der Begriff.

**) Vorles. 1818. Will ich z. B. einem Kinde einen Begriff geben von der grünen Farbe: so muß ich ihm einen Gegenstand vorhalten, an welchem es durch organische Function dasjenige wahrnehmen kann, was ich ihm als das grüne bezeichne. Woran aber soll das Kind wissen, ob es das Grün mit der Gestalt oder der Schwere, oder mit etwas anderem an dem Gegenstande verbinden soll? Soll es einen Ton fixiren:

§. 176.

Es kann also eine allen gemeinschaftliche Begriffsproduction nur geben, in wiefern diese in der Einerleiheit der Vernunft gegründet ist. D. h. Giebt es ein Wissen: so muß das System aller das Wissen constituirenden Begriffe in der allen einwohnenden Einen Vernunft auf eine zeitlose Weise gegeben sein.

1. In ihr begründet und in ihr auf zeitlose Weise gegeben, ist gleich. (Wie man sagt, daß im Saamen die ganze Pflanze, die eine räumliche Erscheinung bildet, auf eine unräumliche Weise gegeben ist.) Will man annehmen, in Einem Moment werden von allen Menschen zusammengenommen alle Begriffe producirt: so sieht man, in der Vernunft, welche in ihnen allen dieselbe ist, sind alle diese Begriffe auf gleiche Weise begründet, und das heißt, die, welche jeder einzelne eben nicht producirt, weil ihm dazu die organische Veranlassung fehlt, sind in seiner Vernunft eben so gesezt, aber zeitlos.

2. Da dieses dem transcendentalen Gebiet angehört: so wird man immer desto mehr aus der philosophischen Rede herauskommen, je mehr man einen lebendigen und positiven Ausdrukk sucht. Man kann nicht sagen, die Begriffe schlummern in der Vernunft bis sie durch eine organische Veranlassung gewekkt werden, denn sie sind vorher nicht als Begriffe gegeben. Aber die Vernunft ist als lebendige Kraft, abgesehen von ihrer augenblikklichen Production, die lebendige Kraft zur Production aller

---

wie soll es wissen, ob das Zeichen, dessen ich mich bediene, der Höhe oder Tiefe, der Intension, oder der Geschwindigkeit des Tons gelten soll? Es kann nur aus dem Zusammenhang errathen, was ich gemeint habe, und räth es falsch: so fixirt es sich einen falschen Gebrauch eines Wortes. —

Vergl. Beil. C, XXXIX. zu §. 175. und XXVI. zu Anfang. Ferner das zu §. 170. aus D. angeführte, und Beil. A, 1—11. den zweiten Absaz des transcend. Theils.

wahren Begriffe; ihr Wesen ist die lebendige Totalität des Schematismus der Begriffe.

3. Das einzige würdige und dem strengen Stil sich nähernde Bild ist, daß so wie die Gottheit der Ort aller lebendigen Kräfte, so die Vernunft der Ort aller wahren Begriffe ist *). Die Productionsweise jedes Begriffs ist an einem besondern Punkt in der Vernunft als eine lebendige Kraft gesezt.

4. Dieses zeitlose Vorhandensein aller Begriffe in der Vernunft ist das wahre in der Lehre von den angebornen Begriffen, in sofern diese der Lehre entgegentritt, welche alle Begriffe nur als secundäre Producte aus der organischen Affection ansieht. Aber falsch ist der Ausdrukk, in sofern darin liegt, daß die Begriffe selbst vor aller organischen Function in der Vernunft gesezt sind, sondern Begriffe werden sie erst im Zusammentritt beider Functionen.

Randbem. Die Voraussezung, die immer nur an der Grenze liegen darf, wird dadurch in das Gebiet des Bewußtseins hineingezogen, und also zu viel gesezt **).

---

*) Vorlef. 1818. Die Vernunft ist der Ort aller wahren Begriffe. Der Ausdrukk Ort soll das zeitlose umfassen und den Grund, nur müssen wir das räumliche wegdenken. Wie die alten sagten, die Gottheit sei der Ort aller lebendigen Kräfte: so sagen wir dem analag, die Vernunft ist der Ort aller wahren Begriffe.

**) Vorlef. 1818. In den älteren metaphysischen Darstellungen hat man nicht die empirische Behauptung, daß die Begriffe ihre Realität in der organischen Affection haben, an sich selbst angefochten, sondern man hat ihr die Lehre von den angebornen Begriffen als Hypothese entgegengesezt. Indem man sagt, Angeborne Begriffe: so werden Begriffe selbst gesezt vor aller Erregung der organischen Function, und das ist rein hypothetisch, nie nachzuweisen und auch als Voraussezung nicht anzunehmen. Voraussezungen finden nur statt an der Grenze eines Gebietes, und man darf niemals mehr hineinlegen, als nothwendig ist, wenn die Realität dessen dargethan werden soll, was nothwendig und anerkannt ist. Dasjenige nun, wofür wir hier die Voraussezung machen, ist das Bewußtsein selbst; was also in diesem ist, die Begriffe nämlich, darf in jener nicht sein. Mithin ist sie falsch, sofern sie Begriffe sezt vor der organischen Affection.

5. Falsch oder unzureichend ist auch das unter diesem Ausdrukk enthaltene, in sofern man nur einige Begriffe für angeborne will gelten lassen. Theils nämlich nur ethische nicht physische, theils nur höhere nicht niedere *). Diese Beschränkungen erlangen nur dann einen Schein, wenn man höhere ethische und niedere physische zusammenstellt. Die niederen ethischen aber, die bestimmten Formen des guten und schönen, sind nicht mehr angeboren, als die Begriffe bestimmter Gattungen und Arten von Naturdingen. Höhere und niedere Begriffe sind aber auch auf gleiche Weise zeitlos in der Vernunft gesezt, da das begriffmachende in den niederen nur die höheren sind, und in den höheren auch die Bestimmungen der niederen der Potenz nach müssen enthalten sein.

Randbem. Wenn man die niederen mit Einschluß der einzelnen nicht für angeboren halten will: so kann man mit demselben Recht bloß den Begriff des Dinges für angeboren halten, als welchen der Mensch immer zu realisiren suche; jedes irgend wie beschaffene Ding aber könne er nur durch die Erfahrung haben. Und so zerstört sich die Voraussezung wieder; denn das Ding ist am Ende nichts, als daß etwas dem Ich gegenüberstehen muß, also die Möglichkeit der Erfahrung **).

§. 177.

Die im System des Wissens liegenden Begriffe entwikkeln sich also auch in jeder Vernunft auf gleiche

---

*) Vorles. 1818. Die leibnitzische Philosophie besonders macht einen Gegensaz zwischen angebornen und erworbenen Begriffen, den wir durchaus nicht annehmen können.

**) Vergl. C, XXXIX. zu §. 176. D, 40. E, XXVIII. und das aus XXIX unter §. 122. angeführte, wo Begriffsanfänge und intellectuelle Oerter genannt wird, was hier das Gesetztsein der Begriffe auf zeitlose Weise. Besonders s. E, XLI. und XLII, A, 1 und 2 für diesen und den folg. §., um Schl's Verhältniß zu beiden Theorien, der von den angebornen Begriffen und der von der Ueberlieferung der Begriffe, sei es durch Mittheilung von einem Menschen an den andern, sei es durch außermenschliche Offenbarung, so weit es an dieser Stelle möglich ist, zu übersehen. Vergl. auch D, 10 und 11. und oben §. 57—62. so wie unten §. 189—192.

Weise auf Veranlassung der organischen Affection, und es giebt eigentlich kein Empfangen eines Begriffes durch andre.

Randbem. Nebenbei liegt hierin, daß die Differenz in der Begriffsbildung, die das subjective hervorbringt, nur müsse zunächst in der organischen Function gesucht werden *).

1. Schon in der Idee des Wissens liegt ja das Postulat, daß jeder sich dies Denken eben so soll construiren können, und jeder Begriff ist auch nur in der Production **).

2. Im Gebiete des Wissens giebt es also auch kein Verhältniß wie zwischen Erfinder und Nachahmer ***), sondern alles wahrhaft erfundene kann nur außerhalb des Wissens im Gebiet des unbestimmten Denkens liegen, und im Wissen ist jeder nur primus inter pares.

3. Dieses ist das richtige in dem platonischen Ausdrukke,

---

*) Vorles. 1818. Wohl zu merken, wir reden hier nur von der reinen Idee des Wissens, die Erklärung der Aberrationen für einen andern Ort aufsparend. Vorläufig aber dieses. Wir werden von hier aus auf die Differenz der Begriffe geführt. Denn wenn wir festsezen, daß wir sie nicht durch andre empfangen: so fragt sich gleich, Geschieht denn gar nichts, wenn ich einen Begriff durch Worte mittheile? Allerdings geschieht etwas, aber oft wird auch anderes empfangen als ich mittheile. Worin liegt das? Nicht in der allen identischen Vernunft, sondern darin, daß auch in dieser trokknen Mittheilung die organische Function ihre Rolle spielt, denn der Begriff will immer erst Bild werden, und da tritt die organische Function dazwischen. Was die Sache selbst betrifft: so liegt in der Idee des Wissens, daß jeder sich soll das Wissen selbst construiren können wie der andre, also daß keiner der Mittheilung des andern bedarf. Ohne das in jeder Vernunft gesezte identische Begriffssystem gäbe es auch gar keine Verständigung durch Zeichen zwischen solchen, die in der Sprache nichts mit einander gemein haben. Diese stiften bloß die gemeinsame Erregung der organischen Function, woran sich der Begriff auf gleiche Weise erzeugt. Was darin abweichendes vorkommt, liegt wieder in den Aberrationen. — Vergl. C, XL. und D, 40. zu §. 177.

**) Vergl. §. 86—89.

***) Vorles. 1818. Dies Verhältniß ist bloß auf dem Gebiete der Kunst und der Praxis.

daß jedes Lernen nur ein Erinnern sei *). Sonst der Ausdrukk eben so mißverständlich als das angeborne. Wir haben den Begriff, ehe er zuerst in uns entsteht, noch nicht als Begriff in uns gehabt, sondern der Vernunft ist nur der Schematismus aller wahren Begriffe als lebendiger Trieb eingeboren.

§. 178.

Indem wir den Anspruch auf gleichmäßige Begriffsproduction absolut angesehen auf das ganze menschliche Geschlecht ausdehnen: so knüpfen wir sie an die Gleichheit des Selbstbewußtseins in allen.

1. Kinder und rohe Menschen machen die Prätension auch an Thiere u. s. w., weil in ihnen zwar das Bewußtsein des Lebens überhaupt, aber noch nicht das specifische des menschlichen Bewußtseins bis zu einer gewissen Klarheit entwikkelt ist. Natürlich ist dies Hyperbaton, weil wir uns für die bewußtlosere Praxis des gemeinen Lebens nie vollkommen davon losmachen können. Wir kommen aber davon los, in wiefern wir den Thieren kein Ich zuschreiben, d. h. keine zusammenhangende Wahrnehmung ihrer inneren Affectionen, wenn auch die äußeren als gleich gesezt werden.

2. Wir knüpfen sie nicht an die gleichen äußeren Affectionen, da wir vielmehr durch jede Mittheilung eine Gleichheit der Begriffe auch bei verschiedenen äußeren Affectionen bezwekken. Also ist kein Anknüpfungspunkt übrig als die Identität der organischen Affection abgesehen von ihrem objectiven Inhalt, also rein von ihrer innern Seite betrachtet. Dies ist die intellectuelle Seite von dem Eindrukk der Identität der Gestalt.

---

*) Vorles. 1818. Das wahre darin ist, daß es kein Lernen giebt. Das Erinnern sezt die angebornen Begriffe voraus. Dies hat aber Platon nie auf doctrinale, sondern auf mythische Weise gesagt, und an seine mythische Darstellung knüpft sich der positive Ausdrukk, daß das Empfangen der Begriffe ein Erinnern sei, kein Lernen. Das negative aber, daß es kein Lernen der Begriffe giebt, ist die reine Wahrheit.

3. In wiefern nun in dieser Anknüpfung gesezt ist, daß im Selbstbewußtsein sich das ganze System der Begriffe entwikkeln könne und müsse, ist dieses das richtige in der Idee vom Mikrokosmus, deren Wurzel ist, daß der Mensch alle Stufen des Lebens in sich hat, und hieran seine Vorstellungen vom äußern Sein anbildet *).

§. 179.

Wenn die das Wissen constituirenden Begriffe ein ganzes bilden: so bilden nicht etwa die andern Begriffe ein andres ganzes außer diesem, sondern sie hangen diesem an als Uebergangspunkte.

1. Nicht nur diejenigen, welche als Irrthümer einerlei Gegenstand mit einem Wissensbegriff haben, haben dieselbe Quelle, sondern auch die scheinbar frei gebildeten. Denn auch diese sind höher angesehen Irrthümer (z. B. Centaur und Sirene), da der Gegenstand des Wissens und Denkens nur Einer ist im ganzen **).

2. Wenn auch nicht je weniger Wissen, desto mehr freies Denken, und je mehr, desto weniger, weil das wenige Wissen, in wiefern im Mangel der Aufregung des Triebes gegründet,

---

*) Vorles. 1818. Hierdurch allein ist auch die Möglichkeit einer Mittheitheilunng der Begriffe gesezt. — Vergl. Beil. C, XL,; D, 41. zu §. 178.

**) Vorles. 1818. Wenn es Begriffe giebt, die nicht in das System des Wissens eingehen, was sind und bedeuten sie? Ein Begriff geht nur in sofern nicht ins Wissen ein, als wir ihn als einen willkührlichen sezen. Wir abstrahiren hier nämlich vom Irrthum; denn ein falscher Begriff hat immer einen wahren, der ihm entspricht, und sezen wir also diesen lezteren: so wird er allerdings ins Wissen eingehen. Es giebt aber Begriffe, die für sich betrachtet nicht als irrige nachgewiesen werden können, und die doch nicht ins Wissen eingehen. Solche machen entweder gar keinen Anspruch, daß ihnen ein Sein entsprechen soll, oder wenn sie es thun: so haben wir die richtigen Begriffe, wozu sie die falschen sind, noch erst zu suchen. Der Begriff Centaur z. B. ist jezt ein solcher, der gar keinen Anspruch darauf macht ins Wissen einzugehen.

auch wenig freies Denken zuläßt, und umgekehrt: so kann man doch sagen, Wenn das Wissen nach allen Seiten hin völlig vollendet wäre: so würde das Denken *) aufhören. Es besteht nur in Versuchen, auch solche Zweige des Begriffssystems zu gestalten, wozu noch keine organische Affection gegeben ist, oder solche organische Resultate aufzufassen, wozu der richtige Subsumtionsweg noch nicht gefunden ist, oder das fehlende äußere Sein zu ergänzen, welches alles mit dem Wissen selbst aufhört.

3. Glaubt man nun, das Verfahren mit diesem Denken sei das Element der Kunst oder der Poesie: so folgt freilich, daß die Kunst abnehmen muß in dem Maaß als die Wissenschaft zunimmt; aber die Ansicht möchte unrichtig sein **).

---

*) Dieses, wie es hier steht, widerspräche allem früheren, besonders dem §. 86. vergl. mit C, XVIII. zu §. 86. Es ist aber auch offenbar statt so würde das Denken zu lesen so würde das freie Denken.

Vorles. 1818. Für die andern Begriffe aber, die nicht in das System des Wissens eingehen, weil wir die richtigen dazu noch nicht gefunden haben, gilt dieses, daß beides nur eins und dasselbe sein kann, einem Begriff seine Stelle anweisen können in der Totalität der Begriffe, und die Ueberzeugung haben von seiner Wahrheit. Wenn alle Begriffsbildung von Anfang an darauf angelegt wäre eine Totalität zu bilden: so würde man nur an einer gewissen Stelle dazu kommen einen Begriff zu bilden. Das geschieht aber nicht, und die Begriffe haben immer noch etwas an sich von ihrer ersten chaotischen Auffassung. Je mehr sich nun ein neues Denken von dem chaotischen aus organisirt, desto mehr giebt es willkührliche Begriffe, von denen wir nicht wissen, ob sie wahr sind oder falsch. Je mehr das kunstmäßige Denken, womit jeder Begriff seine Stelle im ganzen erhält, eingeleitet ist, desto mehr muß das willkührliche Denken aufgehoben werden; und sind alle unsre Begriffe in solches System aufgenommen; so kann es gar keine willkührlichen Begriffe mehr geben. Wir sehen also, das willkührliche Denken bildet nicht ein ganzes Gebiet für sich, sondern soll allmählig im Gebiet desjenigen Denkens, das im Wissen aufgeht, verschwinden. Jeder Begriff hat so viel Ungewißheit, Willkühr, als er noch nicht seine Stellung im ganzen hat, und ist so lange auch immer nur ein Uebergangspunkt. —

**) Vorles. 1818. Was diejenigen willkührlichen Begriffe betrifft, denen wir keinen Anspruch auf das Sein einräumen: so mögen sie vom Irrthum ausgegangen sein. So können wir ihrer viele nachweisen (Centaur), die als einem Sein entsprechend gedacht wurden. Sobald sie aber

§. 180.

Zweitens. Soll es ein Wissen unter der Form des Begriffs geben, daß also dem im Begriff gedachten ein Sein entspricht: so muß im Sein auch wie im Begriff ein Gegensaz des allgemeinen und besonderen statt finden.

1. Denn der Begriff hatte in diesem Gegensaz sein Wesen, und alles in ihm gesezte war in dieser Form gesezt. Es giebt also nichts, worin das Sein dem Begriff als solchem entsprechen kann, als dieses.

2. Diese Lehre ist die Lehre von den Ideen, oder dem Realismus der Begriffe.

a. Diese Theorie hångt schon zusammen mit dem Verwerfen der realistischen Ansicht als ausschließend, und man muß hier gegenüberstellen Realismus der Begriffe und Realismus der einzelnen Dinge. Denn wenn die absolute unbestimmte Mannigfaltigkeit nicht das ganze Sein ist: so muß es, da jene unter dem Begriff liegt, ein dem Begriff gleichgestelltes oder auch über ihn gestelltes Sein geben.

b. Wenn man Lehre von den Ideen und Lehre vom Rea-

---

als Irrthümer eingesehen sind: so sind sie auch keine Begriffe mehr. Sie existiren dann nur noch als Bilder, und als solche können sie der Kunst anheimfallen. Es ist daher falsch, der Kunst nachzusagen, sie sei ein Spiel mit erdichteten Begriffen. Ihren Bildern können erdichtete Begriffe zum Grunde gelegen haben, aber dieser selbst bedarf sie nicht, so daß auch für ihr Gebiet gelten muß, alles willkührliche Denken solle verschwinden. —

Vergl. §. 97., Vorles. 1818. und vornåmlich §. 127. Vorles. 1831. Auch C, XL. und D, 41. zu §. 179. Die zulezt genannte Beilage hångt hier gleich an die Betrachtung des Urtheils in Beziehung auf das erste Merkmal des Wissens, also was unter §. 189—192. folgt.

Im Text und in den Vorles. 1818 so wie in der Beil. C. folgt nun §. 180—182 die Betrachtung des Wissens unter der Form des Begriffs, sofern ihm als Denken des Seins unter der Form des Begriffs im Sein etwas entsprechen muß.

lismus der Begriffe gleich stellt: so sezt man Idee und Begriff nicht gleich. Im antiken platonischen Sprachgebrauch werden die drei Worte εἶδος ἰδέα γένος vermischt gebraucht theils für das im Denken theils für das im Sein gesezte allgemeine. Später hat man Idee für das lezte genommen, oder auch für den Begriff als Wissen, also in wiefern ihm ein solches entspricht.

§. 181.

Wie der niedere Begriff im höheren seiner Möglichkeit nach gegründet ist und in der Mannigfaltigkeit näherer Bestimmtheit jenen zur Anschauung bringt, der höhere aber ein productives Zusammenfassen einer Mehrheit des niederen ist: so ist auch das niedere Dasein ein das höhere zur Anschauung bringendes, oder dessen Erscheinung, und seiner Möglichkeit nach nur im höhern gegründet; und das höhere ist der productive Grund oder die Kraft zu einer Mehrheit der Erscheinungen.

Also das den Gattungen und Arten als allgemeinen Begriffen entsprechende Sein sind die lebendigen Kräfte als für sich geseztes und sezbares Sein, und das den einzelnen Vorstellungen als niederen entsprechende sind die Erscheinungen.

§. 182.

Wie ein allgemeiner Begriff in anderer Beziehung auch ein besonderer, und ein besonderer ein allgemeiner sein kann, und eben dadurch das Gebiet des Begriffs beschränkt ist: so kann auch jede substantielle Kraft als Erscheinung und jede Erscheinung als Kraft betrachtet werden, und ist eben dadurch das Gebiet des substantiellen Seins begrenzt.

Die untergeordnete = mehr specifische Kraft ist eine von den

Erscheinungen einer höheren, und jedes einzelne Ding (Mensch), in Beziehung auf seine Gattung (Menschheit) nur Erscheinung, ist doch wieder Kraft, in sofern es eine Mannigfaltigkeit von Erscheinungen aus seiner Einheit, die in sofern auch im Begriff zusammengefaßt werden kann, hervorbringt, und so überall *).

§. 183.

Eben deshalb kann die höchste Steigerung des Begriffes der Kraft nicht dasjenige sein, was der oberen Grenze des Begriffes entspricht, nämlich die Gottheit.

Randbem. Die höchste Kraft ist noch immer Glied des Gegensazes, nur daß sie nicht zugleich Erscheinung ist; liegt also noch im Gebiet des Begriffs, nicht darüber hinaus.

1. Diese Construction der Gottheit, die pantheistische, kommt auf zwiefache Art zu Stande. **a.** Auf der Seite der abstracten Begriffe durch Aufsteigen in den Gegensäzen, indem man das ideale und das reale als die beiden höchsten Kräfte ansieht, und diejenige, von welcher beide ausgehen, als die, über welcher keine andre kann gedacht werden. **b.** Auf Seite der lebendigen Begriffe, indem man von den Gattungen aufsteigt zur Einheit der Lebenskraft und durch Coordination des leblosen zur Einheit des Weltkörpers, dann durch Coordination der Pluralität der Weltkörper zur Einheit der weltbildenden Kraft, in welcher, weil alles reale Denken in der organischen Natur eingeschlossen sein muß, auch der Gegensaz zwischen Begriff und Gegenstand aufgehoben ist.

---

*) Vergl. über §. 180—182. Beil. A, XIV—XVII.; Beil. C, XL. zu §. 180—182., wo die den Text erläuternden Exemplificationen so genügend sind, daß die Vorles. 1818, die hier eine Lükke haben, nicht werden vermißt werden. Schlimm aber ist es, daß die Lükke sich auch über die vier zunächst folgenden Paragraphen erstrekkt.
Die Beilage E, XXXVI seqq. ist wohl zu vergleichen, aber am besten erst nach §. 199., weil sie durchaus das im Sein dem Begriff und dem Urtheil entsprechende zusammenfaßt.

2. Wie der Begriff in uns nicht wahrhaft ist als mit dem System seiner untergeordneten zugleich: so würde auch von dieser absoluten Kraft gesagt werden müssen, sie sei nicht anders als mit ihren untergeordneten, der lebendigen Einheit der verschiedenen Weltkörper, zugleich und durch sie, worauf auch die naturphilosophische Vorstellung des absoluten zurükkläuft; und von jener, sie sei nicht anders als in dem correspondirenden Sein des idealen und realen.

3. Dann ist sie aber ganz unter die Form des höchsten Begriffs gestellt, und entspricht also nicht dem über den Begriff erhabenen und außerhalb desselben gesezten Gedanken, dem also auch nur entsprechen kann, was außerhalb des Gebietes der erscheinenden Kraft liegt.

4. In wiefern also die Gottheit entsprechen soll jenem begrenzenden Gedanken, kann sie nicht als die höchste Gattung gedacht werden.

5. Der spinozistische Begriff kann hier besonders nicht beurtheilt werden. Er ist nur eine abstracte Formel, da er gleich in einen abstracten Gegensaz ausgeht; er kann also wohl eine Realität haben, die aber hier nicht der Ort ist zu untersuchen *).

---

*) Die Randbemerkung oben, wahrscheinlich vom Jahr 1818, enthält nichts anderes, als das unter 3. gesagte. Sie soll wol andeuten, daß es dem Verf. angemessen schien, die Erläuterung zum §. mit ihr zu beginnen, wie sie denn auch dem eben deshalb im §. entspricht.

In Beil. C, XLII. zu §. 183. ist das unter 1, b. gesagte weiter ausgeführt, worauf dann das unter 1, a. gegebene in Zusammenhang mit §. 185. gestellt wird.

In D, 42. derselbe Gang als in C, nur mit einem Tadel des auf diese Weise gemachten Ueberganges auf §. 185.

Eine Vergleichung mit A. und E. bleibt besser noch ausgesezt; denn A. hat das hier im Text gegebene nur zusammen mit dem unten §. 216. seqq. folgenden, und E spricht überhaupt nicht eher über das absolute, als bis von den Endpunkten aller angelegten Gedankenreihen zugleich von ihm geredet werden kann.

Uebrigens ist hier nun ein Punkt, an welchem wieder auf die bisher vorgekommenen Entwikkelungsknoten zurükk zu sehen ist. Schl. sagt nämlich obn 1, a. und 2. 3. es sei unstatthaft, die Identität des idealen und des realen als der höchsten Kräfte als das absolute anzusehn; denn damit sei nichts als die dem höchsten Begriff entsprechende höchste Kraft als das absolute gesezt, also etwas, das, mit allem unter ihm stehenden in einer Rihe liegend, nicht der Urgrund sei, sondern desselben bedürfe. Nun hat Schleiermacher selbst §. 128—137. den Gegensaz des idealen und des realen als den höchsten und die Idee des Seins als die ihn befassende und aus sich entwikkelnde Einheit gefunden; es folgt also, daß er 1814 nicht kann der Meinung gewesen sein, an jener Stelle die Idee der Gottheit gefunden zu haben. Wo aber sonst könnte er sie bis hieher gefunden zu haben meinen? §. 148. seqq. und §. 164—174. b.?' Aber die Begriffsgrenze war ihm doch auch jene in den Gegensaz zerfallende und aus dem Gegensaz zusammengefaßte Einheit des Seins, die kein Begriff mehr ist, weil sie nichts über sich hat, und der höchste Begiff, sofern sie alles unter sich befaßt, also die höchste Kraft die selbst auf keine Weise Erscheinung ist eines anderen, sondern deren Erscheinung alles übrige ist, oder die im relativen alle anderen Gegensäze unter sich befassenden Gegensaze des idealen und realen zur Erscheinung kommt. Den Beweis dafür giebt noch besonders §. 200., der das absolute Subject, das doch oben der oberen Begriffsgrenze gleich gesezt war, mit der höchsten Kraft zusammenfallen läßt. Wir hätten also statt der Fassung, die unserm §. wirklich gegeben ist, vielmehr diese erwartet, Eben deshalb kann die höchste Steigerung des Begriffes der Kraft nicht dasjenige sein, dem auch die obere Grenze des Begriffs nicht entspricht, nämlich die Gottheit; welche Fassung dann dem ganz analog wäre, was §. 200—202. ausdrükklich gesagt ist, nämlich daß das absolute Subject, wie man es auch fasse, nicht dem absoluten = Gott entspreche. Die Sache, scheint mir, ist diese, 1. Schl. hat mit Begriffsgrenze, oder Gedankengrenze überhaupt, nicht bloß jenes bezeichnet, was als Begriff nur der höchste ist, der alle übrigen unter sich befaßt, und als Sein nur die höchste Kraft oder Gattung, also nicht bloß jene Identität des idealen und realen, die, wiewol sie nichts über sich hat, zu dem sie sich wie zum allgemeinen das besondere verhielte, doch mit allem übrigen in einer und derselben Reihe liegt, sondern auch diejenige Einheit, die absolut über dem Begriff, auch dem höchsten, liegt, der man sich nicht nähert, wie weit man auch hinaufsteige, und die also auch nicht mit der Totalität des Wissens und Seins identisch, sondern deren absolute Grundlage ist, das wahrhaft unbedingte alles bedingende, während das absolute Subject (die höchste Kraft, die höchste Gattung) nur so alles bedingt, daß es selbst von allem bedingt wird; 2. hat er beides weder als absolut identisch noch als absolut getrennt gedacht. Ist dem aber so: so versteht sich nicht nur der Text, sondern auch wie die Vorles. 1818 dazu kommen überall, wo von der Grenze die Rede ist, sich auch auf das absolute zu richten und Folgerungen für dasselbe zu machen, und endlich wie der Vf. doch nothwendig darauf denken mußte beides, Grenze und

§. 184.

Die Ueberzeugung von der Gottheit liegt also nicht in Einer Reihe mit der Ueberzeugung vom Gegensaz der Kraft und Erscheinung im Sein.

1. Wäre dieses: so müßten wir auch die Gottheit eben so lebendig und unmittelbar anschauen können, wie wir die Gattungen anschauen, welches unmöglich ist.

2. Wegen dieser Analogie hat auch die pantheistische Idee niemals als Ausdrukk des religiösen Bewußtseins können geltend gemacht werden, sondern ist immer von diesem verworfen worden.

3. In der naturphilosophischen Construction ist der Fehler klar. Denn die Pluralität von Weltkörpern, in sofern ihre Einheit sich in einer Duplicität organischer und anorganischer Kräfte manifestirt, ist nur eine Fiction, und das Wissen geht nicht weiter als bis zur Einheit des Weltkörpers, in welcher der Gegensaz des idealen und realen auf eine relative Weise gebunden und eine relative Totalität von untergeordneten Kräften zusammengefaßt ist.

4. Man kann die Krisis auch so fassen. Die naturphilosophische Construction bleibt im Gebiet des eigenthümlichen, und kann deshalb nicht auf etwas kommen, das dem absoluten Wissen entspricht. Die spinozistische bleibt zwar im universellen, aber sie ist eben deshalb bloße Formel.

§. 185.

Dem Gedanken von der Möglichkeit einer Mehrheit von Urtheilen, in dem der Begriff nach unten endet, entspricht auf der Seite des Seins die chaotische Materie oder das materielle Chaos.

---

absolutes, schon von vorne herein auch im Ausdrukk so aus einander zu halten, wie es in seiner Anschauungsweise wirklich aus einander liegt, etwas das er von 1822 an ins Werk zu sezen suchte, wie bei §. 137. schon angedeutet ist und weiter unten vollständig klar wird. S. §. 200. seqq.

1. In diesem ist gesezt eine unbestimmte Mannigfaltigkeit. Der bestimmte Gegensaz von Einheit und Vielheit ist aufgehoben dadurch, daß die Vielheit untergeht aus Mangel ihres Gegensazes, der Einheit, und der relative Gegensaz des allgemeinen und besonderen, mit welchem schon Form gesezt sein würde, verschwindet im Isoliren des besonderen. Dies ist die negative Seite jenes Gedankens.

2. In der chaotischen Materie ist aber gesezt der unbestimmte Grund aller organischen Affectionen (mittelbar freilich nur), also der Grund zu einer Mehrheit von Urtheilen, aus welchen Begriffe erst gebildet werden können, also vor allem Begriff von unten her; und das war die positive Seite jenes Gedankens.

§. 186.

Die absolute Materie liegt nicht in Einer Reihe mit den auf- und absteigenden Evolutionen von Kraft und Erscheinung, und sie hat also nicht dieselbe Realität wie dieses Gebiet.

1. Wie jedes einzelne lebendige Ding noch Identität von Kraft und Erscheinung ist: so auch jede Action. Denn sie ist in ihrer Wiederholbarkeit in Zeit nnd Raum Eines, aber auch vieles, und zwar begriffsmäßig vieles, weil sie jedesmal mit andern Modificationen wird gesezt sein (**principium indiscernibilium**).

2. Sezen wir die Einheit der Action als dasjenige, was begriffsmäßig nicht mehr zu theilen ist: so kann man nur noch mathematisch erfüllte Zeit und bewegten Raum theilen, und dann bleibt die Möglichkeit der verschiedenen Einwirkung übrig ohne alle Beziehung auf Einheit des Subjects und also auch auf bestimmte Vielheit. Aber dann sind wir auch nicht nur aus der Identität von Kraft und Erscheinung herausgegangen, sondern es hat auch die Erscheinung selbst ihre Einheit verloren.

3. Diese mathematische Theilung lag offenbar gar nicht im

Schema des vorigen Prozesses. Hat also der Gedanke eine Realität: so muß sie anderwärts begründet werden können.

4. Die Totalität aller Actionen aber muß aufgehen in der Totalität alles bewegten Raumes und aller erfüllten Zeit, also geht auch die Totalität der absoluten Materie auf in der Totalität des im Gegensaz von Kraft und Erscheinung gesezten Seins, begrenzt also dieses Gebiet nicht realiter, sondern ist nur eine Abstraction. Durch Abstraction aber können wir die Materie schon auf jedem Punkt des Denkens haben, wenn wir nämlich Urtheile produciren, zu denen wir die Begriffe noch nicht haben, oder durch welche werdende Begriffe erst sollen vollendet werden.

Randbem. Dieser Vorstellung der Materie entspricht nun die gewöhnliche Vorstellung der Gottheit, welche auch behauptet nicht in der Reihe zu liegen. Allein das ens summum ist dem Inhalt nach nichts anderes, und man sieht dann doch die Gottheit an als anderem gegebenen gleichartig, nur als das höchste in seiner Art. Sie als Ding anzusehen ist der schlechteste Ausdrukk, weil in Ding die Gleichgültigkeit gesezt ist, ob etwas Kraft sei oder Erscheinung. — Es ist nun die gemeine Vorstellung, daß aus dem, was diesen Endpunkten entspricht, Gott und Materie, die Welt müsse construirt werden können *).

---

*) Diese Randbemerkung liegt der veränderten Fassung zum Grunde, welche die §§. 187. 188. in Beil. C, XLII. und D, 43. erfahren haben. In den Vorles. 1818 lautet sie so,

Dem höheren und niederen Begriff entsprach uns im Sein Kraft und Erscheinung. Der Begriff endete nach oben in diejenige Einheit des Seins, die nicht mehr Begriff ist, und nach unten in diejenige Mannigfaltigkeit, die auch nicht mehr Begriff ist. Damit hing die Frage zusammen, Was entspricht denn diesen Punkten im Sein? Nun sahen wir, daß, wenn wir aufsteigen von Kraft und Erscheinung, wir zulezt auf eine Kraft kommen, die keine mehr über sich hat und der Grund aller Erscheinung ist. Diese Kraft entspricht aber nicht jener Grenze des Begriffs, denn die höchste Kraft kann gedacht werden, die Einheit an der Grenze des Begriffs nicht. Die spinozasche Gottheit ist nichts als jene höchste Kraft. Ferner hatten wir gesehen, der unteren Grenze des Begriffs entspräche die Vorstellung von einer Materie schlechthin, und mit dieser verhielte es sich nicht, wie mit der von der höchsten Kraft; denn die chaotische Materie erscheint nicht mehr, sondern ist bloß Grund der Erscheinung, bloß das, was gedacht werden könnte, wenn es

Gestaltung gewönne. Die Gestaltung aber müßte ein Factum sein, und da das Factum zum Urtheil führt; so ist das Chaos die unendliche Mannigfaltigkeit der möglichen Urtheile. Dies ist aber bloße Formel, die zu keinem Bewußtsein werden kann, zu welchem, wenn es entstehen sollte, sich die Urtheile wirklich gestalten müßten.

Gegen Spinoza hat man nun eine andre Vorstellung von der Gottheit aufgestellt in Beziehung auf diese Vorstellung von der Materie, nämlich die Gottheit sei nicht die höchste Einheit der Kraft, wovon alles andre nur Erscheinung sei, sondern das höchste Sein, das ens summum, dessen nicht Ersch inung sondern Werk die Welt sei, aus solcher Materie gebildet. Aber leistet nun diese Vorstellung was man ihr zumuthet? Man sagt, durch die Gottheit werde die gestaltlose Materie gestaltet, d. h. Einheit und Vielheit gesezt in die unbestimmte Mannigfaltigkeit. Aber daraus läßt sich die Welt nicht construiren, denn unter der formlosen Materie wird immer nur das den Raum erfüllende gedacht, dasjenige, was in der Gestaltung ein dingliches wird. Dieser einseitigen Vorstellung von der Materie correspondirend müßte man also erst noch ein die Zeit erfüllendes annehmen, durch dessen Gestaltung das Bewußtsein würde. Denn sonst würde das Bewußtsein aus dem dinglichen abgeleitet, was wir geleugnet haben, indem wir die Entstehung des Begriffs aus der organischen Affection leugneten (§. 175.). Aber diese Ergänzung des Begriffs Materie gesezt und angenommen nun jenes, daß Gott die Welt aus der formlosen Materie beider Art, der idealen und der realen, gebildet habe: so ist doch klar, daß dann die Gottheit nicht das ist, was wir darunter gedacht haben; denn sie ist dann nicht die absolute Einheit des Seins, weil immer durch die Materie bedingt. Der speculative Grund dieser Vorstellung ist aber, daß man die Gottheit hat zum obersten Punkt auf der Seite des Begriffs machen wollen, wie die Materie der unterste ist, in der Meinung, damit müsse die Entstehung der ganzen Reihe des erscheinenden endlichen begriffen werden können. — Ferner sagt man, Gott sei nur anzusehen als die aus der Materie sich bildende Welt betrachtend, welche Vorstellung man die aristotelische nennt, und die am meisten im epikurischen System ausgebildet ist, worin aber ein vollständiger Dualismus gegeben ist, indem in Gott nur das ideale gesezt wird, in der Materie aber keinesweges, wie in der vorigen Ansicht, bloß das noch nicht seiende, sondern realiter das ganze System des Seins. — Eine dritte Ansicht steht freilich höher, nämlich die, daß Gott die Welt aus nichts erschaffen habe, wobei vorausgesezt wird, daß die erste Stufe des Seins die chaotische Materie gewesen sei. Wird aber die Gottheit so gedacht, was ist sie dann? Nichts, als die höchste von allen Schranken entbundene Einheit der Kraft, deren Totalerscheinung, deren Offenbarung die Welt ist, denn die Kraft ist es, die die Erscheinung producirt, und das Denken Gottes wäre dann nichts anderes, als das physische und ethische Denken auch ist, durchaus kein transcendentes. Die Vorstellung also, womit man die spinozasche hat widerlegen wollen, ist eigentlich nur diese selbst.

§. 187.

Die so erzeugten Vorstellungen von Gott und der Materie als Principien der Weltbildung gesezt bringen die Welt nicht zu Stande.

1. Das Wissen in der Form des Begriffs umfaßt das ganze Gerüst unseres realen Wissens, Ethik und Physik. Denn das im Gegensaze von Kraft und Erscheinung der Form des Begriffs entsprechende Sein enthält das System der sich reproducirenden substantiellen Formen. In der gewöhnlichen Metaphysik wird nun dieses System als begründet angesehen entweder in beiden, oder in einer von beiden als ihren Principien.

2. Entweder Gott bildet die Materie. Dann kommt freilich durch ihn Einheit und Vielheit in die unbestimmte Mannigfaltigkeit, aber in ihm selbst ist nicht die absolute Einheit des Seins. Oder Gott betrachtet die aus der Materie sich bildende Welt. Dann ist auch in der Materie nicht die bloße unbestimmte Mannigfaltigkeit. In beiden Fällen ist die Identität von Kraft und Erscheinung nur eine entstandene, also nicht der Form des Begriffs gemäße.

3. Oder einseitig, Gott erschafft die Welt aus nichts. Also die Vorstellung der bloßen Materie wird negirt. Aber dann wird auch die Erscheinung ein bloßer Schein. Denn wie kann aus der Kraft, welche nur *) als Erscheinung zu sezen ist, die Identität der Kraft und Erscheinung sich entwikkeln! Eben so, Die Welt bildet sich selbst aus dem Chaos und die Gottheit wird negirt. Aber dann wird das Stehen der Kraft über der Erscheinung ein bloßer Schein, und es existirt eigentlich nichts, als die absolute Materie.

§. 188.

Beide Vorstellungen sind so entstanden nichts als Repräsentanten des lezten Grundes, Gott der Totalität

*) ? nie

unserer intellectuellen Action, aber abstrahirt von allem was durch die organische Function entsteht, und die Materie der Totalität unserer organischen Affectionen, abstrahirt von allem was durch die intellectuelle Function entsteht.

1. Objectiv gedacht wäre auch die Gottheit, auf diesem Wege gefunden, nur die höchste Gattung, das allgemeinste Ding, **ens summum, universalissimum**, welcher Inhalt durchaus der auf diese Idee gerichteten Tendenz nicht entspricht, wie auch schon deshalb nicht, weil die ganz leere und verworrene Vorstellung der Materie an sich das wahre Correlatum dazu ist. Wüßten wir auch um die Gottheit mit der Gewißheit, wie um den Gegensaz von Kraft und Erscheinung: so wäre unser Wissen um die Gottheit homogen mit unserem physischen und ethischen, und eine Construction, die hierauf Anspruch macht, kann schon nicht die der Gottheit sein.

2. Es war hier nur der Zwekk, dieser Construction ihren rechten Inhalt anzuweisen, und zu zeigen, worin diese einseitige und ungenügende Vorstellung gewurzelt ist.

Randbem. Das Wissen unter der Form des Begriffs ist zwischen beiden eingeschlossen. Die Idee der Gottheit, richtig gefaßt, ist auf dieser Seite dasjenige, was nicht mehr gewußt werden kann, aber immer vorausgesezt werden muß als die Identität von Denken und Sein. Und dies ist das wahre an dem ontologischen Beweise. Die Materie ist das, was nach unten nicht gewußt werden kann, aber auch nicht vorausgesezt, weil sie die Verneinung von beidem ist, indem sie als Gedanke gesezt das Sein ausschließt, und als Sein den Gedanken *).

---

*) Vorles. 1818. Hieraus (nämlich aus dem zu §. 186. aus diesen Vorlesungen angeführten) können wir abnehmen, daß unser eigentliches Wissen unter der Form des Begriffs durchaus eingeschlossen ist in dem relativen Gegensaz von Kraft und Erscheinung, d. h. daß wir unter der Form des Begriffs um nichts wissen können, als nur wiefern wir es als eine Kraft oder als eine Erscheinung sezen. Die Gottheit kann in dieser Reihe nicht liegen, ist also auch nie ein Wissen. Was die Vorstellung von der Materie betrifft: so ist diese nichts als eine Abstraction,

§. 189.

Das Wissen unter der Form des Urtheils als von allen gleich producirtes Denken ist nicht gegründet in der Identität weder der intellectuellen noch der organischen Function.

1. Bedingt ist es zwar in einem gewissen Sinne durch beide. Denn ein Urtheil ist nicht möglich ohne einen dem Subject gleichgestellten Begriff, und die gewußten Begriffe sind in der Identität der intellectuellen Function gegründet; und ein Urtheil ist nicht möglich ohne eine Wahrnehmung von einem dem Begriff gleichgestellten Dinge, und die Identität von dieser gründet sich in der Identität der Sinnlichkeit.

2. Begründet aber dem Wesen nach ist es in keiner von beiden. Denn das Urtheil geht gar nicht von der intellectuellen Function aus, indem dasjenige, was durch das Urtheil zu dem vollständigen Begriffe hinzukommt, nur die Wirklichkeit des in ihm als mögliches gesezten ist; in dem Gebiet der intellectuellen Function aber giebt es keinen Gegensaz von Möglichkeit und Wirklichkeit. Die Identität der organischen Function für sich aber begründet nicht die Identität der Urtheilsproduction; denn dieselben Affectionen können in ganz verschiedene Urtheile zu verschiedenen Zeiten zusammengezogen werden *).

---

die Möglichkeit organischer Affectionen, die auch nicht gewußt werden kann, aber auch nicht braucht vorausgesezt zu werden, wogegen wir die Idee der Gottheit immer voraussezen müssen als Grund der Uebereinstimmung des Denkens und Seins. Die Materie ist die Negation von beidem, das Nichts, die bloße Möglichkeit zu allem. — Vergl. D, 43.

Im folgenden wird nun auf der Seite des Urtheils zu Werke gegangen, wie von §. 175. bis hieher auf der Seite des Begriffs. Zunächst also wird die Frage beantwortet, wie sich das Wissen unter der Form des Urtheils zu den beiden Elementen des Denkens, dem intellectuellen und dem organischen, verhält.

*) Vergl. C, XLIII ; D. 41. Vorles. 1818. Die Affection ist immer ein unendlich mannigfaltiges, aus welchem das Urtheil nur etwas hervorhebt.

§. 190.

Es kann also eine allgemeine Urtheilsproduction nur geben, in wiefern diese gegründet ist in der Einerleiheit der Beziehung zwischen der organischen Function und dem außer uns gesezten Sein.

1. Das organische Vermögen in seiner Thätigkeit, oder die organische Affection hat zwei Seiten, eine nach innen gewendete, in Bezug auf welche sie Empfindung heißt, und eine nach außen gewendete, nämlich nach dem afficirenden außer uns gesezten Sein, in Bezug auf welche sie Wahrnehmnng heißt.

2. Die Empfindung ist was sie ist vermöge ihrer Gehörigkeit zu der einzelnen Person, also Grund und Siz der (freilich auch der Identität in der Gattung untergeordneten) Eigenthümlichkeit, nicht Gemeinschaftlichkeit.

3. Ein gleiches Urtheil ist also nur möglich auf dem Gebiet der überwiegenden Wahrnehmung, in sofern eine gewisse Affection durch das Sein und ein gewisser Zustand des äußern Seins an sich eins und dasselbe ist, so daß der gleiche Zustand auch gleich afficirt, und die gleich afficirten auch ihre Affection auf denselben Zustand als Grund zurükkwerfen.

4. Dies ist das wahre in der Lehre von einer allen identisch gegebenen Außenwelt, unter welcher aber hier mit Recht nur die Totalität der auf die organischen Affectionen sich beziehenden Zustände kann verstanden werden *).

*) Vorles. 1818. Hier verstehen wir aber unter der Außenwelt nicht die Totalität des Seins unter dem Gegensaz von Kraft und Erscheinung, wie oben bei der Begriffsbildung, sondern nur wiefern in ihr die Gesammtheit aller organischen Erregungen gesezt ist. Eben nun (§. 189, 2.) sagten wir, die Identität der Urtheilsbildung beruhe nicht auf der Identität der organischen Affectionen, jezt aber, sie beruhe auf der Identität der Außenwelt, und beide Identitäten scheinen doch dasselbe zu sein. Aber indem wir sagen Die allen gegebene Außenwelt: so abstrahiren wir von dem einzelnen Moment und sehen allein auf das ganze. Wenn man sich mehrere gleich afficirt denkt: so werden doch alle verschieden urtheilen,

§. 191.

Die das Wissen mit constituirenden Urtheile entwikkeln sich daher auch aus diesem identisch gegebenen in jedem einzelnen nach Maaßgabe der Thätigkeit seiner intellectuellen Function, und es giebt eigentlich kein Empfangen eines Urtheils von einem andern.

1. Nämlich die Affection giebt kein bestimmtes Urtheil ohne Subjectsbegriffe, diese aber entwikkeln sich nur aus der intellectuellen Function.

2. Von dem Urtheil eines andern kann ich mir daher nur unmittelbar aneignen die Nachbildung seiner Affection; alles andre habe ich nur, in wiefern ich es producire.

3. Dies ist das wahre an der Behauptung, man wisse nur was man erfahren habe *).

4. Vermöge der Zusammengehörigkeit aller organischen Affectionen aller, die in dieser Lehre liegt, folgt nun, daß die Totalität aller Urtheile aller ein ganzes bildet, welches in der Totalität der Actionen der Außenwelt aufgeht, ohne weder darüber hinauszugehen noch etwas zurükkzulassen.

Randbem. Wir glauben anderen, d. h. eignen uns ihre Urtheile an, in dem Maaße als wir voraussezen, daß sie rein objectiv aufgenommen haben. Je weniger sich der Fall dazu qualificirt, d. h. für je befangener wir einen halten im Urtheil, desto mehr reduciren wir. Also nehmen wir streng genommen nur die organische Affection auf **).

---

wenn sie nicht in derselben Gedankenreihe sind. Aber alle diese Urtheile bestehen mit einander, und darauf allein können wir die Identität der Urtheilsbildung gründen. Auf die Totalität bezogen verschwindet die Verschiedenheit. — Vergl. C, XLIII. und ganz vornämlich §. 122. Auszug aus E, XXIX.; auch E, XX XXI.

*) Vorles. 1818. Aber in dem Selbsterfahren ist auch unsre Subjectivität, das Wissen dagegen in der Uebereinstimmung mit dem Sein. Die Subjectivität wird also auszuscheiden sein und das eigentliche Wissen nur hervortreten in dem Maaße, als alle Menschen identisch urtheilen. Vergl. C, XLIII. zu §. 191. 192.

**) Die Vorles. 1818 erläutern den §. dieser Randbemerkung gemäß.

§. 192.

Wenn wir den Anspruch auf gleiche Urtheilsbildung an alle Menschen machen: so knüpfen wir sie an die Voraussezung von einem gleichen äußeren Bewußtsein in allen gleichgestellten.

Das Gegenstükk zu der obigen Anknüpfung an das Selbstbewußtsein *), und das eigentliche Princip der Gemeinsamkeit der Erfahrung, die vielleicht oben **) besser zu löschen und nur die Identität der Principien zu sezen ist ***).

§. 193 †).

In wiefern der Form des Urtheils das Sein entspricht, muß gesezt sein eine Gemeinschaftlichkeit des Seins, oder ein System der gegenseitigen Einwirkung der Dinge.

1. Wie die Hineinsezung des Prädicates in das Subject etwas in diesem nicht liegendes ist: so muß auch in dem unter den Gegensaz von Kraft und Erscheinung gestellten Sein etwas gesezt sein, das in jedem nur zum Theil gegründet ist und einen Theil seines Grundes anderwärts hat. Und wie das

---

*) §. 178. Vergl. D, 41.

**) §. 122.

***) Vorles. 1818. Worauf beruht es also, daß wir den Anspruch auf gleiche Urtheilsbildung an alle Menschen machen? Die Voraussezung der allen Menschen auf gleiche Weise gegebenen Außenwelt reicht für sich allein nicht hin, denn den Thieren ist sie gegeben und wir sezen doch bei ihnen keine Urtheilsbildung, wie bei uns. Wir müssen also dazu ein gleiches äußeres Bewußtsein voraussezen und das ist nun das in allen identische System der Sinne. Fehlt einem Menschen irgend ein Sinn: so sagen wir, er könne eine gewisse Classe von Urtheilen nicht eben so fällen, wie wir, weil sein Auffassungsvermögen ein anderes ist. Die allen identische Außenwelt bringt also eine gleiche Urtheilsbildung nur in den Gebieten hervor, wo wir das gleiche System der Sinne sezen.

†) Die Untersuchung richtet sich nun auf das im Sein dem Urtheilen entsprechende.

Prädicat in mehreren Subjecten dasselbe, nirgend aber für sich gesezt ist, weil es sonst Subject würde: so muß auch in dem subjectischen Sein etwas in vielen dasselbige aber nirgend für sich gesezt sein, weil es sonst auch als eine Identität des Gegensazes von Kraft und Erscheinung gesezt wäre.

2. Der andre Theil des Grundes kann daher nur im andern für sich gesezt sein, welches, eben wie dasselbe Prädicat in vielen ist und demselben Subjecte viele Prädicate zukommen, ein durchaus gegenseitiges sein muß. Das dem Urtheil entsprechende Sein ist also das Zusammensein der Dinge, vermöge dessen jedes im andern ist und sowol in ihm hervorbringt als von ihm leidet.

3. Diese Gemeinschaft ist nicht die des Auf- und Absteigens, denn diese ist ein gänzliches Gegründetsein nicht ein partielles; sondern sie ist eine völlig werdende jedes für sich gesezten mit dem andern, nicht in wiefern es ein höheres oder niederes zu ihm ist, sondern in wiefern ein anderes.

4. Das Gebiet dieser Gemeinschaft ist das zufällige und veränderliche zu dem beharrlichen und wesentlichen, welches im Gegensaz von Kraft und Erscheinung gesezt ist, jenes aber besteht in der Gegenseitigkeit von Ursach und Wirkung *).

§. 194.

Das Sein, welches der Form des Urtheils ausgezeichnet entspricht, ist das vereinzelte; alles andre nur in sofern es doch unter dieser Form gesezt ist.

1. Die einzelnen Dinge als Exemplare ihrer Art angesehen bilden hier eine Abstufung, die man nicht übersehen kann. Denn sie constituiren auf eine eigne Weise ihre Art und fassen auch auf eine eigne Weise ihre Erscheinungen unter sich.

2. Die unmittelbaren Erscheinungen werden nur in einem

*) S. C, XLIII. zu §. 193.; D. 44.

unvollkomnenen Urtheil in das Bewußtsein aufgenommen; sie sind in anderem, aber wenn nicht im einzelnen Dinge dann auf unbestimme Art. Die einzelnen Dinge selbst sind gleich der Totalität ihrer Zustände und Actionen, und ihr Dasein ist, **NB.** unter der feststehenden Form des Dinges, ein immer wechselnder Ausdrukk seines Zusammenseins mit allem anderen.

3. Die Arten, und höher hinauf, drükken nicht unmittelbar in sich selbst das Zusammensein der Dinge aus, und gehen nicht in einer Totalität von Ursachen und Wirkungen auf; aber sofern sie in der Production der einzelnen Dinge und Arten aufgehen, und was in diesen gesezt ist seiner Wirklichkeit nach nicht in ihnen allein gegründet ist, drükken sie ebenfalls das Zusammensein aus. Wie z. B. das Sein gewisser Arten in der Gattung an ein gewisses Klima gebunden ist, drükkt dieses das Zusammensein der lebendigen Kraft der Gattung mit den verschiedenen Naturbedingungen aus und kann daher in den Begriff der Gattung an sich niemals aufgenommen werden. So haben die allgemeinen Dinge einen zwar untergeordneten aber doch wesentlichen Antheil an der Form des Urtheils, aber nur in wiefern sie als einzelnes wirkliches in der Trennung der Kraft und Erscheinung nicht in der Identität von beiden als productive Form gesezt sind.

§. 195.

Alles endliche Sein geht also eben sowol auf in dem System von Ursachen und Wirkungen, als in dem System der substantiellen Formen, und es ist dasselbe Sein, welches der Form des Begriffs und welches der Form des Urtheils entspricht.

1. Nämlich alles uns wirklich gegebene Sein. Die Mehrheit der Weltkörper ist uns zwar als dem unsrigen gleichgesezte nicht gegeben, aber Zusammensein des unsrigen mit ihnen ist uns schon durch ihr mathematisches Verhältniß gegeben. Da nun

alles Sein, was dem Begriff entspricht, in dem idealen und realen System unseres Weltkörpers gegeben ist, alle der Erde eingebornen Kräfte aber als ihre Actionen durch ihr Zusammensein mit den andern Weltkörpern bestimmt sein müssen: so ist das System der Kräfte und das System der Wirkungen und Ursachen dasselbe Sein.

2. Und da im Zusammensein mit andern unser Weltkörper doch als ein einzelner erscheint: so geht sein Dasein ganz im System der Veränderungen auf *).

---

*) Vergl. C, XLIII. zu §. 195. 196. — Vorles. 1818. Wenn wir uns den ganzen Umfang des Seins vor Augen halten, der Gegenstand des Wissens werden kann: so scheint er zwar unendlich zu sein, aber eigentlich ist doch unser Weltkörper bloß Gegenstand des Wissens. Nur noch das bringen wir heraus, daß er als einzelnes betrachtet Theil ist eines größeren ganzen, aber außer ihm wird unser Begriff sehr unvollkommen und das Urtheil nur spärlich; denn das mathematische Verhältniß der Weltkörper giebt doch nichts als Formeln. Der vollständig begrenzte Gegenstand unseres Wissens stellt also das Sein dar in unserm Weltkörper und seine unmittelbaren Beziehungen zu den übrigen Weltkörpern. Was ist denn nun das System unsrer Begriffe, so daß unser Denken dem Sein entsprechend ein Wissen ist? Es sind die verschiedenen Gattungen der lebendigen Wesen in den verschiedenen Abstufungen der Identität des geistigen und sinnlichen, und das ganze System der elementarischen Kräfte, welche das ganze anorganische Gebiet des Seins umfassen. Dieses ganze Sein können wir auch wissen unter der Form einer unendlichen Menge von Urtheilen. Die lebendigen Kräfte, als Begriffe aufgefaßt, sind nur in der Totalität ihrer Actionen, die wir als Urtheile auffassen. Haben wir also alle diese Urtheile: so haben wir, nicht das System der Begriffe, aber die Totalität des Seins, dieselbe, die wir auch haben, wenn wir das System der Begriffe bilden. Eben so, sezen wir das vollständige System der Begriffe: so sezen wir auch die Verwandschaft aller Begriffe, der Arten und Gattungen, des lebendigen und elementarischen. Haben wir das: so haben wir, nicht die Totalität von Urtheilen, aber die ganze Totalität des Seins, dieselbe, die wir in der Totalität der Urtheile haben würden, denn das Urtheil giebt uns die Kräfte in ihren Actionen, wie sie in Zeit und Raum verschieden sind, die einzelnen Dinge in ihren einzelnen Veränderungen. In den Begriffen der Dinge sind diese nur ihrer Möglichkeit nach, aber in den Begriffen ihrer Verwandschaft nach ist alles dasjenige, was unter der Form des Prädicats ist, mitgesezt.

§. 196.

Es ist also eben so wahr, daß das ganze Sein steht, als daß das ganze Sein in beständigem Fluß ist.

1. Denn das System der Begriffe ist ein stehendes Sein, wenn man sie nämlich als vollendet sezt; und eben so das System der substantiellen Formen, jede auf ihrer Stufe betrachtet, ist unveränderlich. Und dagegen das System der Urtheile ist in beständigem Fluß; kein Prädicat wird dem Subject als dauernd beigelegt, die Beilegung muß immer erneuert werden; eben so ist das System der Ursachen und Wirkungen im Fluß. Was durch das Zusammensein entsteht, ist ursprünglich nur momentan, sonst wäre es im Sein gesezt, und wird immer nur als in einer Wiederholung von Momenten sich erneuernd gedacht. Und wie im Wesen des Urtheils der Wechsel entgegengesezter Prädicate liegt, weil nur das ins Urtheil eingeht, was sich gegen den Begriff indifferent verhält: so auch im Wesen des Causalitätssystems der Wechsel entgegengesezter Einwirkungen und Zustände, und also der Oscillation im Zusammensein.

2. Beide Ansichten sind in der alten Philosophie stärker gegen einander getreten, aber nur wahr in ihren Positionen und falsch in ihren Negationen. Daher auch beide mit einander müssen combinirt werden, welches auch dadurch geschieht, daß stehendes Sein und fließendes Sein eben so von einander abhängig sind als Begriff und Urtheil. Denn wie könnte es ein System von Einwirkungen geben, wenn nicht feste Punkte im Sein gegen einander ständen? Ein bloß positives Ich und bloß negatives Nichtich geben in keinem Sinn eine Welt. Und wie könnte es ein System von substantiellen Formen als wahres ganzes geben, wenn nicht jedes in seiner Production von dem außer ihm gesezten abhängig wäre, und diese Abhängigkeit als der eigentliche Grund der differenten Erzeugung müßte gesezt

werden? Die Welt ist also offenbar nur in beidem zusammen gegeben; jedes für sich ist halb und unverständlich.

3. Beide Ansichten in ihrem Gegeneinandertreten gehen auch einseitig aus die eine auf die Präformation der intellectuellen Function, die andre auf die ewige Beweglichkeit der organischen Function.

Randbem. Herakleitische Ansicht von den einzelnen Dingen aus dem Standpunkt des Urtheils *).

§. 197.

Auch das Wissen unter beiden Formen geht also auf denselben Gegenstand, und ist sich auch der Form nach nur relativ entgegengesezt, und es giebt ein Wissen mit dominirender Begriffsform, wobei das Urtheil nur als conditio sine qua non erscheint, oder ein speculatives Wissen, und ein Wissen mit dominirender Urtheilsform, wobei der Begriff nur als solche Bedingung erscheint, d. h. das empirische oder historische Wissen.

Die Naturbeschreibung, welche lebendige Kräfte aufzählt, müßte hiernach das speculative auf der Seite der Naturwissen-

*) Vorles. 1818. Am consequentesten hat Herakleitos der ephesische die Lehre durchgeführt, daß alles Sein in beständigem Fluß sei. Aber er hat doch feste Punkte angenommen, nur daß er sie untergeordnet hat und angesehen als Hemmung des Wechsels. Die Ansicht ist einseitig, aber wir sehen doch auch, wie sie sich selbst hemmt. — Wenn nichts beharrliches gesezt wird im Sein: so wird überhaupt nichts gesezt, denn alles verschwindet sogleich und das ganze Sein wird negativ; das positive bleibt bloß das denkende Ich. Weil aber das Denken schwindet: so schwindet auch das Ich, und so ist das ganze Sein eine bloße Negation. Wird dagegen das System der Wechselwirkung geleugnet: so wird jedes einzelne isolirt. Jedes einzelne ist aber wieder ein mannigfaltiges, und das müßte sich dann auch isoliren, und so müßte man zulezt das beharrliche Sein in den Atomen sezen, womit wieder das ganze Sein zur bloßen Negation würde.

schaft sein, sie erscheint aber offenbar als das empirische; und die eigentliche sogenannte Physik, die es mit den Actionen zu thun hat, müßte das empirische sein, sie ist aber offenbar das speculative, denn sie construirt. Diese Einwendung hebt sich bei näherer Betrachtung. Die Naturbeschreibung ist allerdings aus einem Aggregat von Beschreibungen entstanden. Sie wächst von von außen; neue Gattungen und Arten werden entdekkt, ohne daß man vorher die Lükke gefühlt hätte. Allein man sieht auch, daß alle ihre Begriffe unvollständig sind und alle Theilungsgründe unzuverlässig, und daß sie nur wird Wissenschaft werden, wenn sie sich umkehrt, und wenn die niederen Begriffe wirklich als das System der Productionen des höheren erscheinen und der begleitende sinnliche Typus der Ausdrukk einer Idee ist. Die sogenannte Physik hat es freilich mit den Actionen zu thun; aber theils ist ihr speculatives Verfahren nur scheinbar; es besteht in Sprüngen vom untersten zum obersten, von den einzelnen Erscheinungen zu den allgemeinsten Kräften, theils geht sie zwar von den Actionen aus, aber nicht auf sie hin; denn näher besehen geht ihre ganze Tendenz auf Auffindung des identischen und differenten in den verschiedenen Gebieten des Lebens, also sucht sie die Principien der Naturbeschreibung.

Auf dem ethischen Gebiet ist die Congruenz klar. Die eigentliche Ethik handelt von den feststehenden Formen und trägt offenbar den speculativen Charakter. Die Geschichte handelt von den Actionen und trägt offenbar den empirischen Charakter. Die Ethik empirisch behandeln wollen wird offenbar für Unvermögen, und die Geschichte speculativ wird allgemein für verkehrt erkannt *).

---

*) 1818 rükkte Schl. §. 198. an §. 196. und ließ dann §. 197. folgen.— Vergl. übrigens Schl's Entwurf eines Systems der Sittenlehre §. 56. bis 60. und §. 108.

§. 198.

(Zweiter Zusaz zu §. 195.) **Alles im Gebiete des Seins ist eben so frei als es nothwendig ist.**

Frei ist alles, in sofern es eine für sich gesezte Identität von Einheit der Kraft und Vielheit der Erscheinungen ist. Nothwendig ist es, in sofern es, in das System des Zusammenseins verflochten, als eine Succession von Zuständen erscheint. Je fester es als Einheit in sich begründet ist, um desto mehr bietet es den äußern Kräften etwas dar, an das sie sich wenden können, und je mehr etwas von den äußern Kräften afficirt wird, um desto mehr ist es aufgefordert alles, was in ihm der Möglichkeit nach begründet ist, auch zu realisiren. Frei und nothwendig sind einander nicht contradictorisch entgegengesezt, sondern das gemeinschaftliche contradictorische Gegentheil beider ist das zufällige. Je zufälliger ein Ding ist, wie die vorübergehenden vegetabilischen Productionen, um desto weniger ist Freiheit, d. h. Einheit in sich selbst begründet, und um desto weniger ist auch Nothwendigkeit, d. h. beharrliche Spiegelung der andern Dinge darin; es ist nur als Durchgangspunkt für die Facta des allgemeinen Lebens gesezt. Ja man kann sagen, Freiheit und Nothwendigkeit sind jede das Maaß der andern. Die Freiheit eines Dinges ist das Ding ganz, und die Nothwendigkeit eines Dinges ist das Ding auch ganz, nur von einer andern Seite angesehen. Jedes Ding ist, nur nach verschiedenem Maaße, hierin das Bild des ganzen.

Randbem. Wir denken uns die Willkühr als das Wesen der Freiheit, weil darin die Succession geleugnet ist *).

*) Vorles. 1818. Man meint die Freiheit des Menschen am besten zu beweisen, wenn man zeigt, wie in der Bestimmung der Aufeinanderfolge seiner Zustände seine Willkühr herrsche, daß er also zwischen mehrerem wählen könne. Die Vorstellung solcher Willkühr ist immer wunderlich, denn sie sezt eine unvollkommne Kenntniß voraus, und der Mensch wählt doch immer nur das, wozu er sich nicht indifferent verhält, also was ihm am

§. 199.

Jedes Gebiet eines Zusammenseins muß also auch ein für sich gesezt s sein, oder ein organischer Bestandtheil des Systems der Kräfte.

1. Bei Urtheilen, in welchen beide Factoren ausgedrükkt sind und zu gleichen Antheilen stehn, z. B. a und b lieben sich, ist klar, daß dieses Causalitätsverhältniß nur stattfindet, in sofern beide in Einem höheren (Kunst Wissenschaft Staat) zusammengefaßt sind. In sofern also dieses höhere als lebendige Kraft gesezt ist, ist ihr als individueller Bestandtheile Aufeinanderwirken auch gesezt. Dasselbe wird in allen ähnlichen Fällen, auch auf dem physischen Gebiet, gelten.

2. Wenn die beiden Factoren in einem Urtheil zu ungleichen Antheilen stehen, z. B. a lehrt b: so macht dies keine Aenderung. Denn es ist nur ausgedrükkt, daß das gemeinsame in jedem von ihnen auf verschiedene Weise gesezt ist, z. B. als Receptivität und Spontaneität. Aber wenn ein Gebiet des Wissens als lebendige Kraft gesezt ist: so ist nothwendig ein Trieb der Mittheilung gesezt unter beiden Differenzen und ein Zusammentreffen beider zu gemeinsamer Action.

3. Bei Urtheilen, wo nur Ein Factor ausgedrükkt ist, latitirt als anderer ein höheres oder niederes Sein, dessen Zusammensein mit dem niederen oder höheren ein vermitteltes ist; z. B. a lernt, — Gebiete des Wissens als höhere Kraft vorausgesezt, woraus er schöpft, das Resultat also eine gemeinschaftliche Action; aber er schöpft nur aus dem ganzen, indem

nächsten liegt. Warum wir aber an dieser Vorstellung so hangen, ist das negative darin; denn die Willkühr sezend wollen wir sagen, daß der Mensch nicht durch den Zusammenhang mit dem äußeren bestimmt wird, sondern von innen heraus. Aber die Willkühr selbst ist ja schon ein Product des Zusammenseins des Menschen mit all m äußeren. Vergl. C, XLIV. zu §. 198. 199; E, XLVI. XLVII. und Entw. eines Systems der Sittenl. §. 104.

er von einem einzelnen schöpft. Der Baum blüht — Zusammenwirken des allgemeinen Lebens der Erde mit dem einzelnen. Der einzelne Baum hat daran nur Theil, in sofern er in die Gesammtheit des Einzellebens aufgenommen ist. Die Sonne wärmt — dies ist kein Zustand in der Sonne sondern Action, sezt also wärmungsfähiges voraus, worauf sie geht, welches in einem von jenen Gebieten liegen wird. Das Einzelleben und Allgemeinleben ist aber zusammengefaßt in dem Leben der Erde, und wie dieses gesezt ist, ist auch jene Theilung und das Aufeinanderwirken beider Theile gesezt *).

4. Auch wenn im Urtheil beide Factoren ausgedrükkt sind, der eine aber ein höherer ist, ist die Gemeinschaft nur vermittelt, und das gesuchte für sich gesezte Sein ist das über dem genannten und dem vermittelten höheren gesezte, z. B. die Sonne wärmt den Stein aber nur sofern sie die Atmosphäre, d. h. das allgemeine Leben der Erde wärmt, und dies nur sofern sie mit der Erde überhaupt, und dies nur sofern sie mit dem ganzen Planetensystem zusammen ist **).

§. 200.

Das höchste Subject also, von welchem nichts mehr prädicirt werden kann, und welches alles Zusam-

---

*) Vorles. 1818. Nimmt man Impersonalia: so latitiren beide Factoren; aber der Fall ist doch derselbe, nur daß das Subject noch erst auszumitteln ist. Sagen wir z. B. Es regnet: so muß man doch einmal finden, worin der Siz des Regens ist. Ist es nun die Wolke, die regnet, und ich nenne sie nur nicht, weil es mir auf das Subject nicht ankommt, oder weil das Subject sich in die Action auflöst: so ist doch auch hier ein Zusammensein, das organischer Bestandtheil des Systems der Kräfte ist; denn eine Wolke regnet auch nicht unter allen Umständen, und daß es regnet ist eine Action, bei der es auf das Verhältniß der Atmosphäre zur Erde ankommt und die sich also auf das allgemeine Leben der Erde selbst bezieht.

**) Hier lassen nun die Vorles. 1818 §. 209. 210. folgen und dann erst §. 200., jedoch nicht ohne hinter §. 208. wieder auf den Inhalt von §. 209. und 210. in Beziehung auf das absolute zurükkzukommen.

menſein unter ſich begreift, fällt zuſammen mit der höchſten lebendigen Kraft, welche unter keine höhere mehr ſubſumirt werden kann.

1. Zufolge des vorigen war zwar die das Zuſammenſein unter ſich faſſende lebendige Kraft ein höheres als das Subject, aber das Subject war auch Eines unter vielen, das höchſte Subject aber iſt in ſofern keines mehr. Die höchſte lebendige Kraft aber muß alles zuſammenwirkende unter ſich begreifen, alſo iſt ſie das gedachte höchſte Subject.

2. Von jedem höheren allgemeinen iſt weniger im eigentlichen Urtheil zu prädiciren, und ſo kommt man durch Aufſteigen, aber nicht eher als bis man über das Gebiet des uns eigentlich gegebenen Seins hinausgeſtiegen iſt, zu der höchſten lebendigen Kraft unter der Form, daß von ihr nichts mehr kann prädicirt werden.

§. 201.

Die reale Bedeutung dieſes Gedankens iſt die auf jeder Stufe geſezte Wechſelbegrenzung des Seins und Wiſſens unter beiden Formen, aber der Idee der Gottheit entſpricht dieſer Gedanke eben ſo wenig als jener.

1. Jede lebendige Kraft begreift ein Syſtem von Cauſalität unter ſich, in welchem in ſofern Qualitäten und Zuſtände geſezt ſind, die von ihr ſelbſt in ſofern nicht können prädicirt werden; und jedes einzelne Cauſalitätsverhältniß als ſolches ſezt ein höheres Sein voraus, welches als ſolches in dieſem Verhältniß nicht ſteht. Daſſelbe auf analoge Weiſe vom Wiſſen.

2. Denn von jenem Subject muß man doch ſagen können, daß es in der Totalität des unter ihm geſezten Cauſalitätsverhältniſſes aufgeht, und daß dieſes Aufgehn nur daſſelbe iſt, wie ſein Aufgehn in der Production der untergeordneten Kräfte.

§. 202.

Alſo entſpricht auch weder der Begriff des Schicksals noch der Begriff der Vorsehung der Idee der Gottheit.

1. Das Schikksal ist das die Totalität aller Causalverhältnisse unter sich begreifende unter der Form des bewußtlosen. Die Vorsehung ist dasselbe unter der Form des bewußten.

2. Wenn man diesen Gegensaz aufheben und beides vereinigen will: so geht die Bestimmtheit des Gedankens verloren und man kann ihn nicht mehr unmittelbar produciren *).

*) Vergl. über §. 200—202 C, XLV. — Vorles. 1818. Was ist denn nun das höchste, worin jede Gemeinschaftlichkeit des Seins als in ihrer Einheit begründet ist? Dasjenige einerseits, von dem nichts mehr prädicirt werden kann in einem eigentlichen Urtheil, das also alle Gemeinschaftlichkeit des Seins unter der höchsten Einheit des Seins befaßt, folglich das höchste Subject, das über dem Gebiet des Urtheils liegt; und von der andern Seite die höchste Einheit der Kraft, zu der alles übrige nur die Erscheinung ist, das also, was über dem Gebiet der Begriffe liegt. Was also das Gebiet des Urtheils begrenzt ist nicht verschieden von dem, was das Gebiet des Begriffs begrenzt. Aber eben deswegen können wir auch nicht sagen, daß wir uns da noch im Gebiet des eigentlichen Wissens befinden. Indeß haben wir auch noch nicht das absolute. Auf der Seite der Begrenzung des Begriffsgebietes haben wir uns das schon nachgewiesen; nun müssen wir auch hier dieselbe Betrachtung anstellen mit der Begrenzung des Urtheilsgebietes. Diese ist also das, was selbst keinen Grund haben kann außer sich, vielmehr der Grund ist von allem. Nun ist wirklich dies höchste Subject, die Einheit des Seins, in der alle Gemeinschaftlichkeit des Seins begründet ist, der Idee der Gottheit und zwar unter zwei verschiedenen Formen gleich gesezt worden, als Schikksal und als Vorsehung. Beides ist dasselbe, ein als Grund gesieztes, das selbst keinen Grund wieder hat, worin aber alles durch Nothwendigkeit gegründet ist, nur das erste als bewußtloses, die andre als bewußtes aufgefaßt. Aber eben aus dieser Duplicität sieht man schon, daß keine dieser Formen der Idee Gottes entspricht, denn der Gegensaz zwischen Gegenstand und Bewußtsein ist nicht darin aufgehoben. Wollte man aber sagen, Nun gut, es fehlt ja nichts, als daß der relative Gegensaz aufgehoben werde und beides identificirt: so geht das eben nicht; denn die höchste Ursach kann man nicht denken in einer Indifferenz von Bewußtsein und Bewußtlosigkeit. — Doch sind wir hier auf dem Punkt, daß wir sehen können, welche reale Bedeutung die Idee eines höchsten Subjectes und der höchsten Einheit der Kraft hat, die nämlich, daß dadurch auf jeder Stufe des Wissens eine gegenseitige

§. 203.

Was dem problematischen Gedanken der Begren-

Begrenzung des Seins und des Wissens unter beiden Formen, der der Begriffs- und der der Urtheilsbildung, gesezt ist. Steigen wir aber auf den höchsten Punkt, wo der Gedanke kein Wissen mehr sein kann: so tritt ihre reale Bedeutung nicht mehr hervor. Jede Einheit des Seins als eine höhere, als lebendige Kraft, begreift ein System von Causalität unter sich, welches gerade, in wiefern es durch die höhere Einheit des Seins begrenzt ist, sich aus dem übrigen ausscheidet; an und für sich würde sich das System nicht ausscheiden, nur Mannigfaltigkeit sein können, es wird aber ausgeschieden, sofern es begrenzt gedacht wird durch die höhere Einheit und auf sie bezogen. Jede Thatsache, als Urtheil ausgesprochen, liegt an und für sich in einem unbestimmten Gebiet. Nur wenn die höhere Einheit des Seins gefunden ist, worin beide Punkte eins sind, ist ein bestimmtes Gebiet da und die Möglichkeit, daß ich das Sein unter den beiden Formen begreifen kann. Dieses Verhältniß als reines Verhältniß, diese Identität des Begriffs, der der höchste ist in dieser Beziehung, und eines Subjects, das höher ist als eine Masse von anderen, ist der Grund, daß man ein Wissen begrenzt, und in ein solches theilen kann, das speculativ und empirisch ist. D. h. jede Einheit eines Gebietes des Wissens muß das an sich haben, daß alle Prädicate, die darin liegen, nicht über demselben stehen, sondern innerhalb desselben. Von der Seite des Begriffs kommt dasselbe heraus. Die Gleichsezung beider ist die Gleichsezung des Inhalts in Beziehung auf das speculative und das empirische, und wo beides nicht in einander aufgeht, da kann entweder nur speculativ oder empirisch gewußt werden. Dies ist die Bedeutung dieser höchsten Einheit. Wollen wir sie aber als die Gottheit auffassen: so zeigt sich gleich das inadäquate darin. Diese höchste Einheit also und dieses höchste Subject hat nur realen Sinn auf dem realen Gebiet, und für den transcendenten Grund haben wir nur das negative Resultat, daß die Gottheit nicht als höchste Ursach gesezt werden kann, weil sie dann als Schikksal oder Vorsehung gesezt werden müßte, und in einen Gegensaz käme, der nicht in ihr ist, in den Gegensaz nämlich von Sein und Bewußtsein, welches beides hier noch auseinander gehalten ist.

Vergl. Beil. C, XLVI, wo es dahingestellt ist, ob Schikksal und Vorsehung als bewußtloses und bewußtes zu unterscheiden seien (XLV. wird S c h i k k s a l gesezt als der absoluten Gemeinschaftlichkeit des Seins, V o r s e h u n g als dem absoluten Subject entsprechend), und wo beide zusammen deshalb als dem absoluten nicht entsprechend dargestellt werden, weil sie sich, n i e Gott und Natur nur auf das Begriffsgebiet, so nur auf das Gebiet von Ursach Wirkung, auf das Gebiet der Thatsache bezögen.

zung des Urtheils nach unten entspricht, ist eben der Begriff der bloßen chaotischen Materie.

1. Wenn man das unter der Form des Causalitätsverhältnisses im substantiellen Sein gesezte als zwiefach begründet theilt, wird man nothwendig auf den Gegensaz von Form und Materie geführt, und die Form zeigt sich (z. B. Baum blüht) bis auf ein Minimum von Abweichungen in dem Subject selbst gegründet, die Materie aber (in sofern sie nicht wieder als Gattung, also in bestimmter Form und als Begriff, gesezt ist) im Zusammensein.

2. Daher die alte und richtige Behauptung, daß die lebendigen Kräfte als solche immateriell sind, und die Materie aus einer Duplicität von Kräften zu erklären ist.

3. Ueberall, wo noch geformte Materie ist, ist auch noch eine substantielle lebendige Kraft, auch auf dem anorganischen Gebiet. — Alles zusammen begründet das gesagte, es kann aber nicht weiter ausgeführt werden, eben weil die formlose Materie uns nirgend gegeben sondern nur Abstraction ist vom substantiellen Sein.

§. 204.

Die materielle Seite des Seins ist also für sich betrachtet die aus dem Zusammensein zu begreifende.

Dieser Gedanke hat also als Abstraction seinen bestimmten Inhalt allerdings auch, und deutet auf die Wechselbeziehung zwischen Materie für sich gedacht und Raum und Zeit als den reinen Schematen des besonderen. Nämlich es ist hier nicht nur von der ponderablen oder den Raum erfüllenden die Rede, sondern auch von dem intellectuell materiellen oder dem im bloßen Bewußtsein die Zeit erfüllenden, beides ist vielmehr völlig zu parallelisiren. Wie das nämliche auch von der Form zu verstehen ist *).

---

*) Siehe §. 207., den die Vorles. 1818 an §. 203. 1. anknüpfen.

§. 205.

Jedes höhere Subject und also auch das gedachte höchste geht auf in der Totalität des ihm untergeordneten materiellen; und jedes materielle Gebiet, also auch die gedachte absolute Materie, hat nur Einheit durch ein ihr entsprechend geseztes höheres Subject.

Die einseitigen Ansichten, die eines von beiden für Schein erklären, heben sich gegenseitig auf, und ihre Wahrheit ist nur in der Combination. Auch sieht man hier bestimmt den Ort der Skepsis gegen den Causalitätsbegriff, und wie diese mit der Skepsis gegen das Sein der materiellen Erscheinung überhaupt zusammenhängt *).

§. 206.

Beide problematische Gedanken sind durch die Combination klarer, und also auch die Weltanschauung bestimmter geworden.

---

*) Vorles. 1818 (anknüpfend an §. 208.). Die Skepsis hat sich vorzüglich immer an zwei Punkte gehängt, sie hat die Idee der Gottheit bestritten und die Realität des Verhältnisses von Ursach und Wirkung. Die erste immer nur scheinbar, in der zweiten aber die Gestaltung, die eine relative Sonderung ist, welche im Verhältniß von Ursach und Wirkung steht; denn wenn in der materiellen Seite des Seins alle Wechselwirkung bestritten wird: so wird die Gestaltung bestritten. Was dann aber zu sezen übrig bleibt, ist nichts als der gestaltlose Stoff, d. h. das schlechthin einzelne in Zeit und Raum. Alle Skepsis hält auch alle Combination für falsch; das wahre in dem die Zeit erfüllenden ist ihr nur das momentane Bewußtsein in seinem Zeitmoment als bloß fließendes, in dem den Raum erfüllenden nur die Atome, das unendlich kleine ohne alle Differenz der Gestaltung, die nichts sei als Schein. Damit aber, daß dieses als das seiende gesezt wird, hört alles Wissen auf, weil nur die Grenze des Wissens als Wissen gesezt wird, nur das als das wahre, was unterhalb des wahren Wissens liegt. Darum wird auch alle Skepsis durch dieses beides aufgehoben, 1. daß die Vorstellung von dem höchsten Subject als lezter Ursach dem transcendenten Grunde nicht entspricht, 2. daß die Vorstellung von einem gestaltlosen Stoff nur eine Abstraction ist.

Nämlich theils in wiefern beide Schemata dieselben, theils in wiefern beide Enden wieder als identisch können angesehen werden *),

§. 207.

(Zusaz zu §. 203.) **Unter Materie ist nicht nur das raumerfüllende, sondern auch das nur zeiterfüllende, das chaotisch materielle des Bewußtseins zu verstehen.**

Dieses, die Zeitbestimmung, der Grad, die Dauer sind eben so nur im Zusammensein des bewußten Subjects mit anderem gegründet, wie die Formen und die Eigenthümlichkeit im Begriff und Charakter des Subjekts selbst gegründet sind. Auch kann man dies ideal materielle um so mehr mit jenem real materiellen zusammen bringen, als sich auch jenes in diesem unmittelbar abbildet, denn dieses materielle ist es, was in der Physiognomie wieder erscheint **).

---

*) Vorles. 1818 (anknüpfend an §. 208.). Diese beiden Vorstellungen haben uns schon seit langer Zeit vorgeschwebt und sind uns nur allmählig klarer geworden. Jezt aber stehen wir auf dem Punkt, von wo aus wir sie ganz übersehen können. Das eine Ende ist nicht der transcendente Grund des Wissens, sondern bloß die Grenze des Wissens; und das andere Ende ist nicht dasjenige, woraus die Idee der Welt construirt, woraus alles gemacht werden könnte, denn es kann an und für sich gar nicht existiren, sondern nur Grenze des gemachten, dessen, was gedacht werden kann.

**) Vorles. 1818. Gewöhnlich versteht man unter Materie nur das raumerfüllende auf ausschließliche Weise. Raum und Zeit sind aber Correlata, und es giebt auch etwas, das die Zeit auf ausschließende Weise erfüllt, nämlich das wirkliche Bewußtsein, und dieses unmittelbar und ausschließlich zeiterfüllende, von aller Gestaltung abgesehen, gehört auch unter den Begriff der Materie, wie jenes. Nämlich wenn wir fragen, Was bleibt denn, wenn wir beim raumerfüllenden von aller Gestaltung absehen, übrig? so müssen wir sagen, Die Intensität, mit welcher, und dann die Ausdehnung, in welcher der Raum erfüllt ist. Eben so auf dem Gebiet des zeiterfüllenden. Sehen wir da von aller bestimmten Gestaltung ab: so bleibt ebenfalls zweierlei übrig, nämlich der Grad der Intensität womit die Zeit erfüllt ist, also die Stärke des Bewußtseins, bei der wir ganz von der bestimmten Gestaltung abstrahi-

§. 208.

(Zusaz zu §. 205.) Mit dem Sein ist also auch das Wissen zwischen jenen Punkten, die nur als Grenzen gesezt sind, der höchsten Gattung als zugleich höchsten Ursach und der absoluten chaotischen Materie eingeschlossen.

Es kann uns nur ein Sein zwischen diesen Punkten gegeben sein, und wir können nur um ein Sein zwischen diesen Punkten wissen, da wir schon diese selbst nicht mehr wissen *).

---

ren können, und dann die Dauer, die der Ausdehnung auf der Seite des Raums entspricht. Beides also müssen wir unter der Vorstellung der chaotischen Materie zusammenfassen. Hier fällt nun zuerst dieses ins Auge, daß wir auf dieser untern Grenze eben sowol den Gegensaz von Begriff und Gegenstand verlieren, wie wenn wir über die obere Grenze hinausgehen. Die chaotische Materie als raumerfüllend ist nun also nicht der Gegenstand, denn um das zu werden müßte sie erst Gestalt haben, sondern bloß Substrat des Gegenstandes, und als zeiterfüllend ist sie Substrat des Begriffs, nicht Begriff selbst, weil sonst eine Gestaltung wäre. Die ganze chaotische Masse aber enthält den Gegensaz nicht aus Mangel an Gestaltung; die obere Seite hingegen, wo auch der Gegensaz zwischen Begriff und Gegenstand aufhört, ist der chaotischen Materie vollständig entgegengesezt, denn da hört der Gegensaz nicht auf aus Mangel, sondern weil der Gegensaz ein Mangel ist. Die chaotische Materie ist also ein leerer Gedanke. Da aber — das allgemeine ist immer stofflos d. h. ohne ausschließende Raum- und Zeiterfüllung — das einzelne ein einzelnes nur ist durch seine Bestimmtheit durch Raum und Zeit, die chaotische Materie aber nichts ist als gestaltlose Raum- und Zeiterfüllung: so ist sie Bedingung für das einzelne Dasein und die Grenze des Urtheils, das keinen Grund hat als das einzelne. Darum muß sie aber auch vorher da sein, ehe ein Urtheil gefällt werden kann, und das ist ihr wahrer Gehalt.

*) Vorles. 1818. Verbinden wir dieses noch einmal, die Vorstellung des höchsten Subjects und die Vorstellung von dem gestaltlosen Stoff: so sehen wir, wie beides zusammen genommen die Grenzen darstellt, in welchen das wißbare Sein eingeschlossen ist bezogen auf die beiden Denkformen. So wie ich an das höchste Subject gekommen bin, von welchem nichts mehr prädicirt werden kann: so ist kein Gegensaz zwischen höherem und niederem mehr möglich; und so wie ich auf solchen pro-

§. 209.

Nur in unserem Wissen um die Totalität des Seins könnte eine Identität des speculativen und empirischen sein; jedes einzelne Gebiet des Seins kann nur auf eine von beiden Arten gesondert gewußt werden.

1. Jene Durchdringung wäre die wahre reale Weltweisheit, der eigentlich gesuchte Begriff von Philosophie.

2. Jedes einzelne Gebiet, wenn es nach einer relativ höchsten Gattung gemessen wird, enthält kein vollendetes System von Causalität; denn sein anderes leidet auch von auswärtigem und wirkt auf solches. Und eben so, wird es nach einer relativ höchsten Ursach abgemessen: so ist es kein wahres System von Kräften *).

---

blematischen Zustand des Seins gekommen bin, daß noch kein Subject ist, dem etwas könnte beigelegt werden: so bin ich unterhalb des Urtheilsgebietes gekommen, in den gestaltlosen Stoff, der auch unterhalb des Wissens fällt. Innerhalb dieser Grenzen liegt also alles wißbare.

*) Vorles. 1818. Sehen wir nun auf den Gegensaz zwischen empirischem und speculativem Wissen, wie er aufgeht in den Formen der Begriffs- und Urtheilsbildung, je nachdem die eine oder die andere dominirt: so müßte, wenn wir uns dies durch das ganze Gebiet des Seins fortgesezt denken, daß mit jeder bestimmten Art und Weise des Zusammenseins auch ein organisches Glied in dem System der Kräfte gesezt ist (§. 199.), überall eine Durchdringung des speculativen und empirischen möglich sein. Allein dies ist nur ein Schein, und wenn wir es näher betrachten: so werden wir sagen müssen, daß eine solche Durchdringung des speculativen und empirischen, daß es völlig gleichgültig wäre für ein Sein, ob es unter der Form der Begriffsbildung oder der Form der Urtheilsbildung ausgedrükkt würde, nur statt finden könnte, wenn die Totalität des Seins gegeben wäre. Wäre das ganze Sein gegeben: dann wäre speculatives und empirisches dasselbe. Aber die Totalität des Seins ist uns nicht gegeben in unserem dem Sein entsprechenden Denken, und in jedem einzelnen Sein, das wir ausscheiden, ist es nicht vollkommen wahr, daß sich das speculative und empirische völlig durchdringen könnte. Die Sache ist die. Wo ich ein bestimmtes Zusammensein seze, da muß es auch ein organisches Glied im System der Kräfte

geben, was demselben entspricht. Aber nun kann ich nicht sagen, alle Urtheile, die ein und dasselbe Subject haben, denen entspricht auch dasselbe organische Glied im System der Kräfte, sondern ich werde sagen müssen, das Subject hat in jedem Urtheil sein eigenthümliches Glied im System der Kräfte, worin es steht; dasjenige Zusammensein also, was sein anderes Glied auch in diesem System hat, geht auch in diesem System auf. Aber dieses System hat wieder ein Zusammensein mit einem andern; es ist einem anderen coordinirt, mit welchem es unter einem gemeinschaftlichen höheren steht. Sehe ich nun auf ein Sein im System a, das lediglich durch dieses System bestimmt ist: so ist es gleich, ob ich es empirisch oder speculativ auffasse. Ist es aber auch durch das System b begründet: so muß ich erst auf das System c, das über a und b liegt, hinaufgehen. Das System c hat aber wieder noch ein höheres über sich, und so fort bis zum höchsten, also gilt jenes auch nur vom ganzen Sein; jeder einzelne Gegenstand dagegen wird eine Seite haben, nach welcher er indifferent ist gegen das speculative und empirische, und eine andre, nach welcher er mehr auf das eine oder das andre hingerichtet ist, also wird es in jedem mehreres geben, was mehr speculativ, und anderes, was mehr empirisch gewußt wird. Alles Zusammensein, das in Einem System liegt, wird mehr speculativ, was in mehreren Systemen, mehr empirisch aufgefaßt werden können. Fälle ich z. B. das Urtheil, Der Stein wird von der Sonne erwärmt: so weist das auf ein Sonnensystem zurükk; fälle ich das Urtheil, Der Stein ist schwer: so weist dies bloß auf das Verhältniß des Steines zu dem System zurükk, dem er angehört, zur Erde, und lezteres kann eher ein speculatives Wissen werden, als ersteres. So finden wir es nun auf jedem Gebiet, auf dem ethischen sowol als auf dem physischen, und wir müssen sagen, das speculative an und für sich und eben so das empirische sind beide unvollständig, weil in jedem als selbständig gesezt wird, was durch das andre doch bedingt ist. Das speculative entspricht der Begriffsbildung, das empirische der Urtheilsbildung. Nun haben wir früher auf allgemeine Weise gesehen, daß beide, Begriffs- und Urtheilsbildung, gegenseitig durch einander bedingt sind; folglich ist es auch eben so mit dem speculativen und empirischen, und isolire ich die eine Form: so reiße ich sie aus ihrer Bedingung heraus, und mein Wissen darin wird einseitig und unvollkommen und kann nicht der Idee des Wissens adäquat sein. Aber auch das sehen wir, daß die reine Identität von beidem nur im Wissen um die Totalität des Seins sein könnte. Was ist die Durchdringung des speculativen und empirischen? Das ist die eigentliche Philosophie. Will eins von beiden die höchste Idee des Wissens allein darstellen: so ist das falsch; denn die Philosophie ist nur die Durchdringung aller Gegensäze im Gebiete des Wissens. Wir werden also auch sagen müssen, daß wir immer nur im Bilden der Philosophie begriffen sind, und daß jeder in allen seinen Operationen desto philosophischer ist, je mehr er fühlt, daß eins vom andern getrennt die Idee des Wissens nicht erreicht.

§. 210.

Anstatt einer Durchdringung des speculativen und empirischen ist uns nur eine begleitende Beziehung des einen auf das andre möglich, oder eine wissenschaftliche Kritik.

1. Dies ist die relative Gestalt der Weltweisheit als Kritik; aber nicht als Kritik der Vernunft an sich, sondern als Kritik ihrer Selbstdarstellung im realen Wissen.

2. Auf diese Weise ist das absolute Wissen vor der Vollendung des realen nur zertheilt und abgebildet gegeben, und ist eigentlich nur in dem nicht auszudrükkenden Gedanken der Einheit des zertheilten *).

---

*) Vorles. 1818. Da die reine Idee des Wissens nirgend realisirt ist, haben wir einen Ersaz dafür? Ja, in der Kritik = Vergleichung des Wissens wie es ist mit der höchsten Idee des Wissens, welche auf dem wissenschaftlichen Gebiet dasselbe ist, was Gewissen auf dem Gebiet des sittlichen Lebens. —

Einen analogen Ersaz haben wir auch für das Nichthaben des transcendenten Grundes, das genau damit zusammenhängt, daß wir nicht zur vollständigen Durchdringung des speculativen und empirischen gelangen können. Wir haben ihn nämlich 1. dadurch, daß wir im Stande sind jede Vorstellung, die sich stellt, als entspräche sie dem absoluten, als ihm nicht entsprechend darzustellen, und 2. dadurch, daß wir, wie sich die einzelnen Gebiete des Wissens verhalten zur reinen Idee des Wissens, die nur in der Totalität des Seins gegeben sein könnte, eben so nun sagen können, daß wir die Möglichkeit, uns das absolute wirklich vorzustellen, zunächst immer noch binden müssen an eben die Aufgabe, die Totalität des Seins uns vorzustellen, d. h. daß wir jenes nicht haben können auf positive Weise ohne diese, wodurch also das absolute sich uns fixirt in der Formel einer nothwendigen Voraussezung, die wir aber nicht vollziehen können. Das können wir auf dem Punkte, auf welchem wir stehen, genau einsehen. Könnten wir nämlich eine Vorstellung haben vom Ursein, vom höchsten Wesen: so müßte sie doch in ein Gebiet des empirischen oder speculativen Wissens fallen. Darein kann sie aber nicht fallen. Wir müßten also erst eine Durchdringung beider Formen haben, wenn wir das höchste Wesen finden wollten. Wir sehen daher, daß auf diesem Wege nicht weiter zu kommen ist, wenn wir uns nicht eine Täuschung vormachen wollen, und wir müssen sagen,

So gewiß wir die Idee des Wissens nicht aufgeben können, eben so gewiß müssen wir auch dieses Ursein, in welchem der Gegensaz zwischen Begriff und Gegenstand aufgehoben ist, voraussezen, aber ohne ein wirkliches Denken darüber vollziehen zu können. — —

Fragen wir nun, welches Resultat die bis hieher fortgeführte Untersuchung gegeben hat: so ist zunächst zu bemerken, daß die §. 144. 164. geahndete, §. 174. construirte, den Begriff und das Urtheil begründende Indifferenz von beiden als nothwendig vorauszusezendes und anzustrebendes mannigfach aufgewiesen, und eben so, daß die §. 167. auch nur geahndete Identität der oberen und unteren Begriffs- und Urtheilsgrenze als nothwendiges Ergebniß der Untersuchung herausgestellt ist. Ferner ist nachgewiesen, was diesen Grenzen im Sein entspricht, nämlich die höchste Kraft und das Zusammensein, und daß diese identisch sind, wie jene Grenzen selbst, dann daß zwischen beiden Punkten, dem absoluten Subject und der absoluten Gemeinschaftlichkeit des Seins, das gesammte Sein und Wissen eingeschlossen ist, und zulezt, daß weder irgend eines dieser Glieder noch irgend eine Identität derselben dem absoluten entspricht, der Idee der Gottheit, sondern in allen Identitäten zusammengenommen nur die Idee der Welt, das System der Kräfte, der feststehenden Formen des Seins, wie es mit dem System von Ursach und Wirkung identisch ist, gegeben ist, so daß nur noch zu untersuchen bleibt, ob etwa die Idee der Gottheit von einem andern Punkte aus, als dem, von welchem bisher ausgegangen ist, genügender dargestellt werden kann, und wie dem zu erwartenden Ergebniß gemäß ihr Verhältniß zur Welt zu bestimmen ist, in welchem dann als höchste Spize und zugleich als Uebergang zum zweiten Theil die Identität der transcendenten und formalen Seite hervortreten müßte.

Wir sehen also, daß wir hier alle Elemente beisammen haben, die den Darstellungen von 1822 und 1828 sowol bei der ersten Darstellung des transcendenten (vergl §. 137. Anmerk.) als bei der ersten Wiederaufnahme desselben (vergl. §. 154. und §. 166. Anmerk.) zum Grunde liegen; nämlich was die erste betrifft: so haben wir hier nun zur §. 136. gefundenen Identität des idealen und realen auch die ihr von der Wahrnehmung aus entsprechende Identität der Raum- und Zeiterfüllung, und was die zweite betrifft, zur §. 164—174. gefundenen Identität der beiden oberen Gedankengrenzen einerseits und der beiden unteren andererseits auch die Identität der oberen und unteren und zwischen beiden das gesammte Wissen in seinen verschiedenen Zweigen und in seiner Einheit und Vollendung. Nur die Unterscheidung fehlt im Texte, die jene anderen Darstellungen, freilich ohne Schaden für die Identität, zwischen den beiden oberen Gedankengrenzen einerseits und den beiden unteren andrerseits machen; denn der Text und eben so auch die Vorles. 1818 kennen bis hieher nur die Identität der Raum- und Zeiterfüllung als Substrat des Begriffs sowol als des Urtheils, und als das über beide hinausragende und jenseit beider nach oben hin zusammentreffende nur die Identität des idealen und realen, ohne irgend die obere Begriffsgrenze von der obern Urtheilsgrenze und die untere Begriffsgrenze von der unteren Urtheilsgrenze anders als der Genesis nach zu unterscheiden. Wogegen die Beilagen C. und D. für beide Denkformen schon an jener Stelle ein zwiefaches Substrat sezen, einen zwiefachen terminus a quo und eben so einen zwiefachen terminus ad quem, und sich zur Bezeichnung der Differenz der differenten Ausdrükke für die von verschiedenen Punkten aus gefundenen Begriffs- und Urtheilsgrenzen bedienen; denn sie sezen die eine obere Gedankengrenze, die Einheit des Seins, als diejenige, von welcher als von der Indifferenz aller Gegensäze durch Entgegensezung zu der andern obern Grenze, zum absoluten Subject, als zu derjenigen Einheit fortgeschritten werde, welche die lebendige Zusammenfassung aller Gegensäze sei; und die eine untere Gedankengrenze, die Möglichkeit unendlicher Urtheile, sezen sie als die nur chaotische Raum- und Zeiterfüllung, von welcher zur andern, zur absoluten Gemeinschaftlichkeit des Seins, als zur geordneten Raum- und Zeiterfüllung wie vom leeren zum erfüllten fortgeschritten werde, so daß also nach diesen Beilagen die obere Begriffsgrenze sich verhält zur oberen Urtheilsgrenze, und andrerseits die untere Begriffsgrenze zur unteren Urtheilsgrenze, wie der terminus a quo zum terminus a quem, wie das leere zum erfüllten, wie der unvollkommene Begriff zum vollkommnen. Dem Wesen nach ist aber damit von C. und D. nichts der früheren Auffassungsweise Schl's fremdes gegeben, wie sich unten im technischen Theile ergeben wird, für die Construction des ersten Theils jedoch ist die Differenz klar, denn man sieht, es war von 1822 an des Verfassers Absicht, bei der Beziehung des transcendenten auf das formale nicht nur den Gegensaz von Urtheil und Begriff im allgemeinen sondern auch schon die Gegensäze bestimmt hervortreten zu lassen, innerhalb deren sich der Begriff und das Urtheil bewegen, womit dann wesentlich zusammenhängt, daß C, (XXXV—XXXVIII.) und D. (35 seqq.), die zulezt genannte Beilage gedrängter und übersichtlicher, gleich bei dem bis §. 166. gewonnenen Resultate die ganze Genesis des Begriffs und des Urtheils vom Minimum bis zum Maximum und den Uebergang aus der einen Form in die andere als im transcendenten angelegt aufstellen. Aber auch das ist klar, daß dazu das 1814, also im Texte angelegte Gerüst kaum ausreichte, und darum nur mit Mühe und nicht ohne gewaltsame und die Symmetrie aufhebende Einschiebsel und Einschnitte beibehalten werden konnte, folglich daß die Vorlesungen 1831 ganz wohl thaten, es völlig niederzureißen und aus seinen Bestandtheilen dem erweiterten Plane gemäß ein ganz neues aufzuführen. Wie sie die Aufgabe gelöst haben, liegt in der Beilage E. vor Augen; sie haben von Anfang an ausgeführt, was in C. und D. angelegt war, nur jene von C. und D. gemachte Unterscheidung der oberen Begriffs- und Urtheilsgrenzen und die ihr analoge der unteren haben sie wieder aufgegeben, wahrscheinlich weil sie ihnen, und das wol mit Recht, unhaltbar erschien weil willkührlich; ein Schwanken, nicht der Anschauung des Verfassers, sondern nur seiner Terminologie.

§. 211.

Da das System der Actionen für uns nur da ist vermittelst der organischen Affectionen, also vermittelst des bewegten Bewußtseins: so entsteht von selbst ein Gegensaz zwischen denjenigen Actionen, wo das Bewußtsein nur leidend, und denen, worin es thätig erscheint. Jene bilden im Umfang des empirischen das Gebiet des physischen, diese das des ethischen Wissens.

Ursprünglich ist in jedem Bewußtsein einer Action, daß wir der eine Factor sind, und das außer uns gesezte der andre. Nur mittelbar unterscheiden wir hernach im lezteren selbst zwei auf einander wirkende Factoren, oder auch im ersteren, wenn wir auf unsre verschiedenen Vermögen reflectiren *).

Für den folgenden Abschnitt, der vom transcendenten Grunde handelt für unsre Gewißheit im Wollen, wird ganz besonders die Beilage E. (XLI. seqq.) zu vergleichen sein. Für §. 180—182. und für §. 193—210. mit Ausnahme dessen, was darin über das absolute festgestellt ist, wovon E. erst später handelt, ist die Vergleichung dieser Beilage, besonders was das Verständniß der Terminologie betrifft, dann aber auch zur faßlicheren Uebersicht des gesammten zwischen der absoluten Einheit und der absoluten Gemeinschaftlichkeit des Seins in entgegengesezter Bewegung schwebenden Wissens und des ihm entsprechenden Seins von nicht geringer Bedeutung. (S. E, XXXV—XL.). Auch Beil. A, XIV. seqq. ist als erste Grundlage für das im Text von §. 175. an bis hieher gegebene wichtig. Vergl. aber §. 225. Anmerk. zu Ende.

*) Die Vorles. 1818, welche die hier beginnende Betrachtung eine supplementarische nennen, machen den Uebergang nicht durch diesen §., der auch in C, XLVIII. als willkührlich bei Seite geschoben wird, sondern gehen gleich in der Weise des folgenden §. zu Werke, d. h. also, sie beginnen die Parallele zwischen Wollen und Wissen zu zeichnen nach leichter Anknüpfung an früheres. Einen gründlicheren Uebergang macht die Beilage C, XLVI—XLVIII., den gründlichsten E, XLII. seqq., die auch die Parallele vollständig durchführt, und auch von Anfang an, wie früher nachgewiesen ist, alles dazu vorbereitet hat. Die Vorlesungen von 1831 heben diesen Abschnitt so hervor, daß sie ihn die zweite Abtheilung des ersten Theils nennen, und ihn der vorangegangenen Untersuchung durchaus coordiniren. Vergl. §. 212. 1.

§. 212.

Dieser Gegensaz des ethischen und physischen ist uns aber weit früher schon gegeben, indem wir uns des Wissens nur bewußt worden sind mit dem Wollen zugleich.

1. Wir unterscheiden das Denken vom Wissen durch die Ueberzeugung; diese konnten wir aber nur erkennen, wenn wir sie auch in einem andern hatten, nämlich im Wollen *). An diesen Parallelismus mußten wir also eigentlich immer zugleich denken.

2. Beide Charaktere des Wissens, in sofern sie in der Ueberzeugung liegen, sind also auch auf das Wollen anzuwenden, und es giebt also eine gemeinschaftliche Production des Wollens und ein dem Wollen entsprechendes Sein.

3. Also ist auch mit der Idee des Wissens zugleich, in wiefern es dem Sein entspricht, ein Gegensaz im Sein gesezt, dasjenige nämlich, welches dem Denken vorangeht, in wiefern das Denken nur Betrachtung ist, und dasjenige, welches auf das Denken folgt, in sofern das Denken ein Wollen ausdrükkt. — Dies ist nicht eine Analyse des Bewußtseins als Action, also auch nur empirisch, sondern das Bewußtsein ist hier schematisch betrachtet. Denn nur dieser bestimmte Gegensaz ist die Form der Identität des Bewußtseins im Fluß der Actionen.

4. Also ist auch als der Form des Begriffs entsprechend eine zwiefache Reihe auf- und absteigenden Seins zu denken, die in dem Sein, welches dem Denken vorangeht, die Naturformen, und in dem Sein, welches dem Denken im Wollen folgt, die Sittenformen. Die Relativität in der Gemeinschaftlichkeit bildet hier den Exponenten der Reihe, und die Glieder sind desto höher, je weniger Relativität darin gesezt ist. (Anmerk. Dies läßt sich richtig verstanden von der ethischen Seite auch sagen.)

*) §. 88. 95.

§. 213.

Man kann zwar ethisches und physisches auf doppelte Weise als Eine Reihe bildend ansehen, aber der Punkt, wo der Gegensaz im Menschen heraustritt, ist immer ein Wendepunkt.

1. Unterhalb des Menschen ist der Gegensaz zwischen ihm und dem außer ihm gesezten Sein abgestumpft, und es giebt weder bestimmtes Denken noch bestimmtes Wollen. Es gehört wesentlich zu unserm Selbstbewußtsein als Gattung, den Thieren beides abzusprechen. Da aber ein analoges Verhältniß statt findet zwischen Thier und Pflanze: so kann man allerdings eine Reihe von Aufsteigungen der Entwikkelung des idealen annehmen, und den Menschen mit seinem ganzen Sein als leztes Glied sezen, so daß die Ethik nur in die Physik des Menschen verwächst.

2. Eben so kann man umgekehrt annehmen ein Entwikkeln des realen aus dem idealen, wo nun die von dem Menschen ausgehende, welche bloße Modification ist, die niedrigste Stufe bildet. Höher entwikkeln die Thiere das reale, welche Stoffe absezen, und die Pflanzen, welche materielle Keime absezen, so daß die ganze Physik als die Ethik des unbeseelten erscheint.

3. Man kann aber nicht sagen, es ließe sich eben so gut eine Ethik der Thiere u. s. w. sezen. Denn die Einflüsse von den Thieren auf die Gesammtheit des Seins sind weit geringer, als die des Menschen, und auf den untern Stufen ist der Gegensaz zwischen idealem und realem abgestumpft, und also die Thätigkeit des idealen Princips in seiner eigentlichen Natur nicht aufzufinden. Der Mensch ist also der Wendepunkt, von welchem allein aus das Sein unter der Form der Thätigkeit des idealen auf das reale kann angeschaut werden.

4. Erscheint der Mensch für eine Theilung des gesammten Wissens als ein zu sehr vereinzelter Punkt: so bedenke man,

daß er dieses zwar ist in der Möglichkeit des gesammten Seins, aber nicht in dem Umfange des uns gegebenen irdischen Seins, denn in diesem ist er die Blüthe des idealen *).

§. 214.

Wir bedürfen eben so gut eines transcendentalen Grundes für unsre Gewißheit im Wollen, als für die im Wissen, und beide können nicht verschieden sein.

1. Der Grund, vermöge dessen andre dasselbe wollen, als wir, ist auch nicht in uns als einzelnen gesezt, denn es ist der Grund der Identität des allgemeinen und besonderen, sondern zunächst freilich in der lebendigen Kraft der Gattung, worauf die eigentliche ethische Deduction ruht. Aber der Grund der Zusammenstimmung unsres Wollens zum Sein, daß nämlich unser Thun wirklich außer uns hinausgeht, und daß das äußere Sein für die Vernunft empfänglich auch das ideale Gepräge unseres Willens aufnimmt, dazu liegt der Grund nicht in der Gattung, sondern nur in der rein transcendentalen Identität des idealen und realen.

2. Verschieden können beide deshalb nicht sein, weil sonst nicht nur Denken und Wollen verschieden begründet wären, sondern auch jedes zwiefach, in sofern jedes zugleich das andre ist. Es bliebe also eine Duplicität gesezt, welche entweder wieder in einer höheren Einheit begründet sein müßte, und diese wäre dann

*) Vorles. 1818. Wir sahen früher, jedes Sein sei frei, sofern man es als Kraft seze, und der Nothwendigkeit unterworfen, sofern es betrachtet werde im Zusammenhange mit anderem. Sofern es aber frei ist, können wir nun auch sagen, es sei ein wollendes. Nur dürfen wir die Abstufungen nicht verkennen. Der Mensch ist das höchste wollende Sein; ein geringerer Grad des Wollens ist in den Thieren; im vegetabilischen Sein verbirgt sich das Wollen schon ganz, und gehen wir ins anorganische: so hat das sein Leben bloß in der Vergangenheit und man findet das Wollen darin nur, wenn man wieder auf das ganze zurückgeht. So kann man die ganze Natur ansehen als eine verminderte Ethik.

der wahre transcendentale Grund, oder welche das Dasein zerschnitte und statt der Gewißheit wieder Zwiespalt begründete.

3. Der Glaube an Gott ruht bei den meisten Menschen weit mehr auf der Gewißheit des Gewissens, als auf der Gewißheit des Verstandes. Wenn sie inne werden, daß sie auf dieser Seite können zur Skepsis gebracht werden, recurriren sie zwar auf Gott, aber selten geht der Glaube ursprünglich von dieser Seite aus, weil dazu schon eine speculative Richtung gehört.

4. Philosophisch aber ist es Unrecht, nur die eine Wurzel gelten zu lassen und die andre zu verwerfen, wie Kant von der moralischen Seite, die meisten andern von der physischen gethan. Auch hat Kant die moralische nicht ganz recht gefaßt, weil sein Begriff von Glükkseligkeit zu gemein ist *).

§. 215.

Dem gemäß nun haben wir auch den transcendentalen Grund nur in der relativen Identität des Denkens und Wollens, nämlich im Gefühl.

1. Da er auf beides zugleich geht, muß er auch als beides zugleich gesezt sein; wir haben aber keine andre Identität von beidem als das Gefühl, welches im Wechsel als das lezte Ende des Denkens auch das erste des Wollens ist, aber immer nur relative Identität, dem einen näher als dem andern. Wir kön-

*) Die Vorlesungen. 1818 folgen hier fast ganz dem Gange des Textes, und fügen nur hinzu, wie auf jenem früheren Standpunkte die höchste Ursach, so würde hier die höchste Weltordnung von vielen für das absolute gehalten, aber nicht mit größerem Rechte. —
C, L. führt die Parallele weiter aus, und zeigt dann, daß die sich hier auf dem Gebiet des Wollens ergebenden Formeln für das transcendente dieselben sind, als die auf dem Gebiet des Denkens gefundenen, daß man also von der einen Seite aus nicht weiter kommt, als von der andern aus. — Eben so der Hauptsache nach D, 49. und E, XLV — XLIX Der Text bringt die sich vom ethischen aus ergebenden Formeln für den transcendenten Grund erst §. 217. gelegentlich zur Sprache.

nen sagen, daß mit unserem Bewußtsein uns auch das Gottes gegeben ist als Bestandtheil unseres Selbstbewußtseins sowol als unseres äußeren Bewußtseins.

2. Wenn nun das Gefühl von Gott das religiöse ist: so scheint deshalb die Religion über der Philosophie zu stehen, wie auch viele behaupten. Es ist aber nicht so. Wir sind hieher gekommen, ohne von dem Gefühl ausgegangen zu sein, auf rein philosophischem Wege. Vollkommenheit und Unvollkommenheit sind in beidem gleich vertheilt, nur nach verschiedenen Seiten. Die Anschauung Gottes wird nie wirklich vollzogen, sondern bleibt nur indirecter Schematismus. Dagegen ist sie unter dieser Form völlig rein von allem fremdartigen. Das religiöse Gefühl ist zwar ein wirklich vollzogenes, aber es ist nie rein, denn das Bewußtsein Gottes ist darin immer an einem anderen; nur an einem einzelnen ist man sich der Totalität, nur an einem Gegensaz (zwischen dem eignen Sein und dem außer uns gesezten) ist man sich der Einheit bewußt *).

---

*) Vorles. 1818. Wir sehen ein, daß wir die Idee der höchsten Einheit weder im Gedanken noch in der That vollziehen können. In der That vollzogen wäre sie ein einzelnes, sie soll aber doch der lezte Grund von allem sein; im Gedanken vollzogen wäre sie ein Begriff oder ein Urtheil, da sie doch keins von beiden sein soll. Sie ist aber die nothwendige Voraussezung für unser Wissen und Wollen. Wie verhält sich nun zu ihr das Gefühl, das der Uebergang in uns ist zwischen Wollen und Denken? Im Gefühl ist die im Denken und Wollen bloß vorausgesezte absolute Einheit des idealen und realen wirklich vollzogen, da ist sie unmittelbares Bewußtsein, ursprünglich, während der Gedanke derselben, sofern wir ihn haben, nur vermittelt ist durch das Gefühl, nur Abbildung desselben. Daher sich so oft wiederholender Streit zwischen Religion und Philosophie auf zwiefache Weise, 1. Streit der einen gegen die andre, so daß sie sich gegenseitig gar nicht anerkennen, 2. Streit beider um den Primat. Der eine wie der andre ist nichtig, denn die Interessen der einen sind durchaus nicht denen der anderen entgegen, und von einem Primat der einen vor der andern kann auch nicht die Rede sein. Es ist wahr, wir konnten das höchste im Gedanken nicht vollziehen. Warum nicht? Wir konnten es nur suchen unter der Form des Begriffs und des Urtheils. Blieben wir beim Begriff: so konnten wir

immer nicht genug besonderes abstreifen; beim Urtheil: so konnten wir nicht genug combiniren. Streiften wir aber genug ab: so kamen wir aus dem Begriff heraus; combinirten wir genug: aus dem Urtheil. Wir konnten also das absolute als Begriff und Urtheil nicht finden; nur in negativer Form konnten wir es aufstellen, und das ist unser Nichthaben. Wie ist es nun mit dem Haben im religiösen Bewußtsein? Allerdings ist in demselben das absolute, aber nicht an und für sich, wie wir es in der Speculation suchten, sondern immer nur an einem andern, an einem Bewußtsein des Menschen von sich selbst, von bestimmten menschlichen Verhältnissen u. s. w. Wollen wir das Bewußtsein Gottes isoliren: so gerathen wir in ein bewußtloses Brüten, und wir müssen immer sagen, das Bewußtsein Gottes sei um so lebendiger, je lebendiger ein anderes dabei ist. Damit tritt aber beides ins Gleichgewicht. Im religiösen Bewußtsein, wenn es in seiner Natur bleibt und nicht damit experimentirt wird, ist das Bestreben das Bewußtsein Gottes zu isoliren gar nicht; der religiöse Mensch hat kein Arg daraus, das Bewußtsein Gottes nur zu haben an dem frischen und lebendigen Bewußtsein eines irdischen. Das philosophische Bestreben will es aber rein für sich haben, und es genügt ihm, sich desselben an und für sich als einer nothwendigen Voraussezung bewußt zu sein, so daß es jedem nachweisen kann, so gewiß man wissen wolle, so gewiß bedürfe man dieser Voraussezung des absoluten, in welcher allein das Wissen begründet und aus welcher allein die Regeln für das Wissen abzuleiten seien. Deshalb aber bleibt nun doch der Philosoph nicht zurükk, weil er will, was ein anderer nicht hat. —

Vergl. C, LI. seqq., wo das Gefühl genau bestimmt wird als religiöses Gefühl, als allgemeines Abhängigkeitsgefühl, vermittelst dessen das absolute eben so in uns gesezt sei, wie in der Wahrnehmung die Dinge in uns gesezt seien.

D, 49. 50. scheint hauptsächlich zu beabsichtigen, Wissen Wollen und Gefühl in Beziehung auf das Haben des absoluten recht bestimmt zu coordiniren, also zu zeigen, von dem Gefühl aus ergebe sich für das absolute dem potentiellen Inhalte nach nichts anderes, als von jenen aus, nämlich auch kein positives, worin es gegeben wäre; nur die Art, in ihm das absolute zu haben, sei eine allgemeine, weil nicht auf einem kunstmäßigen Verfahren, und eine unmittelbare, weil nicht auf dem Streite ruhend. Im Selbstbewußtsein an und für sich giebt es nämlich wol differentes, aber nicht streitiges.

E, (XLIX.) kommt hier zuerst auf das Gottesbewußtsein und findet für das absolute die Formel, Grund der Identität des Gesezes und der Weltordnung. Analysirt enthält sie dasselbe, als die sich aus den andern Darstellungen ergebenden Formeln. In der Identität nämlich des Gesezes und der Weltordnung laufen die Identitäten aller von allen Punkten aus gefundenen Gedanken- und Seinsgrenzen zusammen; und ist der Grund dieser Identität im Selbstbe-

§. 216.

Wir wissen nur um das Sein Gottes in uns und in den Dingen, gar nicht aber um ein Sein Gottes außer der Welt oder an sich.

Randbem. In wiefern wir nämlich unser Denken und Wollen als Eins fühlen *).

1. Das Sein der Ideen in uns ist ein Sein Gottes in uns, nicht in wiefern sie als bestimmte Vorstellungen einen Moment im Bewußtsein erfüllen, sondern in wiefern sie in uns allen auf gleiche Weise (also auch im Sein Gottes in der menschlichen Natur) das Wesen des Seins ausdrükken und in ihrer Gewißheit die Identität des idealen und realen aussprechen, welche weder in uns als einzelnen, noch in uns als Gattung gesezt ist. — Eben so ist das Sein des Gewissens in uns ein Sein Gottes. Nicht in wiefern es in einzelnen Vorstellungen vorkommt und so auch irrig sein kann, eben wie auch die An-

---

wußtsein überall mitgesezt: so ist er zugleich der Grund aller Gewißheit im Denken und Thun und der Einheit unseres Seins im Uebergange vom einen zum andern. Ueber die Differenz des speculativen und religiösen siehe LII. seqq.

*) Vorles. 1818. Nun drängt sich aber die Frage auf, Wenn es denn wahr ist, daß wir den Gedanken des höchsten an und für sich nicht vollziehen können, das religiöse es aber auch nicht an und für sich, sondern immer nur an einem andern hat: giebt es nicht eine Art den Gedanken zu vollziehen, auch nicht an und für sich, sondern an anderm? So wie wir zu dieser Frage gekommen sind durch die Betrachtung des religiösen, zu der wir nur kamen durch die Zusammengehörigkeit des Denkens und Wollens: so gehen wir denselben Weg die Frage zu beantworten. Im Gefühl nun ist die unmittelbare wenn auch nur relative Identität des Denkens und Wollens. Relative darum, weil man immer vom einen zum andern übergeht. Bald ist das eine das primitive, und das andre dann das secundäre, bald umgekehrt. Dies ist aber immer schon wieder Zerlegung der Gefühls, Reflexion über dasselbe, und gehört also als Betrachtung unmittelbar in unser Gebiet, und wir können fragen, Haben wir nun in der Beziehung des Denkens und Wollens auf einander das Bewußtsein Gottes eben so im Gedanken, wie im Gefühl, d. h. an einem andern?

wendung der Ideen im einzelnen irrig sein kann. Sondern in wiefern es in der sittlichen Ueberzeugung die Uebereinstimmung unseres Wollens mit den Gesezen des äußeren Seins und also eben dieselbe Identität ausspricht *).

2. Gott ist uns also, da jenes beides die beharrliche Einheit ist in dem fluctuirenden des Bewußtseins, als Bestandtheil

*) Vorlesf. 1818 (anknüpfend an die Anmerkung unter der Randbemerkung). Auf der Seite des Denkens war der höchste Punkt die höchste Einheit der Kraft, worunter alle Erscheinungen begriffen sind. Diese Erscheinungen auf der höchsten Stufe nannten wir Ideen, sich selbst wieder in einer Mannigfaltigkeit reproducirende Kräfte. Das System derselben als Einheit angesehen ist also der eine Punkt. Der höchste Punkt auf der Seite des Wollens dagegen war das höchste Gesez. Die Art, wie die Ideen in uns sind, die höchste Kraft, enthält in der That das höchste in sich, aber nur wiefern wir nicht dabei stehen bleiben, sondern die Identität des Denkens und Wollens mit darin sezen. Wie sind denn die Ideen in uns? Das können wir eben so wenig unmittelbar aussprechen, sondern wir können nur sagen, sie sind dasjenige, was die einzelnen Vorstellungen producirt. In sofern sie sich nun wirklich in den einzelnen Vorstellungen realisiren, ist das absolute nicht darin, denn in sofern ist ja sogar die Möglichkeit des Irrthums darin gesezt. Wenn wir eben so auf der andern Seite, auf der des Wollens, das höchste Gesez betrachten, wie wir es in uns tragen, d. h. als Gewissen: so müssen wir wieder sagen, Wie es in einzelnen Urtheilen lebendig wird, trägt es auch nicht das höchste in sich, weil es auch des Irrthums fähig ist. Aber hinter diesen, in der Einheit der Ideen und dem höchsten Gesez, suchen wir das höchste, und sofern wir beides gleichsezen, ist es das höchste, die Identität des Denkens und Seins, eins auf das andre bezogen. Die Ideen können nur Quelle der Wahrheit sein, sofern sie das Sein abbilden, und das Gewissen kann nur Quelle des Rechts sein, sofern es das Verhältniß des Menschen zur Welt bezeichnet, also auch das ganze Sein umfaßt. Das höchste ist aber nur in der Identität beider, und diese Identität repräsentirt die höchste Lebenseinheit selbst, die nie als eine persönliche gesezt werden kann, auch nie als der menschlichen Gattung allein angehörig, sondern als die Einheit der Wahrheit und des Gewissens, der ersten, sofern sie angeregt wird durch das Wollen, des andern, sofern es angeregt wird durch das Denken. Die Einheit des Denkens und Seins in dieser Einheit ist das höchste selbst, das absolute. Diese Beziehung des Wollens auf das Denken und umgekehrt und die Einheit davon ist das göttliche in uns. Der religiöse hat es im Leben, der speculative in der Betrachtung, aber beide haben es nur an etwas anderem.

unseres Wesens gegeben. Das uns eingeborne Sein Gottes in uns constituirt unser eigentliches Wesen, denn ohne Ideen und ohne Gewissen würden wir zum thierischen herabsinken.

3. In allen anderen Acten unsres Bewußtseins ist uns aber nicht ein Sein Gottes in uns gegeben, weil auch unser eignes Sein darin nicht ausgedrükkt ist, sondern nur ein Zusammensein mit anderem, und also um das Sein Gottes darin zu finden außer uns herausgegangen werden muß.

4. Wenn Gottes Sein in unseren Ideen und in unserem Gewissen ist: so sind doch beide in ihm an sich nicht gesezt, weil kein Gegensaz von Begriff und Gegenstand und von Wollen und Können oder Sollen in ihm gesezt ist. Beide drükken also das Sein Gottes an sich nicht aus *).

5. Das Sein Gottes ist uns in den Dingen gegeben, in sofern in jedem einzelnen vermöge des Seins und Zusammenseins die Totalität gesezt ist, und also auch der transcendente Grund derselben mit; und vermöge seiner Uebereinstimmung mit dem System der Begriffe ist auch in jedem die Identität des

---

*) Vorles. 1818 (anknüpfend an das unter 1. aus ihnen angeführte). Nun können wir zeigen, daß ein vollzogenes Bewußtsein Gottes durchaus nicht möglich ist, weder unter der Form des Gedankens, noch unter der Form des Wollens, es sei denn an einem andern, eben so wie uns dies klar geworden ist auf der Linie des Gefühls. Ein Wollen auf das absolute gerichtet wäre rein Null, denn es würde den Menschen zu keiner bestimmten That kommen lassen, wie dies im Quietismus vor Augen liegt. Eine Richtung des Wollens auf Gott kann nur sein, wenn sie zugleich auf etwas anderes geht. Eben so im Gebiet des Denkens. Ein Wissen um Gott an und für sich müßte nichts anderes sein als ein Begriff. Nun aber liegt es in unsrer Petition, daß in dem Begriff des höchsten der Gegensaz von Begriff und Gegenstand nicht gesezt ist; sein Begriff kann also nur in ihm selbst sein, in uns nur, sofern auch in uns das Sein Gottes gesezt ist. Aber er ist nur in uns als Bestandtheil unsres Selbstbewußtseins, nicht an und für sich, sondern nur an einem anderen. Wir haben also nur einen Begriff von Gott mit demjenigen zusammen, womit der Begriff verbunden ist. Sollten wir ihn vollkommen haben an sich: so wäre der Begriff in uns, der Gegenstand außer uns. (Vergl. unten 8.)

idealen und realen gesezt, und also auch der transcendente Grund derselben.

6. In allem andern Sein und Zuständen der Dinge ist aber auf dieselbige Weise das Sein Gottes nicht gesezt wie sub 3. von uns gesagt ist *).

7. Wenn uns ein Sein Gottes außer der Welt gegeben wäre: so wären also Welt und Gott für uns vorläufig getrennt, und dadurch wird auf jede Weise die Idee Gottes oder die Idee der Welt aufgehoben. Denn a. wenn beide ohnerachtet des Getrenntseins doch auf allen Punkten zusammentreffen sollen: so muß die Welt, welche unter die Form der Zeit und des Raumes gesezt ist, als eine unendliche gesezt werden, in welcher Unendlichkeit sie aber nicht kann als abhängig gedacht werden, also als eines transcendenten Grundes nicht bedürftig erscheint. Oder b. wenn sie, um die Abhängigkeit zu retten, nicht überall zusammentreffen, sondern das Sein Gottes über das Sein der Welt hinausragt: so fragt sich, ob das ganze Sein Gottes, welches

---

*) Vorles. 1818 (anknüpfend an das unter 4. aus ihnen mitgetheilte). Dasselbe läßt sich auch auf andre Weise klar machen. Wir sagten, Das Sein der Ideen als reiner Principien, wovon das Bewußtsein ausgeht, gleichgesezt mit dem Princip des Wollens, ist eine Repräsentation des des höchsten, aber auch nur eine Repräsentation des höchsten, nicht das höchste selbst. (S. oben 4.) Wir können nun noch sagen, Es giebt auch ein Wissen um Gott, das wir haben mit und in unserm Wissen um die Dinge, also in und mit allem anderen Wissen. Sehen wir nämlich auf das Verhältniß zwischen dem Gebiet des Begriffs und des Urtheils: so müssen wir sagen, daß im Bewußtsein jedes Dinges, sofern es noch von der einen Seite Kraft ist und von der andern Mannigfaltigkeit der Erscheinung, ein Wissen um die Totalität ist. Denn jedes ist nur in und mit allem ihm coordinirten. Seze ich aber das coordinirte: so seze ich damit zugleich alles höhere und alles subordinirte, und in sofern ist also im Bewußtsein von jedem die Totalität, worin der Gegensaz des idealen und des realen aufgehoben ist. Und so können wir sagen, daß eben so wie jedes Selbstbewußtsein das Bewußtsein des höchsten mit in sich schließt, eben so in jedem objectiven Bewußtsein, in jedem Bewußtsein um die Dinge, je vollkommener es ist, desto vollkommner das Wissen um das höchste indirect mitgesezt ist.

über die Welt hinausragt, von demjenigen differirt, welches in ihr abgebildet ist. Im bejahenden Falle wäre dann in Gott eine Differenz gesezt, und er also nicht die absolute Einheit. Im verneinenden Falle könnte auch das Sein der Welt nicht in ihm begründet sein, weil sonst auch der über das Sein der Welt hinausragende Theil seines Seins weltbegründend und also die Welt adäquat sein müßte, wodurch man auf das vorige zurükkkäme. — Kant hat dieses in seinen Antinomien zwar aufgestellt, aber nicht in seinem innersten ergriffen, weshalb es bei ihm nur verwirrend wirken kann *).

8. Gottes Sein an sich kann uns nicht gegeben sein. Denn es giebt in ihm keinen Begriff als in der Identität mit dem Gegenstande. Wir haben also nur in sofern einen Begriff von ihm als wir Gott sind, d. h. ihn in uns haben. Es müßte dann auch eine auf Gott an sich sich beziehende Affection der organischen Function geben, welches unmöglich ist. Eben deshalb sind Absolutes, Höchste Einheit, Identität des idealen und realen nur Schemata. Sollen sie lebendig werden: so kommen sie wieder in das Gebiet des endlichen und des Gegensazes hinein, wie wenn man sich Gott als natura naturans, oder als bewußtes absolutes Ich denkt.

---

*) Vorles. 1818. Dieses (das unter 6. Vorles. gesagte) führt uns darauf, daß jedes Wissen um ein einzelnes nur in sofern vollkommen ist, als die Idee der Welt mit darin ist. Gesezt nun, daß es ein Wissen um das höchste Wesen an und für sich geben könnte: so müßte es auch ein anderes sein, als das mit allem unserem andern Wissen zugleich gesezte Wissen um die Welt. Denn ist es dasselbe, ob ich sage, das Wissen um ein einzelnes, oder um die Welt: so ist das Wissen um das höchste, wenn es für sich sein soll, ein anderes, als jenes. Dies ist auch als Kanon festgesezt, und in sofern wahr, als man sagen kann, die Gottheit ist nur im Bewußtsein an und für sich, wenn gesondert vom Bewußtsein der Welt an und für sich. Aber solches Bewußtsein ist nur nicht zu vollziehen. Angenommen aber, es giebt ein Wissen um Gott an und für sich und eben so auch um die Welt, daß wir beide Ideen jede für sich allein haben: wie verhalten sie sich denn zu einananđer? Entweder sie gehen in einander auf, oder nicht. Und s. w, wie in 7.

§. 217.

Wir können daher zusammenstimmen mit allen inadäquaten bildlichen Vorstellungen, welche das religiöse Gefühl repräsentiren, nur daß wir uns der Grenzen ihrer Geltung bewußt sind.

1. Der nur schematisch construirte Begriff will auch real werden und kann es nur, indem er einseitig und relativ wird. Man weiß aber dann, daß das Schema nicht ausgefüllt wird, worüber sich die bloß religiösen leichter täuschen *).

---

*) Vorles. 1818. Zusaz. Das die höheren Zustände des Selbstbewußtseins begleitende Bewußtsein Gottes im Gefühl, also das religiöse, hat Reflexionen über dies Gefühl hervorgebracht, die theologische Begriffe sind. Diese sind von der Speculation immer angegriffen, und in sofern auch mit Recht, als man immer darthun kann, daß sie inadäquat sind, sofern wir sie isoliren. Sie sind Reflexionen über ein einzelnes Element in unserm Selbstbewußtsein, und nur wenn man alles andre dazu nimmt sind sie adäquat. Sagt man aber, sie sollen nichts sein als Darstellungen der Art, wie das Bewußtsein Gottes in unserm Selbstbewußtsein ist: dann kann man sie sich gefallen lassen, weil sie dann nicht unmittelbare Darstellungen sein wollen, sondern nur mittelbare. Man kann sie sich um so eher gefallen lassen, als alle philosophischen Ausdrükke über das höchste Wesen an und für sich eben so inadäquat sind, wenn sie nicht negativ sind. — Für unser Bestreben nun kann dieses nichts hemmendes haben. Wir wollen ja nicht das Wissen des Wissens, sondern nur die Kunst des Wissens suchen, die Regeln ein Wissen zu produciren, und dazu ist es uns gleichgültig, ob wir das absolute immer nur an einem andern oder an und für sich haben; im Gegentheil, indem wir wissen, wir haben das absolute immer nur an einem anderen, haben wir zugleich das gefunden, was in allem Denken dasselbe ist, das in allem Denken mitgesezte Bewußtsein des transcendenten, die reine Identität des idealen und realen. — —

§. 214. ist nun also nachgewiesen, daß wir auch für unser Wollen des transcendenten Grundes bedürfen, dieser aber kein anderer sein könne als der für unser Wissen, folglich daß auch vom Standpunkte des Wollens aus nur gefunden werde, das absolute sei nothwendige Voraussezung aber keinesweges dem höchsten identisch, was von diesem Standpunkte aus können erfaßt werden, so wenig es demjenigen identisch sei, was vom Standpunkte des Wissens aus als das höchste gedacht werden könne, d. h. es sei so wenig das höchste Gesez, als die höchste Kraft oder Ursache, es sei mithin nicht die Welt. §. 215. ferner ist gezeigt, daß wir auch in

2. Durch eine analoge Behandlung des ethischen würde man noch auf die zwei Schemata des absoluten Gesezgebers und des absoluten Künstlers gekommen sein, von denen man aber dann eben so hätte zeigen können, daß sie inadäquat sind. Man denkt sich keinen Gesezgeber ohne möglichen Widerstand, und keine Conception ohne eine Differenz zwischen ihr und der Ausführung.

3. Man bleibt noch vielleicht in der lebendigen Anschauung, wenn man combinirt Gesezgeber und höchste Gattung, und dann wieder höchste Ursach und Künstler; aber dann bleibt man auch einseitig. Dagegen wenn man combinirt Gesezgeber und höchste Ursach auf der einen Seite, und auf der andern höchste Gattung und absoluter Künstler: so kann man das nicht mehr real construiren.

---

der Identität des Denkens und Wollens das absolute nicht haben an und für sich, wie die Speculation es suche, sondern immer nur an einem anderen, so aber freilich als ein wirklich vollzogenes Bewußtsein, worauf dann §. 216. entwikkelt ist, daß, von welchem Standpunkte man auch ausgehe, wenn man das Bewußtsein Gottes wirklich vollziehen, also andre als negative Bestimmungen geben wolle, man nie eine adäquate Formel finden könne für das Sein Gottes an sich, sondern immer nur Ausdrükke für das Sein Gottes in uns und in den Dingen. Und damit ist nun der Uebergang gemacht zu der folgenden Betrachtung über das Verhältniß Gottes zur Welt.

Die Beil. C, macht hier (LII. LIII.) wieder einen tieferen Einschnitt. Sie beginnt unter der Ueberschrift Verhältniß von Gott und Welt ihren vierten Hauptabschnitt des ersten Theils, giebt aber im Verlauf der Darstellung ganz die §§. des Textes, nur in etwas veränderter Folge. Wie der Verfasser im J. 1828 zu Werke gegangen ist, ergiebt sich aus §. 225. Anmerk. Die Beilage E, L. seqq. verfährt kürzer und einfacher, als alle übrigen Darstellungen, wie ihr dies von Anfang an eigen ist; und wie sie dadurch früher Raum gewonnen hat für die genauere Durchführung der Parallele zwischen Denken und Wollen: so gewinnt sie ihn hier für die übersichtlichere Darstellung aller von allen angelegten Fäden aus sich ergebenden Formeln, immer durchblikken lassend, daß alle eine Seite haben, von der sie inadäquat sind in dem Maaße als sie sich zu bestimmter Anschauung gestalten wollen, und nicht ohne über das Verhältniß der religiösen und speculativen Anschauungs- und Ausdrukksweise genauere Aufschlüsse zu geben.

§. 218.

Die Idee (der problematische Gedanke) der Welt, d. h. der Totalität des Seins als Vielheit gesezt, liegt ebenfalls außerhalb unseres realen Wissens.

1. Schon als Inbegriff von Erde und Himmel, in welchem lezteren nicht eine Mehrheit von Weltkörpern gesezt war, umfaßte der Gedanke die Totalität des Seins, und auch da schon als Vielheit, denn die Erde als Identität von Masse und Kraft ist nur Ein Ding und keine Welt.

2. Noch mehr aber seit der Vorstellung von einer Vielheit der Weltkörper. Denn man kann die Welt nicht denken nach der Analogie eines einzelnen Weltkörpers mit einem Centralkörper, ohne daß sie endlich werde und zum einzelnen Dinge herabsinke. Sie ist also nur, in sofern man die Vielheit der Sonnen- oder Milchstraßensysteme ohne sichtbare Einheit sezt.

3. Sie liegt außerhalb unseres realen Wissens, welches in der Steigerung derselben vom Anfang der wissenschaftlichen Ausbildung begriffen gewesen ist. Denn sie kann uns nie als Anschauung, in welcher speculatives und empirisches, ethisches und physisches Wissen sich durchdrängen *), sondern sie bleibt immer ein unausgefüllter Gedanke, zu dem das organische Element nur in entfernten Analogien besteht **).

---

*) gegeben sein,

**) Die Beilagen definiren die Welt als Identität der oben gefundenen Denk- und Seinsgrenzen. S. C, LIII.; D, 51.; E, XLIX. LI. Ad 3. vergl. C, LIV; D, 51. Den Inhalt des §. 216. haben alle nicht in der Gedankenreihe wie der Text, sondern erst in der mit diesem §. beginnenden.

Die Vorles. 1818. leiten diesen Abschnitt zunächst dadurch ein, daß sie Rechenschaft geben über die verschiedenen Bezeichnungen der Idee der Gottheit, deren sie sich bedient haben. Sie sche den die Ausdrükke, die vom religiösen ausgehen, von denen, welche die Speculation producirt hat, und warnen gegen den Mißverstand, als ob beide verschiedenes bezeichneten. Doch was sie in der Beziehung sagen, ist viel schärfer und ausführlicher in E, LI. LII. seqq. zu lesen. Dann charakterisiren sie

§. 219.

Beide Ideen, Welt und Gott, sind Correlata.

1. Identisch sind beide nicht. Denn im Gedanken ist die Gottheit immer als Einheit gesezt ohne Vielheit, die Welt aber als Vielheit ohne Einheit; die Welt ist Raum und Zeit erfüllend, die Gottheit raum- und zeitlos; die Welt ist die Totalität der Gegensäze, die Gottheit die reale Negation aller Gegensäze.

2. Zu denken ist aber eins nicht ohne das andre. Die Welt nicht ohne Gott. Die Polemik ist immer nur gegen irgend eine der inadäquaten Vorstellungen gerichtet; denn ohne jede von diesen kann die Welt auch wirklich gedacht werden. Gott ist auch nicht ohne die Welt zu denken; so wie man ihn gleichsam vor der Welt denkt, merkt man, daß man nicht mehr dieselbe Idee hat, sondern ein leeres Fantasma *).

§. 220.

Die Idee der Welt ist nicht in demselben Sinne transcendental, wie die Idee der Gottheit.

Nämlich wir können uns die Möglichkeit denken, eben so wie in den Besiz unsrer Erde, so in den Besiz jedes Weltkörpers mit seinem ethischen und physischen System zu kommen. Das Hinderniß bleibt, da die Welt, eben wie wir, unter der Form des Gegensazes steht, nur die Unendlichkeit des Prozesses

---

den Inhalt des Abschnittes durch die Frage, Wie verhalten sich die Ideen Gott und Welt? ausdrükklich hervorhebend, (vergl. §. 216.) daß nicht von der Idee Gottes an sich, sondern an einem anderen die Rede sei, worauf sie den Saz oben im §. so fassen, Die Idee der Welt ist auch nur Voraussezung, und für die Welt die Formel aufstellen, Totalität des endlichen nicht nur als Einheit sondern auch als Vielheit, weder durch die organische Function jemals gegeben, noch durch die intellectuelle Function jemals zu construiren.

*) Vergl. C, XLIV. Logisch kann man zwar das Verhältniß denken, Gott = Einheit mit Ausschluß aller Gegensäze; Welt = Einheit mit Einschluß u. s. w. S. auch E, LI.

und die Beschränktheit unsrer Organisation unter der Potenz der Erde. Von der Idee der Gottheit hingegen müssen wir uns bekennen, daß wir sie auch durch einen unendlichen Prozeß und auch bei einer gesteigerten Organisation nie erreichen können. Denn könnten wir sie haben: so müßten wir sie uno actu haben, da es gar keine Vielheit in ihr giebt. Wir können sie aber deswegen nie haben, weil alles Erkennen organisch ist, sie aber organisch nicht zu fassen ist. (Sie ist daher auch realiter nur in dem Impuls, den wir uns gleichsam vor dem organischen Denken vorstellen.)

§. 221.

Die Idee der Welt ist aber auch transcendental auf eigne Weise.

1. Die Idee der Gottheit nämlich ist nicht Grund unseres Wissens als eines fortschreitenden. Weder dadurch, daß sich das Wissen ausdehnt, kommen wir der Idee der Gottheit näher, noch dadurch, daß es sich vervollkommnet. Denn sie ist in jedem Act des bestimmten Wissens gleich sehr gegeben; sie ist das charakteristische Element des menschlichen Bewußtseins überhaupt. Es ist dieselbe Unfähigkeit im Thier, die Idee der Gottheit zu haben und ein bestimmtes Wissen zu haben. Aber sie ist in vielen Acten nicht mehr als in Einem. Auch durch das intensive Fortschreiten des Wissens, (d. h. den höheren Grad, in welchem in jedem einzelnen die Totalität ausgedrükkt ist,) nähern wir uns ihr nicht. Also gäbe es kein anderes transcendentales Princip als die Idee der Gottheit: so würden wir zwar immer denken und wissen, aber wir würden nicht streben im Wissen fortzuschreiten, sondern dieses würde dem Zufalle überlassen bleiben. Dies offenbart sich auch durch die Art, wie die in der Idee der Gottheit quiescirenden die Wissenschaft verschmähen. Liegt nun in der Idee des Wissens offenbar die Tendenz zum organischen Wissen: so bedarf es auch eines transcendentalen Princips.

2. Die Idee der Welt ist troz des obigen (§. 220.) dennoch unser reales Wissen überschreitend, sowol extensiv nicht nur nach außen sondern auch nach innen, weil wir uns die Irrationalität zwischen unserem Wissen als Begriff und unserem Wissen als Urtheil demonstriren können, welche in der Idee der Welt völlig aufgehoben sein muß, als auch intensiv, indem wir alle Begriffe immer nur für provisorisch halten müssen (wie unten mit mehrerem zu erweisen sein wird), in der Idee der Welt aber alle mit Nothwendigkeit gesezt sind. Als wahrhaft transcendental muß sie daher auch sowol Princip sein, als auch Form.

§. 222.

Wie die Idee der Gottheit der transcendentale terminus a quo ist, und das Princip der Möglichkeit des Wissens an sich: so ist die Idee der Welt der transcendentale terminus ad quem, und das Princip der Wirklichkeit des Wissens in seinem Werden.

1. Der Idee der Gottheit nähert man sich nicht; sie liegt allem einzelnen Wissen, welches ohne sie nicht könnte vollzogen werden, auf gleiche Weise zum Grunde und ohne Beziehung auf seinen Zusammenhang.

2. Von der Idee der Welt hingegen kann man sagen, daß die ganze Geschichte unseres Wissens eine Approximation dazu sei. Denn man kommt ihr wirklich näher durch extensive und intensive Vervollkommnung des Wissens, je mehr sich empirisches und speculatives durchdringen. Sie ist daher auch wirklich als vorschwebendes Schema gleichsam das praktisch transcendentale Princip des Wissens, denn wir schreiten absichtlich fort um diese Idee zu Stande zu bringen. Und man kann eben so sagen, es ist dieselbe Unfähigkeit im Thiere, welche es hindert die Idee der Welt aufzufassen, und welche es hindert einen Trieb auf das Wissen zu haben.

Hierin aber sind die oben gewählten Ausdrükke erschöpft *).

§. 223.

Von der Idee der Welt ist uns eben so wenig das Sein an sich und das Sein im Gegensaz gegen Gott gegeben, sondern nur das Sein in uns und das Sein in den Dingen.

Die Welt ist in uns als Trieb sowol des Wollens als des Wissens ganz analog der Idee der Gottheit. Sie ist in den Dingen, in wiefern das Wesen derselben bedingt ist durch ihr Zusammensein und dadurch in einem jeden die Totalität alles endlichen gesezt ist. Daß uns die Welt nicht im Gegensaz gegen Gott gegeben ist, geht aus dem obigen hervor. Ein Sein der Welt an sich ist uns auch nicht gegeben, nicht nur wegen der Unendlichkeit des Prozesses, sondern auch weil wir keine Vielheit wirklich sezen können, ohne sie entweder als bloßes Aggregat aufzufassen, was der Idee der Welt nicht entspricht, oder sie auf eine bestimmte Einheit zurükkzuführen. Alle wirklich vollzogenen Vorstellungen von der Welt sind eben so inadäquat (wie z. B. die Trennung in Geister- und Körperwelt) und eben so bildlich, wie die von der Gottheit.

§. 224.

Wir sind nicht befugt ein anderes Verhältniß zwischen Gott und der Welt zu sezen als das des Zusammenseins beider.

Denn eben so wenig wie wir einen Gegensaz beider construiren können, können wir auch eine Identität beider construiren, weil in ihrem Sein in uns beide Ideen verschieden sind, auf der andern Seite wir sie aber an sich nicht abgesondert von

---

*) Die Vorlesf. 1818 und die Beilagen C. D. E. stellen den §. in den mit §. 226. beginnenden, den transcendentalen Theil beschließenden und auf den formalen hinüberführenden Abschnitt.

einander denken können. Wir schweben also zwischen dem einen und dem andern und können auch mit Besonnenheit nichts anderes erwarten. Das Sezen einer Identität und eines Gegensazes zwischen beiden ist auf gleiche Weise ein Hinausgehen aus dem realen Denken, und ist doch nicht, wie alles wahrhaft transcendente sein muß, zugleich innere nothwendige That, folgt auch nicht aus der Art, wie beide Ideen in uns transcendente Principien sind.

§. 225.

Die philosophische Kunst kann auf keine Weise bildliche Vorstellungen über das Verhältniß beider anerkennen, mit welchen sich nicht das nothwendige Zusammensein beider verträgt. Und niemandem kann mit solchen bildlichen Vorstellungen geholfen sein, welche realiter nichts als dieses Zusammensein ausdrükken.

Völlig unstatthaft ist deshalb der schellingische Ausdrukk, daß das endliche Sein der Abfall von Gott wäre. Denn wenn Gott nicht ohne seinen Abfall gedacht werden kann: so ist das gute durch das böse bedingt, hat das böse eine der Nothwendigkeit Gottes gleiche Realität.

Die Vorstellung, daß die Idee Gottes rein gehalten nur die leere Einheit, also = Nichts sein muß, und nur die Welt die volle Einheit sein müßte, ist schielend; Gott ist die volle Einheit, die Welt ist die in sich eine Vielheit. Wodurch nichts außer dem Zusammengehören beider gesezt ist.

Die Vorstellung, daß Gott das Urbild sei und die Welt das Abbild, ist nur in sofern gültig, als nicht gesezt ist, das Urbild könne auch ohne Abbild sein *).

---

*) Die Vorles. 1828 (vergl. Beil. D, 51. seqq.) stellen das von §. 216. bis hieher gegebene etwa so,

Jezt nun haben wir alle Fäden beisammen, so daß wir sehen können, was zu erreichen ist. Das Bestreben, die transcendente Formel in eine lebendige Anschauung zu verwandeln, ist natürlich, aber klar ist auch, daß alles wirkliche Denken über sie, d. h. also alles anschauliche, inadäquates enthält. Die eigentliche Wahrheit darin ist nur das Interesse an der Sache, das sich darin ausspricht, und das selbst nur ein Ausdrukk davon ist, daß es das Wesen des Geistes constituirt sich des transcendenten zu bemächtigen, daß alle Wahrheit des Selbstbewußtseins in seiner Zeitlosigkeit betrachtet, alle Wahrheit des Denkens und alle Realität des Wollens von dem Geseztsein des transcendenten in uns abhängt. Wir können also sagen, es komme wenig darauf an, wie weit man sich zum Vortheil der Anschaulichkeit von der Reinheit der Formel entferne, wenn nur die Reduction immer vorbehalten bleibe, dagegen müssen wir aber auch zugeben, daß an der Realisation der Reduction immer müsse gearbeitet werden. Hieran knüpft sich eine Untersuchung, welche die allgemeinen Principien zu dieser Reduction in sich schließt. Die Zusammenfassung aller von allen wesentlichen Functionen aus gefundenen Grenzen giebt die Idee der Welt. Es gilt also diese auf das absolute zu beziehen, also das Verhältniß zwischen Gott und Welt ins Auge zu fassen, worauf sich auch, seitdem man bis auf diesen Punkt gekommen ist, alle speculativen Fragen reduciren. Weiter indeß als bis zu Cautelen werden wir nicht gelangen können.

Nun ist der erste Kanon wol der, der uns sichert, daß kein Versuch zu jener Reduction das transcendente selbst mit aufhebe. Die Welt nicht ohne Gott, Gott nicht ohne die Welt, diese Formel sichert uns, daß nicht die eine Idee durch die andre aufgehoben wird. Ist Welt das Zusammenfassen dessen im Sein, was den Denkgrenzen entspricht: so ist sie nur von einer Seite dem wirklichen Denken angehörig, aber eben so auch dem wirklichen Sein. Sie schließt alles Sein in sich, und ist zugleich nie, d. h. sie wird immer. Jenes entspricht der Begriffsbildung und ihrer Grenze, dieses der Urtheilsbildung und ihrer Grenze; als Einheit schließt die Welt das Sein in sich, als Gemeinschaftlichkeit ist sie nur werdend. In sofern also hat, was als Welt bezeichnet wird einen Antheil am transcendenten, und das giebt bei der Bestimmung des Verhältnisses beider Ideen den Ausschlag und rectificirt immer die Darstellung. So wenn wir Welt denken ohne Gott, kommen wir auf Fatum und Materie als Grund des Seins; wenn Gott ohne Welt, wird Gott Princip des Nichtseins, die Welt zufällig. Sagt man mit der älteren rationalen Theologie, die Schöpfung sei eine freie Handlung Gottes: so ist das anthropoeidische darin zu rectificiren, daß Gott im Gegensaz des nothwendigen und des freien gedacht wird. Sagt man mit älteren und neueren Systemen, das Sein als wirkliches sei ein Abfall vom absoluten, eine Verminderung desselben (im Emanationssystem wird diese als eine allmählige gesezt und durch Abstufungen bis zur bloßen Materie geführt): so heißt das, auf unseren Kanon zurükkgeführt, Gott könne nicht gedacht werden ohne seinen Abfall, sei also bedingt durch sein Nichtsein. Unsre Formel nun giebt freilich keine nähere Bestimmung beider Ideen, aber wir haben sie als Correctiv und sagen, Keine Formel des wissenvollenden Denkens ist genügend, die sich nicht mit dem Zusammensein beider Ideen verträgt.

Der zweite Kanon dagegen ist, Beide Ideen sind nicht dasselbe. Bestimmt man sie diesem Kanon zuwiderlaufend, indem man sie identificirt (Pantheismus): so muß man auf die Formel natura naturans oder eine ähnliche kommen, also den Unterschied zwischen dem transcendenten und der Denkgrenze aufheben, wobei dann das transcendente nicht die ursprüngliche, sondern nur die aus dem Zusammenfassen der Gegensäze entstandene Einheit wäre.

Also weder gänzliche Identification noch gänzliche Trennung beider Ideen. Etwas genaueres aber zu bestimmen, sind wir durch unsre Aufgabe nicht genöthigt. Ist das absolute das gänzlich ursprüngliche in allem wirklichen Denken, der terminus a quo, immer jenseit alles zeitlichen liegend und nie als zeitliche Entwikkelung zu fassen; ist die Idee der Welt immer nur terminus ad quem, weil zum Theil immer nur Formel, welche noch erst ausgefüllt werden soll, unbekannte Größe, bis alle ihre einzelnen Gebiete durchschaut und zusammengeschaut sind: so ist dem dialektischen Interesse vollkommen genügt, wogegen die Operationen desselben ohne allen Grund wären, ginge es nicht immer von Gott aus und auf die Construction der Welt hin, also wenn beide Ideen gänzlich getrennt würden. Denn geht das Denken nur vom absoluten aus und nicht auf die Idee der Welt hin: so hätte alles Denken denselben Werth, trüge es nun etwas aus zum Denken der Welt oder nicht, und der Unterschied zwischen Wahrheit und Irrthum wäre aufgehoben; geht dagegen der Denkprozeß ohne terminus a quo bloß auf den terminus ad quem: so könnte kein Denken ein Wissen werden. Beide Arten also, beide Ideen zu trennen, würden unsre Aufgabe vernichten. Wie aber unsre Kanones der dialektischen Aufgabe vollkommen genügen: so befriedigen sie auch durchaus das ethische Interesse, welches nothwendig, aber auch nur dieses fordert, daß beide Ideen auf einander bezogen werden. Das religiöse Interesse allein muß eine nähere Bestimmung des Verhältnisses beider Ideen versuchen, und es hat ein Recht zu fordern, daß man es gewähren lasse, aber wie es nothwendig der Ursprung alles anthropoeidischen ist: so sind seine Productionen dieser Art durchaus nur als mittelbare Darstellungen für das Denken und als Wissen nicht eher zu sezen, bis sie den Regeln gemäß, welche wir hier vom unmittelbaren Interesse des Denkens aus gefunden haben, gestaltet sind. —

Wird nun eben dieses und das frühere mit den Stellen der Beilage A. verglichen, wo vom absoluten die Rede ist: so ist die Differenz nicht zu verkennen. A. nämlich läßt die Formel, Gott und Welt nicht getrennt in bedeutendem Maaße vorherrschen, jedoch ohne pantheistisch zu werden; vielmehr verbirgt sich, die Beilage im ganzen und

§. 226.

Wenn nun (s. Einl. §. *)) das transcendentale und formale nicht getrennt sind, sondern dasselbe: so muß auch in beiden Ideen der formale Gehalt sich verhalten wie der transcendentale, und also ist die Idee der Gottheit die Form jedes Wissens an und für sich, die Idee der Welt aber die Verknüpfung des Wissens.

Dieses beides ist schon oben (Einl.) unterschieden worden

---

großen angesehen und alles einzelne demgemäß interpretirt, die Formel Gott und Welt nicht identisch so wenig, daß die späteren Darstellungen insgesammt sich nur die Aufgabe stellen konnten, ihr zu ihrem Recht zu verhelfen und sie bestimmter herauszubilden, wobei sie denn freilich theilweise in dem Maaße vorschreiten, daß hie und da wieder die Formel Gott und Welt nicht getrennt etwas gefährdet scheint.

*) §. 14—16. und §. 75—85.

Vorles. 1818. Kehren wir nun zum Anfang unsrer Untersuchung zurükk: so fanden wir, die Regeln des Verfahrens müßten in der Verknüpfung des Wissens ganz dieselben sein als in jedem einzelnen Wissen; und hier haben wir gefunden, die Ideen Gott und Welt seien nicht zu trennen, aber relativ beziehe sich die eine mehr auf das Wissen, die andre mehr auf die Verknüpfung. Ferner fanden wir, beide Ideen seien immer nur an einem andern. Ist aber das, so daß sie nicht ein Theil sind des Inhaltes der einzelnen Vorstellungen: so bleibt nur übrig, daß sie die Gestaltung, die Form derselben seien. Was uns also früher bloß Formel war, ist uns jezt lebendige Anschauung geworden, und so ist durch die Rükkkehr zum Anfang dieser Anfang selbst vollständig gemacht. (Vergl. §. 154.)

Die Beil. C, LIV. stellt die in diesem Abschnitt zu beantwortende Frage so, Wie verhalten sich beide Ideen zur Identität des transcendenten und formalen?

Die Beilagen D. (53.) und E (LIV.) stellen die Formel nicht so, Gott das Princip der Construction — Welt das Princip der Combination, sondern so, Gott an und für sich das Princip der einen — Gott in Beziehung auf die Welt das Princip der andern; offenbar um dem Vorwurfe zu begegnen, der lezte Grund sei eine Duplicität, wenn doch die völlige Identität von Gott und Welt auf das bestimmteste zurükkgewiesen sei.

als verschiedene Richtungen und Aeußerungen des formalen, aber doch als Eins nicht von einander zu trennen; und eben so verhalten sich auch die beiden Ideen, in denen diese formalen Beziehungen gegeben sind.

Jedes Wissen ist erst als solches sowol als Begriff als auch als Urtheil vollendet, wenn es auf eine Einheit gebracht ist des allgemeinen und besonderen, des idealen und realen, des Seins und Thuns, und diese Einheit ist nur zu denken durch die absolute Einheit. Eben so jede absichtliche Verknüpfung eines Wissens mit dem andern (die nicht bloße Analyse ist) sucht Gegenstükk zu Gegenstükk, Theil zu Theil, oder ganzes zum Theil, aber so, daß das ganze immer wieder ein relatives ist, und also die Vielheit gesezt bleibt.

§. 227.

Als Identität des transcendentalen und formalen sind beide Ideen treibende Principien, die als solche nicht im einzelnen im Gleichgewicht stehen können. Das Uebergewicht der einen ist Theosophie, das der anderen ist Weltweisheit.

Die eine ist das ruhende Princip, relativ gleichgültig gegen den Inhalt des realen Wissens und gegen das Foitschreiten desselben, die Seeligkeit im Wissen an sich. Die andre ist die Thätigkeit des Wissens im Fortschreiten, immer auf das ganze gerichtet und jedes einzelne nur als Durchgangspunkt betrachtend.

Wer überwiegend im Fortschreiten ist, von der Idee der Welt getrieben, dem kommt nicht in jedem einzelnen die Idee der Gottheit und also auch nicht die darin liegende Seeligkeit zum Bewußtsein.

So sind beide Momente, die jeder haben muß, aber jeder in seinem eigenthümlichen Maaß. Nur wenn sich das eine ganz vom andern trennt, oder aus Mißverstand so betrachtet wird, geht ein Gegensaz an. Dann ist aber auch das wahre Leben der Idee des Wissens wiederum in keinem für sich, sondern wieder nur in der Einheit des menschlichen Geschlechts, in welchem beide wesentlich und ewig vereint sind.

§. 228.

Die ehemalige *) Metaphysik in ihrem Aggregat von Disciplinen hat auch ihr Unrecht in der Spaltung des transcendentalen.

In der rationalen Psychologie kann nichts anderes enthalten sein, wenn sie nicht fantastisch werden oder ins empirische streifen soll, als die Entwikkelung der Idee des Wissens und der Idee des Handelns, wie beide auf die Idee Gottes und der Welt als constitutive Principien des menschlichen Daseins hinführen. In der Ontologie kann, wenn sie nicht empirisch sein soll oder auf der empirischen Psychologie beruhen, nichts enthalten sein als das jene beiden Ideen constituirende Entsprechen des Seins zur Form des Wissens, und somit auch die Entwikkelung der Relativität aller Gegensäze. Also diese beiden Disciplinen sind Correlata, die nicht zu trennen sind, die leztere aber wesentlich unter die erstere subsumirt, weil uns nur in der Grundbedingung unsres Seins diese Construction des endlichen Seins überhaupt gegeben ist. Wenn aber Theologie und Kosmologie etwas andres sein wollen als was die Ideen für die Psychologie und Ontologie sind: so gehen sie über das transcendentale Gebiet hinaus, wie sie sich denn auch überall als tingirt von dogmatischem und empirisch-physischem zeigen.

§. 229.

Kants Polemik gegen die ehemalige Metaphysik ist auch durch Mißverständnisse verunreinigt.

1. Die Idee der Gottheit könnte nicht regulativ sein, Princip des formalen, und zwar nicht bloß im Handeln sondern auch

*) Vorles. 1818. Die wolfische Philosophie.

im Denken, wenn sie nicht constitutiv wäre, nämlich unser eignes Sein constituirend. — Wenn uns jemand die Idee des Wissens leugnet, können wir ihm auch nur zeigen, daß er die Vernunft mit leugnen müsse. Allein Kant hat den Ort der Idee der Gottheit und den Zusammenhang ihres Seins in der Vernunft nicht nachgewiesen, sondern er nimmt die Idee nur als er weiß nicht wie gegeben.

2. Freiheit und Unsterblichkeit muß sich jeder wundern als Correlata der Gottheit zu haben, da sie im Vergleich mit ihr nur etwas ganz untergeordnetes bedeuten. Sie sind aber nur hieher gehörig, in sofern die Idee des Wissens und Gewissens als in allen identisch gedacht über die Persönlichkeit hinausgeht (= Unsterblichkeit), und in wiefern in derselben indirect die gleiche Geltung beider Functionen und die Ursprünglichkeit des Begriffssystems in uns gesezt ist (= Freiheit).

II.

Technischer Theil.

§. 230 *).

Wir gehen hier auch aus von der Idee des Wissens; sie wird aber betrachtet in der Bewegung.

Wir wollen das Denken als Wissen zu Stande bringen, suchen also das Werden des Wissens; aber nicht wie es wird durch die Veranlassung, nicht von der materialen Seite, sondern wie es wird durch Anwendung der Idee des Wissens auf die Veranlassung, also wie die Idee des Wissens als treibende Kraft thätig ist, um sich geschichtlich zu realisiren.

Randbem. 1. Nämlich vollkommenes Wissen wird uns nie bloß gegeben, aber Vorstellen das Wissen werden will.

Randbem. 2. Rükkblikk auf das was die Dialektik sein soll. Bedingt durch ursprüngliches Wissen und Combinationsregeln soll sie sein Organon und Kriterion. Das ursprüngliche Wissen sind die beiden Ideen (Gott und Welt). Aus diesem haben wir nun die Combinationsregeln zu entwikkeln. Dann haben wir Organon und Kriterion **).

*) Das Manuscr. und die Beilagen zählen die §§. wieder von 1. an.

**) Die Vorles. 1818 schikken unserm §. weit ausgeführt voran, was diese Randbemerkung enthält, ihn selbst aber geben sie so,

Wir sind im ersten Theil unserer Untersuchung lediglich von der

Idee des Wissens ausgegangen, haben aber da das Wissen nur an und für sich betrachtet, was es sei und wie es sich von dem ihm verwandten unterscheide, und dadurch sind wir auf das ursprüngliche alles Wissen begründende gekommen. Jezt suchen wir nun die Regeln der Verknüpfung des Denkens, die wir aber nicht finden können, wenn wir nur das Wissen an und für sich betrachten, denn die Verknüpfung sezt das Zusammensein zweier zu verknüpfenden voraus. Wie wir also vorher die Idee des Wissens gleichsam in der Ruhe betrachteten: so müssen wir sie jezt in der Bewegung betrachten; wir müssen sehen, wie das Denken wird, um zu sehen, wie es werden muß, um ein Wissen zu sein. Wir suchen also jezt das richtige Werden des Wissens. Welchen Anfangspunkt nun müssen wir hier nehmen? Sähen wir auf das allererste in der Genesis des Wissens: so kämen wir in eine völlig dunkle Region; denn das Wissen entwikkelt sich nur aus der Bewußtlosigkeit, und auf die frühesten Uebergänge zurükkgehend, würden wir unsern Zwekk nicht erreichen. Wir müssen also stehen bleiben in der Region des Bewußtseins. Nun aber, wenn wir wiederum nur dabei wollten stehn bleiben zu sehen, wie das Wissen wird nicht nur in uns sondern auch durch uns: so thäten wir auch nur etwas einseitiges; denn indem das Wissen eine Thatsache ist: so ist es auch ein zusammengeseztes. Jede Thatsache ist immer ein zusammengeseztes, das Subject darin ist immer durch anderes bedingt, nicht bloß eine Modification des Seins, sondern auch ein Ergebniß des Zusammenseins, und das gilt also auch vom Denken; als Thatsache ist es auch ein Ergebniß unseres Zusammenseins, so daß, wenn wir das Wissen in seinem Werden auf andre Weise betrachteten und dabei das Bewußtsein rein isolirten, kein sicheres Resultat zu erwarten wäre. Wenn das Wissen nun eine Thatsache ist, die als Modification unseres Seins allerdings ihren Grund in uns hat, als Resultat aber ein Ergebniß ist unseres Zusammenseins, also ihren Grund außer uns hat: wie verhalten sich beide Factoren? Es ist im ersten Theil gesagt, daß das Wissen seinen eigentlichen Grund in der intellectuellen Thätigkeit hat. Wie aber die Bewegungen unserer organischen Functionen, überwiegend als leidend dargestellt, eben das Resultat unseres Zusammenseins sind, ist auch gesagt. Wir haben nun keinen Grund darüber hinauszugehen und müssen sagen, Der eigentliche wahre Grund des Wissens ist die intellectuelle Function, der äußere Factor aber, die Veranlassung im Werden des Wissens, ist das Afficirtsein unserer organischen Function von außen, und wir können auch sagen, dieser leztere sei die materielle, jener erste, weil rein im Bewußtsein, in der Intelligenz ruhend, die formale Seite. Was wir also wissen wollen, ist nicht, wie die Veranlassung geschieht durch die Affection der organischen Functionen, sondern wie durch die äußere Veranlassung mittelst der treibenden Kräfte (§. 227.) die Idee des Wissens in uns sich realisirt. —

Die Vorles. 1822 beginnen damit, aus dem vorhergehenden wieder aufzunehmen, Was allem Denken, sofern es Wissen werden wolle, zum

§. 231.

Im Hervorbringen des Wissens ist ein Gegensaz zwischen dem mehr receptiven und dem mehr spontaneen.

Nämlich es wird ein Wissen ohne vorhergehendes bestimmtes Wollen, indem die permanente unbestimmte Agilität des denkenden Vermögens sich auf die vorkommenden äußeren oder inneren organischen Affectionen wendet. Dies ist das Gebiet der gemeinen Erfahrung. — Und es wird ein Wissen nach vorhergehendem bestimmten Wollen; es wird ein Wissen gesucht nach einer zum Grunde liegenden bestimmten Form, welche sich nach ihrer Materie umsieht. Wobei aber die zum Grunde lie-

---

Grunde liege, sei auf der einen Seite die Idee der Einheit, von der jeder Gegensaz ausgeschlossen, und auf der andern Seite die Idee der Einheit, in welcher alle Gegensäze eingeschlossen seien. Nun sei jedes Wissen in sich selbst schon ein verknüpftes, folglich liege aller Verknüpfung des Wissens eben dasselbe zum Grunde, was dem Wissen an und für sich. Sollten aber die Regeln der Verknüpfung gefunden werden: so sei zurükkzugehen auf die Idee des Wissens als auf das eigentlich bewegende Princip, als auf die lebendige Kraft, die sich im Bewußtsein realisire in ihrer Anwendung auf alles, was der äußere Factor sei, oder die Veranlassung, ohne welche kein Wissen entstehe. Vergl. Beil. C, LVI.

Die Vorles. 1828 (vergl. Beil. D, 53. 54.) schikken unserm §. zunächst auch die Nachweisung voran, daß das gefundene absolute a ch Princip der Verknüpfung sei, dann aber, zurükkgehend auf die Grundvoraussezung streitiger Vorstellungen, die Construction einer zwiefachen Möglichkeit die Aufgabe zu lösen, nämlich auf corrective und auf präservative Weise, und sich für die leztere erklärend stellen sie nun die zu lösende Aufgabe so, Wie entsteht von einem gegebenen Punkte aus richtiges Verfahren?

Die Beil. E, LIV. LV. führt aus, was in D. nur angedeutet ist, nimmt aber hier der Einleitung was der folgende §. enthält, um damit den ersten Abschnitt des zweiten Theiles zu beginnen.

Beilage A, XXXI. bemerkt auch, im ersten Theile seien wir an der Idee des Wissens aufwärts zum absoluten gestiegen und jezt gelte es, von da den Rükkweg zu machen und abwärts zum einzelnen zu gehen.

gende Form selbst ein Denken sein muß, wenn sie ein eigentliches bestimmtes Wollen begründet.

Auch in jenem ist etwas spontanees; denn wenn nicht das eingeborne System der Begriffe in den Wechselwirkungen als lebendiges Princip thätig wäre: so könnte auch kein bestimmtes Wissen zu Stande kommen. Und es ist auch etwas receptives im andern; denn das gesuchte wird nicht eher als Wissen gefunden, bis uns das der Form entsprechende Sein organisch afficirt. — Der Gegensaz ist also nur ein relativer *).

§. 232 **).

Im ersten kommt es überwiegend an auf die Form des Wissens an sich, im zweiten auf die Form der Verkettung desselben.

---

*) Vorles. 1818. folgen genau dem Gedankengange des Textes.

Die Vorles. 1822 machen den Uebergang von §. 230. zu §. 231. so, Ist der äußere Factor dem Werden des Wissens wesentlich und nothwendig: so müssen wir in der inneren Kraft den Gegensaz annehmen zwischen Receptivität und Spontaneität. Vergl. übrigens Beil. C, LVI. ad 2. d. h. zu §. 231.

Beil. E. LVII. LVIII. bezeichnet den Gegensaz durch die Ausdrükke Passivität und Activität und sagt, in jedem Denkact seien beide Glieder nur mit umgekehrter Priorität.

**) Vorles. 1818. Wie steht es denn nun, wenn wir dies (§. 231.) vergleichen mit den Ideen Gott und Welt? welchen Antheil haben sie an beiden Arten, wie das Wissen wird, und wie ist er in jeder ein anderer? Dies wird klar durch folgenden Mittelsaz, Soll ein Denken der mehr receptiven Art ein Wissen werden: so kommt es überwiegend darauf an, daß es richtig construirt werde; soll ein Denken der mehr spontaneen Art ein Wissen werden: so darauf, daß richtig verknüpft werde. Denke ich mir alle durch Denken erfüllte Augenblikke, die in das Gebiet der Erfahrung gehören: so bilden sie zwar für sich eine Reihe, aber diese hat in sich selbst keinen Bestimmungsgrund, sondern ist nur bestimmt durch das besondre unsres Seins in Raum und Zeit und wird dadurch ergänzt, daß die Productionen anderer hinzugenommen werden. Dessen ungeachtet wird auch so die Idee der Welt realisirt, aber dann ist sie das thätige mehr außer uns gesezte Princip. Wenn ein Denken auf diesem Wege ein Wissen werden soll: so kommt es darauf an, was wir aus den organischen Affectionen, denen wir uns hingegeben haben, machen,

1. Die Reihe der receptiven Hervorbringungen ist kein System; sie ist bestimmt durch das besondre unsres Seins in Raum und Zeit, und bildet erst durch Ergänzung der Productionen anderer die Totalität der räumlichen und zeitlichen Vorstellungen. Dies Aneinanderreihen ist also hier gar nicht unser Werk, sondern wird dieses erst wenn ein bestimmtes Wollen da ist. Da aber alle geordnete Wissenschaft zum Theil wenigstens aus dem so gefundenen hervorgeht: so kommt alles darauf an, daß jedes gefundene für sich richtig construirt sei.

Randbem. Hier Welt außer uns thätig, Gott in uns. — Die Reinheit des Auffassens, welche man daher beschwört.

2. Das Suchen reiht an das der zum Grunde liegenden Idee schon als reales Wissen entsprechende an, also ist hier die Verkettung das meiste. Die Richtigkeit der Construction findet schon wegen des freieren bewußteren Zustandes weit weniger Hindernisse.

Randbem. Im Suchen steht das Verlangen nach der Form des Wissens schon fest, und es kommt darauf an es durch eine richtige Anknüpfung zu befriedigen.

Regeln der Construction und der Combination sind zwar nach dem ersten Theil in ihrem innern Wesen dasselbe, aber ein relativer Unterschied bleibt doch. Anfang alles Denkens ist Gleichheit der Construction und

---

und die Form des Wissens, das Princip der Construction muß dann in uns das thätige sein. Dies ist aber die Einheit, und die absolute Einheit, die in der Idee der Gottheit gesezt ist, ist dabei immer das dominirende Princip. Wie tief dies im gemeinen Bewußtsein stekkt, sehen wir daraus, daß wir keinen größeren Ausdrukk des Ueberzeugungsgefühles geben können, als das Schwören, dem immer zum Grunde liegt, daß wir wollen zu erkennen geben, das constitutive Princip aller Einheit sei in der Construction dieses Denkens thätig gewesen. Dagegen auf der andern Seite, wenn wir ein Denken suchen mit zum Grunde liegendem bestimmten Wollen: so ist die Idee des Wissens schon das dem Act vorausgehende thätige Princip, der Act selbst aber soll Verknüpfung sein, und es kommt alles darauf an, daß wir richtig verknüpfen, daß wir den terminus ad quem richtig construiren, d. h. die Idee der Welt ist hier das dominirende. — Vergl. C, LVI. ad 3. (§. 232.) wo die Randbem. unter 1. vollkommen klar wird.

der Combination, aber als Minimum; Ende wäre auch Gleichheit derselben, weil es nämlich nichts mehr weder zu construiren noch zu combiniren gäbe *).

§. 233.

Die Richtigkeit der Construction an sich ist die Richtigkeit der Begriffsbildung und Urtheilsbildung **), und beide Operationen sind durch einander bedingt.

*) Die Vorles. 1818 gaben hier noch sehr umständliche Erläuterungen. Die darüber vorliegende Nachschrift ist aber in dem Maaße verworren, daß nichts daraus mitzutheilen ist. Wie es scheint wollte der Verf. zunächst noch einmal recht deutlich machen, auf welche Weise die Ideen Gott und Welt das receptive und auf welche das spontanee Wissen begründen, und daß im receptiven die Construction, im spontaneen die Combination vorherrsche, sofern beide, Construction und Combination, in jedem einzelnen Wissensacte zusammen seien. Dann aber zeigen, daß unterschieden werden müsse zwischen der Gestaltung des Wissens, wiefern es Ein Act sei, und der anderen, wiefern zu Einem Denken das Wissen ist ein anderes hinzugefügt wirde, oder wiefern ein Uebergang statt finde von Einem auf ein anderes, indem eins auf das andre bezogen werde; also zwischen Construction und Combination, sofern die erste sich beziehe auf das Wissen als Eines, die andre auf das Wissen als Vieles. Zulezt, daß der Gegensaz des receptiven und spontaneen nicht zusammenfalle mit dem so gefaßten Gegensaze der Construction und Combination, sondern daß in jedem Gliede des einen beide Glieder des anderen sich bewegen. — Wenn übrigens der Gegensaz des receptiven und spontaneen auch der Combination einwohnt, nicht bloß der Construction: so ist mir nicht deutlich, warum der Verf. den §. 231. im Jahre 1831 der allgemeinen Einleitung zum zweiten Theile genommen und in die Einleitung zur Construction versezt hat.

**) Vorlef 1818. Hieraus (aus dem unter §. 232. gegebenen) können wir uns nun den Schematismus bilden für den zweiten Theil unsrer Untersuchung. Wir haben zu suchen die Theorie der Construction und die der Combination, d. h. wir müssen fragen, Wenn ich im Denken von Einem begriffen bin, wie habe ich es zu machen, daß es ein Wissen werde? und dann, Wie habe ich es zu machen, wenn ich Eins habe, um von diesem zu einem anderen zu kommen, und zwar so, daß der Uebergang, die Verknüpfung, den Charakter des Wissens annehme, und das neue und das alte Ein Wissen, eine Einheit werde? Diese Fragen haben wir zu beantworten in Beziehung auf den vorher schon aufgestellten Unterschied des mehr spontaneen und des mehr receptiven Wissens. Nämlich es wird anders zu verfahren sein, wenn ein neues Wissen zu bilden sich mir die Veranlassung von außen darbietet, und anders, wenn ich dazu durch ein bestimmendes Wollen übergehe. Dies

Folgt aus mehrerem im ersten Theil schon vorgekommenen.

Randbem. Begriffsbildung überwiegend im gewollten Denken, Urtheilsbildung überwiegend im receptiven.

Mehr gefundener Begriff ist Fund, mehr gesuchter Entdekkung; mehr gefundenes Urtheil ist Bemerkung, mehr gesuchtes Beobachtung oder Versuch.

§. 234.

Die Richtigkeit der Combination beruht auf zwei Operationen, der heuristischen und der architektonischen *), und diese sind auch durch einander bedingt.

---

wird deutlicher werden, wenn wir betrachten, worin beide Theorien wesentlich bestehen. Die Theorie der Construction ist auf der einen Seite Theorie der Begriffsbildung und auf der anderen Theorie der Urtheilsbildung, denn Begriff und Urtheil sind die Formen, unter denen allein ein Wissen möglich ist. Ich frage also, Wie muß ich es machen ein Wissen zu produciren, wenn ich in der Begriffsbildung, und wie, wenn ich in der Urtheilsbildung mich befinde? Hier ist nun gleich zu unterscheiden das Wissen, das sich mehr darbietet, und das, welches mehr gewollt wird. Nämlich wenn uns ein Begriff auf dem Wege der gemeinen Erfahrung geworden ist, d. h. bei einer sich von außen darbietenden Veranlassung: so ist die neue Vorstellung etwas, das wir gefunden haben; und ist uns ein Urtheil entstanden auf diesem Wege: so sagen wir, daß wir etwas bemerkt haben. Wenn wir aber einen Begriff gebildet haben durch ein selbständiges bestimmendes Wollen, so daß wir ein Sein gesucht haben: so sagen wir, wir haben es entdekkt; und sind wir auf diesem Wege des Suchens zu einem Urtheil, zum Bewußtsein einer Thatsache gekommen: so sagen wir, wir haben beobachtet, und hiebei, wie bei der Entdekkung, schreiben wir uns eine größere Selbstthätigkeit zu, als beim Funde und bei der Bemerkung. Die Theorie der Construction zerfällt uns also in die der Begriffsbildung und die der Urtheilsbildung, und jede von diesen in die der Bildung auf dem Wege der Erfahrung und in die der Bildung auf dem Wege des Suchens. — Vergl. C, LVI. ad 4; E, LVI.

*) Vorles. 1818. Wie steht es nun mit der Theorie der Combination? Es ist klar, wir können eine Masse von Gedanken haben, deren jeder für sich auch ein Wissen sein kann, wir haben sie aber unverbunden, isolirt, und so haben wir eigentlich alles ursprünglich auf dem Wege der Erfahrung gewordene, denn was bloß im Raum und in der Zeit verknüpft ist, ist bloß auf äußere, nicht auf innere Weise verknüpft, und da ist also noch erst eine Verknüpfung zu produciren, ohne daß ein neuer Inhalt zu suchen ist. Eben so geht aus früherem hervor, daß wenn auch ein Begriff gebildet ist, doch das Sein darin niemals voll-

1. Da hier vom Wissen ausgegangen wird: so geschieht dies entweder von einem aus oder von vielem. Nur von einem aus kann ein anderes Wissen bestimmt gesucht werden (denn vieles muß erst wieder unter eine Einheit gebracht sein, wenn sich eine bestimmte Aufgabe daraus ergeben soll); dies ist die heuristische Operation Aus einem gegebenen Wissen ein anderes nicht in demselben schon liegendes zu finden. Correspondenz, Analogie ist dabei die Hauptsache. — Wenn von vielem Wissen ausgegangen wird: so kann nur die Aufgabe sein die Vielheit zu ordnen und auf Einheit zu bringen; und dies ist die architektonische Aufgabe. Durch beide zusammen wird die Idee der Welt in einer sich der Form nach gleich bleibenden fortlaufenden Approximation realisirt.

2. Die heuristische ist durch die architektonische bedingt; denn nur nach einem bestimmten eine Mehrheit des Wissens umfassenden Schematismus kann von Einem Punkt aus ein anderer bestimmt gesucht werden. Eben so aber die architektonische durch die heuristische; denn nicht jede unbestimmte Vielheit läßt sich in

ständig abgebildet ist, denn als Begriff enthält er immer nur das, was in dem besonderen dieses Seins gegründet, nicht das, was in ihm zufolge der Gemeinschaft gesezt ist. Dasselbe gilt vom Urtheil auf seine Weise. So liegt also in jedem gegebenen Denken die Aufforderung ein anderes neues Denken zu suchen, und das unbestimmt gelassene zu bestimmen. Das erste ist die extensive, das andre die intensive Richtung in der Combination, und in der Oscillation zwischen beiden werden wir uns bewegen müssen. Die Verfahrungsweise in der ersten Richtung, von einem gegebenen Wissen aus ein neues zu finden, nennen wir die heuristische, die in der andern, den zerstreut und isolirt gegebenen Stoff zu verknüpfen, die architektonische. Dies ist also der allgemeine Schematismus für unser Verfahren. — Wie Begriff und Urtheil durch einander bedingt sind, haben wir schon früher gesehen. Aber eben so sind auch die heuristische und architektonische Verfahrungsweise durch einander bedingt. U. s. w. unserm §. mit den Randbemerk. und dem folg. §. gemäß. — Vergl. C, LVII. ad 5. 6., wo besonders herausgehoben ist das Verhältniß des spontaneen und receptiven zum heuristischen und architektonischen; und E, LVI. LVII., wo der Schematismus des ganzen sehr klar hervortritt, und die Wechselwirkung, in der alle Verfahrungsweisen stehen, treffend ausgesprochen ist.

eine abgeschlossene Ordnung bringen; es muß erst das fehlende gesucht werden.

Randbem. Heuristisch ist die Combination nach außen. Sie ist auch im sich darbietenden, weil wir nie alles dargebotene sondern nur einiges nach innerer Entscheidung aufnehmen.

Architektonisch ist die Combination nach innen, Gliederung. — Alles Werden des Wissens ist Oscillation zwischen beiden.

Construction überhaupt ist bedingt durch Combination, aber durch unvollkommne. Combination ist bedingt durch Construction, aber durch unvollkommne. Vollendet wird beides nur zugleich. Und zwar jede Form der einen durch beide der andern.

Es giebt daher in Bezug auf die Form nur einen Unterschied zwischen Wissenwollen und Nichtwissenwollen. Aber keiner kann einseitig Construction oder Combination treiben. Sondern nur durch Hinzutreten der organischen Affection wird der Unterschied der Talente geltend.

§. 235.

Die Production des Wissens an sich und die Combination desselben stehn in beständiger Wechselwirkung.

1. Man kann jene als das ursprüngliche ansehen (wie sie auch geschichtlich im ganzen und in jedem einzelnen ist), weil immer schon ein Wissen muß producirt sein, wenn die Speculation *) angeht. Man kann aber auch diese als das ursprüngliche ansehen, wie sie auch innerlich ist; denn es wird kein Wissen gebildet von der organischen Affection aus als in Beziehung auf das ganze System der angebornen Begriffe, also architektonisch sowol als heuristisch.

2. Man kann sagen, die Production der Erfahrung im Leben, die nicht wissenschaftlich combinatorisch verfährt, darf nie aufhören. Denn wäre das System des Wissens je vollendet: so könnte man sich mit dessen Betrachtung begnügen, und es wäre gleichgültig ob man wüßte, wie das einzelne in Raum und Zeit sich gestaltet (wiewol auch das unrichtig wäre). Da

*) Combination

aber das System nie vollendet ist: so bedarf man immer der Erfahrung, um Bestätigung und Berichtigung aus derselben zu nehmen. — Eben so kann man aber auch sagen, das scientifische müsse immer schon angefangen haben *).

Erster Abschnitt.

Von der Construction des Wissens an sich.

§. 236.

Indem wir die Idee des Wissens in der Bewegung betrachten, können wir nicht mehr davon abstrahiren, ob ein wirkliches Denken mit Recht oder mit Unrecht von dem ihre **) Angemessenheit aussprechenden Gefühl begleitet ist.

Die philosophische Kunst hat auf diesem Gebiet keinen anderen Zwekk, als reales Wissen zu produciren, und sie muß also lehren die Verhältnisse des Denkens zur Idee des Wissens richtig auffassen, damit sie wisse, was sie anzustreben hat oder zu vermeiden.

§. 237.

Auch dasjenige Denken wird freilich producirt, welches in einem andern schon enthalten war, aus demselben aber besonders zum Bewußtsein gebracht wird, aber als schon eingeleitet kann nur nebenbei davon die Rede sein.

*) Die Beil. A. beabsichtigte nur eine Theorie der Begriffsbildung und der Urtheilsbildung, also nur das, was dem Text die Theorie der Production ist. Was dem Texte Theorie der Combination ist, meinte sie nur als Anhang vortragen zu müssen. Uebrigens bezeichnet sie ein und dasselbe mit den Ausdrükken Deduction und Construction, und ein und dasselbe mit den Ausdrükken Combination und Urtheilsbildung.

**) seine

1. Dies Geschäft steht gewissermaaßen in der Mitte zwischen der ersten und zweiten Aufgabe, denn es kann nach der Weise beider betrieben werden und bildet also den Uebergang.

2. Es wird am meisten durch die syllogistische Form erkannt und durch die syllogistische Verknüpfung hervorgebracht, und wie diese gleichsam das höchste Kunststükk der gemeinen Logik ist: so hat diese es auch vorzüglich hiemit zu thun *).

§. 238.

Es giebt ein vierfaches Verhältniß des Denkens zur Idee des Wissens, je nachdem sie darin abgebildet ist oder nicht, und man dieses weiß oder nicht.

1. Ein Denken, welches die beiden Charaktere **) an sich trägt, ist ein Wissen. Wenn ich nun weiß, daß es diese an sich trägt: so weiß ich um mein Wissen; wenn ich es nicht weiß (d. h. nicht das bestimmte und völlig unterscheidende Gefühl habe): so ist dies der Zustand wo ich um mein Wissen nicht weiß. Ein Denken, welches die beiden Charaktere nicht an sich trägt, ist ein Nichtwissen. Wenn ich dabei das bestimmte verneinende Gefühl des Wissens habe: so weiß ich um mein Nichtwissen. Habe ich dieses bestimmte Gefühl nicht ***): so ist das der Zustand, wo ich um mein Nichtwissen nicht weiß.

2. Das Wissen hat als solches, als Act der menschlichen Natur, gleichen Werth, ob ich davon das Gefühl habe oder nicht; aber mein Zustand hat in beiden Fällen eine verschiedene Dignität, denn in dem einen durchschaue ich mein Bewußtsein vollkommen, in dem andern nicht. — Die Klarheit des Bewußtseins als solche, als Zustand meiner Persönlichkeit, hat ganz gleichen Werth, ob ich überzeugt bin daß ich weiß oder daß ich nicht weiß; aber als Act der menschlichen Natur hat sie verschie-

*) Am Rande steht, NB. Dies ist hier ausgelassen und erst nachgeholt bei der bestimmten Eintheilung. Vergl. C, LVII. zwischen ad 7. u. 9.

**) §. 87.

***) Am Rande steht ein Fragezeichen.

denen Werth; denn in dem einen Fall ist ein Theil der Aufgabe gelöst, und in dem andern bleibt er noch zurükk. — Eben so hat das Nichtwissen objectiv gleichen Unwerth, aber subjectiv ist der besser daran der darum weiß; und der Mangel des sicheren Gefühls hat subjectiv gleichen Unwerth, aber objectiv ist doch der Zustand besser, in welchem ein Wissen gesezt ist.

3. Offenbar ist der vollkommenste Zustand das gewußte Wissen, und diesen soll die philosophische Kunst überall hervorbringen; aber sie kann es nicht in jedem Augenblikk, denn es kann sein, daß wenn die Aufgabe gegeben ist dennoch die Bedingungen nicht vorhanden sind. Offenbar ist der unvollkommenste Zustand das nicht gewußte Nichtwissen (von welchem sie uns zuerst erlösen muß), oder der Irrthum.

4. Die beiden andern sind Mittelzustände. Das gewußte Nichtwissen ist das freie Fantasiren im Gebiet des Denkens. Dies ist unentbehrlich im combinatorischen Prozeß. Ja es ist eben deshalb im kleinen auch in jedem einzelnen Wissen als werdendem. Denn man geht allemal wenngleich unbewußt durch eine Mannigfaltigkeit von Positionen, ehe man bei einer stehen bleibt. Aber es ist das was es ist nur wenn man es auch dafür anerkennt, und also nicht dabei stehen bleibt. So ist es sogar ein Zeichen der Regsamkeit des Geistes, und niemand wird groß sein im heuristischen, der nicht viele solche Momente zählt. — Das nicht gewußte Wissen kann eine doppelte Richtung nehmen. Erstlich die skeptische, weil nämlich kein absolutes Ueberzeugungsgefühl in einem Gedanken ist, ihn eben so leicht für falsch zu halten. Dies ist aber nicht der Skepticismus, welcher die Realität der Idee des Wissens leugnet, sondern vielmehr welcher sich auf sie allein bezieht und sie allein will. Zweitens die praktische, welche, weil doch materiell in jenem Wissen statt findet, auch ohne absolutes Ueberzeugungsgefühl eben so leicht auch das falsche für wahr halten kann. Das richtige nun, was in diesen Zustand aufgenommen ist, ist die richtige Meinung, neben wel-

cher aber in demselben Menschen und demselben Prozeß mit demselben Gefühl auch der Irrthum auftreten kann, wie z. B. der Irrthum von der Bewegung der Sonne um die Erde eben so fest geglaubt worden ist, als irgend eine empirische Wahrheit *).

---

*) Vergl. A, XXXI.; C, LVII. LVIII. ad 7—9; D, 56. 57; E, LVIII. LIX. In C. D. E. Bestimmung und Rechtfertigung der Formel, Wissen des Wissens.

Vorles. 1818. Was die Mittelzustände betrifft: so können wir als bekannt voraussezen, daß wir etwas nicht wissen, wissend daß wir es nicht wissen. Aber es ist schwer zu sagen, was dies ist in uns, wie wir zu der Ueberzeugung kommen, daß wir etwas nicht wissen. Wenn wir uns nicht damit beschäftigen: so können wir zur Ueberzeugung nicht gelangen. Die Richtung darauf muß also sein, aber auch die Ueberzeugung, daß das Denken noch nicht abgeschlossen ist. Wo nun die Richtung ist auf ein Denken von gewissem Inhalte, also eine Aufgabe, und die Ueberzeugung, daß diese Aufgabe noch nicht gelöst ist, da ist das Wissen um das Nichtwissen. Die Aufgabe existirt aber für uns nur, sofern wir in einem wirklichen Denken begriffen sind; können wir uns nun eine vorläufige allgemeine Vorstellung davon machen, wie ein solches vorläufiges Denken, mit welchem jenes Ueberzeugungsgefühl verbunden ist, beschaffen sein muß? Darüber werden wir wol einig sein, daß es ein mannigfaltiges sein müsse. Denn wenn ein Denken ein einfaches ist, eine feste Meinung, so daß wir es als fertig ansehen: dann ist es entweder das Wissen oder der Irrthum; sollen wir ein vorläufiges Denken sezen: so müssen wir über denselben Gegenstand mehreres zugleich denken, nämlich die Sache könne sich so, aber auch so verhalten, und dann wissen wir bestimmt, daß wir noch nicht wissen; oder was oft noch ein früheres ist, wir müssen denken, die Sache könne sich wol so verhalten, aber auch anders, wir wissen aber noch nicht, wie anders. Das Wissen um das Nichtwissen ist also immer nur der Uebergang vom ersten Anfange einer Aufgabe, von dem Beginn der Richtung des Denkens, zur Meinung.

Der zweite Mittelzustand ist, wenn ein Denken seinem Inhalte nach wahr ist, wir haben aber noch keine Ueberzeugung davon, also wenn uns eine Meinung so geworden ist, daß wir nicht weiter darüber denken, aber auch nicht das Bewußtsein haben, der Gegenstand sei von Anfang bis zu Ende durchdacht. Wenn wir nun ein Denken selbst producirt haben, wird es uns nicht leicht begegnen, daß wir das richtige gefunden, hätten aber noch keine Ueberzeugung; denn so lange die nicht da ist (und sie fehlt, so lange wir nicht in Beziehung auf alles andre

§. 239.

Das Ueberzeugungsgefühl ist in allen Fällen dasselbige, nur die Art seiner Anwendung verschieden.

1. Wir haben oben *) schon festgesezt, daß es nicht zwei verschiedene Potenzen des Bewußtseins giebt, müssen also vorläufig von der Identität des Ueberzeugungsgefühls ausgehen, und wenn wir sie erklären können wird dadurch jenes bestätigt sein.

2. Das Ueberzeugungsgefühl ist seiner Form nach dasjenige, welches einen Act des Denkens für vollendet erklärt und abschließt. Denn haben wir einen angefangen: so können wir ihn zwar abbrechen ehe ein Ueberzeugungsgefühl da ist, aber wir bleiben doch immer in demselben begriffen und alles folgende ist nur Fortsezung. Nun giebt es aber zweierlei Denkacte; solche, die Glieder sind einer Reihe in welcher das Denken dominirt, und Glieder einer Reihe, worin es untergeordnet ist und das Handeln dominirt. In der ersten darf man eigentlich nicht völlig abschließen bis zum gewußten Wissen; aber das Ueberzeugungsgefühl ist auch im realen selten ganz vollendet. Bei der zweiten Art kommt es aber nur auf dasjenige in jedem Gedanken an, was sich auf das vorseiende Handeln bezieht, und es kann also und muß abgeschlossen werden, ehe der ganze Act als

---

als möglich aufzustellende auch überzeugt sind), bleiben wir im Suchen. Der Fall begegnet uns also vorzüglich nur bei demjenigen, was wir von anderen überkommen haben und dessen wir uns bedienen, ohne den Prozeß nachzuconstruiren oder von dem Punkte an, wo er uns gegeben ist, rückwärts zu machen, also vorzüglich nur auf dem Gebiet der Tradition. Wenn wir uns aber denken, daß wir einen Act des Denkens rein selbst vollziehen: so können wir eigentlich nicht in diesen Zustand kommen, sondern fangen wir mit dem Denkenwollen an: so ist das bewußte Nichtwissen der Durchgangspunkt, bis wir zum eigentlichen Wissen kommen. — (Hieran wird unmittelbar §. 11. d. h. §. 240. als Folgerung angeknüpft.)

*) §. 57—68.

ein gewußtes Wissen kann angesehen werden; sonst würde alles Handeln erst nach allem Wissen anfangen. Also der Form nach gleich.

2. Seiner Materie nach ist das Ueberzeugungsgefühl das Zurükkführen des Denkens auf die Idee des Wissens. Nun ist aber auch im Irrthum wirklich gewußtes, denn aller Irrthum ist nur an der Wahrheit, wie alles böse nur am guten ist *). Das Ueberzeugungsgefühl aber geht nur auf die Wahrheit darin, und übersieht das falsche aus Mangel an Analyse. Der Inhalt wird in Pausch und Bogen genommen, und was eigentlich richtige Meinung ist das wird erst Irrthum, wenn es analytisch, d. h. als reiner Denkact behandelt wird **). Daher der Haupt-

---

*) Beil. E, LIX. dritter Saz und LX.

**) Vergl. C, LVIII. ad 10.

Vorles. 1818. Was die alten richtige Meinung nannten, liegt im Wissenwollen nicht, ist aber doch der Zustand der meisten Menschen. Wie entsteht er? Es giebt zweierlei Denkacte; solche, in denen das Denken das dominirende, und solche, in denen es das begleitende ist. Das Denken an sich ist in beiden dasselbe, denn es kann immer nur die Form des Begriffs oder des Urtheils haben, aber das ganze Verhältniß ist doch ein völlig verschiedenes. Wenn das Denken bloß das begleitende ist in der Thätigkeit: so bin ich im Handeln begriffen und das Denken ist nur das Bewußtsein, durch welches der Zusammenhang des Handelns bedingt ist; ich will den Gegenstand im Denken nicht erschöpfen, sondern ich denke nur um des Handelns willen. Wenn dagegen das Denken dominirt: so ist es ein Wissenwollen. Nun sieht man leicht ein, welch ein verschiedenes Verfahren in beiden Reihen der Thätigkeit statt findet. Man vergleiche nur, wie der Handwerker einen Stoff denkt, den er bearbeitet, und wie ihn der Chemiker denkt, der ihn analysirt. Der Handwerker will nur das Minimum wissen von dem, was der Chemiker wissen will, nur die Eigenschaften des Stoffes, die sich auf seine Arbeit beziehn; das andre läßt er gehen, und will er im Handeln bleiben: so muß er in jedem Moment sein Denken abschließen, ohne zum Wissen gekommen zu sein. Der Chemiker dagegen darf sein Denken nicht abschließen, ehe es ein Wissen geworden ist, alles andre muß ihm nur Durchgangspunkt sein, und um abschließen zu können braucht er das Wissen um das Nichtwissen und um das Wissen. Der Handwerker aber braucht nicht das Wissen um das Wissen, weil er doch in jedem Augenblikk abbrechen muß, auch nicht das Wissen um das Nichtwissen, son-

siz des Irrthums im Raisonniren *).

§. 240.

Im Prozeß des Denkens für sich sollen vermittelst der philosophischen Kunst der Irrthum und die richtige Meinung ausgeschlossen sein, und der Durchgang nur durch die skeptische Annahme und das freie Fantasiren zum wahren Wissen gehen.

1. Denn Irrthum und richtige Meinung sind Correlata, die nur im bedingten Denken statt finden. Es bleibt also nur jenes übrig, und in jedem Moment ist die Annäherung zum wahren Wissen nur ein Schweben zwischen zweifelnder Annahme und freier Sezung. — Abgeschlossen ist aber in diesem Prozeß niemals ein Act vollkommen, sondern nur abgeschlossen **).

---

dern alles, was sich nicht auf sein Handeln bezieht, kann ihm völlig verdekkt bleiben. Das Denken aber ist in beiden Fällen rein dasselbe, und das Ueberzeugungsgefühl an und für sich auch, nur die Anwesenheit des lezteren ist eine andre beim Denken um des Handelns willen, es ist nicht in derselben Quantität, weil das Gemüth nicht auf das Denken sondern auf das Handeln gerichtet ist, es kommt seltener vor; aber wo es zum Vorschein kommt ist es dasselbe. Darum ist es Unrecht beide Reihen als verschiedene Stufen des Bewußtseins als zwei verschiedene Potenzen anzusehen, die eine als die höhere, die andre als die niedere: denn am Ende ist doch das niedere, das gemeine Bewußtsein kein andres als in welchem das Denken um des Handelns willen ist, und das höhere Bewußtsein dasjenige, wo das Handeln bloß um des Denkens willen da ist. Das aber ist gewiß, nur in der Reihe, in welcher das Denken dominirt, kann ein eigentliches Wissen zu Stande kommen, und das Verwechseln beider Reihen und das Aufnehmen der einen in die andre ist die reichste Quelle des Irrthums.

*) Vergl. §. 67. Vorles. 1818.

**) Der Verf. hat wol schreiben wollen Sondern nur provisorisch abgeschlossen. — Vorles. 1831. Denn das Wissen ist nur dann vollkommen realisirt, wenn das Denken seiner Mannigfaltigkeit nach erschöpft ist. Hievon muß nur das transcendente ausgenommen werden, d. h. nicht sofern es Gedanke ist, sondern als Impuls oder unmittelbares Selbstbewußtsein; als Gedanke unterliegt es ebenfalls der Unvollkommenheit des wirklichen Denkens.

2. In wiefern aber jede Reihe auch des reinen Denkens außerhalb des allgemeinen Zusammenhanges der Wissenschaft gesezt ist, und also ein für sich bestehendes Dasein und eine beschränkte Tendenz hat, wird auch in ihr richtige Meinung oder Irrthum sein, was das außerhalb dieser Tendenz gestellte betrifft *).

---

*) Vergl. C, LVIII. ad 11; D, 58; E, LXI. Vorles. 1818. Das bewußte Nichtwissen hat als positiven Inhalt die Mannigfaltigkeit der möglichen Positionen. Wenn wir nicht vom Denkenwollen anfangen, sondern vom Auffassen, dann können wir immer in den Zustand des bloßen Annehmens ohne eigentliches Ueberzeugungsgefühl kommen, wenn sich nicht der receptive Prozeß in den spontaneen umkehrt, das Auffassen in ein bestimmtes Denkenwollen. Hieraus folgt 1. daß alle diejenigen Thätigkeiten des Denkens, aus welchen ein wahres Wissen entstehen soll, auch mit einem Wissenwollen anfangen müssen, so daß alles Denken, wobei wir überwiegend nur receptiv gewesen sind, nicht eigentliches Glied in der Reihe ist, sondern nur als Veranlassung dient; 2. daß es vom Anfange des Denkenwollens zum wirklichen Wissen keinen andern Weg giebt, als den durch das gewußte Nichtwissen und das dazu gehörige positive, das freie Bilden des vorläufigen Denkens, das freie Produciren der möglichen Fälle. Je vollständiger dieser Durchgang ist, desto sicherer kommen wir zum Wissen. Vergleichen wir hiemit ein früher gesagtes, daß das Wissen nicht von einem allein aus sich gestalten kann, sondern daß jeder vieles in sich aufnehmen muß, was in anderen Vorstellung und Gedanke geworden ist, ohne es selbst reconstruiren zu können; und müssen wir gestehen, daß, wenn wir dies aufgeben wollten, jeder sein Wissen auf ein Minimum beschränken müßte: so bedürfen wir, soll zugleich unsre Regel bestehen und die Beschränkung nicht statt haben, eines Complementes. Die Sache ist diese. Wir werden in jeder Reihe des Denkens auf Mittelglieder kommen, die, wenn wir sie von vorn anfangen wollten, immer neue Reihen geben würden; es kann uns also nur willkommen sein, wenn wir sie als gegeben vorfinden. Aber es bleibt uns dabei eine Ungewißheit, weil wir das Ueberzeugungsgefühl der anderen, deren gedachtes wir aufnehmen, uns nicht willkührlich produciren können, und diese Ungewißheit muß man nur mitsezen. Wo wir also in den Fall kommen der Abkürzung wegen von anderen etwas aufzunehmen, da darf es immer nur als skeptische Annahme, immer nur mit der Möglichkeit gesezt sein, es könne sich auch anders verhalten, und einen höheren Grad von Gewißheit können wir ihm nur in dem Maaße beilegen als es sich in der Combination bewährt. In sofern ist es dem gleichartig, was unser gewußtes Nichtwissen ist, und der Unterschied ist

nur, daß das positive in dem von anderen aufgenommenen dieses ist, daß wir ihm mit Vorbehalt seiner Richtigkeit eine bestimmte Stelle in dem Fortgange unseres Denkens anweisen, das positive aber in unserem eignen bewußten Nichtwissen das freie Produciren der möglichen Fälle. Erst wenn alle unsre Positionen wegfallen bis auf eine und wenn von fremdem gedachten alles sich eliminirt bis auf das, was wir selbst bestätigt finden, dann haben wir ein Wissen. Nun haben wir also schon eine nähere Bestimmung unseres Verfahrens. Um ein wirkliches Wissen zu bilden, müssen wir mit dem Denkenwollen beginnen und durch freie Sezung und skeptische Annahme des von anderen producirten Wissens dahin zu gelangen suchen, daß von allem möglichen nur eins stehen bleibt, mit welchem sich das Ueberzeugungsgefühl verbindet; wie, wissen wir noch nicht, aber das wissen wir, daß Irrthum und richtige Meinung zu vermeiden sind. Es kommt also darauf an die freie Position richtig zu leiten, und das ist die positive Seite; die negative ist das falsche als solches zu erkennen, welches beides freilich in gewisser Beziehung wieder eins ist.

Aus allem bisherigen sehen wir nun wol, wie wir uns hüten können einen Irrthum definitiv abzuschließen, das aber geht nicht daraus hervor, wie ein wirkliches Wissen zu Stande kommt. Wir dürfen aber nur dieses ins Auge fassen, Das Wissenwollen ist das reine Stellen einer Aufgabe, und was das Ziel derselben ist, ist von irgend einer Seite gänzlich unbekannt; es muß aber Aufgabe geworden sein durch seine Verbindung mit bekanntem, und nun sollen wir durch eine Mannigfaltigkeit von Annahmen und freien Sezungen zum Wissen, zu einer einzigen feststehenden Ueberzeugung kommen. Werden wir nun in jedem Falle auf diesem Wege zum Wissen kommen, oder nicht? Offenbar nur dann, wenn unter dem als möglich angenommenen das rechte schon mit enthalten ist. So lange das nicht ist, ist auch keine Gewährleistung dafür, daß wir zum Wissen kommen. Die Sicherheit zum Wissen zu gelangen beruht also auf der Vollständigkeit der Annahmen, wie es sich mit dem unbekannten Sein verhalten kann, denn unter Voraussezung dieser Vollständigkeit läßt sich durch Combination alles falsche aussondern. Wie kommen wir aber zur Vollständigkeit der Annahmen? Darüber freilich können wir keine Sicherheit haben, denn es gehörte dazu, daß wir die Idee der Welt schon vollständig hätten. Nämlich wenn wir die Totalität der Relationen eines gesuchten Gegenstandes kennten, dann müßten wir die möglichen Annahmen vollständig haben; aber die Totalität aller Relationen für alles ist nur in der angefüllten Idee der Welt, die wir nie wirklich vollständig sondern immer nur in der Annäherung haben. Es giebt also auch nur in dem Maaße ein Wissen über einen Gegenstand, als er in einem Gebiete liegt, welches schon verhältnißmäßig dazu bearbeitet ist, die Idee der Welt in sich zu tragen.

Dies führt uns auf eine besondre Bemerkung. — (S. die beiden folgenden Paragraphen.) —

§. 241.

Das Wissen ist im realen Denken nicht in wiefern das ganze aus dem einzelnen, sondern nur in wiefern das einzelne aus dem ganzen entsteht.

In der ersten Beziehung wird es nur immer, ist aber nie, weil kein der Idee rein adäquates Denken vor der Totalität der Wissenschaft zu Stande kommt. Es ist aber in der andern, weil in jedem einzelnen Denken die Totalität des Systems der Begriffe und die Totalität des Seins mitgesezt ist, und die Uebereinstimmung beider das Agens, wovon das Zusammenbinden einzelner Punkte ausgeht *).

§. 242.

Die Idee des Wissens selbst in ihrer Bewegung betrachtet ist ein werdendes, sowol im einzelnen als im ganzen.

Denn im einzelnen kommt aus dem thierischen analogen Zustand erst der Gegensaz zwischen dem idealen und realen allmählig zu Stande, und in dem Maaß auch erst bestimmte Position. — Im ganzen ist der Prozeß des reinen Denkens eine spätere Entwikkelung als der des bedingten; er enthält die Idee des Wissens ausgebildeter und reiner, und ist also ein Werden derselben **).

Ueber das Verhältniß der skeptischen Annahme zur freien Sezung s. auch §. 246. und Beil. E. LXI ad 17.) —

*) Am Rande steht, Ausgelassen, weil ich es an dieser Stelle nicht mehr verstehe. — Vgl. Vorles. 1818 unter dem vorigen und dem folgenden §.

**) Vorles. 1818. Nämlich es giebt ein Entstehen des Wissens durch Zusammenfassen des einzelnen, so daß das ganze aus dem einzelnen entsteht, und es giebt ein anderes, wo das ganze eher ist und von dem ganzen aus das einzelne erkannt wird. In dem lezten allein ist die Sicherheit, daß das Wissen darin ist; denn im Fortschreiten vom einzelnen zum ganzen ist die Idee des ganzen nicht, aber habe ich eine wenn auch der innern Ausfüllung nach unvollständige doch dem Schematismus nach vollständige Vorstellung des ganzen, wo das einzelne lie-

§. 243.

Da das reine Denken nur aus dem bedingten Denken entsteht: so muß man an den Irrthum anknüpfen und sich doch vom Irrthum frei halten.

Dies geschieht, indem man von der Relativität des Irrthums auf der einen, aber auch von der Gewißheit, daß er in einem bedingten realen Denken vorhanden sein muß, ausgeht *).

§. 244.

Jede Reihe des reinen Denkens, die nicht aus der Totalität des wissenschaftlichen Systems gebildet ist, bildet auch ein relativ für sich bestehendes und hat also eben die Neigung Irrthum und Meinung hervorzubringen.

1. Denn die Tendenz der Reihe für sich geht auch nicht auf das ganze innere Wesen ihrer Gegenstände, und es kann daher auch (noch mehr weil die wissenschaftliche Form verleitet) ein Aggregat von Merkmalen oder die Erklärung einer Relation des Dinges für den vollständigen Begriff genommen werden.

---

gen muß: so werde ich größere Sicherheit haben, für ein einzelnes die verschiedenen Fälle aufzustellen. Nun sind freilich beide Wege nicht ohne einander, aber im ersten muß man immer nur glauben das provisorische zu haben, und nur in dem lezten, dem intensiven, nicht in jenem, dem extensiven Prozeß hat man die Sicherheit ein Wissen zu Stande zu bringen. Je mehr aber die ganze Zusammensezung, von der die Construction ausgeht, wieder nur ein einzelnes ist, desto geringer ist die Sicherheit; alles reale Wissen ist also immer nur Approximation zur Idee der Welt, und das Ueberzeugungsgefühl dabei immer nur ein relatives. Das einzige absolute Ueberzeugungsgefühl ist vor allem Wissen das lebendige Innehaben der Ideen Gott und Welt. Will man dies Skepticismus nennen: so ist es doch nur der, welcher den Fortschritt zum Wissen nicht hindert, und keinen voreiligen Anspruch auf ein Wissen als auf ein vollkommnes will gelten lassen. — Vergl. §. 240. Vorles 1831.

*) Vergl. A, XXXII. C, LVIII. ad 14; D, 58; E, LX. Saz 5. Die Vorles. 1818 erläutern diesen wichtigen §. sehr ausführlich, jedoch ohne etwas beizubringen, was nicht schon vorgekommen wäre.

2. Daher ist die negative Seite nicht nur an den Anfang sondern an die ganze Dauer des Prozesses und einer jeden Reihe gebunden *).

§. 245.

Der Irrthum ist Sünde; aber unvermeidliche.

1. Das Vorantreten des bedingten Denkens liegt nicht in der ursprünglichen Nothwendigkeit der Natur **); denn unsre Sinne sind nicht instinctartig wie die thierischen (was bei uns Instinct ist bildet sich nicht als Sinn aus sondern verliert sich als solcher), sondern ursprünglich zum Erkennen und werden auch nur durch das Verlangen nach Erkenntniß geöffnet, denn Auge und Ohr haben mit den ersten Bedürfnissen des Kindes nichts zu thun. Daß also das Denken unter die Potenz des bestimmten Triebes kommt, ist nur Folge von dem schnellen Wachsthum dieses und dem Zurükkbleiben des edleren. Der Grund dieses Wachsthums liegt aber nicht in den erkennenden Sinnen selbst; denn diese sind nicht geartet gleich in Lust überzugehen, sondern sich zur Wahrnehmung zu gestalten.

2. Im Prozeß selbst angesehen ist die Anmaßung einen der Idee gemäßen Begriff gesezt zu haben wenn man nur einzelne Merkmale gefunden hat, Eitelkeit; und das Zuwenigthun, weshalb der erkennende Prozeß zurükkbleibt, ist Trägheit ***).

§. 246.

Da in jeder Denkreihe, und besonders im Anfangen derselben, wenn sie nicht rein architektonisch anfängt, der denkende als handelnd und mit seiner Eigenthüm-

*) Vergl. C, LIX. ad 15; D, 59. ad 15.

**) S. dieses scharf hervorgehoben Beil. C, LIX. ad 16; D, 58; E, LX. Saz 4.

***) Vergl. A, XXXII. XL. XLI; C, LIX.; D, 59; E, LIX. LX. Die im Text und in den Beilagen A., C. und D. nur zerstreut gegebenen allgemeinen Betrachtungen über den Irrthum sind in E, LIX. LX. zusammengefaßt.

lichkeit handelnd auftritt: so kann theils die relative Seite des Denkens mit der absoluten, theils die ethische Nothwendigkeit mit der dialektischen verwechselt werden.

1. Diese Verwechselungen zeigen ihre Folgen erst recht im combinatorischen Denken; allein da sie auch schon im Anfangen einer Reihe auftreten: so müssen sie sich auch in dem ersten einzelnen Gedanken für sich zeigen. Gehindert aber werden sie nur durch das richtige heuristische und architektonische Verfahren.

2. Jeder muß eigenthümlich auch anfangen; allein er muß dies im allgemeinen wissen, und sich dann auch in jedem Denken des individuellen Coefficienten bewußt zu werden suchen und sich sowol in der einfachen Construction als in der Combination dem objectiven mehr zu nähern *).

3. Beides sind die Quellen des Irrthums für die philosophischen Erfinder und jede Prätension auf Allgemeingültigkeit einer Philosophie ist in ihnen gegründet. Auch dieser Irrthum ruht in der Sünde, da er auf einem so reflectirenden und selbstbewußten Standpunkte nicht unschuldig sein kann.

*) Vorles. 1818. Das Bewußtsein von der wesentlichen Identität aller Menschen hebt nicht das eben so wahre auf, daß jeder Mensch ein besondrer ist für sich, ein eigenthümlicher. Die Eigenthümlichkeit aber ist in allen Operationen des Menschen, also auch in allen sich auf das Wissen beziehenden. Gehört nun zum Wesen des Menschen die Eigenthümlichkeit, zum Wesen des Wissens die Gleichmäßigkeit: so kann es nur darauf ankommen, daß wir uns des Verhältnisses des eigenthümlichen zum allgemein gültigen bewußt zu werden suchen, und daß im lezten Resultat das eigenthümliche als ein Minimum sich zurükkziehe. Im Prozeß der Entwikkelung, in den Durchgangspunkten, durch welche das Denken zum Wissen fortschreitet, ist es am stärksten. (Die Beil. E, LXI. ad 17. macht auch hier noch einen Unterschied. Geschehe nämlich das Fortschreiten durch eine provisorische Annahme: so sei der einzelne dabei mehr im Verkehr des Denkens mit anderen, es dominire also das gemeinsame; durch freie Sezung: so trete mehr die persönliche Eigenthümlichkeit des denkenden hervor. Wobei die correspondirenden Vorlesungen besonders

§. 247.

Die Begriffsbildung muß hier eher betrachtet werden als die Urtheilsbildung.

Geschichtlich scheint zwar das Urtheil dem Begriff voranzugehen, wie in den ältesten Sprachen die Zeitwörter die Wurzeln sind und alle Hauptwörter von ihnen abgeleitet. Eben so offenbar ist, daß jeder Mensch eher Actionen sezt als Dinge. Ueberwiegende Bewegung, Veränderung, die also zuvor wahrgenommen worden ist, veranlaßt erst aus der unbestimmten Mannigfaltigkeit einen Punkt herauszuheben. Allein es ist nur das unvollständige Urtheil, welches dem unvollständigen Begriff vorangeht. Da wir aber vollständige Begriffe bilden wollen, müssen wir die unvollständigen Urtheile voraussezen; der vollständige Begriff aber ist früher als das vollständige Urtheil. Im hebräischen, wo entschieden die Zeitwörter Wurzeln sind, beweist auch die grammatische Dignität der dritten Person, daß sie ursprünglich unpersönlich waren, d. h. ohne Voraussezung eines bestimmten Subjects *).

Erste Abtheilung **).

Theorie der Begriffsbildung.

§. 248.

Kein realer Begriff kann bis zum vollkommnen Wissen gebildet werden.

Die Einheit des Begriffs ist im Zusammentreffen eines Punktes der organischen und eines Punktes der intellectuellen

wieder herausheben, der Gegensaz sei nur ein relativer, indem immer auch das gemeinsame Denken als persönliches auftrete, und das persönliche in das gemeinsame aufgenommen werde.)

*) Vergl. A, XXXIII.; C, LIX. ad 18; E, LXI. ad 18.

**) Im Text steht Erster Abschnitt.

Function. Beide sind immer in Agilität. Der ersten ist unbestimmte Mannigfaltigkeit gegeben, die lezte strebt zum Bewußtsein zu kommen; ihr Zusammentreffen im einzelnen ist der Begriff.

Das Wesen des Begriffs ist aber in der Identität des allgemeinen und besonderen. Das allgemeine als olches ist der organischen Function nie unmittelbar gegeben, aber das besondere ist in ihr vollkommen dargestellt. Dagegen ist in der intellectuellen Function nur das allgemeine unmittelbar gesezt, das besondere als solches aber nur in unendlicher Approximation zu produciren; also können beide nie wirklich in Einem Punkte zusammentreffen; das ideale und reale bleiben Asymptoten *).

§. 249.

Um ein Verfahren zur Approximation zu construiren, muß man das Gebiet des Begriffs in Bezug auf die Idee des Wissens eintheilen.

---

*) A, XXXIII. schikkt die Eintheilung der Begriffe (s. §. 250.) voran und läßt dann folgen was unser §. enthält. — Die Vorles. 1822 folgen dem Texte. — E, LXII. sezt unsern §. voraus, und grün:et darauf den Saz, daß auch jede aufzustellende Regel nur als provisorische Annahme oder freie Sezung auftreten könne. Dann folgt unter 2. die Charakteristik der Regeln in Beziehung auf ihren kritischen uud constructiven Werth, und unter LXIII. 3. die Eintheilung der Begriffe und zwar zugleich dem Inhalte und der Form nach. Dem ähnlich beginnen die Vorles. 1818 mit der Bemerkung, Anfangspunkt und Endpunkt lassen sich nur negativ bestimmen. Der Anfangspunkt nämlich liege jenseit unsrer Unternehmung. Fänden wir uns aber immer schon in Begriffen und sei nicht anzunehmen, daß sie rein aus dem ursprünglichen Wissenwollen entstanden wären: so sei zunächst immer die Aufgabe die, den Irrthum zu eliminiren. Und was den Endpunkt betreffe: so sei das vollkommne Wissen nie zu erreichen, jeder reale Begriff also nur Approximation an die Idee. Dann wird der §. sehr umständlich ausgeführt, indem alles wieder aufgenommen und auf den Begriff angewandt wird, was schon vom Denken im allgemeinen gesagt ist, im wesentlichen aber doch nur den Andeutungen gemäß, welche die Erläuterungen zum §. oben im Texte darbieten.

1. Weil nämlich Regeln nie ganz im allgemeinen zu geben sind, sondern nur helfen, in wiefern sie sich auf die besonderen Verhältnisse beziehen *).

2. Da der Begriff nur mit seinem Correlat, dem Urtheil, die Idee des Wissens ausfüllt: so ist das natürliche Eintheilungsprincip seine Beziehung auf das Urtheil.

§. 250.

Begriffe sind theils Subjectsbegriffe, theils Prädicatsbegriffe.

Die Realität der Eintheilung zeigt sich in der Sprache. Hauptwörter sind Subjectsbegriffe; Zeitwörter Prädicatsbegriffe. Der Gegensaz freilich nur relativ. Zeitwörter können Subject werden; aber sie erstarren erst zu inflexibilein. Hauptwörter können Prädicate werden — nicht durch adjectivische Form; diese macht sie immer nur zu Bestimmungen des Subjects —; aber indem man Zeitwörter aus ihnen bildet, welche ihr Wesen im Werden darstellen. Die umgekehrte Rolle ist bei beiden eine höchst untergeordnete.

Dem Inhalte nach fällt freilich diese Eintheilung mit der Sprachform nicht genau zusammen. Denn das Wesen liegt darin, daß Subjectsbegriffe das für sich gesezte Sein ausdrükken, Prädicatsbegriffe aber die Action **). Es giebt Substantive, die kein für sich geseztes Sein ausdrükken, sondern nur die Action für den Subjectsgebrauch substantiiren; und dies sind die eigentlichen Abstracta. Es giebt einen Ausdrukk für die Action in der Form des Hauptworts, nämlich das Adjectiv, welches man sich durch Participia und Verbalia muß aus dem Zeitwort vermittelt denken ***). In der Hauptsache treffen sie doch zusammen.

---

*) Vergl. E, LXIII. 3.

**) Vergl. E, LXIV. Vorles.

***) Vorles. 1818. Die eigentliche Bestimmung des Adjectivs ist die, daß

Als Begriffe sind beide ganz gleich. Die Action ist auch eben so eine Identität des allgemeinen und besonderen. Zu suchen aber ist eine Differenz in Bezug auf unser Verfahren *).

§. 251.

Bei den Prädicatsbegriffen tritt die innere Bestimmtheit zurükk und das quantitative hervor, indem sie einen Grad zulassen; bei den Subjectsbegriffen umgekehrt.

Ein Lieben und Hassen ist beides mehr oder weniger als das andre; ein Pferd ist nicht mehr Pferd als das andre, wenn es auch größer oder sonst anders bestimmt ist, denn die Abgeschlossenheit des allgemeinen Begriffs hält doch die Identität fest. Dasselbe gilt von den Qualitäten sowol als Adjectiv wie auch als Substantiv ausgedrükkt, wo die verschiedenen Grade zusammengefaßt werden **).

§. 252.

Bei den Subjectsbegriffen hat der bestimmte Gegensaz zu den coordinirten die Oberhand über die Einheit im höheren; bei den Prädicatsbegriffen umgekehrt *).**

Die Subjectsbegriffe bilden einen bestimmten Cyclus von Arten; man unterscheidet diese eher und bestimmter als man sie unter Eine Gattung subsumirt. Umgekehrt bei den Prädicatsbegriffen. Die Differenzen z. B. des Geschmakks gehen in einander über auf unmerkliche Art †). Dieses entsteht ganz na-

---

es, wie die alten sagten, Epitheton ist, das Resultat eines früheren Urtheils, welches nun schon im Subjectsbegriff enthalten ist. Es giebt ein Bild, wie aus Urtheilen ein Begriff wird. —

*) Vorles. 1822. Im Begriff selbst muß der Eintheilungsgrund liegen, d. h. beide Classen müssen relativ entgegengesezte Merkmale haben.

**) Vergl. A, XXXIV. 1.

***) Vergl. A, XXXIV. 2.

†) Vorles. 1818. Die verschiedenen Gemüthsbewegungen z. B. sind lauter

türlich daher, daß die Action Resultat des Zusammenseins ist. Denn es ist, wenn auch die vielen um Ein Ding gesezten Coefficienten von einander bestimmt geschieden sind, doch die Einheit des andern, welche die bestimmte Trennung zum Theil aufhebt, und eben so (ad §. 251.) ist ein Ding, weil seine Kraft sich in verschiedenen Momente ungleich vertheilt, nicht immer im gleich starken Verhältniß mit einem andern. Im Zusammensein daher nothwendig das Schweben der Gradation gesezt.

§. 253.

Der aufgestellte Gegensaz (§. 251. 252.) ist jedoch ebenfalls nur ein relativer.

Der allgemeine Grund liegt darin, daß jedes substantielle Sein von einem höheren Gesichtspunkt aus ebenfalls als Action kann angesehen werden, und eben deswegen auch jede Action als substantielles Sein *). — Genauer angesehen

ad §. 251. können die einzelnen Dinge nicht als durch innere Nothwendigkeit geschieden in Absicht auf ihre quantitative Differenz angesehen werden (sondern diese erscheint nur als Unterschied in der Stärke der hervorbringenden Action der specifischen Kraft); und da das Ding nur mit seiner Quantität zu begreifen ist: so ist es also auch nur mit einem Mehr und Minder zu begreifen. Eben so **b.** wenn man die Action im allgemeinen hält ohne nähere Bestimmung, erscheint sie als feste Function des Seins von dem sie ausgeht; der Umfang ihrer Quantität ist mit in ihr Wesen aufgenommen.

ad §. 252. Die einzelnen Dinge sind nicht als Cyclus aufzufassen; schon bei den Arten stehen Varietät und Bastarde als Uebergänge, und eben so lassen sich noch mehr die einzelnen Dinge stellen. (Nur von dem Menschen fordert man bestimmte

---

Actionen, lauter Prädicatsbegriffe. Sie sind alle coordinirt, aber wie schwer ist es sie abzugrenzen.

*) S. §. 180. seqq. §. 195.

Individualität; allein auch für ihn muß es einen Standpunkt geben, von wo aus das entgegengesezte gilt). Auf den unvollkommnen Stufen des Daseins gilt es schon von Arten und zum Theil Gattungen. Dagegen die Actionen, weiter zurükkgeführt, bringen uns auf die allgemeinen Gegensäze, welche aufs strengste sich ausschließen, dann aber auch als Grund des modus essendi *).

§. 254.

Man kann daraus folgern, Es ist einerlei etwas unter dem Mehr und Minder und dem Uebergang zu betrachten, und es als Action betrachten; und eben so einerlei etwas als fest und im Gegensaz der Arten betrachten und es als substantielles Sein betrachten.

Großer Einfluß auf die Wissenschaft (heuristisch und architektonisch später weiter auseinander zu sezen), daß man jedes auf beide Arten betrachten kann. So bleibt man gewiß ganz in der Relativität des Gegensazes **).

§. 255.

Der erste feste Punkt im Bewußtsein vor aller Begriffsbildung ist die Gegenwart der Vernunft als Trieb und das Erfülltsein der Sinne als Einwirkung.

1. Die technische Theorie läßt sich freilich nicht unmittelbar an diesen primitiven Zustand anknüpfen. Denn die in diesem sich befinden sind keiner Theorie fähig und wir können uns nicht wieder bis zu ihm zurükkschrauben. Allein auf jedem Punkte, an den wir wirklich anknüpfen können, haben wir auch vielleicht schon Irrthum, und wir müssen also zu erforschen suchen, wo der Irrthum angeht und wie viel wir vielleicht schon haben können vor der Anwendbarkeit der Theorie.

---

*) Vergl. A, XXXV.

**) Vergl. A, XXXV. Folgerung. —

2. Analogie mit diesem Zusaze *) können wir noch hervorbringen, wenn wir Vorstellungen bilden wollen aus Gesichts- oder Gehörseindrükken jenseit der Bestimmtheit des Sinnes **). Daher Platon mit Recht im Theaitetos ein solches Beispiel aufnimmt ***).

3. Beiden Urpunkten fehlt die bestimmte Einheit und die bestimmte Vielheit. Treten beide ein: so entstehen die Begriffe und die Gegenstände. Die Idee des Wissens ist aber in diesem Zustande im Suchen der Vernunft sich an jenen Einwirkungen zu realisiren, ohne welches nie Vorstellungen zu Stande kommen würden. Der Vernunftpunkt ist aber mehr die unbestimmte Einheit, der organische Punkt mehr die unbestimmte Vielheit †).

§. 256.

Da der Begriff schwebende Identität des allgemeinen und besonderen ist: so kann jeder einzelne wirkliche Begriff gebildet werden sowol vom allgemeinen aus durch Hinabsteigen, als auch vom besonderen aus durch Hinaufsteigen.

Jenes ist Ableitung; der gefundene Begriff hat seinen Quell und Grund in dem höheren, in dem sowol das gemein-

---

*) Zustande

**) Vorles. 1818. Z. B. wenn wir nur in der Dämmerung sehen, oder nur aus der Ferne verworrenes Geräusch vernehmen.

***) Plat. ed. Heind. vol. II. Theaet. pag 451 seqq.

†) Vorles. 1818. In dem beschriebenen Zustande ist noch keine bestimmte Einheit und Vielheit, sondern nur die Tendenz dazu; bestimmte Einheit und Vielheit ist actu nur im Begriff. Wir sehen also, der Prozeß der Begriffsbildung ist die Verwandlung der noch nicht gewordenen Einheit und noch nicht gesonderten Mannigfaltigkeit in eine wirkliche bestimmte Einheit und Vielheit. Wie geht nun die Verwandlung vor sich? — (S. die Fortsezung unter §. 256.).

Die späteren Vorlesungen geben diesen §. später, die von 1822 dem unmittelbar voran, was unten §. 258. folgt, die von 1831 in Zusammenhang mit dem, was Beil. E. unter LXVI. 7. giebt.

schaftliche der untergeordneten als auch der Umfang des ihm eigenthümlichen gesezt war. Dieses ist Zusammentragung (Induction); durch Nebeneinanderstellung des besonderen wird das gemeinschaftliche allgemeine gefunden *).

Ob jedes für sich eine wahre das angeborne System erschöpfende Begriffsbildung giebt, oder ob beides immer vereint sein muß, wissen wir noch nicht **).

Randbem. 1828. Ich habe hier gleich den Kanon aufgestellt, das vollkommne Wissen könne erst sein, wo beide Richtungen auf demselben Punkte zusammen getroffen wären. Bis dahin müsse überall noch die skeptische Annahme bleiben ***).

---

*) Vergl. E, LXIII.

**) Vergl. A, XXXVI. b. und §. 269.

***) Eben so schon Vorles. 1822. Sie fügen hinzu, Dieser Kanon sezt aber in seiner Anwendung voraus, daß uns mit einem Begriff auch seine Geschichte gegeben wäre. Ist dem so? Im bedingten Denken nicht. Was da entsteht, hat seinen Grund im Bedürfniß, folgt also keiner Regel, sondern ist dem Zufall unterworfen. Für dieses Gebiet würde demnach auch der Kanon nicht zu gebrauchen sein; aber wir können uns, was hier entsteht, auch niemals unmittelbar in ein kunstmäßiges Denken verwandeln, sondern nur vermittelst des reinen Denkens. Wird uns dagegen der Begriff in einem wissenschaftlichen Zusammenhange gegeben, also als ein Product des reinen Denkens: so muß sich immer manifestiren, was das ursprüngliche ist, ob die Deduction oder die Induction, und die eine Entstehungsweise muß der andern zur Probe dienen.

Vorles. 1818. Wir sagten, jeder Begriff schwebe zwischen allgemeinem und besonderem. Was heißt das? Wenn wir allgemeines und besonderes so gegen einander stellen: so müssen wir sagen, das besondre wird aus dem allgemeinen; das besondre ist das aus dem allgemeinen gewordene niedere. Also auch der Begriff, sofern er ein besonderer ist, entsteht er aus dem allgemeinen durch Hinabsteigen; und sofern er ein allgemeiner ist, entsteht er durch Aufsteigen vom besonderen, durch das Zusammentragen und Ineinsfassen vieler besonderen. Den Begriff also in dieser Duplicität betrachtet, giebt es zweierlei Beziehungen. 1. Jeder Begriff ist ein besonderer, wiefern das allgemeine dazu vor ihm gedacht wird, und jeder ist ein allgemeiner, wiefern das besondre vor ihm gedacht ist, dessen Zusammenfassung er ist. So aber werden zur Begriffsbildung immer schon Begriffe vorausgesezt, das Verhältniß aber des Prozesses zu dem ihm vorausgehenden primitiven Zustande (§. 255.) wird nicht klar. 2. Gesezt indeß, die Begriffe entstehen einmal so, die allgemeinen aus den besonderen, und umgekehrt: so können wir doch nicht leugnen, daß wir beide Voraussezungen gleichzeitig machen und die im Prozeß des Auf- und Absteigens angedeuteten Thätigkeiten gleichzeitig denken müssen. Wir können also niemals sagen, ein Begriff werde durch die eine Operation für sich allein gebildet; das aber bleibt uns noch unbestimmt, welchen Antheil die eine hat an der Bildung des Begriffs, und welchen die andre, und was entsteht, wenn die eine Maximum ist und die andre Minimum, und was, wenn umgekehrt. — Halten wir nun dieses an den Zustand der innerlich thätigen Vernunft und des von außen her erfüllten Sinnes: so fragt sich, Finden wir ein Verhältniß zwischen der einen Duplicität und der andern? Denken wir uns die Vernunft nicht nur als Trieb, sondern als wirklichen Zustand, als gebildetes Bewußtsein: so ist sie das System der Begriffe und in ihr alles geworden, was durch den Prozeß des Ab- und Aufsteigens werden kann. Eben so von der andern Seite, wenn wir uns das Erfülltsein des Sinnes vollständig denken, aber nicht als ein chaotisches. In der Totalität der Sinneseindrükke wird aber das besondre mehr unmittelbar, das allgemeine mehr mittelbar gegeben sein; in der Vernunft dagegen als wirklichem das ganze System der Begriffe enthaltenden Zustande wird beides in umgekehrtem Verhältnisse stehen. Daraus folgt, daß das mehr besondre mehr nach der Seite des Sinnes, das mehr allgemeine mehr nach der Seite der Vernunft liegt, daß also, um auf das besondre hinabzusteigen, mehr in der Vernunft, um vom besondern hinaufzusteigen, mehr im Sinne vorausgesezt werden muß, nur so, daß indem wir hinabsteigen der Sinn, indem wir hinaufsteigen die Vernunft hinzukommen muß. Hieraus würden wir folgern müssen, wenn es auch nicht schon im unmittelbaren Bewußtsein läge, daß zwischen jenen primitiven Zustand und den des wirklichen Erfülltseins des Bewußtseins durch Begriffsbildung noch andre Thätigkeiten zwischen eintreten müssen. Und auf diese werden wir jezt Rükksicht zu nehmen haben, damit wir außer der construirten Basis der Begriffsbildung auch dasjenige, was in jedem ein anderes sein kann, mit in Rechnung bringen können, nämlich die der wirklichen Begriffsbildung vorhergehenden Zustände. Was wir bis jezt gefunden haben, ist die Möglichkeit, wenn schon Begriffe gegeben wären, aus allgemeinen besondre zu bilden durch Hinabsteigen (Construction, Deduction), und aus besonderen allgemeine durch Hinaufsteigen (Induction), wobei wir uns auch schon eines verschiedenen Antheils beider Punkte sind bewußt worden Wir gehen zurükk auf unsern fingirten primitiven Zustand, wo im Zusammensein der Vernunft als Triebes und des Erregtseins des Sinnes zwar die Richtung ist auf Einheit und Mannigfaltigkeit, beide aber nicht wirklich sind, weil ihnen die Bestimmtheit fehlt. Wir fragen, Was ist die erste Bestimmung, die in diesen unbestimmten Zustand hineinkommen kann? Hier haben wir Rükksicht zu nehmen auf die gemachte Begriffseintheilung, und da jeder Schritt von hier aus Annäherung sein muß an den Prozeß der Begriffsbildung

§. 257.

Zwischen der wirklichen Begriffsbildung und dem primitiven Zustand liegt das Auszeichnen einzelner Wahrnehmungspunkte; und da dieses Bedingung des Inductionsprozesses ist: so ist mit diesem anzufangen *).

Niemand kann sich denken, daß bei einem Kinde die ersten Prozesse mehr die Analogie mit der Deduction hätten.

§. 258.

Die erste Bestimmung ist in der Indifferenz von Action und Ding (jedes in sofern bestimmt als das andre unbestimmt bleibt, also in beider Hinsicht nur in verschiedener Formel unbestimmt); auf welchem Punkt noch kein Irrthum statt findet.

Randbem. Der Anfang ist die disjunctive Agilität, entweder als Ding zu sezen oder Action **). —

Man seze Lichtpunkte und Bewegungspunkte: so könnten sie als Dinge gesezt werden, aber auch als eminente Actionen. Als Dinge könnten sie nur gesezt werden, wenn schon eine Mannigfaltigkeit von Actionen aus denselben Punkten gesezt wäre; als Actionen könnten sie nur ausgesondert werden, wenn schon aus der Masse etwas ausgeschieden wäre, worauf man sie besonders bezöge.

In diesem Moment ist also nur ausgedrükkt die Zerlegbarkeit der unbestimmten Masse in bestimmte Einheit und Vielheit ***).

---

selbst: so fragt sich, Wann wird er mehr Annäherung sein an den allgemeinen, wenn mehr an den besonderen Begriff, und wann mehr an den Subjects-, wann mehr an den Prädicatsbegriff? Wir fangen beim lezten an.

*) Vergl. A, XXXVI. a.

**) Vergl. E, LXV. 5. — Die Vorles. 1822 rükken §. 256. an §. 254. und schikken dem unsrigen, den sie der Randbemerkung gemäß fassen, §. 255. unmittelbar voran.

***) Vorles. 1822. Da sich Begriffsbildung nicht vollendet ohne Urtheils-

§. 259.

Alle Bestimmung des unbestimmten kann nur ausgehn von der intellectuellen Function, welche dabei

---

bildung: so muß jedem wirklichen Denken unter der Form des Begriffs dieses disjunctive vorausgehen, das Erfülltsein des Sinnes entweder als Ding oder als Action durch die intellectuelle Function zu verarbeiten. Wird nicht zu beidem die gleiche Möglichkeit gesezt: so ist das Ergänzen der einen Operation durch die andre aufgehoben; die disjunctive Agilität ist also das zweite (das erste s. §. 255.) der Bildung wirklicher Begrife vorangehende Moment, worin gleichfalls weder Irrthum noch Meinung gesezt ist; es liegt darin nur die Zerlegbarkeit der unbestimmten Mannigfaltigkeit organischer Eindrükke unter der Form des Begriffs oder des Urtheils, unter der ersten in bestimmte Einheit, unter der lezten in eine Vielheit, die sich auch auf die Einheit bezieht. Oder anders ausgedrükkt, Indem wir es als ein Axiom hinstellen, welches die Thätigkeit des Geistes im Denken leitet, daß die ganze unbestimmte Mannigfaltigkeit müsse zertheilt werden in Dinge und Actionen: so wird dadurch das chaotische ausgeschlossen, das wir in der Wirklichkeit freilich immer schon hinter uns haben, jedoch nur indem unser Axiom eben die Methode dazu ist Und hierin kann weder Irrthum sein noch bloße Meinung, weil es eine Grundbedingung aller Wahrheit und alles Erkennens ist, daß es sich zur Einheit und zum Begriff der Welt wie auch zur Sonderung gestalte. Soll aber dies Anfang des wirklichen Denkens werden: so muß die Indifferenz zwischen beidem aufgehoben werden. Wie ist dabei dem Irrthum vorzubeugen? Nur so, daß wir im weitern Fortschritt das eine Verfahren als durch das andre bedingt und jedes als Ergänzung des andern sezen. Jedes ist in sofern bestimmt, als das andre unbestimmt bleibt, womit zusammenhängt, daß das andre eben deshalb zu bestimmen ist, weil das erste bestimmt ist. Z. B. denken wir uns die Sinne gleichsam ursprünglich geöffnet für die organischen Eindrükke: so würde der Zustand einer unbestimmten Mannigfaltigkeit am vollkommensten sein, wenn sich nichts vor dem andern auszeichnete, sondern der Eindrukk von allem ganz gleich wäre. Nehmen wir nun einmal das Auge als Repräsentanten aller Sinne: so werden wir sagen müssen, Soll ich etwas aus der unbestimmten Mannigfaltigkeit auszeichnen: so muß es als Lichtpunkt oder als Bewegungspunkt erscheinen, und kann dann als Ding oder auch als Action gesezt werden, aber als Ding nur, wenn schon eine Mannigfaltigkeit von Actionen von demselben Punkte aus gesezt ist, denn dann wäre er als ein bestimmtes gegeben, und als Action nur, wenn schon aus der verworrenen Masse etwas ausgeschieden ist, auf welches die Action als auf das Subject bezogen werden kann. Aller Anfang beruht also darauf, daß in jedem Augenblikk nach beiden Richtungen der Subjects= und Prädicatsbegriffe thätig ist *), welche Thätigkeit auf die organische Affection ein reiner Ausdrukk der Idee des Wissens ist **).

In der intellectuellen Thätigkeit auf die Masse nach beiden Richtungen ist nur ausgedrükkt das Enthaltensein beider Abtheilungen im System der Begriffe und das Aufgehensollen des Seins im System der Begriffe nach beiden Abtheilungen; also rein die Idee des Wissens.

§. 260 ***).

Die wirkliche Entscheidung einen im Bestimmtwerden begriffenen Eindrukk als ein einzelnes bestimmtes

---

Einheit und auch bestimmte Vielheit sich aus der unbestimmten Mannigfaltigkeit ausscheide. Wodurch geht nun die wirkliche definitive Bestimmung vor sich? (S. §. 259.)

*) Vorles. 1818. Die wahre Bestimmung des unbestimmten kann nur von der vorausgesezten Thätigkeit der intellectuellen Function ausgehen. Indem aber diese Thätigkeit auf die unbestimmte Mannigfaltigkeit geht und noch kein bestimmtes Factum vor sich hat: so ist kein Grund, warum sie mehr sollte unter der Form der Subjectsbegriffe oder mehr unter der der Prädicatsbegriffe thätig sein; sie muß also unter beiden Formen zugleich auf die Masse gerichtet sein.

**) Vorles. 1818. Denn wir finden darin alle Merkmale des Wissens wieder. — Dies wird vollständig auseinander gesezt, und dann hinzugefügt, Indem nun in dieser Richtung der Vernunft auf die organische Affection sich rein die Idee des Wissens ausspricht: so ist auch hier der Irrthnm noch nicht gesezt. — Eben so im wesentlichen die Vorles. 1822.

***) Vorles. 1818. Von dieser bloßen Vorstellung der Thätigkeit können wir zu einem Resultat nicht kommen ohne einen Sprung. Wir müssen also fragen, Wenn nun ein Denken durch diese Thätigkeit (§. 259.) geworden ist, wie kann es geworden sein? Die intellectuelle Function und organischafficirtsein waren die Bedingungen, von denen wir ausgingen. Diese sind different, so lange noch kein Begriff geworden ist; mit dem Entstehen des Begriffs werden sie eins, das Entstehen des Begriffs im Bewußtsein ist nichts andres als ein bestimmtes Einswerden beider. Sollen sie aber eins werden: so muß das Resultat eben so gut angesehen werden können aus dem Gesichtspunkt der einen als aus dem der

Sein zu sezen und die Einbildung einer allgemeinen einem bestimmten Ort im System der Begriffe entsprechenden Gestaltung in den Sinn ist ein und derselbe Moment *).

---

andern. Wenn ein Begriff wird und wir betrachten wie er geworden ist in Beziehung auf die intellectuelle Function: so müssen wir sagen, In der Vernunft liegt dieses, daß das ganze System der Begriffe ins Bewußtsein treten soll, und ist ein Begriff geworden: so ist er wirklich ins Bewußtsein getreten und zwar als eine bestimmte Art zu sein, weil der Begriff nur ins Bewußtsein tritt in Beziehung auf etwas durch die organische Affection geseztes, die ein afficirendes Sein voraussezt. Das Resultat von dieser Seite ist also, daß nun im Bewußtsein eine bestimmte Art des Seins gesezt ist und dieses Sein in seine Grenzen eingeschlossen. Was ist aber das Resultat aus dem Gesichtspunkt der organischen Function betrachtet? Da hat sich in dieser aus der unbestimmten Masse ausgeschieden und im Sinn fixirt (z. B. vom Schema des Gesichts aus) eine Gestaltung, welche nun einem bestimmten Ort im System der Begriffe, nämlich dem, der nun ins Bewußtsein getreten ist, als eine bestimmte Art zu sein entspricht, und dieses beides, das Bewußtsein eines bestimmten Seins und das Fixirtwerden eines ihm entsprechenden Bildes ist ein und derselbe Moment, und nur wiefern beides zugleich wird, ist ein wirklicher Begriff geworden. Dieses, was in dem Sinne fixirt und auf den Begriff als partielles objectives Bewußtsein bezogen wird, hat man das Schema des Begriffs genannt, d. h. dasjenige, was dem Begriff im Gebiete des Sinnes entspricht. Beides verhält sich wieder in gewissem Sinne wie das ideale und reale. Das Schema ist das reale zu der andern Seite des Begriffs, zu der Objectivirung des Bewußtseins, und diese ist das ideale zu dem Schema als dem realen, und nur beides in seinem Zusammensein ist der Begriff. Dies ist etwas für die weitere Entwikkelung so bedeutendes, daß es noch weiter ausgeführt werden muß. (S. unten §. 262.)

Die Vorles. 1831 (vergl. E, LXVII.) fassen hier alles nur kurz, wie auch schon die von 1822, sich stüzend auf das schon im ersten Theile vorgekommene.

*) Vorles. 1822. Alles Vorstellen würde sonst rein atomistisch bleiben; es würde ein vergebliches Bestreben sein aus der chaotischen Mannigfaltigkeit herauszukommen, wenn uns nicht jede sinnliche Vorstellung von einem einzelnen Dinge zugleich auch eine Vorstellung von Art und Gattung würde. —

Der Text hat im Manuscr. am Rande,
Eine veranlassende Affection geht immer voran. Was so gesezt wird als beharrliches, wird als Problem gesezt.

Der Sinn muß eben so empfänglich gesezt werden nach der Seite der intellectuellen Function hin, die ihm ihren Schematismus einbildet, als nach außen hin. — Eine einzelne Gestalt als gegebene Erscheinung kommt nicht in den Sinn ohne ihr allgemeines Schema, und das Schema nicht ohne einzelne Gestaltung; beides wird gleichzeitig im oscillirenden Verfahren. Aus diesem kann man willkührlich Momente herausheben, in denen das Schema weiter entwikkelt ist als die Gestalt und also als früher gesezt wird, und eben so entgegengesezt die Gestalt entwikkelter und früher. Die einseitige Position des einen und andern bringt die Theorien hervor von einer Priorität des Schema oder von einer Abhängigkeit des Schema von der Erscheinung, zu denen sich die unsrige nicht verhält wie eine gesuchte Mitte, indem sie nicht von der Vergleichung ausgegangen ist, sondern sie leugnet jede, in wiefern diese die andre leugnet.

Was die organischen Schemata für das lebendige sind, das sind die mathematischen für das todte.

§. 261.

Diese Entscheidungen bilden sich im werdenden Bewußtsein gleichzeitig in Masse.

Zuerst doch muß zugleich ein Ort (nur unbestimmt wie groß) im Begriffssystem gesezt werden.

Vermittelung zwischen beiden Factoren ist die Allgemeinheit des Bildes. Diese Verallgemeinerung repräsentirt den Typus des intellectuellen Factors, aber ganz nach Art und Weise des organischen.

Von diesem ersten Punkt aus ist dann eine doppelte Fortschreitung möglich. 1. Die Vervollstandigung des Bildes als einzelnen durch das von Urtheilsbildungen zurükkbleibende. Aber diese interessirt uns hier nicht unmittelbar. 2. Die Fortschreitung von dem Schema aus.

Das Schema, welches der Anblikk eines Hundes zurükkläßt, kann man sich fixiren als Schema des allgemeinen Ausdrukkes Vierfüßiges Thier. Dies geschieht, wenn demnächst Bilder von andern Gattungen aufgefaßt werden. Oder es wird das Schema des Hundes, wenn demnächst Bilder von Spielarten derselben Gattung aufgefaßt werden. Verschiedenheit der Sprachen, deren manche sehr wenig allgemeine Schemata fixiren.

Wie alle Entwikkelungen stoßweise gehen, so auch diese. Das Bewußtsein des Kindes weilt vielleicht lange auf dem ersten Moment. Tritt der zweite einmal ein: so tritt er auch an vielen Punkten zugleich ein, wie das Anschießen.

§. 262.

Im Beziehen der Erscheinung auf das Schema ist noch kein Irrthum; in Beziehung der Erscheinung auf den durch das Schema dargestellten Begriff kann schon Irrthum sein.

Denn jene beiden werden mit einander und in Beziehung auf einander; ihr Sein und ihr Zusammengehören ist dasselbe. Das Schema aber ist nur die sinnliche Seite des Begriffs. Wenn es aber früher im Bewußtsein ist, als dieser: so können auch die Beziehungen auf beide getrennt sein, also unwahr. (Unten mehr.)

Erläuterungen zu §. 260.

1. Kein allgemeiner Begriff ist in uns lebendig ohne einen sinnlichen Bestandtheil (S. oben §. *)). Dieser ist weder Inbegriff der sinnlichen Bilder aller schon wahrgenommenen einzelnen Dinge, noch aller unter die Gattung gehörigen Arten, denn dazu gehörte Zeit; jenes Bild aber ist mit dem Begriff selbst zugleich und in Einem Moment da. Es ist unbestimmt und enthält die Verschiebbarkeit der untergeordneten sinnlichen Bilder in einander. Z. B. Hund.

2. Im Gebiet von solchen Gegenständen, von welchen wir noch keinen vollständigen Begriff haben, z. B. Granit, wird dennoch die Anerkennung einzelner Erscheinungen vollzogen. Dies ist nur vermittelst des Schema nöthig, und das Schema ist also nicht nur mit dem Begriff zugleich, sondern auch vor ihm.

3. Bei Kunstproductionen wächst offenbar das innere Bild

*) §. 110. seqq.

vom allgemeinen ins besondre hinein, und ist also vor dem bestimmten einzelnen; wie sollte es daher nicht auch mit demselben zugleich entstehen können? Der Fall paßt, das Bild ist zuerst ein wahrhaftes allgemeines, aus welchem mehrere besondre gleich gut entstehen könnten.

4. Sieht jemand zuerst etwas (es kann auch ein Kunstwerk sein, also ein nicht eben so nothwendiger Begriff), dergleichen er noch nicht gesehen hat, aber wohl analoges, so daß er auch einen Begriff hat von der höheren Gattung, z. B. einer der nur Gebäude kennt sieht zuerst einen Thurm: so wird er ihn bald unter jenen Begriff oder vielmehr unter sein Schema (wobei die geometrischen Gestalten das leitende sind) subsumiren; aber er müßte sehr stupide sein, wenn ihm nicht eo ipso das sinnliche Bild des einzelnen Thurmes, verschiebbar vorgestellt, zum sinnlichen allgemeinen Bilde der Art würde. Wie also hier das Bild der Art mit dem Bestimmungsact der einzelnen Erscheinung zugleich entsteht aus der Thätigkeit eines weit allgemeineren Begriffs: so kann auch im primitiven Zustand aus der Thätigkeit der Vernunft überhaupt, in welcher das ganze System der Begriffe als Tendenz gesezt ist, mit jedem Bestimmungsact ein Schema seiner Art werden.

5. Ueberhaupt aber folgt, da die Bestimmung des noch unbestimmten nur von der Vernunftthätigkeit ausgehen kann, und die sinnliche Besonderheit, die das nächste Resultat sein soll, nicht sein kann bei der begriffbildenden Vernunftthätigkeit ohne die sinnliche Allgemeinheit, daß diese mit jener wenigstens zugleich entstehen muß. Scheinbare Priorität kann es auf beiden Seiten geben; allein das Zusammentreffen ist die einzige haltbare Form, wie schon oben aus anderem Gesichtspunkt gezeigt worden.

6. So weit die Analogie der ursprünglichen Bestimmungsacte noch vorhanden ist im Gebiet der undeutlichen nur durch Anstrengung zu bestimmenden Eindrükke, nimmt jeder noch dasselbe wahr. Eine in der hohen Luft wahrgenommene Bewegung

steht in der Indifferenz von Action und Ding; sie wird für fliegende Vögel erkannt, indem das Schema ins Bewußtsein tritt. Denn an den Begriff kann die entfernte Erscheinung nicht gehalten werden, wie denn überhaupt eine Erscheinung ohne Analyse, d. h. ohne Zerstörung, nicht kann auf den Begriff unmittelbar bezogen werden.

7. Das allgemeine Bild ist ein eben so nothwendiges Mittelglied für die Bestimmung der Action, als für die des Dinges *), und man muß sich nicht denken, daß nur dasjenige als Action gesezt wird, wozu sich kein Schematismus als Ding findet, woraus nur eine Suspension, ein Ruhen auf dem Punkt der unbestimmten Aussonderung entstehen könnte. Denn das System der angebornen Begriffe enthält auch die Prädicatsbegriffe. Die allgemeinen Formen sind Bewegung und Oscillation, Zuneigung und Abneigung, Verbindung und Trennung, Zunahme und Abnahme. Das ethische kann dem physischen zum Schema dienen, und umgekehrt, je nachdem die Entwikkelungsverhältnisse sind; alles dieses aber geht dem Begriff eigentlich voran **).

---

*) Vergl. A, XXXVII.

**) Vorles. 1818. Es kommt darauf an, daß wir das beides (s. Vorles. 1818 zu §. 260.) das in gewisser Hinsicht eines ist, dann aber auch geschieden, gehörig auffassen. Es ist eins, sofern wir keinen Begriff haben, dem nicht ein solches sinnliches Bild, ein Schema, entspräche. Dies gilt selbst von den bloß formalen Begriffen (§. 111.), sofern sie noch Begriffe sind, nur daß das sinnliche Schema hier gar nicht ein äußeres Bild ist, sondern, weil es dabei auf unsre Thätigkeit ankommt, nur das Bewußtsein von unserem eigenen Verfahren von seiner sinnlichen Seite festgehalten. Was die realen Begriffe betrifft: so ist klar, daß mit ihnen ein solches Schema immer verbunden ist. So wenig wir einen Begriff hervorrufen können in unserm Bewußtsein ohne das Wort, ausgesprochen oder nicht, so wenig vermögen wir es ohne das Bild mit hervorzurufen. Ist das Bild dunkel: so ist es auch der Begriff, und zwar selbst von seiner idealen Seite; und wird der Begriff als reines Bewußtsein recht hell: so muß es auch das Bild werden. Eben so gilt auch, daß wir kein solches Bild in unserm Sinn haben ohne den Begriff, sondern so wie das Bild hervorkommt: so muß auch das reine Denken, das dazu gehört, die ideale Seite, mit hervortreten; ist die ideale Seite dunkel: so ist es auch die reale. Die eine wächst und verschwindet mit der andern, und beide nur in ihrer Duplicität constituiren die wahre Einheit des Begriffs. — Hieraus wird nun klar werden, daß die Vorstellung des einzelnen Dinges ein Begriff ist, wie jeder andre (vergl. §. 176. 5; Beil. E, XXX. XXXI.), weil eben dieselbe Duplicität auch in ihm ist. Wenn das Organ afficirt ist, ohne daß die ideale Seite des Begriffs hinzukommt, dann entsteht auch keine Vorstellung. So sehen wir immerwährend Gegenstände, die kein Bewußtsein in uns werden. Das Bild der einzelnen Erscheinungen entsteht zwar, aber es hat nicht die Kraft den Ort im System der Begriffe hervorzurufen, und so entsteht auch keine wahre Vorstellung. Entsteht eine solche vom einzelnen Dinge als Vorstellung: so kommt nicht bloß das bestimmte objective Bewußtsein zum bestimmten Bilde des einzelnen Dinges, sondern die Vorstellung entsteht nur, indem durch die Veranlassung des einzelnen Dinges mit einander ins Bewußtsein treten das Bild des einzelnen Dinges, das Schema desselben und die intellectuelle Seite des Begriffs; und so fällt die Vorstellung des einzelnen Dinges ganz unter die Kategorie des Begriffs. Wir haben aber in ihr immer zwei Bilder, das des einzelnen Dinges, und das, welches Schema des Begriffes selbst ist. Das Bild des einzelnen Dinges ist immer ein bestimmtes, und wird uns nur, in dem wir es an das allgemeine Bild halten, das immer Identität ist des besondern und allgemeinen, und indem wir es von demselben scheiden, und nur indem wir dies im Bewußtsein haben, denken wir ein einzelnes Ding. Dies besonders, um auf den Unterschied aufmerksam zu machen zwischen dem Bilde des einzelnen, das gar nicht braucht ins Bewußtsein zu treten, und dem allgemeinen Schema im Sinne, zu dem immer die ideale Seite hinzukommen muß. — Es fragt sich nun, wie sich diese sinnliche Seite des Begriffs, das Schema, eigentlich verhält. (Vergl. oben §. 260.) Viele haben gedacht, das allgemeine Bild entstehe erst, nachdem man eine Menge einzelner Dinge derselben Art gesehen habe, es sei also bloß das Zusammenfassen der einzelnen Bilder, das Residuum aus den öfteren Wiederholungen derselben. Falsch, weil das einzelne Bild sich nicht im Gedächtniß fixirt ohne daß es Bewußtsein geworden ist, Bewußtsein aber nicht wird ohne das allgemeine Bild. Dieses ist also ein ursprüngliches und wir müssen sagen, Unser Sinn ist nach zwei Seiten empfänglich, nach außen für die Berührungen des Seins, nach innen für die Tendenz der Vernunft, die ihm die allgemeinen Begriffe für jede Form einbilden will, und jede allgemeine Affection des Sinnes, die zugleich mit der von außen entsteht, ist ein Theil der Operation, daß die Vernunft dem Sinne die allgemeinen Begriffe einbildet. Beides ist aber durch einander bedingt, und das macht das reale Sein des Menschen aus. Die Vernunft afficirt den Sinn nicht ohne daß das äußere Sein ihn zugleich afficirt, und umgekehrt. Das Bild also, das Schema des Begriffs ist ist nicht das Resultat der Wiederholung einzelner Bilder, sondern es entsteht nur auf Veranlassung des einzelnen Bildes und zwar schon des ersten. Wie unterscheidet es sich aber vom Bilde des einzelnen Dinges? Es enthält allerdings in sich die Möglichkeit einer Menge einzelner ähnlicher Bilder, und es ist eben diese Möglichkeit selbst, die aber mit dem einzelnen Dinge zugleich gesezt ist. Ein Begriff ist nicht eher da, als bis ich das einzelne Ding mit seiner Differenz von seiner Art zugleich gesezt habe. Das allgemeine Bild ist das Bild der Art, und das einzelne Bild kommt nur zum Bewußtsein, indem das Bild der Art zugleich zum Bewußtsein kommt; das allgemeine Bild ist das einzelne Bild selbst, aber in der Verschiebbarkeit gedacht, d. h. so daß es sich verändern kann ohne aus seiner Art herauszugehen. Z. B. wer schon viele Gebäude gesehen hat, aber noch keinen Thurm, wird beim Anblikt des lezteren ihn gleich unter den Begriff des Gebäudes subsumiren. Der einzelne Thurm wird ihm aber auch gleich ein Bild der Art, und er denkt sich, wie sich das Bild des Thurmes verschieben ließe ohne aus der Art herauszugehen. Dies ist also in dem Sinn, aber nur durch die intellectuelle Function, es ist das allgemeine Bild, das aber nur mit dem Entstehen des einzelnen Bildes entsteht; und so können wir sagen, daß aus dem Afficirtsein des Sinnes und durch die Thätigkeit der intellectuellen Function der Begriff entsteht und zwar in großer Mannigfaltigkeit, so daß mit dem Eintreten jenes Momentes viele Begriffe zugleich erzeugt werden. — Jenes Beispiel hat noch eine interessante Seite. Wir sehen nämlich, wie die Bildung des Schema auf der organischen Seite vom einzelnen, auf der intellectuellen von der Thätigkeit eines allgemeinen Begriffes ausgeht, der mehr umfaßt als der, dessen sinnliche Seite das Schema ist. Verallgemeinern wir dies: so läßt sich begreifen, wie, vorausgesezt auch nur die ursprüngliche Thätigkeit der Vernunft, dennoch von dieser als vom allgemeinsten aus die Bildung allgemeiner Bilder ausgehen könne; denn können wir uns auch nicht in jenen ersten Zustand zurükversezen: so haben wir doch immer etwas aufzuweisen, was ihm analog ist. Ferner, In jenem Beispiel ist das einzelne Bild allerdings das früher vorhandene, und das allgemeine Bild, das Schema, wird erst gesezt, indem die intellectuelle Thätigkeit das einzelne Bild ergreift. Allein genauer betrachtet müssen wir wieder sagen, das einzelne Bild ist nicht vorher in seiner ganzen Bestimmtheit aufgenommen und dann erst erzeugt sich das allgemeine Bild, sondern im Bewußtsein entsteht beides zugleich. Das Zugleichwerden heißt nichts anderes, als das Werden in einer beständigen Oscillation, im beständigen Wechsel der Richtung auf das bestimmte einzelne, und auf das unbestimmte allgemeine. So erscheint es also bloß als zufällig, daß wir das einzelne Bild im Werden als vorangehend sezen und das allgemeine, das Schema, als nachfolgend. Nämlich wie wir vorher eine Anwendung des Beispiels gemacht haben auf die erste Begriffsproduction nach der idealen Seite: so können wir dasselbe nach der organischen Seite. In dem ursprünglichen chaotischen Aufnehmen ist kein bestimmtes Bild eines einzelnen Dinges gesezt; indem aber die Gesammtheit der intellectuellen Function auf die Gesammtheit des chaotisch aufgefaßten gerichtet ist: so müssen daraus auch gleichzeitig einzelne Bilder entstehen und allgemeine, und wir können sagen, es ist gleichgültig, ob wir das Schema oder das einzelne Bild eher werdend denken. — Fassen wir dieses auf noch allgemeinere Weise auf. Es ist gesagt, wir finden in unserm Bewußtsein eben so die Nothwendigkeit der allgemeinen wie der einzelnen Bilder und der dem Bilde correspondirenden Seite der intellectuellen Function. Zu dieser Behauptung können wir noch die hinzufügen, daß die einzelne Erscheinung gar nicht anders als nur vermittelst eines Schema mit der intellectuellen Function in Verbindung treten kann. Aus der organischen Affection, auch bei beständiger Agilität der intellectuellen Function, würde kein Begriff entstehen, wenn sich nicht im innern Sinn die allgemeinen Bilder gestalteten. Lassen wir das allgemeine Bild weg, was bleibt übrig? Wir haben gesehen, jeder Begriff ist ein schwebendes zwischen allgemeinem und besonderem und hat also eine dem einen und eine dem anderen zugewandte Seite. Nun ist aber die dem einzelnen zugewendete Seite im Begriff eben das sinnliche Bild; nimmt man also dieses weg: so bleibt nur noch die dem allgemeinen zugewendete Seite, das, was wir bis jezt nur als Negation des sinnlichen gesezt haben. Was ist nun dieses? Die Formel, im Gebiet des realen Wissens die Stufe der Classification, in welche der Begriff fällt. Läßt sich ein unmittelbares gegenseitiges Bestimmtwerden eines einzelnen Bildes durch die Formel und umgekehrt, so daß mit der einen das andre ins Bewußtsein käme, construiren? Unmöglich. Das Band zwischen beiden kann aber nur das allgemeine sinnliche Bild sein, das sowol den Charakter der Formel als der organischen Affection hat. —

Worin liegt nun die Gewährleistung, daß auf diesem Wege ein richtiger Begriff gebildet wird? Darin, daß das Schema wirklich mit und aus dem einzelnen Bilde entsteht, und daß die Formel, d. h. die unsinnliche Seite des Begriffs, und das sinnliche Bild gleichzeitig werden. Eilt das Schema dem einzelnen Bilde voran, schiebt sich das Schema unter ehe die organische Affection zu rechter Klarheit gekommen ist: so kann man, wie es z. B. schwachsichtigen oft begegnet, einen Gegenstand für etwas halten, was er nicht ist; sind Schema und einzelnes Bild auch im richtigen Verhältniß, aber die Formel wird nicht mit dem Schema: so ist möglich, daß beide nicht zusammengehören und so der ganze Begriff falsch wird. — —

(Wie dies zusammenstimmt mit §. 262. ergiebt sich am besten aus folgender Stelle der Vorles. 1822, Wie ist es mit dem Gleichsezen des Sezens eines einzelnen Gegenstandes und eines allgemeinen Bildes, auf welches der einzelne Gegenstand bezogen wird? Hier ist auch noch kein Irrthum möglich, sonst gäbe es keine Zusammengehörigkeit der intellec-

Erläuterung zu §. 261.

1. Wenn man auch alle Analogie bei Seite läßt: so wendet sich doch nothwendig, sobald das Schema ins Bewußtsein getreten ist, die bestimmende Vernunftthätigkeit auf dieses, und sucht also das verschiebbare durch die Aufsuchung untergeordneter Erscheinungen zu realisiren. Dieses Bestreben ist zusammen mit dem Bestreben den ganzen Prozeß zu wiederholen, und also jedem eben so auffordernden einzelnen Punkte sich hinzugeben. Wogegen das Bestreben den Begriffsbildungsprozeß weiter zu führen, ehe in jenem eine gewisse Sättigung ist, nicht eintreten kann. Offenbar ist auch dieser Prozeß schon sehr ausgebreitet in der ganzen Periode der Kindheit, wo man noch keinen Begriff seiner intellectuellen Seite nach im Bewußtsein annehmen kann.

2. Es geht nun natürlich das Schematisiren im Gebiet der Actionen und der Dinge gleichzeitig vor sich.

§. 263 *).

Bestimmte Actionen und bestimmte Dinge können nur in Bezug auf einander als beharrliches gesezt wer-

---

tuellen und organischen Function. Aber unser wirkliches Bewußtsein scheint das Gegentheil auszusagen. Sehe ich z. B. ein Thier in großer Entfernung: so kann ich ein Pferd für ein Rind halten, d. h. das Bild des Pferdes auf ein allgemeines Bild beziehen, mit dem es nicht identisch ist. Das liegt aber nicht mehr im Gebiet der werdenden Begriffsbildung, sondern nur in der dazwischen liegenden Urtheilsbildung. Sofern wir von dieser abstrahiren können, haben wir also keinen Irrthum. Das falsche Beziehen ist ein Uebereilen im Urtheilen. Man hat also nur die zu früh sich eindrängende Urtheilsbildung anzuhalten, um den Irrthum zu vermeiden. —)

Die beiden Hauptpunkte sind also, daß mit dem einzelnen Bilde auch das allgemeine entsteht, und dann daß das allgemeine Bild immer noch kein Begriff ist. Dies alles aber gilt eben sowol von den Prädicats- als von den Subjectsbegriffen.

*) Die Vorles. 1818 machen diesen Uebergang, Wenn nun das bisher gesagte sowol die Prädicatsbegriffe betrifft als die Subjectsbegriffe, wie kommen wir denn zum Bewußtsein des Unterschiedes zwischen beiden Begriffsclassen?

den. Da sie nun beharrlich gesezt werden müssen: so muß die Beziehung beider auf einander gleich mit beginnen.

1. Ohne Beharrlichkeit sind beide gar nicht gesezt, sondern es ist noch die unbestimmte Sezung. Denn die Action ohne sie ist nur eine unendliche Reihe unendlich kleiner Momente, deren einzelner Inhalt eben so gut ein Ding sein kann; und ein Ding ohne Beharrlichkeit ist nur eine vorübergehende Erscheinung, die eben so wohl nur Action sein kann *).

2. Die Beharrlichkeit ist aber nur für die Action das Heraustreten aus der allgemeinen Veränderlichkeit der chaotischen Masse in einen bestimmten Siz; sie ist Eine dadurch, daß sie Wo ist; und das Ding ist Eines durch eine Mannigfaltigkeit von Zuständen **).

---

*) Vorles. 1818. Sollen Begriffe von Dingen und von Actionen im Bewußtsein wirklich werden: so müssen die Dinge und die Actionen als ein beharrliches gesezt werden; denn was nur als rein vorübergehendes gesezt wird, ist seiner Natur nach nur ein unbestimmtes; es bleibt ungewiß, ob es Ding ist oder Action. Das begegnet uns noch jezt bei allem, was nur vorübergehende Erscheinung ist. Was ist nicht für eine große Analogie zwischen der Wahrnehmung, die wir Bliz, und der, die wir Sternschnuppe nennen. Die erste sagen wir sei nur Action, die zweite sind wir geneigt als Ding zu sezen; aber dies ist nur eine problematische Annahme, die wir anders woher begründen. Lassen wir bei Seite, was wir anderswoher wissen: so müssen wir sagen, daß wir es zu keiner bestimmten Entscheidung bringen können, ob sie Dinge sind oder Actionen, weil sie nichts beharrliches sind sondern nur ein Minimum von Zeit erfüllen, und daß in der Wahrnehmung allein kein Grund liegt, sich das unbestimmte, fließende in ein bestimmtes umzubilden. Das bestimmte Bewußtsein sezt ein beharrliches Verhältniß voraus zwischen der organischen Thätigkeit und dem Gegenstande, schließt die Möglichkeit, die Wahrnehmung zu wiederholen, in sich. Dieses wird einleuchtend werden, wenn wir darauf zurükgehen, daß jeder Prozeß, wodurch ein unbestimmtes in ein bestimmtes übergeht, vom Interesse für ein Bewußtsein ausgeht. Dies Interesse kann aber nicht sein bei einer Affection, welche im Nu verschwindet und nicht als eine identische wieder gesezt werden kann.

**) Vorles. 1818. Ding und Action können aber nur in Beziehung auf

§. 264.

Die Urtheilsbildung beginnt also schon mit dem schematischen Prozeß zugleich vor dem Dasein des eigentlichen Begriffs.

Denn Beziehen der Actionen und Dinge auf einander ist Urtheil, nur unvollkommnes, in sofern keine gebildeten Begriffe dabei zum Grunde liegen.

§. 265.

Auf dieser Stufe der Urtheilsbildung ist eine Möglichkeit des Irrthums gesezt.

1. Alle Actionen sollen aus der chaotischen Masse heraus einen eignen Siz bekommen, aber, weil sie Zusammensein ausdrükken, nicht alle in Einem allein sein. Dinge sollen überall gesezt werden, aber keins absolut fixirt, weil jedes auch als Action kann angesehen werden, also als in einem anderen seiend.

2. In den Umfang der Urtheilsbildung fällt sowol diese Grenze der Selbständigkeit und Dependenz, als auch jene Grenze zwischen Eigenschaften und Passionen.

3. Im Schematismus ist aber gar keine Anleitung zur Bestimmung dieser Grenze; also werden auch die diesseit und jenseit liegenden Urtheile nicht von einander geschieden werden, und die Möglichkeit des Irrthums ist gesezt *).

---

einander als beharrlich gesezt werden. Eine Action ist beharrlich heißt, sie hat eine Währung und zwar an einem Dinge, sie ist Wo, sie währt ununterbrochen an einem Dinge fort oder erzeugt sich aus demselben fortwährend wieder. Ein Ding ist beharrlich heißt, ich kann mich von ihm wegwenden, wenn ich mich ihm aber wieder zuwende: so macht es wieder dieselbe Wirkung, also dieses, daß ich ihm die immer dieselbe Wirkung erzeugende Action zuschreibe, daß ich es in dieser Action als identisch seze. Folglich muß man Ding und Action immer auf einander beziehen; dieses aber ist urtheilen, und so concurrirt zur Begriffsbildung die Urtheilsbildung, welche wir nun auf der Stufe, die sie hier einnimmt, näher zu betrachten haben.

*) Die Vorles. 1818 sagen, was wir hier brauchen, sei das unter 1. aufgestellte. Auf der gegebenen Stufe der Urtheilsbildung könne sich aber

das Bewußtsein, daß die Action ein Zusammensein ausdrükke, noch nicht entwikkelt haben; es sei erst das Resultat grösserer Combinationen. Werde aber hier die Action immer nur Einem Dinge zugeschrieben, während sie sich in Wahrheit entweder auf das Subject beziehe, dem sie beigelegt werde, und zugleich auf alles übrige außer demselben, oder auf dasselbe Subject und zugleich auf etwas bestimmtes außer ihm: so sei die Möglichkeit des Irrthums ganz klar; er werde statt haben können, sobald die Action, die in dem einen Factor immer überwiegend gegründet sein müsse, dem geringeren Factor beigelegt werde. Denn sei es auch ganz richtig, daß hier die Action demjenigen beigelegt werde, in welchem sie erscheine: so sei immer zugleich möglich, daß sie ihm als Thun und als Leiden beigelegt werde, was auf dieser Stufe der Begriffsentwikkelung nicht geschieden werden könne. (Vergl. §. 193. 199.)

Etwas ähnliches finde sich auf der andern Seite. Denn wenn ein Gegenstand als Einheit mehrerer Zustände fixirt werde: so geschehe dies auch nur durch eine Reihe von Urtheilen, und erst durch diese Operation trete er aus der Indifferenz von Ding und Action heraus. Also werde der Subjectsbegriff erst durch Entgegensezung der Prädicats- und Subjectsbegriffe fixirt. Da nun aber die Subjectsbegriffe auch als Action angesehen werden könnten, darauf aber auf dieser Stufe gar nicht Rükksicht genommen werde: so sei möglich, daß als Subjectsbegriff aufgefaßt werde, was vielmehr als Action zu fassen sei. (Vergl. E, LXIV. 4.)

Doch sei auf beiden Seiten hier nur die Anlage, die Möglichkeit des Irrthums; denn bleibe man rein auf diesem Punkte stehen: so sei er noch nicht vorhanden, weil weder die Differenz von Action und Passion noch die von Feststehen und Schwanken des Gegenstandes im Bewußtsein sei; der Irrthum entstehe also erst wirklich, wenn nachher von einer andern Gedankenreihe aus etwas in die Construction hineingelegt werde, was ursprünglich nicht darin sei. Könne man dies vermeiden: so werde man auch dem Irrthum entgehen; niemals aber habe man es gänzlich vermieden, weil dazu nichts geringeres erforderlich gewesen wäre, als vollkommne Klarheit des Bewußtseins. Also sei immer aufgegeben skeptisch zu Werke zu gehen, um sich vom früher gedachten fremdartigen loszumachen und alle voreiligen Bestimmungen wieder zu eliminiren. —

Vorles. 1822. Wir haben uns im Gegensaz gegen Ding der Ausdrükke Action und Zustand bedient. Beide sind gleich in Beziehung auf den Gegensaz, aber nicht an sich. Streng genommen beziehen sie sich auf den Gegensaz von Spontaneität und Receptivität. Zustand drükkt nicht bestimmte Selbstthätigkeit aus wie Action, sondern läßt unentschieden, ob ein Subject die Action in sich selbst habe, oder ob sie von etwas anderem in ihm sei gewirkt worden. In dem Ausdrukk Leiden entscheiden wir dies. Wenn wir aber einem Subject ein bloßes Leiden beilegen (a wird geliebt): so ist das Urtheil nur ein unvollständiges, weil

§. 266.

Das Resultat dieses Gebietes der Urtheilsbildung sind die Nominaldefinitionen.

Denn diese sind nichts anderes als ein Aggregat von Merkmalen, Merkmale aber sind nichts anderes als die in das allgemeine Bild aufgenommenen Resultate wahrnehmender Urtheile, durch welche in der That das innere Wesen des Dinges niemals ausgedrükkt ist, sondern nur ihr Verhältniß zu unseren organischen Functionen *).

---

dasjenige unbestimmt gelassen wird, worin der Grund des veränderlichen liegt. Wird dieser Grund mitgesezt: so ist die Unvollständigkeit aufgehoben, aber dieser Grund ist dann auch das eigentliche Subject. a wird von b geliebt = b liebt a. In demjenigen nun, was als reines Materiale dem wirklichen Denken voraufgeht, ist eben sowol das Chaos der Actionen als der Zustände. Die Veränderungen sollen aus dem Chaos ausgeschieden, also auf bestimmtes bezogen werden. Sehen wir nun auf die Formel Zustand: so läßt sie zwar den Grund der Veränderung unentschieden, aber sie drükkt doch wesentlich das Zusammensein aus. Aber auch in jeder Action ist eine Beziehung auf ein anderes, und in jedem wahren Urtheil muß sie hervortreten. Indem also eine Action aus der chaotischen Verworrenheit herausgesezt und bestimmt bezogen wird: so sollte eigentlich die Beziehung getheilt werden; es sollte bezogen werden auf das Subject und zugleich ausgedrükkt sein das Zusammensein, wie es den Grund der Action mit enthält. Offenbar müssen wir sagen, es kann hier, so lange nicht die Sonderung des Subjects völlig vollendet ist, richtig und unrichtig getheilt werden, wenn nicht das Urtheil unter zwei verschiedenen Formen zugleich gefällt wird, so daß das eine und dann wieder auch das andre Subject dominirt, und so lange beides nicht übereinstimmt, müssen wir unser Ueberzeugungsgefühl zurükkhalten; eins muß erst dem andern zur Probe gedient haben, die Abschließung darf nur sein in der gänzlichen Durchdringung beider. — (Alles die Entwikkelung der Urtheilsbildung betreffende ist 1831 hier übergangen und auf den folgenden Abschnitt verspart.)

*) Vorles. 1818. Wenn wir nun das Gebiet, auf dem wir jezt stehen, in seinem ganzen Umfange betrachten, und sehen, wie weit wir in der Genesis der Begriffe bisher gekommen sind: so steht es so. Es wird mit dem einzelnen Eindrukk das allgemeine Bild, das sinnliche Schema des Begriffs, und dieser Prozeß, ist er einmal eingeleitet, verbreitet sich sehr schnell über die chaotische Masse. Ferner sahen wir, das bestimmte

§. 267.

Der bloße Inductionsprozeß kann nicht weiter gehen, als daß sich aus den allgemeinen Bildern noch allgemeinere bilden, und eben so die allgemeineren Bilder durch wahrnehmende Urtheile ergänzt werden.

Sobald auf der ersten Stufe ein Sättigungspunkt eingetreten ist, wird diese zweite Stufe zur Klarheit kommen, denn ein dunkles Minimum derselben ist schon mit der ersten gesezt; und so fort *).

Bewußtsein könne nicht fixirt werden ohne die Form des Urtheils, abstrahirt aber haben wir bis jezt von allem, was außer dem allgemeinen Bilde Inhalt des Begriffs ist, und im Zusammensein des einzelnen und des allgemeinen Bildes haben wir die Vorstellungen von Ding und Zustand fixirt und auf einander bezogen. Fragen wir nun, Was kann denn das höchste Resultat dieser Operation sein, wenn nichts anderes hinzukommt? so sind offenbar das Maximum des Resultats aus dieser Combination der Begriffs- und Urtheilsbildung von der sinnlichen Seite die gewöhnlichen Beschreibungen der Dinge und Zustände, ein Aggregat von Merkmalen, in welchen zweierlei zu unterscheiden ist, dieses, daß sie Theile sind des allgemeinen Bildes, Beschreibungen nach den äußeren Kennzeichen, dann Resultate der Urtheile, die hinzugekommen sind und ohne die die Vorstellung nicht fixirt werden konnte, die einzelne Thatsachen enthalten, welche sich am Gegenstande ereignen, von denen aber auf dieser Stufe nicht gesagt werden kann, ob sie Actionen sind oder Passionen, man also auch nicht wissen kann, ob sie das Wesen des Dinges sind oder nicht. Beides hat seine Wurzel in dem Moment des Bewußtseins, welches Bewußtsein der organischen Affection ist und in Beschreibung derselben ausgeht, woraus sich zu erkennen giebt, daß es a parte potiori auf der sinnlichen Seite liegt. Das intellectuelle ist zwar als Minimum als anregendes darin, aber seine eigentliche Function ist noch ganz unentwikkelt. (Vergl. A, XXXVIII.)

*) Vorles. 1818. Sehen wir darauf, wie mit dem einzelnen Bilde das allgemeine entsteht: so können wir uns denken, daß wenn die ganze Masse auf diese Weise (§. 266.) durchdrungen ist, dann noch ein zweiter Prozeß auf derselben Stufe entsteht, wo die allgemeinen Bilder wieder als einzelne neben einander gestellt werden ohne Zusammenhang, wieder als chaotische Masse, nur in höherem Sinne, aber doch als in sich selbst verworrene Mannigfaltigkeit, weil ihre Verhältnisse unter einander nicht bestimmt sind. Höher stehend als das chaotische des Kindes

§. 268.

Der gesammte Schematisirungsprozeß und die damit zusammenfallende Urtheilsbildung bilden das Gebiet der gemeinen Erkenntniß.

Alles, worin kein wissenschaftlicher Gehalt ist, bleibt auch auf dieser Stufe stehen; das ganze Erfahrungswesen hat keinen höheren Charakter. — In diesem nun, und also vor der vollkommnen Begriffsbildung und ehe die Theorie des technischen Verfahrens eigentlich zur Anwendung kommt, ist mannigfaltige Möglichkeit des Irrthums *) gesezt.

§. 269.

Das Bewußtsein bis auf diesen Punkt entwikkelt gedacht ohne alles Eintreten des Deductionsprozesses ist eine Abstraction.

Der primitive Zustand **) ist eine Fiction. Das wirkliche Bewußtsein ist die Einigung beider. Eben wenn sie aus jener Action begriffen werden soll: so muß sie beiderseitig begriffen werden. Dem sinnlichen kommt allerdings eine Priorität zu, eben weil sich das Bewußtsein aus dem unbewußten entwikkelt, aber fast nur so lange die Thätigkeit noch unbestimmt und also unvollendet ist. Sobald sie bestimmt und abgeschlossen ist, muß auch die andre in ihr gedacht werden, eben weil alle Gegensäze

wird dieses chaotische der intellectuellen Function schon näher sein, aber immer noch den sinnlichen Charakter an sich tragen, und so werden von Stufe zu Stufe allgemeinere Bilder entstehen, von denen, wenn wir alles in ihnen zusammenfassen, immer dasselbe gelten wird als vorher, sie werden nur das Gesammtresultat geben, daß ein Aggregat von sinnlichen Merkmalen entsteht, mit denen allein wir das ganze Wesen des Begriffs noch nicht haben. (Vergl. A, XLI.)

*) Vorles. 1818. Verwechselung von Ding und Zustand, von Action und Passion. Einmischung des praktischen Interesses, die nur vermieden werden könnte bei potentiirter Reinheit, die nicht im Menschen ist, bei Reinheit von Sünde. (Vergl. A, XL—XLIII.; E, LXVIII.)

**) S. §. 255.

nur relativ sind. Indem wir also den Schematisirungsprozeß als sich verbreitend sezen (was nicht mehr ein momentanes ist), müssen wir auch den Deductionsprozeß als begonnen denken.

Sobald ein Spiel des Auf- und Absteigens bei der Urtheilsbildung entsteht, muß auch ein Bestreben sein das einem allgemeinen untergeordnete übersehen zu können, welches nur durch Eintheilung geschehen kann. Zu dieser aber fehlt es an allem Grunde, wenn nicht der Prozeß vom Anfang d. h. von oben angefangen hat.

Randbem. Diesen §. denke ich zu versparen zum Uebergang in den Deductionsprozeß *) — Ich habe ihn doch, aber ganz parenthetisch eingeschaltet. Nur freilich §. 268. und 270. konnten nicht getrennt werden **).

§. 270.

Der Schematisirungsprozeß mit dem dazu gehörigen Urtheilsgebiet sind an sich nicht das bedingte Denken, sondern eine untere Stufe, von der man eben so gut zu diesem als zum eigentlichen Denken kommen kann.

Randbem. Eben so wenig aber kann man sagen, das bedingte Denken sei nur aus denjenigen Acten, welche den Irrthum aufgenommen, zusammengesezt, sondern von diesen gehen nur auch Anwendungen aus. Jede neue Reihe fängt wie die ursprüngliche nur mit dem Wissenwollen an. —

Im bedingten Denken ist auch Deduction nicht minder als Induction, und dem eigentlichen Denken muß auch Schematismus vorangehen. In diesem ist sogar an sich keine Spur von einem Einfluß des Handelns. Der Schematismus kann also eben sowol zum einen als zum andern führen, und der Unterschied kann sich erst in der Deduction und der von ihr ausgehenden Combination recht entwikkeln.

---

*) So ist der Verf. 1831 zu Werke gegangen. S. Beil. E, LXX.; auch §. 278.

**) So in den Vorles. 1818.

§. 271.

Im schematischen Prozeß ist Wissen, sofern dieses ein dem Sein entsprechendes Denken ist.

Indem das allgemeine Bild mit dem einzelnen zugleich wird *), jenes aber vom idealen Princip in der intellectuellen Function repräsentirt herrührt, dieses hingegen vom realen in den Affectionen der organischen Function repräsentirt: so ist das Zugleichgeworden- und Durcheinanderbedingtsein beider der Abdrukk der ursprünglichen Einheit ihrer beiden Principien, wie denn auch die Ueberzeugung, daß in der Vorstellung auf ideale Weise das Sein gesezt ist, niemals fehlt **).

---

*) Nämlich weil die Verschiebbarkeit selbst verschiebbar den fließenden Gegensaz repräsentirt. Randbem. Vergl. E LXVII.

**) Vorles. 1822. a. Die allgemeinen Bilder, die sich gestalten, sind identisch mit dem System der angebornen Begriffe; b. die Beziehungen dieser allgemeinen Bilder sagen wirklich die Differenzen des Seins aus. Freilich wird nicht selten in der Beziehung eines einzelnen Bildes auf ein allgemeines geirrt, wenn man nämlich nicht das Zusammentreffen beider abwartet; aber das allgemeine Bild behält immer seine Wahrheit, wenn die Beziehung auch irrig ist.

Vorles. 1818. Ist nun wahres Wissen in dem, was wir hier haben? und welche Sicherheit haben wir darüber? Die Erfahrung weiß von keiner Sicherheit, denn die Geschichte aller Wissenschaften ist nichts als die Geschichte der Umbildungen des Begriffssystems, so daß genau genommen auch nicht die Mathematik eine Ausnahme macht. Denn der Unterschied der modernen und antiken Mathematik ist ein solcher, daß in der einen ein ganz anderes Begriffssystem der Actionen vorausgesezt wird als in der anderen. Dieser Erfahrung brauchen wir uns aber nicht durchaus zu unterwerfen, denn wir können sagen, das falsche komme eben daher, daß man nicht kritisch zu Werke gegangen sei. Auf der andern Seite indeß wird nicht nachzuweisen sein, daß auf diese Weise alles zu erklären ist. Betrachten wir also die Sache für sich allein. Was haben wir denn? Das einzelne Bild, den einzelnen Sinneseindrukk, wie er ein ganzes ausdrükkt, und dann ein gleichzeitig damit entstehendes mehr oder weniger allgemeines Bild. Ist das ein Wissen? Diese Frage müssen wir zwiefach theilen, denn es kommt an a. auf das einzelne Bild und das allgemeine, b. auf die Zusammengehörigkeit beider, und dann kommt es an 1. darauf, daß ein Sein repräsentirt werde, und 2. darauf, daß die Construction in allen denkenden dieselbe sei, welches beides vom einzelnen

§. 272.

Im demselben Prozeß ist Wissen auch als in allen gleich construirtes Denken, theils der Tendenz theils auch der Wirkung nach.

1. Der Tendenz nach, indem schon dieser Prozeß Rede hervorbringt. Die Unbestimmtheit des allgemeinen Bildes bedarf

---

Bilde und vom allgemeinen so wie auch von der Zusammengehörigkeit beider gelten muß. Betrachten wir die Sache zuerst in Beziehung auf das zuerst genannte Merkmal: so müssen wir sagen, der Sinneseindrukk ist absolute, aber darum auch die völlig unbestimmte Wahrheit. Aber indem wir hier von einem Bilde reden: so ist das schon eine Zusammenfassung von einfachen Sinneseindrükken. Die Skepsis hat also auch schon hier angefangen und gesagt, man könne nicht mehr wissen, ob das Bild wahr sei oder nicht. Räumen wir aber dieser Skepsis etwas ein: so kann es gar kein Wissen geben; bei den einzelnen Eindrükken müssen wir dann stehen bleiben und alle Combinationen sind unzuverlässig. Soll also Wissen sein: so muß auch in der Zusammenstellung Wahrheit sein; und daher der ursprüngliche Glaube aller Menschen an die Wahrheit der Bilder. Oft freilich erzeugt sich ein falsches Bild, zwei Gegenstände erscheinen mir oft als einer, aber habe ich dann schon ein allgemeines Bild dazu gehabt? Größtentheils nicht. Ich habe nicht gewußt, was das für ein Ding sei. Habe ich mir dennoch ein allgemeines Bild schon gemacht: so ist es mir aus der Erinnerung entstanden in Uebereilung, nicht aus dem Gegenstande selbst. Aber das Gefühl der Wahrheit haben wir auch immer erst im Zusammensein der einzelnen und der allgemeinen Bilder. Hieraus geht hervor, daß wir die Frage nicht theilen können, wie wir es beabsichtigten, denn es giebt kein Fürsichsein der einzelnen und der allgemeinen Bilder, sondern nur ein Zusammensein beider. Ein anderes ist aber ihr Zusammensein und ein anderes ihre Zusammengehörigkeit. Die Ueberzeugung von der Zusammengehörigkeit beruht darauf, daß das allgemeine Bild ein Product der intellectuellen Function ist, das einzelne ein Product der organischen, daß die intellectuelle Function, die Vernunft, das ganze ideale, die organischen Affectionen das ganze reale repräsentiren und daß beide in einander aufgehen, so daß es eins und dasselbe ist, glauben, daß das einzelne und das allgemeine Bild zusammengehören, und glauben, daß ideales und reales in einander aufgehen. Das Zusammensein aber giebt die Gewährleistung für die Wahrheit, indem in ihm gesezt ist das Zusammensein der das ideale repräsentirenden Vernunft und der das reale repräsentirenden organischen Affection. Hieran glauben ist nichts anderes als ans Wissen glauben.

einer anderweitigen Firirung. (Jeder fühlt stärker das Bedürfniß einem allgemeinen Bilde Namen zu geben als einem einzelnen.) Daher die erste Richtung auf ein Bezeichnungssystem. Warum dieses Rede wird, ist hier nicht zu untersuchen. — Damit die gleiche Construction erfahren werden könne, muß das Bewußtsein aus der persönlichen Verschlossenheit herausgehen und sich zur Vergleichung in die Mitte stellen. Dieses trifft zusammen damit, daß jedes einzelnen Dasein auch nur relativ für sich gesezt ist. In wiefern es also nicht für sich gesezt ist, muß er es fühlen als mit anderen Ein gemeinschaftliches bildend, und also ein Bestreben haben diese Gemeinschaft zu organisiren. Offenbar streben die Kinder schon nach Sprache und eignen sich viel davon an, ehe man ihnen etwas mehreres als den schematischen Prozeß zuschreiben kann.

2. Auch der Wirkung nach. Ein großer Theil der Stammwörter einer Sprache hat keine anderen Gegenstände als die allgemeinen Bilder (dies ist das wahre an der Behauptung, daß die Sprache ursprünglich sinnlicher Natur ist). In diesem ganzen Verkehr nun mit der Sprache liegt überall das Anerkenntniß der Identität der Bilder. Die Skepsis, daß ohnerachtet dieses Verkehrs die Vorstellungen selbst sehr verschieden sein könnten, ist in sich leer, und hat nur den Vorwand, daß dieser Punkt als ein schlechthin innerer für sich durchaus nicht kann nach außen gekehrt und zur Untersuchung gezogen werden. Aus dem Zusammenhang aber mit allen anderen Momenten des Prozesses ist die Identität der Vorstellung klar. — Genau angesehen ist das Verbreiten der Sprache von einer Generation zur anderen eine freiwillige Annahme, welche nur auf die Ueberzeugung von der Identität des bezeichneten Bildes gegründet ist. Auch eignen sich die Kinder nicht eher die Wörter an, bis sie das dadurch bezeichnete Bild haben construiren können *).

---

*) Vorles. 1818. Sehen wir auf das andre Merkmal des Wissens, so

fern es ein von allen gleich construirtes Denken ist: so ist es schwer darüber an und für sich zur Gewißheit zu kommen, wenn wir von dem ausgehen, was wir bis jezt haben. Wollten wir aber das andere erst hinzunehmen, dann würde es wieder schwer sein uns auf diesen Punkt zurükkzustellen. Wir müssen also eine andere Betrachtung dazwischen schieben und an dieselbe als an ein vermittelndes Glied anknüpfen. Nämlich es manifestirt sich überall die Gleichheit der Construction in der Gleichheit der Sprache. Bei demselben Wort denkt jeder im allgemeinen dasselbe; wo Identität der Sprache ist, da ist auch Identität der Construction des Denkens. Ist nun auch schon Sprache und Richtung darauf auf dem Gebiete der Begriffsbildung, auf welchem wir jezt stehen, und abgesehen von dem andern Element des Begriffsbildungsprozesses, mit dem wir es jezt noch nicht zu thun haben? Das kann niemand leugnen, denn schon die Erfahrung lehrt, daß die Kinder sich eine Menge von Sprachelementen aneignen, ehe der andre Prozeß der Begriffsbildung entwikkelt sein kann, und eben so, wenn wir die Sache selbst ansehen, können wir überall zwei verschiedene Perioden der Sprachbildung unterscheiden. Die eine scheint rein an diesem Prozeß des Schematisirens zu hangen; wogegen Wörter, welche ihrem Inhalt und ihrer Bildung nach darauf hinweisen, daß auch der entgegengesezte Prozeß, der des Eintheilens, zum Bewußtsein gekommen ist, die künstliche Seite der Sprache und erst die zweite und spätere Periode des Sprachbildungsprozesses ausmachen. Dies giebt sich deutlich zu erkennen, wenn man die Wörter betrachtet, die coordinirte Gegenstände ausdrükken; denn in der ersten Periode der Sprachbildung tritt darin nicht die Gleichheit hervor und nicht die gemeinschaftliche Einheit des höheren, die doch darin liegen müßten, wenn sie auf dem Wege von oben her, vom allgemeinen aus, entstanden wären, sondern man kommt ihnen erst später von dieser Seite zu Hülfe, und so unterscheidet man ein natürliches und ein künstliches System der Begriffe. Man sehe ein zoologisches oder botanisches System. Die eigentliche Terminologie darin ist Product der Deduction, und überall erst das zweite. Dieses nun angenommen, daß schon mit dem Prozeß des Schematisirens, mit welchem sich freilich der der Deduction zugleich aber zuvörderst nur bewußtlos und als das secundäre entwikkelt, die Richtung auf die Sprache gegeben ist: was liegt darin? was ist die Sprache? Wenn wir alles zufällige und alles rein physiologische bei Seite sezen und die Sprache nur in Beziehung auf das Denken, und zwar auf diesen Theil des Denkens betrachten, von welchem wir reden: so müssen wir sagen, die allgemeinen Bilder, die mit den einzelnen zugleich entstehen, können wir nur unter den Begriff des Zeichens subsumiren, und die Wörter sind eben auch Zeichen. Was ist der Unterschied zwischen beiden? Sagt man, das Schema, die sinnliche Seite des Begriffs ist das Zeichen von der Uebereinstimmung gewisser Gegenstände, und das Wort ist das Zeichen dieses Zeichens: so gewinnt man noch keine Anschauung, und es bleibt die Aufgabe zu bestimmen, was denn dies bedeute, daß im Menschen die Tendenz sei zu jenem Bezeichnungssystem noch das der Sprache hinzuzufügen. Wir müssen also die Sache auf folgende Weise betrachten. Stellen wir uns neben einander die sinnliche Seite des Begriffs und das Wort: so müssen wir, weil sie zusammengehören, etwas in ihnen finden, was identisch, etwas was different ist, und daraus muß das ganze Verhältniß anschaulich werden. Die Identität liegt nun darin, daß das Wort eben so gut Zeichen ist als das allgemeine Bild; das Wort soll dem allgemeinen Bilde entsprechen, ganz in ihm aufgehen und es ganz umfassen. Von dieser Seite also ist es ein bloßes Hinzufügen zu jenem, und wir können nicht herausbringen, wie der Mensch dazu komme nicht genug zu haben an dem Schema, wenn wir nicht auch die Differenz ins Auge fassen. Diese aber ist offenbar zwiefach. Wir haben nämlich gesehen, das allgemeine Bild würde nicht entstehen mit dem einzelnen zugleich, wenn nicht die Vernunft als beständig reger Trieb im Menschen wäre. Aber wir müssen doch gestehen, daß in der Entstehung des allgemeinen Bildes selbst doch die Einwirkung auf die organische Seite das dominirende ist, daß die Entstehung des allgemeinen Bildes vom einzelnen Bilde ausgeht. In der Erzeugung von diesem aber, wiefern es ein bestimmtes ist, ist der Mensch überwiegend passiv; nicht als ob es sich in ihm ohne seinen Willen erzeugte, aber es erzeugt sich durch einen Eindrukk, also durch Passivität von seiner Seite, die aber sein Wille ist. Vermöge seiner Abhängigkeit vom einzelnen Bilde ist demnach auch das allgemeine ein solches, daß, ohnerachtet die Vernunft als Trieb dabei thätig ist, die Passivität vorwaltet. Betrachten wir dagegen das Wort: so können wir zwar nicht auf das erste Entstehen der Sprache zurükkgehen; aber das brauchen wir auch nicht, sondern wir dürfen sie nur betrachten, wie sie vor uns liegt und so entsteht, um einzusehen, daß ihr Entstehen etwas activeres ist als das des allgemeinen Bildes. Der Mensch erfindet sich jezt zwar die Sprache nicht, sondern sie pflanzt sich fort von Generation zu Generation; aber wenn wir dies auch als Nachahmung im Kinde ansehen: so ist doch diese selbst Activität, und wir müssen sagen, Schema und Wort unterscheiden sich so, daß das erste ein aus überwiegender Passivität, das andre ein aus überwiegender Activität erzeugtes Zeichen ist. Und so sehen wir erst, wie beide zusammengehören, indem eins das andre ergänzt, und daß der Prozeß der Begriffsbildung sich erst vollendet, wenn das lezte zum ersten hinzukommt, wie denn auch der Mensch, ehe er das Wort hat, in einem durchaus unruhigen ängstlichen Zustande ist. — Eine andere viel offener zu Tage liegende Differenz ist diese, daß das innere Bild an und für sich immer ein inneres bleibt, das Wort aber immer ein äußeres ist. Freilich denkt der Mensch eigentlich erst, wenn der Sprachbildungsprozeß angeht, und sind nun Wort und Bild verwachsen: so führt er sich eben so innerlich die Wörter vor als die Bilder; aber das ist offenbar nicht das ursprüngliche, und dann ist das innere Sprechen immer nur

§. 273.

In diesem nämlichen Gebiet liegt aber auch schon die Relativität des Wissens.

1. Nämlich nicht nur in der Differenz der äußeren Seite der Sprachen, welche als zufällig könnte angenommen werden, wenn nur das innere harmonirte, sondern in der Irrationalität derselben. Sie ist stärker in den Prädicatswörtern als in den Subjectswörtern, aber sie ist doch auch in diesen und muß es um so mehr als (das rein mathematische der Form ausgenommen) in den Bildern doch organische Eindrükke aufgefaßt sind.

Vorbereitung zum äußeren, es ist das Wesen des Worts, daß es heraus will, um gehört zu werden. Das ganze Bezeichnungssystem des Bildes für sich bleibt immer im einzelnen Menschen verschlossen, wogegen die Sprache die active Seite dazu herstellt und die Schranken der Persönlichkeit durchbricht. Die Vernunft, auch als Trieb in allen dieselbe, und nach einer alten Lehre gleichsam nur wider Willen in der Persönlichkeit eingeschlossen, ist überall auf Gemeinschaftlichkeit gerichtet, sucht darum immer Vermittelung und bricht auf unserm Gebiet jene Schranken durch das Zusammengehören der Rede und des Ohrs. Das Bild können wir zwar auch äußerlich hinstellen, immer aber bezieht es sich auf die Sprache zurükk und sezt sie voraus; für sich würde es ein rein einzelnes und inneres sein, und erst die Sprache giebt die Gemeinschaftlichkeit. Was liegt hierin nun anderes als die Identität der Construction in allen? Man hat freilich auch hier die Skepsis anknüpfen wollen und gesagt, es sei doch ungewiß, ob bei demselben Wort alle auch dasselbe dächten, und es ist schwer dies zu widerlegen; aber sehen wir auf die innere Zusammengehörigkeit des Bildes und des Wortes, daß dieses das überwiegend active, die Vernunftthätigkeit, jenes überwiegend unsre Passivität, also das außer uns gesezte Sein und dessen Einwirkung auf uns repräsentirt: so kommen wir gleich auf unsre ursprüngliche Voraussezung dabei zurükk, auf die Identität des idealen und realen, so daß die Skepsis keinen Raum gewinnen kann. Jede Gemeinschaftlichkeit der Rede ist nichts anderes als Anerkennung der Identität unseres Denkprozesses; sie ist die Tendenz darauf und auch die Wirklichkeit des identischen Denkens selbst. Hier ist also wahres Wissen, weil keins seiner Merkmale fehlt. Nur können wir nicht umhin auch gleich auf die andre Seite zu sehen, denn das gesagte ist nur wahr für diejenigen, welche dieselbe Sprache reden; wie ist es denn nun aber, wenn Menschen verschiedene Sprachen reden? (S. den folg. §.).

Auch unter den einzelnen sind solche Relativitäten, treten aber nur unter denen hervor, welche überhaupt aus der Masse hervortreten. Von dem was wir Geist nennen ist die Basis Eigenthümichkeit des Schematismus.

Zwischen beiden nun giebt es der Abstufungen viele, indem dem einen dieses Gebiet dem andern jenes (Gebiet des Erkennens nämlich und ohne hier auf den allerdings großen Einfluß zu sehen, den das bedingte Denken hervorbringt) näher liegt und also Centrum der Beziehung wird.

2. Die Relativität des Wissens ist freilich nicht auf der Seite des Inductionsprozesses allein; wir finden sie hier aber zuerst, und müssen sie also ansehen als wenigstens auch und ursprünglich im Organismus gegründet, indem wir unentschieden lassen, ob sie auch auf der Vernunftseite ursprünglich gegründet sei *).

§. 274.

Da die Differenz des gedachten und die Identität des Denkens im Streit sind: so muß entweder wo die Relativität ist kein Wissen sein, oder die Relativität muß selbst auf ein Wissen gebracht werden.

Daß der Streit aufgehoben ist im ersten Fall, ist klar; aber alles relative ginge dann in das Gebiet des unbestimmten Denkens über. Im lezten Fall wäre aber auch eine identische Construction, in sofern jeder alle Relativitäten mitconstruirte **).

§. 275.

Nur das absolute, wie es im Bewußtsein nie für sich vorkommt, und die gehaltlose Vorstellung der bloßen Materie sind von aller Relativität frei.

Das subtractive Verfahren, alles aus dem Gebiet des Wis-

*) Vergl. A, XXXVIII. XXXIX.; E, LXIX.
**) Vergl. §. 91. 123—127. A, XXXIX.

sens hinauszuweisen was von der Relativität tingirt ist, ließe kein reales Wissen zu. Denn da auch die allgemeinsten realen Vorstellungen organische Eindrükke in sich tragen und diese alle durch den Schematismus bedingt sind, in diesem aber der Einfluß der Eigenthümlichkeit der Eindrükke sich bis oben hin erstrekkt: so bleibt als frei von der Relativität nur dasjenige Denken übrig, in welchem seiner Weite wegen das bildliche völlig verschwindet, oder dasjenige, in welchem von dem Gehalt des Eindrukks abstrahirt und der Eindrukk selbst nur im allgemeinen gesezt wird. Und dies sind die beiden außerhalb des eigentlichen Gebietes der Begriffe liegenden Vorstellungen *).

Randbem. (wahrscheinlich v. J. 1828). Das absolute als nicht schematisirbar habe ich weggelassen, die Materie aber nach §. 277. behandelt und zwar um zu zeigen, daß im Schematisirungsprozeß abgeschlossen keine Entgegensezung vorkommt. Die Schemata sind nicht einander entgegengesezt,

---

*) Vorles. 1818. Grenzen der Differenz sind nur die Vorstellung der der bloßen Materie als der unendlichen unbestimmten Mannigfaltigkeit, und das absolute Subject, von welchem die Mannigfaltigkeit ausgeschlossen ist; übrigens geht sie durch das ganze Spiel des Geistes in der Begriffsbildung hindurch.

Vorles. 1822. Die Vorstellung der bloßen Materie geht den bestimmten Eindrükken, wodurch Subjecte bestimmt werden, voran, und Differenz ist in ihr nicht möglich, weil in ihr selbst die chaotische Verworrenheit von Differenz und Indifferenz gesezt ist. Geht die Differenz des Denkens an, sobald die an sich stätige intellectuelle Function in ihrer Wirkung auf die innere Seite des Sinnes eine bestimmte wird: so geht sie an mit der Gestaltung des allgemeinen Bildes. Diese ist nur denkbar unter Voraussezung eines Gegensazes. Vor dem Gegensaze ist aber die Identität aller Gegensäze, das absolute Subject, also keine Differenz. Beide aber, die gehaltlose Vorstellung der bloßen Materie und die absolute Einheit des Seins, in welcher alle Gegensäze eingeschlossen sind, sind nur Grundbedingungen des Denkens, nicht das wirkliche Denken selbst; dieses leztere als das zwischen ihnen liegende, ist nothwendig auch different, denn da es nie ohne organische Function, also nie ohne das ist, worin wir hier die Differenz begründet gefunden haben: so muß es auch etwas von der Differenz selbst in sich tragen. Die Aufgabe kann also nur sein, die Relativität selbst auf ein Wissen zurükkzuführen.

sondern nur die chaotische Unbestimmtheit ist ihnen entgegengesezt, aber nur als Verneinung, und deren gleichsam Schatten am Schema ist die Vorstellung der bloßen Materie *).

§. 276.

Die Relativität kann zum Wissen nur erhoben werden durch das kritische Verfahren, welches also ein unnachläßliges Correlatum des unmittelbaren ist.

Kritisch ist im allgemeinen überall die Construction des individuellen in einen Begriff. Die Relativität wird aber nur gewußt, wenn das individuelle Princip darin gewußt d. h. in einem Begriff aufgefaßt ist. Sonst ist in allem Wissen das relativirte desselben ungewußt, und da dieses alles reale Wissen durchdringt: so ist nichts ein rein gewußtes **).

§. 277.

Das Fortlaufen des kritischen Verfahrens neben dem directen bestimmt das Gebiet des Wissens im engeren Sinne.

Die große Masse ist nicht im Besiz des kritischen Elementes, aber auch nicht in Berührung mit dem außer der Sprache gelegenen. Die ganze Aufgabe des Wissens ist für sie auf dieses Gebiet beschränkt, und so auch bei den engeren Kreisen. Die allgemeinere und selbständigere Anschauung bringt auch gleich die kritische Aufgabe hervor.

Anmerk. Die Principien des kritischen Verfahrens selbst können nicht auf den Schematismus allein gehen, und sind also auch hier nicht auszuführen.

Randbem. (wahrscheinlich v. J. 1828). In sofern also scheidet sich das reine Denken vom bedingten durch das jenem zukommende philologische Interesse und hier der Zusammenhang dieses ganzen Gebietes mit der allgemeinen dialektischen Aufgabe.

---

*) Vergl. E, LXIX. 12.

**) Vergl. A, XXXIX. XL., E, LXIX, 11.

Daher hängt nun die bestimmte Sonderung des wissenschaftlichen Gebietes ab vom Zusammenstoß der Völker.

Es giebt zwar auch innerhalb einer jeden Sprache Relativitäten, dialektische, die aber mehr formell sind und das materielle ist nur fein; auch Relativitäten verschiedener Gesellschaftsclassen, aber diese verlieren sich mehr in Entwikkelungsstufen.

§. 278 *).

Der Deductionsprozeß besteht auch aus zwei nicht von einander zu trennenden Momenten, dem Sezen eines Theilungsgrundes und dem Sezen der aus der Einheit vermittelst desselben zu sezenden Vielheit.

Im erfahrungsmäßigen Zustand des Bewußtseins betrachtet ist ein Herabsteigen nur denkbar vermittelst eines Theilungsgrundes. Ist aber ein vollständiger Begriff von der höheren Einheit gegeben: so muß auch mit dem richtigen Theilungsgrunde zugleich die Totalität der Arten gesezt sein. Der Theilungsgrund ist auf der Seite des Schema nichts anderes als der Umfang der Verschiebbarkeit.

Dasselbe auf den fingirten aber doch die allgemeine Geschichte enthaltenden primitiven Zustand angewendet ergiebt, daß die unbestimmte Einheit nicht eher bestimmt werden kann als mit der Zweiheit zugleich **).

---

*) Randbem. (wahrscheinlich von 1828). Ich habe hier zu zeigen gesucht — Parallele zwischen beiden —, Identität von Bild auffassen und zum Schema erheben sei eben so wie Identität von Theilungsgrund sezen und Duplicität erzeugen. In lezterem sei eben so Einfluß der organischen Seite wie in ersterem Einfluß der intellectuellen. — Beides Induction und Deduction sei zwar als relatives Uebergewicht an und für sich völlig gleich, aber in der zeitlichen Entwikkelung sei Priorität der organischen Seite nothwendig. Der intellectuelle Factor könne nicht in das Gebiet der zeitlichen Entwikkelung eintreten und also erfüllendes Bewußtsein werden als durch Beziehung auf die ursprüngliche That des organischen. — Vergl. A, XLIII.; E, LXX. LXXV.; ferner §. 269.

**) Vorles. 1818. Wo kann der Deductionsprozeß angehen? Der ursprüngliche Anfangspunkt ist der, wo wir nichts voraussezen als die intellectuelle Function als Thätigkeit der Vernunft das System der Begriffe zum Bewußtsein zu bringen, und das ganze System der Sinne geöffnet. Von der einen Seite ausgehend fanden wir, daß zuerst im Sinne gesezt ist die unbestimmte Mannigfaltigkeit, daß aber durch sein Zusammensein mit der intellectuellen Function daraus einzelnes geschieden und hiemit auch allgemein gesezt wird. Dabei erschien aber die intellectuelle Function bloß als conditio sine qua non. Dasjenige dagegen, dessen Bestimmtheit in der Thätigkeit der intellectuellen Function gegründet ist, muß sein die Art, wie aus einer vorausgesezten Einheit eine bestimmte Vielheit entsteht, also ein Theilungsgrund; die andre Seite war ein Zusammenfassen.

Vorles. 1822. Der Deductionsprozeß hängt an der intellectuellen Function und geht von dieser aus. Die Grenze des Denkens von hier aus war die absolute Einheit des Seins, eingeschlossen alle Entgegensezung. Was von diesem Punkte aus wirkliches Denken werden soll, muß sich von ihm entfernen, weil er nur eine Grenze ist, d. h. die Einheit muß eine Vielheit werden und die eingeschlossene Entgegensezung eine entwikkelte. Da haben wir zwei nicht zu trennende Momente für diesen Prozeß, das Sezen eines Theilungsgrundes und der vermittelst desselben aus der Einheit zu entwikkelnden Vielheit. Jeder Begriff ist jener Grenze zugewendet, sofern er ein höherer ist, und wir werden den Prozeß uns vorbilden, wenn wir sehen, wie aus dem höheren Begriff der niedere entsteht. So lange die niederen Begriffe nicht als Totalität als Cyclus dargestellt werden, sind sie kein Wissen; sie müssen den höheren vollkommen erschöpfen. Die Vielheit muß also eine abgeschlossene und ganze sein. Aber auf welchem Wege gelangt man von den höheren Begriffen zu den niederen? In jedem niederen ist der höhere ganz gesezt, aber alles, was im höheren liegt, ist im niederen eigenthümlich bestimmt, und jeder niedere ist den anderen entgegengesezt. Also allein auf dem Wege der Entgegensezung innerhalb des Gehaltes eines höheren lassen sich die niederen finden. Um hiefür die Kanones zu finden, müssen wir wieder auf den Punkt zurükkgehen, wo das wirkliche Denken uns entsteht, also auf den ersten Anfang des Inductionsprozesses. Da sind wir uns auch immer des Deductionsprozesses als mitwirkend bewußt; denn es ist immer die Entgegensezung von Subjects- und Prädicatsbegriff, von Ding und Action darin. In diesem Gegensaz also haben wir das erste Ergreifen des Deductionsprozesses. Die bestimmende Thätigkeit ist die Spontaneität; das bestimmbare ist die chaotische Masse der organischen Eindrükke, d. h. die Receptivität, in welcher das Wissen nicht ist. In der bestimmenden Agilität des Geistes ist aber auch der Inhalt nicht, der ihr nur kann gegeben werden durch die entgegengesezte Seite. In der bestimmenden Agilität ist also mit der Spontaneität zugleich die Form des Wissens, aber ohne den Inhalt; auf der bestimmbaren Seite ist mit der Receptivität zugleich der Inhalt, aber ohne die Form, und durch das Ueberschlagen beider in einander wird das wirkliche Denken. (S. den folg. §.)

§. 279.

Im Hinsehen auf die ursprünglichen Acte des Inductionsprozesses liegt die Möglichkeit der ursprünglichen Acte des Deductionsprozesses.

Nämlich die Bestimmung, in der das Wissen ist, ist Spontaneität. Die chaotische Masse des Eindrukks, in der das Wissen nicht ist, ist Receptivität. Das äußere Sein ist also das die Affection hervorbringende aber zugleich das Wissen nicht hervorbringen könnende, und das eigne Sein ist das das Wissen hervorbringende, welches aber die organische Affection als solche nicht hervorbringen kann, das eine das ideale, das andre das reale. Die unbestimmte Einheit wird die bestimmte, die allgemeine Vorstellung des Seins mit der Vielheit zugleich *).

Anmerk. Ein anders construirter Gegensaz, wo nämlich die eine Seite nur negativ ist, giebt keinen Theilungsgrund; denn aus der bloßen Negation läßt sich wieder keine Vielheit hernach ableiten **).

*) Randbem. (wahrscheinlich von 1828). Die Entgegensezung ist eine wahre, weil in jedem Gliede gesezt und verneint ist. Das Anfüllen, dem das Denken verneint ist; das Denken, dem das Anfüllen verneint ist. (Vergl. E, LXXI. LXXII.)

**) Vorles. 1818. Wo ist denn die Einheit, die getheilt werden soll? Offenbar müssen wir hier sagen, daß, so wie die Bestimmtheit des Eindrukks, der einzelnes und allgemeines Bild wurde, in der organischen Function gegründet war, aber ohne die intellectuelle Function nicht zu Stande kommen konnte, so dasjenige, dessen Bestimmtheit in der intellectuellen Function gegründet ist, nicht zu Stande kommen kann ohne die organische Function. Daß der geöffnete Sinn vom Sein afficirt wird, ist die Bedingung für das Zu Stande kommen der Theilung einer Einheit. Wäre es anders, wäre in der Vernnnft die Einheit wie der Theilungsgrund gesezt: so wäre die organische Function ganz überflüssig; eins davon muß also in dieser sein, und zwar die Einheit ist es, die getheilt werden soll. Was giebt denn die organische Function in ihrem Afficirtsein für eine Einheit her, die getheilt werden kann? Ursprünglich giebt sie nichts andres als die chaotische Mannigfaltigkeit. Diese ist aber nur in sofern chaotisch, als sie eben so gut als Einheit angesehen werden kann wie auch als Vielheit; denn ohne das wäre sie nicht unbestimmte sondern bestimmte Mannigfaltigkeit. Die erste Seite der Begriffsbildung nun bildet die Einheit heraus, denn jedes bestimmte Bild ist eine Einheit, eine aus mannigfaltigem zusammengefaßte Einheit. Sehen wir aber auf die entgegengesezte Seite: so müssen wir sagen, dasjenige, dessen Bestimmtheit in der intellectuellen Function gegründet ist, muß aus der chaotischen unbestimmten Mannigfaltigkeit nicht die Einheit sondern die bestimmte Vielheit herausbilden. Jede bestimmte Vielheit beruht aber auf einer Entgegensezung, diese aber wieder auf der Einheit, so daß, so lange die Einheit nicht gefunden ist, zwar unterschieden aber nicht entgegengesezt wird, und das darum, weil noch eine unendliche Menge von Gegensäzen möglich ist. Unsre Seite der Begriffsbildung manifestirt sich also nicht eher, bis die unbestimmte Mannigfaltigkeit des Organischafficirtseins vorausgesezt wird als Einheit, die getheilt, d. h. in der entgegengesezt werden soll.

Wir sahen, der erste Act, der aber den Grund seiner Bestimmtheit in der organischen Function hat, ist der, daß ein einzelnes Bild aus der allgemeinen Unbestimmtheit ausgesondert wird. Die unbestimmte Mannigfaltigkeit sei x, und daraus sondere sich ein Bild a: so könnte man meinen x sei getheilt in a und non a, und indem a allem übrigen entgegengesezt werde, sei hier auch die intellectuelle Function thätig gewesen. Aber dem ist nicht so, sondern a ist nur ausgesondert, und das Aussondern ist nicht Thätigkeit der intellectuellen sondern der organischen Function; die intellectuelle ist dabei nur conditio sine qua non. Wo Theilung, Entgegensezung ist, da müssen beide Glieder ganz bestimmt sein, was nicht der Fall ist, wenn das eine nur verneint; und nur das Entgegensezen, wie wenn ich sage, x ist getheilt in a und b, ist die eigentliche Function des intellectuellen. (S. E, XXVII.) Giebt es nun einen Act, der von demselben Punkte anfängt und sich zur intellectuellen Function verhält wie der des Aussonderns zur organischen, also diesem coordinirt ist? Diese Frage können wir nicht beantworten, als indem wir den Versuch machen solchen Act hervorzubringen. Wir denken uns wieder hinein in den primitiven Zustand und sezen im Menschen diese beiden Momente, die Vernunftthätigkeit, die das System der Begriffe zum Bewußtsein bringen will, indem sie dem nachgeht, was der organischen Seite im Zusammensein mit dem außer uns gesezten Sein begegnet, und daneben den verworrenen Eindrukk, der überall statt findet bei geöffneten Sinnen, und den wir eben so als Einheit wie auch als Mannigfaltigkeit ansehen können. Kann nun in dieser bloß unbestimmten Mannigfaltigkeit die Vernunftthätigkeit eine reale Entgegensezung hervorbringen? Wo sollte diese herkommen? Aus dem äußeren Bewußtsein nicht, denn das giebt es noch nicht, das ist erst da, wenn sich bestimmte Bilder ausgesondert haben, und unsre Frage ist eben diese, ob die intellectuelle Function eine reale Entgegensezung gleichzeitig mit dem Entstehen des einzelnen Bildes, nicht nach demselben, hervorzubringen vermöge. Vom äußeren Bewußtsein kommt uns also die Theilung nicht. Nun haben wir außer diesem das Selbstbewußtsein. Hier haben wir schon eine wirkliche Theilung. Nämlich die Vernunftthätigkeit, die wir voraussezen, diese innere Richtung das System der Begriffe zum Bewußtsein zu bringen, wäre nicht Trieb sondern Handeln, wenn sie den Gesammteindrukk und die Sonderung durch sich selbst mit hervorbringen könnte. Das kann sie aber nicht, sondern wie ihre Hauptrichtung darauf geht alles, was ihr gegeben ist, zu theilen: so sezt sie, soll sie sich ihrer bewußt werden, die organische Thätigkeit voraus als die der ihrigen relativ entgegengesezte. Sie kann sich ihrer nur bewußt sein, indem sie sich sezt als solche, die theilen könnte, wenn ihr etwas theilbares gegeben wäre, die also immer mit dem andern das Bewußtsein constituirenden Element zusammentreffen muß. Diese erste untergeordnete Stufe des Selbstbewußtseins schließt also gleich diese Duplicität in sich, die intellectuelle Function, welche die Theilung hervorbringen könnte, wenn die zu theilende Einheit gegeben wäre, und die organische Function, welche die Theilung nicht hervorbringen kann, wohl aber das Zusammfassen. Und diese Duplicität ist wahre Theilung. Denn denken wir uns das Selbstbewußtsein als Einheit in seinem ersten Entstehen: so müssen wir doch unterscheiden, wie das Erfülltsein der organischen Function als solches überwiegend Passivität ist, das Theilenwollen dagegen in der intellectuellen Function überwiegend Activität, und also sagen, daß beide Momente zugleich gesezt werden, aber als einander entgegengesezt, das eine als Uebergewicht der Activität, das andre als Uebergewicht der Passivität. Jedes dieser Glieder hat einen bestimmten Charakter, und wir können nicht etwa die Passivität nur für eine Negation der Activität halten; das Uebergewicht der Passivität ist das Bewußtsein des peripherischen, des uns umgebenden, das Uebergewicht der Activität das des centralen Seins. — Gehen wir noch einmal zurükk auf den Anfang der sinnlichen Seite des Begriffsbildungsprozesses, auf das Entstehen des einzelnen Bildes mit dem allgemeinen. Dies kann sich nicht herausheben als indem es der chaotischen Masse gegenüber gestellt wird. Was kann nun hier entgegengesezt werden? Nur die überwiegende Thätigkeit, welche in dieser Operation ist, dem überwiegenden Leiden in der chaotischen Totalität des Eindrukks auf das Geöffnetsein des Sinnes. Es ließe sich das ganze freilich auch ohne Entgegensezung denken, nämlich so, daß man sagte, die chaotische Totalität des Eindrukks ist das Werden der einzelnen Bilder, und was entstanden ist, das Gewordensein. So ist keine Entgegensezung, aber das ist gewiß, daß auf diese Weise kein Bewußtsein entsteht, denn erst aus jener Entgegensezung entsteht das Selbstbewußtsein unter der Form des Ich, und das Entstehen dieses Selbstbewußtseins ist die natürliche Folge, welche schon die erste Periode der Erzeugung der Bilder begleitet; denn das Bewußtsein darf noch gar nicht mit einer großen Menge von Bildern erfüllt sein, so ist das Bild des Ich auch schon mit entstanden, was sich nur begreifen läßt aus jener Entgegensezung. Wollten wir davon ausgehen, daß sich im werdenden Bewußtsein nichts entwikkelt als das bloße Werden der Bilder: so entstände kein Selbstbewußtsein der Totalität der Gegenstände gegenüber. Wir müssen also die Entgegensezung festhalten und sagen, daß auch schon die ersten Resultate der sinnlichen Seite der Begriffsbildung nicht entstehen könnten ohne die Thätigkeit der intellectuellen Seite, welche die Theilungsgründe sezt und in Folge derselben eine Vielheit (S. §. 269.)

Um das eben gesagte zu erläutern, müssen wir die Sache noch von einer andern Seite ansehen. Man denke sich wieder den chaotischen Zustand des erst werdenden Bewußtseins und vergleiche damit den zweiten Moment, wo eine Mannigfaltigkeit von Bildern das Bewußtsein erfüllt: so ist hier offenbar eine Vielheit entstanden aus dem vorigen, das weder bestimmte Einheit war noch bestimmte Vielheit, also unbestimmt ob aus Einheit oder aus Vielheit. Betrachtet man es so: so sind diese beiden Wege, die bestimmte Vielheit ist geworden entweder aus der unbestimmten Mannigfaltigkeit, und dann ist kein Gegensaz, oder aus der unbestimmten Einheit. Sind wir nun genöthigt zu sagen, sie sei durch Entgegensezung entstanden: so muß sie aus der unbestimmten Einheit geworden sein, in der ein Theilungsgrund gesezt ist oder mehrere.

In wiefern ist nun das chaotische die unvollkommne Einheit und die unbestimmte Vielheit? Sieht man auf das, was den Sinn erregt, d. h. auf den äußeren Factor: so ist es Vielheit, aber unbestimmte; es ist die Welt, die uns erregt, aber die in dem Sinn sich wieder verwirrende. Sieht man auf das Ich, auf den innern Factor: so ist es Einheit, aber auch unbestimmte. Das Ich ist die Einheit, die Welt ist die Vielheit, die chaotische Masse ist weder das eine noch das andre, und darum ist sie unbestimmte Einheit und Vielheit. Die Vielheit, so daß das Ich zugleich damit wird, kann aus dem chaotischen nur entstanden sein durch das Ausgehen von der Einheit, nur dadurch, daß ein Theilungsgrund gesezt und das objective und subjective aus dem unbestimmt chaotischen als aus einem doppelten Sein ausgeschieden wird, also nur durch Entgegensezung. Der Gegensaz liegt aber in der überwiegenden Thätigkeit auf der einen Seite und in dem überwiegenden Leiden auf der andern, dem aber gegenübersteht ein überwiegendes Leiden auf jener und eine überwiegende Thätigkeit auf dieser Seite. Aus der ursprünglichen Verworrenheit sehen wir also zweierlei entstehen, das Bewußtsein der Dinge unter der Form des Bildes und das Selbstbewußtsein unter der Form des Ich. Entgegengesezt müssen beide sein, da sie aus einem und demselben ausgeschieden sind, aber wie? Das Object wird im Bewußtsein gesezt als der Grund des Eindrukks, der im Bewußtsein selbst das Leiden ist; es wirkt, und ist also das überwiegend thätige, während dann im Subject, im Ich, überwiegend das Leiden ist. Hier haben wir also die überwiegende Thätigkeit im äußern, das überwiegende Leiden im innern Factor. Auf der andern Seite haben wir im Selbstbewußtsein nichts anderes als die Thätigkeit der Vernunft, welche die Begriffe bilden will, und durch welche aus dem unbestimmten das bestimmte Bewußtsein wird. In diesem bestimmten Bewußtsein wird durch die intellectuelle Function das Object des Bewußtseins erkannt, das sich also hier umgekehrt zur innern Thätigkeit verhält als das leidende. Hier haben wir nun den doppelten Gegensaz und auf ihm ruht die erste bestimmte aus dem verworrenen entstehende Vielheit. Haben wir nun dieses: so müssen wir freilich sagen, daß der Antheil der intellectuellen Function an diesem Product immer nur noch ein untergeordneter ist. Das beruht aber darauf, daß auf dieser Stufe die sinnliche Seite noch durchaus dominirt. Wollen wir uns dessen noch genauer bewußt werden: so brauchen wir nur die Betrachtung anzustellen, daß die sinnliche Seite der Begriffsbildung hier nur einen kurzen Weg zurükkgelegt hat, die intellectuelle einen langen, womit die Ungleichheit gesezt ist. Nämlich das Bild in dieser Duplicität des einzelnen und des allgemeinen, des bestimmten und verschiebbaren, liegt ganz auf der Seite des sinnlichen Eindrukks, es hat ganz den sinnlichen Charakter desselben, und das ganze Resultat liegt also dem sinnlichen Ursprunge des Bewußtseins nahe. Dagegen wenn wir nun die intellectuelle Function im Begriffbilden so auffassen, sie sei das theilende und ihre beiden Momente bestehen darin, in einer vorgelegten Einheit einen Theilungsgrund zu finden und daraus eine Vielheit zu constituiren, wie umgekehrt auf der von unten aufsteigenden Seite aus der Vielheit eine Einheit entsteht, und wir fragen, was ist denn hier das Resultat?: so ist es nur das Ich, das ein ganz einzelnes ist, und die ersten allgemeinen Bilder, die dem Ich sehr nahe liegen. Sollte dies durch Theilung entstanden sein: wie viel mußte da schon getheilt sein? Der Theilungsprozeß hat also hier schon einen langen Weg zurükkgelegt bis an die äußersten Enden, erst auf diesem fernsten Punkte hat er etwas ausgerichtet, und das ist die Unvollkommenheit dieser Seite. Das erste Resultat des Bewußtseins ist also überwiegend entstanden aus der sinnlichen Seite aber bedingt durch die hinzukommende wiewol noch unvollkommne intellectuelle Thätigkeit.

Betrachten wir den Antheil der intellectuellen Thätigkeit an der Begriffsbildung noch näher. Theilungsgründe machen heißt Gegensäze machen und vermittelst dieser aus der Einheit eine Vielheit constituiren. Dazu muß also eine Einheit ursprünglich gegeben sein, worin Gegensaz und Vielheit zu finden ist. Was ist diese Einheit? Einige sagen, Die höchste abstracte Einheit, von der sich nichts aussagen läßt, und in der ein Theilungsgrund schlechthin gesezt werden muß. Andere sagen, Die Welt, die Totalität selbst; denn die Einheit solle hernach als Vielheit aufgestellt werden, die Theilungsgründe sollen in ihr selbst liegen, und durch Auffindung derselben solle das System der Begriffe zum Bewußtsein kommen, das doch nichts sei als die Idee der Welt auf der idealen Seite. Wie sollen wir zwischen beiden wählen? Nach Neigung? und anders könnten wir nicht, wenn wir hier stehen blieben. Aber das hieße das ganze Verfahren vernichten, denn wir müßten dabei von einer vorgefaßten auf bewußtlose Weise entstandenen selbst bewußtlosen und der Kunst entgegengesezten Meinung ausgehen. Es bleibt also nur übrig, daß wir uns von unserm Punkte zugleich auf einen anderen stellen, um

§. 280.

Der Gegensaz des idealen und realen und des objectiven und subjectiven liegt in der Indifferenz des Seins und Thuns.

Denn er geht noch auf den ersten Moment des Inductionsprozesses, also nicht auf das beharrliche sondern momentane, in dem kein einzelnes Sein als solches ausgeschieden ist.

§. 281.

Sobald er auf das beharrliche angewendet wird, kann Irrthum entstehen, wenn ein Theilungsgrund für das Sein auf das Thun angewendet wird und umgekehrt.

Die unbestimmte Vorstellung von der Totalität des Bildes unter den Gegensaz gestellt, ist eine erste vorläufige Vorstellung von der Welt.

---

uns von da aus ohne vorgefaßte Meinung zu entscheiden. Nun haben wir aber zu unserm Punkte, nämlich zur intellectuellen Function, keinen anderen, auf den wir uns stellen könnten, als die organische Function, den sinnlichen Factor der Begriffsbildung. Auf diesen stellen wir uns und sagen, Da uns nichts gegeben ist ehe unser Bewußtsein bis auf den Punkt entwikkelt ist, wo wir das Resultat der Entgegensezung finden, als die chaotische Totalität des Eindrukks in der sinnlichen Function der Begriffsbildung: so muß in dieser chaotischen Totalität die Einheit liegen, die getheilt wird. Die chaotische Totalität des Eindrukks ist immer Bild der ganzen Welt, denn diese steht immer dem geöffneten Sinne mittelbar oder unmittelbar gegenüber, unmittelbar versteht sich nur auf repräsentative Weise, den Theil für das ganze genommen, mittelbar aber eigentlich. Die chaotische Totalität des Eindrukks also, sofern sie selbst das Bild der ganzen Welt ist, ist die zu theilende Einheit. Sobald sie aber als ein lebendiges aufgefaßt wird, stekkt in ihr die Verbindung jener zwiefachen Entgegensezung von Thätigkeit und Leiden. Hier ist also der Theilungsgrund und hievon geht die erste Production der bestimmten Vielheit aus. Auf der andern Seite gilt, daß diese zweite Seite der Begriffsbildung in der zeitlichen Entwikkelung angesehen viel complicirter erscheint als die erste, denn sie legt einen weit größeren Weg zurükk als die sinnliche Function. (Vergl. A, XLIV.)

Die Eintheilung der Welt in Geisterwelt und Körperwelt ist voreilige Anwendung des Gegensazes auf das Sein, indem geistiges Sein in der Trennung vom körperlichen gar nicht gegeben und kein Grund gesezt ist ein bloß körperliches als ein für sich bestehendes anzusehen *).

Der falsche Gegensaz von Spiritualismus und Materialismus entsteht eben daher.

§. 282.

In der Beziehung eines Theilungsgrundes auf ein Sein oder ein Thun ist keine Gewißheit als in sofern der Inductionsprozeß das Substrat liefert.

Nämlich durch den Saz des Widerspruchs ist hier nichts auszurichten. Also bleibt die Möglichkeit nach beiden Seiten gesezt, und es ist nur das Zusammentreffen mit dem System der Schemata was entscheidet **).

§. 283.

Wie im ersten und zweiten ursprünglichen Moment so muß der Deductionsprozeß überall auf den Inductionsprozeß zurükkgehen.

Ein Moment enthält nicht das Gesez der Bewegung; zwei aber müssen es enthalten.

§. 284.

Wie das erste Resultat kein Begriff ist: so ist

---

*) S. E, LXXVI. 21. Vorles.

**) Vorles. 1822. Jedes Denken, wiefern es ein Wissen sein soll, muß eben so gut vom Inductions- wie vom Deductionsprozeß ausgehen. Hätten wir jenen Gegensaz von Geister- und Körperwelt wol erhalten können im Schematisirungsprozeß? Unmöglich, denn wir selbst sind immer nur Identität des geistigen und leiblichen, und ein geistiges für sich kann uns nie gegeben sein. Wo also die Probe von der andern Seite unmöglich ist, da können wir bestimmt den Irrthum sezen. — Vergl. Beil. E. LXXVI. 21. Vorles.

auch jedes Resultat des Deductionsprozesses an sich kein Begriff, sondern Formel.

In der vorläufigen Vorstellung der Welt, wie sie dem Deductionsprozeß angehört, ist noch lange nicht der Begriff. Die Theilung ist nicht ins kleine hin wirklich vollzogen, sondern nur die Regel angegeben, wie sie vollzogen werden soll, und darin liegen implicite alle anderen Resultate desselben Prozesses, die also auch nichts anderes sein können. — Die Formel ist die Bestimmung eines bestimmten Gebietes des Seins aus den Theilungsgründen eines höheren, also zulezt aus dem System der Theilungsgründe. Begriff selbst ist sie nur, in wiefern das höhere Gebiet als vollständiger Begriff aufgestellt war, also immer nur durch Zusammensein mit dem Inductionsprozeß.

§. 285.

Der Begriff ist eigentlich nur in der vollständigen Durchdringung von Formel und Schema.

In der Formel ist nichts an sich, was den Umfang der Actionen des Dinges bestimmte, das Schema hingegen enthält die äußere also den anderen Dingen zugewendete Seite eines jeden, den Inbegriff der Actionen. Im Schema hingegen ist das Wesen des Dinges nicht unmittelbar gesezt, weil mit dem mannigfaltigen nicht der Grund der Nothwendigkeit der Verknüpfung gesezt ist. Der Begriff aber ist erst vollständig, wenn eins aus dem andern hervorgeht; bis dahin ist er noch im Werden *).

*) Vergl. A, XLV; E, LXXIV, 19. — Vorles. 1818. Hier ergiebt sich der erste, allgemeinste Kanon, der allerdings nur der Trägheit entgegengesezt ist, keinen Begriff für vollendet zu halten, bis Formel und Bild, jedes für sich, so vollständig geworden sind, daß eins aus dem andern verstanden werden kann. Freilich müssen wir uns hiebei bescheiden, daß wir auf die Weise noch keinen einzigen richtigen Begriff haben, aber die höchste Vollkommenheit ist dieses und das Ziel der Begriffsbildung in der Wissenschaft, und unsere Aufgabe ist immer an der Berichtigung

§. 286.

Schon wegen des Ausgehens vn entgegengesez-ten Punkten ist die Begriffsbildung nicht als ein continuum von beiden Punkten aus is zu Ende zu denken.

Die allgemeinsten Schemata sind auch ie unbestimmtesten, dagegen die allgemeinsten Formeln die unmitelbar klærsten sind; diese ungleichen Elemente können sich nicht urchdringen. Eben so die besondersten Schemata die bestimmtesta, die besondersten Formeln aber die complicirtesten; nur im wechselnden Auf- und Absteigen ist die Approximation. Also diess Wechseln aufgegeben.

Auf der andern Seite werden beide Pozesse subjectiv vereinzelt und es entstehen neben einander laufade Reihen, die erst in Zusammenhang müssen gebracht werden. Das angeborne System kommt in keinem ganz zum Bewußtsei *).

§. 287.

Man bedarf also zweierlei Regel, für das einzelne Verfahren als abgerissen angesehn, und für das Verfahren überhaupt als identisch betachtet.

Das abgerissene Verfahren fällt immer unter das bedingte Denken; denn selbst die Auswahl eines bestimnten Feldes wenngleich für das reine Erkennen ist do ein beschränkendes Handeln.

---

unserer Begriffe zu arbeiten, immer zu zerlegn, was der organischen und was der intellectuellen Seite angehört, ub den Prozeß von der Seite zu ergänzen, wo er mangelhaft ist. Dieser Kamon ist um so wichtiger, je mehr wir folgendes erkennen. (S den folgz. §.)

*) Die Vorles. 1818 knüpfen an diesen §. unmittebar, daß das Anfangen aus der Mitte etwas unvermeidliches sei für den Dieductionsprozeß (§. 291.), daß also alle Regeln für denselben nicht nur auf das Von vorne anfangen sondern auch auf das In die Mitte eimtreten zu beziehen seien.

Aber auch für das Verfahren im continuo gedacht bedarf es eines Kanons, da schon gleich anfangs Irrthum möglich ist.

§. 288.

Man darf nirgend an eine bloße Formel den Deductionsprozeß anknüpfen, sondern nur an eine wenngleich erst approximative Identität von Formel und Schema.

Dem vorläufigen Begriff der Welt, in welchem Formel und Schema zusammen ist, stände gegenüber die leere Formel des Seins schlechthin als eines durch Gegensaz theilbaren. In diesem ersten und allgemeinsten Gliede wären alle folgenden enthalten, welche ebenfalls mit einer leeren Formel anfingen. Ist aber mit dem terminus a quo kein Schematismus verbunden: so kann auch mit dem terminus ad quem keiner verbunden sein, das organische Element wird also überall fehlen und irgend ein Begriff auch nicht approximativ zu Stande kommen. Denn die Formeln werden immer verwikkelter und also schwerer anzuschauen, je weiter wir hinunter kommen, die nach unten zu wachsende Bestimmtheit des Schema kommt aber nicht als Ergänzung hinzu; also kann nur größere Entfernung von der Klarheit eines vollständigen Begriffes entstehen.

Der vorläufige Begriff der Welt offenbart sich uns als erster bestimmter Moment des Prozesses und dem muß also auch jeder andere Anfang und jedes Glied überhaupt analog sein.

§. 289.

Man darf zur Ableitung keinen negativen Gegensaz gebrauchen sondern nur einen positiven *).

1. Der negative hemmt gänzlich die weitere Bearbeitung der anderen Seite; also ist auch die positive aus dem Zusam-

---

*) Vergl. A, XLV. 1. — E, LXXIV.

menhang mit der anderen ganz herausgesezt und die Bearbeitung derselben kann nie integrirendes Element des reinen Erkenntnißprozesses werden, sondern nur einem untergeordneten Zwekk als bedingtes Denken dienen.

2. Er kann niemals aus dem zu theilenden selbst hervorgegangen sein; da müßte sich zu dem einen positiven auch ein anderes positives ergeben. Z. B. Musikalische Instrumente sind blasende oder nichtblasende kommt nur daher, weil wir aus der Induction zwei Arten kennen, blasende und Saiten, aber nicht wissen, ob diese Eintheilung erschöpft. Von der Deductionsseite müßte es heißen, Das Instrument ist Identität von schwingendem Körper und bewegter Luft. Entweder der schwingende Körper wird unabhängig bewegt und bewegt die Luft — Saiteninstrument im weitesten Sinne; oder die Luft wird unabhängig bewegt und bewegt den schwingenden Körper. Begriff so gefaßt und Eintheilung so gefaßt erschöpfen sich, aber der Gegensaz wird auch positiv.

3. Das Verfahren öffnet einer Willkühr die Thür, welche nur zu leeren Versuchen Anlaß giebt. Denn auf diese Weise kann jeder Begriff jedem, der nur theilbar ist, angebracht werden.

4. Es giebt Gegensäze, die positiv zu sein scheinen, aber doch negativ sind, verkappte negative, z. B. bei Thieren wild und zahm. Zahm positiv genommen, ist wild nur Negation der Gesellschaftsfähigkeit. Wild negativ *) genommen, ist zahm nur Negation der Gefährlichkeit, und nur so schließt der Gegensaz wirklich.

§. 290.

Man darf auch nicht mit einem positiven einfachen verfahren sondern nur mit einem zusammengesezten **).

---

*) Offenbar ist zu lesen, Wild positiv genommen rc.

**) Vergl. A, XLV. 2. — E, LXXIII. LXXIV.

1.. Aus der Art, wie uns der erste Begriff der Welt zusammengenommen mit dem Selbstbewußtsein wird, geht hervor, daß wir die Welt nur durch doppelten Gegensaz theilen können. Denn ist alles Sein in ihr entweder ausschließlich ideal oder ausschließlich real: so ist die Einheit unseres eigenen Seins aufgehobem. In der Analogie aber mit diesem ersten Schritt muß der ganze Prozeß bleiben, sonst ist kein Gesez vorhanden und keine Einheit, das ganze auch nicht zu denken. Diese Duplicität wird sich immer finden lassen, wenn man die Formel erst mit dem Schema sättigt.

2. Der einfache Gegensaz erhält immer geringeren Inhalt (nicht nur Umfang); der Inhalt muß aber eigentlich gleich bleiben, denn im vollständigen Begriff muß die Totalität des Seins an sich mitgesezt sein.

3. Der einfache Gegensaz ist entweder falsch oder absolut; das eine Glied schließt das andre völlig aus (worauf auch 2 beruht). Aber das Wissen ist nur im relativen Gegensaz, denn nur in diesem ist die gleiche Einheit im absoluten. Nur der doppelte Gegensaz ist mit seiner Relativität zugleich gesezt, wie es sein muß*).

---

*) Vorlesf. 1818. Der einfache Gegensaz ist entweder absolut, so daß seine Glieder sich völlig ausschließen und nicht zusammen gewesen sein können, oder wenn nicht absolut dann falsch. Wenn das leztere: so heißt das nichts anderes, als sie schließen sich nicht aus, das ganze ist also nicht wirklich getheilt. Schließen sie sich aber wirklich aus: so können sie nicht beide in demjenigen, was getheilt ist, zusammen gewesen sein; also ist der Gegensaz dann nur auf eine andre Weise falsch. Wenn ein ganzes daher wirklich getheilt werden soll: so wird, je mehr es ein ganzes gewesen ist, alles was ich darin entgegenseze auch überall zusammen gewesen sein, und eben nur das Zusammensein des entgegengesezten wird getheilt werden müssen. Das kann aber nur in ein entgegengeseztes Uebergewicht getheilt werden, so also, daß ein doppelter Gegensaz entsteht, d. h. daß jedes Glied im entgegengesezten, nur auf verschiedene Art, gesezt wird. Gesezt z. B. wir wollten die geistigen Thätigkeiten des Menschen theilen und sagten nun, Alle geistige Thätigkeit kann nichts sein als entweder Vorstellung, wodurch das geistige Vermögen die Dinge sich einbildet, oder Darstellung, wodurch es sich den Dingen einbildet: so ist das kein negativer sondern wirklich ein positiver Gegensaz. Nun

könnte man fragen, Schließen beide sich so aus, theilen sie das ganze so, daß kein drittes möglich ist? Darauf lassen wir uns aber nicht ein, sondern wir sezen voraus, es gebe kein drittes; so bildete es also nur einen einfachen positiven Gegensaz. Wie kann dann aber die geistige Thätigkeit als ein ganzes angesehen werden und Eines sein, wenn sie aus zwei Formen besteht, die sich einander absolut ausschließen? Eben so, wenn wir den Menschen als eine bestimmte Form des Seins nehmen und diese theilen und dann sagen wollten, der Mensch bestehe aus Leib und Seele: so wäre dies auch eine einfache Entgegensezung, die, auf das wissenschaftliche Gebiet übertragen, Ursach würde, daß der Mensch gar nicht als wahre Einheit sondern nur als Zweiheit erschiene. Denn die Seelenthätigkeit ginge dann ihren Gang rein für sich, und die leibliche auch, und es gäbe nur Harmonie zwischen beiden, keine Einheit. Auch könnten wir bei dieser Theilung den Menschen nie als Einheit gedacht haben, oder die Theilung entspräche nicht der Vorstellung. Wenn wir nun aber sagen, Der Mensch ist ein ganzes, sein Leben besteht aus geistiger und leiblicher Thätigkeit, die aber überall zusammen sind, und wir können nur ihr Zusammensein theilen, so daß wir sagen, Beide sind zusammen, aber hier dominirt die eine, dort die andre: so bleibt uns die Einheit des Menschen, und nur aus solcher Theilung kann die Vollständigkeit des Begriffs entstehen. Wogegen wenn man bei der ersten Art zu theilen bleibt die Einheit des Menschen ganz verschwindet, indem man es nicht weiter bringt als bis zu einer prästabilirten Harmonie. Und wenn man nun weiter den Leib theilt in Nerven- und Muscularsystem, den Geist in Verstand und Willen: so ist auch der Leib nicht mehr eins und auch die Einheit des Geistes aufgehoben. Eben so was jene Theilung in Vorstellung und Darstellung betrifft. Man müßte sagen, Da der Mensch die Einheit ist von Vorstellung und Darstellung: so müssen auch beide in jeder seiner Thätigkeiten sein, nur daß in der einen die eine, in der anderen die andere überwiegt. So bleibt immer die ursprüngliche Einheit. Wobei noch zu bemerken ist, daß es überall, wo man einen einfachen Gegensaz zum Grunde legt, besonders wo von irgend einem Punkte aus ein willkührlicher Anfang gemacht wird, immer ungewiß bleibt, ob nicht der Gegensaz nur ein verkappter negativer ist. Diese Ungewißheit tritt z. B. schon ein bei der Theilung des Menschen in Leib und Seele. Denn es fragt sich, ob nicht die meisten das eine Glied nur als die Negation des andern sezen, entweder die Seele als das Ich, den Leib als Nichtich, oder auch den Leib als das positive, die Seele als das negative, wie das ja jedem Bestreben das geistige auf ein materielles zurükkzuführen zum Grunde liegt.

Ist man denn nun aber auch sicher überall einen positiven doppelten Gegensaz zu finden? Freilich stände der Kanon erst fest, wenn man dieses bewiesen hätte, aber die Wissenschaft steht noch nicht auf dem Punkte, den Beweis führen zu können, sondern man kann ihm nur nahe kommen durch Versuch und Ahndung. Sollte der Beweis vollständig geführt werden: so müßten wir das ganze System der Begriffe vor uns haben, nicht etwa um ihn auf empirische Weise zu führen, indem wir nachwiesen, daß das ganze System der Begriffe so wirklich getheilt sei, sondern deswegen, weil wir nicht eher die vollständige Anschauung des Begriffs selbst haben, als bis wir das reale dazu haben, d. i. das ganze System der Begriffe; erst wenn wir die vollendete Anschauung des Seins hätten, könnten wir den zwiefachen Gegensaz als nothwendig, als ein Princip nachweisen, das sich auf jedem Punkte wiederholen muß, also erst bei vollendeter Begriffsbildung. Davon sind wir aber weit entfernt, und so kommt es denn auch, daß man noch nicht einig darüber ist, was die richtige und vollkommne Weise der Theilung sei, ob die Zweitheilung oder die Dreitheilung oder die Viertheilung. Unser Saz ist, daß nur die lezte die richtige ist. Apagogisch können wir wol beweisen, daß die Zweitheilung und die Dreitheilung es nicht sind, aber damit ist die Nothwendigkeit nicht gesezt, daß unsere Viertheilung die vollkommne Theilung ist. Daß nämlich die Zweitheilung es nicht sei, haben wir schon gezeigt. Was aber die Dreitheilung betrifft: so müßte sich entweder das dritte zu den beiden anderen verhalten, wie das negative zum positiven, und dann wäre nichts damit gegeben als die schon widerlegte fehlerhafte Zweitheilung, oder das dritte wäre auch ein positives, und dann wäre keine wahre Ausschließung, denn eine solche muß immer auf eine Dichotomie zurükkgeführt werden, weil sie sich auf einen Widerspruch gründet, der nur zwischen zweien sein kann. Diesen apagogischen Beweis können wir wol führen, aber zur Gewißheit der unmittelbaren Anschauung können wir unsern Saz nicht erheben. Immer aber hat er dadurch wenigstens dieselbe Gewißheit, welche die Idee des Wissens hat. So gewiß es ein Wissen geben soll: so gewiß muß es einen Weg dazu geben, von dem wir nichts fehlerhaftes wissen, und dieser muß sich nun erst durch den Versuch bewähren.

Hier ist noch dieses zu bemerken. Gleich zu Anfang haben wir gesagt, es schiene der gegenwärtigen Lage unseres Wissens nicht gemäß, daß wir könnten das allgemeine im Denken, das sich überall wiederfindende, das philosophische, die lezten Gründe alles anderen als eigentliches Wissen aufstellen, sondern wir könnten es nur unter der Form der Kunstlehre aufstellen. Die Erfahrung nun, die wir hier machen an diesem Kanon der Begriffsbildung, ist nur eben dasselbe, was wir damals ausgesagt haben. Denn wenn wir es als Nothwendigkeit beweisen könnten, daß das Sein auf allen Punkten unter dieser Form des doppelten Gegensazes getheilt ist: so müßten wir überall das Sein rein construiren und ein vollkommnes System des Wissens aufstellen können, daß wir dies als Nothwendigkeit nicht finden und das Wissen nicht als System construiren können, ist eins und dasselbe. Daß wir aber dieser Idee folgen und die Viertheilung machen ist dasselbe als wenn wir sagen, wir adoptiren es als Kunstregel, denn kein Künstler kann seine Regel als absolut nothwendig demonstriren. Das Verfahren nach dieser Regel als rein ein Kunstverfahren in der Begriffsbildung haben wir vor der Hand angenommen, bis das Wissen so weit gediehen sein wird, daß wir es als objectiven Complexus aufstellen können. Sagt nun aber jemand: Ich komme mit diesem Verfahren nicht ins reine: so heißt das, Ich habe von dem Gegenstande noch nicht die Anschauung, daß ich in ihm entdekken könnte was ich müßte, wenn ich ihn als Begriff angesehen dem Kanon gemäß in die ihm untergeordneten Begriffe theilen wollte. Worin kann das liegen? Wenn doch der Deductionsprozeß, der unter der Form des Gegensazes operirt, in uns nur entsteht in Beziehung auf den Bildererzeugungsprozeß und seine Gewißheit nur im Zusammentreffen beider in Einem Punkte besteht, offenbar darin, daß man noch nicht die richtige sinnliche Anschauung des Gegenstandes hat. Nämlich dieser Prozeß, der die Form des Gegensazes erzeugt, muß schon auf der ersten Stufe des anderen Prozesses anfangen, wo der Gegensaz zwischen Sein und Thun, zwischen dem beharrlichen und wechselnden, in den Bildern selbst noch nicht gegeben ist. Hier haben wir also im ursprünglichen diese Indifferenz, daß über das, was als Bild dem Theilungsprozeß entsprechen soll, noch unbestimmt ist, ob es als Sein oder als Thun gesezt werden soll. Der Prozeß der Erzeugung des Gegensazes muß aber damit anfangen diesen Gegensaz selbst zu fixiren und kann sich bestimmt nur auf eins von beiden beziehen. Dieses finden wir nun auf jedem Punkte wieder, denn die Begriffe werden uns nicht als continuum sondern ganz fragmentarisch; auch jede einzelne Wissenschaft ist bis jezt nichts als eine fragmentarische Reihe, ein Prozeß, der an einem gewissen Punkte, nicht vom ursprünglichen aus, angefangen hat. Wo wir also auch anfangen, überall ist Indifferenz des Seins und Thuns; jedes kann so und so angesehen werden, denn der Gegensaz ist nur relativ, nur daß ein ganz anderes Verfahren dadurch bedingt wird, ob etwas so oder so angesehen wird. Das erste also, wovon alle Sicherheit ausgehen muß, ist immer dieses, daß man wisse, ob man den Gegenstand von der Seite des Seins, des beharrlichen, oder von der Seite des Thuns, des wechselnden, ob in der Reihe der Subjects- oder in der der Prädicatsbegriffe ins Auge fassen will (vergl. Beil. E, LXXVI. Vorles.). Dies ist oft Quelle der Unsicherheit, daß man sich nicht klar bewußt ist, daß man eins von beiden durchaus wollen muß. Hat man aber darüber die Entscheidung und die sinnliche Anschauung, so daß der Theilungsprozeß sich auf sie richten kann: so wird man überall auch den rechten Gegensaz finden. Nehmen wir z. B. den Begriff Wort. Wir brauchen es beständig und die Anschauung davon ist uns immer gegenwärtig. Wir wissen, der Begriff ist sehr theilbar, und sehen wir auf die gewöhnliche Classification: so werden wir schwerlich darin das Verfahren auffinden, welches wir als das richtige aufgestellt haben. Sollen wir nun eine Theilung machen: so müssen wir fragen, Wollen wir das Wort als Sein oder als Thun ansehen? Wenn als Thun: so ist es ein Theil der Rede. Objectiviren wir aber die Sprache: so hat jede ein Sein, und das Wort ist dann die Art und Weise der Sprache zu sein. Die Sprache objectiviren heißt aber sie in den Raum hinstellen, und da ist sie Schall. Sie von dieser Seite nehmen heißt also sie von der Seite des Schalls ansehen, und demnach könnte nun die Theilung gemacht werden. Sehen wir sie aber als Thun an: so betrachten wir sie von Seiten ihrer Bedeutung. Gehen wir nun darauf ein: wie ist denn das Wort zu theilen? Das höhere Gebiet, worin es wurzelt, ist dann also die Rede. Diese aber ist von der einen Seite Ausdrukk des Seins, von der andern Verknüpfung des Denkens, und dieselbe Duplicität muß nun auch im Wort sein als in einem Theil der Rede. Wollten wir aber sagen nach Weise des einfachen Gegensazes, Jedes Wort ist entweder ein solches, das ein Sein, oder ein solches, das eine Gedankenverknüpfung ausdrükkt: so wären wir auf dem falschen Wege. Unserem Kanon gemäß müssen wir also sagen, Jedes Wort ist beides, Zeichen des Seins und Zeichen der Verknüpfung im Denken, und eins unterscheidet sich vom andern, wiefern das eine überwiegend das eine, das andre überwiegend das andre ist; oder, Die Worte sind entweder materielle Theile der Rede, aber auch in sofern immer Verknüpfungszeichen, oder formelle, aber auch in sofern immer zugleich einen Theil des Seins ausdrükkend. Die Partikeln, die formellen Theile, müssen, sollen sie recht verstanden werden, immer auch in den materiellen aufgesucht und es muß ihnen materielle Bedeutung beigelegt werden, und die materiellen sind nicht zu verstehen, wenn sie nicht auch als Verknüpfungszeichen aufgefaßt werden. Das formelle nämlich, was ihnen anhaftet, ist ihre Biegungsfähigkeit, so wie das materielle, was jenen anhaftet, die Ableitung derselben ist. So wäre also nach unserem zwiefachen Gegensaze getheilt und auf dieselbe Weise fortgehend in dem Prozeß würden wir auf der materiellen Seite auf die Theilung in Hauptwort und Zeitwort und auch auf der formellen Seite in Beziehung auf diese Theilung immer weiter kommen. Es kam also alles nur darauf an, den Begriff an seine rechte Stelle zu bringen und uns die Hauptzüge des Bildes vorzuhalten. Auch aufwärts würden wir nun von hieraus gehen können und fragen, Wiefern wir das Wort als Theil der Rede gesezt haben, was ist denn nun die Rede außerdem noch? wobei wir dann die Rede nach unserem Princip würden zu behandeln haben. Ueberall aber würde sich ergeben, daß nur das richtige Anknüpfen des Theilungsprozesses an das Bild die Sicherheit gewährt den Theilungsgrund zu finden. Wo das noch nicht ist, da fehlt noch was nöthig ist, um kunstgemäß auf einem Gebiete zu denken. —

Was ist nun die absolute Vollkommenheit des Begriffs? Die Form des Gegensazes im Begriff zeigt uns das Verhältniß jedes getheilten Seins zu dem übrigen, am meisten zu dem übrigen nach oben, also das Wesen, denn das Verhältniß des getheilten Seins zur Totalität ist sein eigentliches Wesen; wogegen das Bild mehr die Erscheinung ist.

§. 291 *).

Das Anfangen aus der Mitte ist unvermeidlich.

Dies sind zwei relativ von einander getrennte Gebiete, und wenn man sich einen unvollkommenen Begriff denkt: so wird es ein solcher sein, in welchem die Erscheinungsseite hervorragt und die Formularseite zurükktritt, oder umgekehrt. Die Vollkommenheit ist also nichts anderes als das gegenseitige Durchdrungensein beider, und vollendet ist der Begriff erst, wenn die Erscheinungsseite begriffen werden kann aus dem Wesen selbst, und umgekehrt. So lange das noch nicht ist, so lange sind wir noch im approximirenden Verfahren, und gewiß ist, daß kein einzelnes zur Vollendung kommt, bis das ganze da ist.

Giebt es aber für alle vorhandenen Begriffe, mit denen wir operiren können, nur eine approximative Gewißheit: so folgt daraus in der Aneinanderknüpfung der einzelnen Glieder unseres Prozesses ein allgemeines Gesez, das wir als ein völlig constantes ansehen können, weil wir eben immer und ewig im approximirenden Verfahren bleiben, dieses nämlich, daß jedes folgende Glied beruhen muß auf der Kritik des vorhergehenden.

*) Randbem. Der Deductionsprozeß muß von oben anfangen, da er sich, als wesentlich ein Theilungsprozeß, nur nach unten zu fortsezen kann.

Kann er nun nur wirklich werden, sofern er sich auf den Inductionsprozeß bezieht: so dürfte er, da dieser wesentlich von unten anfängt, nicht eher als mit der Beendigung von diesem beginnen. Es müßte erst ein alle anderen unter sich befassendes Schema gegeben sein, damit innerhalb dieses durch Entgegensezung könne bestimmt werden.

Dieser Gang wird niemals eingeschlagen; er wird aber immer postulirt.

Das erste zeigt die That, denn auf allen wissenschaftlichen Gebieten ist schon immer Deductionsprozeß im Gange.

Es ist auch nicht anders möglich, da nur durch Hinzutreten dieses Prozesses die in Bezug auf Allgemeinheit und Besonderheit ursprünglich unbestimmten Schemata können in Bezug auf Coordination und Subordination fixirt werden. Daher findet man allgemein, daß sobald die Schemata sich in einer Region angehäuft haben das Theilungsverfahren eintritt.

Postulirt aber wird der entgegengesezte Gang. Das sieht man aus folgendem. Induction ohne Deduction ist das a posteriori, Deduction ohne Induction das a priori. Vollendet wird also das lezte, wenn es in dem untersten angekommen ist. Nun aber hält es jedermann für das lezte, daß das Gebiet der Erfahrung in den Begriff aufgenommen werde. Also soll der Deductionsprozeß hiemit endigen. Also mit dem entgegengesezten anfangen.

Gesteht man also ein, daß der unvermeidliche Gang nicht der legitime ist: so folgt, daß alles, womit Deductionsprozeß in der Mitte anfängt, nur als provisorische Annahme gesezt werden kann. Dies ist Grund und Bewandniß alles hypothetischen Verfahrens in den einzelnen Zweigen des Wissens.

Der Prozeß müßte im legitimen Gange anfangen mit der Welt als dem zu theilenden. Dann müßten aber in diesem Begriff alle coordinirten und subordinirten Schemata wirklich gesezt sein als das nunmehr durch Entgegensezung theilbare Sein. Nun aber ist nur diese Formel vorhanden.

Jeden Anfang des Deductionsprozesses in der Mitte sagt also aus, Wir sezen das Gebiet a als ein so theilbares, mit Vorbehalt umzuändern, wenn es nicht mehr so bestehen sollte, nachdem der Deductionsprozeß von oben anfangend bis hieher wird gekommen sein.

Ist aber der Anfang aus der Mitte nicht zu vermeiden: so muß er doch immer auf den legitimen bezogen werden. (Vergl. E, LXXIII.) Dieser nun fängt mit Welt an und endigt mit den niedrigsten Schematen, welche in einzelne Bilder übergehen. Aber auch das einzelne (vergl. §. 146.) ist als Einheit zur Vielheit seiner Zustände noch allgemeines, nämlich Schema. Also auch noch theilbar. Was aber dann getheilt wird, ist nicht mehr der Subjectsbegriff sondern der Complexus der Prädicatsbegriff. Nun aber sind auch schon die einzelnen Dinge aus der Art nicht durch Theilung abzuleiten und lassen sich als Actionen der Art ansehen, welche dann als einzelnes erscheint. Und so immer weiter.

Hieraus geht hervor, daß der Prädicatbildungsprozeß sich zum Subjectbildungsprozeß verhält wie Deduction zu Induction. Er wird also auch müssen, weil er nicht warten kann, früher anfangen.

Jeder in der Mitte anfangende Act der Deduction muß also, sofern von demselben noch weiter herab deducirt werden soll, als durch Entgegensezung theilbares Sein gesezt werden; sofern aber in Urtheilsbildung übergegangen werden soll, als Complexus von Prädicatsbegriffen. Je mehr nun beides eins ist, um desto richtiger wird der Act sein.

Die Hauptsache ist hiebei die Auffindung des Theilungsgrundes. Dieser Act kann keinen anderen Ueberzeugungscharakter haben, als den einer aus freiem Fantasiren hervorgegangenen provisorischen Annahme. Des ersteren wegen kann er nun leicht willkührlich erscheinen, und das ist die Grundhabe der Skepsis an diesem Gebiete. Allein Willkühr kann hier nur, da die Intelligenz als Impuls immer nur nach Maaßgabe ihrer Zusammengehörigkeit mit dem Sein thätig werden kann, entweder die Zufälligkeit des Momentes bedeuten, und die thut der Sache gar keinen Eintrag, oder dieses, daß die Intelligenz als Einzelwesen jene Zusammengehörigkeit nur auf eine differentiirte Weise ausdrükken kann.

Dieses aber thut der Wahrheit keinen Eintrag, sofern nur die

Ausgleichung der Relativität, wie wir schon festgestellt haben, vorbehalten bleibt.

Können nun dem gemäß von demselben Punkt aus mehrere Theilungsgründe aufgestellt werden: so bietet das ganze Verfahren von da bis zu seinem Endpunkte verschiedene Resultate dar. So erscheint nun auch die Geschichte aller wissenschaftlichen Gebiete. Aber Irrthum ist dabei nur in so fern, als entweder in der Form falsch verfahren ist, oder der Ueberzeugungszustand die Linie der provisorischen Annahme überschritten hat. Und wissenschaftliche Fortbildung ist immer dabei wegen des wahren am Irrthum.

Falsch verfahren ist aber immer, wenn der Theilungsgrund einseitig ist und also einen unvollkommen Gegensaz giebt. Der Grund davon ist aber dieser. Da jeder Act dieser Art an seinem unteren Ende in Urtheilsbildung ausgeht, also auf die Gemeinschaftlichkeit des Seins zurükk: so ist er auch auf jeder Stufe nur richtig in der Beziehung auf diese. Ist nun die andre Seite der Theilung nur negativ bezeichnet (z. B. bewußtes und bewußtloses Sein): so ist sie eigentlich als Sein gar nicht bezeichnet, also die Gemeinschaft mit ihr aufgehoben. (Vergl. §. 289.)

Falsch ist jedesmal verfahren, wenn ein Theilungsgrund für Subjectsbegriffe auf Prädicatsbegriffe und umgekehrt übertragen wird (z. B. real und ideal auf Welt, woraus dann Geister- und Körperwelt entsteht, da doch Welt immer ein Ineinander von beiden sein muß.) (Vergl. §. 281.)

Falsch wird ferner verfahren unter 71. u. 72. (= §. 300. 301.). Lezteres ist nur ein besonderer aber sehr häufig wiederkehrender Fall des ersten.

(Späterer Zusaz. Falsch wird ferner verfahren, wenn man einem Deductionsverfahren eine rein schematische Vorstellung zum Grunde legt. Denn dann kann nur der Inductionsprozeß rükkwärts wiederholt werden, ein Deductionsprozeß aber nicht wirklich entstehen.) (Vergl. §. 270. 294. Aus dem ersteren besonders erhellt, daß der Saz nicht etwa nur ein anderer Ausdrukk ist für das unmittelbar vorhergehende, dem er angefügt ist.)

Aus beider Hinsicht sind auf allen Gebieten große Rükkschritte zu machen.

Die Richtigkeit beruht nun darauf, daß der Anfangspunkt so viel als möglich die Ableitung vom absoluten nicht nur sondern noch das absolute selbst (nämlich als Einheit, in welcher getheilt werden kann) repräsentire. Denn dadurch wird die Relativität verringert und zugleich schärfer ins Bewußtsein aufgenommen. Diese Repräsentation aber ist nur da, wo die Einheit so dargestellt ist, daß innerhalb ihrer getheilt werden kann. Zweitens, daß diese Theilung sich des Complexus von Thätigkeiten bemächtigen kann. Am besten also, wenn eine Duplicität von Thätigkeiten geeint aber auf entgegengesezte Weise zum Grunde gelegt wird. —

1. Wegen der Zertheilung des Bewußtseins in die Persönlichkeit. Jeder findet schon so vieles gegeben, daß er nicht überall von vorn anknüpfen kann, und keiner würde auch etwas zu Stande bringen, wenn er das müßte *).

2. Wegen der individuellen Richtung, die jeden auf ein besonderes treibt, gewaltiger, als daß er erst könnte, wenn er auch wollte, auf den ersten Anfang zurükkgehen.

§. 292.

Es kann ein rein wissenschaftliches Interesse haben oder auch ein bedingtes.

1. Daß eine Kenntniß der Dinge zu bestimmtem Behuf nicht rein von oben anfangen kann, leuchtet von selbst ein.

2. Aber auch die wissenschaftliche Behandlung ist dem nothwendig unterworfen, theils weil nicht jeder Zweig kann bis zu den höchsten Principien zurükkgeführt werden, theils weil sich einem jeden die gegebenen Begriffe aufdrängen und an sie angeknüpft werden muß, wenn man sich nicht aus der Gemeinschaft des Erkennens heraussezen will.

3. Wir betrachten zunächst nur das wissenschaftliche.

§. 293.

Die Aufgabe besteht aus zwei auch in der Realität nicht getrennten Momenten der Krisis des terminus a quo und der Auffindung des Theilungsgrundes.

1. Wenn der Begriff, von dem man ausgeht, nicht recht gefaßt ist (welches zweierlei Grund haben kann, a. wenn er, nur im bedingten Denken gebildet, für den Ausdrukk eines reinen Erkennens gehalten wird; b. wenn das Uebergewicht des einen Prozesses so stark ist, daß in der Vereinigung geirrt werden konnte und ein Schema auf eine ungehörige Formel bezogen ist, oder umgekehrt): so kann auch der Prozeß entweder gar nicht zu Stande kommen oder nur unrichtige Resultate geben.

---

*) Vergl. §. 120—122.

2. Ist die Krisis richtig vollendet: so muß auch der Theilungsgrund gefunden sein. Denn ein so gebildeter Begriff, wie man ihn in das System der Begriffsbildung überhaupt eintragen kann, muß in seinem Wesen die Duplicität involviren, aus welcher die Theilung hervorgeht. — Nämlich soll der fragmentarische Prozeß im wissenschaftlichen Interesse sein: so darf auch nur der doppelte Gegensaz dominiren.

3. Eben deshalb wird ein solcher fragmentarischer Prozeß oft angestellt, um einen gegebenen Begriff zu prüfen.

§. 294.

Nicht von jedem gegebenen Punkte aus kann man einen Deductionsprozeß anstellen, durch welchen ein Sein getheilt wird.

Weil man nämlich weiter unten auf Punkte kommt, von denen man nicht mehr durch bestimmten Gegensaz theilen kann, sondern wo das untergeordnete sich in einander verliert.

Diese Punkte sind weder überhaupt bestimmt, noch überall dieselben. Es hängt ab von der Vollständigkeit des zu theilenden Begriffs. Je mehr in ihm noch Formel und Schema in einander aufgehen, desto mehr bestimmte Theilungen werden noch möglich sein. Je complicirter aber die Formel geworden ist, die im Absteigen durch doppelten Gegensaz immer complicirter wird, und je mehr das bloße Schema mit der Richtung auf die Nominaldefinition die Oberhand hat, um desto weniger.

Dies ist nun keine Ausnahme sondern nur die regelmäßige Begrenzung durch den relativen Gegensaz von Sein und Thun. Denn eben da geht das Gebiet an, welches für jezt nur als Thun zu betrachten ist.

§. 295.

Die Prädicatbegriffsbildung kann als secundär zu der Subjectbegriffsbildung angesehen werden.

Nämlich weil kein Thun oder Eigenschaft real gesezt werden

kann, als in einem bestimmten Sein, also von diesem abhängig. Umgekehrt beruht freilich das Sezen eines Seins auf dem vorläufigen eines Thuns.

§. 296.

In jedem Thun auch nur auf sein Subject bezogen ist zugleich ein Leiden des Subjects von einem anderen, also eine Duplicität gesezt.

In dem primitiven Falle, wie wir nämlich Denken sezen und zwar ursprünglich als Wahrnehmung, ist es ganz klar; aber auch allgemein ist Spontaneität nicht ohne Receptivität denkbar. Denkt man sich das Thun, wie es das Wesen des Subjects ausdrükkt, und also mit seiner ganzen Kraft von ihm ausgehen: so wird es vom Subject aufgefaßt und zusammengehalten, das Subject also beschränkt, und folglich leidet es vom Object. Sieht man es an als außer dem Sein des Subjects auch sein Zusammensein ausdrükkend: so muß ja in diesem ein Leiden des Subjects von dem übrigen Sein gesezt sein.

Die Probe ist, daß jedes Thun seinem Begriff nach eben so gut kann von dem handelnden Subject aus entstanden gedacht werden, als von dem behandelten Object aus. So im Denken und Wahrnehmen, in der Liebe, ja auch in den künstlerischen Productionen.

Diese Duplicität ist also zur Prüfung des Begriffs zu gebrauchen; er wird leer sein, wenn sie nicht in ihm ist. Aber sie ist nicht zum weiteren ableitenden Verfahren hinlänglich.

§. 297.

Ein Prädicatsbegriff ist nicht eher real gesezt als mit dem Umfang seiner Intension zugleich.

Nämlich auf die Totalität (allgemeine Einheit) seines Subjects bezogen. Nur in und mit dieser Grenze ist der Begriff des Thuns durch den relativen Gegensaz zwischen Sein und Thun bestimmt.

Offenbar liegt diese Bestimmung auf der Seite des Schema; sie giebt das sinnliche Bild, ohne sie ist der Gedanke abstract, d. h. aus dem Sein, worauf er geht, herausgesezt.

Je mehr der Begriff ein besonderer ist, um desto bestimmter sind auch seine Grenzen und umgekehrt. Thierische Wärme hat bestimmtere Grenzen als Wärme überhaupt, wozu man nur den Weltkörper als Subject sezen kann.

§. 298.

Ein Prädicatbegriffsschema ist nicht eher zum weiteren Absteigen mit der Formel geeiniget, bis zwei Factoren darin gesezt sind, ein beständiger und ein stätig wechselnder.

Da nämlich hier die Eintheilung nach bestimmtem Gegensaz nur zufällig ist, und nur auf einen Cyclus von besonderem gerechnet werden kann das in einander übergeht (z. B. Aristoteles Eintheilung der Liebe in gleiche und ungleiche hält nicht Stich. Liebe auf Genuß und Liebe auf Thätigkeit gerichtet gehen in einander über): so muß es einen unbeständigen Factor geben, der aber auch mit der Grenze seines Wechsels zugleich muß gesezt sein. Einen beständigen aber muß es geben, weil das besondere doch muß das allgemeine ganz in sich tragen. Beständiger bei Liebe z. B. ist Gemeinschaft des Daseins, offenbar durch Deduction allein regelmäßig zu finden, wie denn dieses überhaupt die Vollkommenheit der Formel ist. Unbeständiger ist das Verhältniß von Genuß und Thätigkeit u. s. w.

§. 299.

Das Verderben der Begriffe im gemeinen Leben wirkt auf den Anfang einzelner Erkenntnißreihen zurükk.

Verderben würden alle Begriffe im gemeinen Leben, wenn sie auch alle ursprünglich regelmäßig gebildet wären, theils weil im Schwanken zwischen allgemeinem und besonderem eine Neigung zur Unbestimmtheit liegt, theils weil jeder Begriff doppelgestaltet ist, je nachdem er von Induction oder von Deduction ausgegangen ist, worauf auch die Namen Begriff und Anschauung deuten. Aber die meisten Begriffe sind nicht wissenschaftlich sondern im gemeinen Leben selbst gebildet, weil das reine Denken im Zusammenhang später anfängt als das bedingte.

Aller Anfang aus der Mitte muß aber mit einem schon gegebenen hergebrachten Begriff anfangen, wenn auch der Charakter der zu bildenden Reihe ganz wissenschaftlich ist.

§. 300.

Die im bedingten Denken des gemeinen Lebens richtig gebildeten Begriffe werden unrichtig, wenn man sie auf das Gebiet des reinen Denkens überträgt.

Kraut und Unkraut, wild und zahm sind richtige Begriffe, aber ökonomische, eine Handlungsweise bezeichnend; braucht man sie aber, um einen Unterschied im Sein selbst festzustellen: so veranlaßt man nur eine Reihe von Irrthümern *). Im physischen leichter aus einander zu lesen; das ethische Gebiet ist voll von solchen Mißverständnissen.

§. 301.

Am meisten ist dem reinen Erkennen entgegen das aus einem leidenschaftlichen Zustande entspringende bedingte Denken. Daher vorzüglich streng zu prüfen sind alle polemisch entstandenen Begriffe.

---

*) Vorles. 1818. Hält man nur beide Reihen immer getrennt: so ist die eine so wahr als die andere; falsch werden sie erst durch Vermischung. Diese findet man häufig, aber sie kann nicht durch Regeln gehoben werden, sondern alles kommt darauf an, beide Reihen aus einander zu halten. Geschieht es nicht: so liegt zum Grunde, daß man den Glauben, von welchem alles Wissen ausgeht, den Glauben an die Identität der Vernunft und des äußeren Seins auf ein anderes Gebiet überträgt, als ob eine Zusammenstellung in einem bestimmten äußeren Interesse eben so real wäre, als die, welche im Wesen der Dinge liegt; ein Wahn, in welchem man verwechselt die Welt, die der Mensch schafft, und die Welt, die dem Menschen gegeben ist.

Auf dem physischen Gebiet entstehen diese nur erst mittelbar in dem Streit der Theorien, wirken aber dann auch höchst nachtheilig, so daß polemisch manche Begriffe von Substanzen und Actionen geschaffen worden sind, welche nur Gespenster sind.

Auf dem ethischen und transcendentalen Gebiet entsteht der Streit ursprünglich, weil hier Gesinnung und Gegenstand Eines sind *).

§. 302.

Alle Begriffe, die ein wirkliches Zusammensein der organischen und intellectuellen Function ausdrükken, liegen auch im Gebiet der Relativität des Wissens.

Ausgeschlossen von demselben sind nur der sinnliche Eindrukk, in wiefern er nur die chaotische Masse darstellt. Der Grad der Schärfe einzelner Sinne und das Verhältniß eines Sinnes zum andern kann ursprünglich verschieden sein; aber qualitativ angesehen ist jeder Sinn und ihr Zusammensein in allen Menschen nothwendig dasselbe.

Ausgeschlossen wäre auch die Idee Gottes, in der gar kein Antheil organischer Function ist, wenn man sich über dieselbe in der Rede ohne in niedere Gebiete hinabzusteigen ausdrükken könnte. Zugeben wird aber jeder, daß innerlich diese Idee in allen dieselbe sein muß. Beide Punkte sind aber solche und allein solche, die kein Zusammensein beider Functionen enthalten **).

---

*) S. E, LXXVI. 23.

**) S. §. 126. b. — Vorles. 1818. Wo gar keine Differenz im Erkennen ist, da ist nur eine unausgebildete Masse, und auf alles erstrekkt sich die Differenz, die Grenzen des Wissens, das absolute und das chaotische, ausgenommen. Wie die Relativität des Wissens sich mit der Idee desselben verträgt, ist schon auseinandergesezt. (S. §. 127. 273—277.)

§. 303.

Die Irrationalität der einzelnen kann nur ausgeglichen werden durch die Einheit der Sprache, und die Irrationalität der Sprachen durch die Einheit der Vernunft.

Die Irrationalität der einzelnen muß begrenzt sein durch die Identität der Sprache, weil jeder mit seinem Denken in der Sprache aufgeht. Dies ist der Damm gegen die skeptische Tendenz, die sie als unbegrenzt darstellen möchte.

Eben so nun gehen die Operationen aller Sprachen auf in denselben Combinationsgesezen und stehen unter denselben Regeln (das speciell grammatische verschwindet gegen das allgemeine). Also ist auch hier eine Begrenzung und ein Mittel der Approximation, welches noch durch die Gemeinschaft der Sprachen erleichtert wird *).

---

*) Vorles. 1818. Für die verschiedenen Sprachen sezen wir die Irrationalität voraus, und die Aufgabe ist Aufhebung derselben. Bestimmtere Vorschriften sind aber hier nicht zu geben, weil in jedem einzelnen Fall die Aufgabe eine andre ist. Es kommt alles darauf an, die Punkte zu finden, von denen die Vermittlung ausgehen kann, und das ist immer nur Sache der Divination; weshalb das Uebertragen aus einer Sprache in die andre eine eigne Kunst für sich ist. Bestimmte Regeln können nur gegeben werden in der Beziehung zweier Sprachen auf einander.

Was aber die Relativität des Denkens in einer und derselben Sprache betrifft: so ist auch diese eine unleugbare Erfahrung; in jeder Sprache giebt es eine Menge excentrischer Kreise, die sich einander theilweise ausschließen. Die Aufgabe ist zu unterscheiden, was für das Gesammtgebiet der Sprache allgemeingültig ist, was nicht, und zwar sowol in der gemeinschaftlichen als in der eigenen Begriffsbildung. Was das leztere betrifft: so ist die Klarheit über die Stufe, auf der in dieser Hinsicht unser Denken steht, und darüber, in welcher Beziehung wir ein allgemeines Verständniß unsrer Begriffe verlangen können und wiederum in welcher Beziehung nicht, eine Kunst, die durch Regeln nicht erworben werden kann und darauf ruht, daß jeder sich in jedem Augenblikke selbst beobachte und die Begriffsbildung hemme, um den Irrthum gleich im Werden zu ertappen. Nur die Punkte lassen sich im allgemeinen bestimmen, auf welche die Selbstbeobachtung zu richten ist. Die Frage

Auf jeden Fall aber ist hier die Abhängigkeit der Dialektik von der Hermeneutik, die aber auch wieder von jener abhängig ist. — Ueber die Schikksale der Hermeneutik *).

---

ist 1. Hat man das Zeichen für den Begriff genommen aus einem allgemeinen, oder aus einem besonderen Sprachgebiet? 2. wenn aus einem besonderen, ist dieses ein locales (Provinzialismus), oder ein technisches? 3. hat man das Zeichen dem Gebiet gemäß gebraucht, dem es entnommen ist, oder anders als es innerhalb desselben gebraucht wird? Was das erste betrifft, die Unterscheidung des gemeinsamen und individuellen im gegenseitigen Verkehr: so ist die Hauptregel von vorne herein immer das skeptische Verfahren anzuwenden ohne jemals die Voraussezung, daß es zwischen uns ein identisches Denken giebt, fallen zu lassen. (S. das zunächst folgende.)

*) Vorles. 1818. Hier stoßen wir nun auf die Auslegungskunst. Wenn diese beständig geübt wird im gegenseitigen Verkehr der Rede: dann kann es nicht fehlen, daß man auch schon die ersten Anfänge der Differenzen bemerkt; und in ihr findet man dann auch die Hülfe gegen das Uebel. Nämlich es ist dann doch der Fall nachher derselbe, wie der erste, den wir betrachtet haben, nur daß allerdings das Verhältniß ein umgekehrtes ist. Wo wir in verschiedenen Sprachen verkehr.n, gehen wir von der Voraussezung der Irrationalität aus; wo in derselben Sprache, von der Identität. Die einzelnen Fälle aber sind sonst dasselbe, und hier wie dort gilt es die Elemente, in welchen die Irrationalität heraustritt, zu umschreiben. Alle Auslegungskunst besteht nun eigentlich darin, im individuellsten Gebiet des Denkens im Zusammenhange jeder Rede selbst die Hülfsmittel zu finden, um die einzelnen differenten Elemente in ein gemeinsames Denken aufzulösen; das klare Bewußtsein über die Begriffsbildung als ein gemeinsames in derselben Sprache hängt ganz ab von der Kunst den Gebrauch der Sprache als That vollkommen in ein identisches Denken aufzulösen und alle Differenzen zu beseitigen, also von der Kunst die Rede oder Schrift des Menschen völlig nachzuconstruiren. Dies kann zwar immer nur approximative Gewißheit haben, muß aber auch jedesmal die haben, die eben nöthig ist. Auf diese Weise können wir mittelst der Auslegungs- und Uebertragungskunst die Relativität des Denkens beherrschen und nicht nur im allgemeinen mit der Idee des Wissens in Uebereinstimmung bringen, sondern auch in jedem einzelnen Falle ohnerachtet der Differenz die Idee des Wissens realisiren. Wie nun die Auslegungskunst und die Uebertragungskunst auch wieder abhängig sind vom kunstgemäßen dialektischen Verfahren, ist für sich klar. Es ist vollkommene Wechselwirkung zwischen beidem, die aber nicht unfruchtbare Kreisbewegung ist, sondern die sich immer mehr entwikkelnde und durchsichtig werdende Klarheit im Den-

Zweite Abtheilung.

Theorie der Urtheilsbildung.

§. 304 *).

Der erste urtheilende Moment sezt noch keine bestimmte Beziehung auf Subject und ist also Indifferenz von Irrthum und Wahrheit **).

---

ken selbst. Die Sprache ist nur durch das Denken, und umgekehrt; beide können sich also nur durch einander vervollkommnen. Auslegungs- und Uebertragungskunst ist Auflösung der Sprache in Denken; Dialektik ist solche Auflösung des Denkens in Sprache, daß vollständige Verständigung dabei ist, indem man dabei immer die höchste Vollkommenheit, die Idee des Wissens im Auge hat. Daraus ist klar, daß beide nur mit einander werden.

*) Randbem. Anknüpfung an das frühere. — (S. Beil. A, XLVI.)

**) Randbem. Das Gebiet muß begrenzt werden. An die organische Erfüllung kann sich sowol Schematismus als Urtheilsbildung anschließen. Das erste Urtheil (75.) (= §. 304.) ist aber unbestimmten Subjects, unpersönliches Verbum, wo das es nur das Chaos ist. (Alle Sprachen, in welchen nomina sämmtlich verbalia sind, deuten auf ein Vorangehen der Urtheilsbildung, stellen deshalb auch im Verbo die dritte Person voran). Ob sich Schematismus oder Urtheilsbildung ursprünglich anschließt, das ist der Anfang des freien Fantasirens. — Jedes solche Urtheil muß sich aber in ein vollständigeres gestalten, also umändern, und das was nicht bleiben kann ist nicht Wahrheit. Aber es kann sich aus demselben ohne alle Aufhebung die Wahrheit entwikkeln; und das, woraus sich die Wahrheit so entwikkeln kann, ist kein Irrthum.
Das Ende aller Urtheilsbildung ist das absolute Urtheil (77.) (= §. 306.) in vollständiger Form Alles Sein ist Wechselwirkung (hier hat das Manuscr. ein NB. Vergl. aber E, LXXVII. 1. b.), in unvollständiger Die Einheit alles auf einander bezogenen Seins (= Welt) ist. Da nun dieses die Vollendung der Begriffsbildung voraussezt, mithin auch die Ausgleichung aller Relativität: so ist hier der Gegensaz zwischen Wahrheit und Irrthum schon aufgehoben.

Wie nun alle wirkliche Urtheilsbildung zwischen diesen Punkten liegt: so ist demnach auch aller dem Wechsel ausgesezte Ueberzeugungszustand zwischen ihnen befindlich.

Denn da kein einzelnes aus der Totalität gesondert wird, wird nur ausgesagt, daß in der Totalität alles geschieht, und dies kann nichts andres sein als die Wirkung auf die organische Function selbst *). Erst hernach, wenn mit der Beharrlichkeit das Subject bestimmt gesezt wird, tritt der Gegensaz von Wahrheit und Irrthum ein, und wird also der Irrthum möglich.

Dieses unvollständige Urtheil geht aber so nothwendig vor jedem Begriff her, wie jedes vollständige Urtheil wenigstens einen unvollständigen Begriff schon voraussezt.

Da das chaotische nie ganz verschwindet: so giebt es auch noch Momente, die diesem primitiven Factum analog sind, und von denen gilt dasselbe, nur mit der Ausnahme, daß innere Affectionen, die für äußere genommen werden, z. B. sausen, flimmern, dann ein Irrthum sind **), was man im primitiven auch

---

Die Aufgabe ist also Uebergang vom ersten zum lezten, ohne Irrthum einzumischen. (S. E, LXXVIII. 3.)

Dieser Randbemerkung gemäß beginnen die Vorles. 1828 und 1831. S. Beil. E, LXXVII. 1.

*) Vorles. 1818. Was nimmt hier die Stelle des Subjects, was die Stelle des Prädicats ein? In der Totalität geschieht dieses, das ist dieses erste Urtheil. Subject ist also das als chaotisch gesezte Sein, sofern es die organischen Affectionen veranlaßt, also in der That die Totalität des Seins selbst, aus der nichts ausgeschlossen ist, die verworrene Unendlichkeit, in der alles geschieht; folglich kann in der Constitution des Subjects unmöglich ein Irrthum sein. Aber auch nicht in der des Prädicats, denn es wird nichts ausgesagt als eine organische Affection, und so ist hier Irrthum um so unmöglicher, je mehr auch das Subject noch nicht vom Object geschieden ist. (S. E, LXXVII. 1. a.)

**) Vorles. 1818. Wir sind beständig darin begriffen, unter der Form des Urtheils und des Begriffs das ursprüngliche Chaos zu entwirren. Aber wir erreichen das nie vollständig, sondern immer noch ist ein großer Theil des Seins, dessen Wesen uns noch nicht aufgeschlossen, der bloß verworrene Mannigfaltigkeit für uns ist. Jene erste Form des Urtheils kann sich also überall wiederholen, ja wo immer wir in reiner Beobachtung zur Erforschung eines Gegenstandes begriffen sind, müssen wir die früheren Vorstellungen von ihm vergessen und ihn noch als ein verworrenes ansehen, wobei dann das erste Urtheil, das wir fällen, nur jenem primitiven analog sein kann, so daß für jedes Urtheil, das die Erkennt-

nicht sagen kнn, weil das wahrnehmende Subject selbst, abgesehen von dm Eindrukk, auch in der chaotischen Totalität stekkt.

§. 305.

Die wirklichen Urtheile sind theils unvollständige, welche das Prädicat schlechthin dem Subject beilegen, theils vollständige, welche das Factum auf zwei Factoren zurükkführen.

Die ersten heißen unvollständige, in wiefern jedes Urtheil ein Zusammensein ausdrükken soll, hierin aber das Sein, womit das agirende zusammen ist, ganz unbestimmt bleibt. A denkt und A liebt ist ein unbestimmtes Factum *).

---

niß eines Gegenstandes anfängt, dieses auch gilt, daß es absolut wahr ist, aber nur sofern es absolut unbestimmt ist. Es darf nichts aussagen, als daß in dem Gegenstande eine Veränderung war, die diese oder jene organische Affection hervorgebracht hat. Gehen wir nun von hier aus weiter und legen nichts hinein als was darin lag, dann kann in unser Urthei nie etwas falsches kommen; und das ist die Art, wie die Begriffe durch das Urtheil werden, wenn nur der Gegenstand identisch fixirt bleibt. Weil wir uns aber auf jeder auf die erste folgenden Stufe schon dem ggenständlichen Sein gegenüberstellen: so kann in sofern ein Irrthum enstehen, als wir entweder eine organische Affection, die von innen komm, oder eine, die von einem anderen Gegenstande ausgeht, dem beobachteten Gegenstande beilegen. Das erste wird selten vorkommen, öfter das andre, und nichts sichert hier, als die reine Treue des Sinnes und die eigentliche Aufmerksamkeit bei immer gegenwärtiger und immer nothnendiger Skepsis. Denn beobachten wir z. B. einen Gegenstand: so nemen wir doch nur an ihm wahr vermöge des Mediums der Luft oder des Lichts, durch welches er selbst modificirt werden kann, was das Urheil über ihn immer problematisch lassen muß. (Siehe E, LXXIX. 7.)

*) Beil. A, XIVI hat eine andere Terminologie als der §., XLVIII. aber dieselbe. — S. auch E, LXXVII. 2. —

Vorles. 1818. Wenn wir den ganzen Prozeß der Urtheilsbildung betrachten: so müssen wir sagen, Von unserem primitiven Urtheile an, das eigentlich noch kein Urtheil ist, weil beide Glieder unbestimmt sind, ist alles Weitergehen ein Uebergehen vom unbestimmteren zum bestimmteren, und die Aufgabe ist, in dem lezteren immer die ursprüngliche

§. 306.

Aus dem Inbegriff aller vollständigen Urtheile entwikkelt sich ein absolutes Urtheil, in welchem wieder Subject und Prädicat nicht getrennt sind.

Denn im Inbegriff aller vollständigen Urtheile ist alles Sein im Zusammensein aufgelöst. Denn alle Handlungen und Zustände eines jeden Dinges erscheinen als durch andre in ihm gesezt d. h. als Zusammensein, und erschöpfen doch zusammen das Sein desselben. Und umgekehrt, das Sein aller Dinge erscheint als Handeln jedes einzelnen nach allen Seiten hin.

Das absolute Urtheil ist also das der Identität von Sein und Thun. Also Rükkehr des unvollständigen in das identische.

§. 307.

Da im primitiven Urtheil das Subject das Chaos ist, im absoluten aber das Subject die Welt: so ist alles Denken unter der Form des Urtheils Fortschreiten vom primitiven zum absoluten.

Nämlich zwischen beide fällt die gleichzeitige Entwikkelung des angebornen Begriffssystems. Der Begriff der Welt ist die Vollendung, und durch ihn das absolute Urtheil bedingt.

§. 308 *).

Der Unterschied zwischen analytischen und synthetischen Urtheilen ist von hier angesehen nur relativ.

Nämlich das absolute Urtheil ist wieder ein analytisches und alles frühere läßt sich ansehen als Vorbereitung zu diesem. Ehe

---

Wahrheit des ersteren zu erhalten (vergl. E, LXXVIII. 3. und zweite Randbem. unter §. 304.). Um dies aber aber richtiger ins Auge zu fassen, müssen wir uns erst den Prozeß begrenzen und fragen, Was ist denn das Ende aller Urtheilsbildung? (S. den folg. §.)

*) Vorles. 1818. Um uns nun hier der Regeln zu bemächtigen im Verfahren, müssen wir erst sehen, welche Urtheile möglich sind.

der Begriff der Welt vollendet ist, ist aber auch kein anderer Begriff vollendet; also alle Urtheile Mittel zum vollständigen Begriff zu gelangen, in diesem aber schon enthalten, d. h. analytisch. Der Unterschied steht aber fest in Bezug auf jedes einzelne für sich gesezte Subject; also oben nichts zurükkzunehmen *).

§. 309.

Das unvollständige Urtheil steht dem primitiven näher und ist mehr analytisch; das vollkommne dem absoluten und ist mehr synthetisch **).

Das unvollständige sezt die Sphäre des Zusammenseins chaotisch; das vollständige bildet aus Subject und Object eine gemeinsame höhere Sphäre, und nähert sich also der Bildung des Weltbegriffes, wenn es über den bloßen Begriff seines Subjects immer hinaus geht ***).

---

*) Vergl. E, LXXVIII. 5.

**) Vergl. E, LXXVII. 2.

***) Randbem. (unmittelbar anknüpfend an die lezte Randbem. unter §. 304). Auf dem Wege von dem einen zum andern (Schl. meint vom primitiven zum absoluten) ist also jedes Urtheil entweder überwiegend mit dem ersten oder mit dem andern verwandt. Dem ersten sind alle Urtheile verwandt, welche noch zur Begriffsbestimmung beitragen; dem andern (weil in dem höchsten Subject alle auf verschiedenen Stufen coordinirten Begriffe mit ihren Relationen enthalten sind) alle, welche eine Gemeinschaftlichkeit des Daseins aussagen. (Den Unterschied s. 76. (= §. 305.) — Die doppelseitigen Urtheile sind nie so ursprünglich, wie die einfachen (88.) (= §. 317.), indem sie nicht nur zwei einfache (als Anfänge für Bestimmung des Subjects und des Objects) voraussezen, sondern auch daß jedes schon als beharrliches fixirt sei. — Die Aufgabe reducirt sich also auf das richtige Verfahren in einfachen Urtheilen und auf den richtigen Uebergang zu den anderen. (S. E, LXXIX. 6.) Die Richtigkeit beruht hauptsächlich auf der Regel 83. (= §. 312.). Schon die einzelne Auffassung und dasselbe als Schema müssen aus einander gehalten werden (S. E, LXXX.). Der Irrthum, mit in den Begriff aufzunehmen was nur Zustand ist, wird häufig begangen. Bei Vögeln zwei Species gemacht aus Sommer- und Wintervogel. Der Irrthum des Orang-Outang. — Das ganze Disputationsverfahren

§. 310.

Das unvollständige hat daher mehr Analogie mit dem Deductions=, das vollständige mit dem Inductionsprozeß *).

In sofern durch das unvollständige Urtheil nur das Subject in seinem Thun aufgefaßt, also fester bestimmt wird, wie durch jeden Deductionsprozeß ein mehr einzelnes Dasein fixirt wird. Das vollständige bildet aus mehreren kleinen Sphären eine größere, wie auch im Inductionsprozeß geschieht **).

---

mit Zusammenfassung in Syllogismen hat keine andre Absicht, als nachzuweisen, daß immer richtig ist subsumirt worden.

*) Vorles. 1822. Durch das vollständige Urtheil wird das Zusammensein des Subjects mit anderem erst gebildet in meinem Bewußtsein; die Tendenz des Urtheils ist also, aus der kleineren Sphäre des Subjects die größere seines bestimmten Zusammenseins zu bilden. Der Inductionsprozeß bringt auch aus kleineren Sphären größere hervor; aus der Wiederholung der Auffassung der einzelnen Dinge entsteht der Begriff der Gattung, aus der Wiederholung der Auffassung der Actionen die höhere Action. Was wird durch den Deductionsprozeß geleistet? Die Theilung einer Sphäre. Das unvollständige Urtheil nun faßt auch das Subject für sich allein in seinem Thun allein; es mag mehr Thätigkeit oder Zustand aussagen, immer bezieht es sich auf eine oder die andere Eigenschaft des Subjects. Das unvollständige Urtheil geht also auf die Theilung des Gegenstandes in seine relativ verschiedenen Functionen, und muß diese Beziehungen aufsuchen. — Wir haben nun schon so viel gewonnen, daß wir sagen können, Es wird so viel Wahrheit sein im vollständigen Urtheil, als wir die Regeln des Inductionsprozesses anwenden, wenn wir da statt Ding Action sezen; und Alle unvollständigen Urtheile sind so weit wahre, als wir alle Regeln des Deductionsprozesses dabei beobachten. Das neue, was wir sagen werden, wird von dem andern Punkte ausgehen, vom Verhältniß jedes Urtheils zum primitiven und definitiven.

**) Randbem. Unterschied des allgemeinen, besonderen und einzelnen. Das allgemeine ist immer ein analytisches, wenn unvollständig; wenn vollständig, kann es nur eine Möglichkeit aussagen. — Das unvollständige, je näher dem primitiven, um desto mehr in der Indifferenz von einzelnem und allgemeinem.

Vorles. 1818. (s. §. 308. Vorles.). Es giebt vollständige und unvollständige, eigentliche und uneigentliche, wie wir schon gesehen haben. Das unvollständige kann sowol ein eigentliches sein, als ein uneigentliches; das vollständige sezt eigentlich ein Zusammensein, und ist in sofern immer ein eigentliches; es ist ein weiterer Fortschritt, als jenes, mehr in der Analogie des absoluten, während jenes mehr in der Analogie des primitiven. Ein anderer Unterschied ist der zwischen analytischen und synthetischen, der gewissermaaßen mit dem zwischen eigentlichen und uneigentlichen zusammenfällt, nur ist der Gesichtspunkt ein andrer. Im analytischen Urtheil nämlich denkt man sich den Begriff des Subjects so bestimmt, daß das Prädicat daraus genommen werden kann, im synthetischen dagegen den Begriff des Subjects völlig gegeben, aber das Prädicat nicht darin liegend; im eigentlichen und uneigentlichen Urtheil haben wir dies aber unbestimmt gelassen, ob der Begriff von einem Gegenstande schon gegeben ist, oder nicht, weil wir keinen Begriff als vollendet ansehen können. So wie die uneigentlichen Urtheile in die Begriffsbildung zurükkgehen, wenn der Begriff vollständig wird: so sind die analytischen Wiederholungen, eine Genesis des Begriffs, ein Sich darüber besinnen, was im gegebenen Begriff liegt. Ist kein Begriff, der zwischen dem primitiven und absoluten Urtheil liegt, ein vollständiger: so ist jedes analytische Urtheil nur die Resumtion eines uneigentlichen. Ein synthetisches kann auch ein uneigentliches sein, es giebt sich aber erst zu erkennen, wenn der Begriff des Subjects vollkommner bestimmt ist; es kann aber auch ein eigentliches sein.

Wir werden dies besser verstehen, wenn wir auch noch achten auf den Unterschied der Urtheile in Beziehung auf die Quantität. Hier pflegt man einzelne, besondre und allgemeine zu unterscheiden. Ist der Subjectsbegriff Vorstellung eines einzelnen Dinges: so ist das Urtheil ein einzelnes; ist der Subjectsbegriff eine zusammengefaßte Mehrheit von Dingen derselben Art: so ist das Urtheil ein besonderes; ist der Subjectsbegriff ein allgemeiner Begriff höherer oder niederer Art: so ist das Urtheil ein allgemeines.

Besondere Urtheile. (S. §. 314.) Z. B. Einige Pferde sind schwarz. Welchen Punkt bezeichnet solches Urtheil? Offenbar, wenn ich wüßte, schwarzsein gehöre mit in den Begriff des Pferdes hinein: so könnte ich das Urtheil nicht fällen, weil eben alle Pferde schwarz wären. Wüßte ich dagegen, es gehöre nicht hinein: so wäre es doch etwas ganz leeres das Urtheil zu fällen, es hieße dann nur, für den Begriff des Pferdes ist schwarzsein zufällig. Einen Zwekk hat es nur, wenn ich ausmitteln will, welche Farben für die Pferde möglich sind, welche nicht. Das besondre Urtheil gehört also immer in die Begriffsbildung, in das Gebiet des uneigentlichen Urtheils.

Allgemeine und einzelne Urtheile. Das allgemeine Urtheil ist von größerem Umfange, als das einzelne, indem es dasselbe aussagt für alle Dinge derselben Art. Wie stehen aber beide in Beziehung auf ihre Dignität? Was ich von allen Dingen derselben Art aussage, das gehört entweder ganz und gar in den Begriff hinein, und das Urtheil ist also ein uneigentliches, oder ich weiß wenigstens nicht, daß es in den Begriff nicht hineingehört; denn liegt das Prädicat nicht im Begriff: so ist es Unrecht, wenn ich es allen Dingen derselben Art auf die gleiche Weise zuschreibe, und richtig wird das Urtheil nur sein, sofern es einen gewissen Grad von Unbestimmtheit hat. Vollständig bestimmt aber würde es erst, wenn auch der Grund der Differenz mit darin wäre, wenn bestimmt wäre, warum und wie das Prädicat einigen Dingen so einigen anders zukomme. Ist das Prädicat im Begriff des Subjects enthalten: dann ist das Urtheil ganz oder zum Theil ein identisches, und ich bilde es nur als Urtheil weiter, um zu resumiren, oder sofern ich nicht weiß, daß das Prädicat nicht in den Begriff hineingehört. Wir müssen also sagen, Ein allgemeines Urtheil, so lange es ein unvollständiges ist, steht nicht auf dem Punkt, auf welchem es stehen bleiben kann; es muß entweder in die Begriffsbildung zurükkgehen, oder es muß auf den Punkt gebracht werden, daß die möglichen Differenzen noch mit hineingelegt werden. Gewisse Fälle sind nun von der Art, daß man die Differenz eher fühlt, als man die Formel hat sie aufzulösen, und dann fällt man das Urtheil noch nicht. So ist es z. B. mit unseren Urtheilen über die Größe.

Ein einzelnes Urtheil, wenn es ein vollständiges ist, sagt ein Factum aus und zwar in seiner Vollständigkeit, aber es erstrekkt sich dann auch nicht weiter als auf das einzelne Ding im Subjectsbegriff, und ist also das bestimmteste aber auch das kleinste. Dagegen von einem einzelnen Urtheil, das unvollständig ist, kann ich eigentlich niemals wissen, wiefern es ein allgemeines ist oder nicht. Indem der andere Factor, der die Thatsache aussagt, nicht bestimmt wird: so lasse ich auch unbestimmt, was in dem einzelnen Dinge der Grund dafür sei. Wer z. B. zum ersten Male faules Holz leuchten sieht, spricht dies als einzelnes Urtheil aus Faules Holz leuchtet, läßt aber damit völlig unbestimmt, was der Grund davon sei und welche Eigenschaften der Atmosphäre dazu gehören. Wie kann das Urtheil ein bestimmtes werden? Auf zwiefache Weise, wenn es in ein allgemeines verwandelt wird, z. B. alles faule Holz leuchtet im dunklen, oder wenn es ein vollständiges wird, d. h. wenn der andre Factor dazu kommt, in welchem Falle es dann ein einzelnes bleibt, eine Aussage über ein Verhältniß eines einzelnen Dinges.

Wir sehen also, es giebt gewisse Urtheile, die durchaus nur Uebergangspunkte sind, und andre, welche sich schon durch ihre Form zu erkennen geben, die, wenn sie nur richtig sind, so wie sie sind feststehen, also ihre vollkommne Bestimmtheit in sich haben. Es kommt also nur darauf an, den Grad der Bestimmtheit jedes Urtheils zu erkennen, und im Fortschreiten von einem geringeren Grade der Bestimmtheit zu einem höheren auf dem rechten Wege zu bleiben. Das Urtheil, welches bestimmter sein will, muß weiter entfernt sein vom primitiven und dem absoluten näher; diesen Kanon der Bestimmtheit muß man im Bewußtsein haben. Es ist also das nächste, das Verhältniß der verschiedenen Arten von Urtheilen zu den beiden Endpunkten zu klarem Bewußtsein zu bringen. Das unvollständige Urtheil haben wir gesehen liegt schon an sich dem primitiven näher als das vollständige. Welches unvollständige aber liegt dem primitiven am nächsten und welches dem absoluten? (§. 311.) Wir müssen auf das Subject sehen und auf das Prädicat. Betrachten wir ein einzelnes unvollständiges Urtheil: so ist man dem primitiven Urtheil um so näher, je allgemeiner der Subjectsbegriff und je keiner der Prädicatsbegriff ist. Der ursprüngliche Subjectsbegriff ist das Einwirken der chaotischen Totalität, das ursprüngliche Prädicat im primitiven Urtheil ist die organische Affection auf einen einzelnen Punkt der chaotischen Totalität bezogen. Da ist also der Subjectbegriff Maximum, der Prädicatsbegriff Minimum, so daß wir dem primitiven Urtheil nahe sind, wenn wir einen weitumfassenden Subjectsbegriff haben und etwas geringfügiges von ihm aussagen, welches der Punkt ist, von welchem die Fortschreitung ausgehen muß. Wogegen je kleiner der Subjectsbegriff ist und je größer je mehr in sich fassend der Prädicatsbegriff, desto mehr entfernen wir uns vom primitiven. Soll aber das Urtheil seinem Inhalte nach mehr aussagen: so kann das nur geschehen, wenn der Begriff vollständiger bestimmter wird, wenn in den Subjectsbegriff mehr hineinkommt. Die Vervollständigung des Urtheils hängt also lediglich ab von der gleichzeitig sich entwikkelnden Begriffsbildung. Indem aber diese Fortschreitung geschieht, muß die eigentliche Beilegung dieselbe bleiben, und dies fällt lediglich der Reinheit der Wahrnehmung anheim, durch welche vom primitiven Urtheil aus das Denken erst allmählig ein bestimmteres wird.

In Beziehung auf diese Beilegung selbst entsteht nun noch eine neue Betrachtung. Sie ist an und für sich Indifferenz von Action und Passion. Das unvollständige Urtheil, das das Prädicat dem Subject simpliciter beilegt, ignorirt sahen wir, ob das Prädicat im Begriff des Subjects liege oder nicht, ob das Urtheil ein eigentliches sei oder ein uneigentliches, und selbst wenn ausgemittelt wäre, daß es ein eigentliches sei: so läßt es doch ganz unbestimmt, welchen Antheil das Subject und welchen der unbestimmt gelassene Coefficient hat, unbestimmt also, ob im Subject nur die Möglichkeit sei, daß ihm die ausgesagte Beschaffenheit zukomme, oder ob in dem Subject selbst der Grund zur Aussage liege, die Tendenz, die Beschaffenheit unter gewissen Bedingungen hervorzubringen. Wir haben also zwei Stufen des unvollständigen Urtheils, die erste, wo reine Indifferenz ist zwischen Action und Passion, wo im Urtheil gar keine Veranlassung liegt, entweder mehr die eine oder mehr die andre vorauszusezen, die zweite, wo beides einander bestimmt entgegengesezt, wo das Prädicat bestimmt entweder als Action oder als Passion angesehen wird. Wie stehen nun beide Stufen zu den beiden Endpunkten? Offenbar liegt die Form, wo das Prädicat in der Indifferenz von Action und Passion also blos als Zustand gesezt wird (s. §. 317.), dem primitiven Urtheil näher, denn das Subject erscheint dann eigentlich nur als der Ort, in dem sich eine Veränderung ereignet, ohne daß das Verhältniß seines Wesens zur Veränderung bestimmt wird, und eben nur dies und nichts anderes geschieht im primitiven Urthil immer. Wogegen sobald die Beilegung entschieden entweder eine active oder eine passive ist, die weitere Entfernung vom primitiven Urtheil nicht zu verkennen ist, wie denn immer eine Vermehrung der Erkenntniß darin gegeben ist. Nun ist dies immer noch kein vollständiges Urtheil, denn der Coefficient, von dem im Fall der Passion die Wirkung ausgeht und der im Fall der Action nur ein mitwirkendes ist, kann noch völlig unbestimmt sein; aber es liegt in dieser bestimmten Fassung des Urtheils doch schon die Aufgabe den andern Factor aufzusuchen. Wenn wir also auf diese Differenz sehen zwischen dem unbestimmten unvollständigen Urtheil, in welchem bloß ein Zustand ausgesagt wird, und dem bestimmten, das ein Thun oder Leiden aussagt: so ist der Uebergang von jenem zu diesem eine Vermehrung des Urtheils seinem Inhalte nach, weil aus dem unbestimmten ein bestimmtes wird, und da müssen wir nur jedesmal untersuchen, ob wir den Uebergang auch mit Recht gemacht haben. Allein hier läßt sich kein anderer Kanon geben, als die Rükkweisung auf den Zustand, in welchem sich der Begriff des Subjects befindet. Nämlich wenn ich von einem Gegenstande etwas aussage unter der Form eines Leidens: so liegt dieses Urtheil darin, so hat es diesen Inhalt, Es hat etwas anderes = x auf mein Subject gewirkt. Aber ich habe keinen Grund die Wirkung als ein Leiden anzusehen, wenn nicht im Begriff des Subjects entweder allgemein oder bestimmt dieses liegt, daß ein Etwas in ihm diese Wirkung hervorbringen kann. So lange ich dieses im Begriff des Subjects nicht nachweisen kann, so lange habe ich auch kein Recht das Urtheil auf diese Weise zu bestimmen, sondern ich muß es dann in jener Unbestimmtheit lassen; es muß mir also im Subject selbst gleichsam die Function zu dem gegeben sein, was ich als sein Leiden von ihm aussagen will. So wie, wenn die Aussage eine active ist: so ist das Urtheil nur ein eigentliches, sofern die Thätigkeit in solcher Bestimmtheit ausgesagt ist, daß sie nicht schon im Wesen des Dinges liegt. Wenn ich einen Gegenstand als einen sichtbaren seze: so liegt darin, daß er dem menschlichen Auge eine Farbe und eine bestimmte Begrenzung darstellt. Nur welche die Grenze und welche die Farbe sei, muß unbestimmt sein, wenn das Urtheil ein eigentliches sein soll; aber die Function der Thätigkeit im allgemeinen muß auch im Begriff schon liegen wenn ich ein so bestimmtes Urtheil fällen will; anders muß ich es unbestimmt lassen. — (S. §. 315.). —

Endlich ist noch auf folgendes zu sehen. Wir sahen, das Urtheil gewinnt an Inhalt, wenn der Subjectsbegriff bestimmter wird, und dann muß die Beilegung nur identisch bleiben; dann aber auch, das Urtheil gewinnt an Inhalt, wenn der Prädicatsbegriff an Inhalt gewinnt, also die Aussage vergrößert wird. Z. B. Wenn ich einen Gegenstand ausgezeichnet habe im Urtheil als einen leuchtenden: so habe ich eine organische Affection von ihm ausgesagt. Sage ich nun dazu, daß er auch wärme: so sage ich in demselben Urtheil eine doppelte organische Affection aus und in dem Zustand des Dinges die Identität beider. Nun haben wir schon früher gesehen, wie überall ein vermittelndes ist zwischen dem Gegenstande und der organischen Affection; also ist immer erst auszumitteln, wiefern die Affection ihren Siz hat im Gegenstande oder im vermittelnden. Aber wenn man die erste Affection im Gegenstande gefunden hat: so macht man gewöhnlich den Fehler, daß man die zweite Affection davon abhängig macht. Nur wenn man die Bestimmung ganz aufs neue macht bei jeder Beilegung, ist man sicher über die Identität. Thut man das nicht: so entstehen Irrthümer daraus, daß man das Urtheil genauer machen will. Die Physik ist voll Beispiele dieser Art. — (S. §. 316.). —

Nun zur Differenz der unvollständigen Urtheile, sofern sie entweder allgemeine sind oder einzelne. Wenn wir ein allgemeines Urtheil fällen: so ist die Form diese, Alles a ist b. Nun fragt sich, Woher haben wir diese Allgemeinheit? Wir müssen dabei sehen auf die beiden Seiten des Begriffbildungsprozesses. Ruht nun die Allgemeinheit im Urtheil auf den Deductionsprozeß: so muß das allgemeine unvollständige Urtheil immer ein identisches sein, sei es mittelbar oder unmittelbar; denn durch die bloße Formel des Gegensazes kann ich dem Gegenstande nichts beilegen, was nicht in dieser Formel liegt. Je untergeordneter allerdings der Begriff als ein allgemeiner, je complicirter der Gegensaz schon ist, durch desto mehrere Glieder kann ich vielleicht hindurchgehen müssen, um das aufgestellte im Gegenstande zu finden, aber das ist bloß Recapitulation dessen, was im Deductionsprozeß mitgedacht war; eine Beilegung, die ein eigentliches Urtheil wäre, kann auf diese Weise nicht entstehen, weil durch Deduction durchaus nur das Sein, nicht das Zusammensein des Dinges ausgesagt wird. Soll also das Urtheil ein eigentliches sein: so muß die Allgemeinheit entstanden sein auf dem Wege der Bildererzeugung, und es muß die Formel haben, daß überall, wo ich einen Gegenstand finde, den ich unter ein allgemeines Bild subsumire, ich in ihm noch etwas finde, was im allgemeinen Bilde noch nicht liegt. Wie komme ich aber zu dieser Allgemeinheit, da das immer nur ein einzelner Prozeß ist, wenn ich ein einzelnes Bild mit dem allgemeinen vergleiche? Wir müssen sagen, Die Allgemeinheit in solchem Urtheil ist immer nur problematisch; allgemeingültig wird sie nicht eher, als bis beide Seiten der Begriffsbildung sich im Subjectsbegriff vollkommen durchdrungen haben, d. h. also, Aus der bloßen Beobachtung kann uns kein allgemeines unvollständiges Urtheil entstehen, wenn nicht zu ihr, zur Induction, die Deduction hinzukommt. Nun aber ist offenbar, daß wir gar häufig solche vorläufige allgemeine Urtheile fällen, weil jene Durchdringung immer sehr spät kommt: es fragt sich also, welchen Werth sie haben. Als allgemein angesehen haben sie nur einen prakti=

schen, d. h. ich habe nur das Recht jeden Gegenstand zufolge dieses allgemeinen Urtheils zu behandeln, bis sich mir eine Ausnahme davon ergiebt, und dieses Recht ist um so größer, je größer die empirische Allgemeinheit ist; so wie ich aber diese Urtheile ansehe von der Seite des reinen Denkens: so ist ihre Allgemeinheit nur eine chaotische, der ganze Umfang der Existenz des Gegenstandes ist mir nicht gegeben. Man denke sich ein Klima, wie bei uns, wo es zu bestimmten Zeiten keine Gewächse giebt: so wird das allgemeine Urtheil dieses sein, Alle Pflanzen haben einen periodischen Wechsel zwischen Leben und Tod. Aber diese Allgemeinheit ist keine wahre, 1. weil wir nie einen Nullpunkt, 2. weil wir niemals vollkommne Gleichheit des periodischen Todes annehmen können. Von Seiten des reinen Erkennens kann also jenes Urtheil nie ein allgemeines sein; wir können es fällen, aber nur als ein problematisches, oder wir müssen seinen Umfang bestimmen, sonst müssen wir Rükkschritte machen. Der gewöhnliche Gang ist, daß Ausnahmen gemacht werden, daß man also sagt, Einige Pflanzen sterben nicht periodisch, aber dann wird auch die Allgemeinheit des Urtheils aufgehoben. Wenn man aber gleich von vorne herein nicht mehr Bestimmtheit in das Urtheil legt, als darin liegt, und wenn man auch den Prädicatsbegriff gleich in seinen Differenzen aufzufassen sucht, bis sich aus der Oscillation von positivem und negativem der Umfang bestimmt und das Urtheil sich als allgemeines aber auf begrenzte Weise festsezt: so kann man sich alle Irrthümer und Rükkschritte ersparen. (S. §. 312.) — Nun aber wenn wir auf das allgemeine Urtheil besonders wieder anwenden, daß das unvollständige Urtheil gewinnt durch Vervollständigung des Prädicats: so hat diese eine doppelte Richtung, daß die organische Affection objectiven Gehalt bekommt und wahre Function des Gegenstandes aussagt, dann daß in diese, die ein allgemeiner Begriff sein kann und ein besonderer, etwas bestimmteres hineinkommt. Das allgemeine Urtheil hat immer die Tendenz, die organische Affection in eine Function des Gegenstandes selbst überzutragen; so wie ich etwas aussage von allen Dingen einer und derselben Art: so will ich es auch auf alle auf die gleiche Weise zurükkführen. Hiebei geht auch nicht leicht ein Fehler vor, wohl aber geht oft die Allgemeinheit der Beilegung verloren, wenn man den allgemeineren Begriff des Prädicats mehr besonders machen und eine genauere Bestimmtheit hinzufügen will. Hier hat man also wieder genau zu achten auf die Identität der Beilegung. —

Das Wesen eines einzelnen Urtheils besteht darin, ein bestimmteres Prädicat zu haben, als das allgemeine haben kann. Denke ich mir einen allgemeinen Begriff, und von demselben irgend eine Beschaffenheit ausgesagt: so kann, wenn nun ein einzelnes Ding zum Subject gemacht wird, von diesem nicht mehr dasselbe prädicirt werden, sondern nur eine bestimmte Modification davon, wie das einzelne Subject nichts ist als eine bestimmte Modification des allgemeinen. Hieraus geht hervor, daß das einzelne Urtheil nicht kann abgeleitet werden aus dem allgemeinen auf dem Wege der Deduction, weil in dem allgemeinen nur die Möglichkeit mannigfaltiger Modificationen gesezt ist, sondern daß es nur entstehen kann auf dem Wege der Wahrnehmung, des Inductionsprozesses.

Das Subject im einzelnen Urtheil ist die bestimmte Vorstellung eines einzelnen Dinges, also immer ein Begriff, weil das einzelne Ding auch wieder die Einheit ist zu einer Mannigfaltigkeit von Erscheinungen. Darum ist zu achten auf die verborgene Allgemeinheit, die der bestimmten Vorstellung des einzelnen Dinges einwohnt, in Beziehung auf welche, so sehr auch die größere Bestimmtheit im einzelnen Urtheil hervorragt, doch gesagt werden muß, daß auch das einzelne Urtheil immer noch etwas chaotisches in sich hat. Sage ich von einem Dinge ein Handeln aus oder ein Leiden, und denke ich, daß es ein mannigfaltiges ist in seiner Einheit: so lege ich das Prädicat dem Subject in sofern auf eine unbestimmte Weise bei, wiefern ich nicht weiß, auf welcher Entwikkelungsstufe das Subject steht. Wüßte ich das: so würde ich die nähere Bestimmtheit aufnehmen. Seze ich das Subject bloß in seiner Einheit ohne seine nähere Mannigfaltigkeit: so wartet das Urtheil noch auf seine nähere Bestimmtheit. Das gilt von jedem Urtheil, das mit Recht als ein einzelnes synthetisches angesehen werden kann; so bestimmt daher ein solches auch aussieht: so ist es doch seiner Natur nach immer noch eine Aufgabe. Ueberall sehen wir hier in dem Urtheil die zwiefache Beziehung, auf der einen Seite auf das primitive, und auf der andern auf das absolute. Im Vergleich mit dem primitiven ist es eine Annäherung an das absolute, weil es eine größere Bestimmtheit enthält als jenes; im Vergleich mit dem absoluten ist es noch dem primitiven verwandt, weil immer noch chaotisches in ihm ist. So lange das statt findet, so lange enthält es die Aufgabe das Fortschreiten zum absoluten fortzusezen, die Entfernung vom primitiven zu vergrößern, die vom absoluten zu vermindern.

Können Sicherheit und Wahrheit nur sein im stätigen Fortschreiten zum absoluten: so können wir als Kanon nur dieses festsezen, daß fortgedacht werden muß in immer gleicher Besonnenheit; wo das Urtheil am Inductionsprozeß hängt, in Reinheit der Wahrnehmung, wo am Deductionsprozeß, im vollen Bewußtsein dessen, was in der Beziehung der Gegensäze auf einander gesezt ist. Aber auch von der Urtheilsbildung muß gelten, was wir von der Begriffsbildung ausgesagt haben, daß sie kein continuum ist und also an den verschiedensten Punkten zugleich anfängt. Daher müssen wir bei den Urtheilen nicht allein sehen auf die Resumtion des Inhaltes, sondern auch auf die Art, wie im freien Denken von einem Urtheil zum andern übergegangen und eins ans andre geknüpft wird. Doch dies gehört nicht hieher, sondern in die Combination, nur dürfen wir hier, in der Construction der eigentlichen Urtheile, die Anknüpfungspunkte dafür nicht übergehen. Nun ist das allgemeine Urtheil als solches wesentlich Eins, das einzelne aber mannigfaltig, denn dieses

§. 311.

Das unvollständige Urtheil ist desto leerer, je unbestimmter der Subjectsbegriff, und desto unbestimmter, je specieller der Prädicatsbegriff gefaßt ist *).

---

hat nur Werth, sofern ich es als Theil eines Aggregates von Urtheilen anschaue. Dies vorausgesezt, treibt das einzelne Urtheil auf das architektonische Verfahren hin; denn die Mannigfaltigkeit der einzelnen Urtheile ist ein chaotisches. Und hier haben wir das Maaß für die Vollkommenheit des einzelnen unvollständigen Urtheils an und für sich; es muß nämlich darin eine Anleitung sein zu diesem architektonischen Verfahren. So lange in einem einzelnen Urtheil diese Anleitung nicht liegt, so lange hat es nicht den Grad von Bestimmtheit, den es als ein einzelnes und unvollständiges Urtheil haben kann. Jedes allgemeine unvollständige Urtheil dagegen, wenn es zu dem gehörigen Grade der Vollkommenheit gebracht ist, führt seiner Natur nach auf das heuristische Verfahren. Denn der Subjectsbegriff als ein allgemeiner läßt mehrere Modificationen zu, der Prädicatsbegriff aber kann nicht specieller sein als der Subjectsbegriff, folglich faßt auch er eine Mannigfaltigkeit von Modificationen unter sich. Ist nun die Unbestimmtheit, die der Allgemeinheit anhängt, klar eingesehen: so muß mit darin liegen die Anleitung diese mannigfaltigen Modificationen aufzustellen; woher die Neigung, zu der Einheit des allgemeinen Urtheils eine Mannigfaltigkeit einzelner Urtheile zu suchen, die verschieden aber coordinirt sind; es entsteht dadurch das Aufsuchen analoger Einzelheiten, und das ist eben das heuristische Verfahren, von einem einzelnen aus ein anderes einzelnes zu suchen. Wenn die Begriffe, welche das Urtheil bilden, noch nicht mit Klarheit gedacht sind: so können sie diese Anleitung nicht geben, und die Vollkommenheit des Urtheils wird daran gemessen, wie productiv es ist. Bei der gewöhnlichen Behandlung dieses Gegenstandes macht man einen Unterschied zwischen Deutlichkeit und Lebendigkeit des Erkennens. Die Deutlichkeit ist nichts anderes als die Bestimmtheit, und die Lebendigkeit ist nichts als die Productivität. Das Urtheil ist nur in dem Maaß bestimmt als es lebendig ist, und umgekehrt.

*) Vorles. 1822. Die Leerheit des Urtheils ist die Annäherung an das absolut identische a=a; alle Materie fehlt, es ist nur die Wiederholbarkeit. Ein vollständiges Urtheil, weil es ein Zusammensein sezt, ist immer ein Hinzufügen, und also an sich nie leer. Der Subjectsbegriff ist unbestimmt, wenn das Subject entweder nicht begrenzt oder nicht gehörig getheilt ist; im ersten Fall fehlt ihm die Einheit, im zweiten die bestimmte Vielheit. Ist die Einheit nicht bestimmt: so ist auch nicht stimmt, wovon ich etwas aussage; es ist dann bloß der Begriff der Action

§. 312.

Das unvollständige allgemeine Urtheil kann nur Resultat der Beobachtung eines jeden der beiden Glieder sein; seine Wahrheit beruht darauf, daß der beobachtete Begriff immer in demselben Umfang ist gedacht worden.

§. 313.

Man kann von dem unvollständigen allgemeinen Urtheil nicht in höhere Sphären gehen, ohne eine Reihe von Actionen vorauszusezen, die nicht erfolgt ist.

§. 314.

Das unvollständige Urtheil als besonderes angesehen (Schema ist das einzelne) fällt in den Bildungsprozeß eines niederen einem schon bekannten höheren untergeordneten Begriffs *).

---

ausgesagt. Ist das Subject noch nicht getheilt: so weiß ich im voraus, daß ich etwas nicht von dem ganzen Gegenstande aussage, aber ich weiß nicht, wovon überwiegend.

*) Randbem. Das besondre Urtheil (85.) (= §. 314.) sagt aus die Ungewißheit in Beziehung des Prädicats auf das höhere Schema, und hält also den Ueberzeugungszustand in Bezug auf die Begriffsbildung in seinem rechten Maaß. Jedes besondre Urtheil sezt die Möglichkeit eines coordinirten entgegengesezten. Je mehr diese verschwindet, desto mehr geht es in allgemeineres über. Es kann aber früher ohne Nachtheil allgemein werden, wenn das Prädicat unbestimmt ist (82.) (= §. 311.). Z. B. Wenn man blühen nur versteht von dem der Fructification vorangehenden: so kann man sagen Alle Pflanzen blühen. — Indem nun aber die einfachen Urtheile den Begriff zur Erklärung steigern, sind sie nur ein einseitiges Verfahren. Schon im ersten Moment, wenn in Bezug auf eine organische Erfüllung eins herausgenommen wurde, konnte nicht das übrige null gesezt werden, sondern Bestimmung und Gemeinschaftlichkeit müssen immer gleichen Schritt gehen. Weil nun diese Urtheile auf die Gemeinschaftlichkeit des Seins gar keine Beziehung nehmen: sind sie unvollständige. In ihnen selbst sind aber wieder zu unterscheiden nach Maaßgabe der intransitiven und transitiven Verba solche, in denen der andre Factor ganz ignorirt wird, z. B. Der Baum blüht,

§. 315.

Das unvollständige Urtheil, in wiefern es den andern Factor indirect als x sezt (was freilich in der Form desselben nicht herauszutreten braucht und selten heraustritt), ist schon als Uebergang zum vollständigen anzusehen.

§. 316.

Das unvollständige Urtheil, den anderen Factor ignorirend, muß sich hüten nicht mehr auszusagen, was den Thätigkeitsgrad des Subjects betrifft, als in der Wahrnehmung gewesen ist.

§. 317.

Wie daher das uneigentliche Urtheil dem eigentlichen vorangeht: so muß die unbestimmtere Aussage unter der Form des Zustandes der bestimmteren unter der Form der Action oder Passion von einem anderen vorangehen.

§. 318.

Die eigenthümliche Richtigkeit des vollständigen Urtheils beruht theils auf der richtigen Bestimmung des anderen Factors, theils auf der richtigen Bestimmung des Antheils beider.

---

und solche, in denen er nur latitirt, d. h. eigentlich chaotisch gesezt wird, z. B. Der Schriftsteller lehrt, wo jemand vorausgesezt wird, oder Die Sonne wärmt (87. 86.) (= §. 316. 315.). Beim intransitiven muß also immer ein Antheil der Gemeinschaftlichkeit (als der eigentlichen Ursache) anheimgestellt bleiben, und daher der Zustand nie als im bestimmten Sein allein gegründet gedacht werden. Das transitive geht weiter; denn es sezt schon eine Sphäre der Gemeinschaftlichkeit.

§. 319.

Nur derjenige Factor kann als Subject gesezt werden, dem das Resultat auch im unvollständigen Urtheil könnte beigelegt werden.

§. 320.

Nicht jede Erweiterung des Urtheils, in der ein Subjectsbegriff vorkommt, ist eine Objectsbestimmung.

Das Eis schmilzt an der Luft ist kein vollständiges Urtheil, wohl aber Das Eis schmilzt durch die Wärme.

§. 321.

Das Object kann ein mitwirkendes sein, oder auch ein reines, in welchem gewirkt werden soll.

§. 322.

Das mitwirkende kann nur durch Induction gefunden werden, und die Gewißheit steht in umgekehrtem Verhältniß mit der Erwartung einer Instanz.

§. 323.

Das reine Object ist auch als ein handelndes zu sezen, weil das handelnde zugleich ein leidendes sein muß. Daher ist das Urtheil, worin es nur als leidend erscheint, ein auf seine Ergänzung wartendes.

§. 324.

Wenn die Thätigkeit des Subjects mit ihrer Wirkung auf das Object zugleich ausgedrükkt wird: so kann leicht mehr in der Aussage sein, als in der Wahrnehmung war *).

---

*) Den Abschnitt über das vollständige Urtheil §. 318—324. beginnen die Vorles. 1818 wie der Text in §. 318. 319. Dann aber fahren sie so fort,

Wir müssen nun das vollständige Urtheil nach seinen verschiedenen

Formen fassen. — Der ursprüngliche Ausdrukk des primitiven Urtheils ist das impersonelle Verbum. Dieses sezt kein Subject, sondern sagt bloß die Thatsache an und für sich aus. Der ursprüngliche Ausdrukk des unvollständigen Urtheils ist die reine Verbindung von Hauptwort und Zeitwort. Das Hauptwort sezt das Subject; das Zeitwort bringt das Prädicat in Beziehung auf das Subject. Diese einfache Form ist Grundregel des Sazes. Erweitert sie sich in die andre, daß das Prädicat als Beiwort ausgedrükkt wird und an die Stelle des eigentlichen gehaltvollen Zeitwortes die bloße Form des Zeitwortes tritt, die sogenannte Copula: so ist das nur eine scheinbare Erweiterung; es ist nur eine Zerfällung des Prädicats, welche genau betrachtet keinen Zwekk hat, als das Urtheil so zu gestalten, daß es desto leichter in ein anderes Urtheil kann verflochten werden. Ein unvollständiges Urtheil kann sich scheinbar erweitern auch dadurch, daß dem Subject und daß dem Prädicat eine Bedingung hinzugefügt wird; denn es bleibt demohnerachtet in seinem Charakter, daß es nicht scheidet, ob das Prädicat dem Sein zukommt oder dem Zusammensein des Subjects. Was ist nun die eigentliche Form des vollständigen Urtheils, in welchem der zweite Factor mitgesezt ist? Es muß noch ein Begriff ins Urtheil hineinkommen, der ebenfalls ein Subjectsbegriff ist. Nun sind aber die Subjectsbegriffe wesentlich Hauptwörter, wir müssen also sagen, Der Form nach kommt zum unvollständigen Urtheil, das aus Hauptwort und Zeitwort besteht, noch ein Hauptwort hinzu, das zu dem ersten Hauptworte in Beziehung steht oder zum Zeitwort, und dann ist das Urtheil ein vollständiges. Hier sind nun verschiedene Fälle möglich, die verschiedene Stufen der Vollkommenheit aussagen. Der erste Fall ist, wenn das zweite Hauptwort nur die Form einer Nebenbestimmung hat (s. §. 320.). Z. B. Der Schnee schmilzt an der Sonne. Das Der Schnee schmilzt ist das unvollständige Urtheil; das Schmilzt an der Sonne kann man als das Verbum ansehen, oder das An der Sonne bloß als Zusaz zum Prädicat. Aber das könnte man nicht, wenn nicht der Sonne ein Antheil am Schmelzen zugeschrieben würde. Dies Urtheil schließt sich also der Form nach am nächsten an das unvollständige. Die Nebenbestimmung kann ausschließend sein, oder auch nicht; z. B. Der Schnee schmilzt nur an der Sonne, und Der Schnee schmilzt an der Sonne. Sagt man Der Schnee schmilzt an der Sonne: so kann er auch noch an sonst etwas schmelzen; sagt man Nur an der Sonne: so ist das Urtheil ganz vollständig. Hier ist nun die Differenz diese. Die bestimmte Form, wo der zweite Factor ausschließend gesezt ist, ist ein allgemeines Urtheil; denn man kann dafür auch sagen, Alles Schmelzen des Schnees erfolgt an der Sonne. Sagt man aber bloß, Der Schnee schmilzt an der Sonne: so hat das Urtheil den Charakter des besonderen, welches, wie wir gesehen haben, immer nur als ein Uebergangspunkt anzusehen ist; denn es ist dasselbe als Einiges Schmelzen des Schnees geht von der Sonne aus. Hier ist also das chaotische noch, daß das Verhältniß zwischen beiden Factoren durchaus nicht bestimmt ist. Sagt man Der Schnee schmilzt: so ist der andre Factor x. Dies x kann aber auch Null sein, weil das Schmelzen des Schnees aus seiner Natur selbst nicht aus seinem Zusammensein hervorgehen könnte. Sagt man Der Schnee schmilzt an der Sonne: so wird das Schmelzen partiell der Kraft der Sonne zugeschrieben, aber wie viel dem Schnee, wie viel der Sonne, ist völlig unbestimmt. Der Antheil beider Factoren ist noch völlig chaotisch gesezt, und das Urtheil erwartet noch seine nähere Bestimmtheit, in welcher jedem der Factoren der ihm gebührende Antheil hervortritt.

Hier kommen wir nun auf die andre Form, die sich zu dieser wie das bestimmtere zum unbestimmteren verhält, indem nämlich dadurch der Antheil getheilt wird. Die Bestimmung kann aber zwiefach geschehen. 1. (s. §. 321. 323.) Der eine von beiden Factoren wird lediglich als ein leidendes gesezt, und also das Uebergewicht der Thätigkeit in den andern gelegt, so wie dies in allen Säzen vorkommt, die aber so gut activ als passiv ausgedrükkt werden können. Wenn man sagt A liebt B: so wird B als das leidende gesezt, und man kann auch sagen B wird von A geliebt. A als das thätige bleibt also immer Hauptsubject. Nun aber müssen wir hier wieder sagen, Dies ist auch noch eine Art, wie das vollständige Urtheil sich dem unvollständigen nähert, denn es ist noch sehr unbestimmt. Es giebt nämlich kein rein leidendes, sondern das Object muß immer zugleich ein handelndes sein. Die Sache ist diese. Wenn ich von einem Gegenstande eine Thätigkeit aussage, A liebt: so ist das eine solche, wo jeder schon von selbst nach der näheren Bestimmung fragt, weil mit liebt allein nichts gesagt ist. Der Saz so ausgedrükkt kann keinen andern Sinn haben, als In A ist eine Fähigkeit eine Neigung zu lieben und diese ist wirklich aufgeregt. Ihrer Natur nach geht diese Neigung nach allen Seiten hin; nimmt sie also eine bestimmte Richtung: so muß ein Bestimmungsgrund in B gesezt werden, vermöge dessen die Neigung des A zu lieben auf ihn gerichtet wird. Wenn ich dies aber bloß so ausdrükke, A liebt B: so ist dieser Bestimmungsgrund nicht mit ausgedrükkt und B nur auf verworrene Weise gesezt; es ist nicht gesagt, ob die anziehende Thätigkeit vom ganzen B oder nur von einer seiner Functionen ausgehe. Hier ist also im Urtheil immer noch eine Aufgabe, die erst erfüllt wird, wenn das Object zugleich als bestimmendes, also als Activität gesezt wird, wie wenn ich sage A liebt B wegen seiner Redlichkeit. Wie wird nun diese Vollständigkeit erreicht? welcher Kanon ist dazu von jener unvollständigeren Form zu dieser vollständigeren zu gelangen? Es geht nur aus vom Fortschreiten der Begriffsbildung; der Begriff des Prädicats wird genauer bestimmt, oder auch der des Subjects oder der des Objects, und daraus entwikkelt sich was zur vollständigeren Bestimmung führt, so daß Begriffsbildung und Urtheilsbildung auf jedem Punkte so durch einander bedingt sind, wie am Anfang.

2. Das vollständige Urtheil kann aber auch so ein bestimmteres sein, daß der zweite Factor als eigentliche Mitursache erscheint, z. B. A lernt von B (s. §. 321. 322.). Lernen ist eine Activität, worin eine Passivität mitgesezt ist, zu welcher die Activität eines anderen gehört. Indem die Thatsache selbst in A ist: so bleibt A das wahre Subject, und B ist nur der Coefficient. Kehrt man die Ordnung um und sagt B lehrt A: so wird das Urtheil ein anderes, so wenig es so scheinen mag, denn dann ist die Hauptactivität in B, und der Bildung des Urtheils liegen ganz andre primitive Urtheile zum Grunde. Daher ist hier immer die Regel festzuhalten, daß das vollständige Urtheil nur in sofern dasselbe bleibt, in wiefern dasselbe Subject geblieben ist was im unvollständigen Urtheil gesezt war.

Noch eine Bemerkung ist hinzuzufügen über den Fortschritt vom unvollständigen Urtheil zum vollständigen. Etwas weiteres läßt sich im Urtheil nicht thun, als dieses, daß beide Factoren genau bestimmt werden und der Antheil, den jeder an der Thatsache hat, die im Urtheil ausgesagt wird. Wenn ich weiß, weshalb A den B liebt, und wenn ich weiß, warum A von B lernt, was der Grund in A ist und in B, daß A von B lernt und nicht von C: dann hat das Urtheil die größte Vollständigkeit, und ist so betrachtet ein reines Bild des absoluten Urtheils; denn das Zusammensein beider Factoren, woraus das Factum im Urtheil entsteht, ist nun in ihr Sein völlig aufgelöst; das Zusammensein von A mit B ist nun eine Function von A geworden, so daß eine gemeinsame Sphäre beider ausgedrükkt ist, und das ist das Bild des absoluten Urtheils, welches darin besteht, daß die Totalität des Seins der Totalität des Zusammenseins gleichgesezt wird. Ist es aber nicht möglich weiter zu kommen: was bedeutet die Fülle von Nebenbestimmungen, die oft im Urtheil stekkt? Das gehört zum vollständigen Urtheil, das primitive Subject, das Prädicat und das secundäre Subject, und zwar das primitive Subject so bestimmt, daß nicht nur das Prädicat als seine Function sondern auch die Beziehungen des secundären Subjectes darin mit begriffen werden können. Was aber sonst noch im Urtheil liegen kann, das kann nicht um des Urtheils selbst sondern um eines andern willen da sein, nur dazu, daß das Urtheil mit anderen in Verbindung gebracht werde. Wenn ich z. B. von A ein Urtheil aussagen will, ich habe aber noch ein anderes Urtheil von A in petto, das jenem zu widersprechen scheint: so suche ich beide gleich dadurch zu verbinden, daß ich aus dem zweiten Urtheil ein Epitheton für A hernehme; das Urtheil selbst kann keine Erweiterung mehr erfahren, es ist in jenen drei Elementen vollendet. Es kann Fälle geben, wo noch mehr Elemente zu sein scheinen, z. B. Der Knecht baut den Akker für seinen Herrn. Hier haben wir drei Subjectsbegriffe; aber das ist nur Schein, denn das eigentliche Verbum hier ist akkerbauen, und das Urtheil sagt nur, Der Knecht bringt hervor für seinen Herrn. (Vergl. E, LXXXI. 10.)

Außer diesen erweiterten Säzen giebt es noch andere, zusammengesezte, die sich auf das allgemeine Schema des bedingten Sazes zurükkführen lassen (s. E, LXXXI. 11.). Die Formel ist Wenn A B ist: so ist B C. Der Vordersaz ist das Subject, der Nachsaz das Prädicat. Was sich im Vordersaz als Subject und Prädicat stellt, das muß, im ganzen Saz betrachtet, so gestellt werden, daß es nur Epitheton des Subjects wird. Eben so im Nachsaze. Diese Reduction wird man in jedem Falle machen können. Auf die Form aber des bedingten Sazes lassen sich alle zusammengesezten zurükkführen, und man könnte sagen, es finde nur in sofern ein zusammengesezter Saz statt, als sich Subject und Prädicat in zwei Säze auflösen lassen, indem man die näheren Bestimmungen des Subjects und Prädicats in den Zustand zurükkversezt, in welchem sie eigene Urtheile waren, und eine andre Berechtigung zur Construction eines zusammengesezten Sazes könne es gar nicht geben. Es kann also keine Form des Urtheils geben, die wir nicht subsumiren könnten unter das, was wir vom Gegensaze des vollständigen und des unvollständigen Urtheils ausgesagt haben, und die, was die Quantität betrifft, nicht ins allgemeine oder ins einzelne Urtheil gehörte. Nun giebt es eine andre Verschiedenheit im Urtheil gar nicht, als die, welche vom Umfange des Subjects, und die, welche von der Beilegung des Prädicates an das Subject hergenommen ist, denn der Umfang des Prädicates begründet keine, weil das Prädicat nur im Subjecte betrachtet wird, und die Beilegung besteht nur in der Art, wie Sein und Zusammensein auf einander bezogen werden, was eben der Unterschied des vollständigen und unvollständigen Urtheils ist; also haben wir einen vollständigen Schematismus, und die directe und unmittelbare Urtheilsbildung ist genau genommen vollendet. Wir haben die Fortschreitung vom unvollkommneren zum vollkommneren reducirt einerseits auf die Fortschreitung in der Begriffsbildung, andererseits auf die Analogie im Fortschreiten vom primitiven Urtheil zum ersten bestimmten; denn diese Art des Ueberganges ist der Exponent für alles übrige. Wie nun die Quelle des Irrthums hier immer nur die ist, daß man die Grenze der Bestimmtheit der Wahrnehmung überschreitet: so ist auch dies der einzige Kanon, der aufgestellt werden kann. Wenn man die Urtheilsbildung so an die Wahrnehmung knüpft: so stellt man sie in Analogie mit dem Bilderzeugungsprozeß auf der Seite der Begriffsbildung; allerdings aber ist nicht zu übersehen, daß auch mit der entgegengesezten Seite der Begriffsbildung Analogie statt findet; aber dann ist die Urtheilsbildung doch überwiegend analytisch und es kommt nur darauf an immer die Identität der Glieder festzuhalten. — So hätten wir denn nun von der Combination der Begriffe und der Urtheile zu reden, wenn nicht doch noch etwas über die Umkehrung der Urtheile (s. §. 325. 326.) und über ihre Verbindung zu Schlüssen (s. §. 327.) zu bemerken wäre.

Vorles. 1822. Das vollständige Urtheil entsteht am meisten auf dem Wege der Induction; denn es ist geschichtlicher Art und sagt aus, was jenseit der Begriffsbildung liegt. Allein es giebt auch kein voll=

ständiges Urtheil, zu dem wir nicht hätten durch Deduction gelangen können. Beide, Deduction und Induction, sind relativ entgegengesezt, ergänzen sich aber auch einander, und in jedem wirklich gedachten Begriffe sind beide Prozesse. Wir können also als Kanon aufstellen, Das vollständige Urtheil ist nur dann vollkommen, wenn ich es eben sowol kann entstehen lassen auf dem Wege der Deduction, als der Induction. Hierauf ruht die Theilung in problematische, assertorische und apodiktische Urtheile. Das apodiktische sagt die Nothwendigkeit, das assertorische die Wahrnehmung aus; jenes geht auf das Deductionsverfahren, dieses auf die Induction, und in sofern sind beide entgegengesezt. Das problematische, das nur die Möglichkeit aussagt, ist aber mit jenen gar nicht zusammenzustellen; es enthält eigentlich gar keine Erkenntniß und kann an sich nie im Prozeß des reinen Denkens liegen; es leugnet nur den Widerspruch und kann nur im willkührlichen Denken vorkommen, oder wenn in der eigentlichen Construction des Wissens, dann nur auf dem Uebergange vom Inductions- zum Deductionsverfahren und umgekehrt. Bin ich durch Deduction von Thier auf Käfer gekommen: so ist alles unbekannt, was nicht aus dem allgemeinen Begriff folgt. Das problematische Urtheil zeigt nun, was durch das Inductionsverfahren ergänzt werden muß. Daß die Käfer Nahrung zu sich nehmen, liegt im höheren Begriff, welche aber, ob flüssige oder feste, ist durch Induction zu finden. Richtig also könnte man nur sagen, Alle Urtheile sind entweder assertorische oder apodiktische, sie haben ihre Entstehung entweder vom organischen oder intellectuellen Prozeß aus.

Dies führt uns auf noch andre Unterscheidungen und deren Kritik.

Kategorische, hypothetische, disjunctive Urtheile. Das hypothetische ist ein zusammengeseztes, indem die Bedingung dazu gehört. Z. B. Wenn der Frühling kommt, schlagen die Bäume aus. Ist es nicht problematisch: so ist es kategorisch, Die Ankunft des Frühlings führt das Ausschlagen der Bäume herbei. Diese Verwandlung wird man mit jedem hypothetischen Urtheile vornehmen können. Z. B. Wenn es eine weise Weltregierung giebt: so kann es keine Furcht geben. Ist dies Urtheil problematisch: so hat es keinen Inhalt; ist es kategorisch: so heißt es Die Erkenntniß einer weisen Weltregierung besteht nicht zusammen mit der Furcht. — Das disjunctive wird von einigen nicht jenen beiden zur Seite gestellt, sondern diese Theilung gemacht, Kategorische, hypothetische, divisive Urtheile, worauf dann die lezteren in conjunctive und disjunctive getheilt werden. Im conjunctiven sind von Einem Subject mehrere Prädicate ausgesagt und diese verbunden. Sind sie nicht verbunden: so ist auch das Urtheil dem divisiven nicht untergeordnet, sondern nur eine zufällige Form, ein Additionsexempel; machen sie aber den vollständigen Begriff des Subjects aus, d. h. sind sie Eintheilungsglieder: so kann man das Urtheil als ein divisives ansehen, aber dann ist auch der Unterschied vom disjunctiven nur zufällig. Liegt keine Vollständigkeit zum Grunde: so bezeichnet ein solches Urtheil nur die Grenze meines Wissens; es ist nur eine Aufgabe und sagt kein wirkliches Erkennen aus. — Das kategorische Urtheil ist die Grundform aller Urtheile.

Affirmative, negative, limitirende Urtheile. Die Trichotomie ist nicht rein. Das negative kann nie vom Subject aus entstehen, denn das Subject führt nicht auf das, was ihm nicht zukommt; es ist also nur ein Beitrag den Prädicatsbegriff zu begrenzen und ist nur etwas auf dem Gebiet des bedingten Denkens, eine Aufgabe, die nur dadurch gelöst wird, daß man es in ein affirmatives auflöst — Das limitirende ist vom negativen nicht wesentlich verschieden und nur aufgestellt aus Vorliebe für die Trichotomie.

Alle diese Differenzen haben nur Werth in Beziehung auf die Umkehrung und das syllogistische Verfahren.

Die Vorles. 1831 deduciren das vollständige Urtheil als Zusammensezung aus zwei unvollständigen (E, LXXIX. 6. vergl. mit der Randbem. oben unter §. 309.) und verweisen es in sofern in den zweiten Abschnitt. Am eigenthümlichsten gehen sie zu Werke in der Behandlung des disjunctiven Urtheils. Sie sagen (vergl. E, LXXXII. 12. 13.),

Die allgemeine Formel des disjunctiven Urtheils ist diese. Alles a ist entweder b oder c. Wir haben zwar die Urtheilsbildung nicht in ihrem Verhältniß zur Begriffsbildung eingetheilt, dennoch sind wir immer von selbst darauf gekommen, die erste auf die lezte zu beziehen. Schon die Eintheilung der Urtheile in vollständige und unvollständige führte uns auf diese Beziehung (S. §. 310.) aber wie wir den Unterschied faßten, blieben wir im Verfahren von unten nach oben, auf welches auch das bedingte Urtheil noch wesentlich zurückführt. Das disjunctive aber nimmt den entgegengesezten Gang und dadurch ist es wesentlich von allen anderen verschieden. Wir haben gesehen, beim Deductionsverfahren kommt alles an auf das Finden des richtigen Theilungsgrundes. Das disjunctive Urtheil ist nun nichts anderes als das Sezen desselben; denn wenn ich sage, Alles a ist entweder b oder c: so theile ich. Liegt der Theilungsgrund innerhalb des Begriffes von a, ist er ein Element desselben: dann ist das disjunctive Urtheil ein uneigentliches, was uns hier nicht interessirt; liegt er dagegen außerhalb desselben: so ist ein Zusammensein constituirt zwischen a und dem, wovon der Theilungsgrund hergenommen ist: und hier allein ist das uns interessirende Gebiet des disjunctiven Urtheils, an welchem wir die allgemeine Form alles wissenschaftlichen Verfahrens (alles Verfahrens a priori) haben, und wir werden gestehen müssen, daß dies das schwierigste Gebiet ist, das Gebiet an der Grenze alles Philosophirens, der Siz aller Differenzen in der Philosophie, denn diese können nur liegen in den zu theilenden Begriffen, oder in den Theilungsgründen. Könnten wir nun hierüber allgemeine Regeln aufstellen und diese zu vollkommener Anschaulichkeit bringen, so daß sich allgemeine Uebereinstimmung ergäbe: so hätten wir damit die Philosophie beendigt, und zugleich die speculative Behandlung aller rea=

§. 325.

Jede Umkehrung eines Urtheils (wenn Prädikat zum Subject gemacht wird) ist Verpflanzung desselben in eine andee Reihe und erfordert Revision der Identität der Begriffe.

§. 326.

Dasselbe gilt von der Umwendung (der Verwandlung eines affirmativen in ein negatives und umgekehrt *).

---

len Wissenschaften; alles andere könnte nichts sein, als Entwikkelung aus diesem. Aber das können wir nicht, unsre Regeln müssen sich also auf ein kritisches Verfahren beschränken, darauf nämlich, ob, den höchsten Begriff und den Theilungsgrund vorausgesezt, das Resultat, nämlich das disjunctive Urtheil selbst, richtig ist. (Hier folgt nun als Einschaltung eine Kritik der verschiedenen Theilungsmethoden in derselben Weise wie sie schon oben §. 289—291. gegeben ist.) Müssen wir aber beim kritischen Verfahren stehen bleiben: so ist die Hauptregel, jedes disjunctive Urtheil so lange nur als provisorische Annahme gelten zu lassen, bis sich mit absoluter Nothwendigkeit die Beziehung zwischen dem vorausgesezten Begriff und dem, worauf der Theilungsgrund beruht, ergeben hat.

Kann nun eine Urtheilsbildung unter dieser Form auch auf jedem beliebigen Punkte in der Mitte anfangen? Nur wenn von einem Versuch, d. h. von einer freien Sezung die Rede ist, sonst nicht. Das disjunctive Urtheil ist das Princip des architektonischen Verfahrens. Was von der Wahrnehmung aus geworden ist, kann nur durch Herabsteigen von da unter der Form des disjunctiven Urtheils systematisirt werden; aber das ist so lange ein partielles und nicht bewährtes, bis der Raum von oben durch das Deductionsverfahren ausgefüllt ist, womit erst alle Willkühr in der ersten Sezung aufhört.

Nun noch von der Umkehrung der Urtheile und vom syllogistischen Verfahren; nur vom gegebenen aus, denn für uns und rein in unserem Gange bleibend würden wir nicht darauf gekommen sein. —

*) Vorles. 1831. Die Umkehrung ist eine zwiefache, 1. wenn man das Prädicat zum Subject macht, oder umgekehrt; 2. wenn man ein affirmatives Urtheil in ein negatives verwandelt, oder umgekehrt. Die lezte Art der Umkehrung nennen viele Umwendung. — Die Möglichkeit der Umkehrung beruht auf der Relativität des Gegensazes zwischen

§. 327.

Das syllogistische Verfahren ist für die reale Urtheilsbildung von keinem Werth, weil die substituirten Begriffe nur höhere oder niedere sein können.

§. 328.

Bei der gemeinen logischen Theorie vom Umkehren der Urtheile ist die Aufstellung der verschiedenen generum syll. unnöthig, da sich alle auf das erste zurükführen lassen.

Subjects- und Prädicatsbegriff; aber wie kommt man dazu ein Urtheil umzukehren? Es ist dies entweder ein bloßes Spiel, ein Versuch auf Gerathewohl, ob es etwa angeht, oder Veränderung der Richtung im Denken. Wenn ich z. B. sage, Das Eis schmilzt: so bin ich darauf gerichtet den Begriff Eis zu vervollständigen; kehre ich aber das Urtheil um: so verlasse ich diese Richtung und gehe darauf hin, den Prädicatsbegriff Schmelzen seinem Umfange nach näher zu bestimmen. Da sich nun der Prädicatsbegriff mit einer Menge von Subjectsbegriffen verbinden läßt, so kann ich nicht so umkehren, Das schmelzende ist Eis, sondern nur so, Einiges schmelzende ist Eis. Eine Vollendung des Begriffs Schmelzen kann auf diesem Wege nicht entstehen, das Resultat des Prozesses kann also nur ein geringes sein, und der Regeln bedarf er weiter nicht, wenn man nur festhält, daß, weil der Subjectsbegriff nur ein Theil der quantitativen Bestimmungen des Prädicatsbegriffes ist, das umgekehrte Urtheil für sich stehen und warten muß, bis der Prädicatsbegriff von anderer Seite her seine Vollendung erhält. Der eigentliche Ort des Verfahrens ist auf der einen Seite die Urtheilsbildung, sofern man darauf sieht, daß das umgekehrte Urtheil ein ganz anderes, ein für sich bestehendes ist, auf der andern Seite die Verknüpfung, wenn man darauf sieht, daß und wie es aus einem andern geworden ist.

Vorles. 1818. Was die Umkehrung des vollständigen Urtheiles betrifft: so sind zwei Fälle zu unterscheiden, wenn das dritte Glied Object ist, und wenn es Subject der zweiten Ordnung ist. Im ersten Fall, z. B. a liebt b, wird durch die Umkehrung, b wird von a geliebt nichts geändert als die Form; die Umkehrung ist bloß eine grammatische, keine logische, und es kann nur in der rhetorischen Zusammenstellung gerechtfertigt und begründet sein, daß ich die indirecte passive Form statt der directen activen wähle. Im zweiten Fall ist, wenn ich a lehrt b umkehre in b wird von a gelehrt, die Umkehrung auch nur eine

§. 329.

Die untergeordneten Figuren beruhen auf der Eintheilung der Urtheile in univ. part. und sing. und sind unnüz, da die sing. in dieser Hinsicht den univ. gleich gesezt werden, die part. aber nur ein Zusammenfassen von mehreren sing. sind und eigentlich gar kein Urtheil von dem ein weiteres Verfahren ausgehen kann *).

Anm. Vom mathematischen Werth dieses Verfahrens.

---

grammatisch formale; wenn ich es aber verwandle in b lernt von a: so ist gar keine reine Umkehrung mehr, sondern das Urtheil ist ein anderes. (S. §. 324. Vorles. 1818. 2.)

Vorles. 1831. Was die Umwendung der Urtheile betrifft: so fragt sich zunächst, Wie kommt man denn zu einem negativen Urtheile? Durch ein solches wird etwas geleugnet, gewußt nichts; es entsteht also niemandem in der eigentlichen Theorie der Urtheilsbildung, weil es nicht auf dem Wege zur Realisation der Idee des Wissens liegt. Es entsteht aber, wenn eine Behauptung, die gemacht ist, oder leicht gemacht werden könnte, negirt werden muß; ist also entweder eine Geschichte, oder eine Cautel. Nun ist aber bei der Umwendung eines affirmativen Urtheils nicht die Meinung, daß es unrichtig sei; dann aber bekommt es auch durch die negative Form eine andere Beziehung. Z. B. Alle Vögel fliegen. Es giebt aber Gattungen von Vögeln, die nicht fliegen; wird man also dessen inne: so ist das negative Urtheil zu fällen Nicht alle Vögel fliegen. Das ist aber nicht die eigentliche Umwendung, sondern die wäre, wenn angenommen die Richtigkeit jenes Urtheils und nun die Wahrnehmung vorausgesezt, daß auch andere Thiere fliegen, zur Bestreitung oder zur Verhütung der Behauptung, diese Thiere müssen um des Fliegens willen zur Classe der Vögel gerechnet werden, gesagt würde Nicht alles was fliegt ist Vogel.

Das Bedürfniß, Regeln über die Umkehrung und die Umwendung aufzustellen, sollte seit Platon und Aristoteles nicht mehr gefühlt werden; es war nur vorhanden als das sophistische Verfahren zu bestreiten war, das Verfahren einer absichtlichen Verleitung vom Fortschreiten unter der Form des Fortschreitenwollens.

*) Vorles. 1818. Ein Schluß ist Herleitung eines Urtheiles aus einem andern vermittelst eines Mittelsazes. Der Schlußsaz wird hergeleitet aus dem ersten Saze vermittelst des zweiten. Der erste und der zweite

müssen gegeben sein. Man hat den Schluß gewöhnlich angesehen als eine solche Combination von Urtheilen, wie das Urtheil selbst eine Combination ist von Begriffen, und ihn als eine ganz eigne Form des Denkens aufgestellt, ja man ist so weit gegangen das Vermögen zu schließen als das eigentliche Vermögen der Vernunft anzusehen. Wäre aber die Vernunft nur dieses: so wäre sie nicht viel; denn es kommt nicht viel dabei heraus. Im Schlußsaz ist nichts ausgedrükkt als das Verhältniß zweier Säze zu einander, die ein Glied mit einander gemein haben, also gar nicht außer einander sind, sondern ineinander. Ein Fortschritt im Denken, eine neue Erkenntniß kann also durch den Schluß nicht entstehen, sondern er ist bloß Besinnung darüber wie man zu einem Urtheil, das Schlußsaz ist, gekommen ist oder gekommen sein könnte. Z. B. Es wird in einem Saz einem Subject a ein Prädicat b beigelegt, und es kann in einem zweiten Saz ein anderes Subject c unter den allgemeinen Subjectsbegriff a subsummirt werden; dies geschieht in der Form, daß der allgemeine Begriff dem besondern als Prädicat beigelegt wird, so daß also der Begriff, welcher im ersten Saz Subject ist, im zweiten Prädicat wird. Da nun der Subjectsbegriff des zweiten Sazes unter dem des ersten enthalten ist: so folgt von selbst, daß jenem auch das Prädicat von diesem zukomme, und es kommt nur darauf an, daß es ihm in richtiger Quantität beigelegt werde. Irrt man aber darin auch nicht: eine neue Einsicht ist damit niemals gewonnen. Daß die Theorie des Syllogismus so complicirt geworden ist, hat seinen Grund nur in der verschiedenen Quantität der Beilegung.

Im Alterthum hat man die Wichtigkeit des Syllogismus gestüzt auf den Schuz, den er gegen die Sophistik gewähre, und in neuerer Zeit auf den mathematischen Werth des Verfahrens. Wenn man bei den alten sieht, wie sie die Trugsäze aufzudekken suchten durch den Syllogismus und meinten, man könne jeden falschen Saz auflösen, wenn man den Gegner nöthige, ihn in syllogistischer Form darzustellen: so beruht das darauf, daß Trugsäze untergeschoben wurden durch Umkehr oder falsche Beilegung; z. B. der Saz im Platon, Der Hund ist mein, der Hund ist Vater; folglich ist er mein Vater. Zur Auflösung solcher Trugsäze bedarf es aber gar nicht erst des Syllogismus. Solche aber, die auf Anschauung beruhende Demonstrationen sind, können durch den Syllogismus gar nicht aufgehoben werden, wie z. B. die vom Zenon mit Achilleus und der Schnekke, die gar nicht zu widerlegen ist, wenn man nicht die Falschheit in der Anschauung nachweist. Beruft man sich aber in neuerer Zeit vorzüglich auf das mathematische Verfahren, durch welches doch offenbar Erkenntniß entstehe: so scheint es freilich, als ob hier alles gemacht würde durch die syllogistische Form. Aber dem ist nicht so, sondern es kommt alles an auf die Erfindung der Hülfslinien. Habe ich diese: so habe ich den Beweis schon und bedarf dann nur der Analyse; wer erfunden hat, analysirt nachher nur die Construction durch den Syllogismus. Der Saz kann nur heuristisch oder architektonisch

Zweiter Abschnitt.
Von der Combination.

Anm. Rükkweisung auf §. 5. und 6. (= §. 234. 235.)

Randbem. Combination ist in jedem Moment, aber je mehr das folgende schon implicite im vorigen gesezt war, je weniger der neue Act Anfang ist: um so weniger kommt sie in Betracht als technisches Verfahren.

Und so wie der ursprüngliche erste Act nicht als Combination angesehen werden kann: so auch jeder ihm ähnliche, d. h. zwar anfangende aber mit überwiegender Hingebung an den Zustand der organischen Erfüllung und an seine Differenzen.

Wenn wir nun Denken als gegeben voraussezen, und zugleich daß das Chaos daraus erst mit der Erschöpfung des Umfanges verschwindet: so giebt es zwei Formen für gewollte neue Acte, die architektonische und die heuristische.

Da aber keine von beiden hinter einander fortgesezt werden kann bis ans Ende: so giebt es auch Uebergänge von der einen zur andern. Dann verhalten sich also die Regeln für beide Verfahrungsarten an sich wie Construction, die Regeln für den Uebergang aber wie Combination.

Für diesen Uebergang aber sind keine Regeln zu stellen, theils weil Unterbrechungen schon vorher erfolgen durch bedingtes Denken und darstellendes, theils weil der Uebergang sich in das bewußtlose zurükkzieht *).

---

entstehen, nicht von ungefähr, und so kann die Figur nicht da sein, ohne daß der Beweis mit da ist. Die rechten Mathematiker geben auch nichts auf den Syllogismus, sondern sie führen alles auf die Anschauung zurükk.

So wird nun deutlich sein, daß der Syllogismus die Stelle nicht verdient, die man ihm hat geben wollen. Er ist nicht eine dritte Form zum Begriff und Urtheil, sondern immer nur Analyse. (S. Randbem. unter §. 309. am Ende).

*) Vorles. 1818. Es ist kein wesentlicher Unterschied zwischen der Art, wie ein einzelnes Denken zu Stande kommt, und der Verknüpfung des Denkens, und der Gegensaz zwischen dem Gesez der Construction und dem der Combination des Denkens ist nur ein relativer. Es kommt alles darauf an, was man als die Einheit sezt, und alle Verknüpfung kann zulezt wieder als ein einziges angesehen werden, als der erfüllte Gedanke der Welt. Bis jezt nun haben wir uns nur mit den Regeln der Construction des Denkens an sich beschäftigt, nicht mit denen, durch welche wir von einem zu einem andern kommen, außer daß bei-

läufig einiges vorgekommen ist, was wir nun hier bei der Theorie der Combination gebrauchen können.

Es giebt zwei verschiedene Methoden von Verknüpfung, je nachdem man von Einheit oder Mannigfaltigkeit des gegebenen Erkennens ausgeht, die heuristische und die architektonische. Wir sind davon ausgegangen, daß ursprünglich gegeben ist das Chaos der sinnlichen Eindrükke; und daß etwas daraus ausgeschieden wird, haben wir als den Anfang des bestimmten Bewußtseins gesezt. Soll aber daraus etwas mehr werden: so kann das nur geschehen, wenn von dem Punkte aus ein anderer entweder sich selbst darbietet, oder gesucht wird. In sofern er sich selbst darbietet, in sofern kann dabei so wenig Kunst sein als beim ersten Entstehen des bestimmten Bewußtseins, und nur sofern er sich nicht natürlich ergiebt, kann von Regeln und kunstgerechtem Verfahren die Rede sein. Dann aber ergeben sich auch sogleich jene beiden Methoden. Die eine sezt nur Ein gegebenes Erkennen voraus, und will von diesem aus ein anderes finden; die andere sezt eine Mannigfaltigkeit des Erkennens voraus, nicht um ein neues daraus zu finden, sondern um daraus durch gehörige Zusammenstellung eine Einheit zu bilden.

Als die beiden Endpunkte alles Erkennens haben wir aufgestellt einerseits die chaotische Totalität der Eindrükke, andrerseits die vollendete Idee der Welt. Beides ist eins und dasselbe dem Inhalte nach, die Fortschreitung vom einem zum andern kann also angesehen werden als die allmählige Vollendung eines und desselben, und in sofern erscheint die Vollendung der Idee der Welt nur als Construction, und es kann weder Heuristik noch Architektonik statt finden. Aber die heuristische Methode wird dadurch nothwendig, daß uns der Anfang eines bestimmten Bewußtseins von dem Chaos aus als etwas zufälliges erscheint, in welchem selbst nicht der Grund liegt zu einer vollständigen Entwikkelung des ganzen; denn wenn wir eben so gut von jedem anderen hätten anfangen können: so kann in dem einen, was gegeben ist, niemals der zureichende Grund zur Vollendung liegen. Darin liegt nun dieses, daß unser ganzes Erkennen in seiner Entwikkelung nicht Eine Reihe bildet, sondern eine Mannigfaltigkeit von Reihen, weil eine Mannigfaltigkeit von primitiven Punkten eintritt, welche weiter entwikkelt werden. Wir sehen also, daß die Totalität des Denkens auf der einen Seite sich als Entwikkelung eines und desselben Denkens, auf der andern als aus beständiger Anwendung der heuristischen Methode entstanden ansehen läßt; und darin liegt, daß es seiner Wirklichkeit nach auf beiden Wegen entsteht. Aber wie sich auf diese Weise die heuristische Methode rechtfertigt: so rechtfertigt sich auch das architektonische Verfahren. Denn wenn das heuristische nur gegeben ist, sofern wir mehrere Reihen construiren; wenn der Anfang einer jeden zufällig ist, und alle theils neben einander sind theils auf einander folgen: so bedarf es der architektonischen Methode, die sie zusammenstellt und zur Einheit bildet.

Vergleichen wir aber beide Methoden: so ist die heuristische die frühere, die architektonische später. Nämlich die höchste Aufgabe der lezteren ist diese, die verschiedenen Reihen des Denkens, welche jede die Entwikkelung eines bestimmten Erkennens von seinem chaotischen Zustande bis zu seiner Vollendung sind und welche die verschiedenen Disciplinen des Wissens bilden, in ein solches ganzes zu bringen, daß es der Totalität des Seins entspricht und die vollendete Idee der Welt daraus entsteht. Dies ist aber der lezte Punkt des Erkennens. Die architektonische Methode also die spätere; und so stellen denn auch wir sie ans Ende. (S. Beil. B. x.)

Vorles. 1831. Im ersten Abschnitt, wo wir Regeln des Verfahrens suchten für die einzelnen Denkacte als solche: mußten wir Begriffs- und Urtheilsbildung von einander sondern. Hier können wir das nicht mehr, denn die Fortschreitung, mit welcher wir es in der Combination zu thun haben, ist nicht nur Fortschreitung in jedem der beiden Gebiete, sondern besteht zugleich in einem beständigen Uebergange aus dem einen ins andere. Was aber die verschiedenen Denkreihen betrifft: so gilt, wie wir in den Zusammenhang des Lebens gestellt sind, freilich auch von ihnen, daß wir niemals eine derselben als ein Continuum zu Stande bringen, denn ihre einzelnen Momente treten in der Zeit aus einander, und anderes tritt dazwischen. Doch davon müssen wir hier abstrahiren, und jede für sich festhalten. Demnach werden wir also allerdings zwei verschiedene Formen der Fortschreitung zu unterscheiden haben, die im Auffsteigen von unten nach oben, oder die vom Uebergewicht der organischen Function ausgehende, und die entgegengesezte. Das ist aber nur der Umfang der Aufgabe von einer Seite, nur für die Fortschreitung vom einzelnen zum einzelnen, die, gesezt auch sie vollendete sich von allen Punkten aus, doch nur eine Totalität als Aggregat zu Stande bringen könnte. Im Aggregat ist aber das Chaos noch nicht aufgehoben, also auch die Idee des Wissens noch nicht realisirt. Es kommt also von der andern Seite darauf an, mehreres gegebene in ein organisches ganzes zusammen zu fassen — ich sage mehreres, weil was wir von der Totalität ausgesprochen haben auch für jeden Theil gilt. Jene Seite der Aufgabe nennen wir die heuristische, diese die architektonische.

Erste Abtheilung.

Vom heuristischen Verfahren *).

§. 330.

In sofern es auf Begriffe geht und sich an das noch übrige Chaos knüpft, kann es nur negativ sein.

*) Vorles. 1818. Es fragt sich hier, Wie ist der Uebergang von Einem Denken, in wiefern dieses der Idee des Wissens entspricht, zu einem andern so zu machen, daß auch dieses zweite in seiner Beziehung auf das erste der Idee des Wissens entspreche und eben so ein Element der Totalität des Wissens sei? Jede Combination als solche sezt eine Construction voraus, jeder Uebergang von einem Denken zum andern sezt voraus, daß ein Denken a s in sich selbst schon construirt gegeben ist, als schon übergegangen aus der chaotischen Unbestimmtheit in die Bestimmtheit, und wir können hier nur anknüpfen an das primitive Bewußtsein, dieses als einen einzelnen ursprünglichen Punkt gedacht.

Wie wir gesehen haben ist im ursprünglichen Act des Bewußtseins und auch in jedem folgenden ein zwiefaches gegeben, auf der einen Seite eine Selbstthätigkeit, durch welche die Bestimmtheit zu Stande kommt, und auf der andern Seite eine in der bloßen Empfänglichkeit begründete Differenz, welche die Selbstthätigkeit gerade auf dieses und nichts anderes hinleitet. Der ursprüngliche Zustand des Bewußtseins nämlich ist eine ungeschiedene Mannigfaltigkeit von organischen Affectionen, aus der wir niemals ohne Selbstthätigkeit herauskommen. Aber die Selbstthätigkeit ist ursprünglich auf das ganze gerichtet, und so ist sie an und für sich nur ein Streben und kann kein bestimmtes Resultat hervorbringen; nur indem in dem organischen Zustande eine Differenz gesezt ist der Stärke und Schwäche des Reizes auf die Selbstthätigkeit, wird dieser ihre Richtung bestimmt, wird aus dem bloßen Streben eine bestimmte Aufmerksamkeit und ein bestimmtes Bewußtsein. So sind diese beiden Factoren in jedem Bewußtsein. Stellen wir uns nun auf den Punkt, wo Ein bestimmtes Bewußtsein gesezt ist: was ist dann noch neben diesem? Die ganze chaotische Totalität mit Ausnahme des Einen bestimmten Bewußtseins. Entsteht ein zweites: so entsteht es ohne Beziehung auf das erste, und so fort, also kommt nicht eine Verknüpfung, sondern ein bloßes Aggregat zu Stande, und zwar ganz von selbst und so, daß die Selbstthätigkeit den ersten Gegenstand muß fahren lassen, damit der andre ins Bewußtsein komme. Das aber suchen wir nicht,

---

sondern die Verknüpfung, in welcher uns ein zweites Bewußtsein aus dem ersten entsteht. Nun können wir nicht leugnen, daß in der Selbstthätigkeit auch ursprünglich das Bestreben zu sezen ist, ein einmal entstandenes Bewußtsein festzuhalten, also auch daß diese Tendenz dem vom Zustand der Empfänglichkeit ausgehenden Reize gegenüber treten kann. Nämlich so. Ich habe ein bestimmtes Bewußtsein von einem bestimmten Gegenstande und das Streben es festzuhalten, richte aber meine Selbstthätigkeit auf die Mannigfaltigkeit der übrigen mir gegebenen Eindrükke, von denen sie nach dem Maaß der Stärke derselben angezogen wird. Nun kann sein, daß der die Selbstthätigkeit am stärksten reizende Eindrukk in keinem Zusammenhange steht mit dem Bewußtsein, das ich schon habe, und dann lasse ich ihn fallen und mich bestimmen durch den, der in jenem Zusammenhange steht, so daß also ein heuristisches Verfahren zu Stande kommt. Zunächst ist dies nun nur ein negatives, nur das Von der Hand weisen dessen, was mit dem Bewußtsein, von dem ich ausgehe, nicht in Verbindung steht; die Selbstthätigkeit ist zunächst nur Minimum und die Empfänglichkeit Maximum, die erstere nur das untergeordnete, und die Combination nur eine Auswahl aus den reizenden Potenzen nach dem Maaß ihrer Verwandschaft mit dem schon vorhandenen bestimmten Bewußtsein, das sich darbietende dagegen die Hauptsache. Dabei bleibt es aber nicht, sondern je mehr eine bestimmte Mannigfaltigkeit des Bewußtseins sich ausbildet, desto mehr wird die Selbstthätigkeit in sich begründet und desto weniger ist sie der Gewalt des Reizes unterworfen; je näher unser Bewußtsein dem chaotischen liegt, desto unfreier, je mehr wir in einem Gebiete schon zu Hause sind, desto freier sind wir in der Verknüpfung, und die positive Seite des heuristischen Verfahrens ist nun die, daß auch die reizende Potenz nicht als gegeben aufgenommen sondern erst gesucht wird. Diese Differenz aber des positiven und negativen im heuristischen Verfahren ist nur eine Differenz des Mehr und Minder, und das eine ist immer in dem anderen.

Ein zweiter Gegensaz im heuristischen Verfahren ist der, welcher sich auf die verschiedenen Formen des Denkens bezieht. Nämlich jedes aufgenommene Bewußtsein ist entweder ein Begriff oder ein Urtheil; also geht auch alles heuristische Verfahren entweder auf Begriffs- oder auf Urtheilsbildung, aber immer von einem gegebenen aus; es kommt immer darauf an, ob das gesuchte sein soll ein Fortschritt in der Begriffsbildung oder ein Fortschritt in der Urtheilsbildung. Uebrigens aber ist, wie wir gesehen haben, daß Fortschritt der Begriffsbildung nur möglich ist durch Fortschritt der Urtheilsbildung, und umgekehrt, im heuristischen

§. 331.

Als Zusammenfassung, als Induction, ist sein Princip die Congruenz, die sich aber problematisch auf

---

Verfahren eine beständige Combination beider Formen des Denkens gegeben. Und das ist auch ganz natürlich. Wir sehen, wenn wir unser Denken beobachten, niemals einen bestimmten Abschnitt in unserem Bewußtsein, wo wir ausschließlich in der Bildung der Begriffe oder der Urtheile begriffen wären, sondern wir sehen beständig einen bunten Wechsel und ein beständiges Ineinandergreifen. Dies scheint sich aber aus dem früher gesagten nur zu ergeben, wenn von der Vervollkommnung eines und desselben Begriffs oder Urtheils die Rede ist, das heuristische Verfahren geht aber eigentlich nicht auf Vervollkommnung Eines und desselben, sondern auf Uebergang von Einem zu einem anderen. Allein der Uebergang von Einem Begriff zu einem anderen ist als solcher immer auch ein Urtheil, nämlich dasjenige, welches die Zusammengehörigkeit beider Begriffe aussagt, und der Uebergang von Einem Urtheil zu einem anderen kann nur sein, wenn Identität entweder des Subjects oder des Prädicats gesezt ist, also nur durch einen Begriff.

Wir haben also zu betrachten das heuristische Verfahren in Beziehung auf den Begriff und das heuristische Verfahren in Beziehung auf das Urtheil, und beim ersteren haben wir zu scheiden, wiefern wir von der sinnlichen Seite des Begriffs, vom Schema, oder von seiner intellectuellen Seite, vom Gegensaz ausgehen. — (Anders Vorles. 1831. S. das zulezt daraus mitgetheilte. Sie fassen Begriffs- und Urtheilsbildung zusammen und theilen das heuristische Verfahren nur in Beziehung auf Induction und Deduction. Als abhängig von der Induction beschreiben sie es als Beobachtung und Versuch (s. §. 333.), von der Deduction — als Verfahren nach dem Princip der Analogie (s. §. 332.). Mit dem ersteren beginnen sie und §. 330. und 331. sind für sie nicht da. Voran schikken sie eine Untersuchung über das ethische auf diesem Gebiet, über die entgegengesezte Art, wie die einzelnen die ihnen einwohnende geistige Kraft und die äußeren Bedingungen ihres Daseins gegen einander abwägen. Es sei Sache des Charakters, zeigen sie, ob das eine überwiege oder das andere; wenn aber das Sichbindenlassen durch die Umstände absolut herrsche: so sei das Trägheit; wenn es absolut zurükkgedrängt werde, Ausgelassenheit. Die mir vorliegende Nachschrift dieser Vorlesungen hat sich hier viel zu wenig beisammen, als daß wörtlich etwas aus ihr hieher gesezt werden könnte. Wie es scheint, hat sie nichts, was nicht die Vorles. 1818 auch hätten, nur daß sie wieder das Verhältniß des individuellen und universellen bestimmter ins Auge faßt, jedoch ohne etwas darüber vorzutragen, was nicht auch früher schon vorgekommen wäre. S. §. 246.)

einen schon als Deduction gegebenen Punkt beziehen muß *).

---

*) Vorles. 1818. Indem wir nun in das einzelne selbst gehen, müssen wir zurükkgehen auf den relativen Unterschied der negativen und positiven Form. Wenn wir von einem gegebenen Begriff aus, sofern er überwiegend als Schema gegeben ist, zu einem anderen übergehen wollen: so sind wir in dem Prozeß begriffen, den wir Induction genannt haben; wir finden ein anderes, das dem gegebenen coordinirt ist, um aus beiden dann ein höheres zu finden. Das ist der einzige Prozeß, der vom Schema aus möglich ist. Was ist nun hier das mehr negative? und was ist der Kanon dazu? Es haben alle Gegenstände eine Verwandschaft unter sich. Also wenn mir ein bestimmtes Bewußtsein gegeben ist und es bietet sich mir tausenderlei dar in der Wahrnehmung oder in der Erinnerung: so kann nichts darunter sein, was nicht damit Verwandschaft hätte. Je mehr das Bewußtsein bereichert ist, d. h. je mehr über einander liegende Schemata es schon giebt, um desto eher kann ich jedes mit dem gegebenen in Verbindung bringen, nur daß diese verschieden sein wird. Das nächstverwandte ist identisch in Beziehung auf das unmittelbare Schema; das entfernte gehört unter ein anderes, ist aber doch als subordinirt unter ein höheres dem gegebenen Bewußtsein verwandt. Doch wir wollen uns nicht in die Mitte eines schon bereicherten Bewußtseins sezen, sondern an den Anfang, um uns der Regeln zu bemächtigen. Hier ist nun das Eine wahr, die Verwandschaft aller Gegenstände mit dem gegebenen, und je lebendiger die Selbstthätigkeit ist, desto mehr wird jeder Verwandschaftsgrad sie reizen und an sich ziehen, und daraus wird der Trieb entstehen, die Verwandschaftsgrade von einander zu unterscheiden, und um sie zu unterscheiden, ihre Reihe zu ordnen. Das ist die unendliche Mannigfaltigkeit in der Bereicherung des Bewußtseins, die in jedem Moment ist. Aber je mehr sich auf diese Weise die Selbstthätigkeit vertheilt, um desto geringer muß die Kraft der Aufmerksamkeit sein, die sich auf das einzelne wendet, um desto geringer also auch das Resultat. Das kunstmäßige Verfahren besteht hier nun darin, die Selbstthätigkeit in Schranken zu halten, und von Einem nicht auf ein unendliches sondern nur auf Eines zu kommen. Das ist gewiß, daß jeder Moment eines heuristischen Verfahrens den Keim zur unendlichen Mannigfaltigkeit aus sich entwikkelt, und daß Bestimmung eines einzelnen darin nur erfolgt durch dieselbe Operation, die auch im ursprünglichen Bewußtsein statt findet; die Mannigfaltigkeit der Anregungen ist auch ein chaotisches, aus welchem nur etwas bestimmtes werden kann, wenn ein einzelnes herausgegriffen wird, und es kommt nur darauf an, daß dieses nach einer wahren Regel geschehe. Man denke sich z. B., wir hätten eine Vorstellung von einer Art leben-

digen Wesen bekommen auf dem Wege der Wahrnehmung, und dies sollte Incitament werden auf anderes zu kommen: so ist offenbar, daß sich eine unendliche Menge ähnlicher Wesen darbieten wird, und daß wir in dem Einen, Ein verwandtes suchend, den Keim zum ganzen Natursystem finden. Aber was sich so darbietet, indem wir uns den einzelnen Eindrükken hingeben, was sich so aus den disparatesten Theilen in den einzelnen Moment concentrirt, das muß nothwendig ein verworrenes sein, und es fragt sich also, wenn wir doch aus diesem verworrenen eins herausgreifen müssen, nach welcher Regel dies geschehen solle. Diese nun können wir nur finden in Beziehung auf das, was hier das ursprüngliche ist. Das ursprüngliche bei der Wahrnehmung war aber, daß mit dem einzelnen Bilde zugleich das allgemeine Schema entsteht, und wenn wir die Sache betrachten, wie sie sich uns jezt dargestellt hat: so müssen wir sagen, daß zugleich auch die Anlage zu allen über einander liegenden Schematen entsteht, also z. B. aus dem einzelnen Bide eines vierfüßigen Thieres das Bild seiner Art, daraus das Bild seiner Gattung u. s. w. Dies alles ist in dem einzelnen gesezt, aber das wirklich bestimmte Bewußtsein ist das nächste; das allgemeine Schema entsteht nur mit dem einzelnen Bilde zugleich, sofern es eines und dasselbe ist, und das ist es nur auf der nächsten Stufe der Allgemeinheit. Das richtige Verfahren, in dieser negativen Form in Beziehung auf ein schon gegebenes Bewußtsein heraus zu greifen aus theils über theils neben einander liegendem verworrenen, ist, das nächstverwandte heraus zu greifen. Durch bloßes Aneinanderreihen könnte wol die Totalität entstehen, aber nur als chaotisches Aggregat. Soll das vermieden werden und nur entstehen was der Idee des Wissens entspricht: so dürfen wir nie einen Sprung machen, sondern von jedem immer nur zum nächstverwandten übergehen. Dies nun ist auszudrükken als der Kanon der Congruenz. Wollten wir wirklich alles auf diesem Wege zu Stande bringen und unser gesammtes Wissen ansehen als von Einem Punkte aus zu entwikkeln: so würden wir natürlich hinzufügen müssen, daß der Eine Punkt nicht nur nach Einer Seite sondern allmählig nach allen Seiten hin zu verfolgen wäre, indem er in seine verschiedenen Bestandtheile und Beziehungen zerlegt würde. Aber dies liegt nicht mehr auf demselben Gebiete, von welchem wir hier reden; denn das Schema ist wesentlich Eins und es findet da kein Zerlegen statt, das auf einem andern Verfahren beruht, auf dem in Gegensäzen. Der einzelne Gegenstand an und für sich, in wiefern er eine natürliche Einheit ist, bringt mich immer nur auf die ihm zunächst verwandte Einheit; ist er z. B. ein Prädicatsbegriff, also eine Veränderung: so kann er mich auch nur auf eine Veränderung bringen; ich kann von dem Einen aus immer nur auf eine gleichnamige Reihe kommen. Was nun die positive Form des heuristischen Verfahrens betrifft, d. h. nicht das Auswählen des nächstverwandten, sondern völlig abstrahirt von dem sich darbietenden das Aufsuchen eines anderen zu einem gegebenen: so fragt sich, Woher kann ich, wenn mir ein einzelner Gegenstand gegeben ist, die Vorstellung von einem dazu gehörigen haben, wenn sich mir dieser nicht von selbst darbietet? Dies könnte gar nicht statt finden, wenn nicht zum Prozeß der Induction immer der der Deduction hinzukäme, wie wir gesehen haben, daß beide immer zusammen sind. Es wäre gar nicht möglich, daß wir zu einem Gegenstande ein verwandtes suchten, wenn wir nicht die Form des Gegensazes in uns trügen. Wenn ich sage, Ich will zu a ein x suchen, welches nicht a ist, aber doch eine Beziehung darauf hat: so heißt das, x soll dem a entgegengesezt sein, aber mit ihm demselben höheren untergeordnet. So wie der vorige Prozeß beruht auf der Identität des einzelnen Bildes und des Schema: so beruht dieser auf dem Gegensaz beider, und seine Formel ist, Ich will zum einzelnen Bilde ein anderes suchen derselben Art, in dem dasselbe Schema ist. Diese Formel ist völlig allgemein und beruht darauf, daß uns besonderes und allgemeines Schema immer zugleich gegeben sind, und daß uns, weil beide immer zugleich gegeben sind, immer auch ihre Differenz einwohnt, und wir müssen sagen, Je mehr uns dabei die Form des Gegenstandes einwohnt, desto bestimmter wird das Aufsuchen von statten gehen. Es darf aber nur nach dem Kanon der Congruenz geschehen, so daß man immer die kleinsten Gegensäze aufsucht und nach den kleinsten Gegensäzen fortschreitet. Das wesentliche dieses Prozesses ist immer das Bestreben, aufzusuchen was im Gebiet irgend einer Art oder Gattung wesentlich ist oder zufällig, und genau zu bestimmen, in welchem Verhältniß die unteren und höheren Begriffe unter einander stehen. Habe ich z. B. ein einzelnes Ding vor mir: so weiß ich noch nicht, ob die Farbe wesentlich ist oder nicht, ob sie der Art angehört oder nur dem einzelnen Dinge. Dasselbe gilt von der Größe. Man sucht also nur die Verschiebbarkeit des Schema. Die productive Seite dieses heuristischen Verfahrens, das eigentliche Aufsuchen eines neuen, muß aber nach dem Geseze des geringsten Unterschiedes erfolgen, damit man eine sprunglose Anknüpfung habe. Macht man Sprünge im Fortschreiten: so sezt man das gefundene in der That als die kleinste Differenz voraus und verwirrt dadurch die ganze Untersuchung. Auf der andern Seite kann aber die kleinste Differenz auch eine zu kleine sein, und so können dann leicht Zufälligkeiten die Stelle des wesentlichen bekommen und zwei Gegenstände dem Sein nach verschieden gesezt werden, die es nur zufällig sind, also die Unterschiede gegen die Natur der Sache vervielfältigt werden. Beide Fehler kommen z. B. in der Naturgeschichte häufig vor. Hier sehen wir offenbar, dies Verfahren kann nicht vollständig sein, bis ein im oberen Begriff selbst gegründeter Gegensaz gegeben ist, unter den die Differenzen subsumirt werden, und daß die eine Art des Verfahrens durch die andre ergänzt werden muß. Was ist nun aber, ehe diese Ergänzung eintritt, die Regel des Verfahrens? Diese, daß man der Combination, die man gemacht hat, keine größere Bestimmtheit beilege als ihr zukommt, und daß das skeptische Verfah-

§. 332.

Als Theilung oder Ableitung, also Deduction, ist sein Princip die Analogie als Anwendung des kleineren, des größeren, des parallelen, also voraussezend das architektonische Verfahren *).

---

ren nicht aufhört, ehe jene ergänzende Thätigkeit eingetreten ist. (S. Beil. B, x.)

*) Vorles. 1818. Betrachten wir nun das heuristische Verfahren, wiefern es von der andern Seite der Begriffsbildung, der Deduction, abhängt: so müssen wir zuvörderst den relativen Gegensaz festhalten zwischen dem, was wir vorher als Construction gesucht haben, und dem, was wir jezt als Combination suchen. Im Herabsteigen vom höheren Begriff zum niederen an sich kann die Aufgabe nicht liegen, die wir jezt suchen, sondern nur im Uebergehen von Einem Begriff zu einem außer ihm liegenden unter der Form des Gegensazes. Das ist die Methode der Analogie, eine reiche Methode, mit der sich viel ausrichten läßt, wie denn alles, was man im Gebiet des realen Wissens als Erfindung oder Entdekkung ansehen kann, auf diese Weise entstanden ist. Wäre unser Erkennen ein reines Continuum, so daß wir continuirlich vom höchsten Begriff herabstiegen: so wäre mit unserer Methode nichts auszurichten, d. h. alles, was wir jezt vermittelst ihrer ausrichten, wäre schon gegeben. Jeder Gegensaz umfaßt ein bestimmtes Gebiet; je höher der Begriff ist, von dem man anfängt, desto weiter können die untergeordneten Punkte aus einander liegen. Ist man nun durch Ableitung noch nicht auf sie gekommen, sondern nur von einem niederen Punkte aus: so ist ihr Wesen noch nicht erkannt, wird aber erkannt durch richtige Anwendung der Methode der Analogie, mit welcher man erreicht, was man gefunden hätte, wenn man ununterbrochen von oben herabgestiegen wäre. Die Nothwendigkeit der Methode beruht also darauf, daß unser Wissen kein Continuum ist; daß sie eine reiche Quelle ist, um glükkliche Combinationen zu machen, liegt darin, daß nicht jeder Punkt, den man findet, sich gleich gut dazu hergiebt die Gegensäze aus ihm herzuleiten, denn wie leicht dieses wird, das hängt theils ab von der Art wie man den Punkt gefunden hat, theils von dem Grade der Klarheit mit dem er gedacht wird, und indem unser Erkennen ein fragmentarisches ist, sind wir weder des einen noch des anderen mächtig. Ist nun aber die Methode ein Uebertragen dessen, was auf Einem Gebiet glükklich von statten gegangen ist, auf ein anderes: so sieht man, wie leicht man dabei irren kann, indem man die Verwandschaft verschiedener Begriffe unrichtig schäzt. Verwandt sind freilich alle, aber ob einer nach

§. 333.

Für die Urtheilsbildung ist die Methode desselben

---

demselben Gegensaz behandelt werden kann als ein anderer, das hängt von dem Grade der Verwandschaft ab. Es gehört also zu diesem Verfahren ein eignes divinatorisches Talent, was aber dabei zum Grunde liegt ist nichts anderes, als die Ahndung von der Zusammengehörigkeit aller Begriffe, nur auf das Verhältniß bestimmter gegebener Begriffe angewandt. Was aber noch nicht gegeben ist, ist eben ihr Verhältniß; also ist ein Chaos gegeben, und das muß auf dieselbe Weise gesondert werden, wie das ursprüngliche. Jedes Verfahren in der Begriffsbildung, wobei man von einem gewissen Parallelismus ausgeht, jedes, wobei man darauf ausgeht etwas was im großen gegeben ist im kleinen zu suchen, oder umgekehrt, ist das Verfahren der Analogie und hat sein Wesen in der Theilung oder Combination der Gegensäze, und alle großen Entdekkungen im Gebiet des Wissens sind auf diesem Wege entstanden. Aber hat sich vieles fixirt, was so entstanden ist: so haben sich auch viele Irrthümer auf diese Weise gefunden, die durch eben dieses Verfahren wieder haben eliminirt werden müssen, und wie die Methode die reichhältigsten Resultate hervorbringt: so ist sie auch die schwierigste. Fragt man nun nach den Regeln sich dabei vor Irrthum zu hüten: so kann, weil hier, wie bei allem genialischen in der Kunst, alles auf die Probe ankommt, auch keine andere Regel gegeben werden als die, daß man sich die Probe nicht erspare, was darauf hinauskommt, daß man dem gefundenen nicht zu früh traue und das skeptische Verfahren immer zur Seite habe. Das divinatorische in der menschlichen Seele, worauf sich das Verfahren gründet, ist keinem strengen Gesez unterworfen und mit fortschreitend zunehmendem Bewußtsein immer im Abnehmen. Ein Kind, das den ersten Begriff findet, übt es in einer Gewalt, wie nachher nicht wieder, in der Gewalt, mit der sich das einzelne menschliche Dasein in die Mitte des Seins hineinversezt. Von da nimmt es ab, doch ist der Anfang großer Reihen immer nur auf dieselbe Weise zu machen; aber je mehr Reihen wir schon haben, desto mehr Mißtrauen ist nöthig gegen neue, und ihre Gewißheit bekommen sie nicht eher, als bis sie sich völlig mit dem Verfahren von unten durchdringen. Es berühren sich auf diesem Gebiet am meisten das wahre Genie und die unbestimmt herumspringende Fantasie, und schwer ist es sie zu scheiden. Nachtheilig ist zu frühes Verwerfen, Vernachlässigung eines gefundenen, am nachtheiligsten aber Ueberschäzung, vor der man sich dann am schwersten bewahrt, wenn man selbst die Combination gemacht hat, weil dann zur Verbindung gewisser Reihen noch der Reiz des ursprünglichen hinzukommt.

der Versuch, die auch auf einem umgebenden festen und architektonisch geordneten Begriffssystem beruht *).

§. 334.

Es ist daher in allen seinen Zweigen wesentlich Kunst **).

---

*) Vorles. 1818. Was nun das heuristische Verfahren in Beziehung auf die Urtheilsbildung betrifft: so giebt es auch hier zwei Formen, eine mehr negative und eine mehr positive, Beobachtung und Versuch. Bei jener verhalten wir uns mehr passiv, bei diesem mehr activ. Durch beide kommt das Urtheil zu Stande. Die erste ist nichts anderes als ein Achthaben auf den Verlauf eines Gegenstandes und schließt sich an die Begriffsbildung am meisten an vermittelst des schematisirenden Prozesses. Was das Sein des Gegenstandes ergiebt und was das Zusammensein, scheidet sich hier nur, indem die Begriffe über einander zu stehen kommen und aus den oberen ausgeschieden wird was den niederen angehört. Die Beobachtung sezt einen gegebenen Gegenstand voraus, also einen Begriff; dieser kann Subjectsbegriff sein, oder Prädicatsbegriff, der Gegenstand ein Sein oder Thun, und die Beobachtung ist nun nichts als die Betrachtung des veränderlichen am Gegenstande, um das constante, was das Sein des Gegenstandes ausmacht, von dem veränderlichen zu unterscheiden, was nur dadurch geschehen kann, daß man jenes in diesem wiederfindet. Je vollständiger man beobachtet hat, wie sich ein Gegenstand unter allen Umständen verhält, desto mehr wird man das Sein desselben, sein Wesen, unterscheiden können von dem, was aus seinem Zusammensein mit anderem entsteht. Der Unterschied zwischen Beobachtung und Versuch ist nur ein relativer; Versuch ist nur Beschleunigung der Beobachtung; durch den Versuch versezt man selbst den Gegenstand in die Umstände, daß man sehen kann, wie er sich verhält. Offenbar gehört zum glükklichen Versuche, d. h. dazu, den Gegenstand unter solche Umstände zu bringen, daß sein Wesen erkannt wird, divinatorisches Talent, und der einzige Kanon, der aufgestellt werden kann, ist der, daß man keinem Versuche eher traue, bis er sich hinreichend bestätigt hat, daß man also immer sich des Ineinanderaufgehens von Versuch und Beobachtung versichere.

**) Vorles. 1822. Das heuristische Verfahren. Aus dem allgemeinen Grundsaz, daß es keine Vollkommenheit des Erkennens im einzelnen giebt als unter Voraussezung des allgemeinen Zusammenhangs, folgt, daß auch unsre beiden Aufgaben, die heuristische und die architektonische, genau zusammenhangen. Jede Erkenntniß muß als solche den allgemeinen Zusammenhang in sich tragen, und unser Verfahren wird sich immer auf das architektonische beziehen.

Zweite Abtheilung.

Vom architektonischen Verfahren *).

§. 335.

Sein kleinster Gegenstand ist jeder einzelne Begriff als aus einer Mannigfaltigkeit von Urtheilen

---

Es sollen Erkenntnisse gefunden werden, welche überhaupt noch nicht gegeben sind, oder nur in demjenigen nicht, der im Verfahren begriffen ist. Das macht keinen Unterschied, denn sofern ich im heuristischen Verfahren begriffen bin, muß ich die Erkenntnisse, die irgend wo außer mir schon sind, eben so finden als ob sie noch gar nicht da wären. Die Regeln darüber werden zugleich als Prüfung der Erkenntnisse dienen, die wir aus Mittheilung haben. Aber giebt es nicht noch ein drittes zu beiden, daß uns Erkenntnisse mitgetheilt werden und daß wir sie nach einem bestimmten Verfahren entdekken? Möglich oder auch angenommen sind noch zwei Arten, wie Erkenntnisse entstehen; daß man sie simpliciter findet, oder daß sie uns geoffenbart werden. Die Offenbarung müssen wir auf unserem Standpunkte als einen problematischen Begriff ansehen, der erst in seinem Verhältniß zum Begriff der reinen Selbstthätigkeit und zum Begriff der Mittheilung überhaupt bestimmt werden müßte; wir können sie also hier nicht beachten. Aber wie verhalten sich das kunstmäßige Finden und das ursprüngliche? Die Genesis einer Erkenntniß aus ursprünglichem Finden ruft die Kritik hervor, die Genesis aus technischem Verfahren hebt die Kritik auf, bedarf derselben nicht mehr. Reine Trennung beider Prozesse unmöglich. — (Hier nun beginnt erst die eigentliche Darstellung des heuristischen Verfahrens. Die Beschaffenheit des Heftes läßt aber keine klare Anschauung davon gewinnen. Nur so viel ist deutlich, daß nicht von Differenz sondern von Identität der Begriffs- und Urtheilsbildung ausgegangen und als Princip des Verfahrens einerseits das der Congruenz andererseits das der Analogie aufgestellt wird, und zwar das der Congruenz für die Beobachtung, das der Analogie für den Versuch.) —

*) Vorlesf 1831. Ich will mich noch einmal über die Voraussezung erklären, die beim architektonischen Verfahren zum Grunde liegt. Wenn wir uns denken, alles getheilte Sein wäre in das Denken aufgenommen und jeder Begriff durch das Zusammentreffen des Verfahrens von

entstehend; sein größter Totalität alles menschlichen Wissens *).

---

oben und des Verfahrens von unten festgestellt und zugleich auch die einzelnen Urtheile, die das Zusammensein eines jeden mit allen übrigen aussagen, so würde man doch nicht sagen können, die Idee des Wissens sei realisirt, weil zwar alles reale, aber doch nur in seiner Vereinzelung, auf ideale Weise im Denken gesezt wäre, die Correspondenz aber, die in unserem transcendenten Grunde gegeben ist zwischen dem Denken und dem Sein, eine solche ist, daß sie eben so sehr die alles umfassende Einheit zum Gegenstande hat als die getheilte Vereinzelung. Was nun, die Totalität alles einzelnen vorausgesezt, zu thun ist, um die Idee des Wissens vollständig zu realisiren, nämlich die symmetrische Verknüpfung jeder relativen oder der absoluten Totalität von Einzelheiten, das hervorzubringen ist die Aufgabe des architektonischen Verfahrens.

Vorles. 1822. Schon im heuristischen Verfahren ist das architektonische mit vorausgesezt; denn die Auflösung des chaotischen erfordert Subordination und Coordination und ruht also auf dem Anordnen. Eben so ruht aber auch das architektonische Verfahren auf dem heuristischen, denn damit geordnet werde, muß gegeben sein, und damit gegeben sei, muß gesucht sein, denn auch die Receptivität ist nicht ohne Selbstthätigkeit. Das heuristische Verfahren ist also das eigentliche Werden, das architektonische das Anordnen der Erkenntniß.

*) Vorles. 1831. Was ist nun das Maximum, und was das Minimum für dieses Verfahren? Das Maximum ergiebt sich von selbst aus dem eben gesagten (s. das eben aus diesen Vorles. mitgetheilte). Wenn alle Einzelheiten auf dem Gebiete des Wissens gegeben sind, aber wegen der Getheiltheit als eine atomistische Mannigfaltigkeit: so kann die Aufgabe keine geringere sein, als diese Mannigfaltigkeit zu einer in sich verbundenen Einheit zusammen zu fassen. Fragen wir aber nach dem Minimum: so kommen wir zurükk auf den ersten Anfang, nämlich die sondernde Sezung von Etwas. Von hier aus war unsre erste Aufgabe, die erste Thatsache der organischen Affection, in welcher ein Etwas zwar als Subject aber fast als x gesezt wird, in einen vollständigen Begriff zu verwandeln. Aufgabe für das Wissen wird dieses kleinste aber nur, wenn wir gleich einen Schritt weiter gehen, nämlich auf die Identität eines einzelnen Bildes mit dem möglichst kleinen allgemeinen. Die Fortbildung von hier aus geschieht nun in einer Reihe von Urtheilen, und soll mit diesen architektonisch verfahren werden: so müssen sie eine wahre Einheit bilden. Ist das nicht: so sind sie entweder unvollständig, und dann ist es noch nicht Zeit zu architektonischem Verfahren, oder die erste sondernde Sezung ist falsch gewesen, man hat keinen Gegenstand gefaßt, der auch nur relativ für sich gelten könnte, und es hat entwe-

§. 336.

Zwischen beiden liegt auf der einen Seite die Architektonik einer einzelnen Wissenschaft, auf der andern die Anordnung einer subjectiven Gedankenreihe *).

§. 337.

Man kann also zwei Verfahrungsarten unterscheiden, eine mehr subjective und eine mehr objective.

§. 338.

Jeder Begriff ist zu construiren in Bezug auf das System aller Begriffe im relativen Gegensaze seines Seins und Zusammenseins.

Anmerk. Hieher die berichtigte Theorie von attributis und modis.

---

der eine Vermischung statt gefunden, die erst aufgehoben werden muß, oder man hat einen Theil genommen statt eines ganzen. Der einzelne Begriff also nur ist der kleinste Gegenstand für das architektonische Verfahren, und es hat dann die Form, die denselben bildende Reihe von Urtheilen in ein System zu verwandeln.

*) Vorles. 1831. Was liegt nun aber zwischen jenem Maximum und diesem Minimum? Wenn wir von unten anfangen, zunächst jede in der That für sich sezbare, d. h. einen besonderen Ort in der Totalität des Seins einnehmende Mannigfaltigkeit von Begriffen, und dann immer größere einzelne wissenschaftliche Gebiete, also eigentlich immer dasselbe, nur daß der Begriff immer höher wird, auf den man bezieht. Aber nicht bloß die objectiven Reihen, auch die Denkthätigkeiten, die ihren Zusammenhnng nicht haben im Object sondern im Subject, sind Gegenstand für das architektonische Verfahren. Denn wenn wir darauf sehen, daß zulezt und definitiv zur Realisation der Idee des Wissens die Ausgleichung aller individuellen Verfahrungsweisen gehört: so können sie nur ausgeglichen werden, sofern man sie construirt. — (Hier zeichnete nun Schl. in wenigen Zügen dem unten im Text folgenden gemäß die architektonische Aufgabe ihrem ganzen Umfange nach, und schloß dann die Vorlesungen so, Wenn wir hier hätten auf eine fruchtbare Weise ausführlicher sein wollen: so hätte das nur geschehen können durch eine Kritik der Methoden des Verfahrens und durch Aufstellung von Cautelen gegen falsche Wege, was uns aber weit über den Umfang dieser Vorträge würde hinausgeführt haben.) —

§. 339.

Jede Reihe ist dialektisch (nicht rhetorisch) zu construiren nach dem Princip, daß alles bedingte Denken aufgehen soll in dem reinen.

§. 340.

Die allgemeine objective Architektonik ist auch die eines Begriffs, weil die Einheit aller Erkenntniß der Begriff der Welt ist. Eben so jede besondere *).

---

*) Vorles. 1818. Die Vollendung des Wissens ist die erfüllte Idee der Welt, die Zusammenordnung aller fragmentarisch entstandenen Erkenntnisse in Eins. Eben diese Zusammenordnung ist die Aufgabe des architektonischen Verfahrens, das also die lezte Operation ist. Auf der andern Seite ist aber auch schon ein einzelner Begriff, sofern wir ihn als einen vollständigen denken, das Resultat eben dieser Thätigkeit. Vollständig ist nämlich der Begriff, in welchem nicht nur das Wesen seines Gegenstandes gesezt ist, sondern auch dasjenige, was in dem Gegenstande der Grund aller seiner Relationen ist, woraus seine zufälligen Beschaffenheiten und Veränderungen entstehen. Hiezu bedarf es einer Mannigfaltigkeit von Urtheilen, er kann also nicht anders entstehen, als indem diese architektonisch behandelt, geordnet werden. Das sind die äußersten Punkte und zwischen beiden wiederholt sich das architektonische Verfahren vielseitig und mannigfach und kommt uns beständig unter mannigfaltigen Gestaltungen vor. Wenn es das Ziel des architektonischen Verfahrens ist eine Vielheit von Erkenntnissen in eine Einheit zu bringen: so ist das nicht nur von der unmittelbaren Einheit im Begriff zu verstehen, sondern auch von einer loseren, mehr mittelbaren Einheit, die nur ein ganzes ist aus einer Mannigfaltigkeit. Worin besteht nun hier die Vollkommenheit und was ist der Kanon dazu? Unser Denken, wie wir gesehen haben, entwikkelt sich nicht aus Einem Punkte, sondern es entsteht nur aus Reihen, die abgebrochen werden und sich mannigfach durchkreuzen. Das ist das zufällige in unserm Denken, das sich zuerst in der ursprünglichen Entwikkelung unseres Bewußtseins zeigt, denn da ist es zufällig sowol für den Vernunfttrieb als für die Welt, womit angefangen wird, dann aber auch sich fortsezt und auf untergeordnete Weise von jeder Reihe gilt, die in einem einzelnen eine neue ist. Aber nicht nur wenn wir auf den einzelnen sehen, sondern auch wenn darauf, wie objectiv sich die einzelnen Reihen in der Geschichte des menschlichen Bewußtseins gestalten: so finden wir, daß ein zufälliges statt hat. Wir abstrahiren da freilich von dem, was von den einzelnen ausgeht, und

haben die objectiven Reihen im Auge, die jede einen Theil des menschlichen Wissens ausmachen, aber auch da ist es zufällig, daß die eine Reihe sich früher entwikkelt und eher auf einen gewissen Punkt kommt als die andre. Das architektonische Verfahren ist es nun, was dem Zufall ein Ende macht, der in der Entstehung des einzelnen gewaltet hat, indem es die Vielheit gestaltet zum ganzen. Eben dieses aber kann nicht überall auf gleiche Weise und in gleichem Grade geschehen, es giebt also für die Einheit selbst ein Schwanken. Dieses macht nun, daß es nicht leicht ist den Kanon des architektonischen Verfahrens auf eine genügende Weise so auszudrükken, daß der Ausdrukk zugleich ein materieller sei, weil er für die verschiedenen Grade ein anderer sein muß. Darin liegt aber, daß das Verfahren selbst Kunst ist, was es nicht wäre, wenn man den Kanon genau aufstellen könnte als einen materiellen, denn dann wäre die Anwendung ein rein mechanisches; und ist das Verfahren Kunst, wie das heuristische, wo das Gelingen auch nur vom divinatorischen Talent ausgeht: so kann der Kanon auch nur ein formeller Ausdrukk sein. Wollen wir ihn nun bestimmen: so haben wir dazu die Vielheit, die gegeben ist, und die Einheit, die hervorgebracht werden soll. Die Vielheit ist aber selbst eine unbestimmte, wie die Verwandschaft alles einzelnen unter sich, und wenn die Erkenntnisse, welche unter eine gewisse Einheit gebracht werden können, durch ein architektonisches Verfahren darunter gebracht werden sollen: so ist es nicht möglich, daß diejenigen alle wirklich zusammengestellt werden, die dessen fähig sind, weil jedes einzelne selbst wieder eine Einheit ist, die eine Vielheit unter sich begreift. Das architektonische Verfahren trifft von dieser Seite mit dem heuristischen zusammen, weil man doch wieder mit einer Auswahl aus dem gegebenen anfangen muß. Was aber die Einheit betrifft, die hervorgebracht werden soll: so ist diese auch nicht in allen Fällen dieselbe; es giebt eine strengere und eine losere, und in jedem einzelnen Falle wird es möglich sein, die Einheit loser oder strenger aufzufassen. Was ist nun die Regel des architektonischen Verfahrens in Beziehung auf die Auswahl aus der gegebenen Mannigfaltigkeit und auf die Construction der Einheit? Der Kanon ist dieser, Man muß, zuerst auf die Vielheit der gegebenen Erkenntnisse gesehen, die Auswahl aus ihnen so treffen, daß diejenigen unter die Einheit gefaßt werden, welche am vollkommensten die übrigen, die nicht mit aufgefaßt sind, repräsentiren. Dies scheint eine leere Formel zu sein, wir müssen sie also in eine wirkliche Anschauung auflösen. Wenn ich sage, Die unter die architektonische Einheit zusammengefaßten Erkenntnisse sollen die übrigen repräsentiren: so heißt das, Es soll in ihnen das Gesez liegen, wonach sich jeder die verschwiegenen aber unter ihnen mitbegriffenen Erkenntnisse mit construiren kann. Je vollkommner dieses erreicht wird, um desto vollkommner ist das architektonische Verfahren. So wie nun dem Gegenstande nach das architektonische mehr ein objectives sein kann und mehr ein subjectives: eben so kann auch dieses Gesez mehr ein objectives sein und mehr ein subjectives vermöge der Art und Weise, wie die zusammengefaßten Erkenntnisse die fehlenden repräsentiren. Man denke sich ein System von Naturkörpern architektonisch aufgestellt. Soll es enger sein: so werden bloß die Gattungen aufgestellt, die Arten nicht, die Gattungen dann aber so, daß der Umkreis der Arten aus der Stellung mit abgenommen werden kann. Wird dies nicht geleistet: so ist noch das fragmentarische, das chaotische geblieben, das aufgelöst werden soll. Das wäre eine objective Anwendung des Kanons. Unter der subjectiven verstehe ich dieses, wenn der Grund, vermöge dessen die Aufstellung gemacht wird und das fehlende ergänzt werden kann, in der eignen Subjectivität, in der eignen Art der Gedankenverbindung der anordnenden liegt. Jene objective liegt mehr auf der Seite der Wissenschaft, diese subjective mehr auf der Seite der Kunst, so aber, daß jene doch mehr die Kunst ist in der Wissenschaft, diese mehr die Wissenschaft in der Kunst. Sehen wir nun zweitens auf die Einheit, welche construirt werden soll: so ist gezeigt, daß hier ein großer Spielraum statt findet, aber wir dürfen sie nicht als etwas völlig unbestimmtes ansehen, denn wäre sie das: so wäre kein architektonisches Verfahren möglich. Indem sie aber keine absolute ist, muß sie bestimmt sein durch Quantität und Qualität der zu verbindenden Vorstellungen. Durch die Quantität, weil die Einheit um so mehr nur eine mittelbare ist, je mehr von demjenigen, was unter ihr begriffen ist, verschwiegen wird um supplirt zu werden; wir werden sagen müssen, daß die Einheit selbst durch die Menge der Vorstellungen in dieser Hinsicht bestimmt wird; sie ist nur eine unmittelbare in dem Maaße als sie unmittelbar alles unter ihr gefundene zusammengefaßt enthält, so daß es als Totatität wirklich kann hingestellt werden. Noch mehr aber wird sie bestimmt durch die Qualität der Vorstellungen, die verknüpft werden sollen. Denn es ist offenbar, daß eine objective Reihe von Vorstellungen einer strengeren Einheit fähig ist, eine subjective nur einer loseren, und darin liegt das Auseinandergehen des mehr objectiven und des mehr subjectiven. Das erste ist immer ein Theil von der allgemeinen Construction der Wissenschaft, das andre ein Theil der allgemeinen Construction der Kunst. In Beziehung auf diese beiden Zielpunkte, auf die Wissenschaft und auf die Kunst im ganzen, haben wir nun alle architektonischen Acte anzusehen, und der Kanon ist, daß in dieser Duplicität das Verfahren im ganzen um so vollkommner ist, je mehr die Einheit so scharf geformt ist, als sie es der Natur der Sache nach sein kann. Wenn aber gesagt ist, daß die Verknüpfung objectiver Gedankenreihen mehr der Wissenschaft, die Verknüpfung subjectiver Gedankenreihen mehr der Kunst angehört: so ist das nicht so zu verstehen, als ob hier von dem was Kunst ist im engeren Sinne, z. B. von Rhetorik, die Rede wäre, denn wir reden hier immer nur von dem Denken, welches nach der Idee des Wissens gebildet sein soll. Die eigentlichen objectiven Gedankenreihen führen auf die Darstellung irgend eines bestimmten Theiles des Wissens selbst, wobei, weil die Verknüpfung objectiv ist, alles auf das reine Denken zurükkgeführt sein und jedes seine Stelle in der Organisation einnehmen muß. Diese architektonische Zusammenfassung wollen wir die systematische nennen, aus der alles individuelle verschwinden, in der alles subjective aufgelöst sein soll. Das ist die Idee, die aber freilich niemals vollkommen erreicht wird. Indem aber die Verknüpfung eine objective ist: so liegt auch nichts darin und soll nichts daraus hergeleitet werden, als was objectiv darin liegt und objectiv daraus folgt. Ein andres ist es mit der architektonischen Verknüpfung einer subjectiven Gedankenreihe. Diese ist in Vergleich mit jener eine freie Composition, ohnerachtet ihr Inhalt auch ein Wissen sein und nicht in Bildern aufgehen soll, wie bei der Kunst im engern Sinne. Wir haben es hier also mit der Theorie der Composition zu thun, sofern ihre Principien aus der Dialektik zu entnehmen sind. Wenn wir nun in dieser Beziehung die beiden Formen vergleichen, das systematische und das freie architektonische Verfahren: so muß, auf die Wissenschaft bezogen, das freie als das frühere, das systematische als das spätere angesehen werden. In dem Maaß als die Einheit ihren Ort hat im System und in demselben schon eingebürgert ist, ist kein anderes als ein systematisches Verfahren möglich; es ist dann aufgegeben. Wenn z. B. eine Wissenschaft schon feststeht, und die Gedankenreihe, die aufgestellt werden soll, betrifft einen Punkt des Systems: so ist die Einheit des ganzen mit dem Ort derselben schon da, und dadurch ist das systematische Verfahren bestimmt aufgegeben und man muß sich auf das anerkannte System der Disciplin beziehen. Wo aber das noch nicht ist, wo also die einzelne Behandlung eines Gegenstandes der systematischen vorangeht, da ist das systematische Verfahren auch im Voraus nicht postulirt, ja es ist nicht einmal möglich, weil es keinen Anknüpfungspunkt hat; wird es aber auch da eingeleitet: so hat es doch nicht den rein objectiven Charakter und bleibt unsicher, bis es allmählig dadurch erwächst, daß man von allen einzelnen Punkten aus das System bewährt findet. Ueberall also, wo das einzelne dem ganzen vorangeht, ist nur ein freies architektonisches Verfahren möglich, und dies erscheint als das vorläufige, woraus sich das systematische entwikkeln soll. Hieraus können wir nun sehen, wie sich der allgemeine Kanon auf diese Form bezieht, und wie er dann näher bestimmt erscheint. Allemal ist die Einheit, welche aus der Vielheit entstehen soll, desto schärfer bezeichnet und desto bestimmter, je mehr sie selbst wieder als Theil eines ganzen erkannt wird. Es kann also auch die Einheit im freien architektonischen Verfahren niemals so streng gehalten sein, als im systematischen, denn nur in dem leztern ist sie in der doppelten Bestimmtheit, uud darum muß das freie immer nur als untergeordnet, nur als ein Uebergang erscheinen, um so vollkommner, je mehr die Einheit schon so gefaßt wird, daß sie die mannigfachsten Anreizungen enthält, auf das größere ganze zurükkzugehen, und in demselben für die schärfere Einheit den Ort zu suchen, damit allmählig in Beziehung auf alle Theile das systematische Verfahren eintreten könne.

Was aber wieder die andre Seite des Kanons betrifft, nämlich die Vielheit, welche wirklich zusammengefaßt wird, in wiefern diese allemal eine unendliche ist, so daß zu gleicher Zeit immer eine Auswahl statt findet: so ist im allgemeinen der Kanon so gefaßt, die Zusammenstellung sei um so vollkommner, je mehr das einzelne darin repräsentirt sei, d. h. je mehr Anregung darin liege, das nicht darin liegende repräsentirt zu finden. Dies Finden des nicht mit gesezten ist offenbar ein anderes im freien architektonischen Verfahren als im systematischen. In dem lezteren ist es eine Operation, die sich von selbst ergiebt, und jeder macht sie in dem Maaß als er ihr gewachsen ist; aber im freien architektonischen Verfahren sind die Verhältnisse der einzelnen Gedanken noch nicht so fest bestimmt, und darum ist hier die Vollkommenheit in einem weit höheren Grade Kunst. Wir können hier nur diese Formel aufstellen für die Vollkommenheit, daß in der Darstellung jedes Gedankens das der Grad der Lebendigkeit ist, wie sich die untergeordneten von selbst daraus entwikkeln, also, den Begriff intellectuell betrachtet, wie sich die niederen Gegensäze daraus entwikkeln, den Begriff als Schema betrachtet, wie außer der hingestellten die anderen Modificationen möglich sind; so daß alles darauf ankommt, in welcher Vollkommenheit der Begriff selbst gegeben ist. Was die systematische Form betrifft: so soll in dieser die Einheit, wie sie eine strengere ist, der Inbegriff der verknüpften Mannigfaltigkeit, ein Begriff werden, und die Vollkommenheit besteht darin, wie vollkommen der Begriff sei; sie will also absolute Vollkommenheit des Begriffs, strebt nach gänzlicher Durchdringung von Formel und Schema. Diese ist aber in einem einzelnen Begriffe nie vollständig zu erreichen, wir müssen also sagen, daß jede systematische Zusammenstellung in dem Maaße, als die ganze Reihe, zu welcher der Gegenstand gehört, noch unbestimmt ist immer noch eine Einseitigkeit in sich tragen wird, entweder so, daß die Reihe, die zusammengefaßt wird, aus solchen Begriffen besteht, welche mehr auf der Seite der Formel oder der Ableitung durch Gegensäze, oder aus solchen, welche mehr auf der Seite des Schema liegen, und daß das systematische Verfahren noch nicht anders betrachtet werden kann als nur in dieser Duplicität.

Sehen wir zuerst auf das systematische Verfahren, in sofern die Begriffe mehr den Charakter des Bildes haben: so ist die Vollkommenheit offenbar die, daß klar sei, wie die untergeordneten Bilder in den allgemeineren völlig aufgehen, wie die allgemeinen in den untergeordneten völlig erschöpft sind, denn dann ist klare Anschaulichkeit in der Darstellung, so wie nur dann die strenge Einheit darin ist. Sehen wir aber zugleich auf die andre Seite: so liegt auch in jedem untergeordneten Bilde noch eine unendliche Mannigfaltigkeit, und je mehr man hinabsteigt, desto mehr nähert man sich dem einzelnen und desto mehr treten die Bestimmungen ein, welche die Relationen des Dinges darstellen, sein Zusammensein mit allem übrigen, während sein Sein mehr im allgemeineren ist. Die Relationen eines Gegenstandes sind aber ein unend-

§. 341.

Das allgemeine Theilungsprincip ist der doppelte Gegensaz des idealen und realen in Vernunft und Natur.

§. 342.

Auf dem doppelten fließenden Gegensaz beruht

---

liches; da sie also explicite unmöglich alle können in die Darstellung aufgenommen werden: so kommt es auf die repräsentative Kraft derer an, die wirklich aufgenommen werden. Bestimmungen, welche zum Sein des Gegenstandes gehören, können nicht Bestimmungen repräsentiren, die zum Zusammensein desselben mit anderem gehören, das ist klar; aber auch unter den gleichartigen Bestimmungen muß eine Auswahl getroffen werden, da sie nicht alle gleiche repräsentative Kraft haben. Die Vollkommenheit ist immer nur, wenn der Begriff die Unendlichkeit auf eine lebendige Weise in sich enthält.

Gehen wir auf die andre Seite des systematischen Verfahrens: so haben wir schon gesehen, daß die Vollkommenheit der lebendigen Construction des Begriffs nur in der Duplicität des Gegensazes liegt. In dieser ist allemal eine unendliche Möglichkeit mannigfacher Complicationen, weil in jedem Gliede des Gegensazes zwei Factoren gegeben sind und eine unendliche Verschiedenheit in ihrem Zusammensein statt findet von dem Nullwerden des einen bis zum Nullwerden des andern, und so wie der Begriff einer lebendigen Kraft so aufgefaßt wird: so ist die Mannigfaltigkeit des besonderen schon mit darin. Aber wie steht es nun hier in der Zusammenfassung des mannigfaltigen? Offenbar muß hier die Einheit überall auf ein höheres zurükweisen, auf eine Einheit, wovon sie selbst nur ein Theil ist. Darum sehen wir, wie ein Verfahren dieser Art immer den Schein der Willkühr haben muß, wenn es nicht eine systematische Basis vor sich hat, auf der es ruht. Das ist eine Betrachtung, welche für die Geschichte der Wissenschaft besonders wichtig ist. Man hat es vielen wissenschaftlichen Productionen zum Vorwurf gemacht, daß Willkühr in ihnen sei. Das ist aber gar nicht zu vermeiden, wenn es an einer solchen systematischen Basis fehlt.

So lange das architektonische Verfahren noch in dieser Duplicität liegt, entweder mehr auf der Seite des Bildes, oder mehr auf der Seite des Gegensazes: so lange ist die wahre wissenschaftliche Construction noch nicht da. Die Durchdringung beider Richtungen kann aber nicht sein in einem einzelnen Gebiet, sondern nur in dem ganzen Wissen; und dieses führt uns nun auf das lezte Ziel des architektonischen Verfahrens, auf eine Construction der Gesammtheit alles Wissens, worin sich alle Unvollkommenheiten auflösen. (S. die Fortsezung unter §. 346.)

der relative einer speculativen und empirischen Wissenschaft.

§. 343.

Die Einheit beider, die aber immer nur in der wissenschaftlichen Gesinnung ist, ist die Idee der Weltweisheit.

§. 344.

Die Idee des Wissens unter der isolirten Form des allgemeinen ist die Dialektik.

§. 345.

Die Idee des Wissens unter der isolirten Form des besonderen ist die Mathematik.

§. 346.

In jedem realen Denken ist daher so viel Wissenschaft als darin ist Dialektik und Mathematik *).

---

*) Vorles. 1818. Von der Construction der Gesammtheit alles Wissens müssen wir sagen, daß sie niemals kann gegeben sein, immer aber muß vorausgesezt werden, wie sie es auch gewesen ist, auf welche sich immer alle fragmentarischen Versuche bezogen haben. Sie erscheint völlig identisch mit dem, was wir in unsrer Theorie aufgestellt haben, so daß sich dieses hier bestätigt. Ueberall hat sich in der Wissenschaft ausgebildet der Gegensaz des mehr empirischen und des mehr speculativen. Dieser beruht auf dem Gegensaz des allgemeinen und besonderen, der unter der Form des allgemeinen aufgefaßt das speculative ist, in welchem überall die Deduction die Oberhand hat; unter der Form des besonderen, aber immer in Beziehung auf die Idee des Wissens aufgefaßt, ist er das empirische, wo die Induction überwiegt. Das Bestreben beides immer mehr in einander aufgehen zu lassen und zu durchdringen ist das eigentlich philosophische. Darin stimmen alle überein. Eben so wenn wir auf den Inhalt sehen: so hat sich alles reale Wissen immer getheilt in Naturwissenschaft und Geschichte. Diese Theilung ruht auf einem doppelten Gegensaze. Was wir Natur nennen im Gegensaz gegen Geschichte, ist das reale was ideal werden will, und was wir Geschichte nennen im Gegensaz gegen Natur, ist das ideale was real werden will, weil sich die Vernunft immer der Natur einbildet. In dieser

Theilung hat sich beständig alles Wissen bewegt. Sie ist aber nur ein relativer Gegensaz, dessen eines Glied nicht ohne das andre zu denken ist, und die Auflösung beider in einander ist die reale Seite der Philosophie. In beiden Gegensäzen nun ist in der That ihrem wahren Inhalte nach die Idee des Wissens erschöpft und außerdem giebt es nichts weiter, als die Behandlung dieser Idee selbst, die immer nur auf zwiefache Weise da gewesen ist in Beziehung auf den Gegensaz des allgemeinen und des besonderen. Die Beziehung des Denkens und Seins auf einander, und das ist die Idee des Wissens, auf allgemeine Weise aufgefaßt, ist das, womit wir uns hier beschäftigt haben, die Dialektik, die wir nur von der Seite der Kunst gefaßt haben. Sie kann es aber immer nur mit der Idee des Wissens zu thun haben und giebt dem realen Wissen die Form. Die Beziehung des Denkens und des Seins auf einander dagegen unter der Form des besonderen aufgefaßt, ist die Mathematik in ihrem ganzen Umfange, die es mit dem quantitativen zu thun hat, mit der Größe, wie sie identisch gesezt wird im Denken und im Sein. Die Säze, welche die Dialektik als Kunst aufstellt, beziehen sich auf alles Wissen ganz allgemein. Könnte sie selbst Wissenschaft sein, welches dann Transcendentalphilosophie wäre, von welcher wir gesagt haben, daß sie noch nicht da sei: so müßte sie doch denselben Gesezen unterworfen sein; sie würde eben so, troz ihres Nöthigens, nur das architektonische und heuristische Verfahren haben und in das erste endigen. Die absolute Architektonik ist nichts als die erfüllte Idee des Wissens in der Identität des ethischen und physischen, die vollendete Philosophie, auf welche alles Wissen immer die Tendenz haben muß. Wir sind noch sehr weit davon entfernt, aber niemand ist ein Philosoph, der sie nicht anstrebt.

Vorles. 1822. Was die objective Seite dieses Verfahrens betrifft, d. h. die Anordnung der Elemente, aus welchen die Begriffe construirt sind, denn hier ist die Begriffsbildung vorzugsweise ins Auge zu fassen: so kommt, wenn wir auf dasjenige sehen, was zwischen beiden Enden der Begriffsbildung liegt, alles an auf die richtige Theilung; das architektonische Verfahren muß also am meisten der Theilung und Entgegensezung zugewendet sein und auf Organisation aller Wissenschaften als Einheit betrachtet ausgehen. Wir müssen uns nun darüber einigen, in wiefern das Wissen selbst auf dem Punkte steht, daß wir diese Organisation versuchen könnten. Geschichtlich sehen wir sind die Ansichten über die Theilung verschieden gewesen, am meisten zusammenhangend mit den verschiedenen Betrachtungen über die Form des Wissens und dessen was jenseit seiner Grenzen liegt. Da können wir also nur zweierlei thun, entweder fragen, Welches sind die Principien der Construction, welche dem Verfahren, das wir angewandt haben, die natürlichen sind? um daraus die Architektonik zu entwikkeln; oder, die bisherigen Auffassungsarten vergleichend, fragen, Welche ist die beste und welche die schlechteste? Durch das erste würden wir zu den bisherigen noch eine Art mehr geben, durch das zweite würde unser Verfahren in Kritik übergehen, in eine kritische Geschichte der Philosophie. Beides aber würde uns über unser Gebiet hinausführen. Zum ersten sind jedoch alle Momente in unseren bisher aufgestellten Principien gegeben, und wir dürfen sie nur zusammenfassen. Wir haben unterschieden die speculative und die historische Form des Wissens und zwar so, daß wir gezeigt haben, jedes Wissen, welcher auch sein Gegenstand sei, könne die eine Form haben oder die andre, je nachdem dabei das von der intellectuellen Function oder das von der Wahrnehmung ausgehende Verfahren die Oberhand habe. Da haben wir also zwei verschiedene Formen, die wir nicht als einander untergeordnet sondern als einander ergänzend anzusehen haben, und nur in der Durchdringung beider kann die absolute Vollkommenheit des Wissens gegeben sein. Ferner sagten wir, alle Theilung und Entgegensezung müsse von dem ausgehen, was in unserm eignen Selbstbewußtsein als Bedingung alles Wissens gegeben sei, von der Entgegensezung des Denkens und des Seins und der Identification beider, d. h. vom Gegensaz des idealen und des realen, so daß wir die Identität des idealen und des realen einerseits mit dem Uebergewicht des idealen und andererseits mit dem Uebergewicht des realen als den vollkommensten Gegensaz aufstellen mußten. Das eine nun giebt uns das ethische, das andre das physische Wissen, und das eine wie das andre wird unter beiden Formen sein müssen, so daß wir eine speculative und eine empirische Ethik und eine speculative und eine empirische Physik haben werden. Der speculativen Form muß die Richtung auf die empirische, der empirischen auf die speculative von vorne herein eingebildet sein, wie wir es in unserm ersten Theile begründet haben.

Außerdem giebt es nur noch zweierlei, was sich hievon trennen läßt, sofern es die Idee des Wissens selbst zur Anschauung bringt, nämlich die Dialektik und die Mathematik, welche beide das reale Wissen umschließen und kritisiren, so daß in jedem wirklichen Denken, welches ein reines Denken sein und an das Wissen so annähern will, daß es im Zusammenhang mit dem andern dem architektonischen Verfahren unterworfen werden kann, nur so viel Wissen ist, als darin Dialektik ist und Mathematik. Dies ist allgemein anerkannt, nur muß eine Einseitigkeit aufgehoben werden. Jeder nämlich wird sagen, die Mathematik stehe in näherem Verhältniß zur Physik und die Dialektik zur Ethik. Darin liegt aber eine Täuschung, indem man beide Gebiete mit den beiden Formen verwechselt, als ob die Physik mehr der empirischen, die Ethik mehr der speculativen Form eignete. Das wahre ist, daß die Mathematik mehr der empirischen, die Dialektik mehr der speculativen Form verwandt ist. So wie ich ein Denken in der Zeit betrachte, habe ich darin abzuschäzen, was Wahrheit darin ist und was Irrthum, also ein rein quantitatives Verhältniß, auch habe ich nach den Coefficienten seiner Genesis zu forschen, und das fällt der Mathematik anheim. Eine speculative Naturwissenschaft kann aber immer nur nach dialektischen

Principien angelegt werden, indem es dabei auf richtige Construction ankommt und besonders auf den Gegensaz des Fürsichgesetztseins und de Zusammenseins. Wenn nun alle Philosophen die Mathematik allein als dasjenige dargestellt haben, was dem philosophischen Erkennen voran- gehen müsse: so scheint das einseitig; allein es beruht darauf, daß ehe das Denken technisch behandelt werden kann, das gewöhnliche verworrene Denken, was Erfahrung werden will, bestimmt muß geordnet sein. Diese innere Ordnung aber ist die Frucht der Mathematik, die also in sofern die Möglichkeit eines dialektischen Verfahrens bedingt, wie das empirische immer dem speculativen vorangeht. Diesen Kanon aber, daß jedes Wissen nur in sofern ein vollendetes sei, als darin sei Dialektik und Mathematik vereinigt, glaubte ich als den allgemeinsten zum Schluß aufstellen zu müssen.

Beilagen.

Beilage A*).

*) Vorlesf. Stunde I—XI. Dialektik = Principien der Kunst zu philosophiren = Principien des Wissens, folglich Identität der formalen und transcendentalen Philosophie. Geschichtliche Betrachtung als apagogischer Beweis dieser Einheit. Dialektik als Identität der höchsten Principien des Wissens und der Principien wissenschaftlicher Construction das Organon des Wissens = Mittel sich wissenschaftlich überall zu orientiren.

Ihr entgegengesezt a. die Annahme eines absoluten Gegensazes zwischen gemeinem und höherem Wissen; b. der Skepticismus.

Aber sezen nicht ihre beiden Bestandtheile einander so voraus, daß man den einen nicht haben kann ohne den andern, daß also das ganze Unternehmen unmöglich wird? Aber wir wollen das ursprüngliche Wissen nicht aufstellen als ein einzelnes, wie ein einzelnes reales Wissen, sondern, weil der Grund alles Wissens nur einer ist und derselbe und jedem Wissen einwohnt, also das ursprüngliche Wissen und die Regel der Construction die jedem Wissen nothwendig einwohnende Form des Wissens ist: so wollen wir zum absoluten gelangen, indem wir in jedem Wissen aufsuchen was es zum Wissen macht; und zur Regel der Construction, indem wir bei jedem Wissen von seinem Inhalt abstrahiren und das absolute darin aufsuchen, welches die Form des Wissens ist. So ist uns Dialektik die vollständige Analyse der Idee des Wissens überhaupt.

I. Transcendentaler Theil.

Alles Wissen ist Denken. Welches Denken ist nun ein Wissen? Was alle denkenden auf dieselbe Weise construiren können, und was dem gedachten entspricht, oder, beides zusammengefaßt, welches das reine Aufgehen ist der Vernunft in dem Sein.

Das Denken besteht aus zwei Elementen, einem formalen und einem materiellen. Das lezte das durch die Organe vermittelte. Kein Denkact ohne organische Function. Aber diese wird auch erst ein Denken und Wissen durch die in allen eine und dieselbige Vernunft. Sezen wir nun beide Elemente als different einander entgegen, und giebt es eine Menge organischer Elemente und eben so eine Menge von Combinationen: so kann nicht immer Ein Element der einen Art auch nur Einem Elemente der andern Art entsprechen, denn dann wären beide rein identisch; sondern jede Thätigkeit der einen Function muß sich das ganze Gebiet der anderen aneignen können. (Vergl. Beil. D, 39.)

Das formelle Element ist in jedem Denken Princip der Einheit, das organische Princip der Mannigfaltigkeit.

Aus dem ersten Charakter des Wissens, daß es das von allen gleichmäßig producirte Denken sei, folgt also wie Einheit der Vernunft in allen auf der einen Seite, so Identität der organischen Function in allen auf der andern Seite, wenn doch kein Denken ist ohne beide Elemente, und daß in beiderlei Beziehung das Wissen des einen Menschen mit dem des andern zusammenstimmen und eins das andre ergänzen muß.

Sehen wir auf den zweiten Charakter des Wissens, daß darin ein dem Denken correspondirendes Sein gesezt ist, und ziehen wir die Form des Denkens in Betrachtung: so giebt es nur eine zwiefache, Begriff und Urtheil. Eine dritte giebt es nicht; denn der Schluß ist nur Combination der beiden anderen. Der Begriff fixirt das Sein als eine Einheit; das Urtheil dagegen sagt von dem im Begriff fixirten als vom Subject etwas aus, es combinirt Subject und Prädicat. Beide, Begriff und Urtheil, sezen einander voraus, das absolute Wissen aber, die Quelle alles realen Wissens, ist die reine Identität von beiden. Denn jeder Begriff ist ein Schweben zwischen dem allgemeinen und besonderen, und seine Grenze nach unten ist eine unendliche Mannigfaltigkeit von Urtheilen, nach oben die Identität des Wissens und Seins, in welcher auch der Gegensaz zwischen Denken und gedachtem aufgehoben ist, indem er unter sie als unter das höchste Sein subsumirt ist, welches nun einerseits das transcendente Wissen ist, denn es schwebt über dem ethischen und physischen, andrerseits die Form alles Wissens, denn es vereint den Begriff und das Urtheil, ohne selbst als Begriff vollzogen oder aus mehreren Urtheilen gebildet zu sein. Jedes Urtheil aber ist eine Synthesis von Sein und Nichtsein, oder das Schweben zwischen beiden, und seine Grenze nach oben ist das absolute Subject, von dem nichts mehr prädicirt werden kann, nach unten die absolute Gemeinschaftlichkeit alles Seins. Das absolute Subject ist aber dasselbe als das höchste Sein, denn so lange nicht auch der Gegensaz von Denken und gedachtem aufgehoben ist, kann noch prädicirt werden, und eben so auch ist die andre Grenze des Urtheils mit der andern Grenze des Begriffs identisch. Also ruht auch das Urtheil auf der absoluten Identität von Begriff und Urtheil.

Was wir so gefunden haben, ist wie das Princip des Denkens im allgemeinen so auch das des Wissens. — Wir haben oben nur ganz allgemein gesezt, wenn ein Denken ein Wissen sei, dann sei es dem Sein gleich. Nun scheinen wir sagen zu müssen, daß auch jedem gegebenen einzelnen Denken ein specielles Sein entsprechen müsse, falls ein Wissen sein soll. Dagegen aber Einwendungen.

Das zulezt gefundene höchste Sein des Subjectes und des Prädicates war vom Denken aus gefunden und ist also auch allgemeine Form des Denkens als solche. XII. Stunde

Indem wir das gefundene auf den zweiten Charakter des Wissens anwenden sollen, also auch auf das Gebiet des Urtheils: so scheinen wir das Sezen eines einzelnen Dinges als solchen zu rechtfertigen.

Hiergegen zweierlei Einwendungen.

Die erste unter der gemeinen Form der Skepsis, Man könne im einzelnen nichts prädiciren als organische Function, und wisse ja nicht, was dieser in den Dingen zum Grunde liege; Man könne im allgemeinen nicht Wissen und Sein gleichsezen, weil sie gerade auf dem realen Gebiete getrennt seien.

Erste Antwort, Im absoluten sei Identität des Seins und Wissens gesezt. Diese Antwort sezt aber voraus, daß die Wissenschaft vollständig construirt ist und in der Ableitung vom Absoluten Wissen und Sein immer parallel geblieben sind *).

Zweite Antwort, Die Identität des Begriffs und Gegenstandes sei auch eine vom Begriff ausgehende, Darstellung. Die Darstellung leiste Gewähr für die Vorstellung. Der Skeptiker, der das Wissen aufgebe, aber das Denken retten wolle, wolle das Verkehr mit den Dingen retten, das ganz in die Darstellung falle. Er müsse also die Identität zugeben **).

---

*) Vorles. Man könnte antworten, Kein Denken ohne einen höchsten Begriff, in welchem Denken und gedachtes Eins ist. Da nun der Skeptiker nicht das Denken, sondern nur das Wissen aufheben will: so muß er die Identität des Denkens und des gedachten unangefochten lassen. Aber er kann entgegnen, er wolle dies vom höchsten Begriff gelten lassen, von jedem andern aber nur, wenn alles einzelne aus dem absoluten construirt sei; eine Bedingung, die nur mit gänzlicher Vollendung des realen als Wissenschaft erfüllt werden könnte.

**) Vorles. Eine andre den Skeptiker treffende Antwort. Der Skeptiker will das Denken nicht zum Wissen, sondern zum praktischen Verkehr mit den Dingen. Aber er hebt diesen Verkehr auf, wenn er Identität

XIII. Die zweite Einwendung aus Zusammenstellung zweier entgegengesezter Ansichten.

Erste Ansicht die idealistische. Da alles Denken auf Identität des Begriffes und Gegenstandes beruhe, die erste Form des Denkens der Begriff sei, das einzelne Ding aber im Begriff nicht aufgehe: so sei dasselbe ein nichtseiendes, und Identität des Denkens und gedachten in dieser Beziehung könne kein Charakter des Wissens sein, vielmehr gebe es kein Wissen über sie, sondern das Wissen sei nur das absolute und die Ableitung daraus.

Zweite Ansicht die empirische, Da das einzelne Ding als das unmittelbare Sein im Begriff nicht aufgehe: so sei auch dieser nicht die Form des Wissens; das einzige Wissen seien die Urtheile über einzelne Dinge.

Da nun jene Ansicht das empirische, diese das formale aufhebe: so werde durch beide zusammen alles Wissen aufgehoben.

Antwort. 1. Man kann auch sagen, da durch diese das empirische, durch jene das formale gesezt sei: so sei durch beide schon alles gesezt. 2. So müsse man sagen, denn jede dieser beiden Ansichten sei nur einseitig. a. Die empirische verleugnet in thesi den Begriff, nimmt ihn aber in praxi an; denn die Combination, ohne die sie kein Urtheil zu Stande bringt, ist ihr als Begriff gegeben. b. Die idealistische verleugnet in thesi die

---

des Seins und des gedachten aufhebt. Nämlich die Identität des Gegenstandes und des Begriffs, wie wir sie im absoluten gesezt haben, läßt sich zwiefach darstellen; 1. das Sein als das erste, und der Gedanke des Gegenstandes, so wie sich der Gegenstand zu erkennen gegeben, als das zweite; 2. der Gedanke als das erste und das Sein als das davon abgeleitete. Bei jeder That ist der Gedanke das frühere; der Gegenstand, der dem Gedanken entspricht, wird erst aus diesem gebildet. Tiefsinnig bezeichnet die Sprache im ersten Fall Gedanken und gedachtes als Vorstellung, im zweiten das Aufgehen des gedachten im Gedanken als Darstellung, und nur jenes beides zusammen kann den absolut höchsten Begriff erschöpfen, beides ganz, keins früher gedacht. So ist die Kunst, unter welcher jede Praxis steht, der Beweis des Wissens gegen den Skeptiker.

organische Function, nimmt sie aber in praxi an; denn das mannigfaltige des untergeordneten Begriffs kann sie nicht als Begriff construiren, sondern es muß ihr als einzelnes vortreten, also mittelst organischer Function.

Der Einwurf ist also nur Bestätigung für unsre zum Grund gelegte Identität zwischen der Einheit des absoluten und der Totalität des einzelnen.

Jede der beiden Ansichten ist für sich unvollständig und producirt kein Wissen. XIV.

Die idealistische schwebt immer zwischen Erkennen und Dichten.

Die empirische unterhalb des Erkennens begnügt sich mit Notizen zum Behuf des Verkehrs.

Nothwendig also folgt, daß das Sein, welches nicht im Begriff aufgeht, das Sein der einzelnen Dinge, nicht das ganze Sein ist.

Eben so, daß die Construction vom höchsten Begriff aus durch bloße Ableitung nicht das einzige Wissen ist.

Die Wahrnehmung und die Construction als ein identisches gesezt giebt die Anschauung, für welche eben dieses die Formel ist, daß das Denken dem Sein entspricht *).

---

*) Vorles. Wenn dieses ist: so wollen wir den Charakter des Wissens, daß jedem Denken als Begriff ein Sein zukomme, von seiner transcendentalen Seite betrachten. Soll es aber ein Wissen geben unter der Form des Begriffs: so muß auch das Sein wie der Begriff den Gegensaz des höheren und niederen in sich tragen. Die niedrigste Form des Seins die einzelnen Dinge, und unendliche Abstufungen von da durch Arten und Gattungen bis zur höchsten. So entspricht, wie der einzelnen Vorstellung, die nur Einheit ist für eine Mannigfaltigkeit von Urtheilen, das einzelne Ding entspricht, dem Begriff der Arten und Gattungen ein höheres Sein, was man die Lehre von der Realität der Ideen genannt hat, und dies höhere Sein sezend steigen wir auf bis zum absoluten, zur Gottheit, der transcendenten Quelle alles Seins und idealiter auch alles Wissens, so daß alles als Sein und Denken nur in uns ist als gewurzelt in der Gottheit, die eben so über dem höheren Sein der endlichen Dinge steht, als dieses über den einzelnen Dingen.

Der Gegensaz des höheren und niederen muß also auch im Sein sich finden, wie im Begriff

Dem höheren Begriff entspricht ein höheres Sein und ein wahreres, weil weniger Nichtsein darin gesezt ist.

Das höchste Sein ist dasjenige, welches zugleich sein Begriff ist, dasjenige, unter welchem alles andere begriffen ist, wie die niederen Begriffe unter dem höheren.

XV. Zusäze zur lezten Stunde.

1. Es war gesagt, Der Saz, daß den allgemeinen Begriffen in wiefern sie ein Wissen sind, ein Sein entspräche, sei die Lehre von den Ideen. Daraus könnte man schließen, Begriff und Idee seien verschieden.

εἶδος ἰδέα γένος im Platon synonym. Die beiden ersten Gestalt, das dritte Geschlecht. Also die ersten das gemeinsame des einzelnen, das lezte die Einheit der producirenden Kraft, und beides durch den synonymen Gebrauch gleichgesezt. — Begriff bezeichnet die subjective Entstehungsart, das höhere Sein als mit der Wahrnehmung des niederen gegeben, den Act des Zusammenfassens. Darin liegt noch Möglichkeit des falschen. Der Begriff aber als Wissen ist der Idee ganz gleich.

2. Gott ist kein Postulat, was gegeben werden müßte um reales Wissen wirklich zu Stande zu bringen. Man könnte gar kein reales Wissen haben, oder gar kein Mittel im einzelnen das Wissen vom Nichtwissen zu unterscheiden, und die Gewißheit Gottes wäre dieselbe, weil sie in der Idee des Wissens liegt.

3. Die gegebene Darstellung ist keine Demonstration. Demonstration sezt ein anderes erkanntes voraus; das Erkennen Gottes aber ist das ursprünglich allem anderen zum Grunde liegende.

XVI. Das Sein der Gattungen ist nicht außer dem Sein der Arten und der einzelnen Dinge, sondern in und mit ihnen, und dieses durch sie.

Also ist auch das Denken der Gattungen und Arten nur

ein Wissen, in wiefern mit dem allgemeinen darin zugleich auch die Productivität des besondern gesezt wird.

Im niedrigsten Begriff als unbestimmte Wiederholbarkeit einförmiger Production, im höhern als Cyclus einer bestimmten Mannigfaltigkeit von Modificationen der Production.

Das Sein der Arten und Gattungen ist nur das der höheren.

Also ist auch ihr Denken nur ein Wissen, in wiefern das besondre ihres Seins als eine nähere Bestimmung (und als in welchen Verhältnissen zu den coordinirten) des höheren gesezt wird.

Das Sein der einzelnen Dinge ist nur durch das der Arten, und nur dadurch sind sie jedes Eins.

Also auch in dem Vorstellen derselben, wenn es ein Wissen sein soll, muß der Begriff der Art mitgesezt sein, und nur dadurch hat die Vorstellung des einzelnen Antheil an der Form des Begriffs.

Daher müssen wir die Begriffe haben von den Vorstellungen der einzelnen Dinge als solcher. Dies ist eine indirecte Darstellung der Lehre von den angebornen Begriffen.

Zusäze. 1. Das gesagte gilt eben so gut vom ethischen als XVII.
physischen Gebiet. Auch auf jenem kann das Wissen unter der Form des Begriffs nur eine solche lebendige Anschauung sein.

2. Durch das aufgestellte ist also das Gerüst eines ethischen und physischen Wissens erbaut; denn alle bestehenden Formen müssen in diesem System der Begriffsbildung enthalten sein. Und es liegt darin, daß keine dieser Formen ohne das ganze System, dem sie angehört, völlig zu verstehen ist. Ja auch nicht der Begriff des physischen Wissens ohne den des ethischen, und umgekehrt.

3. Wenn das einzelne Ding aus dem niedrigsten Begriff auch nur unter der Form der unbestimmten Vielheit zu verstehen ist: so ist doch die producirende Kraft der Art als Quan-

tum aus dem Mehr oder Weniger abzunehmen, und auch dies gehört mit zur Vollständigkeit der Erkenntniß.

4. Das aufgestellte ist das Wissen in seiner Vollendung; allein gegeben ist es nur als werdend. Der Begriff einer Gattung ist eher da, als die Einsicht, wie sie durch die Arten erschöpft wird. Bis dahin also werden die Arten nur als einzelne Dinge vorgestellt und die Beobachtung tritt der Construction entgegen, jedoch so, daß keine für sich sondern nur beide zusammen ein Wissen bilden. Im reinen Wissen ist aber beides in einander, und es ist aus verschiedenen Gesichtspunkten ein philosophisches oder ein historisches.

Das absolute ist nicht als ein einzelnes Ding zu denken, welches nur in einer Unendlichkeit von Urtheilen erschöpft wird. Auch nicht als Begriff in der Identität des niederen und höheren. Sein Begriff kann auch nicht außer ihm selbst sein. Wir können ihn nur haben, in wiefern wir in der Identität unseres Seins und unseres Begriffs ein Bild der Gottheit sind, also nicht adäquat. Es giebt keine isolirte Anschauung der Gottheit, sondern wir schauen sie nur an in und mit dem gesammten System der Anschauung. Die Gottheit ist eben so gewiß unbegreiflich, als ihre Erkenntniß die Basis aller Erkenntniß ist. Es ist auch eben so auf der Seite des Gefühls.

XVIII. Unser Wissen um Gott ist also erst vollendet mit der Weltanschauung. Sobald von dieser eine Spur ist, finden sich auch die Grundzüge von jener ein. In dem Maaß als die Weltanschauung mangelhaft ist, bleibt die Idee der Gottheit mythisch. Oder wenn sie doch abgesondert von jener unter die strenge Form des Denkens gebracht werden soll, wird sie unhaltbar. (Wahren Atheismus giebt es nur in Verbindung mit positivem Skepticismus. Jeder andre ist nur gegen das unhaltbare und mythische gerichtet.)

So veit für jezt von der Begriffsbildung. Nun vom Urtheil, wie nämich in demselben das Sein gesezt ist, und wie es also sein muß, wenn ein Urtheil Wissen sein soll.

Die Form des Urtheils hat nur da Realität, wo Subject und Prädcat an sich als Begriffe betrachtet auf keine Art identisch simd. Solche Urtheile also, wo das Subject selbst als Prädicat wiedr gesezt wird, oder wo das Prädicat der nächst höhere Begrff für das Subject oder ein Merkmal dieses nächst höheren Begiffes ist, können nicht zeigen, wie das Sein im Urtheil gesezt ist.

Subjct und Prädicat werden als verschieden vorausgesezt aber im lrtheil zu einem untrennbaren verbunden, jedoch so, daß diese Einheit eine getheilte ist, indem von einem Subject eine Menge von Urtheilen möglich ist, und der Einheit und dem Fürsichsein des Subjectes untergeordnet.

Das m Urtheil gesezte Sein ist also ein geringeres als das im Begriff des Subjectes; es verhält sich zu jenem, wie das wechselnde zum beharrlichen, wie das zufällige zum wesentlichen. Das im Urtheil gesezte Sein ist also nicht des Subjectes eignes, sondern dessen und eines anderen gemeinsames Sein. Der ursprüngliche Ausdrukk des Prädicats ist das Zeitwort, also Zustand Handeln oder Leiden, wovon die Möglichkeit zwar im Begriff des Subjectes gesezt ist, die Wirklichkeit aber auf seinem Zusammensein mit anderem beruht.

In den wirklichen Begriffen (den allgemeinen Dingen) ist nichts zufälliges und wechselndes, sondern nur das wesentliche und sich selbst gleich bleibende gesezt; sie sind also eigentlich nicht die Subjecte der Urtheile.

Das eigentliche Gebiet der Urtheile sind die einzelnen besonderen Dinge *), und alles andere hat nur Antheil daran, in sofern es unter dieser Form vorgestellt wird.

*) in welchen die Identität des beharrlichen und wechselnden, des wesentlichen und zufälligen gesezt ist.

Transitive und intransitive Urtheile drükken verschiedene Grade der Gemeinschaft aus.

XIX. Das Urtheil erscheint so als Form des empirischen Wissens, und die allgemeinen Dinge scheinen nur darunter zu gehören, sofern sie aus Mangel vollendeter Construction noch empirisch aufgefaßt werden, also das Urtheil nur ein Supplement des Begriffes zu sein, welches allmählig verschwinden soll.

Allein der organischen Function ist das Sein immer nur in der Activität gegeben, und wenn auch nach Aufhebung des Gegensazes zwischen **a priori** und **a posteriori** die zwiefache Form des Erkennens, philosophisches und historisches, übrig bleibt: so wird jene durch den Begriff, diese durch das Urtheil repräsentirt.

Das Urtheil hat also eine selbständige Gültigkeit, und nur in ihm und dem Begriff zusammen ist vollendetes Wissen.

Also hat auch an dieser Form das Sein der allgemeinen Dinge einen bleibenden Antheil, indem sie durch diese für die organische Function in dem Sein und Werden der untergeordneten einzelnen Dinge dargestellt werden.

Die im Urtheil dargestellte Gemeinschaft ist entweder Gemeinschaft zwischen gleichartigem Sein, und dann kann die Handlung vorgestellt werden einerseits als in den beiden Coefficienten gegründet, theils als in dem gemeinsamen Wesen beider, in welchem die Möglichkeit sowol des Thuns als des Leidens liegt. Oder Gemeinschaft zwischen ungleichartigem. Dann ist Eine Ursach erst in dem höheren Begriff zu finden, welchem beide Sphären untergeordnet sind. So läßt sich alles zwischen zwei Sphären vorgehende auch als That Eines höheren allgemeinen Seins ansehen, aber immer als That, also unter der Form des Urtheils und auf indirecte Weise, und alles vorgehende als That des absoluten Seins, unter welchem Alles befaßt ist.

XX. Mit dem Wissen also, weil es unter der Form des Urtheils steht, müssen wir auch ein der Form des Urtheils entsprechendes Sein sezen, d. h.

1. In der Sphäre der einzelnen Dinge ein ihrem eigenthümlichen und besonderen Sein untergeordnetes Zusammensein, wodurch sie gemeinschaftlich einzelne Actionen produciren. Dieses Zusammensein ist zunächst das mit den gleichartigen Dingen, dann auch mit anderen, und wesentlich ein totales, so daß das ganze Gebiet sich in den Zuständen des einzelnen Dinges ausdrükkt und das Dasein desselben in diesem Ausdrukk des ganzen Gebietes aufgeht.

2. In der Sphäre der allgemeinen Dinge ein Zerfallen in Gegensäze, wodurch beide entgegengesezte Factoren der Handlung in dem Einen höheren gegründet sind. Und daher

3. In dem absoluten ein Zerfallen in eine Totalität von Gegensäzen von dem ursprünglichen Leben aus, wodurch alle Actionen auf dieses zurükkgeführt und in ihm gegründet sind, und wodurch das absolute und das totale Zusammensein aller einzelnen Dinge eins und dasselbe ist.

Zusammenfassen beider Gebiete.

1. Formal. Beide zusammen sind das ganze Wissen und dieses wird also immer construirt durch Subsumtion und Combination. Das System der Begriffe bildet das stehende Gerüst, das System der Urtheile die lebendige Ausfüllung.

2. Transcendental. Das Sein der Gattungen und das Sein der Actionen ist die Totalität alles Seins. — Alles Sein in dem absoluten.

Anm. Auch die durch intransitive Verba ausgedrükkten Urtheile sind XXI. Ausdrukk eines gemeinsamen Seins. Der andre Factor der Handlung latitirt in der Zeit, welches ja das Zusammensein des Dinges mit den übrigen ausdrükkt *).

*) Daß der Baum jezt blüht ist in seinem Zusammensein mit anderem gegründet. Vorles.

Zusäze. 1. In jedem Dinge kommen Actionen aller Grade vor, bis zu den allgemeinsten, so daß die Identität beider Factoren nur im absoluten liegt. Also enthält das Sein des einzelnen Dinges in der Totalität seiner Actionen alles höhere Sein, eben so wie in seinem Begriffe, nur in diesem innerlich, in jener äußerlich. Das fließende Sein ist das Auseinandertreten.

2. Das gesammte Sein des einzelnen Dinges läßt sich also ansehen als das Zusammensein aller Actionen unter der Potenz seines Begriffs. So wie der einzelne Moment eines Dinges sich ansehen läßt als das Zusammensein alles stehenden Seins unter der Potenz des Prädicats. Also Alles in jedem.

3. Man sieht schon hieraus, wie die Unterordnung des stehenden und fließenden, des Seins und Thuns gegenseitig ist, und jedes bestimmte Unterordnen eine Einseitigkeit begründet.

4. Gänzlich verschwindet diese Unterordnung in der Idee des absoluten, welches die reine Identität von Sein und Thun ist, eben wie auf der Seite des stehenden von Begriff und Gegenstand.

Anm. Beide Identitäten können nur in einem und demselben gesezt sein, theils weil es nur dasselbe Sein ist, was mit beiden identisch ist, theils weil das formelle, von wo aus wir darauf gekommen sind, es fordert; denn Begriff und Urtheil können auch nur auf einander ruhen.

5. Jedes einzelne Ding hat seinen Begriff und damit die Stufenleiter des stehenden Seins ganz in sich; an den Begriffen seiner Prädicate hat es nur Theil.

XXII. Nämlich die Vorstellung des Dinges hält den Begriff der Art ganz in sich, und dieser ist in allen Vorstellungen der einzelnen Dinge auch ganz derselbe. Sie sind nicht durch ihn sondern nur durch etwas anderes verschieden. Die lebendige Kraft ist in dem Dinge freilich nicht ganz, weil es nur ein Theil ihrer Productionen ist. (Hieraus die Frage im Parmenides.)

6. Wenn jede Action so aus zwei Factoren besteht: so ist die Frage nach der Ursach als Einer nur die Frage nach dem

andern außer dem Dinge, welchem die Veränderung als Subject beigelegt wird, gelegenen Factor. Aber das Wesen dieses Dinges ist nicht als Ursach zu sezen, sondern man muß entweder bei einer Action desselben stehen bleiben, oder den Factor gleich in den Complexus aller Dinge sezen. Ursache, Ding worin die Action gegründet ist, ist nur die höhere Einheit, und die lezte das absolute. — Richtiger daher die alte Terminologie, daß zwei Dinge mit einander erzeugen; das Geschlecht ist das lebendige Schema der Zertheilung in Factoren.

7. Wenn der Syllogismus eine eigne Form wäre: so müßte ihm auch ein eignes Sein entsprechen; ein solches läßt sich aber nicht nachweisen. Denn daß Sein und Thun nicht von einander zu trennen sind, liegt schon abgebildet in der Art, wie Begriff und Urtheil von einander abhangen. Der Gehalt des Syllogismus besteht nur darin, daß wenn ein niedrigeres unter ein höheres subsumirt wird, auch die Actionen ihrer Möglichkeit nach mit aufgenommen werden. Neues Erkennen kann unmöglich dadurch entstehen. Der Form nach ist er Uebergang aus einem Urtheil durch einen Begriff zu einem andern Urtheil, deutet also die Verschlingung beider Reihen an, die wir auch ohnedies schon kennen.

Betrachtungen über das bisher gefundene. XXIII.

1. Wir suchten transcendentales über dem realen schwebendes — (Gelegentlich deutlichere Construction des physischen und ethischen Gebietes als relative Identität des Begriffs und Gegenstandes, indem im physischen das objective das ursprüngliche ist und die Vernunft das sich herausbildende, im ethischen die Vernunft das ursprüngliche und der Gegenstand das sich herausbildende) — und formelles, Unterschied des Wissens von dem unsichern aber auch auf das reale bezogenen Denken. Wir suchten es beides als Eines und haben es so gefunden im absoluten *).

*) Wir haben gefunden, die lezte Begründung jedes Begriffs liege im ab-

2. Man kann zwar sagen, das transcendente sei das absolute selbst, das formale sei der Begriff des absoluten; wir leugnen aber die Differenz. Denn als wir das formale suchten, fanden wir das Sein mit, und als wir das transcendentale suchten, fanden wir den Begriff mit. Hierin liegt zugleich

a. daß sofern der Begriff des absoluten in uns ist, auch das absolute selbst in uns ist. Wir haben ihn nicht als dies und jenes einzelne, sondern wir haben ihn als Vernunft, und als solche sind wir auch dem höchsten am nächsten gerükkt.

b. Daß sofern wir das absolute selbst nicht sind, wir auch seinen Begriff nicht haben. Wir haben ihn also nicht von Seiten der organischen Function, sondern nur als gemeinsames formelles Element aller Acte des Erkennens. Seine organische Seite wäre nur in der Totalität aller Erkenntniß des endlichen einzelnen. Wir sind also im Bilden der lebendigen Anschauung der Gottheit begriffen, in sofern wir an der Vervollständigung der realen Wissenschaften arbeiten. Dies geschieht aber nicht, wenn nur als Aggregat ein einzelnes zum andern hinzugefügt wird, sondern nur durch die systematische Bearbeitung, in welcher die Totalität wenigstens angestrebt wird.

3. Anders als daß die Gottheit als transcendentes Sein das Princip alles Seins, und als transcendente Idee das formelle Princip alles Wissens ist, ist auf dem Gebiete des Wissens nichts von ihr zu sagen. Alles andere ist nur Bombast oder Einmischung des religiösen, welches als hierher nicht gehörig hier doch verderblich wirken muß.

XXIV. Vergleichung unserer Ansicht von der Gottheit mit anderen.

Da wir das absolute als Fundament alles Denkens sezen:

---

solut höchsten, und die jedes Urtheils in dem, was Princip ist aller Gemeinschaft des Seins in seiner höchsten Totalität, und die lezte Begründung des einen sei dieselbe als die des andern. Vorles.

so müssen wir annehmen die Idee der Gottheit sei in allem *). Eben so sind wir in Streit mit denen, welche Gott von der Welt trennen **).

1. Die Welt wird als ewig gesezt ohne Gott. So wird a. nicht alles seiende gedacht. Denn wenn man es als implicite in der Vernunft gesezt nimmt: so bekommt man eine absolute Vernunft. b. Das seiende wird nicht wie es ist gedacht, weil das einzelne Sein im Begriff nicht aufgeht, wenn man nicht sagt, das gedachte ist ein inneres Sein; denn so bekommt man ein absolutes Sein. c. Es ist gar keine Gewährleistung für die Correspondenz zwischen Sein und Denken. Die Gewißheit beruht nur auf der Meinung.

2. Die Welt wird zeitlich gesezt durch Gott. Also das absolute als bloßes Denken, nämlich Denken der Welt. Kommt nun für Gott durch das später gewordene Sein der Welt nichts hinzu: so ist es auch in ihm nicht begründet. Kommt etwas hinzu: so ist in Gott selbst eine Differenz des wesentlichen und zufälligen. Dieser Punkt bleibt daher in dieser Ansicht auch unauflöslich.

Mit uns stimmt 1 darin, daß Gott nicht zu trennen ist von der Welt ***), und 2 darin, daß die Vernunft ursprünglich ist. Beide aber kommen zu keiner reinen Identität des Begriffs und des Gegenstandes.

[3. Ewig war Gott und die rohe Materie, zeitlich ist das Ineinandersein beider. Das giebt ursprüngliche Duplicität und beide Seiten des absoluten werden mythisch.]

---

*) Vorles. Sie muß in jedem Denken sein. Dem widersprechen aber alle Systeme, die sie leugnen.

**) Wir haben gesagt, es gebe keine andre Art die Idee Gottes zu haben als im realen Wissen, und vollendet nur durch die Vollendung des realen Wissens. Also sind wir in Widerspruch mit allen, die ein Wissen um die Welt von der Idee der Gottheit trennen.

***) Vorles. Mit uns stimmt die erste Ansicht darin überein, daß sie die Welt als ewig sezt; nur das transcendente verbirgt sie.

Da wir nun die Correspondenz zwischen Denken und Sein im realen Wissen nur ableiten aus der ursprünglichen Identität beider im absoluten: so muß man von beiden Ansichten aus auf eine andre Erklärung denken. Uns erscheint, auch im realen, Denken und Sein überall gleich als Ineinander und als Zusammensein, nur abhängig von Einem höheren. Hier muß es als untergeordnet erscheinen nach der Form der Causalität.

Also 1. entweder das Denken wird als Wirkung des Seins angesehen. Das Sein ist dann bloß Materie (mythischer Gehalt dieses Begriffs); das Denken als einzelne Action der Materie (Materialismus) kann nicht mehr das vollständige Abbild derselben sein *).

XXV. Wiederholung und Ergänzung der vorigen Stunde.

Es kam darauf an zu zeigen, daß die Idee des absoluten (auch abgesehen von der religiösen Form) überall sei im Denken, und theils unter einer unvollkommnen Form latitire, theils sofern sie unvollkommen ist auch das Begreifen des Wissens erschwere.

Intelligenter Gott mit zufälliger Welt, und dem gegenüber Ewiges Chaos mit zufälliger oder unbegreiflicher Weltbildung aus demselben. Hier ist die Idee des absoluten der Form nach,

*) Stunde XXIV ist nicht rein und klar herausgekommen, auch nicht in der Vorlesung, in der ich besonders über 1. b. Aufschluß gesucht aber nicht gefunden habe. Der unter 3. gegebene Saz liegt zwar in der Gedankenreihe, in der Schleiermacher sich befand, scheint aber in der Vorlesung nicht vorgetragen zu sein. Das ist wol der Grund, weshalb Schl. ihn in Klammern gefaßt hat. Auch geht was unmittelbar folgt lediglich auf das unter 1. und 2. vorgetragne, und will darthun, wer nicht von der Identität des Denkens und des Seins als Ineinander und Zusammensein im absoluten ausgehe, der gerathe entweder in den Materialismus, oder in den Spiritualismus, da nichts anderes dann übrig bleibe, als entweder das Denken dem Sein, oder das Sein dem Denken unterzuordnen, und zwar nach der Form der Causalität, d. h. so, daß das untergeordnete als Wirkung des andern gefaßt werde. (S. die folgenden Stunden.)

weil dem endlichen ein ursprüngliches zum Grunde gelegt wird; aber der Materie nach einseitig auf entgegengesezte Art; das Verhälltniß des absoluten zur Welt bleibt unklar. Das Wissen muß aus Causalität unzulänglich erklärt werden.

Gott und Chaos neben einander und nur zufälliges secundäres Eindringen des ersten in lezteres. Dem gegenüber Ewige Welt ohne Gott und ohne Chaos. Die Idee des absoluten ist da der Materie nach, aber nicht der Form nach, denn sie ist nicht das primitive. In der ersten ist sie nicht Princip, sondern man wird über sie hinausgetrieben zum Dualismus. In der zweiten ist sie gar nicht für sich gedacht, sondern nur in der Totalität des relativen; welches für sich selbst unbegreiflich ist.

Im Materialismus wird das Denken als Wirkung oder Erscheinung der Materie gesezt. Die Wahrheit darin bezieht sich auf die Seite der organischen Function, die formale fehlt ganz. Die unbewußte Idee des absoluten sträubt sich gegen die Unterordnung des Denkens unter die Materie, und so bildet sich bei vielen ein theistischer Materialismus, d. h. die gesammte Materie steht wieder unter einem höheren Denken, und so constituirt sich die Idee auf eine secundäre Art und als Inconsistenz.

Im Spiritualismus wird die Materie, leibnitzisch oder fichtisch, als Erscheinung des Geistes angesehen. Dagegen sträubt sich die unbewußte Idee, und es wird, indem das Dasein vernichtet wird, über das Ich ein höheres absolutes Sein gesezt. Wenn diesses etwas sein soll, muß es die wahre Idee des absoluten sein„ aber dann hört auch die Vernichtung des Daseins auf. Die Wahrheit bezieht sich hier auf die formale Function, aber die organische ist nicht zu begreifen, also die Idee des Wissens auch zerstört.

Dies ist der indirecte Beweis unserer ursprünglichen Behauptung von Einheit des transcendenten und formalen.

Das gesagte soll keine vollständige Polemik sein, sondern nur XXVI.

zeiger, wie die andern Ansichten gegen die unsrige stehen, besondes in Beziehung auf die Erklärung des Wissens.

Die unsrige beruhe darauf, daß die in der Idee des Wissens iegende Uebereinstimmung des Denkens und Seins abgeleitet werde aus der ursprünglichen Identität beider im absolutn.

Dies erhelle auch noch, wenn man das Denken betrachte als ction. Durch dasselbe werde ein unmittelbares Einssein des Gegenstandes und Begriffes gesezt, welche sonst getrennt sind, und diese Action sei nur zu verstehen aus der höheren Sphire, in welcher die beiden Factoren Eins seien, nämlich aus dem absoluten.

In jeder Vorstellung producire der Begriff in uns das formale Element, und der Gegenstand außer uns das organische, welches zunächst nur etwas für den Begriff selbst zufälliges enthalte So gewiß nun in beiden dasselbe ist was im absoluten, nur in dem einen auf ideale in dem andern auf reale Weise, werde auch in der durch das absolute allein verständlichen Action beids richtig zusammentreffen.

Auf diese Weise sei das Wissen begriffen. Es müsse aber eben so auch das eben so wirkliche Nichtwissen, der Irrthum, begrffen werden. Dies kann erst recht geschehen, wenn die formale Seite der ganzen Darstellung mehr heraustritt.

Vorläufig nur dieses. Da in unsrer Action des Denkens der Begriff doch auch in einem seienden ist, welches zugleich auch an der Natur des objectiven Theil nimmt, und in jeder Actim jeder handelnde ganz handelt: so muß, wenn die Action was das Erkennen betrifft nicht rein gesondert wird, das mit aufgnommene fremdartige das Erkennen trüben.

XXVII. Zusaz, und Uebergang zum formalen.

Wenn wir nun dazu schreiten reale Erkenntnisse zu construiren: so sind wir im Gebiet des realen Wissens, also des ethischen und physischen. Doch kann beides dort nicht abgeleitet werden, weil man von dem Unterschied abstrahirt, und die Ableitung muß doch in der allgemeinen Philosophie gemacht werden. Also müssen wir sie irgend wie schon haben, ohne es zu wissen.

Wenn man den Gegensaz von Begriff und Gegenstand auf das Sein anwendet: so kann die Trennung keine absolute sein sondern nur eine relative, weil sonst beides ganz aus dem absoluten herausgesezt wäre. Also Sein, in welchem der Begriff heraustritt, ideales, und Sein, in welchem das Object heraustritt, reales, (beides in gänzlicher Trennung gesezt als reiner Geist und reine Materie nur mythisch) beides zu einer untergeordneten secundären Einheit gebunden in der Idee der Welt, beide gegenüberstehend *) das physische und ethische Wissen zu Einem verbunden in der Idee der Wissenschaft.

**) Die Idee der Welt kann aufgefaßt werden als Einheit schlechthin, aber auch als Totalität aus mehreren speciell relativirten Einheiten. Beides ist wahr; leztere sind das gegebene, jene ist das nothwendige zu denkende.

So bestimmt die Idee der Welt auch die Grenze unseres Wissens. Wir sind an die Erde gebunden. Alle Operationen des Denkens, auch das ganze System unserer Begriffsbildung, muß darin gegründet sein.

---

*) Vorles. Betrachten wir beides unter der Form der Action: so entspricht es dem ethischen und physischen Wissen. Denn das ethische ist, wo der Begriff das ursprüngliche, das reale das zweite ist; und das physische umgekehrt. Das ethische Wissen ist, wo der Begriff Urbild, der Gegenstand Abbild, das physische, wo der Gegenstand Urbild, der Begriff Abbild ist.

**) Also ein zwiefaches Sein, die Sphären des idealen und des realen. Es muß eine über beiden liegende Sphäre geben, die die Identität dieses relativen Gegensazes ist. Diese ist die Idee der Welt. Hier entsteht nun die merkwürdige Frage, ob uns die Idee der Welt als Einheit oder als Totalität gegeben ist, und ob unser Wissen das gesammte Sein ausdrükkt, oder nur das Sein unsrer Welt. Vorles.

XXVIII. Fortsezung.

*) Die Idee der Welt sollte nicht sein eine eigentliche Ableitung aus dem absoluten, sondern nur das Verhältniß beider aussprechen, in wiefern sie verschieden sind und in wiefern dasselbe. Verkehrtheit und Widerspruch in der Darstellung, als ob das endliche Sein ein Abfall **) von Gott wäre, da immer und ewig dasselbe Verhältniß beider gegen einander obwaltet.

Von der Idee der Welt haben wir so immer nur das formale Element, welches wesentlich aus dem Prozeß der Deduction hervorgeht; das reale muß eben so wesentlich aus dem Prozeß der Induction hervorgehen. Lezteres kann sich nur allmählig vollenden; beide sind also nicht zugleich, und auch deshalb ein Nichtzusammentreffen beider, also Irrthum möglich.

Jedes reale Wissen muß sich auf ein Element der Welt beziehen, also auf ein Sein, in welchem auch wieder Identität des Begriffs und Gegenstandes ist. Der Begriff erscheint vom vernünftigen Sein an als abnehmender Factor, aber nirgend als ganz verschwindend. Was uns als todt erscheint, muß nur in eine höhere Sphäre aufgenommen und kann so nicht für sich gedacht werden.

Wie das absolute unter der Form der Identität steht, welche aber die Fülle der Gegensäze unter sich und in sich begreift: so

---

*) Um Mißverständnisse zu vermeiden, noch dieses. Vorles.

**) Soll nur sagen ein Zerfallen in Mannigfaltigkeit, giebt aber auch so dem Mißverständniß Raum. Das Mißverständniß wird aber um so gefährlicher, da der Ausdrukk einen religiösen Anstrich hat und dem Abfall des Menschen von Gott gleich gesezt, also das Böse, was doch niemals etwas nothwendiges sein kann, in sich schließend gedacht wird. Ist die Welt Abfall: so ist das Dasein Uebel, und der Tod (als solcher) Rükkehr, Seeligkeit. Ein inconsequenter Mysticismus, in welchem sich die Speculation von der Mühe der Anschauung zurükksehnt nach dem bequemen Treiben der Abstraction. Bei unserer Art aufzufassen wird die Idee der Welt erst lebendig, wenn die Resultate der organischen Function so weit gesteigert sind, daß sie mit denen der formalen zusammengehen. Vorles.

steht die Welt und alles in ihr unter der Form des Gegensazes. Der erste negative Kanon des Verfahrens ist also der, daß kein Gegensaz absolut ist, sondern nur relativ. Ein Denken, welches einen absoluten Gegensaz isolirt, stellt nichts wirkliches vor.

Da die Untersuchungen über die Form sich sämmtlich auf das reale Wissen beziehen: so muß man immer sehen auf das Zusammensein dessen, was überwiegend aus dem Prozeß der Deduction hervorgeht, mit dem, was aus dem Prozeß der Induction. Lezteres (das Resultat der organischen Function) geht aus vom Vorstellen des einzelnen und besonderen. Dieses ist allemal Quantum und steht unter den Bedingungen des Raumes und der Zeit. Einiges also muß hierüber gesagt werden.

Negativ zuerst dürfen wir nicht sagen, daß nur die Vorstellungen des einzelnen darunter stehen, denn auch das allgemeinste hat Antheil an der organischen Function. Auch nicht, daß sich beides nur auf unsern Sinn bezieht, denn die Resultate der organischen Function sind Resultate seines Zusammenseins mit den Dingen.

Fortsezung von Raum und Zeit. XXIX.

Auch die allgemeinen Dinge stehen unter der Form des Raumes. Die Art, wie die lebendigen Kräfte über die Erde verbreitet sind, und das Maaß, in welchem sie einzelnes erzeugen, sind räumliche Verhältnisse. Eben so haben sie zeitliche; in der Zeit sind Ungleichheiten der erzeugenden Kraft und ungleiche Verhältnisse ihrer verschiedenen Functionen.

Raum und Zeit sind die Art und Weise zu sein der Dinge selbst, nicht nur unserer Vorstellungen, welches aus unserer Hauptansicht des Wissens folgt, weil alles reale Wissen zugleich ein quantitatives ist. Beide Formen sind also in der Vorstellung sowol als in den Dingen, und die Frage, welches von beiden sie seien, ist leer.

Die Frage, ob der Raum etwas für sich sei, beruht immer wenn auch noch so verstekkt auf der Vorstellung vom leeren

Raum. Es giebt aber keinen; wenn er auch nicht mit Materie erfüllt ist, so ist er mit Action erfüllt.

Alles, was unter der Form des Gegensazes steht, steht auch unter beiden. Mit dem getheilten und relativen Sein sind sie zugleich gesezt. Der Raum ist das Außereinander des Seins, die Zeit das Außereinander des Thuns. Der innere Raum oder erfüllte Raum repräsentirt die Mannigfaltigkeit des Dinges in der Einheit seines Seins. Jeder erfüllte Raum repräsentirt einen inneren Gegensaz; wo dieser aufhört, wie zwischen Seele und Leib, da ist auch kein Raumverhältniß. Jeder Zwischenraum repräsentirt einen äußeren Gegensaz; wo dieser aufhört, wie bei der Welt überhaupt, da ist auch kein Zwischenraum. Die Action vernichtet den Raum. Zwei Agentia sind sich unmittelbar gegenwärtig. Der äußere Gegensaz einer Action, wodurch sie sich von einer andern unterscheidet, wird bezeichnet durch die erfüllte Zeit; der innere Gegensaz, wodurch sie in sich selbst in Action und Reaction zerfällt, wird bezeichnet durch die Zwischenzeit.

Diese Anschauung von der Bedeutung von Raum und Zeit ist nur hieher gehörig. Alles weitere wäre entweder physisch oder mathematisch.

XXX. Ueber die gemeine Logik, mit vorzüglicher Rükksicht auf die von A. G. Baumgarten.

Unsere Aufgabe das Denken jedesmal so zu construiren, daß es ein Wissen wird, und jedesmal zu wissen, wie weit sich ein gegebenes der Idee des Wissens nähert, hat bisher sollen gelöst werden durch die Logik. Daher noch einmal die Unzulänglichkeit derselben zu erwägen.

Außer den drei Elementarcapiteln, welche nicht genügen, weil sie keine Regeln des Fortschreitens geben, kommt in Betracht die Heuristik, welche in empirische und aprioriſche getheilt ist. Isolirt läßt sich aber nichts finden. Auch kommt die aprioriſche auf die andere zurükk, weil die Axiome auf Definitionen beruhen.

Die Definition ist das **punctum saliens**, weil sie zwischen Begriffs- und Sazbildung den Uebergang bildet. Hauptfehler, daß Real- und Nominaldefinition als Arten einer Gattung betrachtet werden, da doch nur die erste ein Wissen als Element der Wissenschaft construirt, die andere ein zufälliges und fragmentarisches. Diese Gleichsezung beweist, daß die Logik nicht auf die Construction ausgeht, sondern nur auf das fragmentarische. Zweiter Hauptfehler, daß der Form nach aller Werth auf die Sazbildung gelegt wird, mit welcher sich die Heuristik ausschließlich beschäftigt, alle Sazbildung aber auf den Axiomen beruht, und diese vermittelst identischer Säze aus den Definitionen gebildet werden. Alle Erfindung stekkt also in diesen, und folglich in der Begriffsbildung, zu welcher die Logik so gut als keine Anleitung giebt.

Die Geschichte der Wissenschaft bestätigt, wie schlecht es bis jezt mit der Begriffsbildung gestanden, indem das Feld der Beobachtung sich zwar immer erweiterte, aber die Systeme mit immer größerer Schnelligkeit auf einander gefolgt sind. Das ganze Zeitalter bis auf die wenigen Punkte, welche die Dürftigkeit der Logik fühlten, trägt den Charakter des Aristoteles als ihres Stifters an sich.

Einleitung zum zweiten Theil. XXXI.

Wir haben nun das bisher gefundene anzuwenden 1. auf Begriffsbildung, 2. auf Urtheilsbildung.

Anm. An der Logik war es ein Fehler keine Regeln zum Uebergang zu geben außer dem unnüzen Syllogismus, weil sie alles durch Ableitung erzwingen will. Wir haben kein anderes formales Princip als die Anschauung des Wissens selbst, und jedes einzelne ist nur wahr, in wiefern es diese in sich hat. Von ihr sind wir bisher aufwärts zum absoluten gegangen; und nun abwärts zum einzelnen. Ueber Verknüpfung können wir nur im Anhang reden.

Anm. *) Systematisch zu behandeln wäre doch wol die Combination

*) Diese Anmerkung hat der Zettel unter dem Texte.

des durch Induction gefundenen mit dem durch Construction gefundenen. Dies ist freilich im wesentlichen Subsumtion. — Dann ist auch die Construction selbst Combination, und kann behandelt werden nach der Frage, Welche Gegensäze schneiden sich und nehmen einander an?

Ehe wir in die Eintheilung eingehen, giebt es noch beiden Formen gemeinsames, was auf der Anschauung des Wissens als eines werdenden beruht, welche wir hier weiter fortzuführen haben.

Was ist das Denken, wenn es nicht ein vollendetes Wissen ist?

Einem solchen Denkacte fehlt entweder der Charakter des Wissens mit Bewußtsein. Dann ist er, wenn der denkende eine objective Richtung hat, ein unvollendeter, ein Nochnichtwissen; ist er vollendet: so hat der denkende keine objective Richtung, und er ist reine Fantasie.

Oder der Charakter fehlt ihm ohne Bewußtsein, und dann ist er ein Irrthum.

Oder er hat den Charakter ohne Bewußtsein, und dann ist er eine richtige Meinung, in welcher instinctartig beides zusammengetroffen ist ohne Anschauung des ganzen im einzelnen.

Indem wir also auf die Construction des Irrthums ausgehen, müssen wir lernen, wie zu prüfen sei, ob wir in dem einzelnen immer das absolute haben, und wie wir uns während des ganzen Verlaufs vor dem Irrthum zu hüten haben.

Wir müssen also diesen zuerst im allgemeinen begreifen lernen.

XXXII. Man muß die beiden Functionen des Denkens als unabhängig von einander sezen. Nicht erst theilt sich der ursprünglich Eine Denkact nach beiden Seiten hin, sondern jeder einzelne ist nur eine Vereinigung beider. Jede Function ist immerwährend in einer einseitigen Thätigkeit, der einzelne Act hebt nur heraus und entsteht aus dieser beiderseitigen Heraushebung. Wir haben immer weit mehr im Sinn, als wir wahrnehmen, und auch immer mehr in der Vernunft, als wir Begriffe bilden.

Der Irrthum ist dadurch möglich, daß es kein nothwendiges Band in uns giebt zwischen den beiderlei Elementen. Im Augenblikk der Vereinigung ist keine Garantie für das Zusammengehören beider. Diese bildet sich erst aus dem ganzen System des Wissens, und so kann man sagen, das Wissen entstehe aus dem Irrthum.

Ursprüngliche Form des Urtheils *) ist Fixiren eines Begriffs aus einer einzelnen Action (und umgekehrt?).

Es fragt sich, welches von beiden wir zuerst vornehmen sollen, Begriff oder Urtheil? XXXIII.

Geschichtlich verfahrend müßten wir das lezte, weil offenbar im Bewußtsein des Kindes eher Actionen gesezt sind als Dinge. Wenn es sich Dinge gegenübersezt, muß es sich zugleich selbst als einzelnes sezen, aber das individuelle tritt erst allmählig aus dem universellen heraus, welches also vorangehen muß.

Auch die Sprache bestätigt dies. Das unpersönliche Zeitwort war offenbar früher als das persönliche, welches einen Begriff als Subject voraussezt. Die grammatische Dignität der dritten Person im hebräischen deutet darauf, daß sie ursprünglich das unpersönliche Verbum war, dem die Persönlichkeit erst angebildet worden ist, und auch wir brauchen noch in demselben Maaß das unpersönliche Zeitwort, als sich uns die Gegenstände nicht vollständig scheiden. Daher ist es auch ein sehr heilsamer Prozeß überall, wo es auf die Constitution eines realen Wissens ankommt, die bestehende Begriffsbildung bei Seite zu sezen und alles unabhängig aus dem Gesichtspunkt der Action anzusehen.

Hier aber, wo es uns mehr auf die Construction des formalen ankommt, muß die andere Ansicht vorangehen, daß das Urtheil in seiner vollständigen Form eine Synthesis aus Begriffen darstellt und der Begriff also als das elementare vorangehen muß.

---

*) Vorles. Allerdings ist dies eine ursprüngliche Form des Irrthums. So in der Naturwissenschaft, wo man Actionen für Sein, und in der Ethik, wo man Sein für Actionen ansah.

Einleitung in die Begriffsbildung.

Das Zeitwort repräsentirt eben so wohl einen Begriff, als das Hauptwort; es ist die Action unter die Potenz des Begriffs gestellt. Denn es hat dieselbe Identität des allgemeinen und besonderen in sich, welche das Wesen jedes Begriffes ausmacht; die einzelne Action ist auch nur eine Aeußerung der weiter verbreiteten allgemeinen Function. Also zwei Classen von Begriffen, die, welche ihrer Natur nach Subject sind und nur mittelbarer Weise können Prädicat werden, und die ihrer Natur nach Prädicat sind und nur mittelbar können Subject werden.

Von beiden gilt allgemein, daß keine Begriffsbildung jemals bis zum vollständigen Wissen vollendet ist, eben wegen der Identität des allgemeinen und besonderen. Jeder unter dem absoluten stehende Begriff hat zugleich einen Typus des besonderen, weil er nicht aus der Construction allein real hervorgeht. Nun ist das besondere das im Sein rein gegebene aber nicht im Denken rein aufgehende, und das allgemeine das im Denken vollständig gegebene aber im Sein nicht rein aufzuweisende. Also sind beide Asymptoten, und nur durch Beziehung auf das absolute als nothwendiges Supplement kann ihre Identität vollendet werden. Es ist daher nothwendig zu wissen, woher jedes Element des Begriffs stamme, und beide Arten einander immer mehr einzubilden. Nur so werden wir unterscheiden können, was in unseren Begriffen Wissen und was Nichtwissen ist.

XXXIV. Charakteristik der zwei Begriffsclassen.

1. Bei den Begriffen, welche Action ausdrükken, tritt das quantitative hervor; sie sind die, von denen Platon sagt, daß sie das Mehr und Minder zulassen. [In der substantivischen Form ist dies nicht mehr so kenntlich als im reinen Verbo. Am unkenntlichsten in den relativen Adjectiven und Substantiven, die Platon anführt, Klein, groß, Kleinheit, Größe; aber doch läßt sich leicht zeigen, daß auch diese Action sind.] Bei den directen

Substantiven tritt dies zurükk und das In sich selbst bestimmt sein und keines Grades fähig tritt hervor. Ein Lieben ist mehr Lieben als das andre; ein Pferd ist nicht mehr Pferd als das andre, wenn es auch größer ist.

2. Bei denen, welche ein Sein repräsentiren, geht der Prozeß der Subordination durch bestimmte Vielheit bis zu den einzelnen durch viele Stufen; bei denen, welche Action ausdrükken, tritt die Subordination zurükk, und die Coordination unter der Form der unbestimmten Vielheit tritt hervor. Jenes ist natürlich, da jedes Sein eine abgeleitete Einheit ist, welche wieder in einen bestimmten Cyclus von Gegensäzen zerfällt. Dieses ist natürlich, weil jede Action ein Zusammensein ist einer Function des Subjects mit einem andern Gegenstande, und nicht jedes solches eine besondere Art bilden kann.

Zusäze zur Charakteristik. XXXV.

ad 1. Der Gegensaz ist nur relativ.

Am Ende auf der Seite des Seins, wo die unbestimmte Vielheit eintritt, kann man nicht mehr das einzelne in sich selbst als nothwendig und bestimmt verstehen, sondern die Differenz des einen vom andern tritt nur heraus als Zustand der productiven Kraft durch Zeit und Localität bestimmt, und begränzt diese als Action und als Mehr und Minder. Nur an den Menschen macht man die Prätension der Individualität, daß der einzelne eine durchgehende und unter sich analoge Modification der Idee des Menschen sein soll. — Eben so auch auf der Seite der Action, wenn man diese abgesehen von aller näheren Bestimmtheit in ihrem Subject betrachtet, so erscheint sie als eine nothwendige Function und bei dieser Ansicht verschwindet auch das Mehr und Minder. (Jede einzelne Action trägt noch das Mehr und Minder, weil sie ihr crescendo und decrescendo hat. Dasselbe findet aber auch bei jedem einzelnen Dinge statt, nur weniger das Wesen afficirend; also auch von dieser Seite relativ.)

ad 2. Ebenfalls relativ. Der Uebergang zwischen dem Typus der bestimmten und der unbestimmten Vielheit geschieht auf der Seite des Seins durch den Mittelbegriff der Varietät, welcher von beiden etwas hat und in welchem also der Gegensaz aufgehoben ist. Auf den unvollkommenen Stufen des Seins ist dagegen auch die Gattirung verworren und erscheint als allmähliger Uebergang (da doch der eigentliche Unterschied darin besteht, daß wenn auch Arten eine Reihe bilden doch keine als Uebergang zu der andrn anzusehen ist.)

Folgerung. Es ist also Kanon 1. Etwas unter dem Gesichtspunkt des Mehr und Minder betrachten und es als Action betrachten, ist einerlei. Und eben so, Sein ist firirtes. 2. Was nur unter der Form der unbestimmten Vielheit betrachtet und also nicht gattirt werden kann, ist als Action zu betrachten. Und eben so, Was auf eine bestimmte Vielheit gebracht werden kann, muß auch für ein firirtes Sein gelten. Andeutung für die Folgen, die hieraus für eine Behandlung der Wissenschaften fließen.

XXXVI. Begriffsbildung durch Induction.

(a) Offenbar ist diese das früher heraustretende. Die Construction, wenn sie bewußt wird, findet schon alles durch jene gethan.

(b) Völlig getrennt sind aber beide Operationen nie. Wie jedes Wissen eines Begriffs eine Identität von beiden ist: so ist auch jede in jedem Moment ihrer Thätigkeit im Einswerden mit der andern begriffen.

Die Induction zerfällt in zwei Momente. Erster Moment, Aussonderung eines Gegenstandes aus der allgemeinen Masse als Einheit. Dies kann nur auf einer Action beruhen, zu welcher ein Theil der allgemeinen Masse verbunden ist. Erste Anzeigen sind Farbe und Bewegung, wovon eins immer die Gewährleistung des andern ist. So im Bewußtsein des Kindes, so auch bei uns unter fremden Gegenständen oder einem zu weiten Gesichtskreise. Hier ist eigentlich keine Regel zu geben; es ist alles unbewußt. Richtig wird gebildet, wenn der Gegenstand ein Glied im System der Begriffe abbildet. Dieses System ist angeboren, d. h. es wohnt uns ein als eine Thätigkeit, um vermittelst der Einigung mit der realen Seite zum Bewußtsein zu kommen. Wie ein erstes Zusammentreffen dieser Art könne Erinnerung heißen.

Der Begriff wird erst durch den zweiten Moment gebildet. Vorläufige Frage, bei welchem von beiden der Irrthum angeht. Der Sinn an sich trügt so wenig, als die Vernunft an sich. Aber dies An sich ist nie ein empirischer Punkt. Der Irrthum liegt im Zusammensein beider, und jeder empirische Punkt ist ein solches. In jedem daher und auch schon in dem vorläufigen Sezen des Gegenstandes ist Irrthum möglich. Man macht die Einheit zu klein oder zu groß. Also nur provisorisch zu sezen.

*) Wie das einzelne Sein aus der verworrenen Masse her- XXXVII.
ausgenommen wird: so die einzelne Action aus dem verworrenen allgemeinen Leben.

Wie das Sezen eines Dinges auf dem Wahrnehmen einer Action beruht: so das Sezen einer Action auf dem Wahrnehmen eines Dinges, so daß beides zugleich und durch einander wird. Auch beruht das Sezen der Action auf zwei Factoren, der Raum wird repräsentirt und das Resultat wird repräsentirt. Es sind dieselben wie beim Sezen des Dinges, nur in umgekehrtem Verhältniß.

Wie es noch ins kleine hinein und ins große hinaus für alle eine verworrene Masse giebt: so auch ins kleine und große ein allgemeines Leben, woraus die einzelnen Actionen erst sollen ausgeschieden werden, so daß der Prozeß immer fortgeht.

Der Irrthum kann nur sein, daß der Gegenstand für die vorausgesezte Action, oder die Action für den vorausgesezten Gegenstand zu groß oder zu klein ist. Da der Prozeß der erste

*) Das XXXVI. vom Aussondern eines Gegenstandes gesagte gilt auch vom Aussondern einer Action. Die Parallele wird hier vollständig durchgeführt.

vorläufige ist: so ist noch nichts da, wodurch er berichtigt werden könnte. Er kann es nur durch seine eigne Fortsezung, und es kommt nun der Kanon heraus das so gesezte nur provisorisch zu sezen, bis es sich von allen Seiten als Einheit des Gegenstandes oder als Action bestätigt hat.

Wenn in einem solchen Moment Wahrheit ist: so ist also darin Identität des Seins und Thuns (weil nur eins durch das andre wird). Auch Identität der Induction und Construction, weil die Einheit der Totalität der Masse entgegengesezt ist, und also die Form des Gegensazes in sich hat.

Der Uebergang aus dem ersten Moment in den zweiten sezt Vielheit des ersten voraus. Wir können aber auch die Operation des ersten nur als eine gleichzeitige Vielheit denken.

XXXVIII. *) Der erste Moment ist mehr aus dem Gesichtspunkt des einzelnen empirischen Bewußtseins betrachtet. Da aber das Denken gleich Wissen werden will: so will es auch ein identisches in vielen werden. Auch der erste Moment strebt daher nach Mittheilung. Wahre Einheit ist aber noch nicht gefunden, sondern auf einander beruhendes Sein und Thun, wovon jedes wieder auf zwiefacher Wahrnehmung ruht. Daher Mannigfaltigkeit von Merkmalen noch erhöht durch die fortgesezte Beobachtung des gesezten in mehreren Zeitpunkten. Diese Mannigfaltigkeit kann aber nur als Aggregat erscheinen; sie wird die Nominaldefinition, deren Bedürfniß sich hieraus erklärt, aber auch wie sie unmöglich als Species neben der realen, sondern nur als Vorbereitung zu derselben auftreten kann.

Betrachten wir den zweiten Moment im großen zunächst aus dem Gesichtspunkt der Identität des Wissens in allen: so scheint das geschichtlich gewordene jenem Merkmal durchaus zu widersprechen. Der Wortschaz einer Sprache entspricht dem der

*) Betrachtung der beiden Momente in Beziehung auf den Charakter des Wissens, daß es ein in allen identisches Denken ist.

andern genau genommen nirgend, offenbar wenigstens in vielen Gebieten nicht. So auch in der Zeit ändern sich die Begriffe im Gebiet einer und derselben Sprache, so daß ein Wort eine Reihe von Bedeutungen durchläuft.

Zuerst die coexistirende Differenz ist nicht Irrthum sondern relativirtes Wissen. Die Nationalvernunft verhält sich zur menschlichen, wie die menschliche zur allgemeinen. Jede hat etwas, was sie an sich darstellt, alles andre aber in Bezug hierauf, wie der Mensch überhaupt alles in Bezug auf die Erde.

(Die erste Aufgabe ist für jede eigenthümliche Sphäre den Charakter zu finden, wodurch das absolute in ihr befaßt ist.)

Die Irrationalität geht nicht nur auf Nationen, sondern XXXIX. auch auf kleinere Corporationen, ja zulezt auf einzelne Menschen, nur je enger die Sphäre, um desto mehr ist das a parte potiori gemeinschaftliche und um desto weniger das eigenthümliche.

Man kann nicht etwa sagen, das eigenthümliche sei nur die Combination und die Begriffe allen gleich gegeben. Denn mit diesen wäre auch jene bestimmt, und es bliebe nur eine äußere Differenz, daß der eine diese macht und der andre jene. — Je nachdem man sich stellt kann man sagen das eigenthümliche und relative sei nur in der organischen Function gegründet, oder in der Vernunft, weil nämlich die Vernunft nur durch jene im endlichen real wird und jene nur durch diese ein wirkliches Denken produciren kann.

Nun ist aber doch nur das in allen identische Denken das Wissen, wie ist also der Widerspruch zu lösen? Zwiefache Procedur. Einmal alles differente auszuscheiden und nur das rein identische übrig zu lassen. So bleibt am Ende nur das absolute übrig. Dann alles zusammen zu fassen und die Irrationalität durch Kritik aufzuheben, d. h. dadurch, daß man das Princip der Eigenthümlichkeit als ein eignes Sein mit zu verstehen sucht und dadurch eine indirecte Gemeinschaft des Denkens zu Stande bringt. Beide sind isolirt nichts. Das absolute ist nichts ohne diese Totalität des realen Wissens, und diese nichts ohne jene. Die Identität von jenem muß die Totalität von diesem vermitteln, und die Realität von diesem muß die Identität von jenem erfüllen.

Wenn nun das relative Wissen nicht der Irrthum ist: so erschwert es doch die Entdekkung des lezteren. Nämlich so lange ich das Princip einer Individualität nicht verstanden habe, bleibt ungewiß, ob ein nur nicht harmonisches Denken ein solches ist oder ein Irrthum. In der ungewissen Sache kann man nur von Voraussezungen ausgehen. Doppelte. 1. Ich kann alles als falsch ansehen, was nicht sein individuelles Princip mit zur Schau trägt. 2. Ich muß alles als wahr annehmen, was nicht absoluten Regeln des Denkens widerspricht.

Das einzelne fremde kann ich mir nicht aneignen; aber ich soll es in der fremden Begriffsbildung nachconstruiren.

Unser Wissen besteht also aus zwei Factoren, dem reinen Wissen, welches die Identität des Seins und Denkens construirt, und dem kritischen, welches die Principien einzelner Begriffsbildungen construirt.

Nur in dieser Duplicität ist die Erfüllung des Sazes, daß das Wissen ein in allen identisches Denken ist.

XL. Das kritische ist also ein ursprüngliches Element des Wissens, da es schon bei der frühesten Form der Begriffsbildung unentbehrlich ist. (Denn auf jeden einzelnen wirkt schon das Princip der Begriffsbildung anderer einzelner ein.) Das reale Wissen ist aber auch deshalb ein nie völlig zu Stande zu bringendes, weil, wenn das Princip des eigenthümlichen als ein eignes Sein, dessen einzelne Actionen die Vorstellungen sind, erkannt werden soll, (die Aufgabe ist dann Aus einer Anzahl gegebener Actionen die eigenthümliche Kraft zu finden, aus der sie hervorgegangen sind) dies nur durch Identität von Induction und Construction (nämlich wenn man eine Einheit ahndet, muß man diese als Allgemeinheit in ihre besonderen Theile zerlegen, und wenn diese hernach mit den verschiedenen Momenten der Induction zusammenstimmen: so entsteht Sicherheit) geschehen kann, und also das spätere schon beim früheren vorausgesezt wird. Es ist nie apodiktisch nachzuweisen, weil erst durch den Erfolg sich bewähren kann, ob man wirklich homogenes zusammengestellt habe.

Auch die Ausscheidung des Irrthums kann also nicht von hieraus allein gehen, sondern muß noch von einem andern Punkt angefangen werden.

In jeder Action ist das Ding ganz thätig, und nur einzelne Functionen treten heraus. Im Denken außer der Vernunft noch die organische. Diese hat zwei Seiten, objective zur Bestimmung des Gegenstandes, subjective zur Bestimmung des Zustandes. Auch Zustände können zusammengestellt und unter Einen Begriff gebracht werden. Wenn nun die subjective hervortritt, wo sie zurükktreten soll: so muß Irrthum entstehen. Bei Zusammenstellungen der Einzelheiten muß das angeborne Begriffssystem unbewußt thätig sein, und mit ihm die objective Seite der organischen Function. Wenn statt dessen die subjective zusammenstellt: so werden die Dinge nur nach Relation zum vorstellenden zusammengestellt, nicht nach ihrem Sein. Dies Hervortreten der Persönlichkeit ist Sünde, und der Irrthum also entsteht aus der Sünde. Wie auf der ethischen Seite die Menschen nur allmählig von der Sünde zur Tugend übergehen: so auf der theoretischen nur allmählig vom Irrthum zur Erkenntniß.

Der Irrthum ist nie absolut. Auch die in der Empfin- XLI. dung vorgestellten Relationen führen auf etwas wahres, nur ist es nicht das, durch dessen Zusammenstellung das Wesen der Dinge erkannt wird.

*) Jede höhere Stufe im Prozeß der Induction ist der untersten an und für sich ähnlich; aber es ist Richtigkeit und Unrichtigkeit im Zusammenfügen derselben. Man kann Mittelstufen überspringen. Dadurch werden die höheren Begriffe leer, weil sie die lebendige Anschauung des untergeordneten Cyclus nicht in sich tragen. Dies entsteht aus dem Isoliren der Induction **). Man kann sich auf nicht realen Zwischenstufen festsezen. Dies ist dasselbe mit dem ersten Irrthum. Wenn in dem Ueberspringen Regelmäßigkeit ist, die sich durch weiteres Arbeiten ausfüllt: so ist doch das Schema des Wissens in dem Prozeß; aber in der Ungleichförmigkeit enthält er dieses Schema nicht. Die Ungleichförmigkeit kann auch nur aus eingemischter Subjectivität entstehen.

Das Ueberspringen entsteht aus dem Streben nach oben, weil man jeden Begriff nur in der Identität der ganzen Reihe fixiren kann. Hülfsmittel dagegen ist der zweite Kanon, Man muß die Induction immer im Einswerden mit der Construction zu erhalten suchen, d. h. indem man eine Art sucht die Nebenarten wenigstens diviniren, und also in der gefundenen Einheit den Gegensaz suchen, als dessen eines Glied sie von der Construction aus würde gefunden worden sein. So wird die Induction reale Vorbereitung auf den späteren Prozeß der Construction.

---

*) Vorles. Bisher nur die niedere Stufe im Prozeß der Induction, wie aus homogenen Einzelheiten ein Begriff gebildet wird. Wird nun aber aus mehreren niederen Begriffen der Begriff der Gattung gebildet: so ist der Prozeß der nämliche. Es ist aber dabei auf ihren Zusammenhang und auf die Art des Aufsteigens zu achten. Hier sind zwei Fehler möglich, 1. wenn man natürliche Stufen überspringt und gleich zu einem weit allgemeineren fortgeht; 2. wenn man anstatt zu dem nächst höheren aufzusteigen sich auf einer fingirten Zwischenstufe hält, welcher nichts reales entspricht.

**) Anmerk. Schl's. Wenn der Begriff der Gottheit aus Induction zu schnell gebildet wird, entsteht nur der Begriff des leeren allgemeinsten Wesens. Nur wenn man immer in der Identität mit der Construction geblieben ist, und also auf die Gegensäze gekommen, kann er gut werden.

Zusäze zur Induction. XLII.

1. Die successive Differenz. Umbildung der Begriffe wird nöthig, wenn zwischen den einzelnen Gebieten mehr Zusammenhang entsteht, (das Verständniß jedes Seins ist zusammengesezt aus seiner Besonderheit und seinem Bedingtsein gegen alles übrige) wenn man sich der Gegensäze mehr bemächtigt. Auch dies ist nicht Irrthum. Beispiel **a.** das Personificiren der mythischen Periode; der richtige Instinct will die Idee des Lebens nicht fahren lassen, hat aber noch nicht die verschiedenen Formen. **b.** in der Naturbeschreibung ganz andre Classificationen, so lange man nur noch weniges kannte.

2. Unterschied zwischen natürlichem und künstlichem System von Begriffen. Ersteres ist nur das bleibende, aber nicht vollständige, lezteres das vollständige, aber nur vorübergehende. Geht nur von einer Function aus und entspricht nicht der natürlichen Modification der lebendigen Kräfte.

3. Zusaz zum ersten Kanon. Da kein Irrthum absolut ist und es erst wird durch Eintreten in eine falsche Reihe, kann man ihn auch so ausdrükken, Man bleibe sich nur immer bewußt, ob man im Aufsuchen eines Seins oder eines Thuns begriffen ist, und verwechsele beides niemals.

4. Müssen die Aufsteigungspunkte überall gleich sein der Zahl nach? — Unbeantwortlich, wenn man darauf sieht, wie überall bestimmte und unbestimmte Vielheit zusammen sind.

Wo die strenge Specification dominirt, da findet mehr, wo die Spielarten, da findet weniger Gattirung statt.

5. Zusaz zum zweiten Kanon. In diesem liegt auch die Hülfe gegen die Tendenz zum Ueberspringen. Wenn man die Maxime feststellt, die Aehnlichkeit aus den bestimmten Formen zu nehmen und nicht aus den allgemeinen: so wird sich, wenn man eine große Menge von Einzelheiten vor sich hat, die allgemeine Aehnlichkeit sogleich darstellen, man wird sich aber von dieser zurükkführen auf die speciellere. In einer Menge von Ein-

zelheiten werden sich gleich in dieser Hinsicht Differenzen finden, die man also sich wenigstens aufgeben wird als Gegensäze aus der höheren Einheit zu verstehen. So ist im Inductionsprozeß die Formel der Deduction gleich mit enthalten und man ist im Construiren eines wahren Wissens begriffen.

XLIII. Schluß der Induction.

Die aufgestellten Kanones sind nicht mechanisch zu gebrauchen. Man kann durch sie den begangenen Fehler erkennen, aber man wird ihn nicht vermeiden, wenn das innere Princip fehlt, dessen Ausdrukk sie sind. — Das Philosophiren ist deshalb Kunst, weil die Anwendung der Regeln nicht wieder unter Regeln zu bringen ist. Sie steht unter der Gesinnung und dem Talent.

Der Irrthum wird vermieden durch die Klarheit und Rechtlichkeit der Gesinnung, welche die Sinnlichkeit hinter dem objectiven Interesse zurükktreten macht. Das Ueberspringen (wobei auch Eigenliebe zum Grunde liegt, die sich möglichst schnell auf den höhern Punkt heben will, auf welchem der, welcher die Erkenntniß des absoluten besizt, über den anderen steht) wird vermieden durch die Liebe zum realen, welche so wenig als möglich von dem gefundenen Gegenstande loslassen will, also auch beim Aufsteigen so viel als möglich daran festhält. Diese Liebe wird freilich nur auf ein bestimmtes Gebiet gehen können und ist das eigentlich wissenschaftliche Talent (welches freilich nur auf einen gewissen Cyclus von Gegenständen gehen kann, daher hieraus eine wirkliche Vertheilung des wißbaren entsteht). Ohne sie giebt es nur leere Speculation.

Wenn der Inductionsprozeß so geführt wird, muß er da endigen, wo die Deduction anfängt. Da dieses nun die Totalität des lebendigen ist: so muß man vorzüglich aus dem Gebiet des lebendigen nicht hinausgehen. Dies wird erreicht, wenn jedes allgemeine wieder als ein besonderes angesehen wird, welches ohne sein coordinirtes nicht bestehen kann und mit diesem zugleich lebendig in dem höhern aufgenommen ist. (Beispiel des Aufsteigens von einem Individuo durch Thier und Leben zum Weltkörper.) Diese Procedur ist in der Natur des Begriffes selbst gegründet, welche immer Identität des allgemeinen und besonderen ist.

Von Begriffsbildung durch Deduction.

Sie ist um so weniger ohne jene, als jene die erste ist, und nur abgesondert zu betrachten, weil sie auch als überwiegender Factor vorkommt.

Als Anfangspunkt der Deduction steht der chaotischen Wahrnehmung gegenüber das dunkle Bewußtsein des absoluten, lediglich unter der Form der Tendenz, welche eben durch den Prozeß soll realisirt werden vermöge eines eben solchen Ueberganges vom unbestimmten Bewußtsein zum bestimmten. Dieses unbestimmte Bewußtsein des absoluten zu verfolgen, dazu treibt uns die chaotische Wahrnehmung, so wie diese zu entwikkeln uns jene treibt. So ist alles Wissen durch beide Prozesse und jeder durch den andern bedingt. Ohne Vernunft troz alles organischen Systems kein materielles Wissen, ohne organisches System troz aller Vernunft kein formales.

Sezt man das Differential beider Prozesse, aber die Deduction nach der Induction beginnend: so will jene durch Herausbildung aus der Einheit d. h. durch Gegensaz finden, was diese durch Ausscheidung aus dem mannigfaltigen fand, und so geht die Form des Gegensazes herab bis zum einzelnen. Die dunkle Idee des absoluten und die chaotische Mannigfaltigkeit gehören eben so zusammen, wie die vollendete Idee des absoluten und die Totalität des realen Wissens.

Der Deductionsprozeß zerfällt auch in zwei Momente. Man muß einen Theilungsgrund finden und man muß Begriffe eines Seins construiren, welches dem darin liegenden Gegensaze entspricht, und welches wieder als Einheit gesezt werden kann, in welcher ein Gegensaz aufzufinden ist, also auch eine Identitätssphäre *).

XLIV. Fortsezung der Deduction.

Die beiden Momente sind eben so wenig ganz von einander zu trennen wie die der Induction. Das Princip eines Gegensazes kann nicht bestimmt gesezt sein, als indem eine Theilung des Seins zugleich gesezt wird. Und man kann kein getheiltes Sein denken als mit seinem Theilungsgrunde zugleich.

Der ganze Prozeß ist am besten zu betrachten aus dem ersten Anfang. Die Idee des absoluten ist das erste Glied; in diesem finden wir die Theilungsgründe Sein und Thun, ideales und reales; die relative Vereinigung derselben oder die Welt ist das zweite Glied. Jenes ist Einheit, nothwendiges, nichtgegebenes; dieses ist Vielheit, bedingtes, zu gebendes. Diese Charaktere wiederholen sich auf jeder Stufe. Jedes Glied außer dem ersten ist Identität von diesen, weil es erstes und leztes Glied ist **); dem ersten wird dies ergänzt dadurch, daß die Totalität des besonderen wieder identisch mit dem absoluten ist.

Es fragt sich, wenn wir von dem, was wir durch die Induction wissen, wiewol es früher ist, abstrahiren, wie man muß, wenn man die eine Seite des relativen Gegensazes für sich betrachtet: wie finden wir dann die Theilungsgründe? Wir haben die Idee des absoluten auf dieser Stufe nicht als Fülle der Identität mit dem Bewußtsein der darin aufgehobenen Gegensäze, sondern als Fachwerk, als regulatives Princip. (Man sieht, für die am Anfang gerügte Absurdität ***) giebt es einen Mo-

---

*) Vorles. Das erste Moment ist, ein principium divisionis zu finden, das zweite, aus diesem einen Gegensaz so zu bilden, daß jedes Glied eine Einheit sei.

**) Es ist erstes Glied als Einheit und als ein nothwendiges; es ist zweites als ein mannigfaltiges und gegebenes.

***) daß etwas ein regulatives Princip für unser Verfahren sein könnte ohne wirklich zn sein. Vorles.

ment, auf welchen sie sich gründet. Aber theils wäre die Idee des absoluten nicht regulatives Princip ohne sein Leben in uns, welches doch nur ein Theil seiner ewigen Realität ist, theils ist dieses ein Punkt, welcher dem Wissen vorangeht, nicht aber in demselben und durch dasselbe gesezt ist.) Haben wir es nur so und denken uns ganz leer von allen Resultaten der Induction: so scheint es wir haben nichts, wodurch wir Gegensäze bilden können. (Daher die Behauptung, eine Philosophie aus dem absoluten wäre eine Philosophie des Nichts.) Da wir aber selbst unter der Form des Gegensazes stehen: so haben wir diese ebenfalls als regulatives Princip in uns, und da alles endliche Bewußtsein durch Sein und Thun, Ideal und Real, bedingt ist, und wir auch relative Identität zwischen dem absoluten und uns sezen müssen: so wird uns das Schema des endlich realen Bewußtseins der natürliche Theilungsgrund. (Diese ursprüngliche Identität der Idee des absoluten und der Form des Gegensazes in uns constituirt unser Wesen von dieser Seite. Wir stehen zwischen dem absoluten und der bloßen Animalisation. Jenem fehlt die Form des Gegensazes, dieser die Idee des absoluten.) Die Idee des absoluten ist der ideale Keim; die Form des Gegensazes ist von Seiten der Construction der reale Keim des Denkens. Diese beiden Gegensäze kehren also auf allen Stufen wieder. Das höhere erscheint als Sein, das niedere als Thun (als Action der höhern lebendigen Kraft), was aber im Verfolg als höheres Glied auch wieder als Sein gesezt wird.

(Eben so ist wol auch das niedere das überwiegend reale, weil es das mehr gegebene ist, und wird hernach wieder von der idealen Seite angesehen.)

Fortsezung der Deduction. XLV.

Die oberen Stufen unterscheiden sich von den unteren dadurch, daß in jenen die Dyas, einfach oder zusammengesezt, herrscht, je tiefer man herabsteigt, desto mehr das nächste untere, wenn man es als schon gegeben ansieht, sich als unbestimmte Vielheit verhält, so daß in der Einheit kein Theilungsgrund aufzufinden ist *). Dies ist aber noch kein Beweis davon, daß der Deductionsprozeß zu Ende sei, und also die reine Wissenschaft nicht weiter gehe als bis dahin. Es kann vielmehr nur ein Uebergang sein von der Betrachtung als Sein zu der Betrachtung als Thun. Für die lezte bedarf man als Theilungsgrund nur ein in der höhern Einheit geseztes veränderliches Mehr oder Minder, welches in dem in ihr gebundenen Gegensaz schon liegt. Mit Hülfe des andern Factors der Action nun werden sich die fixirten Punkte bilden, welche die Sphäre des nächst untergeordneten ausmachen. Anders als auf diesem Wege möchten z. B. die Classen und Gattungen der Thiere wol nicht aus der Idee der Animalisation zu verstehen sein. Daß man das als Thun gefundene im Verfolg des Prozesses wieder als Sein betrachtet, dazu ist man berechtigt, weil der Gegensaz nur ein relativer ist. Daß man sich diesen Wechsel nicht offen erhält, ist Veranlassung zu vielen Mißgriffen in der Naturwissenschaft. Man hat ein durch Induction gefundenes Resultat vor Augen und steuert nun willkührlich, um es durch die Deduction auch zu treffen. Im Deductionsprozeß muß aber jeder Schritt vollständig durch den vorigen gerechtfertigt sein.

Die Identität der Construction und Induction auf jeder Stufe besteht darin, daß, da die Induction das der Natur nach frühere ist, man, sobald ein Resultat durch Deduction gesezt ist, einen durch Induction gefundenen Begriff sucht, der ihm sicher entspreche. Eher darf man nicht fortschreiten.

*) Vorles. Man kann durch einen einfachen Prozeß bis zum animalischen Leben kommen; aber schon die Classen eine unbestimmte Vielheit. Eben so beim ethischen kommt man leicht zum Staat, aber die Formen werden unbestimmte Vielheit.

Für die Bildung des Gegensazes und Construction des Seins, das demselben entspricht, gelten folgende Regeln,

1. Kein Gegensaz darf so construirt sein, daß er eine positive und eine negative Seite hat. Man ist dann aus dem Gebiete des Lebens heraus und keine relative Vereinigung ist möglich. Dies wird leere Abstraction.

2. Es ist kein Sein zu sezen, welches nur durch Einen Gegensaz bestimmt wäre, vielmehr müssen die Identitäten aller anderen Hauptgegensäze mit darin sein. Dies geht schon daraus hervor, weil wir gleich ursprünglich zwei einander gleichgeltende Gegensäze gefunden haben *). Je tiefer herab, desto mehrerer Gegensäze Identität muß in jedem sein. Beispiele des verkehrten sind die Gegensäze von Geist und Materie als verschiedenes Sein betrachtet, und von schlecht construirtem Sein die ehemaligen Elemente.

Anm. Wenn man überall auch in der Deduction auf das lebendige geht, also auf die Einheit von Gegensäzen: so kommt man gleich auf die unbestimmte Vielheit. — Oder habe ich dieses auf die Combination verspart? Dann aber wäre die Deduction völlig abstract. Freilich zu Animal. und Veget., zu Staat und Kirche kommt man durch Dichotomie.

Uebergang zur Combination. XLVI

Wenn beide Prozesse der Begriffsbildung in ihrer Identität vollendet sind: so stellen sie ein vollständiges System der Anschauung dar (denn sie enthalten nicht nur die lebendigen Formen, sondern auch die Begriffe der Actionen), aber als starres fixirtes Sein, nicht in der wirklichen lebendigen Bewegung. Das System der Combination könnte dann nichts anderes enthalten, als was jenes auch enthielte, aber unter der Form des

*) nämlich die Gegensäze Sein und Thun, und ideal und real (Begriff und Gegenstand).

fließenden, beweglichen. Die Combination ist dann nur durch ihre Form Ergänzung; sie ist das eigentlich belebende.

Da aber jene Prozesse niemals vollendet sind sondern immer im Werden: so kann auch in dem Combinationsprozeß materiell manches vorkommen, was im Subsumtionsprozeß noch nicht gegeben ist. Urtheil findet freilich ohne Begriff nicht statt, aber der unvollständige der Anschauung nicht adäquate Begriff, welcher als solcher lediglich darauf geht, daß etwas soll im Urtheil als Subject oder Prädicat auftreten können, und welcher im Subsumtionsprozeß gar keinen Werth hat, hat seinen Werth eigentlich hier.

Da nun beide Prozesse nur mit einander werden können und sich wechselseitig bedingen: so muß auch jeder für sich können betrachtet werden.

Vom Prozeß der Combination.

Das Unvollendetsein der Induction ist Quelle der unrichtigen Begriffe, in welchen das Wesen des ihnen entsprechenden Seins nicht liegt, sondern die das Wesen der Dinge in einem Aggregat einzelner Actionen darstellen.

Die Unvollständigkeit in der Deduction ist Quelle der unrichtigen Begriffe, in welchen das Wesen des Seins in einem Aggregat von Negationen dargestellt wird *). (?)

---

*) Schl. wollte die unvollständigen Begriffe, die im Subsumtionsprozeß keinen Werth haben, an welche aber die Urtheilsbildung anzuknüpfen hat, charakterisiren, und das Fragezeichen deutet wol nur an, daß die Charakteristik nicht genügend herausgekommen. Es hätte nämlich ein vierfaches aufgestellt werden müssen 1. was aus dem Unvollendetsein der Induction an sich, 2. was aus dem Unvollendetsein der Deduction an sich, 3. was aus dem Unvollendetsein der Induction wegen noch mangelnder Deduction, und 4. was aus Unvollendetsein der Deduction wegen noch zurückgebliebener Induction hervorgeht.

*) Urtheil beruht darauf, daß im Zusammensein des Bewußtseins mit der Totalität des einzelnen das Leben im endlichen eine bestimmte Action des Bewußtseins hervorruft.

Ehe wir aus der chaotischen Totalität Einheiten gesondert haben, nehmen wir Actionen wahr; also Urtheil vor Begriff. Aber Subject und Prädicat sind in jedem Urtheil als Begriffe; also Begriff vor Urtheil **).

Die Totalität des endlichen unter der unbestimmten Form gedacht ist also das ursprüngliche Subject. Wenn das ursprüngliche Prädicat außer dem Subject liegen soll ***): so kann es nur eine Wirkung derselben sein auf die Totalität unsrer organischen Function. Hier Subject und Object noch nicht recht getrennt, und Subject und Prädicat auch nicht. (Das Subject soll erst bestimmt werden durch den verschiedenen Grad, in welchem einem Theil der Totalität das Prädicat zukommt †).

Vollständiges Urtheil durch den eigentlichen Saz ausgedrükkt ist nur, in wiefern der Prozeß der Begriffsbildung schon Plaz genommen hat und Einheiten geschieden sind. — Das vollständige Urtheil ist ein doppeltes, einfach ††), in wiefern das Factum bloß auf das Subject bezogen wird, und in wiefern es auf zwei Factoren reducirt wird. Im lezteren führt das Verbum seinen Casum bei sich. Ersteres ist vollständig und unbestimmt

---

*) Vorles. Wie kommen wir nun zu einem Urtheil, zur Aussage eines Factum? Nur aus einer ursprünglichen Wahrnehmung, wie sie auch der Begriffsbildung zum Grunde liegt.

**) Es muß also, soll es aus der ursprünglichen Wahrnehmung ein Urtheilen geben, ein ursprüngliches Subject und ein ursprüngliches Prädicat geben. Vorles.

***) Wäre es innerhalb jener Totalität gesezt: so wäre diese schon vor dem Urtheil geschieden, was nicht der Fall ist. Vorles.

†) Vorles. Also zwei Stufen des Urtheils 1. wo Subject und Prädicat noch nicht getrennt, 2. wo sie getrennt sind. Das erste drükkt sich aus in Form des unvollständigen Sazes im unpersönlichen Zeitwort.

††) und componirt;

lezteres vollständig und bestimmt. Das erstere ist allgemeiner. Es liegt darin die Möglichkeit der Verbindung mit allen Actionen unter der Form des Prädicats. Z. B. der Mensch denkt, der Mensch liebt, worin der ganze Cyclus des Denkens und Liebens potentialiter liegt.

Durch die Vielheit der vollständigen Urtheile kommt man dahin die Totalität der Actionen (und diese zugleich als die höchste Sphäre; denn das vollständige Urtheil geht immer darauf höhere Sphären zu bilden) als das Sein zu sezen; also wieder zu einem absoluten Urtheil, in welchem Subject und Prädicat nicht bestimmt getrennt sind, hinter welchem aber das absolute stekkt. (Ist dieses absolute Urtheil zugleich der einwohnende Schematismus von Ursach und Wirkung? Schwanken zwischen immanentem und transcendentem.)

*) Das unendliche Urtheil **) ist die formelle Indifferenz von Subject und Prädicat, weil nämlich darin der Gegensaz von Sein und Thun aufgehoben ist. Also auch in der Indifferenz vom Begriff.

Abstract ist wol ein Begriff, in wiefern er als Element des Urtheils entstanden und zwar aus diversen Urtheilen zusammengefaßt ist. Sobald er im System der Begriffsbildung erzeugt ist, hört er auf abstrakt zu sein.

XLVII. Das Urtheil fängt also an und endigt in der Indifferenz des Urtheils und Begriffs. Das primitive das niedrigste, das absolute das höchste. Das einfache jenem näher, das componirte diesem. Also im Fortschritt von zweiten zum dritten die Tendenz der ganzen Form am deutlichsten zu erkennen, d. h. Bildung einer größeren Sphäre. Das individuelle im Begriff gesezt wird als für sich bestehend aufgehoben durch das universelle.

*) Noch eine allgemeine Ansicht über das Verhältniß des Urtheils zur Begriffsbildung. Vorles.

**) wo alles als innere Thatsache des absoluten angesehen wird. Vorles.

Das einfache Urtheil läßt sich ansehen als den Zustand lediglich als inneres Factum darstellend, oder auch als den zweiten Factor als unbekannt sezend. Im lezten Fall ist es unter das componirte subsumirt im ersten Fall unter das primitive, weil dann die Begriffsbildung noch im Werden ist (denn ist sie schon fertig: so ist ein allgemeines unvollständiges Urtheil auch nur ein leeres.).

Also das einfache Urtheil als solches repräsentirt das Aussondern des einzelnen aus dem verworrenen allgemeinen und führt zur Begriffsbildung. Das componirte bildet ein Zusammensein und führt also das besondre zum allgemeinen zurükk. Denn im Zusammensein wird das besondre gleichsam aufgehoben.

Die Combination hat also, in wiefern sie nach dem componirten Urtheil und durch dieses nach dem unendlichen strebt, das allgemeine Leben zum Zwekk. — Diese erweiternde Tendenz offenbart sich aber nur in den synthetischen Urtheilen.

Nähere Betrachtung der beiden eigentlichen Formen des Urtheils. XLVIII.

a. Das unvollständige. Man muß es als Act betrachten, wo mit dem Prädicat das Subject erst bestimmt wird. Denn es geht das Urtheil von Wahrnehmung des Prädicates aus. Irrthum, empirischer, ist größtentheils falsche Subjectsbestimmung. Nur zu berichtigen durch das correspondirende Wahrnehmen oder den zweiten Charakter des Wissens. — Es kann angesehen werden theils als bloße Modification des Subjects, theils als transitives, wobei der zweite Factor x ist. Lezteres ist allein das wahrhaft synthetische. Ersteres geschieht noch mehr, wenn die Urtheilsbildung von der reinen Betrachtung des Subjects ausgeht, um es zu beschreiben.

b. Das vollständige. Als Act betrachtet ist α) oft der zweite Factor mit der Wahrnehmung gesezt. Dann muß man kein Subject als erstes machen, was sich nicht schon unmittelbar hat zu erkennen gegeben. Dies ist die Quelle der Hypothesennoth. β) Beide Factoren unmittelbar gegeben und die Relation ungewiß. Dann ist aber eigentlich noch nichts gesezt; aber man glaubt oft zu früh, daß gesezt sei. γ) Der erste Factor ist ursprünglich gesezt (auch wenn es mehr von Subjectsbetrachtung ausgeht.)

Für sich selbst angesehen ist in jedem vollständigen, transitiven, Urtheil ein Uebergewicht des einen Factors gesezt. Die Sprache dafür zwei Formen, die active und passive; die Relativität paßt nicht immer genau unter diesen Schematismus. Sie ist darin gegründet, daß jedes Zusammensein ein ungleiches ist. Die Aufgabe also vorzüglich, den Antheil richtig zu bestimmen.

XLIX. Das beste Mittel, um den Antheil richtig zu bestimmen, ist, daß man die Action als Glied einer ganzen Sphäre seze, aus welcher heraus es nun näher bestimmt werden muß und nur mit dieser zugleich völlig erkannt ist. Z. B. die Vegetation auf Zusammensein der Erde und Sonne, angrenzend an die möglichst reine Action der Erde und an die möglichst reine Action der Sonne, die jedoch beide nie ganz außer diesem Zusammenhange sind. Dies ist gleichsam eine Zurükkführung auf Begriffsbildung, so daß auch in jedem Urtheil die Indifferenz des Urtheils und Begriffs ist.

Eigentlich giebt es kein reales Zusammensein ohne die Duplicität des relativen. Man muß also zu jedem, was man mit einer bestimmten Relativität sezt, sein Complement suchen.

Die Erscheinungen sind zum Theil mehr durch die Subjecte, d. h. im individuellen Leben, zum Theil mehr an den Subjecten, d. h. im allgemeinen Leben, gegründet. Man muß nicht beides in Eine Classe werfen wollen. Will man alles in die lezte: so tödtet man das individuelle; die Subjecte sind dann nur Durchgangspunkt, mechanisch. Wirft man alles in die erste: so tödtet man den Zusammenhang, magisch.

Anm. Der in XLVIII. vorkommende Streit, welches Urtheil höher stehe, das immanente, oder das, welches den andern Factor sucht, gehört wol früher an den Anfang *).

*) Hier endigen die Zettel. Dem Collegienhefte nach hat Schl. in der funfzigsten Stunde noch über die Aufstellung des Prädicats gesprochen, vor der Verwechselung des subjectiven und objectiven warnend, die nur zu vermeiden sei durch Vergleichung der eigenen organischen Affectionen mit denen anderer. Dann über die Eintheilung der Urtheile in allgemeine, besondre und einzelne. Zum Schluß kam er auf seine Hauptansicht zurükk, daß das transcendentale und formale Wissen zusammenbestehen und keines ohne das andre eine sichere Basis hat, und sprach die Hoffnung aus, dieselbe durch seine Vorträge gerechtfertigt zu haben.

Beilage B.

I. Uebel der Definition. — Beim philosoph. am meisten, weil Gegenstand nicht außerhalb der Untersuchung. Beispiel. Alles andre wirft auf die Philosophie zurükk.

Was für ein Theil der Philosophie?

Was für ein Theil des Wissens die Philosophie?

II. Ueber die Maximen Man müsse nur mäßig philosophiren, und Drink deep or taete not.

Drink deep or taete not. Zusammenhang und Begründung. — Alles einzelne Philosophiren muß aufhören.

Philosophire mit Maaß. Zuviel giebt Scholastik oder Mystik. Auf diese Weise niemand tief. Also nur geringer Unterschied. — Philosophen sind a. vielgebärende, b. schwergebärende, c. hebammende. Künstler oder Lehrer. Dilettanten sind nicht lernende. Skizirend und theilweise ausarbeitend. — Also keine besondre Disciplin, nur besondre Form.

Vom realen Wissen aus Aufsteigen und auf reales Wissen Wiederanwenden.

Zwiefache Abhängigkeit alles Wissens. Identität beider *).

Verknüpfung nicht ohne transcendentes. Transcendentes verkörpert sich in Verknüpfung. III.

Ueber Sonderung von Logik und Metaphysik. Uebel daraus. Hinaufsteigen jenseits.

Dialektik als Princip der Kunst das Wissen zu produciren, gleichviel von welchem Punkt.

Ueber Kunst und Wissenschaft. Uebergang, Wissen = Handeln, künstlerisches Handeln = Wissen.

1. Die Aufgabe kann so gefaßt werden. IV.

a. Wissen ist Handeln und Handeln Wissen. (Passivität ist nicht Wissen, und Bewußtlosigkeit nicht Handeln.) Also Kunst.

b. Das Einbilden beider Elemente ist Kunst, weil Tendenz muß zum Grunde gelegen haben.

c. Jedes reale Wissen muß durch diese Einbildung ein Kunstwerk werden.

2. Es ist besser sie so zu fassen.

a. Akrisie im andern Unternehmen.

b. Aufforderung zum Skepticismus darin. Hier nicht.

c. Dieses jedem nothwendig.

3. Gelöst muß sie dasselbe geben.

a. Uebergang von Kunst in Wissenschaft.

b. Man kann produciren ohne Wissen des Wissens.

c. Aber Kunst ist Annäherung. Beispiel vom ethischen.

d. Beides nur miteinander vollendet.

---

*) Die Rükkseite dieses Zettels enthält, Ueber die Allgemeinheit des Philosophirens und das Immerphilosophiren. Kallikles im Gorgias. — Das Philosophiren muß hernach Kunst werden.

Unterschied zwischen Wissen und Philosophiren überhaupt. Differenz des empirischen im Hernach, Differenz des philosophischen im Zugleich.

Cyclische Natur alles Wissens wegen Definition. Philosophie System von Definitionen.

Identität von Logik und Metaphysik unter der Form der Logik.

V. Unterschied von Logik — und von Aggregat von Logik und Methaphysik. — Beides unter der Form der Logik. — Etymologie.

Anfang im Nullpunkt von beiden.

Von der Unphilosophie aus mehr als Kunst (gesellig), mehr als Wissenschaft (isolirt).

Alterthum unmittelbar reale Wissenschaft. Philosophie nur als Theorie. Daher Dialektik im physikalischen und ethischen Streit. Theorie der wissenschaftlichen Construction, Kunst des Gesprächs.

Moderne als regenerirend will Wissenschaft machen.

Religiöser Trieb nichts mit Kunst und Logik. Uebergewicht des hypothetischen geht über in die Metaphysik.

Daher Zurükkgehen auf Minimum von Voraussezungen.

Daß die Dialektik nicht wie die Logik nur kritisch sei.

VI. 1. Die gewöhnliche Logik sezt willkührliche Combinationen voraus und ist nur Kanon. — Wir wollen das willkührliche vernichten und bedürfen also mehr.

2. Die jezige Philosophie will das zusammengesezte Sein ableiten, also gleiches Wissen haben. Das will unsre nicht, ohne Unmöglichkeit nachzuweisen.

3. Bloß kritisch erschiene sie eristisch, ableitend erschiene sie poetisch.

4. Ihre Vollendung ist Organismus, und sie will Organon sein, nicht nur auf das subjective Denken gehen, sondern auch auf das objective Coalesciren. a. Das objective ist subjectiv entstanden. b. Die Beurtheilung des subjectiven sezt das objective voraus.

5. Weil sie nicht ableitend ist, kann sie im einzelnen nur wissenschaftlichen Werth prüfen.

16. Eben so in Beziehung auf die Annäherungsversuche der andern Seite zugleich subjectives Neigungsurtheil.

1. Ihre Kunstregeln müssen zugleich Naturgeseze sein, VII.

a. weil wirklich das objective ohne Kunst zu Stande gekommen ist,

b. weil alles einzelne subjective im Kunstgebiet liegt.

2. Nothwendige Voraussezung eines anderweit entstandenen Wissens, um das Verfahren zu beobachten. Nicht gegen Dignität der Kunstlehre, nicht gegen Dignität der Philosophie.

3. Völlig dagegen wäre Trennung des gemeinen Bewußtseins vom höheren.

a. Keine Trennung im Gegenstande.

b. Keine durch das Ueberzeugungsgefühl.

Unvollkommenheit des gemeinen.

Unübertragbarkeit des höheren.

4. Eine solche ist auch nicht zu denken.

a. Es wäre neues Leben.

b. Bekehrung keine Aehnlichkeit wegen Duplicität.

5. Also Ein Wissen.

a. Als bewußtloses agens und als sich bewußt werdend.

b. Wo Ueberzeugungsgefühl, da ist auch das Princip thätig gewesen.

c. Der Unterschied nur mehr oder weniger Totalität.

1. Zweierlei Stufen nicht beisammen. VIII.

a. Kein Uebergang, weil die zweite bleiben muß.

b. Kein Anfang und Mittheilung.

2. Also Eins in Entwikklung. a. Fortschreitung von Kind an. b. Nur mehr oder weniger in Totalität. c. Wo Ueberzeugungsgefühl, da Wissen.

3. In jedem eine Differenz und ein Streben.

a. Raisonniren. b. Mysticismus.

Bild von Krystallisation.

IX. Polemik der Empirie gegen das höhere Bewußtsein aus demselben Standpunkte.

Skepticismus als widerstreitende Voraussezung.

a. Der doctrinale — kommt auf uns zurükk.

b. Der polemische — will doch den Widerspruch wissen.

c. Der negative streitet nicht.

Der Glaube an das Wissen ist nur ein Glaube an die Idee. — Glauben und Wissen.

X. Rükkkehr zur Aufgabe.

Die zwei philosophischen Elemente.

Anm. über den Inhalt der Metaphysik und Kritik *).

Einwand, Daß zwei nicht aus einem, als nur hypothetisch. Geht auf Trennung.

Nicht Grundsaz und Ableitung.

a. subjectiv — einerlei Wissen bei verschiedenen Grundsäzen.

b. objectiv — coordinirt und subordinirt.

Beide Elemente müssen in jedem Wissen sein. Jedes ist verknüpft. Aufgabe, zu Begriff und Urtheil ein einfacheres zu finden.

Jede andre Ableitung ist nur interimistisch bis zur Zusammenfassung der Sphäre. Wir abstrahiren vom interimistischen.

Zwei mögliche Wege.

Das formale ist Zielpunkt; also zulezt.

XI. Erinnerung an die Gleichheit beider Elemente.

Vortheil der Stellung, da Construction Zielpunkt ist.

Zwei Merkmale des Wissens.

a. subjectives. b. objectives.

Das Gebiet der Ueberzeugung ist größer (Geschmakk und Maxime). Das Gebiet der Allgemeingültigkeit ist auch größer. (Kunstwerk erfordert Anerkennung, wiewol jeder verschieden, und der beschauende nicht auf dieselbe Weise zur Idee kommt, als der producirende.)

---

*) Muß offenbar heißen Logik.

Kein Wissen hat das ganze erste Merkmal; aber das nicht gleichmäßige wird auch ausgesondert.

1. Beide Merkmale bilden das dem Wissen eigenthümliche Ueberzeugungsgefühl.

2. Die Aussage, Wenn auch kein Act *) 2c. sezt XII.

a. Irrthum, b. individuelles.

3. Vollendung wäre a. Durchschauung als Resultat und als Grund, b. Durchschauung der Eigenthümlichkeiten.

4. Wissen ist also Product des allgemeinen Typus, daher in der Identität der Subjecte gegründet.

Zweites Merkmal.

1. In jedem Denken ein gedachtes außer dem Denken.

2. Das Ueberzeugungsgefühl ist weiter als die Uebereinstimmung.

3. Ohne Uebereinstimmung kein Wissen. Sie muß sein und gesezt sein. Imperative. Hypothesen. Fantasien.

4. Auch ohne Entsprechen subsumiren wir so. Unterschied zwischen astronomischen und physikalischen Irrthümern und zwischen Mythologien.

5. Der Gedanke einer Uebereinstimmung beruht auf dem Selbstbewußtsein.

a. Das Leben im Zusammenstimmen beider.

b. im Getrenntsein beider. (Wir kennen Sein ohne zu wissen. Daher die Aufgabe das Wissen vom Nichtwissen zu unterscheiden.)

6. Es giebt keine andre Differenz in der Dignität des Denkens als Uebereinstimmung.

7. Der Zweifel entsteht aus der Vertheilung von Einheit und Vielheit.

8. Wurzel der Uebereinstimmung ist Beziehung der Organisation auf beides.

---

*) §. 90.

9. Also ist das Wissen auf gleiche Weise aus beiden construibel

a. Im freien Fantasiren ist diese Gleichheit nicht gesezt

b. Eben so in der abnormen Wahrnehmung.

10. Das Wissen ist das Denken in der Identität beider.

XIII. Beziehung der Organisation auf das getheilte Sein.

Zwei Enden dessen, worauf das Denken beruht.

Das Wissen ist dasjenige Denken, welches auf gleiche Weise aus beiden Functionen gesezt werden kann.

a. Im freien Fantasiren gleichgesezt giebt Wahnsinn.

b. In der abnormen Wahrnehmung.

Parallele der Erklärung von beiden Merkmalen aus.

Das Denken, wobei ein Factor Null wird, ist keins.

1. Ohne Vernunft Noch nicht fixiren eines Gegenstandes, oder Nicht mehr zusammenhalten. — Chaotische Mannigfaltigkeit.

2. Ohne Organ nicht mehr Denken, weil das Leben aufgehoben, oder noch nicht. Leere Einheit. — Annahme eines aller Sinne beraubten.

Anwendung. 1. Die allgemeinen realen Begriffe enthalten organisches. a. Wir brauchen sie oft nur als Zeichen. b. Wir haben sie nur aus Tradition.

2. Die allgemeinen formalen Begriffe, z. B. Subject und Object; in jenem die organische Spontaneität, in diesem die organische Receptivität.

Anm. Die allgemeinen Begriffe entstehen nicht durch die organische Thätigkeit, aber sind nicht ohne sie.

XIV. 1. a. Es ist keine Einwendung, daß wir die allgemeinen Begriffe oft nur als Zeichen brauchen, b. daß wir sie nur durch Tradition haben.

2. Die formalen Begriffe Subject Object Begriff Urtheil.

3. Die allgemeinen Denkformen, z. B. A = A, enthalten die Form des Prozesses, entweder Identität des Seins und gedachten, oder Identität des Subjects in zwei Momenten.

A = A ist

a. Identität des Objectes in verschiedenen Momenten.

b. Identität des Subjects.

c. Ohne organische Thätigkeit die bloße Wiederholbarkeit.

4. Das Ding ist Receptivität des organischen auf Einen Punkt bezogen.

5. Das völlige Leugnen des Einen führt auf Gott und Chaos. Das entgegengesezte wird als geleugnet gesezt, also gegegenübergestellt.

Folgerung. 1. Drei Formen des Denkens. 2. Verhältniß der mittleren zu den anderen. 3. Verhältniß des Wissens zu allen.

Verhältniß zwischen Construction und Combination. x.

Heuristisch von einem, und architektonisch von vielem nach Analogie.

Ueberwiegend heuristisch das erste, architektonisch das lezte.

Heuristisch. Vom Schema aus. Positiv das Suchen, negativ das Auswählen und Verwerfen des sich darbietenden.

Princip der Congruenz d. h. Einflechtung des Gegensazes. Aufsuchen gegenüberliegender Punkte. Nur in dem Maaße sicher, als schon gegeben ist.

Beilage C.

Dialektik 1822.

1. Nach §. 1—3 *). Da eine Vergleichung des Umfangs und Inhalts der Disciplin auch Vergleichung aller üblichen Behandlungsweisen der analogen Gegenstände voraussezte, wozu eben hier erst die Principien gefunden werden sollen: so läßt sich ein Anknüpfungspunkt nur auf Gerathewohl finden. Dazu liegt der Name (auf Platon zurükkgeführt) am nächsten.

Kunst des Gesprächs **). Sezt Differenz der Vorstellungen voraus und kann endigen entweder bei Identität, oder bei der Ueberzeugung, daß eine solche nicht möglich sei ***). Das

*) des Heftes von 1814, unseres Textes.

**) Vorles. 1822. Dialektik heißt dem Platon Kunst ein Gespräch zu führen. Nicht die Kunst jemanden um irgend eines äußeren Erfolges willen zu Vorstellungen zu bringen, die man selbst nicht für die rechten hält, nicht Kunst des Scheins.

***) Vorles. Gesprächführen im philosophischen Sinne sezt Verschiedenheit der Vorstellungen voraus als Ausgangspunkt, welchem zwei verschiedene Endpunkte gegenüberstehen, entweder der, daß die Vorstellungen der gesprächführenden dieselben werden, oder der, daß beide Theile sich überzeugen, das Einswerden der Vorstellungen sei nicht zu erreichen. In beiden Fällen hat das Gespräch ein Ende und Dialektik als Kunst ein Gespräch zu führen kann nichts sein als die kürzeste und sicherste Art von einem gegebenen Anfangspunkte zu einem dieser beiden Endpunkte zu gelangen. Es kann uns aber niemals gleichgültig sein, ob wir zu dem einen oder dem andern Ende kommen.

leztere Ende ist aber immer nur provisorisch. Denn Gleichgültigkeit gegen die Differenz ist entweder moralisch — aber die ist nur erlaubt, wenn ein anderer näher stehender die Pflicht übernimmt, und dann bleibt doch die Aufgabe selbst unverringert — oder technisch, und dann sollen auch die Hindernisse gehoben werden.

Mit dieser Kunst des Gesprächs sollen aber nach platonischer Ansicht auch die höchsten Principien des Philosophirens und die Construction der Totalität des Wissens gegeben sein. Frage, In wiefern kann dies vorläufig eingesehen werden?

Nach §. 3. Die Kunst des Gesprächführens ist auch die II.
des Lesens und Schreibens, was die Gedanken betrifft, ja auch die der eignen Gedankenentwikkelung und Gedankenänderung. Wenn wir nun aber denken einige in einigem bis dahin gekommen, daß sie zu wissen (d. h. ihre Gedanken nicht mehr ändern zu können) glauben, und ist dies wirklich wahr: so sind sie zu diesem Wissen nur gekommen durch die Kunst des Gesprächführens in jener weiteren Bedeutung. Da sie nun am Anfang des Prozesses den Unterschied zwischen dem vollkommnen und unvollkommnen Denken nicht kannten, also auch die Principien des Wissens nicht hatten: so sind sie ihnen mittelst dieser Kunst entstanden, und müssen sich also in derselben mit ergeben.

Daß aber mit der Dialektik auch der Zusammenhang alles Wissens gegeben sei, liegt noch nicht hierin. Daß nun einiges mit einigem zusammenhängt ist für sich klar. Alles aber hängt nur untereinander zusammen, wenn mit dem Wissen über Einen Gegenstand in demselben Menschen nicht kann Unwissenheit oder Irrthum oder verworrenes Denken über einen andern Gegenstand zusammen sein. — In wiefern dies der Fall ist, erhellt, wenn wir uns dahin zurükkversezen, wie einer dazu kommt seine Gedanken über einen Gegenstand zu ändern.

Es giebt nämlich keine andere Genesis dieser Veränderung, III.
als wenn die Sache einmal in einer andern Beziehung betrach-

tet wird, als das andre. Wie überhaupt alle Differenz hieraus entsteht, oder aus einem bloßen Verrechnen, welches keine Veranlassung zum Gesprächführen giebt. Wenn also alle Differenzen über einen Gegenstand durchgesprochen sind: so muß auch feststehen, womit in Zusammenhang er betrachtet werden kann und womit nicht, indem in jedem Gespräch entweder Ein Zusammenhang gesezt und ein anderer geleugnet wird, oder ein zwiefacher gesezt.

Daß aber alles Wissen unter sich in Zusammenhang stehe, erhellt aus folgendem vorläufig. Gesezt, es gäbe einen: so könnte auch alles Wissen als Eines angesehen werden, und alle Theilungen wären nur relativ. Nun ist dies aber wirklich die beständige Behandlungsweise. Jedes Gebiet wird bald als Theil bald als ganzes behandelt; also ist wenigstens die Gestaltung alles menschlichen Wissens aus dieser Voraussezung entstanden. Es erhellt aber auch so, daß, wenn einiges mit einigem zusammen hängt, entweder mittelbar jedes mit allem zusammenhängt, oder einiges völlig isolirt sein muß; das leztere aber findet nicht statt. Ist nun allgemeiner Zusammenhang: so entsteht er nur allmählig, und zwar nur in der Gesprächführung.

Es ist noch die Einwendung übrig, daß Principe und Zusammenhang zwar *während* des Gesprächs, aber nicht durch die Regeln desselben entstehen. Aber dann müßten die Principien entweder aus anderem Gedankenprozeß entstanden sein, oder man müßte sie in sich ausgeprägt fertig und unverkennbar finden, welches doch nicht der Fall ist. Und eben so der Zusammenhang müßte können äußerlich nachgewiesen werden, welches aber auch nicht der Fall ist, so wenig als ein falscher äußerlich kann einleuchtend geleugnet werden. Entsteht also beides im Uebergang vom fragmentarischen und verworrenen Denken zum Wissen: so entsteht es auch durch die Kunst des Gesprächführens.

Probe davon ist auch dieses. Jedes Gespräch vermindert die Aufgabe der Dialektik. Fragen wir nun, Wann wird gar kein Gespräch mehr entstehen? so ist die Antwort, Wenn alle alle Principien haben und allen Zusammenhang. Also ist beides durch alle Gespräche geworden.

Princip und Zusammenhang kommen uns nicht nur während des Gesprächführens, sondern auch durch dasselbe. Denn wir fangen alle an bei zerstreuten Punkten; also kann uns der Zusammenhang nur während des Fortschreitens kommen. Eben so fangen wir alle an bei verworrenen Vorstellungen mit der Unfähigkeit sicheres und unsicheres zu unterscheiden; also kann uns diese Unterscheidung, d. h. die Principien des Wissens, nur während der Fortschreitung, d. h. während wir unsre Kunst üben, kommen. Das erste gewisse Wissen ist das Entgegensezen des Ich und andern, und der erste Zusammenhang ist der der Momente und Functionen des Ich. Von da geht erst die Möglichkeit des Gesprächführens an. IV.

Aus dem allgemeinen Zusammenhang aber folgt, daß man nichts weiß, bis man alles weiß, ja daß man auch die Principien des Wissens nicht eher hat. Das erste ist für sich klar, weil sich Ein Wissen von seinem Zusammenhang mit anderem nicht getrennt haben läßt. Das andere erhellt so. Wenn wir annehmen, man könnte beides ohne einander: so ist klar, wer Zusammenhang sucht ohne Principien, der sucht Erfahrung, welche an sich kein Wissen ist. Wer Principien sucht ohne Zusammenhang des Wissens, also auch ohne einzelnes Wissen, der sucht nur Formeln. Aber diese hat er dann nicht als ein wirksames, also auch nicht als ein gewußtes. Wo also beides getrennt ist, ist überall das Nichtwissen, also auch die Principien unvollkommen. So lange wir aber noch nichts wissen, können wir auch unsre Kunst selbst nicht wissen, d. h. wir haben sie nicht eher, bis wir sie nicht mehr brauchen können.

Deshalb aber dürfen wir unser Unternehmen nicht aufgeben; V.
denn es heißt nicht mehr, als daß alles noch unvollkommen ist,

und daß wir nur können uns des Punktes bewußt werden, worauf die Sache steht, und sie etwas weiter fördern.

Dies ist weniger, als Sie erwartet haben, vielleicht aber doch das ganze mehr. Denn Principien und Zusammenhang ist dasjenige, was wir Philosophie nennen, und also bekommen wir mit unserer Kunst auch die ganze Philosophie. Es ist die Frage, ob Sie das wollen. Aber keiner, der sich überhaupt mit einem Gebiet des Wissens beschäftigt, kann den Einfluß der Philosophie auf dasselbe entbehren. Denn er kann sonst nur Materialien sammeln; denn jede Vorstellung, worin weder Principien noch Zusammenhang angedeutet sind, ist nur ein Material. Wenn man aber den Einfluß einer Philosophie mit verarbeitet ohne selbst zu philosophiren: so ist man nur Organ eines anderen. Es scheint also zwar, als ob man die Kunst der Gesprächführung auf jedem wissenschaftlichen Gebiet brauchen könnte, auch abgesehen von ihrem speculativen Gehalt; allein dann könnte man sie auch nur auf das Material als solches anwenden.

VI. Wie aber mit denen, für welche die wissenschaftliche Laufbahn überhaupt nur ein Durchgang ist ins höhere thätige Leben? Ueber die doppelte Klage, welche in dieser Hinsicht immer die Praktiker und die Philosophen geführt haben. Beide Unrecht, und gut so wie es ist, daß sie alle eine Zeit lang philosophiren, um hernach den Gang der Wissenschaft in ihrem Wirkungskreise immer begleiten und benuzen zu können.

VII. Näher bringt uns nun der weiteren Gestaltung des Unternehmens folgende Betrachtung. Unser erstes war Kunst; denn wir suchten Regeln eines Verfahrens und wollten etwas zu Stande bringen. Principien und Zusammenhang sind Wissenschaft. Wie kann nun leztere in ersterer enthalten sein? und wenn man kein Wissen hat als in einem bestimmten Zusammenhange, und der Zusammenhang, wenn man die Philosophie als Wissenschaft aufstellt, ein anderer sein muß, weil man hier jene Kunst nicht sucht: so scheint, als ob wir nicht auf beide Weisen könnten dasselbe finden. Es kommt hiebei auf das **Verhältniß von Kunst und Wissenschaft** überhaupt an. Wir müssen beide in ihrer größten und geringsten Differenz auffassen. Man hat z. B. die Geometrie in wissenschaftlichem Zusammenhang, ohne zu wissen, wie ein Saz aus dem andern entstanden ist. Dieses aber war dabei die Kunst; also die Wissenschaft kunstlos. Eben so in der höhern Mathematik, wo die Erfindung der Formeln und Methoden die Kunst ist. Aber die Kunst gewordene Wissenschaft und die Wissen gewordene Kunst ist dann das höchste, welches aber von beiden Seiten angeht. Dasselbe gilt von den Elementen nach §. 18—37. Dieses nun angewendet kann man auch die Philosophie haben ohne Kunst, und vielleicht auch unsre Kunst ohne Wissenschaft. Wenn aber die Wissenschaft Kunst werden soll: so wird es *) unsre Kunst, weil man nicht eher anfängt Princip und Zusammenhang zu suchen, als bis man beides vermißt, d. h. bis das Geschäft der Gesprächführung angeht.

Auch muß derselbe Zusammenhang, den Princip und Con- VIII.
struction und wissenschaftliche Form haben, sich erzeugen, wenn sie durch unsre Kunst zum Vorschein kommen. Denn der Unterschied zwischen vollkommnem und unvollkommnem Denken muß durch alle Gegenstände durchgeführt werden, und dabei muß es construirt werden. (NB. Geschieht dies auch in der Folge wirklich?) Und streitiger Zusammenhang kann nur entschieden werden durch die Nachweisung, daß ihn anzunehmen oder nicht anzunehmen ein unvollkommnes Denken ist.

Es mag also an sich gleichgültig sein, wobei man anfängt, wenn eins das andere hervorbringt. Aber es ist nicht gleich für das verschiedene Verhältniß zur Wissenschaft. Die speculativen könnten mit der Wissenschaftsform anfangen; die realen und praktischen müssen mit der Kunstform anfangen (§. 24. 25.),

---

*) sie

weil sonst das, was sie beständig brauchen müssen, zu sehr in Schatten tritt. Dann aber auch, wenn Einheit in der Philosophie ist, mag es besser sein mit der Wissenschaftsform anzufangen; wenn Vielheit, besser mit der Kunstform, weil diese die Prüfung erleichtert. Nun aber ist noch nie wahre Einheit gewesen, sondern nur schwankendes Gleichgewicht mehrerer Systeme; also immer besser mit der Kunstform anfangen.

IX. Wir müssen uns nur immer im Uebergang erhalten, damit wir nicht, wie es auf dem Gebiet der Sittlichkeit zu gehen pflegt, bei der Kunst stehen bleiben ohne zur Wissenschaft zu gelangen. (§. 27—31. b.)

Unter dieser Voraussezung ist also das Resultat beider Wege gleich, und am gemeinschaftlichen Endpunkte darf eigentlich kaum mehr zu sehen sein, von wo jeder ausgegangen ist. Nicht übergehen aber können wir die Frage, Wenn wir uns nun auf diesen Endpunkt stellen, wo ist dann der beiderseitige Anfang? Offenbar nicht da, wo das dominirende auf jeder Seite schon als Maximum ist und nur das untergeordnete als Minimum, denn jenes kann auch nur unter Anwendung der dialektischen Kunst entstanden sein; sondern wo beides als Minimum ist, d. h. wo das philosophische Bestreben noch in einem andern involvirt ist (§. 34. 35.). Von hier aus können dann beide Wege eingeschlagen werden. Unter (§. 36.) welchen Umständen geschieht dies? Wir haben nur Ein geschichtlich ganz reines philosophisches Gebiet, nämlich das hellenische, dessen Hergang §. 37. Selbst in Aristoteles Metaphysik trat die absolute Wissenschaft nicht heraus; denn sie hatte, wie verunstaltet wir sie auch besizen mögen, doch gewiß keine systematische Form. Diese also ist zurükkgeblieben, die Kunstlehre aber stark hervorgetreten. — Das moderne Gebiet ist zwar gemischt, aber doch als neu anzusehen, weil die Gestaltung erst vom Eintritt des neuen, christlichen Princips anging (§. 38.).

X. Die Entwikkelung des einwohnenden Bewußtseins von Gott als lezter Ursach alles Seins, die uns aber anders nicht gegeben ist, erwekkte das parallele von Gott als leztem Grunde alles Wissens, und dieses wurde nun für sich dargelegt in seinem Unterschiede von allem anderen uns gegebenen und von jedem abgeleiteten Wissen zu einer Zeit, wo man im realen Wissen noch sehr zurükk war. Da nun aber dies in einem Complexus von Säzen geschah: so mußte man die Combinationsregeln voranschikken, die aber nun leere Formeln wurden und daher hernach in die oft sophistisch erscheinende Disputirkunst ausarteten. Daraus entstand denn, weil das reale Wissen sich von beiden getrennt nachbildete, das hypothetische Verfahren in diesem (§. 39—42.). Nachtheil des antiken war bei dem Mangel, daß die Principien des Wissens nicht auf die andere Form des absoluten Einheitsbewußtseins zurükkgeführt waren, der beständige Kampf mit dem Skepticismus in seinen verschiedenen Formen, welcher in der neueren Philosophie eine sehr zurükkgedrängte Rolle spielt *). Nachtheil des neueren die metaphysische Anmaßung in Verbindung mit den beständigen Fluctuationen.

Jedes einlenkende Verfahren (§. 44. 45.) muß daher beide Vortheile zu vereinigen suchen und die Nachtheile vermeiden, welches gelingen muß durch zusammenhaltende Wiederbelebung

---

*) Vorles. Die alten haben in ihren wissenschaftlichen Bestrebungen immer kämpfen müssen gegen die Behauptung, es gebe überhaupt kein Wissen. Dies kann nur daher gekommen sein, weil die Principien selbst nicht zum Bewußtsein kamen sondern in der Kunstlehre verborgen lagen. Einen Beweis dafür giebt der Skepticismus in den Formen der Sophistik, des Pyrrhonismus, der neuen Akademie und dann des praktischen Skepticismus der Politiker. Daß die neuere Zeit ähnliche Erscheinungen nur sehr vereinzelt darbietet, haben wir nicht darin zu suchen, daß das Wissen der Principien für sich gegeben war, sondern in ihrem überwiegend religiösen Charakter, in der Ansicht, daß das Leben nicht möglich sei ohne beständiges Bewußtsein des höchsten, und in der Verbindung des Wissens mit dem religiösen Princip, woraus die Ansicht hervorging, daß das Leben auch nicht möglich sei ohne ein Wissen um das absolute.

der philosophischen Kunstlehre unter Festhaltung des modernen Grundfactum, aber zugleich Zurükkdrängung der metaphysischen Anmaaßung, indem wir das Wissen um das Princip nicht anders haben wollen als in der Construction des realen Wissens.

Von der philosophischen Kunstlehre als hervortretender Grundform suchen wir also zulezt die vollendete Construction des Zusammenhanges, und dieses Resultat streben die speculativen am meisten an. Dann aber auch kritische Kunst über jedes fragmentarisch sich darstellende Wissen, und dieses streben vorzüglich die gelehrten an, die ein reales Wissensfeld vor vollendeter Construction bilden wollen. Endlich Kunst der zwekkmäßigen Behandlung aller streitigen Gedanken, welches auch die Lebens- und Geschäftsmänner anstreben.

XI. Dieses hängt aber alles dreies genau zusammen; denn jedem einzelnen streitigen Gedanken muß ein Ort in einem Gebiete des Wissens zukommen, und was in einem solchen ein Wissen sein könne oder gar nicht hineingehöre, kann nur aus dem Verhältniß der einzelnen Gebiete gegen einander entnommen werden (§. 50—52.).

Wenn nun die Philosophie als Wissenschaft nur in verschiedenen Formen besteht, und doch die einzelnen Säze eines jeden Systems auch als einzelne Säze müssen behandelt werden können: so scheint zu folgen, daß gerade von ihrem allgemeinsten Gebrauch aus die Dialektik auch müsse können die philosophischen Säze prüfen und also allen Streit entscheiden. Allein dies gilt nur von der Consequenz der Säze; der Werth der verschiedenen zum Grunde liegenden Ansichten läßt sich aber danach nicht prüfen. Wohl aber wenn man sie alle neben einander stellt, muß die Dialektik sie als Kunstwerke prüfen können und auch die Verschiedenheit der Auffassung, worauf sie beruhen, vergleichen (§. 54.).

Die Grundvoraussezung nun ist diese. Um zum Ziel der Gesprächführung zu gelangen müssen außer den streitigen Vorstellungen selbst gegeben sein ein gemeinsames Wissen und gemeinsame Combinationsregeln (§. 46.). Das gemeinsame Wissen bei Verschiedenheit der Regeln würde nur den Streit erneuern; und die Regeln würden nichts helfen, wenn man sich nicht über ein gemeinsames Wissen vereinigen könnte.

Jede Vereinigung ist aber nur eine provisorische, wenn der Vereinigungspunkt kein ursprüngliches und Grundwissen ist. Denn dann befinden sich der, der es in Vorschlag bringt, und der, der es annimmt, nicht in gleicher Lage, und dem lezten kann es leicht wieder ungewiß werden. Wahrhaft beruhigende Entscheidung muß immer auf ein Grundwissen zurükkgehen. —

Der Zustand des Streites selbst unter Voraussezung möglicher Uebereinkunft sezt aber voraus, daß Gedanken auf kunstlose Weise entstehen.

Ueberall finden wir auch den Zustand des Denkens über XII. irgend einen Gegenstand in einer Menge solcher Abstufungen. Hieraus nun folgt, daß die Kunst der Gesprächführung und die der kunstmäßigen Gedankenerzeugung über irgend einen Gegenstand dieselbe sei. Denn vom gemeinsamen ursprünglichen Wissen muß man nach den Regeln bis zu dem streitigen Punkt; und wäre er nur ein aufgegebener gewesen ohne streitig zu sein: so würde dasselbe geschehen sein.

Hiegegen aber stellt sich die alte und neue Hypothese von einem potentiellen Unterschied zwischen Meinen und Wissen, gemeinem und transcendentem Bewußtsein. Diese würde freilich jenes in so weit ändern, daß dann differente Vorstellungen auf dem Gebiet des Wissens nicht wären, und Schlichtung auf dem gemeinen Gebiet des Bewußtseins nichts wäre. Absolut entscheiden können wir darüber auf unserm Standpunkte nicht. Aber wir finden diese Differenz nicht objectiv begründet. Jedes Speculiren muß auf Ethik und Physik hinaus, und jede Erfahrung ebenfalls. Auch ist dieselbe Identität in jedem einzelnen Prozeß. Denn kein gemeinsames Bewußtsein, wenngleich auf Sinneseindrükken ruhend, ist wirklich Eins und ein bestimmtes, ohne einen Antheil an dem höheren Prozeß in sich zu tragen; und so auch keine Formel ist lebendig, wenn uns nicht der Umfang ihrer Anwendung auf dem Gebiet der sinnlichen Eindrükke mit vorschwebt. In so weit nun berührt uns die Frage über den Unterschied gar nicht. Eben so wenig existirt er subjectiv, so daß unser Selbstbewußtsein in beiden Zuständen ein ganz verschiedenes wäre.

XIII. Es scheint zwar, als ob z. B. in den Ausdrükken von der Sonne unvollkommne und vollkommne Vorstellungen zusammen wären in demselben Menschen. Allein das hängt nur damit zusammen, daß es Denkacte giebt, wobei das Denken nur Mittel ist und also eigentlich kein Wissenwollen stattfindet. Da beruhigt man sich beim traditionellen ohne Bedenken. Dieses Gebiet liegt außer unserm Kreise; denn sobald streitige Vorstellungen sollen geschlichtet werden, heben wir die Sache aus diesem heraus in das andere. Keiner, der am meisten speculativ lebt, kann sich doch alles Antheils an jenem Gebiet entschlagen, oder die Maxime befolgen, keine dienende Vorstellung zu gebrauchen, die nicht vorher auf den Punkt des eigentlichen Wissens gebracht wäre. Eben so aber ist auch kein noch so mechanischer ohne Wissenwollen; denn er müßte sonst ohne alle Liebe sein. Diese wird gleich den Zweifel an der bloß traditionellen Vorstellung wekken. Auch kann man sich nie die beiden Gebiete gesondert denken, ohne mit zu denken, daß das der traditionellen Vorstellungen periodische Revision von dem Gebiet des höheren Wissens erfahre.

XIV. Eben so auch von der andern Seite erwachen aus der Masse immer Autodidakten, deren Productionen zwar kein festes Glied in der höheren Tradition werden, aber die doch, vorzüglich vom religiösen ausgehend, ihre Vorstellungen aus dem untergeordneten Zustande suchen herauszuheben, woraus denn theils der Hang zum Raisonniren entsteht, theils die sogenannten mystischen

Productionen, wie Jakob Böhme u. a. vornämlich in Physik und Politik.

Wenn man also von jedem auf das andere kommt: so ist das ganze Gebiet des Denkens nur Eines, jeder unvollkommne Zustand nur ein Durchgang zum vollkommnen und also das Princip des Wissens, nur in verschiedenen Abstufungen von Bewußtsein, überall das Agens (§. 64—68.).

Aber wie nun, da wir sowol in wissenschaftlicher Form als auf dem Gebiet des Lebens überall einen Skepticismus finden, wie nun, wenn es überhaupt kein Wissen gäbe? XV.

Eigentlich ist auch das bisherige schon Abart (§. 69. 70.). Aber auch den wahren und ganzen Skepticismus müssen wir versuchen in Bezug auf unsre Aufgabe zu verstehen und aufzulösen. Wer das Wissen leugnet, der ist dazu gekommen entweder im Gegensaz gegen die Behauptung derer, welche wissen wollen, und dann also auf dem Wege der innern oder äußern Gesprächführung, und also mittelst der Regeln unserer Kunst, die er also auch muß gelten lassen. Wenn er aber sagt, es sei dieses seine ursprüngliche und ohne Streit entstandene Ueberzeugung: so fragt sich, woher er denn unterscheidet, daß es eine Ueberzeugung ist. Dies kann nur entstehen aus irgend einem Prozeß des Ueberganges aus streitendem zu zusammenstimmendem, wobei also auch unsre Regeln müssen gegolten haben. Eben so mit dem, welcher noch vollständiger erklärt nicht zu wissen, ob man wisse. Dieser kommt am Ende dahin, wie Platon sagt, nichts sagen zu können. — Der Skepticismus also afficirt unsere Untersuchung nicht; aber freilich, wenn er unsre Kunst muß gelten lassen: so muß er dann auch ein Wissen statuiren.

Zur Ausführung also kommen wir zurükk auf die beiden Hauptaufgaben 1. ein ursprüngliches gemeinsames Wissen zu finden, von welchem man zu jedem streitigen Punkt kommen könne; 2. eine gleichmäßige Methode der Fortschreitung zu finden.

Diese ist aber nicht bloß Ableitungsform einer Vorstellung von der andern.

XVI. Denn Ableitungsform kann nur rükwärts gehen und muß bei einem nicht abgeleiteten Punkte ruhen. Und so wird nur der einzelne Punkt gerechtfertigt, aber unserer ganzen Aufgabe der Construction nicht genügt. Ja auch der Streit wird nicht entschieden, da jeder von einem andern Punkt kann ausgegangen sein (§. 79.). Sondern vom ersten gemeinsamen aus brauchen wir vielmehr Methode der Theilung (wenn das gemeinsame von der Art ist, daß das gesuchte ganz darin enthalten ist; denn dann muß richtige Theilung alles entscheiden), oder der Verknüpfung (wenn das streitige nur zum Theil in dem gemeinsamen ist; denn dann muß entschieden werden, ob dieser Theil mit dem andern kann verknüpft sein, oder nicht). Einen dritten Fall aber giebt es nicht; denn wenn das streitige mit dem gemeinsamen gar keine Identität hat: so ist auch keine Lösung möglich. Das gemeinsame Wissen aber, wenn es soll als außerhalb alles Streites liegend erkannt werden, muß es nicht auf dem Wege der fließenden Gedankenerzeugung entstanden sein. Denn was da entstanden ist, kann auch immer wieder streitig werden. Sollen wir es also doch haben: so müssen wir es immer schon gehabt haben, d. h. es muß allem empirischen Bewußtsein zum Grunde liegen.

Wenn nun aber unsre Aufgabe diese beiden Punkte erfordert, und wir nichts anderes haben als den Zustand streitiger Vorstellungen: wie sollen wir von diesem einen Punkte aus zwei unbekannte Größen anders finden, als indem wir einen hypothetisch feststellen (§. 75.), woraus aber nie eine Sicherheit hervorgehen kann? — Unsere Aufgabe ist also nur vollkommen zu lösen unter der Bedingung, daß jene beiden Punkte irgendwie nicht zwei seien, sondern eins und dasselbe. Und dies ist nur möglich, wenn das ursprüngliche gemeinsame Wissen zugleich irgendwie die Methode der Theilung und Verknüpfung ist, und wenn diese irgendwie vor allem empirischen Bewußtsein hergeht.

Dies sezt aber voraus, daß jedes Denken, welches streitig werden kann, ein getheiltes und verknüpftes sei (§. 80.), denn alsdann geht jenes selbst allem diesem vorher. Wir können also sagen, Bis uns jemand ein Denken als Gegenstand des Streites bringt, welches kein solches ist, wollen wir hiervon ausgehen. Dies ist aber nicht möglich; denn wenn verschiedenes ausgesagt wird, wird schon getheilt, indem ausgeschlossen wird; und wenn man über den Gegenstand einig ist, wird schon verknüpft, indem von ihm streitiges ausgesagt wird.

Wenn wir nun auch vorausgesezt haben, daß das zum XVII. Grunde liegende (oder die transcendentale Seite der Aufgabe, weil sie nämlich enthalten soll, was jenseit des empirischen Bewußtseins liegt) und die Theilungs- und Verknüpfungsmethode (oder die formale Seite unserer Aufgabe, weil nämlich ja jedes Denken selbst schon ein getheiltes und verknüpftes ist) einerlei sein müssen, wenn unsere Aufgabe nicht bloß hypothetisch soll gelöst werden: so schließt doch dieses nicht alle Verschiedenheit aus, sondern es muß immer so viel Differenz übrig bleiben, wie zwischen erstem Glied und Exponent einer Reihe. Denn hier ist völlige Identität nur zufällig, und wenn man das Verfahren darauf gründet, wird die Anwendbarkeit beschränkt.

Sofern nun diese beiden Seiten verschieden sind, entsteht die Frage, Bei welcher von beiden wollen wir anfangen? (§. 84. 85.) Es kann hier nichts anderes entscheiden als Bequemlichkeit und Schikklichkeit der Anordnung. Alle drei Zwekke *) sind zu erreichen, wenn die beiden Punkte gegeben sind; aber der umfassendste unter jenen Zwekken ist offenbar die allgemeine Construction, weil es nach dieser weder fragmentarisches Wissen noch streitige Construction giebt. Da aber in dieser sich zunächst

*) s. oben X.

die Theilungs- und Verknüpfungsgeseze spiegeln: so liegen auch diese unserem Zielpunkte am nächsten und bleiben also am besten bis zulezt.

ter Theil. Also zuerst die Aufgabe das transcendentale zu finden.

Es ist uns dazu nichts gegeben als der Zustand streitender Vorstellungen, d. h. eines Schwankens im Denken. Indem wir aber diesem ein Ende machen wollen: so liegt darin die Voraussezung eines Nichtschwankens als des hervorzubringenden. Also zwei verschiedene Zustände des Denkens. Wie verhalten sie sich zu einander?

Zuerst, Was ist Denken? (§. 86.) Antwort, Diejenige Geistesthätigkeit, welche sich in der Identität mit der Rede vollendet, und sich auf ein außer der Thätigkeit selbst gesetztes bezieht.

Anm. Wollen wird auch bisweilen zur That vollendet durch Rede; aber die Rede ist dann doch nur Mittel. Empfindung äußert sich auch durch Rede; aber sie vollendet sich nicht darin sondern schwächt sich, und das empfundene ist nichts von dem Empfinden selbst verschiedenes. Dagegen ist in beiden auch eine Beziehung auf ein außer ihnen gesetztes (bei der Empfindung freilich nur auf die veranlassende Ursache); aber nicht sofern sie sich durch die Rede vollenden.

XVIII. Welches Denken ist nun ein Wissen? (**NB.** (§. 86. 2.) das Wissen ist wirklich nur im Denken, nicht im Gedachthaben. Das Wissen als Besiz geht doch immer auf die Production. Ist diese in der Erinnerung verloren gegangen und nur das Resultat geblieben: so hat man dieses doch nicht als ein Wissen). Gehen wir auf die Voraussezung zurükk: so ist das Wissen aus dem Streit hervorgegangen, wenn von gleichem Punkt der eine genöthigt worden ist so zu produciren wie der andre *). Gehen wir auf Streit in Einem: so ist er im Schwanken unsicher über

*) Vorles. Dasjenige Denken ist ein Wissen, in welchem die Identität des Prozesses aller denkenden mitgesezt ist.

das Verhältniß seines Denkens zum Gegenstande, und das Schwanken hört nicht eher auf, bis das Bewußtsein auf einer Construction als auf einer unabänderlichen ruht*) (§. 87.). Dies soll keine Erschöpfung des Wissens sein, sondern nur dasjenige darin, was sich auf unsre Voraussezung bezieht. Demohnerachtet können wir mit Sicherheit sagen, Wo ein werdendes und gewordenes Wissen ist (also mit Ausnahme der transcendenten Voraussezung und der absoluten Construction): da ist dieses beides.

***) Umkehren aber können wir es nicht. Denn z. B. in allem Denken, welches zunächst das Empfinden und Wollen zum Gegenstande hat, also in Geschmakksurtheilen und Maximen, ist vollkommnes Ueberzeugungsgefühl, aber kein Anspruch auf Allgemeingültigkeit durch identische Construction; wenigstens ist dieser nur auf ein weniges darin beschränkt (§. 88.).

Eben so machen auch Kunstwerke, sofern sie auf einem mit XIX.
Ueberzeugungsgefühl producirten Denken beruhen, welches sich als Besonnenheit auch durch die Ausführung durchzieht, allerdings Anspruch auf Allgemeingültigkeit, aber nicht durch Identität der Construction. Denn diese ist nicht möglich, auch nicht nach der Rükkconstruction, weil auch diese nie vollendet sein kann (§. 89.).

Wir erkennen also im Denken noch ein anderes Element, wodurch das Gebiet des Wissens beschränkt wird, kraft dessen nämlich im Denken jeder ein anderer ist als der andre. Dies ist das individuelle. Sofern etwas hievon überall ist, wird kein Act vollkommen, sondern nur nach Ausscheidung dieses Elemen-

*) Vorles. Dasjenige Denken ist ein Wissen, in welchem die Unveränderlichkeit des Verhältnisses der Vorstellung zum Gegenstande gesezt ist.

***) Vorles. Die Sicherheit darüber, daß der Prozeß in allen denkenden durchaus derselbe sei, giebt die Ueberzeugung.

tes, der Idee des Wissens entsprechen (§. 90.). Und dieses kann nur indirect aufgelöst werden, wenn die Totalität des individuellen als solche, d. h. mit ihren Gründen, erkannt ist (§. 91.), und hiemit haben wir eine völlige Unendlichkeit der Aufgabe.

Analysiren wir nun das andre Moment: so beruht dies auf dem Verhältniß des Denkens zu dem gedachten (§. 94.), und wir kommen auf den alten Streit, wie wir dazu kommen das Denken auf etwas außer uns zu beziehen. Wir können ihn nur von unserer Voraussezung aus betrachten; streitige Vorstellungen sezen eine Mehrheit von Individuen (§. 101.), welche denken, voraus.

XX. Dasselbe aber gilt auch, wenn man von streitigen Vorstellungen im einzelnen ausgeht; er selbst wird sich dabei Gegenstand in seinem Thun, wie denn überhaupt Thun und Sein sich als Gegenstand des Denkens ganz gleich verhalten. —

In Absicht auf dieses Merkmal nun halten wir dasjenige Denken für ein Wissen, von welchem wir voraussezen, daß, wenn wir auf denselben Gegenstand zurükkehren, auch das Denken wieder dasselbe sein wird, d. h. das Denken entspricht seinem Gegenstand (§. 94.). Wenn wir diesen auch als Sein bezeichnen: so soll damit nichts mehr bevorwortet sein als die Beharrlichkeit des Gegenstandes für das Denken, oder seine Wiederholbarkeit im Denken. Wohingegen ein Denken kein Wissen ist, von welchem wir glauben, daß wenn wir auf denselben Gegenstand zurükkommen, wir anders darüber denken könnten. Scheint es nun, als ließe sich dies nicht umkehren, weil es (§. 95.) auch ein Denken giebt, welches mit voller Ueberzeugung, aber ohne genaues Entsprechen gedacht wird, wie die Imperative: so kommt dies daher, weil diese als Denken der Handlung oder des Werkes nicht bestimmt genug, und also auch als Wissen unvollständig sind. Ein Denken aber, dem kein Sein entsprechend gesezt wird (§. 96.), wie Feen, Centauren u. dgl., ist gar kein

Wissen. Wogegen unvollkommnes Wissen (§. 97.) doch seinen Plaz im dem Gebiet als Durchgangspunkt behauptet.

Combiniren wir beide Merkmale: so kommt heraus (§. 93.), Das Wissen ist das in der Identität der denkenden, nicht in ihrer Differenz, gegründete Denken. Denn in Bezug auf das identische Verfahren sind alle dieselben, und in Bezug auf das gegenständliche gegebene auch. Wogegen das in der Differenz gegründete das individuelle und abweichende ist.

Wenn nun das Wissen ein Denken ist dem Sein entsprechend, das Sein aber außer dem Denken: so fragt sich, *Wie kommt das Denken zum gedachten*, (Randbem., Eben so nach innen zur innern Wahrnehmung und zum Selbstbewußtsein) *und wie bleibt beides außer einander*? Die Antwort ist die (§. 92.), Durch das Geöffnetsein des geistigen Lebens nach außen = *Organisation* kommt das Denken zum Gegenstand oder zu seinem Stoff, durch eine ohnerachtet aller Verschiedenheit des Gegenstandes sich immer gleiche Thätigkeit = *Vernunft* kommt es zu seiner Form, vermöge deren es immer Denken bleibt.

Vom Erfahrungsdenken giebt jeder zu, daß wir den Stoff dazu durch die Organisation empfangen. Aber selbst wenn wir das der Organisation relativ entgegengesezte denken, also die Form des Denkens: so können wir dies nur in der Wahrnehmung des wirklichen Denkens, und zu dieser brauchen wir die innere Organisation, nämlich das innere Ohr und und die Erinnerung.

Eben so nun ist es umgekehrt. Die intellectuelle Seite XXI.
finden wir zuerst in dem Denken, welches Elemente der Erfahrung constituirt, wo also Gegenstände müssen gleichgesezt und unterschieden werden, welches geschieht im Gegensaz des allgemeinen und besonderen. Darin sind beide vereinigt. Je mehr das besondre mit im allgemeinen gedacht wird, um desto mehr organisches in jenem *); je mehr das allgemeine mit im besondern

---

*) Schl. will sagen, Im allgemeinen.

um desto mehr intellectuelles in diesem. Steigen wir zum höchsten, zum Begriff des Dinges, auf, und denken darin auch den Gegensaz von Leben und Tod nicht mit: so ist das organische fast verschwunden; es bleibt nur, daß im Begriff mitgesezt ist die Fähigkeit organisch zu afficiren, und darum ist auch dieser Begriff noch ein wahres Denken. Wollen wir dies organische Element auch heraus denken: so behalten wir keinen wahren Gedanken mehr, sondern nur die leere Form der Indifferenz des Seins und Nichtseins. Fangen wir aber den Prozeß beim intellectuellen an: so werden wir sagen müssen, es ist ein bloßes Denkenwollen, bis die organische Function hineintritt. Denn mit der organischen Affection entsteht dann von jener aus der Begriff dessen, was organisch afficirt, d. h. des Dinges. Eben so stehen auch beide Formeln, daß das Isoliren einer Seite noch kein Denken ist, und daß es kein Denken mehr ist auf der andern Seite, gleich. Fangen wir mit der organischen Function an: so ist die mit dem Oeffnen der Sinne gegebene chaotische Mannigfaltigkeit der Impressionen noch kein Denken, bis ein Gegenstand fixirt wird und in der bestimmten Einheit die intellectuelle Function sich verkündigt. Sind wir dagegen von oben herabgestiegen zur Einheit der zugleich wahrnehmbaren einzelnen Dinge und nehmen nun auch diese heraus: so ist das übrigbleibende Chaos von Impressionen kein Denken mehr. Alles wirkliche bestimmte Denken ist also in das Zusammentreffen der Thätigkeit beider Pole eingeschlossen. Und dieses giebt nun vorläufig unserm ersten Merkmal des Wissens einen bestimmten Gehalt. Es wird sein die nothwendige Identität aller in demjenigen Verfahren beim Denken, welches die Thätigkeit beider Pole zusammen hält.

XXII. Versuch die transcendentale Aufgabe zu lösen von der polarischen Duplicität des Denkens aus.

Ehe wir nun versuchen zu fragen, welches denn nun in Beziehung auf die polarische Duplicität der Unterschied des Wissens von allem übrigen Denken ist, welches eigentlich für uns ein Umweg wäre, können wir versuchen, ob wir von eben diesem Punkte aus unmittelbar die transcendentale Seite der Aufgabe lösen können. — In demjenigen Zusammentreffen beider Thätigkeiten, welches im wirklichen Denken vorkommt, haben wir das zum Grund liegende nicht zu suchen; also vielleicht gerade in den einzelnen Seiten, die abgesondert im wirklichen Denken nicht vorkommen.

Nehmen wir aus der Vorstellung von der unbestimmten Mannigfaltigkeit der Impression die Bestimmbarkeit, welche die erste Tendenz der intellectuellen Function in sich schließt, hinweg: so bleibt übrig das Chaos, welches eigentlich keine Vorstellung mehr ist, weil wir sie weder durch Merkmale fixiren, noch zu einem sinnlichen Bilde beleben können, sondern eine Gedankengrenze. Sie bezeichnet nichts anderes als den möglichen Anfang des Denkens von der organischen Seite an und für sich, und daß sie kein wirkliches Denken mehr ist sieht man auch daraus, daß sie nur die Indifferenz ist von Affection und Nichtaffection. Da wir nun keinen Grund haben zu behaupten, das Denken als zeitlicher Act könne nicht von der organischen Seite anfangen: so müssen wir auch sagen, daß diese Vorstellungsgrenze in allen dieselbige sei.

Nehmen wir von dem Ding die Möglichkeit, daß es organisch afficire, hinweg: so bleibt (entsprechend dem Chaos) nichts übrig als das bloße Sein ohne Thun. Dieses ist ebenfalls nur eine Gedankengrenze, wie man daraus sieht, daß es nur die Indifferenz ist zwischen Gegensaz und Nichtgegensaz, und bezeichnet nichts anderes als den möglichen Anfang des Denkens von der intellectuellen Seite, wie oben. Auch diese Grenze also ist aus demselben Grunde in allen dieselbe.

Hier haben wir also gemeinschaftlich allem Denken zum Grunde liegendes, in demselben aber nicht anzutreffendes. Allein wir können von diesem Punkte aus nichts machen. Denn man kann sagen, der Streit fange schon da an, daß der eine eine andere Bestimmbarkeit in das Chaos seze und eine andere Affectionsmöglichkeit in das Sein. Demnach, da ein wirkliches Ineinandersein beider Seiten alles wirkliche Denken bildet: so kann auch nur das mögliche Ineinandersein beider, d. h. ihre Beziehung auf einander als in allen dieselbige, das gemeinschaftlich zum Grunde liegende sein.

Wir können also nur noch den Versuch machen zu fragen, Wie müssen sich beide Seiten auf einander beziehen, wenn der Zustand streitiger Vorstellungen soll aufgehoben werden können?

XXIII. Es darf also alsdann nicht das eintreten, daß gleiche Impressionen anders fixirt werden von einigen, d. h. der ganze intellectuelle Prozeß (den wir hier durch Fiction isoliren müssen) muß derselbe sein in allen, damit die lezten Punkte desselben gleichmäßig eingreifen können in die organischen Functionen. Eben so auch umgekehrt darf nicht eintreten, daß vom bloßen Sein aus in dem einen andre Gegensäze fixirt werden als in dem andern. Wenn nun aber die höchsten Gegensäze diejenigen sind, durch welche die allgemeinsten Begriffe gesondert werden: so müssen sie auch die organischen Affectionen am stärksten massiren, d. h. wenn der ganze organische Prozeß (fictionsweise) allein vollendet wäre, müßte er in allen derselbe sein für das Hineintreten des bestimmten Gegensazes. Zusammengenommen also, Innere Form der intellectuellen Seite und äußerer Stoff der sensuellen Seite müssen in allen denkenden dieselbigen sein. Nehmen wir aber gleich das Postulat des Ueberzeugungsgefühls dazu, ohne welches gleichfalls keine Auflösung streitiger Vorstellungen möglich ist: so folgt dann auch zweitens, daß jene innere Form und dieser äußere Stoff auch wirklich für einander sind, d. h. jedes auf seine Weise dasselbige, was das andere auf die seinige ist. Das heißt streng genommen nur, daß in uns jedes von beiden nur zur vollkommensten Klarheit kommt durch die vollkommenste Klarheit des andern. Oder, In unsern Im-

pressionen ist noch immer chaotisches, wenn nicht der ganze intellectuelle Prozeß ihnen eingebildet ist. Und eben so, In unserm intellectuellen Prozeß ist noch immer mehr oder weniger Indifferenz von Gegensaz und Nichtgegensaz, wenn nicht die Totalität der organischen Impressionen ihm eingebildet ist. Das heißt, XXIV.
Wir haben nicht eher Ursach, eine völlige Durchdringung, also ein Wissen, anzunehmen, als in der Totalität, d. h. wenn der allgemeine Zusammenhang von allem gegeben ist.

Sonach haben wir folgendes *Resultat über das was allem Denken im Bestreben nach Auflösung streitiger Vorstellungen zum Grunde liegt.*

1. Sofern dabei ein in mehreren gleichmäßiges Denken entstehen muß — *die Identität beider Seiten für sich in allen.*

2. Sofern diesem Ueberzeugung beigegeben sein muß — *das Füreinander beider Seiten*, so daß, der Prozeß mag anfangen bei welcher er will, in der völligen Durchdringung beider auch der Prozeß aufhört. Denn Ueberzeugung und Aufhören des Reizes zum Denken über den Gegenstand ist eins und dasselbe. Endlich

3. sofern die Aufgabe nur gelöst ist, wenn zugleich der Zusammenhang alles Wissens gegeben ist — die aus dem obigen folgende *Stellvertretung eines denkenden Subjectes durch ein anderes*, nämlich daß die in **A** angelegten Denkformen nicht nur für **A** sind, sondern auch für **B**, und also auch angewendet werden können auf die organischen Impressionen von **B**; und daß die organischen Impressionen auch sind für die Denkformen von **B**, und also jeder in den Gedankenbildungsprozeß des andern eintreten kann. Denn ohne dies ließe sich kein gemeingeltender Zusammenhang zu Stande bringen.

Ob nun aber dies die ganze Lösung der transcendenten Seite der Aufgabe sei, können wir nicht behaupten und haben nicht Ursach es vorauszusezen, da wir nur so gelegentlich dazu gekommen sind. Wir gehen also nun weiter, und fragen nach der *Charakteristik des Wissens in Bezug auf die beiden Functionen im Denken.*

Wir kehren zurükk auf den Punkt des gleichgültigen Anfangs. In jedem Anfang liegt aber ein Vorsprung, also auch ein Ueberwiegen der einen Seite, also eine differentiirte Einheit. Möglich aber ist sowol ein gleichzeitiger Anfang, als auch eine Fortsezung des späteren Theils bis zur gänzlichen Aufhebung des Uebergewichts. Also ist in dieser Beziehung das Denken ein dreifaches. Anfang und Uebergewicht der organischen Seite = Wahrnehmung; Anfang und Uebergewicht der intellectuellen Seite = Denken im engern Sinn; völliges Gleichgewicht beider, es mag entstanden sein wie es will, = Anschauen.

Es fragt sich nun, wie sich das Wissen zu diesen drei Formen verhält, ob zu allen dreien gleich, oder an einer ausschließlich haftend.

XXV. Im Voraus schon wird jeder geneigt sein zu sagen, daß das Anschauen ein Wissen sein müsse, weil man nämlich dessen von beiden Seiten gleich gewiß geworden, mit dem Denken und Wahrnehmen aber sei es nicht so. Indeß ist in Bezug auf das Denken zu merken, daß wir eben deßhalb den ganzen Prozeß mit dem Namen Denken bezeichnen, weil dieses Denken im engern Sinne die bestimmte Form ist, von welcher wir den Thieren am wenigsten ein Analogon zuschreiben. Soll nun nicht auch in demjenigen die Vollendung sein können, worin sich uns das eigenthümlich menschliche darstellt? Und vom Wahrnehmen ist zu merken, daß wenn das Anschauen nur im Oscilliren zwischen dem Wahrnehmen und Denken sein kann, wenigstens die ganze Hälfte der Anschauung, welche wir die äußere nennen, und welcher wir die gemeinsamste Gewißheit zuschreiben, am stärksten nach der Wahrnehmung oscillirt. — Indem wir also die Anschauung bei Seite lassen, fragen wir, In welchem Falle wird das Denken und Wahrnehmen ein Wissen werden? Erstlich in Bezug auf die Identität der Production. Wenn von gleichen Impressionen ausgehend in Bezug auf ein identisches System von Denkformen die Gegenstände fixirt

werden: dann ist das Wahrnehmen ein Wissen; und wenn von gleichen Denkformen ausgehend für identisch erkannte Impressionen ihnen untergelegt werden: dann ist das Denken ein Wissen. Zweitens in Bezug auf die Ueberzeugung wird offenbar das Wahrnehmen ein Wissen sein, wenn ich denke, es giebt ein Denken, welches diesem Wahrnehmen gleichhaltig, und das Denken, wenn ich denke, es giebt ein Wahrnehmen, was diesem Denken gleichhaltig ist. Denn dann hört der Reiz zur Fortsezung desselben Actes auf, indem eine solche Voraussezung das Wahrnehmen und das Denken dem Anschauen gleich sezt. Also ist ein Wissen alles Denken im weiteren Sinne, in welchem die Differenz des Uebergewichtes der Functionen verschwunden ist, sei es nun durch wirkliche aufhebende Durchdringung beider Functionen in der Anschauung, oder durch ahndende Voraussezung des identischen Denkens im Wahrnehmen und umgekehrt. Endlich in Bezug auf die Darstellung des absoluten Zusammenhanges, welcher mit allem Wissen gegeben sein soll: so ist klar, daß, in wiefern beides verbunden sein XXVI.
soll, auch in einem jeden Wissen der ganze Zusammenhang gesezt sein muß. Also in jeder einzelnen Anschauung nicht etwa alle insgesammt, denn dann hörte ihre Einzelheit und Bestimmtheit auf, aber (z. B. einzelne Kraft, einzelne Gattung) in jeder der Cyclus ihrer innern Modificabilität und der Umfang ihrer äußern Relationen mit gesezt. Dann aber auch eben so, da Denken nur Wissen ist in der Beziehung auf Wahrnehmung, jeder Gedanke verknüpft mit der Totalität des wahrnehmbaren und jede Wahrnehmung mit der Totalität des denkbaren.

Verhältniß des Wissens zum individuellen Denken. Indem nun jedes Denken als Wissen ein solches sein muß auf der Identität der denkenden Subjecte ruhend: so müssen wir, ehe wir zur Aufsuchung der eigenthümlichen Grundlagen desselben fortgehen können, erst sein Verhältniß zum individuellen Denken so genau als möglich ausmitteln. Jeder einzelne als solcher ist nur in der Identität und Differenz zu den andem, und wie in der einzelnen Lebenseinheit beides in einander ist: so auch in jedem Act als einem Moment dieses Lebens. Daher ist in jedem Denken Allgemeingültigkeit und Besonderheit, nur in verschiedenem Maaß. Auch in den Geschmakksurtheilen ist allgemeingültiges, nämlich die Begriffe, über deren Anwendung man streitig ist, und auch in der objectivsten Anschauung als lebendigem Moment muß etwas individuelles sein, so daß auch die gleichhaltige als Glied in der Zeitreihe in jedem eine andere ist. Also zunächst entspricht kein Act der Idee des Wissens genau, und ist also auch nur sofern ein Wissen, als wir, wenn auch nicht vollkommen doch in jedem Fall so genau als es erfordert wird, das individuelle von dem allgemeingültigen sondern und uns desselben als solchen bewußt werden können. Wo dies aber übersehen wird, da wird auch das Verhältniß des einzelnen Wissens zur Idee des Wissens ganz verfehlt.

XXVII. Indem wir nun beides als Ineinander voraussezen, müssen wir zunächst nach dem Verhältniß der Beimischung fragen, welches wir aller Analogie nach nicht Ursach haben als gleich vorauszusezen. Deßhalb ist ein Maximum und Minimum zu suchen. Wenn nun jeder Act ein anderer ist als Glied einer anderen Reihe, d. h. weil **ceteris paribus** anderes vergangenes und künftiges in ihm gesezt ist: so wird das Minimum da sein, wo mehrere gleiche Abstammung haben und auf dieselbe Weise entwikkelt werden. Denn die Gleichheit der Abstammung ist eine innere Identität des Daseins, und also ein innerer Grund des Verschwindens der Differenz. Die Probe giebt die Erfahrung, weil bei so Verwandten am meisten vorkommt, daß sie ihre Gedanken gegenseitig errathen. Um das Maximum zu finden, dient zur Richtschnur, daß je mehr das individuelle vorherrscht, um desto weniger man nicht nur sich ausgleichen kann, sondern man versteht sich auch um desto weniger. Also fragt man, Welche verstehen sich am wenigsten? so ist die natürliche Antwort, Die, welche verschiedene Sprachen reden; und dies ist kein bloß äußerer Grund, weil jede Sprache nicht nur andere Töne sondern auch andere Worteinheit und andere Denkformen hat. Mindestverwandte Sprachen also geben das Maximum der Differenz. Innerhalb derselben Sprache also giebt es verschiedene concentrische Sphären gemeinsamer Erfahrung und Principien, und verschiedene Sprachen haben verschiedene Ausschnitte mit einander gemein. Das gänzliche Außereinandersein kommt nicht vor, weil sich doch gleich mit dem Bedürfniß auch ein Mittel der Verständigung entwikkelt. Und hieran liegt die Autorisation die Idee des Wissens festzuhalten, wenngleich kein einzelner Denkact derselben vollständig entspricht. Wie denn besonders auch das philosophische Denken anfangs zwar auch nicht über die Sprache hinaussah, hernach aber immer mehr sich die Aufgabe gestellt hat die Beschränkung derselben zu vernichten. Wir sezen also das allgemeingültige in dem differenten immer voraus und unser Ziel ist, es möglichst rein darzustellen. — Verhältniß des transcendentalen Grundes zur Individualität.

In dem transcendentalen Theil unserer Aufgabe aber ist offenbar an und für sich der Einfluß Null zu sezen. Denn wir haben das differente als wesentlich gefunden dem wirklichen Wissen, sofern es ein zeitlicher Act ist und sofern es durch die Rede vollendet wird; was wir aber hier (§. 127.) suchen, ist etwas vor jedem zeitlichen Act, und an sich auch etwas unaussprechliches, so daß wir nur in der Einkleidung uns würden vor dem individuellen zu hüten haben. Ist nun der Einfluß am Zielpunkt Null: so muß er auch desto mehr verschwinden, je mehr wir uns diesem nähern, und wir müssen also von dem gegebenen Wissen aus so rükkwärts gehen, daß dieser Einfluß sich zugleich verringert.

Das transcendentale ist zu suchen von der Ueberzeugung aus.

Hiernach haben wir zu beurtheilen, von welchem Merkmal

des Wissens wir ausgehen müssen. Nicht von der Identität der Structur, denn diese ist am meisten von der Individualität alterirt. Auch nicht vom allgemeinen Zusammenhang; denn diesen haben wir erst, wenn wir uns den ganzen Umfang des individuellen mit seinen Gründen mit hineinconstruirt haben. Also von dem Ruhen des Geistes, welches den Zustand der Ueberzeugung bildet.

Dieser ist in allen drei Formen; in den zwei gegenüberstehenden, sofern sie sich auf einander beziehen, in der mittleren zwar ohne Beschränkung, allein sie ist selbst nur als approximirendes Ineinander der beiden andern gegeben. Also bleiben wir am besten bei der Beziehung beider auf einander stehen.

XXVIII. Construction des Gegensazes Real und ideal.

Wenn also Denken und Wahrnehmen beides Wissen sein kann, jedes in Beziehung auf das andre: so unterscheiden wir ein richtiges Denken dadurch, daß das ihm gleichhaltige richtige Wahrnehmen genau zusammenstimmen müßte mit dem in jenem Denken schon enthaltenen organischen Element; wäre aber das Denken unrichtig: so würde das richtige Wahrnehmen etwas in sich enthalten, was mit dem organischen Element in jenem Denken nicht zusammenstimmt. Eben so, wenn ein Wahrnehmen richtig ist: so muß das ihm gleichhaltige Denken genau zusammenstimmen mit dem in jenem Wahrnehmen schon enthaltenen intellectuellen Element. Das Wissen sezt also voraus, daß dasselbige gesezt sein könne im Wahrnehmen wie im Denken, aber im Wahrnehmen auf eine andere Weise als im Denken, und daß, diese Differenz der Modalität abgerechnet, die Totalität des Wahrnehmens gleich sei der Totalität des Denkens. Da nun außerdem auch Gleichheit des Verfahrens vorausgesezt wird: so folgt, daß wenn überhaupt Wissen möglich sein soll, auch die Annäherung an das Wissen die Hauptmasse des Denkens ausmachen muß und der Irrthum nur zufälliges Verkennen des zusammengehörigen, am besten wieder gut zu machen dadurch, daß man, wo man im Denken dissentirt, sich über das Wahrnehmen zu verständigem sucht, und umgekehrt. Sehen wir nun darauf zurükk, daß wir für uns und für einander die Identität sind des Denkens und des gedachten oder Seins, indem wir denkendes Sein sind und seiendes Denken: so ist offenbar, daß die intellectuelle Seite im seienden Denken das Denken ist, und die organische im denkenden Sein das Sein, weil nämlich mittelst der organischen Seite jeder afficirend ist und afficirt und mittelst der intellectuellen in sich ruhend als denkenwollend ohne wirkliches Denken. Daher ist nun der Gegensaz von beidem auch ein Gegensaz im Sein, und da das Sein nur ist für uns in Bezug auf das Denken: so ist nun dieser Gegensaz auch der höchste für uns, so daß er alles Sein, was im wirklichen Denken vorkommen kann, erschöpft. Wir nennen ihn in dieser Beziehung den Gegensaz des realen und idealen, und denken uns unter dem realen das Sein, sofern es im Denken dem Bilde zum Grunde liegt als ein stätiges gegebenes, unter dem idealen das Sein, wie es im wirklichen Denken dem Begriff zum Grunde liegt als lebendige Entgegensezung. Und die allem Wissen zum Grunde liegende Voraussezung ist nun die Gleichsezung beider Glieder des Gegensazes, daß nämlich das reale Sein als äußerliches stätiges, und das ideale Sein als innerliches sich entgegensezendes beide dasselbe sind, nur auf andre Weise.

Was wir also hier dem Wissen zum Grunde legen, das verhält sich zu dem dem bloßen Denken zum Grunde gelegten*), wie das erfüllte zum leeren. Das bloße Sein ohne einen Gegensaz mitzusezen ist leer, deshalb nur Gedankengrenze; das durch einen höchstem Gegensaz, der zugleich Quelle vieler untergeordneten sein kann, zusammengefaßte Sein ist ein erfülltes. — XXIX.

Raum- und Zeiterfüllung als Bild des idealen und realen.

---

*) Vergl. oben XXII.

Wir sind aber zu diesem Gegensaz auch auf denselben Wege gekommen, also unter der Form des Denkens im engeren Sinn; soll nun der Gegensaz ein Wissen sein: so muß ihm etwas entsprechen, wozu wir auf dem organischen Wege gelangen unter der Form der Wahrnehmung. Also anfangend von dem Gegenstükk des bloßen Seins ist die unbestimmte Mannigfaltigkeit der Eindrükke ein stätiges, d. h. worin jede Trennung nur Willkühr ist. Wenn nun getrennt werden soll nach Analogie: so ist das dem Sein entsprechende die Raumerfüllung, und das dem Denken entsprechende die Zeiterfüllung; denn diese enthält die Auffassung, in jenen aber verweisen wir das, was zu der Auffassung als leidendem das thätige ist. Absolut läßt sich beides nicht trennen, aber das Maximum des Gegensazes ist, wenn das eine kann als Minimum gesezt werden und das andre als Maximum, weil nämlich der absolute Gegensaz wäre, wenn eins gesezt wäre und das andere nicht gesezt. Also jeder Zeitmoment bezieht sich auf eine unendliche Raumerfüllung, jeder Raumpunkt auf eine unendliche Zeiterfüllung. Offenbar aber ist die Auffassung das im Wahrnehmen, was dem Denken entspricht, die Zeiterfüllung also das ideale; die Einwirkung dasjenige, was dem Sein entspricht, und wodurch sich eben die Auffassung auf ein gegenständliches wahrgenommenes bezieht, also der Raum das reale. Wenn also Zeiterfüllung zu Raumerfüllung, wie ideales zu realem: dann auch die unbestimmte Mannigfaltigkeit unter diesem Gegensaz gefaßt zu dem Sein unter jenem Gegensaz gefaßt, wie der organische Pol zum intellectuellen; also wie Bild zum Begriff. Denn wo die intellectuelle Seite überwiegt, da dominirt das Zusammengreifen des entgegengesezten; wo die organische Seite überwiegt, da dominirt das Bild, d. h. die Begrenzung des stätigen. Je mehr nun beides approximirt und die lebendige Entgegensezung als Zeiterfüllung gebildet wird und die Raumerfüllung als denkbares entgegengesezt, um desto mehr wird die Gleichsezung selbst lebendige Anschauung.

Verhältniß des höchsten Gegensazes zur transcendentalen Aufgabe. XXX.

Indem nun aber dieser Gegensaz wegen des Vorhandenseins in den zwei entgegengesezten Formen als ein wirkliches Wissen erscheint: so ist er nicht das geforderte transcendentale, welches in keinem wirklichen Denken vorkommt.

a. Als Grundlage des Zusammenhanges. Sehen wir darauf, daß das einzelne adäquate Wissen bedingt ist durch den Zusammenhang alles Wissens, und also die Grundlage von jenem auch die Grundlage von diesem sein muß, und wir denken uns im höchsten Gegensaz und seiner Zusammenfassung alle untergeordneten mit ihrer Zusammenfassung, und eben so von der ursprünglichen Zeitbestimmung aus der allgemeinen Raumerfüllung und der ursprünglichen Raumbestimmung aus der allgemeinen Zeiterfüllung aus in allen successiven Bestimmungen begriffen, und reduciren immer beide Seiten auf einander: so ist alsdann die Totalität des Wissens und zwar im absoluten Zusammenhang, sowol dem stätigen als dem der Entgegensezung, gegeben. Diese Totalität ist also in unserm Ergebniß implicite mitgesezt, d. h. also wirklich nicht mitgesezt, aber so, daß im obigen die ganze Bedingung dazu enthalten ist. Von dieser Seite also wäre die Aufgabe gelöset. —

b. Als Grundlage des einzelnen Wissens. Was aber das einzelne Wissen betrifft: so ist sie nicht gelöset, wenn und sofern das gefundene ein wirkliches Wissen ist. Nun ist alles daran Wissen, außer das vorausgesezte Sein an sich (die Gedankengrenze), worin der Gegensaz zusammengefaßt ist. Diese ist das transcendente, welches also hier nur nicht von dem wirklichen Wissen gelöset ist. Also ist die Aufgabe unvollkommen gelöset *). (? Warum aber? da ja was kein wirkliches Denken ist, auch niemals an und für sich vorkommen kann.)

---

*) Vorles. Das eigentlich transcendentale haben wir noch nicht; denn es

Aufsuchung dessen, was in der transcendentalen Seite der formalen entspricht.

Nun aber fehlt uns auch der Form nach noch etwas. Denn sofern in gewisser Hinsicht die transcendentale und formale Seite dasselbe sein sollen, muß in jener etwas sein, was dieser entspricht und sie darin repräsentirt, und dies ist aufzusuchen, aber auch als etwas außer dem wirklichen Denken vorkommendes. Jene Identität aber war nur unter der Bedingung möglich, daß jedes Wissen selbst schon ein verknüpftes sei, und wir müssen also, um das diese Eigenschaft begründende in der Grundlage zu finden, das Wissen als verknüpftes betrachten.

Begriff und Urtheil. Im Zustande streitiger Vorstellungen finden wir nur zweierlei streitig, Begriffe und Urtheile; alles andere ist nur Ausgleichung. Begriff ist Verknüpfung von Merkmalen, Urtheil ist Verknüpfung von verschiedenartigen Begriffen. Wollen wir nun freilich diese Duplicität ansehen als die Formen des Wissens, sofern es ein verknüpftes ist, erschöpfend: so hätten wir dazu kein volles Recht, und stellten mithin unser Verfahren unter eine neue Bedingung. Nämlich alles folgende würde nur gültig sein, sofern es keine andern gäbe, und wir müßten also anheimstellen, ob jemand uns andere brächte. Daher also ist es besser, die Frage gleich zu stellen, ob dies alle Formen des Wissens sind. Wobei nur zu bemerken 1. die Bezeichnungen sind von der intellectuellen Seite hergenommen, und es versteht sich, daß ihnen auf Seite der Wahrnehmung entsprechen muß; was aber, interessirt uns hier nicht, da wir überwiegend im intellectuellen Prozeß begriffen sind. 2. Das Verfahren kann kein anderes sein, als daß wir beide

---

ist in einer Verbindung, die wir nicht zu lösen wissen, ohne noch einen andern Weg einzuschlagen. Wir haben das Denken bisher immer nur an sich betrachtet ohne es zu zerlegen; jezt wollen wir es weiter betrachten in sich selbst, weil wir zur Vollendung des vorigen noch eines neuen bedürfen, was sich uns nur durch die Unterscheidung entwikkeln kann.

in ihrem Unterschied als Endpunkte sezen und fragen, was außerhalb derselben läge, ob das noch ein Denken sein könnte. 3. Es muß nicht nur kein anderes Wissen geben, sondern auch kein anderes Denken, denn der Unterschied zwischen Wissen und anderem Denken liegt nicht in der Form an sich; sondern gäbe es noch ein Denken, was weder Begriff noch Urtheil wäre: so müßte auch unter dieser Form gewußt werden können.

Nach §. 138—143. Zu §. 138. Minimum des Begriff und Maximum des Urtheils als Grenze gegen die benachbarten Functionen bestimmen den Umfang des Denkens. Zwischen ihnen giebt es auch nichts, weil Begriff überall das beharrliche und Urtheil den Wechsel repräsentirt, zwischen welchen beiden es nichts giebt. — Man könnte sagen, das Wissen im Urtheil sei nicht sowol die Conclusion, als ihre Auflösung in die Säze. Allein diese ist selbst wieder ein Urtheil. Carl's, des Menschen, Sterblichkeit folgt aus aller Menschen Sterblichkeit. XXXI.

§. 139. habe ich ausgelassen, da ich noch zu Anfang wiederholt, wie wir gegenwärtig darin begriffen wären das Wissen als verknüpftes zu betrachten, um das transcendente auch auf das formale beziehen zu können.

§. 140. **per se.**

§. 141. Dies gilt nicht nur vom Subject sondern auch vom Prädicat, wenn dieses bestimmbar ist. Z. B. Fettglanz statt Glanz überhaupt: so ist der Begriff zwar enger, aber es ist doch überhaupt mehr begriffen, indem im Begriff Fettglanz auch die andern Arten bestimmt ausgeschlossen und also entgegengesezt sind, wogegen im allgemeinen Begriff Glanz die Modificabilität nur als eine unbestimmte Mannigfaltigkeit gesezt, also nicht begriffen ist. —

Zu §. 142. Der Begriff von der bildlichen Seite, weil schon der Einheitsbestimmung (z. B. Etwas glänzt) ein Urtheil zum Grunde liegt. Aber auch von der Formelseite;

denn die Entgegensezung kann nur durch scheidende und ausschließende Urtheile bewirkt werden.

Zu §. 143. Die niedrigste Stufe ruht nur auf einem Urtheil; der Begriff, der nach Maaßgabe seiner Form den Gegenstand erschöpft, muß ein ganzes System von Urtheilen vor sich her haben.

XXXII. Nach §. 144—154. Zu §. 144. Der Kreis ist nur einer, wenn man das Wissen zeitlich betrachtet, weil man nämlich nicht weiß, mit welchem von beiden man anfangen kann. An und für sich sagt es nur gegenseitige Abhängigkeit aus. Der Kreis als solcher löst sich in den zwiefachen positiven Inhalt, daß 1. vorwärts von jedem gegebenen Punkte nur in Verbindung mit der andern jede Form kann vervollkommnet werden; 2. rükkwärts hinter jedem gegebenen Punkt ein solcher liegt, wo das Bewußtsein nur eine verworrene Indifferenz von Begriff und Urtheil ist. Hiezu ist die Formel Etwas glänzt schon Annäherung. Die Geschichte unseres Bewußtseins bestätigt dieses, indem jedes mit der Verworrenheit anfängt. —

Wir betrachten nun Begriff und Urtheil jedes in wiefern es wieder ein mannigfaltiges sein kann.

Zu §. 145. Die schwebende Einheit ist uns überall im Zustand streitiger Vorstellung gegeben. Sie liegt aber auch schon im Ineinander beider Functionen. Jeder wirkliche Begriff ist vermöge seiner organischen Seite als stätig ein völlig bestimmtes, wovon nur aufgestiegen werden kann, und vermöge seiner intellectuellen ein höheres, weil die Entgegensezung auf mancherlei Weise verbildlicht werden kann.

Zu §. 146. Auch von dem einzelnen Dinge giebt es einen vollkommneren oder unvollkommneren Begriff, je nachdem er auf einem vollständigen Cyclus von Urtheilen ruht, oder nicht. Erscheint nun auch dieser als ein höherer: so ist der Saz allgemein.

Zu §. 147. Wenn ich aber nun unterscheide das ruhende

(bestimmte) Insect, und das kriechende: so ist dies eigentlich kein Begriff mehr, sondern nur ein verlarvtes Urtheil, und der Begriff als niedrigster geht aus in eine unendliche Menge solcher Urtheile Nun aber kann man, eben deshalb weil der Begriff des einzelnen Dinges auch noch kein absolut niedrigster ist, dasselbe auf jeder Stufe wiederholen. Auch der Begriff der Gattung kann als niedrigster angesehen werden, und geht dann in eine bloße Unendlichkeit von Urtheilen aus. Z. B. Hund verschiebt sich mit verlängertem Leibe und erhöhten Beinen zum Windhund, wo die Urtheile allerdings dem Begriff der Arten gleichgelten aber die Form der Entgegensezung verlieren.

Zu §. 148. Das Maaß des Ausschließens ist das Maaß des niedern. Der Begriff Ding schließt noch aus, weil das Denken als Beziehung auf das Sein im Ding als solchen nicht gesezt ist.

Zu §. 149. Steigen wir höher hinauf: so ist das Sein, sofern das Bezogenwerden auf das Denken ausgeschlossen also das Denken mit hineingesezt ist, kein Begriff mehr, weil die bestimmte Einheit darin fehlt, und es bleibt nur übrig eine Mögtichkeit von unendlich vielen Urtheilen, durch welche bestimmte Einheit gesezt und die Beziehung wieder hergestellt wird. (?) Der Begriff als Sein, an welchem entgegengesezt werden kann, ist nur ein uneigentlicher Begriff. Eben das kann nun auf jedem Punkte geschehen. Wenn ich z. B. keinen höheren Begriff sezen will, als Hund: so kann ich nur übergehen in die Totalität der coordinirten Begriffe. Allein sofern diese nicht aus dem höheren Begriff des Thiers durch Entgegensezung sollen abgeleitet sein: so sind sie nur Urtheile, (**NB.** dies scheint mir weder so, noch so wie es §. 150. und 151. vorgetragen ist, völlig auf dem reinen zu sein) und zwar negative, was der Hund nicht ist.

Berichtigender Zusaz zum lezten. 1. Der Begriff Ding ist XXXIII.
noch ein niederer Begriff. Jeder niedere ist ein solcher, in sofern mehr in ihm entgegengesezt ist; der niedere kann in ei=

nen höheren verwandelt werden, wenn Entgegensezung aufgehoben wird. Im Begriff Ding kann noch die Entgegensezung von Gedanken uud Gegenstand aufgehoben werden; also ist er noch ein niederer. 2. Der höhere aber ist kein wirklicher mehr. Wenn ich Beziehung auf das Denken wegnehme: so hat dann auch das Denken keine Beziehung mehr auf das Sein. Also wird dies nicht mit Ueberzeugnng an und für sich gedacht. Ist aber diese Beziehung weggenommen: so ist im Sein auch keine bestimmte Einheit mehr, als welche aus dieser Beziehung hervorgeht. 3. Der Form nach lautete er, Das Sein mit aufgehobener Entgegensezung. Dies ist verkapptes Urtheil. In dem Urtheil aber ist eine Mannigfaltigkeit von Urtheilen mitgesezt, weil die Entgegensezung unendlich mannigfaltig ist. Die Begriffslinie endet also nach oben ebenfalls in eine Unendlichkeit möglicher Urtheile, welche aber negativ, also auch kein wirkliches Denken sind.

Das Sein mit aufgehobener Entgegensezung ist also kein wirkliches Wissen, weil es weder Begriff noch Urtheil ist, und wir nur diese Arten kennen. Es schien uns ein Wissen, weil wir es der Identität der Raum- und Zeiterfüllung gleichstellten. Allein diese ist auch kein wirkliches Wahrnehmen, sondern nur die Voraussezung, auf welche alle wirkliche Wahrnehmung bezogen wird. Indem es also transcendente Voraussezung bleibt: so fragt sich, Haben wir durch die zweite Betrachtung gewonnen, was uns bei der ersten fehlte, nämlich die Beziehung auf die formale Seite? Antwort, Ja. Es sagt uns nämlich, daß jede Annäherung zum Wissen eine Entfernung ist von der verworrenen Indifferenz, also eine Spannung des Gegensazes zwischen Begriff und Urtheil, und dies ist also Beziehung der transcendenten Voraussezung auf die Verknüpfung. Diese ist aber auch selbst in jene aufgenommen, weil sie überall als der Uebergang von Begriff zu Urtheil erscheint.

Dieses Resultat haben wir zwar erst von Seiten des Begriffs gewonnen, und müssen nun erst suchen es auch von Seiten des Urtheils zu gewinnen.

Zu §. 155. Wenn uns das Urtheil auch ein zwiefaches werden soll: so müssen wir Minimum und Maximum aufsuchen. Da nun Urtheil Beziehung zweier Begriffe ist: so dürfen sie nicht dieselben sein, aber auch nicht entgegengesezt. In beiden Fällen ist das Urtheil Null. Also partielle Identität und Entgegensezung verbunden. [Das Urtheil desto größer, je geringer die Identität (?)] *). Man kann aber auch von der Beziehung ausgehen. Die Beziehung darf nicht das Wesen aufheben, sie darf auch nicht das Wesen selbst sein **). Also die Möglichkeit derselben muß im Wesen liegen. Z. B. Im Begriff Hund muß der Begriff Beweglichkeit liegen, d. h. die Möglichkeit des Laufens; aber der Inhalt des Urtheils, Der Hund läuft, kann nicht im Begriff selbst gesezt sein. Jenes ist das uneigentliche Urtheil, weil ich dadurch nichts erkenne, als was in der Begriffsbildung schon erkannt ist. Dieses das eigentliche, weil es eine im Begriff nicht gesezte Verknüpfung enthält. Jenes ist XXXIV. als Erkenntniß kleiner, dieses größer. Der Gegensaz ist aber deßhalb ein fließender, weil dasselbe Urtheil beides sein kann, je nachdem der Begriff ist. Der unvollkommenste Begriff läßt den meisten freien Spielraum für eigentliche Urtheile. Der vollkommenste Begriff hat alles in sich aufgenommen, (z. B. der Begriff Hund die Beweglichkeit in ihrer bestimmten Art und ihrem Grade, item die Differenz der Größe und der Farben), und es bleibt für das eigentliche Urtheil nichts übrig als das Individuum und der Moment. (Jezt läuft der Hund; dieser Hund läuft.)

Es fragt sich nun, wie weit dieses gehen kann. Und das geht hervor aus §. 157—163., indem man den Gehalt des Ur-

---

*) Siehe unten XXXIV.

**) Oder so, Die Urtheilsverknüpfung darf nicht die Begriffsverknüpfung selbst sein, aber auch diese nicht aufheben. Randbemerkung.

theiles zuerst von Seiten des Subjects und dann von Seiten des Prädicats betrachtet.

Zu §. 157. Bei einem Prädicatsbegriff fragt man gleich danach, worin er gesezt ist; bei einem Subjectsbegriff, was darin gesezt ist.

Anmerk. 1. Man kann einem Prädicatsbegriff die Form eines Subjectsbegriffes geben, besonders wenn darin noch etwas näher bestimmt sein soll. Das Wesen bleibt dadurch ungeändert.

2. Auch bei dem Subjectsbegriff kann man fragen, worin er gesezt ist, nämlich als niederer in welchem höheren. Allein dies ist auch nur Form und kann nur vorkommen, wenn der Begriff nicht von beiden Seiten construirt ist. (NB. Das Marginale wegen des Particips verstehe ich nicht mehr.)

Zu §. 158. Der Saz klingt barokk. Die Totalität des Nichtseins ist auch zu viel gesagt. Denn damit wäre auch alles entgegengesezte mit in die Prädicate gesezt. Also nur die Totalität des bloßen Nichtseins oder des partiellen.

Zu §. 159. Oder nach §. 157. ausgedrükkt, Jedes Urtheil sagt aus, wie in einem ein anderes gesezt wird. Es kann aber desto mehr in jedem Urtheil gesezt werden, je weniger in dem Subject schon vor dem Urtheil (d. h. als Begriff) gesezt ist, und umgekehrt, wie dies in §. 160. aufgenommen ist.

Zu §. 160. Die absolute Verringerung der Sezbarkeit durch Urtheil ist die gänzliche Vernichtung derselben, und dann muß also alles Sein im Subject schon als Begriff gesezt sein.

Zu §. 161. 162. Hier ist noch ein verdächtiger Schein von Erschleichung in dem Uebergehen von der Einheit des Prädicats zur Vielheit der Prädicate. Aber aus eben dem Grunde, weil die absolute Verringerung des Urtheils nur in Einem Subjecte sein kann, weil nämlich, wenn viele gesezt sind, jedes noch einen Theil seines Seins in einem andern haben kann, und also auch noch geurtheilt wird: aus eben dem Grunde ist die absolute Vergrößerung des Urtheiles nur in der Allheit der Prädicate. Denn wenn Ein Prädicat in unendlich vielen Subjecten ist, ist doch von Allen nur Eins und dasselbe auszusagen, und nur wenn von Allen Alles auszusagen ist, haben wir das absolute Maximum des Urtheilens. Die Subjecte sind dann (Null = Minimum) so wenig gesezt, daß in keinem etwas gesezt ist, wodurch irgend ein eigentliches Urtheil aufgehoben würde, und dies ist in §. 163. aufgenommen.

Wenn nun das absolute Subject kein Begriff mehr ist, weder von Seiten der organischen Function, weil es nicht aus einem größeren herausgenommen ist, noch von Seiten der intellectuellen, weil es durch keinen Gegensaz bestimmt ist, und eben so auch die Unendlichkeit der Prädicate, weil jedes in allem gesezte auch aus keinem herausgenommen und keinem entgegengesezt ist: wie verhalten sich die Denkgrenzen des Urtheils und des Begriffs gegen einander? Antwort (Zu §. 164.) 1. Das Sein mit aufgehobenem Gegensaz verhält sich zum absoluten Subject, wie der unvollkommne Begriff zum vollkommnen. 2. Eben so verhält sich die unendliche Mannigfaltigkeit möglicher Urtheile zur Totalität der Prädicate. 3. Beide gleichnamige sind identisch und verhalten sich zu einander, wie die intellectuelle Seite zur organischen. XXXV.

Erläuterungen hierüber. Zu §. 165. 1. Daß ich die organische Grenze die absolute Mannigfaltigkeit des Erscheinens nenne, ist sprachgemäß. Denn Erscheinen wird immer nur von von dem, was aus der organischen Function hervorgeht, gebraucht; selbst was wir innere Erscheinung nennen, führen wir auf organische Function zurükk, nur daß sie nicht von außen sondern von innen afficirt ist, und also nur mit Unrecht auf etwas äußeres bezogen wird. Dann wird auch wenn wir etwas Erscheinung nennen zweifelhaft gelassen, ob es etwas für sich seiendes sei, oder nur etwas in einem andern. Ja bei einer bloßen Erscheinung präsumiren wir immer das erste *); und so

*) lezte

deutet also der Name auf die Natur des Prädicates. 2. Das Verhältniß des unvollkommnen Begriffs zum vollkommnen ist hier auch nur Form, weil keines ein wirkliches Denken ist, gründet sich aber darauf, daß das absolute Subject den ganzen Urtheilsprozeß und also auch Begriffsprozeß (welche alle wieder in Actionen müssen aufgelöst sein) voraussezt. Das unentgegengesezte Sein aber ist die bloße Negation des wirklichen Denkens und sezt keine bestimmten Begriffe oder Urtheile voraus. Eben so auf der andern Seite. Die Gemeinschaftlichkeit des Seins ist die allgemeine das Für sich gesezt sein aufhebende Wechselwirkung und sezt alle Urtheile als wirklich gebildet voraus; die unbestimmte Mannigfaltigkeit möglicher Urtheile aber ist die Negation des Urtheils und damit auch des Begriffs, und ist also das schlechthin unvollkommne als Grenze dargestellt.

XXXVI. In wiefern wir nun hieran das früher vermißte, nämlich die Beziehung auf die formale Seite unserer Aufgabe, gewonnen haben, geht aus folgendem hervor. Jeder Begriff, sofern er unvollkommen ist, sezt er noch ein Sein ohne Entgegensezung. Denn wenn er unvollkommen ist: so ist noch manches in seinem Gegenstande enthaltenes in ihm nicht aufgenommen. Aber es kann auch nicht das Gegentheil davon aufgenommen sein, sonst wäre er nicht nur unvollkommen sondern falsch. Also ist das nichtaufgenommene und dessen Gegentheil gar nicht in ihm entgegengesezt. Jeder Begriff, sofern er vollkommen ist: so ist alles prädicable in ihn aufgenommen; er trägt also die Form des absoluten Subjects an sich und ist von demselben nur durch die Größe unterschieden. Nun ist jeder wirkliche Begriff sowol vollkommen als unvollkommen. Die eine Grenze bezeichnet also seine positive Seite, die andre seine negative. Beide Grenzen sind also identisch, sofern sie das wirkliche Denken zum Gegenstande haben; jede aber für sich bezeichnet nur die eine Seite in abstracto und ist kein wirkliches Denken. Beide aber auf einander bezogen bezeichnen die Methode des Fortschreitens in der

Begriffsbildung, d. h. also die Beziehung auf die formale Seite. Eben so ist es nun mit den Urtheilsgrenzen. Wenn das eigentliche Urtheil auf den relativ vollkommnen Begriff folgend das einzige eigentliche Urtheil ist: so ist also der erste Anfang desselben das Sezen der möglichen Geschichte oder möglichen Individualisirung und im ersten wirklichen Urtheil sind alle folgenden nicht mitgesezt sondern ausgeschlossen; jedes Urtheil also, sofern es noch nicht mit den dazu gehörigen verbunden ist, trägt die Form der Mannigfaltigkeit möglicher Urtheile in sich. Umgekehrt, wenn Thätigkeit und Empfänglichkeit des einzelnen Dinges oder Beziehungen des einzelnen Momentes erschöpft sind: so ist alles in ihm und es selbst in allem. Also jedes Urtheil als vollkommen trägt die Form der absoluten Gemeinschaftlichkeit des Seins und unterscheidet sich von derselben nur durch die Größe. Die beiden Urtheilsgrenzen also sind identisch, sofern sie das wirkliche Denken zum Gegenstande haben. Denn sie sind wirklich in jedem, und auf einander bezogen stellen sie die Form des Fortschreitens in der Urtheilsbildung auf. Auf der Begriffsseite müssen wir in jedem Augenblikk die verworrene Indifferenz verlassen und auf das absolute Subject losgehen. In der Urtheilsbildung müssen wir in jedem Augenblikk das chaotische Ineinander verlassen und uns der absoluten Gemeinschaftlichkeit nähern. Nur wer sich an diese Exponenten hält, kann zu einer Annäherung an das Wissen kommen.

In wiefern aber nun die transcendente Grundlage alles Wissens uns hierin wirklich gegeben ist, das geht nur hervor, wenn wir auf das Verhältniß der Denkgrenzen zur organischen und intellectuellen Function im Denken sehen.

Nämlich die unvollkommne Begriffs- und Urtheilsgrenze XXXVI an sich sind die primäre Voraussezung alles Denkens, die wir in jedem Denken schon hinter uns haben: immer haben wir schon entgegengesezt und bestimmt. Daß es aber im Denken eine annähernde Fortschreitung an das Wissen giebt, beruht nur darauf, daß die organische Entwikkelung und die intellectuelle in ihrer Totalität dieselben sind, und also auch jedes in der einen unter etwas in der andern kann subsumirt werden; und dies beruht auf der Idee des absoluten Subjects, in welchem der Gegensaz zwischen dem denkenden und gedachten aufgehoben ist. Dies erstrekkt sich aber zugleich auch über das Gebiet des Urtheils. Denn die absolute Gemeinschaftlichkeit des Seins ist nur in dem absoluten Subject, und in diesem also eben so gut der Gegensaz zwischen Urtheil und Thatsache, worauf allein das eigentliche Urtheil sich bezieht, als der zwischen Begriff und Gegenstand aufgehoben. Wenn nun nicht in unserm Urtheilen dasselbe gesezt ist wie in der realen Gemeinschaftlichkeit des Seins, und in dieser alles Urtheilen selbst als Thatsache mit enthalten: so ist alles Denken nur willkührlich, und es besteht kein Unterschied zwischen dem bloßen Denken und dem Wissen. Das Urtheilen aber ist der organischen Function näher, wie es zugleich die Quelle ist vom bildlichen im Begriff. Das Begriffbilden ist der intellectuellen Function näher, wie es auch die Quelle ist vom Entgegensezen im Urtheil. Wie nun Begriff und Urtheil auf einander beruhen: so beruhen also auch organische und intellectuelle Function auf einander. Das Wissen beruht darauf, daß die ideale Entwikkelung in der intellectuellen Function, welche in alles bildliche Vorstellen und Urtheilen hineingeht, und die Gesammtentwikkelung der organischen Eindrükke, welche in alles Entgegensezen und Begreifen eingeht, ein und dasselbe ist, wiewol wir diese Selbigkeit nie gehabt im wirklichen Denken sondern immer hinter derselben zurükkbleiben, indem sie nur ist im absoluten Subject und in der absoluten Gemeinschaftlichkeit alles Seins.

Die nächste Anwendung, welche wir hievon machen müssen, ist die, daß ohnerachtet dieser Selbigkeit wir nicht glauben dürfen das Wissen haben zu können in der einen Form ohne die andre, d. h. daß wir uns den Gegensaz von Idealismus und Realismus auflösen.

Der Zusammenhang ist der, daß die entgegengesezten Grenzen nur identisch sind, weil sie jede eine andere Seite des wirklichen Denkens repräsentiren, in sofern man beide Formen des Denkens gleichsezt, und zwar sie gleichsezt in Bezug auf die Idee des Wissens. — Der Idealismus, den wir demgemäß hier bestreiten (§. 168.), ist die aus überwiegender Zuneigung zum Prozeß der Begriffsbildung entstandene ausschließende Einseitigkeit, welche dem Gebiet der Urtheilsbildung das Wissen abspricht. Es ist nämlich auch hier nur von eigentlichen Urtheilen die Rede. Diese haben das vereinzelte Sein zum Gegenstande, welches wir nur in der Unendlichkeit der seine Zustände aussagenden Urtheile haben, das aber als eigentlicher Begriff nie kann gegeben sein. Daher diese Ansicht sich vorzüglich dahin ausspricht, das Gebiet des einzelnen sei das des Scheines. — Der Realismus (§. 169.) ist die aus entgegengesezter Vorliebe entstehende entgegengesezte ausschließende Einseitigkeit, und heftet sich zunächst an den lezten *) dem Idealismus gemachten Vorwurf, daß er willkührliches und gemeingültiges Denken nicht zu trennen wisse, und an die Gebundenheit in der Wahrnehmung. Hiernach werden die allgemeinen Dinge ein nichtseiendes, d. h. die allgemeinen Begriffe leere Formen. Es folgt aber daraus, daß auch die Urtheile sich in einen unbestimmten Fluß verlieren, weil bei jeder Subjectsbestimmung die allgemeinen Begriffe concurriren. Damit geht also die Bestimmtheit des Wissens verloren. XXXVIII

Zu §. 170—172. Wir kommen daher so zu stehen, daß wir die Skepsis uns gegenüber haben, und zu beiden Seiten die beiden Einseitigkeiten, deren jede ein Element der Skepsis in sich trägt, so daß wir durch die Annahme Es giebt nur ein Wissen unter der Form des Begriffs, sofern es auch eins giebt unter der Form des Urtheils, und eben so mit der Form des Urtheils **). — Daraus folgt nun, daß auch im Sein etwas

*) §. 168., 2.

**) einen der Skepsis völlig entgegengesezten Standpunkt einnehmen.

der Form der Begriffsbildung und etwas der Form der Urtheilsbildung entspreche, also auf der einen Seite eine Theilung des Seins nach Gegensaz, auf der andern eine Entwikkelung des vereinzelten Seins, nach welcher jedes auf alles wirkt und von allem leidet. — Und hiermit kehren wir nun zur genaueren Betrachtung der transcendenten Voraussezung als solcher zurükk, und lassen ihre Beziehung auf das formale hier ruhen, weil wir sonst gleich zur Behandlung der formalen Seite an sich übergehen müßten *).

XXXIX. Wenn wir in der Auflösung unserer Aufgabe auf eine Denkgrenze gekommen waren, darstellend dasjenige, was wir in jedem wirklichen Denken immer schon hinter uns hatten: so konnten wir auch nur sagen, Dieser entspricht etwas, was uns im wirklichen Leben niemals vorkommt weder als auf uns wirkend noch als von uns leidend, und dies ist nur etwas negatives, wozu wir uns das positive suchen müssen. Dieses positive aber können wir wirklich nur finden, wenn wir von dem dem wirklichen Denken entsprechenden ausgehn und in der Analogie desselben bleiben. Wir bedürfen aber eines solchen positiven Gehaltes. Denn wenn der Denkgrenze, von der wir ausgehen, nichts entspricht, dem wirklichen Denken aber, welches wir uns als Fortsezung von jener Denkgrenze aus vorstellen können, entspricht wirklich etwas: so müßte dann das entsprechende aus dem nichtentsprechenden, das Etwas aus dem leeren, geworden sein, welches nicht geht. Also bloß so negativ vorgestellt ist die Denkgrenze nur das dem Denken, welches kein Wissen ist, und sofern es auf die Idee des Wissens gar nicht bezogen ist, vorangehende. Dasselbe gilt auch von der entgegengesezten Denkgrenze. Denn

*) Was wir im formalen Theil zu entwikkeln haben, muß sich hier anknüpfen; man muß nämlich so verknüpfen, daß man aus der Identität des Denkens und Seins nie herauskomme. Davon abstrahiren wir aber noch, sondern fassen erst die transcendentale Seite nach ihren verschiedenen Elementen und Folgerungen zusammen. Vorles.

wenn demjenigen, worin unser Wissen endet, nichts entspricht: so wird aus dem Wissen durch dessen Vollendung das Nichtwissen, welches nicht geht. Daher auch in dieser Hinsicht (§. 173. 174.) die beiden Denkgrenzen gleich sind, daß ein positiver Charakter derselben gesucht werden muß, welcher aus den obigen Gründen identisch sein muß. Um nun das positive in jener Analogie bleibend zu finden, müssen wir aufs neue von beiden Formen des wirklichen Denkens ausgehend das ihnen im Sein entsprechende genauer auffassen. —

Zu §. 175. Wenn es als identisches in der organischen Function gegründet sein sollte: so wären nur die sub 1. und 2. angeführten Fälle möglich, weil sich in der organischen Function, da jede Thätigkeit für sich räumlich und zeitlich eine andere ist, nur dieses beides auf die Identität der Production beziehen kann. Man kann den Hauptsaz sub 2. auch so ausdrükken, Jede Wahrnehmung als solche bezieht sich auf das ganze System der Begriffe, und dies kann nachgewiesen werden aus der Gemeinschaftlichkeit des Seins.

Zu §. 176. Es bleibt nun nichts anderes übrig, worin die Identität der Begriffsproduction könnte gegründet sein. Wenn hier dem Ausdrukk intellectuelle Function der Ausdrukk Vernunft substituirt wird: so geschieht es nur eben so, wie dem Ausdrukk organische Function der Ausdrukk Sinn substituirt wird, und soll dadurch gar nichts erschlichen werden. Das Begründetsein heißt nichts andres, als die Vernunft als lebendiges Princip, als Thätigkeit im Denken, ist prädeterminirt diese und keine anderen Begriffe hervorzubringen. Eben das sagt der Ausdrukk Sie ist der Ort der Begriffe, welches sagen will, jeder Begriff ist Ausdrukk der Vernunftthätigkeit nach einer bestimmten Richtung. Alle anderen Ausdrükke, indem sie das, was nur formal sein kann, zur Anschauung machen, also irgendwie versinnlichen wollen, bringen etwas falsches hinein. Die schlimmste Verirrung mit dem Ausdrukk angeborne **Begriffe**, nächstdem daß er involvirt die Begriffe könnten sein vor der Thätigkeit der Sinne, welche erst mit der Geburt beginnt, ist die, daß man sagt, **Es giebt angeborne Begriffe**, woraus folgt, einige wären angeboren, andre nicht. Wir sind aber bei unserm Saz von keinem Unterschied der Begriffe ausgegangen, und müssen ihn also auch ganz allgemein halten.

XL. Zwei Zusäze zu dem lezten. 1. (§. 177.) Wenn die Vernunft nur zur Begriffsbildung prädeterminirt ist: so muß noch etwas anderes den Uebergang in das wirkliche Denken vermitteln. Da nun in jedem beide Functionen thätig sind: so muß es die andre sein, so daß die intellectuelle im beständigen Denkenwollen ist und die organische ihre Richtung fixirt. — Das **Erinnern** liegt nur darin, daß jeder, indem er die Wahrnehmung des andern nimmt, seine Prädetermination für diese Begriffe als ein jener Wahrnehmung vorangehendes Factum ansieht. — Zu §. 178. Das Selbstbewußtsein, abgesehen von allem bestimmten Inhalt, ist nichts anderes, als das Bewußtsein von dem Einssein und der Zusammengehörigkeit von beiden Functionen. (**NB.** Die Idee des Mikrokosmus habe ich ausgelassen.) 2. (§. 179.) Man könnte hiegegen anführen die Mythologien; allein sofern sie ein ganzes bilden, suchen wir auch einen tieferen Gehaltsinn und sehen die unhaltbaren Begriffe nur als Einkleidungen an. Die falschen Begriffe in bestimmten Wissenschaften bilden kein ganzes unter sich, sondern wie sie aus verschiedenen Gebieten sich gegen einander verhalten, ist nur eine geschichtliche Zufälligkeit.

Wir gehen nun weiter und fragen, **Was das dem Begriff entsprechende im Sein ist.** Es findet sich (§. 180. bis 182.) der dem schwebenden im Begriff analoge Gegensaz von **Kraft und Erscheinung.**

Zu §. 180. Es bleibt nichts übrig von einem Begriff, wenn man das wegnimmt, was sich auf den höhern bezieht, unter dem er steht, und auf die niederen, die er sich aus sich entwikkelt. Diese Lehre ist nun direct, was aus Verwerfung des Idealismus und Realismus indirect zusammengesezt war. Denn wenn auch dem niedrigsten Begriff, der nur in eigentlichen Urtheilen entwikkelt werden kann, das Sein entspricht: so kann auch in Urtheilen gewußt werden, sofern das einzelne einen Antheil hat an der Natur des allgemeinen, d. h. gegenüberstehend dem sich von selbst verstehenden Realismus der Ideen der Idealismus des realen.

Zu §. 181. Hiernach kommt also Kraft nie anders als durch ihre Erscheinung ins Bewußtsein, und die Erscheinung wiederum bringt wesentlich nicht sich selbst sondern ihre Kraft ins Bewußtsein.

Zu §. 182. Auch das einzelne Ding als Kraft kommt nur durch seine Zustände als Erscheinungen ins Bewußtsein, und auch die Gattung als Erscheinung bringt nur ihre Kraft (z. B. das thierische Leben) ins Bewußtsein.

Noch zu §. 182. Beispiel Menschliche Natur. Sie theilt XLI. sich in Functionen; jede von diesen ist Kraft (abgesehen von ihren Aeußerungen im Zusammenhange mit anderen nennen wir sie Vermögen), die wirklich wird in verschiedentlich modificirten Actionen. Nur die einzelne Action im einzelnen Menschen ist bloß Erscheinung; allein der einzelne Mensch selbst ist wieder eine lebendige Einheit von Kräften; denn er bringt nicht nur Actionen dieser einzelnen Function auf eine übereinstimmende Weise hervor, sondern auch alle anderen, und ist also eine eigenthümliche Totalität. Aber er ist Erscheinung seiner Volksthümlichkeit, welche lebendige in der gleichmäßigen Reproduction einzelner Wesen sich erhaltende Kraft ist. Diese wiederum Erscheinung der Race — und so ist auch die menschliche Natur wieder Erscheinung der geistigen Lebenskraft.

Zu §. 183. Versuch so weit als möglich hinaufzusteigen von Seite der Wahrnehmung. Wenn wir ein einzelnes unbestimmt sezen, um ein Urtheil zu sprechen: so kommen wir nicht

weiter bis zusammengehörige Urtheile und Einflüsse der entgegensezenden Function eintreten. So kommen wir zum begriffsmäßig bestimmten einzelnen; aber nicht weiter. Wiederholt sich der Prozeß: so kommen wir durch coordinirte einzelne zur Art; wiederholt sich dieser, dann durch coordinirte Arten zur Gattung, und so fort bis zu thierischem und vegetativem Leben. Aber eben so hätten wir vom anorganischen aus durch die Neigung das todte in irgend ein Lebensgebiet mit einzupflanzen zum allgemeinen Leben kommen können, und die Identität von beiden wäre nun das Leben der Erde als Einheit. Und dieses wäre nun, sofern wir mit unserer Wahrnehmung an unsre Erde gebunden sind, die höchste Kraft. In dieser sind nun auch, sofern alles uns bekannte wirkliche Denken ebenfalls in der menschlichen Organisation der Erde eingeschlossen ist, die höchsten Gegensäze eingeschlossen und also außer ihr aufgehoben, und es gäbe auch außer ihr kein Denken, für welches sie Gegenstand wäre, sondern auch dieses Verhältniß wäre ein rein inneres. Was wir eigentlich suchen als das der transcendenten Voraussezung entsprechende im Sein, das ist das unbedingte Sein (Gottheit, höchstes Wesen, absolutes, auch Nichts). Daß dieses nun die Einheit der
XLII. Erde nicht ist, überzeugen wir uns leicht. Eigentlich aber doch nur deswegen, weil die Voraussezung falsch ist und wir nicht ganz an die Erde gebunden sind, wenngleich wir bei den andern Weltkörpern den Prozeß nicht von der Wahrnehmung des einzelnen darauf anfangen können. Dieses aber läßt sich ergänzen durch den Gedanken. So kommen wir auf die Mehrheit der Weltkörper, und, weil wir hier bestimmte Verhältnisse wahrnehmen, auch der Systeme, und zulezt also, wenn wir diese alle als Erscheinungen sezen, auf die Einheit einer weltbildenden selbst nicht erscheinenden Kraft. Es fragt sich, ob diese das unbedingte ist. Dies ist **natura naturans**, wie die Gesammtheit der Erscheinung **natura naturata**. Die Frage ist zu verneinen. Denn die Kraft ist nicht anders als in der Totalität ihrer Er-

scheinungen, und also durch diese bedingt in gewissem Sinne. Unmöglich kann sich das zum Grunde liegende Sein zu dem gesammten gedachten eben so verhalten, wie etwas innerhalb des gedachten zum andern, und wir sind also nicht von dem wirklichen in den Urgrund übergegangen. — Eine andere Methode auch innerhalb der Begriffsform wäre, beim Sein, in welchem der Gegensaz aufgehoben ist, also bei der Abstraction anzufangen. Dazu entspricht die Vorstellung des höchsten Wesens, sofern von demselben alle Entgegensezung ausgeht. Dazu aber gehört als Gegensaz die bloße Möglichkeit der Urtheile, welcher die chaotische Materie entspricht §. 185. Daher ist nun die ursprüngliche Verfahrungsweise, daß man nur diese beiden zusammen genommen für das transcendente dem wirklichen zum Grunde liegende Sein hält, Gott und die Materie, indem aus dieser von jenem die Welt gebildet wird. Die Materie ist aber das wahre Nichtsein, da sie nur räumlich gedacht werden kann, aber sinnlich unbestimmt sein soll. Also an sich ist wenig Unterschied, ob gesagt wird, Gott habe die Welt aus der ewigen Materie gemacht, oder aus Nichts gemacht. Nur in jener Form ist Gott nicht unbedingt, weil das in ihm gesezte doch eigentlich die weltbildende Thätigkeit ist; wenn nun diese durch das Mitgeseztsein einer transcendenten Materie bedingt ist: so ist auch Gott durch die Materie bedingt, wie die Materie durch ihn. Giebt man nun die Ewigkeit der Materie auf und sagt, Gott habe zuerst die Materie hervorgebracht, und aus dieser die Welt gebildet: so ist das die schlechteste Auskunft wegen des leeren Zwischenmomentes. Wie erscheint aber hiemit verglichen der Ausdrukk, daß Gott die Welt aus Nichts gemacht? Offenbar ist darin indirect gesezt, daß es noch eines andern transcendenten Factors wenn auch nur eines negativen bedürfe, um Gott als die Grundlage des wirklichen Seins zu denken. Gott erscheint sonach hier allerdings nur als unserer intellectuellen Function entsprechend und aus dem Chaos, wie wir, durch Entgegensezung bildend. Die eine Form ist also eben so unvollkommen *), und wenn natura naturans uns die Einheit im transcendenten bewahrt: so ist sie nicht transcendent genug; bei Gott und Materie aber kommt man aus der Duplicität nicht heraus. Doch haben wir uns hieraus die Entstehung mehrerer Vorstellungsweisen des transcendenten erklärt.

XLIII. Eben so ist nun zu Werke zu gehen auf der Seite des Urtheils, um zu sehen, was den aus seiner Begrenzung hervorgegangenen transcendenten Voraussezungen als transcendentes Sein entspricht. Der Gang wie oben.

Zu §. 189. Daß auch die Identität der organischen Function an sich nicht bestimmt, liegt in zweierlei. 1. In jedem Moment sind unendliche Veränderungen, von denen der eine dieses, der andere jenes wahrnehmen kann. 2. Auch bei gleichen Affectionen kann der vorhergegangene Zustand ganz andre Urtheile hervorbringen. Daher (§. 190.) das gleiche der Beziehung immer mit von dem frühern Denkprozeß abhängt. (Vergl. §. 192.)

Zu §. 191. Beruht auf dem vorigen. Jeder kann das wahrgenommene des andern in seinen Gedankengang verweben. Das ganze Urtheil, bei welchem immer auch Begriffsthätigkeit mitwirkt, kann nur übertragen werden, sofern diese leztere gleich ist. Daher kann man auf der andern Seite sagen, Jeder muß selbst auslegen.

Zu §. 192. In wiefern dieser Anspruch begrenzt wird durch den individuellen Factor, darauf darf hier nicht Rükksicht genommen werden.

Zu §. 193. Die Gemeinschaftlichkeit des Seins darf nur von oben resumirt werden, und es kommt nur noch darauf an zu zeigen, daß diese in dem Gegensaz von Ursach und Wirkung ausgedrükkt ist. Die wahre Ursächlichkeit im wirklichen Sein ist

---

*) als die andere,

aber immer nur etwas momentanes. Kein Ding ist Ursach, d. h. bewirkt einen bestimmten Erfolg, nur durch sein Sein, sondern durch sein Irgendwie bestimmtsein, welches nicht in ihm selbst gegründet ist, also in wiefern anderes in ihm gesezt ist. Eben so auch jedes thätige, sofern eine Wirkung in ihm erfolgt, wird in seiner Thätigkeit auf anderes bestimmt, und es entsteht also eine neue Ursächlichkeit. —

An diesem System hat übrigens alles Antheil, was in einem Subject geschieht. Denn auch das im Wesen liegende, z. B. Blühen vor der Frucht bei der Pflanze, ist doch seiner Zeitlichkeit nach nicht durch das Wesen, sondern durch anderes, z. B. hier durch die atmosphärischen Verhältnisse bestimmt. — (§. 194. ist schon oben vorgekommen). —

Zu §. 195. 196. Parallel den einseitigen Ansichten des Realismus und Idealismus stoßen wir hier auf diese beiden vorzüglich antiken Ansichten. Der Fluß bezieht sich offenbar auf das Urtheilsgebiet, weil beide im räumlichen und zeitlichen versiren; in beiden aber muß es eine Continuität der Veränderung geben, weil sonst die Zeit leer wäre und das Leben selbst keine Continuität hätte. Daß sich das Stehen auf den Begriff bezieht, ist auch klar; denn wenn wir dieses Gebiet dem Urtheil entgegensezen, müssen wir auch die Erscheinung als untergeordnete Kraft sezen. Diese aber als solche ist nach unserer Erklärung in sich eingeschlossen, weil ihr Wirken nicht allein von ihr ausgeht, und sie enthält ihre Zustände nur der Möglichkeit nach, also allezeit gleichmäßig und unzeitlich. Beide Säze sind nun wahr, aber nur beschränkt. Denn das Gebiet des eigentlichen Urtheils kann doch nur uneigentlich auf Begriff zurükkgeführt werden, und so giebt es auch immer eine Stufe der Begriffsbildung, welche vor dem Urtheil hergeht und innerhalb der es kein Urtheil giebt. Ohnerachtet dieser Begrenzung ist doch §. 195. vollkommen wahr. Denn Ursach und Wirkung sind immer nur an den erscheinenden Kräften; und wenn das todte nur Wirkungen aufzunehmen scheint: so gehört es doch immer auch der thätigen Seite des allgemeinen Lebens, wenngleich als Minimum. Auch der verwitternde Stein wirkt auf die Atmosphäre, und der noch in der Erde eingeschlossene constituirt einen Theil ihrer Schwere.

XLIV. Zu §. 197. Das wesentliche davon ist auch schon früher vorgekommen, und ich habe es hier nur kurz aufgenommen.

Zu §. 198. Alles Sein, sofern es das Urtheil repräsentirt, ist nothwendig, nicht nur als Wirkung, sondern auch als Ursache (vergl. das zu §. 193. gesagte), weil es als beides durch anderes bestimmt ist. Wogegen Freiheit nur die Aussichselbstentwikkelung ist; also überall auch die Erscheinung, sofern sie weder Ursach ist noch Wirkung, sondern rein auf die Kraft bezogen. Freiheit geht daher so weit, als Leben. Die Frage, ob die Thiere Maschinen sind, ist gleich mit der, ob sie lebendig sind. Auch die Pflanze hat ihre Freiheit.

Zu §. 199. Da nun das gegenseitige Bedingtsein nicht gleichmäßig sein kann: so ist es natürlich — wenngleich eine Begriffbildungsoperation, welche im Gebiete des Urtheils gemacht wird —, daß wir es uns theilen, und der Sinn ist nun, daß diese Theilungen immer irgendwie mit dem Organismus des Begriffsgebietes selbst zusammenfallen. Bei den zweifactorigen Urtheilen ist allemal ein identisches gesezt. Geliebt wird nur, wer auch wieder lieben kann; also hier ist die geistige Natur das gemeinsame Gebiet. Bei den einfactorigen ist gewöhnlich irgend ein Theil des allgemeinen Lebens der latitirende Factor. (Der umgekehrte Saz ist nicht so einleuchtend, muß aber doch auch wahr sein. Nur wenn man ein Begriffsgebiet zeigen will als ein Urtheilsgebiet, muß man etwas darin aufsuchen, was irgend einen Gegensaz bildet und worauf man die beiden Factoren vertheilen kann.) Also müssen wir auf jedem Punkte des endlichen Seins die Identität von Freiheit und Nothwendigkeit voraussezen, und zwar so, daß ihr Gebiet gleich ist. Der Stein, als solcher todt, hat keine Freiheit, aber auch keine Nothwendigkeit, und so was wenig Selbstentwikkelung hat, geht auch wenig in das System der Causalität ein.

Verfolgen wir nun unsre Aufgabe nach dem den Urtheilsgrenzen entsprechenden Sein zu fragen: so ist die bloße Gemeinschaftlichkeit ganz zusammenfallend mit der Materie; jedes nicht gesezte ist die bloße Möglichkeit von anderem bestimmt zu werden. Daher man auch die Materie als die absolute Trägheit oder Passivität sezt. (Der physikalische Sprachgebrauch, die Trägheit der Materie zu beschreiben als ihre Kraft im jedesmaligen Zustande zu beharren, ist eine Adulteration auf einem andern Gebiet und nicht hieher gehörig.)

Fragen wir nun nach dem den Urtheilsgrenzen entsprechenden transcendenten Sein: so ist offenbar, daß in der absoluten Gemeinschaftlichkeit keine Aussichselbstentwikkelung sein kann, weil nichts für sich gesezt ist, sondern nur Nothwendigkeit, und die transcendente Basis ist also die gebärende Nothwendigkeit = Schikksal, aus welchem die Freiheit nur als ein Schein hervorgeht, um immer wieder darin unterzugehen. Darin stimmt sowol der poetische als der philosophische Gebrauch zusammen. Die Form der Vorstellung ist philosophisch, weil sie das ursprüngliche sucht, aber sie ist es nicht ihrem Gehalt nach, weil sie auf dem Nichtsein, nämlich der Materie, ruht. Daher auch wesentlich die Ansicht, daß alles aus der Materie geworden sei, mit derselben zusammenhängt. XLV.

Die entgegengesezte Grenze ist die *εὐθανασία* des Urtheils im Begriff; denn absolutes Subject ist Grenze unter Begriffsform. Hat nun dieses Subject nichts prädicables außer sich: so ist es die absolute Aussichselbstentwikkelung, in Beziehung auf welche es aber auch keine andre giebt, sondern unter dieser giebt es überall nur durch die Coordination bestimmte Nothwendigkeit. Diese nur Nothwendigkeit gebärende Freiheit ist = Vorsehung. Nach §. 199. nun muß aber auch schon jeder organische Theil des Zusammenseins als in einem organischen Kraftgebiet aufgehend, wenn man ihn nur völlig isoliren könnte, auf dieselbe Art ein absolutes Subject sein. Und da aus ähnlichen Gründen die Idee der **natura naturans** nicht genügte: so kann auch die Vorsehung nicht der Forderung entsprechen.

NB. Was zwischen §. 202. und 211. steht ist theils hier gleich vorweggenommen, theils gehört es mehr zu der der formalen Seite zugewendeten vorangegangenen Entwikkelung des transcendenten, und es muß also nun übergegangen werden zu der Deduction, wie das transcendente wirklich gesezt ist im Gefühl *).

XLVI. Es kann unerwartet sein, daß Vorsehung und Gott eben so wenig der Forderung entsprechen sollen, als die negative also antiphilosophische Formel Schikksal, und als die physische und also hypophilosophische Formel der **natura naturans**. Dies muß sich aufklären durch Erwägung der verschiedenen Art, wie sie unzureichend sind. Schikksal und Vorsehung gemeinschaftlich deswegen, weil sie sich nur auf das Geschehen, d. i. das Gebiet von Ursach und Wirkung beziehen. Vorsehung aber doch weit vorzüglicher, weil Schikksal sich nur auf die negative Seite stüzt. (**NB.** In wiefern es richtig ist Schikksal und Vorsehung als bewußloses und bewußtes zu unterscheiden, habe ich dahin gestellt sein lassen und nicht erörtert.) Gott und Natur gemeinschaftlich deswegen, weil sie sich nur auf das Begriffsgebiet beziehen. Aber Gott vorzüglicher, weil Natur nur ein Verhältniß darbietet, wie es auch im wirklichen Sein vorkommt. Gott und Vorsehung behalten also einen Vorzug, und es entsteht daraus eine Tendenz sie gegenseitig durch einander zu ergänzen. Denn wenn Gott der Vorsehung zubringt die Beziehung auf das stehende Sein, und die Vorsehung der Gottheit zubringt ihre wahre Unbedingtheit: so sind beide ergänzt, und dies wird auch in allen natürlichen Theologien versucht. Allein es zeigen sich auch immer Schwierigkeiten, weil

*) Vergl. LI

Gott auch der Vorsehung das durch die Materie bedingte mit zubringt, was jener Formel eignet, und dadurch verliert nun die Vorsehung von ihrer Unbedingtheit. Also Gott und Vorsehung bleiben immer die vorzüglichsten unter jenen Formeln, aber sie gehen auch nicht zusammen, so wenig als eine von ihnen mit den andern zusammengeht, und wir haben also eine Quadruplicität gefunden, da wir nur eine Einheit brauchen können.

Es entsteht nun die Frage, Giebt uns dies eine Andeutung von dem transcendenten Grunde? und diese können wir uns nicht anders als bejahen. Denn es bedarf eines unbedingten zu dem absolut bedingten Causalitätsgebiet, und also muß der Urgrund sich verhalten wie Schikksal oder Vorsehung, oder wie beides. Eben so ist in der Kraft als solcher das Gebiet der Raum- und Zeiterfüllung nicht mit gesezt, und doch bedarf sie dessen, um zu erscheinen. Also ist der Gegensaz von Kraft und Erscheinung auch ein Bedingtsein, wozu es eines unbedingten bedarf, und so muß sich der Urgrund verhalten wie Gott oder Natur. Mißlungen ist uns das Unternehmen also nur in dieser Beziehung nicht als Denkgrenze oder Quelle der Denkformen, sondern nur als Urgrund des Seins. Und auch dies nur in sofern, als wir nicht eine Einheit des Ausdrukks gefunden haben. Dieses aber hat natürlich unüberwindliche Schwierigkeiten, so lange wir nur von den Denkformen ausgehen. Denn dann bleiben wir wesentlich in dem Gegensaz des Denkens und gedachten und können aus der Duplicität nicht hinaus.

Wir finden aber einen Ausweg im Anfang unsrer Aufgabe. Denn im Zustande des Streites sind wir einander und auch jeder sich selbst die Aufhebung jenes Gegensazes, nämlich das denkende Sein oder das seiende Denken. Wenn wir also die bisherigen sichern Resultate voraussezen, nämlich es giebt etwas allem wirklichen Denken zum Grunde liegendes und allem wirklichen Sein zum Grunde liegendes (denn Leugnen des Urgrundes giebt es nicht anders als scheinbar, nämlich immer nur gegen beschränkte Darstellung, z. B. die auf die Materie bezogene Gottheit), nur daß wir keine Formel im Gedanken finden können, um den Urgrund adäquat auszudrükken: so fragt sich, ob wir uns seiner bemächtigen können wenn nicht im Denken so doch im denkenden Sein.

XLVII. Denn völlig beruhigen können wir uns bei jener Unvollständigkeit nicht, wiewol wir ihre Unvermeidlichkeit einsehen und die Analogie derselben mit unserm ganzen Zustande. Denn wie nur bei vollendetem wirklichen Wissen das empirische und speculative sich durchdringen können zu absolut reiner Anschauung im einzelnen und allgemeiner Congruenz im ganzen: so deutet auch das Auseinanderbleiben der Begriffs- und Urtheilsform in der Vorstellung des transcendenten Grundes auf eben diese Unvollendung und darauf, daß wie hier so auch dort die comparative Kritik beider Formen das Ineinandersein derselben vertreten muß. — Allein so gefaßt sind nun die Ausdrükke des transcendenten allen Schikksalen des wirklichen Denkens unterworfen, d. h. sie werden immer wieder in das Gebiet des Streites hineingezogen und können denselben also nicht schlichten, und in wiefern dieser Streit auch in einem jeden selbst gesezt ist, muß auch die Ueberzeugung eines jeden eine schwankende sein. Wie denn jeder sich dessen bewußt sein wird, daß ihm bisweilen seine herrschende Vorstellungsweise verschwinden und eine andere statt dessen aufgehen will. Hiezu nun bedarf es zumeist einer Ergänzung durch eine andre Art den transcendenten Grund zu haben. Es giebt dazu drei Wege, alle von unsrer ursprünglichen Aufgabe ausgehend und sich mit einander bald vereinigend, doch in der Anknüpfungs- und Fassungsweise verschieden. 1. Wir sind im Streit selbst uns und andern nicht nur Denken sondern Sein, und es fragt sich, ob als Gegenstükk zu dem einseitigen Haben des Grundes im Denken wir ihn auch haben können im Sein, damit so eins das andre ergänze. 2. Das transcendente Denken muß, wenn Streit geschlichtet werden soll, zugleich

Verknüpfungsprincip sein, welches wir auch nicht übersehen haben. Aber dies muß zugleich auch gelten für den Urgrund des Seins, zumal das Denken an sich immer nur der einzelne Act ist oder die zeitlose Function, die Verknüpfung aber ist nur in der Fortschreitung, und diese ist nur in unserm Sein, d. h. der Einheit unsrer Momente. Daher denn dieses auf das vorige zurükkkommt. 3. Wir konnten uns des Denkens nur bestimmt bewußt werden, indem wir es von andern Functionen trennten. Die am nächsten gegenüberstehende real immer verbundene war das Wollen. Beide sind nun auch entgegengesezt, in sofern unser Sein die Verknüpfung verschiedener Momente ist. Denn diese zerfallen in solche, worin das Bewußtsein das überwiegend leidende ist, unter welche auch das Denken gehört seiner organischen Veranlassung nach, und worin das thätige, d. h. Wollen. Daher nun auch physisches und ethisches Wissen.

Anticipirende Digression über das heuristische Verfahren, XLVIII. welches eintritt, so oft eine Gedankenreihe relativ abbricht. Dieses beruht darauf, daß wir die Ergänzung in demjenigen suchen müssen, was dem bisherigen Anknüpfungspunkte relativ entgegengesezt ist. So ist das Wollen dem Denken entgegengesezt als Function, und die formale Seite ist relativ entgegengesezt der transcendentalen, und so wird sub 1. auf den Gegensaz zwischen Denken und Sein zurükkgegangen. Die Wahl nun zwischen den drei Punkten scheint auch schwierig und willkührlich. Wir müssen uns aber denken, da sie uns alle gleich gegeben sind, daß wir sie auch alle gleich verfolgen müssen und es sich eigentlich nur um den Vorrang handelt. Hier also kein anderer Grund als dasjenige zu wählen, was uns das schnellste Resultat und die wenigsten Hindernisse verspricht. Ich schlage vor die Function des Wollens. Denn in dieser haben wir das zuerst genannte auch, weil wir nämlich wollend, d. h. auf andre wirkend in andre unser Sein hineinlegend, eigentlich sind. Wenn wir nun im zweiten auch das erste schon haben, und das dritte das zweite in sich schließt: so muß am vortheilhaftesten sein von diesem auszugehen. (Anmerk. Das Ausgehen in §. 211. vom System der Actionen in seiner Theilung scheint mehr willkührliches zu haben als dieses Verfahren, wie denn auch gleich in §. 212. auf unseres zurükkgegangen wird. Auch §. 213. habe ich ganz übergangen.)

XLIX. Zuerst §. 214. Die Parallele läßt sich aber viel genauer ziehen mit der ursprünglichen Aufgabe. Denn wir finden uns auch im Zustande streitiger Wollungen, und müssen diesen auch lösen, wenn wir unserm Wollen Realität geben wollen, weil sonst ein Wollen das andre zerstört. Wir müssen also auch eben so über das wirkliche Wollen hinaus auf einen in allen identischen Grund. Aber eben so bedürfen wir auch einer Zusammengehörigkeit des Seins mit dem Wollen; denn wenn es sich nicht so bewegen ließe, wie wir es bewegen wollen: so könnte es nie realisirt werden. Aber der transcendente Grund zu beidem darf nur derselbe sein; denn wenn nicht wirksam sofern identisch, oder nicht identisch sofern wirksam: so wäre immer in uns keine Einheit. Wenn nun die weitere Fortsezung der Parallele ergiebt, daß wir von dieser Seite eben so weit nur kommen als auf der Seite des Denkens: so müßten wir versuchen, ob wir auf etwas höheres kommen, worin eine Identität von Denken und Wollen ist, und ob sich in diesem die Aufgabe vollkommen löse.

L. Das Wollen eben so in seine Mannigfaltigkeit zu verfolgen wie das Denken liegt zu weit außer unsrer Aufgabe und würde uns zur Construction der Ethik führen. Also nur so weit als nothwendig die Parallele fortsezen. —

Der Grund eines allen identischen Wollens ist ein Gesez, und in sofern sich dieses identische Wollen in dem Einzelwesen als für sich gesezt entwikkelt, ist das Wollen Sitte und das Gesez Sittengesez. Die Identität ist auch hier eine relative, begrenzt durch Eigenthümlichkeit. Das Gesez erscheint auch hier nie als besonderes zeitliches Wollen, sondern es ist nur in jedem einzelnen Wollen als Verknüpfungsprincip, wie der Grund des Denkens zugleich Verknüpfungsprincip ist. Da nun an jedem einzelnen Wollen auch die Eigenthümlichkeit, die wieder untergeordnet gemeinsam ist, Antheil hat: so erscheint auch das Gesez in der menschlichen Natur differentiirt, doch so, daß die absolute Identität durchbricht. Das Gesez an sich ist aber nur innerhalb der menschlichen Natur als Kraft, die sich in Erscheinungen entwikkelt, selbst aber nicht als einzelnes erscheint. Aber der Grund der Modificabilität der Dinge durch das Wollen ist nicht in der menschlichen Natur gesezt, sondern er kann nur in der Identität gesezt sein des denkenden also wollenden Seins mit dem in Bezug auf jenes bloß gegenständlichen. Diese Identität ist zunächst im Weltkörper als entwikkelnder Kraft, und, in wiefern diese nicht isolirt sein kann, in dem absoluten Subject. Nun aber kann der Grund der Identität des Wollens und der Grund seiner Realität nicht ein anderer sein (vgl. **XLIX.**). Also muß auch das Sittengesez als solches gegründet sein in dem absoluten Subject oder den ihm gleichgesezten Formeln. Das heißt also, wenn die Zusammenstimmung des Gesezes mit der Natur Weltordnung heißt, die Vorsehung ist zugleich Weltordnung, Gott als Schöpfer zugleich Gesezgeber (wobei das Wollen in seiner Indifferenz zur Identität die Stelle der Materie vertritt). Die absolute Kraft oder das absolute Subject entwikkelt zugleich das Gesez und die Weltordnung.

Da nun diese Formeln mit jenen zusammenfallen: so kommen wir mit dem Wollen nicht weiter als mit dem Denken. Es ist aber auch schon in sich gewiß, daß der transcendente Grund des Denkens und der des Wollens identisch sein müssen. Denn da jedes Wollen nach Maaßgabe seiner Klarheit in einem Denken = Zwekkbegriff gegründet ist: so müßte es zwei Gründe haben; und jedes Denken, da es nach Maaßgabe seiner Klarheit freie Productivität also Wollen ist, müßte auch zwei Gründe haben. Also beruht die Einheit unseres Wesens auf der Identitat dieser Gründe.

Betrachten wir nun das Maaß in welchem, und die Ursache warum uns nicht gelungen ist die Aufgabe zu lösen: so ist die Ursache ohnstreitig die, daß Denken und Wollen beides noch im Gegensaze stehende Functionen sind und wir in ihm das nicht nicht ergreifen können, was über allen Gegensaz hinaus liegt. Es verhalten sich aber gegen die Lösung beide Functionen gleich. Wie wir hier vom Denken ausgegangen sind und das Wollen nachgeholt haben: so hätten wir bei einer andern Fassung der Aufgabe vom Wollen ausgehen können und hätten eben so das Denken nachgeholt. Eines von beiden zu vernachlässigen, ist einseitig; und so war es die natürliche Theologie, welche das Bewußtsein Gottes bloß auf die Denkfunctionen gründen wollte. Eben so einseitig aber wurde Kant, der sie bloß auf die Willensfunction gründen wollte, woher denn kam, daß bei Fichte Weltordnung die einzige Formel wurde. Diese kantische Ausweichung war nicht in seiner speculativen Strenge gegründet, sondern in seinem unbewußten Zusammenhange mit der Popularphilosophie. Denn die nicht im wissenschaftlichen Streben begriffenen erhalten das Bewußtsein Gottes vielmehr auf dem praktischen Wege durch die Ueberzeugung des Gewissens (§. 214., 3.). Was das Maaß des Mißlingens betrifft: so ist uns nicht mißlungen den transcendenten Grund inne zu werden, dies haben wir vielmehr von beiden Functionen aus erreicht; sondern nur ihn zu einer Einheit des wirklichen Bewußtseins zu bringen. Wir haben ihn aber, indem wir die Unzulänglichkeit der einseitigen und getheilten Formeln erkennen.

LI. Es bleibt indeß noch übrig der Versuch ihn aufzusuchen in der Identität des Denkens und Wollens. Betrachten wir das Leben als Reihe: so ist es ein Uebergang aus Denken in Wollen und umgekehrt, beides in seinem relativen Gegensaz betrachtet. Der Uebergang ist das aufhörende Denken und das anfangende Wollen, und dieses muß identisch sein. Im Denken ist das Sein der Dinge in uns gesezt auf unsre Weise, im Wollen ist unser Sein in die Dinge gesezt auf unsre Weise. Also, Sofern nicht mehr das Sein der Dinge in uns gesezt wird, wird unser Sein in die Dinge gesezt. Aber unser Sein ist das sezende, und dieses bleibt im Nullpunkt übrig, also unser Sein als sezend in der Indifferenz beider Formen. Dies ist das unmittelbare Selbstbewußtsein = Gefühl, welches ist 1. verschieden von dem reflectirten Selbstbewußtsein = Ich, welches nur die Identität des Subjects in der Differenz der Momente aussagt, und also auf dem Zusammenfassen der Momente beruht, welches allemal ein vermitteltes ist; 2. verschieden von der Empfindung, welche das subjective persönliche ist im bestimmten Moment, also mittelst der Affection gesezt. Von der Empfindung wird niemand sagen, daß sie die Identität von Denken und Wollen sei, sondern sie ist nur das Keins von beiden. Im Gefühl sind wir uns die Einheit des denkend wollenden und wollend denkenden Seins irgendwie, aber gleichviel wie, bestimmt. In diesem also haben wir die Analogie mit dem transcendenten Grunde, nämlich die aufhebende Verknüpfung der relativen Gegensäze. Das unmittelbare Selbstbewußtsein ist aber nicht nur im Uebergang; sondern sofern Denken auch Wollen ist und umgekehrt, muß es auch in jedem Moment sein. Und so finden wir auch das Gefühl als beständig jeden Moment, sei er nun vorherrschend denkend oder wollend, immer begleitend. Es scheint zu verschwinden, wenn wir ganz in einer Anschauung oder in einer Handlung aufgehen; aber es scheint nur. Es ist aber auch immer nur begleitend. Es scheint bisweilen allein hervorzutreten und darin Gedanke und That unterzugehen; aber dies scheint nur, es sind immer Spuren des Wollens und Keime des Denkens oder umgekehrt beides, wenn auch wieder scheinbar verschwindend, darin mitgesezt. Diese Aufhebung der Gegensäze könnte aber nicht unser Bewußtsein sein, wenn wir uns selbst darin nicht ein bedingtes und bestimmtes wären und würden. Aber nicht bedingt und bestimmt durch etwas selbst im Gegensaze begriffenes; denn in sofern sind darin die Gegensäze nicht aufgehoben, sondern durch dasjenige, worin allein das denkend wollende und das wollend denkende mit seiner Beziehung auf alles übrige Eins sein kann, also durch den transcendenten Grund selbst. Diese transcendente Bestimmtheit des Selbstbewußtseins nun ist die religiöse Seite desselben, oder das religiöse Gefühl, und in diesem also ist der transcendente Grund oder das höchste Wesen selbst repräsentirt. Sie ist also in sofern als in unserm Selbstbewußtsein auch das Sein der Dinge, wie wir selbst, als wirkendes und leidendes gesezt ist, also sofern wir uns dem Sein der Dinge und dieses uns identificiren; also als Bedingtheit alles Seins, welches in den Gegensaz der Empfänglichkeit und Selbstthätigkeit verflochten ist, d. h. als allgemeines Abhängigkeitsgefühl.

Dieses religiöse Gefühl nun, vermittelst dessen der Urgrund eben so in uns gesezt ist, wie in der Wahrnehmung die Dinge in uns gesezt sind, ist die Ergänzung zu dem, was wir in unserm Verfahren noch vermissen; d. h. jede von unsern Formeln wird eine Beschreibung des Urgrundes dadurch, daß wir sie auf dieses Gefühl beziehen, sei es die Formel des absoluten Subjectes, oder der Urkraft, oder des welterschaffenden Gottes, oder selbst des Schikksals; wenn sie nur auf dieses Gefühl bezogen wird und sich im Bewußtsein mit demselben identificirt, gewährt sie uns die Beruhigung. Eben so aber, da im Gefühl immer das Bewußtsein Gottes verknüpft ist mit einem endlich bestimmten, unser und entgegengeseztes zusammenfassenden, Bewußtsein: so bedarf es einer Isolirung, und diese ist in der Beziehung auf jene Formeln, indem man sich sagt, Dasjenige Element des Selbstbewußtseins, welches zugleich jenen Formeln, jeder unter andern Umständen, entspricht, ist die Repräsentation des transcendenten Grundes in unserm Selbstbewußtsein, und diese ist immer sich selbst gleich, und also die Ergänzung der fehlenden Einheit.

Verhältniß von Philosophie und Religion. Durch diese Erklärung treten wir nun in die Mitte zwischen zwei entgegensezte Ansichten, deren eine glaubt die Gefühlszustände lägen in einer Entwikkelungsperiode, welche der Speculation vorangehe, und diese sei also höher als Religion, die andre dagegen alle Versuche Gott zu denken aus dem Interesse des Gefühls ableitet. Wir sind gegen beide. 1. Das Gefühl kann nie etwas bloß vergangenes sein, weil es in uns selbst die Identität des entgegengesezten ist; und die Einheit, welche das Gefühl hinzubringt, ist durch das Denken nicht zu ersezen. 2. Die Reflexion, welche über das Gefühl angestellt wird von denen, die nicht im wissenschaftlichen Streben begriffen sind, bringt die Formeln nur in einem untergeordneten Sinn hervor, und es kann also die speculative Thätigkeit, welche sich auf den transcendenten Grund richtet, nicht entbehrt werden. Alles anthropoeidische, dessen freilich auch viel in die natürliche Theologie der Philosophen eingedrungen ist, kommt aus jener Quelle. Dieser Neigung wegen hält sich die Reflexion über das religiöse Gefühl, deren Ort die Glaubenslehre ist, vorzüglich an die Formel mit scheinbarer Duplicität. LII. u. I

Verhältniß von Gott und Welt. Gehen wir nun auf unsre Formeln zurükk mit der im Gefühl gefundenen supplirenden Einheit: so finden wir, daß sie einen doppelten Werth haben. Im Identificiren von absoluter Krafteinheit und absoluter Erscheinungsfülle ist unmittelbar die Idee der Welt. So auch im absoluten Subject und der absoluten Gemeinschaftlichkeit. Es ist aber zugleich daran die Annäherung zum transcendenten Grunde *). Es entsteht nothwendig die Frage, wie sich

*) Vorles. Wenn wir sagen, wir kommen an der Grenze des Denkens

die beiden Werthe verhalten. — Zunächst negative Antwort, Nicht so wie in der Formel Gott und Weltschöpfer. Denn im Schaffen ist immer freie Handlung implicite mit gesezt, und so denkt auch jeder, Gott hätte die Welt auch nicht schaffen können. Eine solche Formel für Gott, welche ihn von der Welt trennt, wenn wir sie auch finden könnten, würde uns weder für unsre Aufgabe noch für die ethische nüzlich sein, sondern wir könnten sie nur auf sich beruhen lassen. Denn gesezt auch man sezte, weil kein Grund zu einer Unthätigkeit vorhanden ist, die Schöpfung ewig: so wäre doch mit der Freiheit nothwendig der Gegensaz zwischen Freiheit und Nothwendigkeit gesezt.

LIV. Bestimmter kann man sagen, Keiner von beiden Werthen kann ohne den andern gesezt werden. Kein Gott ohne Welt, so wie keine Welt ohne Gott (§. 219., 2.). Zu einem positiven Ausdrukk ist nicht zu kommen, weil wir den einen Werth wenigstens vollständig haben müßten, allein die Welt ist auch, wenngleich in einem untergeordneten Sinne, transcendental (§. 218.), sofern nämlich als sie uns nie und nirgend, auch nicht im unendlichen Prozeß der Zusammenfassung aller Erfahrung, kann organisch gegeben sein, sondern immer nur gedacht; eine Seite der Denkfunction ohne die andre giebt kein vollstän-

---

auf diese Vorstellung vom absoluten Subject: so heißt das, Die Idee der Welt ist die Grenze unseres Denkens. Der transcendente Grund liegt außer dem Denken, und so haben wir an jenem Ausdrukke nur den Weg zum transcendenten Grunde. Unsre Formeln haben einen doppelten Werth, einen realen, indem sie die Totalität des Seins ausdrükken, d. h. die Welt, und zwar auf Seite des Begriffs als Kraft, auf Seite des Urtheils als Subject und Prädicat; und einen symbolischen, nämlich den transcendenten Grund auszudrükken, was nicht adequat geschieht. Zu dieser Unvollständigkeit haben wir in uns als Complement den transcendenten Grund im unmittelbaren Selbstbewußtsein, eben so, wie durch unsre organische Function das Sein der Dinge in uns gesezt ist. Unsre Formeln drükken die Idee der Welt aus, und die Frage ist nun, wie sich diese doppelten Werthe, oder die Idee der Welt und die des transcendenten Grundes, zu einander verhalten.

diges Denken auf dem Wege zum Wissen. (Digr. Ein jedes ist zwar auch ein unendliches, und ist uns nie vollständig organisch gegeben, weil man Raum und Zeit ins unendlich kleine theilen kann, aber es ist uns doch in Einem Act der Wahrnehmung gegeben, welches bei der Welt unmöglich ist.) Logisch zwar kann man das Verhältniß denken, Gott = Einheit mit Ausschluß aller Gegensäze; Welt = Einheit mit Einschluß aller Gegensäze. Aber real ist es nicht auszudrükken, als nur, Es muß im Sein etwas = x diesem logischen Ausdrukk entsprechen, und dies ist das obige. Gott nicht ohne Welt, weil wir nur von dem durch die Welt in uns hervorgebrachten auf Gott kommen. Die Welt nicht ohne Gott, weil wir die Formel für sie nur finden als etwas unzureichendes und unserer Forderung nicht entsprechendes. In diesem nothwendigen Zusammendenken liegt aber auch, daß beides gedacht werde als in einander aufgehend (§. 216., 7.). Wenn wir dies so ausdrükken, Wenn Gott über die Welt hinausragte: so wäre etwas in ihm nicht weltbedingend, und wenn die Welt über Gott hinausragte: so wäre etwas in ihr nicht gottbedingt: so scheinen wir hier doch einen realen Zusammenhang zu sezen, worin Gott activ und die Welt passiv erscheint. Dieser sagt aber nichts andres aus, als daß Gott die noch weiter zurükkliegende Voraussezung ist, also auch die Quelle der totalen in der Welt als Einheit aller Kraft gesezten Activität. An sich ist es auch nichts, weil die bloße Passivität kein Sein ist; also muß auch die Welt ursprünglich activ sein, weil sie ursprünglich ist; sondern hierauf ausgedehnt kommen wir wieder auf die Schöpfung aus Nichts zurükk. Ganz dem dialektischen Gange entsprechend ist also nur der Ausdrukk, Wir können beide realiter nicht identificiren, weil die beiden Ausdrükke nicht identisch sind; wir können sie auch nicht ganz von einander trennen, weil es nur zwei Werthe für dieselbe

Forderung sind, auch apagogisch jedes bestimmte Verhältniß unhaltbar ist, und ohne bestimmtes Verhältniß keine wahre Trennung statt findet. Dasselbe ist versinnlicht durch den Streit, ob Gott in der Welt oder außerhalb der Welt sei. Das außerhalb sezt einen Gegensaz, der nothwendig rükkwirkend in Gott einen Gegensaz zwischen Selbstthätigkeit und Empfänglichkeit hervorbringt, wie davon die natürlichen Theologien, welche auf der Schöpfungstheorie ruhen, voll sind. Das innerhalb geht wesentlich zurükk darauf, Gott zu **natura naturans** und Weltordnung zu machen.

Nachdem wir nun hier die Grenze gefunden für das Bestreben, In dem Ausdrukk des transcendenten Grundes auch das ihm als Sein entsprechende wieder auszudrükken: so kommen wir nun zurükk zu der Identität der transcendenten und formalen Seite *), und fragen, wie sich beide Werthe in dieser Hinsicht verhalten. Die Formeln, welche den **terminus a quo** ausdrükken, sind, auf die Idee der Welt bezogen, rein negativ, also nichtig. Daher drükkt sie durchaus nur den **terminus ad quem** aus. Auf die Idee der Gottheit aber bezogen lassen sich beide Enden absolut verknüpfen, also verhält sie sich zu unserm Denken völlig gleich als **terminus a quo** und **ad quem**. Das heißt, Jedes wirkliche Denken, sofern es durch Approximation der Idee des Wissens entspricht, ist ein Theil der Idee der Welt, wenngleich diese niemals vollständig wird; sie wird aber doch durch jedes Hinzufügen mehr ausgefüllt. Wogegen die Ideę der Gottheit in gar keinem Verhältniß steht zum Fortschreiten, sondern nur zu jedem einzelnen Denken an und für sich, und zwar so, daß jeder partielle Gedanke und jeder Complexus sich zu derselben gleich verhält, wie auch natürlich groß und klein, Einheit und Vielheit nicht für sie ist. Es muß also in unserm Erkennen eine beständige Beziehung auf beide statt fin-

*) Vergl. XXX—XXXVIII.

den; aber natürlich wird diese nicht gleich sein. Ich nenne die Richtung auf die Idee der Welt die philosophhische oder weltweisheitliche, (Digr. Der Name ist hierin begründet als der unsrige, und alle Polemik dagegen, daß er keine richtige Uebersezung wäre, nichtig, denn Uebersezungen dieser Art können nicht etymologisch sein) die andre die theosophische. Die leztere, weil Minimum und Maximum für sie gleich und keine Fortschreitung in ihr angelegt ist, endet, wenn sie sich isolirt, in das gymnosophistische Brüten über die Nasenspize. Die erstere isolirt verliert den Unterschied zwischen dem Wissen und willkührlichen Denken, und wird fantastisch, wenn sie vom Denken im engern Sinne ausgeht; oder sie verliert den Unterschied zwischen der organischen Art der Erfüllung wenn sie vom Wahrnehmen ausgeht, und wird atomistisch.

Anmerk. 1. Ueber Theosophie und Philosophie. Nach der obigen LV.
Ansicht scheinen Böhme und Fludd keine Theosophen zu sein. Denn sie gehen auf Weltconstruction aus. Diese ist ihnen aber freilich nur Mittel, dessen sie deshalb bedürfen, weil sie das Gefühl für den Unterschied des wirklichen Denkens vom fantastischen wegen ihrer Losreißung von der Tradition verloren hatten. Die Tendenz war also theosophisch, und die philosophische Ausführung diente nur als Mittel.

2. Ueber das Verhältniß zur Dogmatik oder religiösen Reflexion. Wir können uns mit allen Ausdrükken aus jenem Gebiet verständigen, weil sie sich alle auf eine von unsern Formeln beziehen lassen, die polytheistischen unvollkommnen eben so gut, wie die monotheistischen vollkommnen. In jenen verbirgt sich die Einheit, aber die Spaltung ist symbolische Bezeichnung der Beziehung der Einheit entweder auf geistige Functionen in der ethischen Symbolik oder auf Naturfunctionen; so wie die bildlichen monotheistischen Ausdrükke aus dem wirklichen Denken und Wollen hergenommen und auf das transcendente als Grenze übertragen sind. Merkwürdig ist aber dabei der Umstand, daß sich weit mehr aus dem Monotheismus als Polytheismus ein Atheismus entwikkelt. Zwar die alten Philosophen wurden auch für Atheisten ausgegeben, wenn sie die Einheit suchend jene spaltenden Darstellungen entweder auf Geschichte oder auf Poesie zurükkzubringen suchten. Aber sie selbst hielten sich doch nicht dafür, weil sie sich des Einheitsuchens bewußt

waren. Ja selbst wenn sie auf den Abweg geriethen, die Einheit unter der Form einer todten Nothwendigkeit zu suchen, konnten sie sich nicht für irreligiös halten, weil das Schikksal immer als Einheit über den Göttern schwebte. Im Monotheismus wird das nicht poetische sondern mehr didaktische Verfahren vom wahrhaft dialektischen und transcendenten nicht geschieden, und indem es also für das lezte genommen und doch unzureichend befunden wird, kann leicht einer, der bloß kritisch zu Werke geht, auf den Gedanken kommen, daß die Idee, welche sich immer nur so inadäquat und unter partiellen Widersprüchen äußern könne, auch selbst unwahr sein müsse. Und so geben sich aus Mißverstand selbst für Atheisten, die es doch der Sache nach nicht sind. — Kants Polemik, die in die praktische Einseitigkeit endete, hat auch hierin ihren Grund. Wenn er in der rationalen Theologie und Ontologie so wie in der rationalen Psychologie die verkappte Dogmatik erkannt hätte: so würde er anders zu Werke gegangen sein. Darum halte ich so viel darauf die Trennung recht stark zu zeichnen, weil sonst die Erscheinung des Atheismus immer noch wiederkehren kann. Wenn wir uns aber auch mit allen Formeln befreunden: so ist es theils nur innerhalb der Grenze §. 225., welche also zugleich der Kanon ist, wonach alle auf jenem Gebiet sich bildenden Formeln geprüft werden müssen; theils darf das Verständigen kein Aneignen für den philosophirenden Gebrauch selbst sein, denn dadurch wird jene wesentliche Scheidung des religiösen und speculativen erschwert.

Zweiter Theil.

Formaler oder technischer.

LVI. ad 1. *) Erläutert sich zwar am besten aus Beispielen, wo die Veranlassung überwiegend organisch ist; allein auch das in uns selbst schon gegebene ist in dem aufgestellten Sinne materielle Seite. Ein Wissen, sofern es durch die Verknüpfungsgeseze zu Stande kommt, wird nur von diesem aus, aber nicht durch jenes, sondern nur durch die Thätigkeit des treibenden Princips.

ad 2. Wenn kein bestimmter Impuls vorhanden ist, sondern nur der allgemeine: so wird der Inhalt des nächsten Wis-

*) §. 230.

sens nur durch die Veranlassung bestimmt. Beispiel. Wenn wir schlechthin in die Natur hinausgehen, sammeln wir bloße Erfahrung, was da ist oder vorgeht; wenn wir uns aufgegeben haben das Verhältniß der vegetativen Natur zu den atmosphärischen Veränderungen: so stellen wir Beobachtung an.

ad 3. Im ersten *) ist die Welt außer uns thätig, und die Gottheit in uns; wenn wir nämlich im reinen Auffassen sind und das sich darbietende Sein nicht in Beziehung auf irgend ein anderes, sondern nur um die Idee des Wissens daran darzustellen, also vom transcendenten Grunde aus, uns einbilden wollen. Was wir bei wahrgenommenen Thatsachen beschwören, ist diese Reinheit des Auffassens, und jenes ist die bei allem Schwur zum Grunde liegende Idee. Bei dem spontaneen Wissen ist die Idee der Welt in uns thätig, weil wir verknüpfen wollen, und die Gottheit außer uns, indem sie keinen trügerischen Schein stellt zwischen das Sein außer uns und unser Wissenwollen; und dies ist unser Glaube an Gott im Erkennen. — In dem Gebiet der überwiegenden intellectuellen Function entspricht der Erfahrung die Entdekkung, und der Beobachtung die Construction.

ad 4. Ueberall wird in der Veranlassung auch schon ein innerer Factor vorausgesezt. Nur von einem schon gegebenen wirklichen Denken aus können wir Begriffe und Urtheile bilden, da wir einen eigentlichen Anfang des wirklichen Denkens nicht können ins Bewußtsein aufnehmen. Begriffsbildung ist mehr spontan, Urtheilsbildung mehr receptiv.

ad 5. Heuristische Operation mehr vom gewollten aus, LVII.
architektonische mehr vom gegebenen aus. Denn es ist für dies ordnende Verfahren gleichgültig, woher das Wissen gekommen; also hat auch das bestimmte Wollen hier keinen andern Werth als die unbestimmte Agilität. Was architektonisirt wer-

*) nämlich im mehr receptiven Wissen

den soll, wird als Eines angesehen, entweder an sich, oder mit dem früheren zusammen. Also immer nach innen. Das architektonische Verfahren geht in die Construction über; denn nur das architektonisirte ist ein Wissen. Das durch absichtliches Wollen gefundene hat schon architektonischen Prozeß in sich, aber untergeordnet.

ad 6. Durch diesen Uebergang des architektonischen in die Begriffsbildung ist der Kreis geschlossen, und die gegenseitige Bedingtheit vollständig gesezt.

Erster Abschnitt. Construction.

ad 7. Wenn das Ueberzeugungsgefühl, welches allein einen Denkact, der auf die Idee des Wissens bezogen wird, abschließt, sich nicht falsch gesellte, könnte kein Zustand des Streites entstehen. Nun wollen wir diesen Zustand vermeiden lernen: also müssen wir zunächst die Verhältnisse des Denkens zu diesem Gefühl ins Auge fassen.

(**NB.** 8. ist ausgelassen. Es ist eine Betrachtung des architektonischen Verfahrens, sofern es sich unter die Form der Construction stellt, und gehört nicht hieher.)

ad 9. Es sind zwei sich kreuzende Eintheilungen. — Man hat excipirt gegen die Formel Wissen des Wissens, weil das ins unendliche fortgehen könne; allein es ist hier von dem unmittelbaren Zeugniß des Selbstbewußtseins über die Beschaffenheit des Denkens die Rede. Dieses kann höchstens noch einmal an der Wahrnehmung reflectirt werden, was noch einen Gegensaz gäbe zwischen reflectirtem und nicht reflectirtem Gefühl vom Werth eines Denkactes; aber an eine unendliche Wiederholbarkeit ist nicht zu denken. Schon dieser lezte Gegensaz aber interessirt uns hier nicht, und wir haben nur jedes Glied der einen Eintheilung mit beiden der andern zu combiniren.

Im allgemeinen sagt die Combination aus, 1. Das Ueberzeugungsgefühl bestimmt den subjectiven Werth des Zustandes, und für diesen ist es gleich, ob der Gehalt ein Wissen ist oder nicht. D. h. Gewußtes Nichtwissen ist subjectiv eben so gut, als gewußtes Wissen. 2. Der Wissensgehalt entscheidet über den objectiven Werth des Actes, und nichtgewußtes Wissen ist eben so gut als gewußtes. (Anmerk. Dies giebt das Ansehn, als ob richtige Meinung eben so gut wäre als ἐπιστήμη; allein jene ist immer mit Irrthum vermischt. Klarer ist es auf der negativen Seite, daß gewußtes Nichtwissen objectiv nicht besser ist als nichtgewußtes.) Daß nun gewußtes Wissen Erkenntniß ist, und nichtgewußtes Nichtwissen Irrthum, leuchtet ein. Gewußtes Nichtwissen, welches aber doch als Denken wirklich ist, ist Fantasiren und Versuchen. Es kann gewollt werden als Durchgangspunkt.

Am schwierigsten ist das nichtgewußte Wissen. Eigentlich also nach dem obigen ein Wissen ohne Ueberzeugungsgefühl. Ist es aber möglich, daß das Ueberzeugungsgefühl nicht entstehe, wo doch in einem Denken die Idee des Wissens abgebildet ist: so ist auch das Gefühl keine Norm. Der Fall ist also zu erklären aus den ungleich verbundenen zwiefachen Charakteren des Wissens, daher auch seine doppelte Gestalt. Ich habe daher diesmal die skeptische Innehaltung und die richtige Meinung so erklärt. Bei der richtigen Meinung zeigt sich der Mangel des Ueberzeugungsgefühls nicht eher, als bis Zweifel erregt werden. Es ist Ueberzeugungsgefühl vorhanden von Uebereinstimmung mit dem Gegenstande, aber keines von Gesezmäßigkeit der Construction; doch kann diese da sein. Bei der skeptischen Innehaltung ist Ueberzeugungsgefühl da von der Richtigkeit der Construction, aber keines von der Uebereinstimmung mit dem Gegenstande, wiewol diese auch da sein kann. (Ich halte indeß diese Ableitung noch nicht für vollkommen; an der Sache aber habe ich keinen Zweifel.) LVIII.

ad 10. Die Hauptsache ist hier der Unterschied zwischen dem bedingten und reinen Denken. Im ersteren wird das Ueberzeugungsgefühl afficirt durch das bestimmte Interesse und auf den Denkact im ganzen bezogen, da es doch eigentlich nur geht auf das, was eben zur Anwendung kommen soll. Hier kann alles richtig sein; es können aber doch dem ganzen Act (Beispiele sind in der Chemie und Naturgeschichte besonders häufig) falsche Voraussezungen zum Grunde liegen, welche ihn auf dem Gebiet des reinen Denkens zum Irrthum machen. Alle vorübergegangenen Gestalten der naturwissenschaftlichen Disciplinen sind so zu erklären. Es folgt also, daß die richtige Meinung nur zulässig ist im bedingten Denken. Da wir nun unsre Aufgabe nur für das Gebiet des reinen Denkens bearbeiten dürfen: so ist

Saz 11. eine ganz natürliche Folge. Denn die skeptische Annahme muß sich nicht nur überall der richtigen Meinung, welche immer eindringen will, da jeder zugleich im bedingten Denken begriffen ist, entgegenstellen; sondern sie ist auch für sich nothwendig, weil wir wissen, daß vollkommnes einzelnes Wissen nur mit der Totalität gegeben ist, und mit dieser Ueberzeugung verträgt sich kein vollkommnes Ueberzeugungsgefühl über das einzelne.

ad 14. (Anmerk. 12. und 13. sind ausgelassen.) Die Richtung auf das reine Denken ist zwar ursprünglich; allein wenn wir auch einen einzelnen ganz für das reine Denken bilden wollten, könnten wir doch das Vorangehen des bedingten nicht verhindern. Wollen wir also das reine Denken vom Anfang entstehen lassen: so muß durch skeptische ἐποχή gegen den Irrthum gewirkt werden, und dies ist der Sinn des Sazes, daß **alle Weisheit mit dem Zweifel anfängt.**

LIX. ad 15. Jedes partielle wissenschaftliche Interesse bekommt den Charakter des bedingten Denkens, denn die Begriffe werden eher abgeschlossen, als sie in Beziehung auf alle coordinirten Punkte durchgeprüft sind. Also jeder Punkt, sofern er ein relativer Anfangspunkt ist, ist ein solcher, von welchem aus sich Irrthum und richtige Meinung erzeugen will, so lange der leitende Wille nicht auf die Totalität des Erkennens gerichtet ist.

ad 16. Die Richtung auf das reine Denken ist ursprünglich, also muß auch in abstracto betrachtet die gleichmäßige Entwikkelung möglich sein, d. h. das Zurükkgedrängt werden dieser Function ist etwas, was nicht sein soll, also, wenn man das Leben aus dem Standpunkt der Natur betrachtet, Krankheit, wenn aus dem der Freiheit, Sünde. (Ueber die Unvermeidlichkeit 16, 1.) Wenn also das Zurükkbleiben Krankheit oder Sünde ist: so ist das Geschäft selbst nicht Krankheit, wie doch oft ist behauptet worden, daß das Erkennenwollen um sein selbst willen ein krankhafter Zustand sei.

Saz 17. ist ausgelassen.

ad 18. Nach diesen Cautelen kann nun zur Sache geschritten werden. — Begriffsbildung geht voran, weil jedes eigentliche Urtheil schon das Geseztsein des Subjects, ja auch des Prädicats voraussezt. Der gegenseitigen Bedingtheit wegen sezt freilich Begriffsbildung auch Urtheile voraus, allein dies sind nur die unvollständigen, oder uneigentlichen.

Beilage D *).

1. Stunde. Entwikkelungsgeschichte des einzelnen Denkens.

2. Betrachtung von Seiten der Differenz der Gewißheit. Die fragmentarische Verworrenheit des Anfangs hängt zusammen mit Ungespanntheit des Gegensazes zwischen Gewißheit und Ungewißheit.

3. In der Vollendung ist also Massentotalität, Unveränderlichkeit mit vollkommner Gewißheit gedacht. Endlich auch vollkommner Zusammenhang. Vereinzelte wissenschaftliche Massen genügen nicht. Denn entweder ist der Zusammenhang nur noch nicht gegeben. Dann ist er entweder postulirt, und also die Vollendung nicht da, oder der Gegensaz zwischen Gewißheit und Ungewißheit ist noch nicht entwikkelt (wenn man ihn nämlich nicht bemerkt), und also auch keine Vollendung da. Oder er kann nicht gemacht werden. Aber dies geht nicht an, da ja doch alles seinen Zusammenhang in der Seele haben muß.

4. Folgerungen, a. daß man nicht eher etwas weiß, bis man alles weiß, und wir also unsre Kunst nicht eher haben, bis wir sie nicht mehr nöthig haben. Das heißt aber doch nur, daß

*) Randschrift zum Hefte 1822, d. h. zu Beilage C.

wir sie nicht vollkommen haben. Ueber die Richtigkeit der Ansprüche derer, welche einen vollkommnen Besiz vorgeben. b. daß, in sofern mit dem vollkommnen Besiz auch die Vollendung des Wissens gegeben ist, dann die Regeln des Verfahrens mit jedem beliebigen Denken und die Principien der Construction alles Wissens dasselbe sind. Dagegen scheint zu sprechen, daß die ersten Regeln alle Menschen brauchen und gewissermaaßen von selbst haben. Geschichtlich, wie vor Platon beides getrennt gewesen wäre, das eine mehr rhetorisch und politisch, das andre mehr poetisch-productiv; von Platon vereinigt, von Aristoteles wieder getrennt, dessen Logik als Antisophistik endigt.

5. Die aristotelische Theilung hat fortgedauert bis Kant, welcher fand, daß die metaphysischen Principien für sich nicht begründet wären. Dies hat denn allmählig die Rükkkehr bewirkt; aber darum habe ich auch zwekkmäßig gefunden, ohne mich an Mißverständnisse zu kehren zum alten Namen zurükkzukehren.

Daß logische und metaphysische Principien Eins sind, würde ganz klar zu machen sein, wenn man auch umkehren könnte und sagen, Während wir den Zusammenhang alles Wissens bilden, müssen uns auch die logischen Regeln entstehen. Aber das können wir nicht, da wir mit jenem nicht anfangen können, indem wir metaphysische Principien auch nur in der Form von Säzen aussprechen können, welche auch in der Gesprächführung entstehen.

Wir gehen also apagogisch zu Werke, und fragen Gesezt die metaphysischen Principien entständen anders: so hingen sie also auch mit allem, woran wir die logischen Regeln suchen, gar nicht zusammen.

6. Wiederholung. Versuch mit metaphysischen Principien allein. Erläuterung an Spinoza's erster Proposition. Sie erscheinen als Thatsache in einem einzelnen Bewußtsein nur willkührlich, bis sie mit dem allgemeinen Denken in sichere Uebereinstimmung gebracht sind. Die Bewährung kann dann

durch sich selbst kommen am Ende. Aber dann müssen auch die Regeln gefunden sein, wenn man nicht zwei völlig getrennte Gebiete annehmen will. Auf solche Weise wird auch philosophirt. Dies giebt aber eine gänzliche Trennung zwischen allem praktischen und dem speculativen Gebiete, wobei das eine vertrokknet und das andre sich entgeistigt.

Versuch allein mit logischen Regeln. Dann auf diesem Gebiet beständiger Wechsel der Ansichten, der nur weiter führen kann, wenn doch im speculativen Geist gehandelt wird. Am Ende aber muß doch beides wieder zusammen.

Von unserer Voraussezung aus entsteht aber wieder eine untergeordnete Duplicität. Die Metaphysik ist Wissenschaft, die Logik ist Kunstlehre. Man kann die Wissenschaft finden wollen, indem man die Kunstlehre macht; man kann die Kunstlehre finden wollen, indem man die Wissenschaft macht.

NB. Eingeschaltet war eine Ueberlegung über die Rathsamkeit des Vorhabens.

7. Zurükkgehn auf das Verhältniß von Kunst und Wissenschaft. Kunst auf vorher gedachtem Wissen will hernach ein Darstellen. Regeln sind als bewußtloses Verfahren möglich. Das ganze menschliche Leben soll so Kunst sein. Auch diejenigen Theile, wozu jeder nur fragmentarisch beiträgt. Dahin gehören auch die einzelnen Wissenschaften. Kunstgemäß handelt, wer nur bleibendes beiträgt.

8. Wie das Wissen Kunst werden will in der Darstellung. Dann auch unter einer Kunstlehre, die aber nicht für unser Wissen eine besondere sein kann. Geht man diesen Weg: so ist die Voraussezung auch dieselbe. Platon als Kunstlehre. Seine Dialogen sind zwar Kunstwerke, aber nicht als Darstellungen der Wissenschaft, sondern nur der Verfahrungsweise. Mit der aristotelischen Trennung geht auch dieser Anspruch verloren. Seine Metaphysik, wenn auch nicht so wie wir sie jezt haben,

war doch gewiß kein Kunstwerk. Hernach am meisten, wo am wenigsten aristotelisches, wie Joh. Erigena. Später war Baco der erste, der der philosophischen Kunstlehre den positiven Theil wiedergab, und Spinoza der erste, in dessen Werken sich der Typus eines Kunstwerkes zeigt. Jezt lassen wir diesen Anspruch, wo Wissenschaft als solche zur Darstellung kommt, nicht fallen. Da aber bei solchen Werken auf allgemeine Theorie der Composition zurükkgegangen wird: so wird es um so schwerer mit der dargelegten Wissenschaft zugleich die Regeln des ursprünglichen Verfahrens zu haben. Daher dieses kein Verfahren ist für den Anfang.

9. Dialektik ist also Architektonik alles Wissens; sie ist Organon für das richtige Verfahren im zusammenhangenden Fortschreiten; sie ist Kriterion für jedes einzelne Denken, was sich für ein Wissen giebt. —

Stellung der Dialektik gegen diejenigen, welche entgegnen, es gebe kein Werden des Wissens, sondern das Wissen sei ganz und fertig, und gegen diejenigen, welche leugnen, das Wissen werde, sondern es bleibe alles ungewiß. Jenen können wir zunächst sagen, wir könnten nur abwarten, ob sich das extensiv vollendete Wissen hineinfügen werde.

10. Den Skeptiker muß man zunachst fragen, weßhalb er denkt, wenn er nicht wissen will. Er kann angeben das künstlerische und das geschäftliche. Das erste aber kann nur wohlgefallen, wenn eine allgemeine innere Wahrheit zum Grunde liegt; das lezte zeigt sich immer dem Denken, welches auf Wissen ausgeht, untergeordnet, also von ihm ausgehend und abhängig. Sonach sind beide Gebiete nur belebt im Zusammenhang mit dem, welches das Wissen will.

Die Dogmatiker *), welche eine fertige Metaphysik als

*) Ganz andrer Gebrauch des Ausdrukks Beilage F. §. 1., 4.

System vortragen und das Wahrnehmen des einzelnen nicht in Zusammenhang bringen wollen, also von gemeinen und höherem Standpunkt ausgehen, fangen doch mit einem Saz an als erstem, und einer muß ihnen auch als erster entstanden sein. Also Anfang einer neuen geistigen Lebensfunction, welches keinen Widerspruch einschließt. Aber wirken kann sie nur durch Anstekkung, und da nun alle solche Systeme etwas gewirkt haben: so haben sie es als erste Manifestation einer für eine gewisse Zeit und Gegend gültigen Denkweise.

11. Wenn sie sich unter einander verständigen, oder uns, ohne Anstekkung, durch Gründe überzeugen wollen: so müssen sie ihre ersten Gedanken untersuchen lassen und nachweisen, woher die Begriffe kommen. Also ganz auf uns zurükk. Unser Saz aber, daß es kein vollkommnes Wissen gebe, hat die Geschichte für sich. Untergang der aristotelischen Philosophie und Entstehung neuer Systeme, wobei andre Naturansichten zum Grunde lagen. Tod aller speculativen Philosophie in Frankreich und England, wo man die Speculation für beendigt hält, was aber doch auch wieder wird aufgerührt werden müssen. Keinesweges aber sezen wir voraus, daß die Idee des Wissens selbst etwas werdendes sei; sondern sie liegt als dieselbige allem Denken sich selbst gleich bleibend zum Grunde.

Wie verhalten nun die speculirenden sich zu denen, welche hiezu nicht gelangen?

12. Wenn die meisten nur im praktischen versiren: so nehmen sie auch die Grundlage nur traditionell auf, und das ist nicht für einen Denkact zu rechnen. Die ursprüngliche Entstehung der Grundlage geht aber auch vom Wissenwollen aus. Dasselbe gilt von der ästhetischen Seite. Der Unterschied zwischen bewußtloser Kraftäußerung und entwikkeltem Bewußtsein an andern Beispielen auseinandergesezt. Der Uebergang aus jener in dieses ist also der Anfang der Speculation *).

*) Allem Denken, das nicht bloß traditionell ist, liegt das Wissenwollen

Wenn die formale Seite nur Regel der Verknüpfung wäre: so würden wir auf ein erstes Denken zurükkgeführt, welches nach ihnen nicht gebildet wäre, sie also auch nicht in sich enthielte. Aber es ginge doch vom Wissenwollen aus. Dieses also wäre aus demselben zu entwikkeln. Da nun dieses mit den Regeln dasselbe sein soll, beides aber sich zum ersten Denken entgegengesezt verhält: so ist dies ein Widerspruch *). Er ist auf zweierlei Art zu heben. Einmal durch die Anahme, daß es ein erstes Denken gar nicht giebt, und wir also in den Fall nicht kommen den Widerspruch heben zu müssen. Dies ist factisch richtig, aber es hebt die Schwierigkeit nicht auf, wenn denn doch alles auf einem Widerspruch beruht. Zweitens durch die Annahme, Jedes Denken ist selbst eine Verknüpfung, auch das erste. Dargestellt an den beiden Formen, Begriff, wiewol dieses ein unbestimmtes Denken ist, doch aus einem Zusammenfassen geworden, und also der Act des Zusammenfassens das eigentliche Denken darin, und Saz, worin die Zusammenfassung offenbar.

13. Wenn auch Grundlage des Wissens und Ver-

---

zum Grunde. Wenn viele nur die Resultate des Denkens anderer ihrem Bewußtsein einpflanzen wollen: so ist dies keine ursprüngliche Denkthätigkeit; wo eine solche ist, auf welchem Gebiete es sei, also auch auf dem Gebiet des praktischen Lebens und der Kunst, da geht sie vom Wissenwollen aus, und das Maximum der Differenz zwischen den speculirenden und denen, die von der Speculation abstrahiren, ist nur dieses, daß in lezteren eben dasselbe ist als lebendige Kraft auf bewußtlose Weise, was in jenen zu bestimmtem Bewußtsein entwikkelt. Vorles.

*) Vorles. Das Princip des Wissenwollens, sofern es zum Bewußtsein entwikkelt werden kann, ist wesentlich eins und dasselbe mit den Regeln der Verknüpfung beim Denken selbst. Regeln der Verknüpfung führen auf ein erstes Denken. Ein solches aber würde wol das Princip des Wissenwollens, nicht aber die Regeln der Verknüpfung in sich tragen. Denn um diese in sich zu tragen, müßte es aus ihnen gebildet sein; wenn es aber aus ihnen gebildet wäre: so wäre es kein erstes Denken. Trägt es nun das Princip des Wissenwollens in sich, nicht aber das demselben identische, nämlich die Regeln der Verknüpfung: so ist ein Widerspruch.

knüpfungsprincip dasselbe ist: so bleiben es doch zweierlei Beziehungen, und wir müssen uns über die Priorität des transcendentalen oder formalen entschließen. Lezteres liegt dem höchsten Ausdrukk der Aufgabe *) am nächsten, nämlich der Zusammenconstruction alles Wissens, welches selbst Verknüpfung ist, und ist also auch natürlich das lezte. Ersteres liegt dem einfachsten Ausdrukk der Aufgabe am nächsten, nämlich dem Orientiren über einzeln vorkommendes Denken, und ist also auch billig das erste.

Der Ausdrukk transcendental rechtfertigt sich dadurch, daß dieses jenseit alles im gewöhnlichen Verlauf vorkommenden Denkens liegt. Denn erstens sieht man aus den philosophischen Systemen nach neulicher Auseinandersezung, daß kein Saz, von dem das Wissen anheben soll, aus dem Nichtwissen schlechthin kann entstanden sein. Also muß auch jedes frühere schon den Typus des Wissens enthalten, und dieser also allem vorangehen. Eben dasselbe geht zweitens hervor aus unserer neulichen Erörterung, daß jedes Denken schon Verknüpfung ist, also das Princip dazu jedem, und also auch einem fingirten ersten zum Grunde liegen muß. Und gerade in sofern ist es das transcendentale.

Erster, transcendentaler Theil.

Was ist in allem Denken, abgesehen vom künstlerischen und geschäftlichen, das Wissenwollen? Die kürzeste Antwort ist, Die Idee des Wissens, nur daß wir uns über den Ausdrukk erst verständigen müssen.

Denken ist die Geistesthätigkeit, welche sich durch die Rede vollendet. Wollen und Empfinden treten erst in Verbindung mit der Rede, wenn sie Gedanken werden, nicht aber unmittelbar. Keine Wollung wird durch Rede vollendet, sondern durch die That; und keine Empfindung wird durch die Rede

*) Vergl. oben 9.

vollendet, sondern nur beschrieben. Andere Geistesthätigkeiten können hier gar nicht in Betracht kommen. Denken und Sprechen ist so eins, daß man es nur als inneres und äußeres unterscheiden kann, ja auch innerlich ist jeder Gedanke schon Wort.

14. Wir sezen uns in den Fall des streitigen Denkens, zurükkgehend auf die beiden Formen Begriff, im weitesten Sinne des Wortes, und Saz. Wir fangen bei der lezten als bestimmtesten an. Das streitige Denken entsteht nur, wenn bei der Verschiedenheit eine Identität vorausgesezt wird. Verschiedenheit von Subject und Prädicat giebt keinen Streit. Gleichheit des Prädicats bei Verschiedenheit des Subjects, und des Subjects bei Verschiedenheit des Prädicats, giebt Aufgaben, Tendenz zu künftiger Combination, aber es wird nichts dadurch streitig. Also nur Gleichheit des Subjects bei widersprechenden Prädicaten. Hier wollen wir des Wissens wegen ausgleichen. Warum sehen wir es aber nicht auch als zwei verschiedene Gedanken an? Nur wegen der Beziehung auf das Sein im weitesten unbestimmtesten Sinne. Denn wenn vom Centaur verschiedenes auch widersprechend prädicirt wird, entsteht kein Streit.

Der Skeptiker leugnet den Unterschied und bringt alle unsre Vorstellungen unter den Typus des Centauren, zusammengesezt aus organischer Affection als äußerer Veranlassung und innerem Impuls, welche aber beide in keiner wahren Verbindung ständen. Das Verfahren gegen ihn ist schon angegeben. Hier aber kommen wir darauf, daß, wenn er beharrt nicht wissen zu wollen, er auch keine Beziehung auf Sein annehmen darf, und daher daß diese bei dem Wissenwollen die Grundannahme ist.

15. Eben dasselbe folgt, wenn man den Begriff als streitig sezt. Zwei verschieden gedachte Begriffe könnten ganz ruhig als verschiedenes neben einander hergehen ohne Streit. Wenn man sie bei der Verschiedenheit doch als Eins sezt: so kann dies nur ausgehen von der Beziehung des Denkactes auf ein und das nämliche Sein. Wie denn auch die Differenzen im Urtheil sich

darauf zurükkführen lassen, daß durch verschiedene Aussagen der Subjectsbegriff verschieden gebildet wird.

Sein soll übrigens hier, so wie wir Denken nur als den einzelnen Act nehmen, auch bloß von dem verstanden werden, was diesem gegenübersteht und worauf er bezogen wird, ohne über den Gegensaz von Sein und Werden, beharrlich und wechselnd ꝛc., etwas zu entscheiden.

Das fertige Wissen sezen wir also als das dem Sein, wozu es gehört, vollkommen entsprechende Denken, und ein solches nun muß von allen vollkommen gleichmäßig gebildet werden.

Das innere Sezen dieses Entsprechens ist die Ueberzeugung, welche das Denken über den Gegenstand zur Ruhe bringt. Jede Ueberzeugung kann aber wandelbar sein, und wenn wir uns fragen, Was gehört dazu, daß eine Ueberzeugung ganz fest sei? so können wir es nur nach derselben Regel beurtheilen, nur daß, weil die Ueberzeugung sich nur auf das einzelne so denkende Subject bezieht, der Saz, dieses Denken werde nicht mehr geändert werden, seinem eigenen Sein entspreche und der Ausdrukk desselben sei.

16. Aber auch unsre Willensthätigkeiten und unsre Geschmakksurtheile (geschäftliches Denken und künstlerisches Denken) sind mit Ueberzeugung begleitet. Aber wir verlangen keine Gleichmäßigkeit, sondern sagen, jeder beschließe nach seinem Gewissen, jeder habe seine eigene Art zu handeln (Dies schließt die Sittlichkeit nicht aus. Denn die Forderung gleichmäßigen Handelns gründet und bezieht sich auf eine schon im Werden begriffene Gemeinschaft des Seins), und eben so jeder habe seinen eignen Geschmakk (wobei eine ähnliche werdende untergeordnete Gemeinschaftlichkeit statt findet). Diese Ueberzeugungen, wenn sie ganz fest sind, sagen aus, daß diese Sezung das Sein des einzelnen ausdrükkt Die das Wissenwollen begleitende aber sezt die gleiche Ueberzeugung in allen, hebt also die Einzelheit des Seins auf

und sagt also aus, das Wissen drükke das identische Sein aller einzelnen aus.

Da wir aber nun zugleich das Denken nicht anders auffassen konnen als im einzelnen, und also diese Ueberzeugung auch im einzelnen sezten; so müssen wir die Identität von beiden aussprechen, und zwar von beiden aus, indem wir jedes dem andern gleichsezen. Die beiden Säze, Das Ruhen des einzelnen in Denken ist identisch mit der Gleichheit des Denkens aller, und Die Gleichheit des Denkens aller ist in der Ruhe jedes einzelnen, heißen Der Mensch ist als denkend ein Individuum der Gattung, und die Vernunft als Princip des Wissens ist in allen dieselbe.

17. Das individuelle und universelle sind aber keinesweges ganz außer einander. Unmittelbar postuliren wir keine Gleichheit der Handlungsweise und des Geschmakks; aber wenn unser Denken derselben vollkommen sein soll: so müssen wir doch auch sagen, daß alle sich dasselbe eben so denken als wir, und so ist auch dieses Denken ein Wissenwollen. Und wenn das universelle auch vollkommen in allen dasselbe ist: so ist es doch in jedem anders geworden und wird als seine That (wovon wir doch immer ausgegangen sind) nur verstanden mit seinem Gewordensein zugleich. Also ist auch das Wissen nur vollendet in dem gleichmäßigen Erkennen alles individuellen.

Der Unterschied bleibt demohnerachtet stehen, und wir sagen, Alles Denken, sofern es in der Gesammtheit des Wissens ist, hat seine Begründung in der Gleichheit und Selbigkeit der denkenden; alles Denken außerhalb dieser in der Verschiedenheit der denkenden. Die Aufgabe bleibt also die Verschiedenheit auf die Selbigkeit zurükkzuführen.

Die Hauptfrage entsteht nun, Wie kommt das Denken zu dem Sein außer ihm, worauf es sich bezieht?

18. (Nachträglich noch aus dem vorigen die Folgerung, daß weder Philosophie noch die realen Wissenschaften sich zum vollendeten Wissen gestalten können anders als zugleich mit einer gleichmäßigen Auffassung ihrer Geschichte, und daß jedes aus einem einzelnen Denker entstehende System auch als eine individuelle Gestaltung anzusehen sei.)

Die neue Frage ist nun ein Hauptpunkt in dem transcendentalen Theil unserer Untersuchung. Zunächst eine empirische Betrachtung voran. Wir finden, wenn man auf den Gehalt des einzelnen sieht, genaue Identität in den Productionen der Denkthätigkeit im Wachen und im Schlaf. Die ersten beziehen wir auf ein Sein, die lezten nicht. Wir schreiben zwar bei den lezten auch äußeren Affectionen der Organe sowol im Schlaf selbst als auch sofern die während des Wachens erhaltenen nachwirken einen Einfluß auf die Entwikkelung der Bilder und Vorstellungen zu, aber nicht so, daß sie auf dieselbe Weise entsprächen. Der Gegensaz selbst aber ist auch auf der andern Seite nur relativ, denn es giebt auch ein partielles Schlafen z. B. im Zustand strenger Abstraction, wo man hernach, wenn sich Erinnerungen sammeln, ungewiß ist, ob sie einem Sein entsprechen oder nicht. Der strenge Skeptiker dreht daher die Sache um und nimmt den Traum zum Urtypus und sagt, auch im Wachen entständen die Bilder nur aus inneren Affectionen.

19. Die Aehnlichkeit der schlafartigen wachenden Momente ist, daß kein Wissenwollen dabei zum Grunde liegt. Dasselbe von unwillkührlichen Einfällen durch innere Affection, welche nur etwas werden, wenn wir sie an das Wissenwollen anknüpfen. Das positive sowol des Traumes als der Einfälle, die nicht dem Wissen angeeignet werden, ist dann das Gebiet der Darstellung. Dem Geöffnetsein nach außen entspricht aber ein Geöffnetsein nach innen. Wenn diesem das Wissenwollen zum Grunde liegt und nun mit diesem überall Beziehung auf Sein wesentlich zusammengehört: so sind alsdann wir selbst, wenn

auch nur in einer einzelnen Function (wiewol immer alle ungetrennt thätig sind), und nicht minder in der denkenden, als in einer andern, das Sein, worauf wir beziehen, und erst diese Beziehung constituirt für das Denken das Selbstbewußtsein. Hier ist also das Sein nicht außer dem Denken, sondern beide ursprünglich für einander und durch einander als in einander. Und wenn es ein solches ursprüngliches Einssein beider nicht gäbe, würden wir auch nie Rechenschaft darüber geben können, wie eins zum andern komme.

Kehren wir von hier zu dem skeptischen Standpunkt, der Träumen und Wachen gleichstellt, zurükk: so müssen wir freilich sagen, Träumen sei der erste Zustand, zwischen den sich das Wachen erst allmählig einschiebe, und auch das Selbstbewußtsein gewinne erst in demselben Maaße Consistenz. Der Zusammenhang aber zwischen dem mit der Oeffnung nach innen zusammenhangenden Beziehen auf das eigne Sein und dem mit der Oeffnung nach außen zusammenhangenden Sezen der Außenwelt ist vermittelt durch das sich immer zuerst fixirende Sezen anderen menschlichen Seins. Dieses ist Theil des Selbstbewußtseins, wie das Kind noch Theil der Mutter ist; aber Theil der Außenwelt, weil der Mensch dem Menschen ein Außer ihm ist, aber in die gleiche Identität des Denkens und Seins gestellt mit dem Bewußtsein der Reciprocität. Die Beziehung auf die natürliche Außenwelt fängt immer zuerst an mit dem geschäftlichen Denken, und die ganze Entwikkelung des Wissens ist Kampf des Wissenwollens gegen dieses Beziehen alles einzelnen Seins auf das menschliche.

20. Es fragt sich, ob alles Wissen werdenwollende Denken mit einem von beiden Geöffnetsein zusammenhängt. Dagegen scheint zu sprechen die Unterscheidung des Wahrnehmens, welches als inneres und äußeres jenes beides zu umfassen scheint, und reinen Denkens, welches also den Zusammenhang mit Organismus auszuschließen scheint, und wovon jenes zulezt das

reale, dieses das transcendentale Wissen wird. Angenommen: so können wir ein drittes dazu fingiren, welches allein organisch wäre. Dazu haben wir schon das Analogon in den während vollständiger Abstraction entstehenden und aufbewahrten organischen Eindrükken. Also überall wo die organische Thätigkeit beginnt das Differential derselben, ehe die Vernunftthätigkeit eintritt. Wir werden aber zugeben müssen, daß dieses so lange noch kein wirkliches Denken ist, sondern nur Denkstoff. Daher ist zu vermuthen, daß es mit jenem eben so steht. Wenn die Vernunftthätigkeit zur organischen als Minimum eintritt, sich dann zum Gleichgewicht steigert, zulezt die organische zurükkdrängt: so ist sie nach dem gänzlichen Verschwinden derselben nicht mehr ein wirkliches Denken, sondern nur Denkform. Wenn die Vernunftthätigkeit anfängt: so ist dieses nicht eher ein wirkliches Denken, als wenn die organische eintritt. Das wirkliche Denken wäre dann eingeschlossen innerhalb des Schoneingetretenseins beider und Nochnichtverschwundenseins einer von beiden. Jener Gegensaz müßte also befaßt werden unter die Duplicität des entgegengesezten Primates.

21. Das Hauptzeugniß für uns ist schon dieses, daß kein wirkliches Denken ist ohne Sprache, welches zwar an und für sich keine aufnehmende organische Thätigkeit voraussezt, aber doch alles für unser Gebiet in Anspruch nimmt, was in der Sprache mit Ausdrükken für solche irgend zusammenhängt. Wollte man nun ein wirkliches Denken außerhalb annehmen: so müßte dies auf die gleiche Weise vorgestellt werden können auch vor aller organischen Entwikkelung, und dies ist was wir durch den Ausdrukk angeboren bezeichnen. Nun ist aber kein Gedanke aufzuzeigen, der nicht modificirt würde durch die organische Entwikkelung. Also muß auch jeder schon ursprünglich etwas mit dieser zusammenhangendes in sich haben. Als Beispiel habe ich durchgeführt, von den organischen Eindrükken die von Sonne und Mond ausgehen anhebend, die, ehe intellectuelle Function,

d. h. Wissenwollen hinzutritt, nur Material sind, welches eben so gut innere Wahrnehmung werden kann als äußere. Dann werden sie Vorstellung, und wir sezen nun alles bis auf die höchste Vervollkommnung des bewaffneten Auges, und alles was sonst Beobachtung liefert, als die stätige Steigerung der organischen Thätigkeit zum Maximum. Denn denken wir uns diese sich abwendend: so wird sich in der Vorstellung alles mehr hervorheben, was Formel ist, und das organische wird verbleichen. Wir wollen uns denken, auch die Differenz beider verschwinde in diesem Erbleichen: so bleibt die allgemeine Vorstellung des Weltkörpers zurükk, aber als Bild, und wenn alles Bild verschwindet, kann sie auch nicht mehr gedacht werden. — Nehmen wir nun, daß alles, was aus den organischen Eindrükken geworden ist, seit dem Hinzutreten der intellectuellen Function und durch dieselbe geworden ist: so müssen wir freilich sagen, die Vorstellungen würden nicht so geworden sein, wie sie sind, wenn die Function anders wäre. Denken wir sie uns also als das Denkenwollen, aber was vor jener kein wirkliches Denken werden kann: so werden wir sagen müssen, das der organischen Thätigkeit vorangesezte in der intellectuellen Function sei eine innnere Bestimmtheit zu einer solchen Gestaltung des Denkens, also Typus, Charakter der sich ausprägen will.

22. (Nachträglich. Daß jedes wirkliche Denken verändert wird durch den Zustand des Gebietes der Wahrnehmung, ist am besten nachzuweisen durch den Gedanken Gott, von welchem ein Schluß auf alle anderen gilt.) Wenn wir nun mit Beiseitsezung von Zeit und Ort allen Denkstoff vor Eintritt der intellectuellen Function als Eins ansehen, und ihn nun mit Hinsicht auf das Sein, was freilich Gegenstand des Denkens werden soll, bezeichnen: so ist dies die Vorstellung des Chaos, nicht mythologisch objectivirt, aber als eigentlicher Grund jenes Objectivirens. — Sezen wir nach der Vollendung alles realen Den-

kens (wie bei Sonne und Mond) das Verschwinden der Differenz fort: so bleibt zulezt die Vorstellung des Dinges übrig. Untersuchen wir den Gehalt beider Vorstellungen näher: so ist Chaos die unendliche Unbestimmtheit oder unbestimmte Unendlichlichkeit. Das Ding aber ist die bestimmte Einzelheit als die Organe afficirend. Da nun alle weitere Entwikkelung der organischen Thätigkeit im wirklichen Denken durch das Verschwinden wieder aufgehoben ist: so ist die Differenz zwischen Chaos und Ding die allgemeine Function dessen, was die intellectuelle Thätigkeit in die organische hineinbringt. Nun wird Ding eigentlich immer weil als einzelnes zugleich in der Mehrheit gedacht. Diese Gesammtheit kann auch wieder Unendlichkeit sein, aber nicht unbestimmte sondern bestimmte, und zwar weil bestimmte Unterscheidung des einzelnen entsteht, diese Bestimmtheit aus der unbestimmten Unendlichkeit durch Zusammenfassen und Entgegensezen. Denken wir uns unmittelbar diesen Prozeß auf das Chaos angewendet: so haben wir aus demselben die Dinge.

(Anmerk. Es soll nicht behauptet werden, denn dies wäre Erschleichung, daß die Vorstellung des Dinges nicht auf andre Weise entstehen könnte, sondern nur daß sie so auch entsteht.)

23. Die Grundlage alles Denkens, welches Wissen werden will, ist also die Beziehung beider Prozesse auf einander, und zwar erstlich im allgemeinen, dann aber auch in der Vereinzelung, welche die nothwendige Form der zeitlichen Entwikkelung ist. Wird nun ein organischer Ort auf einen intellectuellen so bezogen, daß die Vollendung des Wissens dieselbe Beziehung beibehält: so ist das Denken ein Wissen; wo nicht: dann nicht. So lange also wechseln die Beziehungen, und indem der eine so bezieht der andre anders und jeder doch glauben kann zu wissen, besteht der Zustand streitiger Vorstellungen. Das Denken ist noch nicht vollendet, und also auch das Wissen nicht, so lange in der organischen Totalität noch chaotisches zurükgeblieben und in der intellectuellen Totalität noch bestimmt geeint

und entgegengesetzes nicht organisch ausgefüllt ist. Da aber die unendliche Unbestimmtheit auch ins unendliche theilbar ist: so gilt dasselbe auch von dem einzelnen Denken. So lange es nicht vollständiges Wissen ist, muß entweder organisches darin unbestimmt sein (Chaos), oder intellectuelles unausgefüllt (Ding).

Diese Grundvoraussezung von der Zusammengehörigkeit beider Pole und der Beziehung jedes Etwas in dem einen auf Etwas in dem andern ist keines Beweises fähig. Wer sie anfechten will, muß das Denken aufgeben; denn in jedem Denken geht er von ihr aus. Sie ist also die Zusammengehörigkeit der Welt und der Denkthätigkeit des menschlichen Geistes. Die Welt drükkt sich aus im Typus des menschlichen Geistes, und dieser Typus stellt sich dar in der Welt.

Ueberzeugung ist die Sezung der Richtigkeit der gemachten Beziehung, und die Operation ist sistirt.

24. Das obige geht auch hervor, wenn man die Zusammengehörigkeit beider Seiten im allgemeinen auf die Form des Denkens als Thatsache des einzelnen Subjects anwendet. Denn darin liegt die Vereinzelung in Momente, vermöge deren man jedesmal e t w a s denkt.

Die Ueberzeugung empirisch betrachtet ist quantitativ verschieden, und sie kann, sei sie nun Zweifel oder Gewißheit, wahr sein oder falsch. Dies veranlaßt auf der einen Seite den Skepticismus; aber das Denken ist dann wenigstens in so weit Geschäft geworden, als man das Resultat vorzüglich im Auge hat. Auf der andern Seite, daß man die Sicherheit der Ueberzeugung sucht in der Zusammenstimmung derselben mit beliebigen anderen. Allein dies ist eigentlich auch nur die Voraussezung beim geschäftlichen Denken, weil jede Handlung in die Handlungen bestimmter anderer eingreift. Es ist aber so viel wahres darin, daß, weil im vollkommnen Wissen alles Schwanken aufhörend gedacht wird, die Gleichmäßigkeit aller im Denken auch die Ueberzeugung schlechthin befestigt. — Die einzelnen aber sind in Bezug auf die Ueberzeugung verschieden; schwankende ohne alle Sicherheit im Fortschreiten, feste aus Hartnäkkigkeit und feste aus Richtigkeit.

25. Aus XXIV. *), nur daß ich den Ueberzeugungspunkt zulezt gestellt habe, und daß ich hernach das Gleichgewicht abgeleitet habe aus der objectiven Betrachtung des vollendeten Wissens.

26. Wenn im vollendeten Wissen alles Denken, sofern dem Gegenstande nach dasselbe, auch gleichmäßig ist in allen, und jedes als Wahrnehmung entstandene nur vollendet ist, sofern darin nichts chaotisches bleibt, d. h. sofern der ganze Constructionsprozeß darauf angewendet worden, und jedes als Construction entstandene nur, sofern es ganz, auch die organische Wiederholbarkeit mit gerechnet, ausgefüllt worden: so müßte auch beides gleich sein, d. h. im vollkommnen Wissen die Spuren der verschiedenartigen Genesis verschwunden. Daraus folgt, daß wahrgenommenes und construirtes noch nicht Wissen ist, und es nur wird durch die Beziehung auf die entgegengesezte Seite (S. XXV.) **).

Hierdurch erklärt sich nun auch näher der Grund der verschiedenen Anlage zur Ueberzeugung. Denn wenn diese nur im Wissen unerschütterlich ist: so wird der Grad ihrer Sicherheit vorher auch abhangen von der Continuität und dem Grade der Annäherung. Nun ist das Zurükksehen von einer Seite des Denkprozesses auf die andre ein Theil des jedesmaligen Selbstbewußtseins, und die Leichtigkeit dieses von beiden Seiten mit Klarheit zu thun so die Bedingung einer stätigen Ueberzeugung. Je weniger Leichtigkeit in diesem Ergänzungsprozeß, desto weniger auch Ueberzeugung.

27. Wenn wir nun die Differenz des Ueberzeugungszustandes ausgleichen wollten durch Gemeinschaft mit einer die Totalität repräsentirenden Mehrheit: so ist die Aufgabe diese zu bewirken. Der schwankende hat ein Interesse feste und sichere

*) d. h. Beil. C, XXIV.

**) Beil. C, XXV.

Denker aufzusuchen, um durch sie seinen Zustand zu verbessern; der feste ein Interesse, um sich ihren organischen Prozeß anzueignen. Beide aber sind gewiesen an das Gebiet derselben Sprache, und da jede Sprache eine individuelle Besonderheit ist: so ist keine für sich eine Repräsentation der Totalität. Daher finden wir nun außer dieser natürlichen und vorherrschenden Gemeinschaft zu allen Zeiten, von denen in welchen die Idee des Wissens am meisten Leben hat ausgehend, ein Bestreben die Gemeinschaft über die Grenzen der Sprache hinaus zu erweitern.

28. Jeder muß sich zunächst ergänzen aus seinem eigenen Sprachgebiet, dann aus der Totalität. Wie man bisher immer stehen geblieben bei analogen Sprachen, da es doch solche giebt, in denen der Gegensaz zwischen Nomen und Verbum nicht gleichmäßig heraustritt. Daher ist die Ueberzeugung, mit der man die Entwikkeung betreibt, noch immer etwas einseitiges. Ihr gegenüber muß stehen die vorsichtige Unentschiedenheit. Jene repräsentirt nur die individuelle Differenz und ohne sie gäbe es auch auf diesem Gebiete keine Fortschreitung. Diese repräsentirt die noch nicht gewordene Sprachgemeinschaft. (S. XXVII.) *).

In Beziehung auf das transcendente ist aber der Einfluß der individuellen Differenz an sich Null, denn er beherrscht nur das Gebiet der zeitlichen Entwikkelung des Denkens. Hier aber haben wir es mit dem außer und vor dieser liegenden zu thun. Doch folgt daraus, daß wir auch bei dieser Untersuchung am meisten von den Bestimmungen des Wissens ausgehen müssen, welche diesem Einfluß am wenigsten ausgesezt sind. Die Gleichmäßigkeit sezt gerade die Ausgleichung des individuellen als geschehen voraus, und die Differenz wird also gesezt, so lange man das Wissen in Werden denkt. Eben so ist der allgemeine Zusammenhang auch der des individualisirten. Nur die Ueberzeugung ist dieselbe, wo die Differenz aufgehoben ist und wo sie besteht.

*) Beil. C, XXVII.

Die Vollständigkeit läßt sich ausdrükken durch Erweiterung der Formel **Verum sui index et falsi.**

Zum Grunde liegt also allem Denken die Aufeinanderbeziehung der organischen und intellectuellen Seite, und Ueberzeugung ist nur, wenn gesezt wird, daß wenn aus der Wahrnehmung alles chaotische verschwunden ist, alsdann auch der ganze intellectuelle Prozeß auf sie bezogen ist, und eben so, daß nicht eher ein Anfang gemacht ist zum wirklichen Denken, bis der intellectuelle Prozeß in das Chaos eingetreten ist; und so auch auf der andern Seite bis irgend eine organische Ausfüllung begonnen hat.

29. Ist nun die allgemeine Grundlage des Denkens die Beziehung beider Functionen auf einander, und es fragt sich nach dem transcendenten Grunde des Wissens und zwar sofern mit diesem die Ueberzeugung gesezt ist: so müssen wir auf den Kindheitszustand zurükkgehen, wo mit dem Nichtauseinandertreten jener Duplicität auch noch keine Ueberzeugung gesezt, aber auch kein Bewußtsein und keine Continuität des Denkens. Von der Sprachentwikkelung an, wo also bewußte Gemeinschaft des Denkens beginnt und dialektisches Verfahren, entsteht auch Bewußtsein und Continuität, und damit auch Ueberzeugung und Annäherung an das Wissen. Darin liegt nun, daß jeder für sich und alle für jeden Sein sind, nämlich denkendes Sein, und daß das gemeinschaftlich gesezte Denken seiendes Denken ist, d. h. wirksames und leidentliches, zusammenfaßbares und entgegensezbares. In diesen beiden zusammengehörigen Formeln ist das Sein das dem denkenden und nicht denkenden gemeinsame, das Denken das dem seienden und nicht seienden gemeinsame (vergl. **XXIX.** und **XXX.**) *). Jenes das Gebiet des organischen, denn durch dieses hängt der Mensch mit dem übrigen Sein zusammen, indem durch die organische Impression das Sein außer dem Men-

*) C, **XXIX.** und **XXX.**

schen im ihm gesezt wird und durch organische Wirksamkeit das Sein des Menschen in das Sein außer ihm gesezt wird; dieses das des constructiven Prozesses (weshalb wir auch das Denken mit diesem Uebergewicht das Denken im engeren Sinne nennen). Annäherung des Wissens ist die Identität beider; denn das gesammte seiende Denken, in jedem denkenden Sein gesezt, ist das Wissen. Dieses also ist bedingt durch die Beziehung des Denkens auf die Gesammtheit des Seins, und des Seins auf die Gesammtheit des Denkens, und zwar so daß beides dasselbe ist, nur auf andre Weise. Die Gesammtheit des auf das Denken beziehbaren Seins ist das reale (zu welchem in sofern das denkende Sein auch gehört); die Gesammtheit des auf das Sein beziehbaren Denkens ist das ideale, wozu also in sofern auch das denkende Sein gehört, in welchem daher diese Identität unmittelbar gegeben ist.

Der Schein, als ob in diesem Gegensaz, dessen Bezeichnung übrigens gleichgültig ist, das reale als Außenwelt, als nur nicht denkendes Sein, ein geringeres, sonach der Gegensaz nicht gleich wäre, verschwindet durch diesen lezten Zusaz. Denn auch das denkende Sein ist als Sein reales, und auch das äußere Sein ist als für die Entgegensezung zusammenfaßbar, und umgekehrt, ideales. Also die Selbigkeit des idealen und realen in der Entgegensezung seiner Art und Weise ist die Voraussezung alles Wissens. Indessen ist dies nur Formel und das Uebergewicht der Construction in diesem Ausdrukk nicht zu verkennen.

30. Hieraus entsteht die Aufgabe dazu gehöriges auf der organischen Seite zu finden, aber auf solche Weise, daß nicht beides zu Einem bestimmten Gedanken, Anschauung, sich verbinde, weil eine solche einzelne nicht die allgemeine Grundlage sein könnte. Diese Cautel im Auge behaltend werden wir nun suchen, was sich zum Chaos verhalte, wie der Gegen-

saz des idealen und realen zum theilbaren Sein. Die unbestimmte Mannigfaltigkeit ist eine Indifferenz von Außereinander und Ineinander, die aber zum bestimmten Gegensaz werden soll zwischen beiden. Als solche ist sie bestimmte Raumerfüllung. Sie wird dies aber nur in der Entwikkelung jenes intelligenten Impulses zur Mannigfaltigkeit von Acten, und als solche ist sie bestimmte Zeiterfüllung.

Die Frage, ob beides ohne einander, also sich gänzlich ausschließend, vorgestellt werden könne, wird jeder verneinen. Aber gleich das nächste kann man, und jeder stellt ohne Schwierigkeit vor Maximum von Raumerfüllung mit Minimum von Zeiterfüllung, und Minimum von Raumerfüllung mit Maximum von Zeiterfüllung, und diese größte zugleich alle verminderte in sich schließende Differenz ist also das festzuhaltende, und zu sezen die Zusammengehörigkeit von Raumerfüllung und Zeiterfüllung in der angezeigten doppelten Weise. Wenn wir nun von beiden Gegensäzen je ein Glied mit dem andern verbänden: so hätten wir zwei wirkliche bestimmte Gedanken, aus denen freilich eine Menge anderer untergeordneter sich entwikkeln ließen, aber die transcendente Grundlage könnte es nicht sein, und auch abstrahirt von der Wirklichkeit als bloße Voraussezung wäre es nur eine specielle. Wenn wir aber beides im ganzen als identisch sezen und sagen, Allem wissenden Denken liegt zum Grunde die Identität des höchsten Gegensazes mit der auf einander bezogenen Raumerfüllung und Zeiterfüllung (Raumerfüllung und Zeiterfüllung = ideal und real): so haben wir nun eine Aufgabe, keinen wirklichen bestimmten Gedanken. Sie ist aber der Gehalt des zwiefachen Impulses in jedem Wissen werdenden Denken und der allgemeine Grund aller Ueberzeugung. So daß, wenn wir diese Identität wegnehmen, die Gewißheit gar keinen Sinn hat, sondern Construction sowol als Auffassung ist lauter willkührliches und zufälliges.

31. Nämlich Schwanken tritt nothwendig ein *), wo eine Duplicität auf keine Identität bezogen ist. Beispiel aus dem Gebiet der Wahrnehmung. (Ein anderes aber wäre für die complicirte Formel besser gewesen.)

Die zweite Bestimmung war die Gleichmäßigkeit desselben Denkens in allen. Vorausgesezt das Gegentheil: so bringt einer dem andern gleiches zu, was verschieden ist, und dann ist entweder das gleiche im Gegensaz des verschiedenen in der Raum- und Zeiterfüllung, oder umgekehrt, also jene Identität aufgehoben; wo sie aber im getheilten Wissen ist, da ist auch die Gleichmäßigkeit jedes denkenden mit dem andern, und jedes mit sich selbst.

Dritte Bestimmung, Gleichzeitigkeit der Vollendung des einzelnen. Ist nun das ganze noch nicht vollendet: so ist in Raum- und Zeiterfüllung chaotisches, aber dann auch das einzelne gedachte noch nicht vollständig entgegengesezt, also nicht vollendet. Oder der Gegensaz ist noch nicht ganz entwikkelt, und dann auch in dem einzelnen noch chaotisches.

Wir könnten demnach die transcendente Seite der Aufgabe für vollendet halten. Aber wenn wir nun zur formalen Seite übergingen: hätten wir keinen Grund zu der Hoffnung, daß was wir dann finden würden dasselbige wäre. Also müssen wir erst aufsuchen, was in unserm Resultat der formalen Seite zugewendet ist.

32. Um dieses zu verrichten, müssen wir auf die Formen des Denkens zurükkgehen. Nach §. 138. 140. 142. 141. 143. und vergl. hier **XXX.** und **XXXI.** **).

33. Großentheils nach **XXXII.** ***).

---

*) Wo Schwanken ist, fehlt aber Ueberzeugung, die eine oben aufgestellte Bestimmung.

**) Beil. C, XXX. und XXXI.

***) Beil. C, XXXII.

34. Begriff endet also nach unten und oben in eine Begriffsgrenze. Unten kann man nur übergehen in eine Mannigfaltigkeit von Urtheilen, welche Thatsachen des einzelnen aussagen, und diese haben ihren Ort in der auf einander bezogenen Raum- und Zeiterfüllung. Wenn wir über den Begriff des Dinges hinaufsteigen zum denkbaren Sein als theilbar: so kann der nächste wirkliche Begriff von hieraus nur gebildet werden durch Urtheile, welche bestimmte Sezungen aussagen. Diese haben ihren Ort im Gegensaz des idealen und realen als identisch gesezt, und die Verwandschaft ist also klar mit unserer Formel.

Urtheile beim Minimum der Verschiedenheit vom Begriff gefaßt, sind die identischen, die ihrem eigenthümlichen Gehalt nach Null sind. Dann kommen die analytischen, die nur einen Act der Begriffsbildung aussagen. Endlich die synthetischen, welche Begriffe verknüpfen, die nicht in Einer Reihe liegen, also etwas aussagen, was nur seiner Möglichkeit nach im Subjectsbegriff liegt. Verhältniß beider Begriffe nach §. 157. 158. Ausdehnung der Form über die Grenzen giebt erst §. 160. und dann §. 162.

35. Erläuterungen über Stunde 34. Prädicat kann nur in sofern Nichtsein des Subjects heißen (§. 158.), als es in demselben, so wie es vor dem Urtheil gefaßt war, nicht enthalten ist, keinesweges als ob es auch ein dem Subject widersprechendes oder es aufhebendes sein könnte. —

Der Inhalt des Urtheils (§. 159.) ist eigentlich danach zu messen, wie weit die Begriffe von einander abstehen, d. h. je weiter hinaufwärts der Verwandschaftspunkt liegt. Es kommt aber hier mehr darauf an zu wissen, unter welchen Bedingungen ein Urtheil nicht mehr möglich ist nach beiden Seiten hin. Zuerst also, Wie muß das Subject gesezt sein? Antwort in §. 160. Dann, Wie das Prädicat? Die Schwierigkeit in §. 161—163. ist durch **XXXIV.** *) noch nicht gelöst. Es liegt aber in der

*) Beil. C, XXXIV.

Natur, daß zu einem Subject viele Prädicate gehören, bis der Begriff ganz vollständig ist. Am größten also das Gebiet, wenn alles in allem sezbar ist. Dann ist aber kein eigentliches Urtheil mehr, weil kein bestimmtes Subject vorhanden ist.

Beide Begriffsgrenzen und beide Urtheilsgrenzen sind gleich unserer transcendenten Formel in ihren beiden Theilen; das Sein ohne Entgegensezung und das absolute Subject der Identität des idealen und realen; die Möglichkeit unendlicher Urtheile und die Gemeinschaftlichkeit alles Seins sind gleich der auf einander bezogenen Raum- und Zeiterfüllung. Da nun die Möglichkeit der Urtheile die Fortschreitung vom vollkommensten Begriff ist: so ist die Fortschreitung vom Sein ohne Entgegensezung zu diesem auch die Fortschreitung von der einen Seite zur andern, und da beide gleich sind: so ist in unsrer transcendenten Formel die Fortschreitung der Begriffsbildung gesezt. Da ferner alle Urtheile liegen zwischen dem absoluten Subject und der Gemeinschaftlichkeit alles Seins, und jenes gleich ist der Identität des idealen und realen, dieses der Raum- und Zeiterfüllung: so ist das Gesammtgebiet der Urtheile als Fortschreitung von 0 zu ∞ die Bewegung von der einen Seite unsrer Formel zur andern. Und da beide gleich sind: so ist die Formel selbst das Princip dieser Fortschreitung.

36. Es bleibt noch das Verhältniß zwischen den analogen Begriffs- und Urtheilsgrenzen zu betrachten. Sein ohne Entgegensezung verhält sich zu absolutem Subject wie leeres zu vollem. Da nun beide gleich sind der Identität des idealen und realen: so ist diese selbst ein zwiefaches; als Indifferenz gleich dem ersten, als Zusammenfassung gleich dem lezten. Nun aber ist jeder noch unbestimmte Begriff auch theilweise noch gleich dem Sein ohne Entgegensezung, und jeder vollkommen bestimmte auf seinem Gebiete gleich dem absoluten Subject. Also enthält auch diese Seite der Formel in ihrer Duplicität die Fortschreitung vom unvollkommnen Begriff zum vollkommnen.

Daß nun dieser der Urtheilsgrenze gleichgesezt ist, scheint anomal, ist aber gerechtfertigt dadurch, daß der Fortschritt selbst allemal durch Urtheilen geschieht.

Die Möglichkeit unendlicher Urtheile verhält sich zur absoluten Gemeinschaftlichkeit wie leeres zu vollem. Da nun beide gleich sind der Raum- und Zeiterfüllung: so ist diese auch zwiefach; als chaotische, indem nur die eine Totalität der andern gleichgesezt ist, dem ersten; als geordnete — indem alles in seinem Verlaufe durch Thun sein Sein in allem ausdrükkt, durch Leiden alles andre Sein in sich aufnimmt — ist sie dem andern gleich. Daß nun aber hier das Urtheil mit der Begriffsgrenze anfängt, hat seinen Grund darin, daß wir nur vom eigentlichen Urtheil reden.

37. Um aus dem bisherigen den rechten Nuzen zu ziehen, müssen wir auf die ursprüngliche Duplicität in der Denkthätigkeit zurükkgehen. Wenn wir hierauf beziehen die bisher gefundenen Resultate: so ergeben sich als zusammengehörig auf der einen Seite intellectueller Factor, erste Seite der transcendenten Formel, Begriffsbildungsgebiet und speculative Wissensform; auf der andern von allem die andre Seite. Also zuerst Urtheilsbildung überwiegend dem organischen Factor verwandt, Begriffsbildung dem intellectuellen. Nun ist zwar kein wirkliches Denken ohne organischen Gehalt, aber nur als dasjenige, woran sich der intellectuelle Factor manifestirt. Die Urtheilsbildung ist überwiegend dem organischen verwandt, weil sie erst beginnt, wo der Begriff als einzelnes gesezt wird, d. h. sich der Raum- und Zeiterfüllung zuwendet. (Alle uneigentlichen Urtheile, welche Verhältnisse zwischen allgemeinem und besonderem aussagen, sind immer nur Zwischenformen.) Wenn z. B. ein Gattungsbegriff als lezter gesezt wird: so können die Arten nur unter der Form des Urtheils vorkommen, daß nämlich das allgemeine Bild in verschiedenen Räumen auf verschiedene Weise

verschoben vorkommt, und daß sich dieses in der Erzeugung wiederholt. (Angeführt, wie dieses Bedeutung gewinnt bei den Fragen über die Beharrlichkeit der Formen und die Differenz von Arten und Spielarten.) Zweitens, daß alles speculative Wissen überwiegend Begriffsbildung ist, a priori, weil von dem innern Impuls ursprünglich ausgehend; und alles geschichtliche Wissen überwiegend Urtheilsbildung (wie sich dieses manifestirt in der doppelten Richtung der Naturwissenschaft), a posteriori, weil ursprünglich abhängig von den organischen Affectionen und dafür etwas äußerlich gegebenes voraussezend. Drittens, daß das speculative und empirische gleich zu sezen ist, wie beide Seiten unserer Formel.

38. Position gegen Idealismus und Realismus als das positive von beiden zusammenfassend, im ganzen nach **XXXVIII.** *) vergl. §. 168—172. Nur bemerklich gemacht, wie der Idealismus selbst nicht so bestimmt, als wir, ausspricht, daß er das Wissen nur im Begriff finde, und eben so der Realismus. Jener hält alle durch organische Function vermittelte Gewißheit nur für gültig in der Geschäftsreihe oder Darstellungsreihe. Dieser hält alle, die festen Begriffe, die nicht durch Erfahrung gebildet sind, begleitende Gewißheit nur für die subjective, welche freilich ihre richtige Anwendung auch nur auf jenen beiden Gebieten finden kann. Wir heben beide Einseitigkeiten auf, und sagen aus, nur in sofern sei Wissen in der Begriffsbildung, als auch Wissen sei im Urtheilen, und umgekehrt.

39. Die einseitigen Richtungen, die wir hier aufheben, erklären sich aus den individuellen Neigungen mehr unter der einen als unter der andern Form durch Ueberzeugung zur Ruhe zu kommen. Wie man sich aber auch im wirklichen Denken bestimme, die Gewißheit über die transcendente Voraussezung ist

*) C, XXXVIII.

die gemeinsame Wurzel von beiden. Die Formel kann eben so gut als Begriff aufgestellt werden, wie als Saz. Beides aber ist nur ihre Erscheinung im wirklichen Denken, nicht mehr sie selbst. Sie selbst ist innerlich nur die Indifferenz von beiden, wie auch die Anfänge des Denkens nur ein noch verworrenes Auseinandertreten von beiden sind. Diese Voraussezung an und für sich hat nun eine unmittelbare Gewißheit, im Erscheinen wird sie aber wieder wandelbar, weil sich mannigfaltig individualisirend.

Das durchgängige Bezogenwerden aber des Begriffsbildungssystems auf die Urtheilsgesammtheit kann einen doppelten Sinn haben. Zuerst daß jeder Punkt auf einem auch einem Punkt auf dem andern Gebiet entspreche. Allein alsdann würde die Differenz der Formen selbst verloren gehen. Also bleibt nur das andre übrig, daß jeder Punkt in dem einen sich auf die Gesammtheit des andern beziehe, und umgekehrt, d. h. jeder Begriff auf die gesammte Gemeinschaftlichkeit des Seins oder auf die in einander aufgehende Raum- und Zeiterfüllung, und jedes Urtheil auf die gesammte Identität des idealen und realen; woraus aufs neue folgt, daß beide Formen nicht eher als jede mit der andern Vollendung wirkliches Wissen werden. Denn eben weil die Beziehung auf das ganze geht, kann man nicht wissen, ob die bisherige Beziehung eines Begriffs auf das Urtheilsgebiet richtig ist, wenn noch Urtheile fehlen, vielmehr ist gewiß, daß sie nicht vollkommen richtig sein kann; und umgekehrt, weil sonst der Begriff sich nur auf eine bestimmte Anzahl von Urtheilen bezöge.

40. Weiter zu entwikkeln, wie Begriffsbildung ganz apriorisch sei. Nach §. 175. Hierauf §. 176. und 177., vergleiche **XXXIX.** Ende, und Anfang von **XL.** *). Ueber den Ausdrukk an-

*) Beil. C, XXXIX. XL.

geborne Begriffe als streng genommen doppelt falsch. Denn dem, was gemeint ist, dem innern Typus der Vernunft geschieht gar nichts durch die Geburt, weil er gar nicht etwas in dem einzelnen als solchen ist. Dann aber ist auch gar nicht eigentlich von Begriffen, wie sie im wirklichen Denken vorkommen, die Rede, sondern nur von den Grundverhältnissen derselben.

Zu §. 177. Man empfängt immer nur von dem Acte des andern den organischen Gehalt, und eignet sich den ganzen Act nur in dem Maaße an, als man den Begriff eben so construirt. (Anmerk. beim Aufschreiben *). Ob sich der erste Hauptsaz ganz durchführen läßt, z. B. bei den Begriffen der Farbe, daß der Grund der Differenz nicht **) im Organ liegt? Ich glaube doch, er liegt mehr in der Art zu vergleichen und zusammenzustellen.)

41. Ist aber nun die Begriffsbildung an die Sprache geknüpft, und erst bei der völligen Ausgleichung dieser das völlige Wissen möglich: worauf gründet sich die Forderung gleicher Denkbildung unter solchen, die sich in zwei Sprachen begegnen? Offenbar auf die Identität des Selbstbewußtseins in beiden (§. 178.), in sofern in jedem das Ich an den Begriff menschlicher Gattung geknüpft ist, worin die identische Prädetermination der Vernunft selbst liegt. Diese ist also zugleich Form der Begriffsverhältnisse in der Denkthätigkeit, Impuls in der Willensthätigkeit und ebenfalls Element der Gemeinschaft im Selbstbewußtsein; also in der zeitlosen Innerlichkeit die Indifferenz aller Functionen.

In sofern wir nun von der Grundlage des Wissens reden, drängt sich die Frage auf (war aber eigentlich etwas früher zu behandeln), wie sich das Denken verhält, welches wieder eliminirt werden muß (§. 179.).

---

*) Vergleiche die Randbemerkung zu §. 177.

**) Dieses nicht, wiewol es ganz deutlich und gegen Schl's sonstige Weise vollständig ausgeschrieben im Original steht, ist offenbar zu streichen.

Umgekehrt gilt dasselbe vom Urtheil. Der organische Inhalt ist das, was man vom andern unmittelbar aufnehmen kann, nämlich unter der Bedingung der gleichen Einrichtung des Organismus. Und dieses hat, wenn zwei an einem dem andern fremden Welttheil zusammentreffen, seinen Grund in der Identität der Gestalt.

Wenn nun aber auch hier auf das Verhältniß des Denkens zum Sein zurükkgegangen werden muß: so wird die Frage zu beantworten sein, Was ist das im Sein dem Wesen des Begriffs entsprechende? Sie kann freilich nicht anders als wieder durch Aufstellung eines Begriffs beantwortet werden, der aber Schema ist für dieses Verhältniß. Dies geschieht nach §. 180. 181.

42. Kraft und Erscheinung. Vom gegebenen Subject zur menschlichen Gattung als denkendem Sein übergehend, oder vielmehr als seiendem Denken, ist man nach oben gleich am Ende. Schließt man aber, von der Duplicität der Factoren in der Denkthätigkeit ausgehend, das organische mit ein: so kommt man auf organisches = individualisirtes Leben, dann durch den Gegensaz des allgemeinen Lebens (denn wenn man das anorganische als todt sezte: so wäre das nur ein negativer Gegensaz) zu der Einheit des Lebens im Weltkörper, von welcher dann alles bisherige Erscheinung wird. Ohne Kenntniß andrer Weltkörper ist man nun auch am Ende. Ist aber diese gegeben und also jene Einheit als Einzelheit gesezt: so steigt man zur weltbildenden Kraft als Einheit, wozu alles andre Erscheinung ist. Aber wenn man diese nun mit dem verwechselt, was im Sein dem transcendenten Grunde entspricht: so ist dieses unbegründet.

Steigen wir nun eben so nach unten: so ist jedes wahrhaft zu vereinzelnde eben deshalb auch Kraft, welche einen Cyclus von Erscheinungen entwikkelt. (Hier aber bin ich auf wol nicht ganz klare Art auf den Inhalt von §. 185. gekommen, da ja diese **Möglichkeit** nicht ein tieferes Herabsteigen von diesem Punkte aus ist, sondern nur eine Abstraction von demselben aus. Dies ist noch besser zu erörtern.)

43. Einheit der weltbildenden Kraft (*νοῦς*) und Materie (*ὕλη*) zusammen wurden ursprünglich als Principien der höheren Naturwissenschaft, also für ein bestimmtes Gebiet, aufgestellt. Man kann sie aber nicht dem transcendenten gleichsezen, da sie eine einander entgegengesezte und durch einander bedingte Duplicität bilden. — In der christlichen rationalen Theologie hat man die Materie weggelassen und die weltbildende Kraft, Gott, dem Nichts gegenübergestellt. Aber die speculativ unzureichende Entstehung manifestirt sich immer noch, indem man die Materie als das erstgeschaffene dazwischen stellt.

Ein zweiter Versuch ist der auf der Seite der Erscheinung gar nicht herabzusteigen, sondern die weltbildende Kraft allein als das transcendente anzusehen und der Gesammtheit aller Kräfte und Erscheinungen gleichzustellen als natura naturans und natura naturata. (Spinoza und Erigena.) Aber das genügt eben so wenig als transcendent, weil der transcendente Grund des Seins sich zum wirklichen Sein nicht verhalten kann wie ein wirkliches Sein zum andern.

Resultat also, **daß die Wahrheit des Begriffs als im Gegensaz des allgemeinen und besonderen zwar abhange davon, daß im Sein eben so der Gegensaz zwischen Kraft und Erscheinung gesezt ist, daß aber was noch auf irgend eine Weise diesem angehört, nicht den transcendenten Grund des Seins darstellen könne.**

44. **Anmerk.** zum vorigen. Die gemachte Ausstellung trifft den Begriff der Gottheit nur, in sofern darin nichts als die Einheit der weltbildenden Kraft gesezt ist; also nicht an und für sich.

Aufsuchung dessen, was im Sein der Grund ist

der Urtheilsform. Nach XLIII. *) Subject ist nicht Subject eines eigentlichen Urtheils, wenn nicht Prädicat erst im Urtheil hineingesezt wird, und Prädicat wird gleich Subject (wie alle substantivirten Infinitive), wenn es an und für sich gesezt ist. Also ist alles im andern gesezt, und im Urtheil wird immer ausgesagt, was nicht in dem, wovon es ausgesagt wird, gegründet ist. Was aber auf diese Weise in einem ist, das ist darin als Wirkung. — Wenn nun das Subject als solches ein einzelnes ist: so ist der Siz der Causalität nicht wieder ein einzelnes, sondern die Gesammtheit.

Aus der Identität des Seins, welches dem Begriff und welches dem Urtheil entspricht, folgt nun, daß auf der einen Seite alles Sein feststeht, weil der ganze Complexus von Kräften als Eins in sich selbst ruht, auf der andern Seite alles Sein fließt, weil Ursach und Wirkung immer nur momentan sind.

45. Freiheit und Nothwendigkeit. Schikksal und Vorsehung. Nach XLV. **)

46. Es ist uns also nicht gelungen auf diese Weise zu einer anschaulichen Vorstellung des transcendenten Grundes für das Sein zu gelangen. Aber es ist doch über die Quadruplicität noch etwas auszuführen. Eigentlich aber haben wir mehr. Denn der Atomismus steht eigentlich der **natura naturans** gegenüber, und die aus der Materie bildende Gottheit (*νοῦς*) ist eine Combination von beiden. Wenn wir nun Materie und Schikksal zusammenstellen: so sind beide todt. **Natura naturans** ist Leben, ohne Bewußtsein bestimmt auszusprechen. Legt man es aber hinein, wie in *νοῦς* und Gottheit: so ist es darin auf eine zeitlose Weise gesezt. Dasselbe gilt von *πρόνοια*. Will man aber nun *νοῦς* und *πρόνοια* identificiren: so kommt heraus, daß nur in dem lezten auf das Raum und Zeit erfüllende Sein gesehen

*) Beil. C, XLIII.

**) Beil. C, XLV.

wird. In Gott ist der Ort der Ideen, das ist das zeitlose Denken, und das Sein der Kraft als solcher. Aber daß sie in den dem Urtheil entsprechenden Act des Seins übergehen, das erscheint dann etwas zufälliges, und das göttliche Denken, wenn es als πρόνοια auftreten soll, tritt in den Gegensaz des zeitlichen.

Das Verfehlen war unvermeidlich, weil wir in dem Gebiet des wirklichen Denkens stehen bleiben. Transcendente bloße Formel für den Urgrund des getheilten Seins ist die absolute Einheit des Seins als Urquell des entgegengesezten und gespaltenen. Dies aber ist kein wirkliches Denken, weil alles reale daran nur negativ gesezt ist.

47. Anmerk. zum vorigen. Der Uebergang von der bloßen transcendenten Formel, von der absoluten Einheit des Seins zu Darstellung des realen als Entwikkelung des Gegensazes aus dem absoluten geschieht immer eben so durch einen Sprung, wie das Heraustreten der Ideen aus ihrem Sein in Gott in das Raum und Zeit erfüllende Sein, und beides ist also unzureichend.

Es bleibt nun noch übrig der Versuch, ob wir auf eine adäquatere Weise das transcendente auffassen können, wenn wir nicht vom Denken sondern von dem Sein, wie es das unsrige ist, ausgehen. Anknüpfung dazu in dem schon früher erkannten, daß alle Acte des Denkens Acte der bewußten Selbstthätigkeit d. h. des Willens sind. — Coordination von Wille und Gefühl als Begründetsein der Bestimmtheiten unsres Seins durch anderes und anderen Seins durch das unsrige.

48. (Großentheils aus XLIX. u. L.) Parallele zwischen Wollen und Denken als Wissen in Bezug auf Grund der Identität der Construction, welcher auch Princip der Verknüpfung sein muß, dann in Bezug auf die Gewißheit. Nur diejenigen Wollungen liegen in der Annäherung, in welchen sich dieses kund giebt.

Gesez ist nur im Umfang der menschlichen Gattung. Aber

die Beziehung des Wollens auf das äußere Sein vermittelst des Organismus geht über diese hinaus. Muß aber eben so dasselbe sein, wie Grund des Denkens und des Seins.

49. Das Gesez ist nichts anderes, als die Inteligenz als Kraft, und zwar wie sie eine und dieselbe ist in der menschlichen Gattung. — In sofern nun diese in dem absoluten Subject und durch dasselbe gesezt ist: so ist dieses also Urheber des Gesezes = Gesezgeber, zugleich auch Grund der Weltordnung, da alles thatsächliche auch in demselben gesezt ist. Und so kommen wir auf die Identität von Gesezgeber und Weltordnung mit Vorsehung und schöpferischer Kraft. Abermals ohne aus dem Gebiet des wirklichen Denkens hinauszugehen; aber doch eine umfassendere Darstellung von den Beziehungen der Voraussezung. — Hinzu kommen zu dem bisherigen die Resultate von Kant und Fichte, Primat des Gesezgebers und Primat des Schöpfers, eben so auch Primat der Vorsehung und der Weltordnung. —

Uebrig noch unser Sein als durch das Sein außer uns bestimmt. Aber wozu bestimmt? Wir haben diese Function zu betrachten in ihrer Zeitlosigkeit und in ihrer zeitlichen Entwikkelung.

50. In ihrer zeitlichen Entwikkelung ist sie zunächst der Zustand des Organischafficirtseins. Dieser für sich allein fixirt ist bloße Passivität, d. h. nur Ausdrukk eines anderen Seins. Für und in uns ist er immer nur Uebergang zum Denken oder transitiven Handeln. Darum nun ist sie in ihrer Zeitlosigkeit nur die durch das Zusammen mit anderem Sein gesezte Bestimmtheit des denkend wollenden oder wollend denkenden. Nun aber ist eben so gut als dieses Bewußtsein die Selbstthätigkeit durch die das Denken im Wissenwerden und das Wolen im Gesezwerden begleitende Gewißheit auch Selbstbewußtsein. Die Gewißheit ist aber nicht in der Identität beider intellectuellen Functionen begründet, sondern außer denselben, und dieß muß

also im Selbstbewußtsein mitgesezt sein, ursprünglich als jene Negation, demnächst als in der Selbstthätigkeit des denkend wollenden gesezte Abhängigkeit vom transcendenten Grunde. Und dieses ist das religiöse Element.

Diese Art das transcendente zu haben im Selbstbewußtsein ist eine unmitelbare, weil sie nicht erst vom Zustand eines streitigen Bewußtseins ausgeht, und eine allgemeine, weil sie nicht auf einem kunstgerechten Verfahren ruht. Uebrigens aber ist jede Rangbestimmung zwischen religiösem, ethischem und speculativem Ausgangspunkt in Bezug auf das transcendente völlig leer. Es ist von allen aus eine unmittelbare Gewißheit, die zur Betrachtung gezogen auch gleich als identisch erkannt wird.

51. Die Art das transcendente zu haben im religiösen Gefühl ist keine höhere. Denn der ursprüngliche Gehalt ist nur, daß das die Wahrheit des Denkens und die Realität des Wollens bedingende außer unserer Selbstthätigkeit gesezt ist. Die positive Voraussezung, daß etwas sei, worin sie gesezt wird, ist nur indirect gegeben, aber sie bedingt unmittelbar die Wahrheit des Lebens, und da unser Selbstbewußtsein das Denkend-wollen und Wollend-denken ist: so identificirt sie sich unmittelbar und von selbst mit der speculativen und der ethischen, und sie thut dies im Uebergewicht der Unmittelbarkeit, so daß sie ihnen den Namen giebt, und Gott, der ursprünglich religiöse Ausdrukk, überall vorkommt. Aus welcher Art von Unterordnung das speculative Streben sich erst neuerdings emancipirt hat und den Ausdrukk des absoluten geltend gemacht.

Dagegen wird man auch natürlich finden, daß von dem religiösen aus das Bestreben den Ausdrukk zu veranschaulichen am meisten anthropoeidisirt, und Gott auch als das absolute Denkend-wollen und Wollend-denken gesezt wird.

Um nun hier richtig zu gehen und das Bestreben, welches nicht aufzuhalten oder zu vertilgen ist, in unsern Grenzen zu halten, müssen wir erst sehen, wie sich nun das gemeinsame Resultat zu demjenigen verhält, was im Sein unsern Denkgrenzen entspricht.

Die Identität des absoluten Subjects und der absoluten Gemeinschaftlichkeit des Seins ist die Idee der **Welt**, d. h. die Totalität der Erscheinungen aufgehend in dem Complexus der festen Formen des Seins. Wie die Denkgrenze schon Theil hat an dem nicht wirklichen Denken: so auch die Welt an dem transcendenten Sein. So wie es einerseits nur Aufgabe ist sie zu denken: so auch ist ihr Sein einerseits nur Aufgabe, indem sie nämlich als ein unendliches immer nur wird.

Wie nun das transcendente und die Denkgrenze am nächsten verwandt sind: so ist also die Aufgabe das Verhältniß zwischen Gott und Welt zu bestimmen so, daß die Reduction des anthropoeidischen aufgegeben bleibt ohne daß der Ausdrukk für das transcendente aufgelöst werde. **Die Welt ist nicht ohne Gott, und Gott nicht ohne die Welt.**

52. Im ganzen nach LIV. und LV. *) mit Zuziehung des alten Heftes **).

53. Schluß des ersten Theils. Nach dem über Theosophie und Weltweisheit gesagten kann man sagen, **Gott** sei Princip der Construction, **Welt** der Combination. Allein da wir auch beides nicht ganz zu trennen wußten: so kann man auch nur sagen, Das absolute an und für sich ist das eine, und das absolute in seiner Beziehung auf die Welt ist das andre. Zumal uns diese Duplicität nur entstanden ist aus der Einheit des Seins und Denkens im Wissen. Wenn man aber einwendet, so aber sei es nur Princip für die Fortschreitung im realen Wissen, weil nur dieses sich unmittelbar auf die Idee der Welt bezieht: so giebt es nun außer dem realen kein anderes als das formale (Logik) und das transcendente (Metaphysik). Aber das formale ist entweder nichts als identische Analysis, oder es ist psychologisch und

*) Beil. C, LIV. und LV.

**) Des Heftes von 1814.

gehört also auch auf das reale. Das transcendente, so wie es sich vermannigfaltigen will (und ohne das braucht es ja kein Verknüpfungsprincip) ist kein Wissenwollen mehr, sondern ein darstellendes oder geschäftliches Denken. — Wenn uns nun nebenbei zugleich geworden ist die Kritik der bisherigen Resultate, einiger als einseitig, anderer als die Idee des Wissens leugnend (antiphilosophisch): so hat sich unser Verfahren als **verum sui index et falsi** zu erkennen gegeben. Zugleich aber lassen wir der künftigen Entwikkelung ihr Recht widerfahren, da kein Ausdrukk für allgemeingültig ausgegeben werden kann bis zur definitiven Ausgleichung alles individuellen. Zu diesem gehört auch der Gegensaz von Theosophie und Weltweisheit, der nur bei gänzlich zerrissenem Zusammenhang in leere Einheit oder chaotische Empirie ausartet. Die Grenzen der Abirrung sind uns also nach allen Seiten gestekkt.

Zweiter Theil.

Gesucht wird Princip der Verknüpfung, und es ist zu zeigen, daß das gefundene es sei.

Wir versezen uns in den Zustand streitiger Vorstellungen zurükk und haben dabei zwei Wege, den correctiven und den präservativen.

54. Der corrective ist der Disputirweg. Jeder ist sich seines Verfahrens bewußt und geht von der Wahrheit desselben aus. Kommt man auf gemeinschaftliches: so geht er doch in den andern über; bleibt dieses aus: so dreht man sich in leeren Analysen herum.

Also der präservative, Wie entsteht von einem gegebenen Punkte aus richtiges Verfahren? Hier entwikkelt sich von selbst, Der Anfangspunkt ist zu prüfen als construirtes, das weitere als combinirtes.

Dann weiter nach §. 1. und 2., und wie sich alle Construction ansehen lasse als Combination, aber auch alle

Combination als Construction. Der Vorsaz sie auf einander zu reduciren endet also darin, daß beide nur auf indirecte Weise stehen bleiben.

55. Ueber die gegenseitige Beziehung zwischen Begriffsbildung und Urtheilsbildung. Uebergewicht der Spontaneität in jener. Nach §. 4. Eben so

56. Zweiten Theiles erster Abschnitt. §. 7. und §. 9., 3. 4. Eingeschaltet eine Kritik über die Formel Wissen des Wissens. Nur zulässig, wo das eine die Reflexion ausdrükkt über den Ueberzeugnngszustand.

Die ganze Betrachtung begründet durch ihre Beziehung auf den Zustand des Streites, da dieser nur eigentlich statt findet, wenn beide überzeugt sind. Von hieraus nun die beiden Endpunkte und das gewußte Nichtwissen.

57. Das vierte Glied wurde nach seinem zwiefachen Ausgang erklärt, so daß an der richtigen Meinung das fehlende ergänzt wird durch eine Nothwendigkeit des Handelns. Trete diese nicht ein: so erfolge eine mehr provisorische als skeptische Annahme.

Dann erst §. 9., 2. nachgeholt und §. 10.

58. Nach §. 11. und 14. Man kann sich einen ersten Moment der Construction nur denken zugleich in Bezug auf die Combination. Nun wird von richtiger Meinung aus nur fortgeschritten im Handeln, nicht im Denken, denn die richtigen Meinungen als solche sind alle isolirt. Vom Irrthum kann nur zum Irrthum fortgeschritten werden, und da das gewußte Wissen Endpunkt ist: so kann also nur mit den beiden Formen des lezten Actes angefangen werden. Mit diesen verhält es sich nun so, daß freies Fantasiren gleichsam die ἄρσις ist und skeptische Annahme die θέσις. Durch die lezte beginnt erst das Eintragen des Gedankens in eine wissenschaftliche Reihe.

Nichtgewußtes sowol Wissen als Nichtwissen geht immer als Uebereilung des Abschlusses von einem fremden Interesse aus, und namentlich vom geschäftlichen.

Die Richtung auf das Wissen ist zwar rein ursprünglich, aber als sohe liegt sie nur in der ersten Periode der Indifferenz zwischen Bwußtsein und Bewußtlosigkeit zu Tage. Sobald das Bewußtseinsich abklärt, ist auch schon die begehrliche Richtung die dominirnde.

59. Lach §. 15—18. Wie auch bei übereilt selbständidiger Bearkitung einzelner Zweige niemals die Idee des Wissens der Irpuls sein kann, denn diese wirkt nach allen Seiten gleich. Nu hat jeder eine psychisch organische Verwandschaft. So lange dese unter der Herrschaft der Idee bleibt, wird immer das Nebenenander fortgehen, alles andre vorausgesezt werden. Sobald dereinzelne Zweig einseitig hervorgehoben wird, ist auch die Persönlichkeit Impuls geworden und ein ambitiöser Begehrungszusstan dominirte. Hieraus nun §. 16. Irrthum als das unsittliche. Und aus §. 17., daß in jeder Construction, um jenes zu verneiden, die Beziehung auf das architektonische in der Combinatioi mit müsse genommen werden.

Beilage E *).

*) Zettel I—VI. fehlen. Vorlef. I. Die Dialektik gehört in das Gebiet, welches wir Deutsche mit dem Ausdrukk Philosophie zu bezeichnen pflegen. Unsere gesammte wissenschaftliche Bildung stammt aber von den Griechen her, deren philosophische Bestrebungen indeß anfangs von den poetischen nicht gesondert waren. Von der sokratischen Schule erst ist die Sonderung ausgegangen, deren Stifter jede Gelegenheit benuzte, das Bewußtsein, daß es bei den Verhandlungen des höheren Denkens an einem gemeinschaftlichen Anknüpfungspunkte fehle, bei allen zu wekken, und denselben mit allen zu suchen. Darauf gründet sich der Name διαλεκτική, von διαλέγεσθαι, und es giebt dazu eine zwiefache Ergänzung, τέχνη und ἐπιστήμη, was aber noch keinen gemeinschaftlichen Ausgangspunkt geben kann, da beide Ausdrükke sehr verschieden gebraucht werden. Es ist also noch eine andre Operation nöthig, ehe wir auf den Punkt kommen, uns über unsre Aufgabe und den Charakter des ganzen Unternehmens zu verständigen.

Wir sind uns der Identität der Sprache bewußt. Nicht so, als ob Differenzen nicht möglich wären; wir sezen sie vielmehr voraus, aber nur so, daß sie sich vermöge der Identität werden lösen lassen. Wären alle möglichen Differenzen vorgekommen und durch Gesprächführung aufgelöst: so wäre die Sprache absolut identisch geworden für alle, die sie reden, und damit auch das Denken. Giebt es nun auf diesem Endpunkt noch eine Kunstlehre des Sichverständigens? Nein. So lange er aber noch nicht erreicht ist, muß es eine Anweisung darüber geben, wie er mit Sicherheit von jedem Punkte aus erreicht werden kann. Ergänzen wir ἐπιστήμη, bleiben aber genau bei dem Ausdrukk des Sichverständigens stehen: so ist hier ἐπιστήμη dasselbe als τέχνη, denn das Sichverständigen ist ein Thun und also von einem Verfahren dabei die Rede, und beide Ausdrükke sind nur bestimmte Arten und

Weisen wie das, was durch Denken bezeichnet wird, in der Wirklichkeit auf eine zeitliche Weise vorkommt. Ist nämlich der Endpunkt erreicht, ist aller Zweifel gelöst, gleichviel ob in einem einzelnen durch einsames, oder in mehreren durch gemeinsames Ueberlegen: so ist die Sprache vollkommen sich selbst gleich und fest geworden und ein vollständiges Wissen entstanden, sofern man sich des Verfahrens und der Regeln dabei ist bewußt worden, d. h. sofern man nach derselben Kunstlehre zu Werke gegangen ist, und das zeigt uns das Verhältniß, in welchen beide Ergänzungen zu einander stehen.

II. Der erste Moment ist also der der Ungewißheit, der zweite der der Gewißheit. Die Aufgabe zum zweiten zu gelangen aus dem ersten entsteht einigen um eines bestimmten Zwekkes willen, andern lediglich um des Denkens selbst willen. Nur die lezteren haben die Richtung auf das Wissen überhaupt. Ihre Lebensweise ist nach den ältesten griechischem Philosophen die beschauliche, wogegen die andern entweder der genießenden oder der praktischen zugethan sind und also das Denken nur als Mittel brauchen zum Genießen und zum Handeln.

III. Wir suchen eine Kunstlehre, eine Methode, aus streitigem Denken identisches zu bilden, und Principien, feste sichere Anfänge, auf die muß zurükkgeführt werden, um verschiedene Gedanken, die mit gleichen Ansprüchen auftreten, richtig zu würdigen. Wie verhält sich dies Unternehmen zu jenen drei Lebensweisen? Dem genießenden ist es offenbar ganz fremd. Der handelnde bedarf seiner, aber nur so weit er der Verständigung mit andern benöthigt ist. Daher an sich nichtige Bezeichnungen und Eintheilungen, wie Kraut und Unkraut, zahme und wilde Thiere. Es ist also nur aus dem Standpunkte des beschaulichen zu rechtfertigen, dessen Interesse kein anderes ist als das Wissen selbst, und der nicht eher zur Ruhe kommt, als bis über alle Gegenstände ein gemeinsames Denken erzeugt und allgemein anerkannt ist, also bis die Totalität aller menschlichen Sprachen erschöpft ist und alle Differenzen erledigt sind.

IV. Nun aber müssen die Regeln zur Auflösung der Differenzen vor der Erreichung jenes Endpunktes gegeben sein, und andrerseits ist wegen des Zusammenhanges alles Denkens keine vollkommne Sicherheit über die Regeln, wenn nicht der Endpunkt erreicht ist. Beides scheint sich zu widersprechen und alles Wissen unmöglich zu sein — Skepticismus mit gänzlichem Sichhingeben an das Genußleben. Unsere innere Abneigung dagegen und zu diesem negativen als positives die unabweisbare Richtung auf das Wissen.

V. Die alten gründen auf den Unterschied jener drei Lebensweisen, die sie aufstellen, einen Aristokratismus der Intelligenz, und etwas ähnliches findet sich in der neueren Philosophie, wobei aber die Einheit der menschlichen Natur verloren gehen müßte. Wer bloß Regeln suchte, aus differentem Denken identisches zu machen, hätte nicht Ursach verschiedene Stufen des Denkens zu unterscheiden.

VII. Aufgabe eines mit dem andern zu finden. Verhältniß beider zu Kunst und Wissenschaft *).

VIII. Platon und Aristoteles **). Unsere Aufgabe ***). Wir werden sie nur approximativ auflösen können. Das Verhältniß zur Totalität immer im Auge behalten.

XI. †) Unsre Unternehmung ist nicht nur für die wenigen, welche

---

VI. Eher würde darauf geführt, wer einen absoluten Anfangspunkt suchte, um von demselben aus bei richtigem Fortschreiten alle Unsicherheit im Denken aufzuheben. Aber einen solchen Anfangspunkt, über den alle einig sein müßten, kann es auch gar nicht geben. Denn nicht nur sind die Sprachen gegen einander irrational als Ausdrükke besonderer Gestaltungen der Intelligenz in den Völkern, sondern auch die verschiedenen philosophischen Systeme sind es als Ausdrükke besonderer Eigenthümlichkeiten ihrer Stifter.

*) Vorles. 1831. Die eine Form stellt die Aufgabe einen absoluten Anfang zu sezen, d. h. einen Saz als absolut gewiß aufzustellen und das andre mit Nothwendigkeit abzuleiten; die andere die Aufgabe die Regel zu suchen, um von einem streitigen zu einem identischen Denken, von der Ungewißheit zur Gewißheit, zu gelangen. Beides ist verschieden, aber doch wieder wesenlich zusammengehörig. Denn auch die lezte Aufgabe sezt ein absolut gewisses voraus; die Regeln sind entweder selbst der absolute Anfang, oder sezen ihn wenigstens voraus. Die erste Aufgabe dagegen sezt ein sicheres Verfahren des Fortschreitens voraus. —

Wer von Einem Punkte aus ein ganzes System des Denkens aufbaut, worin die Keime aller einzelnen Denkgebiete liegen müssen, der will eine Wissenschaft. Wer dagegen die zweite Form wählt, will eine Kunstlehre des Wissens.

**) Vorles. Platon war der erste, der die Dialektik als Kunstlehre des Denkens zugleich mit den Principien über den Umfang des menschlichen Denkens aufstellte, jedoch ohne die vollständige Anwendung auf alle Gebiete des Wissens zu geben. Aristoteles führte die Trennung ein zwischen beiden Aufgaben. —

***) Vorles. In neuerer Zeit hat man wieder die Nothwendigkeit eingesehen beide Aufgaben mit einander zu verbinden, aber so daß die Form, welche auf einen absoluten Anfang ausgeht, die Oberhand bekam. Wir dagegen wollen von der andern Form ausgehen, immer aber so, daß wir zugleich die organischen Principien alles Wissens aufstelen.

†) Stunde IX. und X. fehlen. Die Vorles. ergeben, daß Schl. in der Entwikkelung der von ihm zu lösenden Aufgabe fortfuhr. Er faßt sie als eine dreifache, 1. als Kriterion darüber, wie jedes gedachte zum Wissen sich verhält; 2. als Organon, wie man

mit Vernachlässigung sowol des einzelnen Wissens als der andern Interessen sich der allgemeinen formalen Construction befleißigen. Je mehr solche gleichzeitig, desto willkührlicher die Darstellung; je mehr Einer sich alle aneignet, desto mehr tritt das speculative Talent zurükk *).

Interesse an einzelnen Zweigen ist, wenn nur auf Liebhaberei begründet, eigentlich Praxis; wenn aber als Berufsart in Beziehung auf allgemeine Organisation, dann aus dem Wissensinteresse.

Theilung findet nicht statt; sonst isolirter Empirismus, oder XII. Formalismus **). Vereinigung ist Widerspruch. Wie dieser zu heben, nach **marg. 12.** ***). Vereinigungsformel, In jedem

---

zum Wissen gelangen kann; 3. als vollständige Organisation (Architektonik) alles Wissens.

*) Vorles. Betrachten wir den gegebenen Zustand des Wissens, wie es nur wenige giebt, die die rein formale Richtung auf das Wissen zu ihrem Beruf machen: so werden entweder bei der allgemeinen Verbreitung des Wissens die meisten nur die Nachbeter jener wenigen sein, oder die einzelnen können nur unter einander in Streit sein. Denn jeder hat einen besonderen Ausgangspunkt als ursprünglichen Einfall. So ist auch die geschichtliche Erscheinung. Je lebendiger der Trieb der Philosophie und also je schneller die verschiedenen Systeme auf einander folgen, desto zufälliger erscheinen die Anfangspunkte; je mehr aber Ein System dominirt, desto mehr erstirbt der philosophische Trieb.

**) Vorles. Wollten wir die Regeln des Verfahrens allein suchen und so die Idee des Wissens erschöpfen; so würden wir jedes gegebene Denken benuzen, um den Anfang aber uns nicht kümmern, d. h. wir würden uns bloß an die Erfahrung halten. Dann entsteht der Empirismus, wobei das eigentliche Wissenwollen fehlt. Umgekehrt, wollten wir bloß von einem Anfang aus das ganze Denken zur Vollendung bringen: so würden wir nur ein System von Formeln aufstellen, ganz abstrahirt von allem realen Wissen, — Formalismus. Dieselben Einseitigkeiten entstehen aber auch, wenn man zwar beide Formen behandelt, aber jede für sich. Das ist die Gestalt der aristotelischen Philosophie. Daraus folgt für uns, daß wir entweder eins von beiden Elementen, sofern es nicht durch das andre gegeben ist, leugnen, oder beide Aufgaben identificiren müssen.

***) S. Beilage D, 12.

gegebenen Denken ist eben so gut der Anfang, als die Regel.

XIV. *) Jedes †) ist verknüpft, weil entweder Begriff, oder Saz ††). Ersterer auch Verknüpfung, weil theils combinationsfähig mit mehreren, theils im Auf- und Absteigen begriffen †††). — In jedem Denken ist Anfang, aber nicht als bestimmtes Denken, weil sonst nicht außer der möglichen Denkerfahrung. Als Wissenwollen, weil alles Sprechen werdende Denken auf Wissen ausgeht.

XV. Was ist Wissenwollen? **) — Das Denken in seinem Unterschiede von andern Thätigkeiten.

VI. ***) Wissen ist Zusammenstimmung des Denkens mit dem Sein. Was dieses Zusammenstimmen sei, da beides nur außereinander bleibt, ist nicht weiter zu erklären.

---

*) Stunde XIII., wozu der Zettel fehlt, wurde, wie aus der Nachschrift der Vorles. erhellt, auseinandergesezt, die Aufgabe zerfalle in den formalen und den transcendenten Theil, und mit dem lezteren sei zu beginnen, für diesen aber gebe es keinen anderen Ausgangspunkt, als die als nothwendig anerkannte Identification des Anfangs des Denkens und der Regel der Fortschreitung, (Vgl. XII.) und da der über allem wirklichen Denken liegende Anfang noch nicht gegeben sei sondern nur das wirkliche Denken, welches Wissen sein wolle: so müsse zunächst dieses ins Auge gefaßt werden.

†) nämlich wirkliche Denken, jeder Denkact als Einheit. Vorles.

††) Vom Saz versteht es sich von selbst. Vorles.

†††) Vorles. Hieraus folgt, daß wenn der Anfang Saz ist, oder Begriff, er immer eine Verknüpfung ist, und daß ein Anfang, der das nicht wäre, auch kein wirkliches Denken sein kann. Begriff aber und Saz, diese Duplicität der Form alles Denkens, ist der Ausgangspunkt für unsern formalen Theil, wo wir die Regel der Fortschreitung zum Wissen für jedes wirkliche Denken suchen, wogegen wir hier im transcendenten Theil eben den Anfang suchen. Liegt dieser nun außerhalb der möglichen Denkerfahrung: so ist er selbst kein Denken. — Er ist Wissenwollen, das allem Denken vorhergeht.

**) Der Impuls zu allem und jedem Denken. Vorles.

***) Wissen ist Denken; welches Denken ist nun ein Wissen? Vorles.

Die Frage, wie wir dazu kommen. Was damit gemeint XVII.
in kann, nachzuweisen. Das streitige Denken als Saz. Wie

*) Vorles. Die Frage nach dem eigentlichen Sinne der aufgestellten Erklärung vom Wissen soll damit (XVI) nicht abgewiesen werden, vielmehr ist sie der Gegenstand des transcendenten Theils. — Wir haben die Erklärung nicht im Zusammenhange unsrer Darstellung gefunden, müssen nun also sehen, ob uns dieser auf dasselbe führt. Unser Ausgangspunkt war das streitige Denken. Wird das streitige ein identisches, wogegen kein Zweifel mehr aufkommen kann, dann ist die Operation vollendet, aber vollständig erst, wenn in allen Punkten das streitige ein identisches geworden. Wie verhält sich die obige Erklärung des Wissens, daß es das dem Sein entsprechende Denken sei, zu diesem Aufhören des streitigen Denkens? Alles Denken (XIV.) ist ein verknüpftes, also entweder Begriff, oder Saz. Ferner, betrachten wir das Denken als geistige Thätigkeit: so können wir immer unterscheiden den eigentlichen Act des Denkens und sein Resultat, das Denken und das gedachte. Denn das gedachte kann festgehalten werden, auch wenn die Thätigkeit des Denkens selbst aufgehört hat. Wäre das nicht möglich: so wäre auch kein streitiges Denken möglich, denn mit jedem Acte des Denkens wäre auch das gedachte verschwunden. Worin eigentlich die Streitigkeit des Denkens? Vom Begriff können wir hier absehen, ein Saz aber ist eine Einheit von Subject und Prädicat. Ist nun in zwei Säzen das Prädicat ein anderes und das Subject auch: so kann das kein streitiges Denken sein, aber auch kein übereinstimmendes. Ist das Prädicat dasselbe, das Subject aber ein anderes, oder umgekehrt: so ist das an und für sich auch kein streitiges Denken, sondern das entsteht nur, wenn an einem identischen, sei dies Prädicat oder Subject, ein Gegensaz gegeben ist und das identische und entgegengesezte auf einander bezogen werden. Sezt jemand, a ist b, ein anderer, a ist nicht b: so entsteht ein Streit, aber nur sofern beide a als dasselbe sezen. Wäre aber der Act des Denkens derselbe: so müßte auch das gedachte als Resultat dasselbe sein. Somit werden wir auf die Genesis des Denkactes hingewiesen, um zu verstehen, was das sei, etwas als dasselbe denken, denn mit der Identität der Genesis des Denkactes ist auch die Identität zwischen dem Denkacte und dem gedachten festgestellt. Der einzelne Denkact nun entsteht entweder durch eine Einwirkung auf uns, oder als ein ursprünglicher in uns selbst, und ist in seiner Stätigkeit überall bedingt durch den Gegensaz zwischen einem innern Verlauf und einem auf äußeren Einwirkungen beruhenden. Den inneren Verlauf bilden die Willensbewegungen. Soll es daher im streitigen Denken eine Verständigung geben: so muß man ein identisches und zwar in beiden Beziehungen voraussezen, für das innere die Identität unserer als Menschen und für das äußere die Identität des Außer uns. Beides aber, sofern es gleicher Weise

entsteht das dabei nothwendige identische? Die Ueberzeugung von dessen Identität ist der erste Schritt. Das gedachte kann nur als identisch aufgezeigt werden in der Entstehung des Denkactes aus Wahrnehmung oder Wollung. Beides Sein für das Denken. Ursprünglich einander als solches gegeben und das gemeinsam einwirkende als solches.

XVIII. Recapitulation. Dann (bis vor **XVII.**) fortgefahren. Wir hätten nun zwei Merkmale, Uebereinstimmendes Denken, und Dem Sein gleiches Denken *). Wie stehen diese gegen einander? Wenn das eine sein kann und das andre nicht: so scheint Wissen und Nichtwissen dasselbe zu sein; oder die Uebereinstimmung in dem, was nicht dem Sein gleih ist, ist nur vorübergehend; der ungewiß werdende muß den Zusand des streitigen Denkens wieder herstellen. Also jede Uebereinstimmung in einem dem Sein nicht gleichen Denken muß wieder verschwinden. Wenn dem Sein gleiches doch nicht allgemein gilt: so muß der Zustand des Streites fortgesezt werden **). Die Uebereinstim-

---

vom Denken unterschieden ist, ist das Sein für das Denken, und so haben wir also in der Voraussezung des streitigen Denkens, wie es auf die Auflösung des Streites gerichtet ist, eine Beziehung auf ein Sein gefunden, übereinstimmend mit jener Erklärung vom Wisen. Aber was damit eigentlich gemeint sei, mußte uns hier noch dunkel bleiben, weil wir jene Formel nur gleichsam ex abrupto aufgestellt haben.

*) Vorles. Wir haben nun zunächst zweierlei zu thun, 1. den eigentlichen Grund der aufgestellten Erklärung des Wissens, daß es das dem Sein identische Denken sei, uns deutlich zu machen. Das 2. ist dieses, Wir haben gesagt, das streitige Denken endige in ein übereinstimmendes und das vollständige Ende sei das übereinstimmende Denken aller, und dieses muß natürlich auch das vollkommne Wissen sein, denn dieses wird immer angestrebt. So haben wir also zwei Beschreibungen des Wissens; es ist 1. Identität des Denkens und Seins, 2. in allen denkenden dasselbe, und es fragt sich, wie sich beide Merkmale zu einander verhalten.

**) Vorles. Also in dem einen Falle muß das entgegengesezte hervorgerufen, im andern das bisherige Verfahren fortgesezt werden. Dies führt uns auf die Unterscheidung des Wissens an und für sich und des Wissens in seinem zeitlichen Werden. Das Wissen an und für sich, abstrahirt von der Erscheinung desselben in den denkenden, ist die Identität

mung mehrerer beruht auf der Sicherheit der einzelnen, und diese ist die **Ueberzeugung**, wie die Gleichheit mit dem Sein die **Wahrheit** ist. Die Ueberzeugung kann falsch sein und das wahre kann angezweifelt werden. Ueber Skepticismus. Der eigentliche *) leugnet alle Beziehung zwischen Sein und Denken, dann die Gewißheit der Uebereinstimmung; der uneigentliche **) ist das Nicht übereilt zur Ruh kommen = kein Denken für seingleich zu erklären und umgekehrt.

Zu den Saz, Das Denken soll dem Sein gleich sein, gehört ein zweiter, **Das Sein soll dem Denken gleich sein** †). XIX.

des Denkens und Seins; das Wissen in seiner zeitlichen Entwikkelung dagegen ist die Uebereinstimmung aller im Denken. Vollständig ist diese niemals gegeben, denn dazu gehörte die Auflösung aller Sprachen in einander, und das ist eine unendliche Aufgabe. Aber das Maaß der Entwikkelung des Wissens wird bestimmt durch die Beziehung des einen auf das andere. Aber eben wegen der Verschiedenheit beider Merkmale bleibt die Möglichkeit eines Widerspruchs zwischen beiden und diesen finden wir überall da, wo der Irrthum ist, d. h. eine Uebereinstimmung oder ein Ruhen im Denken ohne die Identität des Denkens und Seins. Das kan aber nur ein vorübergehendes sein, wenngleich die einzelnen sich dadurch unterscheiden, daß die einen häufiger, die anderen seltener in den Irrthum verfallen. Hier kommen wir wieder auf den Skepticismus, müssen aber zwei Arten desselben wohl unterscheiden.

*) Vorles. Mit diesem können wir nichts gemein haben; denn er hat ganz andere Gründe ein Denken dem andern vorzuziehen als die Identität desselben mit dem Sein, sondern es ist bei ihm nur die Empfindung des Wohlgefallens.

**) Vorles. Die andre Form des Skepticismus ist die, nicht die Beziehung zwischen Denken und Sein überhaupt aufzuheben, sondern im einzelnen Fall. Da kann das Interesse am Wissen eben so stark sein, als sonst irgendwo; er will nur verhindern, daß ein gemeinschaftliches Denken zu früh abgeschlossen wird als dem Sein gleich. Die erste Form ist das Nichtwollen des Wissens, die andre das Wollen des Wissens mit einem Noch nicht haben des Wissens. Diese Richtung ist die kritische und bedächtig prüfende in Beziehung auf alles wirklich gedachte.

***) Vorles. Nun können wir zu der Frage übergehen, Was heißt, das Wissen ist dem Sein gleiches Denken? An und für sich sind Denken und Sein verschiedene Ausdrükke, und niemand kann sie promiscue gebrauchen. Der Methode wegen wollen wir aber zuvor eine Einschaltung machen.

†) Vorles. Dieser Saz ist das Princip und Maaß für alle Willensthä-

Lezterer eben so Regel für alle Willensthätigkeiten, wenn wir dabei zur Ruhe kommen sollen. Denken ist aber auch eine Willensthätigkeit. Dann ist das wirkliche Denken das Sein, welches dem Denken, nämlich dem Denken des Wissens, gleich sein soll. Dieses aber ist vor allem wirklichen Denken als Sein (nämlich **impetus**) in uns; also ist Sein auch Denken und Denken auch Sein. Dasselbe muß auch herauskommen auf dem geraden Wege, wiewol es immer mangelhafte Methode gewesen wäre, diesen Saz nicht aufzunehmen.

XX. *) Die Frage, wo und wie uns Sein und Denken als eins gegeben ist, beantworten wir, daß uns das Wissenwollen vor dem Denken nicht als Denken, sondern als Sein gegeben ist, daß uns aber dasselbe in unserem Verfahren Denken wird. Dies gäbe aber nur Beziehung auf unser Sein, aber auch das nicht auf uns gehende Denken soll dem Sein, also einem andern gleich sein. Woher dieses Sein außer uns? **) Wenn wir

tigkeiten, wie jener für alle Denkthätigkeiten. Wie verhalten sich nun beide Säze zu einander? Sind die Denkthätigkeiten abgeschlossen von den Willensthätigkeiten? Keinesweges, sondern das Denken ist selbst eine Willensthätigkeit. Somit muß der Saz, der Princip für die Willensthätigkeiten ist, auch für die Denkthätigkeiten gelten, sofern sie Willensthätigkeiten sind. Wir können daher den Saz, Das Denken soll dem Sein gleich sein, unter den andern, Das Sein soll dem Denken gleich sein, subsumiren. Was ist nun da das Sein, welches dem Denken gleich werden soll, und was das Denken, welches dem Sein? Jenes ist das dem Sein gleich gewordene Denken, dieses ist der allgemeine Impuls zum Denken, das Wissenwollen. So sehen wir also, wie Sein und Denken auf verschiedene Weise dasselbe ist.

*) Vorles. Dasselbe Resultat (nämlich das XIX. Anm. † gegebene) werden wir auch erhalten, wenn wir ohne jenes Correlat hinzuzunehmen für sich den obigen Saz betrachten. Das Wissen ist die Identität von Sein und Denken. Soll dieses nicht ein willkührlicher Einfall sein: so muß nachgewiesen werden, in wiefern beides als eins gesezt werden kann. Da fragt sich also, Wo ist das Sein und Denken dasselbe? Unmittelbar in uns selbst; wir sind denkend, und denken seiend.

**) Vorles. Der Grund davon, daß wir ein Sein außer uns annehmen, liegt darin, daß wir uns solcher Einwirkungen auf uns bewußt sind,

dies in der Wahrnehmung nachweisen wollen, verfallen wir dem Skeptiker in der Schwierigkeit, Schlaf und Wachen zu unterscheiden, und werden aus unserem Gebiet getrieben. Wir halten uns daher nur an das in der Voraussezung des Gesprächführens Liegende, daß menschliches Sein außer dem einzelnen ge-

---

welche nicht von uns herrühren. Indem dieselben mit unserer Richtung auf das Denken und Wissen zusammentreffen, werden sie Vorstellungen, und wenn diese den Einwirkungen, wie sie das Sein außer uns in seiner Beziehung zu uns aussprechen, gleich sind: so sind sie wahr und ein Wissen. Wie ist es aber mit dem Traum? Da haben wir dieselben Vorstellungen, beziehen sie aber nicht auf ein Sein außer uns. Warum nicht? Diese Einwendung wirft uns ganz aus unserm bisherigen Gange heraus, aber dennoch können wir nicht umhin, sie zu berükksichtigen. Sie sagt eigentlich folgendes, Im wachen Zustande, meint ihr, übt das Sein außer euch eine Gewalt auf euch aus, und zwingt euch gewisse Vorstellungen zu haben. Das ist also der Zustand der gezwungenen Vorstellungen. Im Traum hört dieser Zwang auf, daher nun dieselben Vorstellungen heraustreten, aber frei und ungebunden, und daher ganz zusammenhanglos. Indeß auch im wachen Zustande kommt solch ein freies Vorstellungbilden vor, was zuweilen so stark ist, daß es äußerlich abgebildet wird (in Kunstwerken). So hat der Traum auch Wahrheit, aber hier so wenig wie dort ist ein Grund jene Vorstellungen auf ein Außer uns überzutragen. Hier sind wir ganz aus unserem Gebiete heraus verschlagen, und müssen einen Punkt suchen, um auf unsere Bahn zurükkzukommen und von da aus sicher fortzuschreiten. Jener skeptische Gegner aber befindet sich mit uns im Zustande des streitigen Denkens. Das war unser ursprünglicher Punkt. Wie kommt es nun, daß er im Schlaf diesen Streit nicht fortsezen kann? In dem Gesprächführen liegt schon die Voraussezung, daß anderes menschliches Sein mit unserm eignen zugleich gegeben ist, und davon kann sich niemand losmachen, der mit dem andern spricht. Genau genommen liegt freilich darin noch nicht die Anerkennung der äußeren Erscheinung des Menschen, sondern nur die, daß er ein denkendes Wesen ist, wie wir. Unser Gesprächführen ist aber großentheils über Vorstellungen, die nur durch organische Affection entstanden sind, und so ist dann mit der Organisation in allen denkenden nothwendig ein Sein außer uns gesezt.

Dies führt uns auf einen wichtigen Punkt, auf den Umfang der Aufgabe des Wissens in Beziehung auf den Gesammtumfang des Denkens. Es fragt sich nämlich, Erstrekkt sich diese Aufgabe über alles Denken, oder, Ist das Gebiet der Traumvorstellungen das einzige, was wir auszuschließen haben?

geben ist als gleich in der Beziehung des Redens = organ. Affection auf das Denken. Ist nun Gespräch führen auch über das Wahrnehmen: so liegt darin die ganze Beziehung auf das Sein außer uns.

XXI. Es liegt also im Gesprächführen, wenn wir nicht verschmähen es auf das Gebiet der organischen Affectionen anzuwenden, daß wir das äußere Sein als ein gemeinsames und zusammengenommen mit dem menschlichen als eine gemeinsame Welt sezen. — Anerkennung des Unterschiedes zwischen universellem und individuellem. In jenem der Mensch nur als Persönlichkeit gleicher Einzelausdrukk des menschlichen Seins, in lezterem ungleicher mit eigenthümlichem Factor. In Anwendung zu bringen im ethischen Wissen, wo das individuelle als solches nicht mit Soll gesezt wird, eben so aber auch im physischen alles was als Anfang oder als Verknüpfung Hypothese ist. Wir sagen aber immer, daß dies lezte nicht auf dieselbe Weise unter die Idee des Wissens fällt.

XXII. Diejenigen, welche das individuelle ganz ausschließen wollen, übersehen ganz, daß was sie als rein objectives Wissen aufstellen, immer genau auf ihrer besonderen Auffassung ihrer besonderen Sprache beruht, daß es auch kein Wissen über das Sein der Völker gäbe, wenn alles besondere rein zufällig, d. h. unwißbar wäre. Wir beziehen auch das individuelle auf die Idee des Wissens vermittelst des ihm zum Grunde liegenden Seins, welches durch dessen Zusammenstellung in seiner Besonderheit gewußt wird. Ein gänzliches Auseinandersein von beidem ist nicht vorhanden. Auch in der Mathematik ist alle Erfindung individuell.

XXIII. Es kommt nun darauf an, das Denken als eigenthümliches zu unterscheiden von dem Denken als gemeinsamen *).

*) Vorles. Daß wir es thun, ist eine allgemein bekannte Thatsache und kommt jedem täglich vor. Wir müssen auf die Bestandtheile des Den-

kens zurückgehen, um zu sehen, welche dem eigenthümlichen und welche dem gemeinsamen zukommen. Wir haben nun schon gesehen, (vgl. XX.) daß im streitigen Denken eine Mannigfaltigkeit des Denkens sowol in in uns, indem wir verschiedene Denkreihen haben, als mit anderen vorausgesezt wird. Dies andre Denken, welches auch zugleich als ein Sein gegeben ist, ist durch die leibliche Vermittelung mittheilbar und kommt uns eben dadurch erst zum Bewußtsein. Das ist unser Geöffnetsein nach außen. Insofern wir aber unser eignes Denken festhalten und dieses zum Gegenstande unseres Denkens machen, so daß unser Denken selbst uns als ein Sein gegeben ist, welchem dies Denken über unser Denken entsprechen soll, um ein Wissen über unser Denken zu werden: so unterscheiden wir auch hier die bloße Thätigkeit des Denkens von dem Complexus des Denkens, welches unser Sein ausmacht. Dem Denken ist also hier das Denken als ein Sein gegeben, aber als ein inneres, und diese Richtung ist das Geöffnetsein nach innen. Das Geöffnetsein nach außen hat es aber nicht bloß zu thun mit allem denkenden Sein, sondern, im Zusammenhang mit der äußern Erscheinung des denkenden Seins, auch mit dem nicht denkenden Sein, welches zusammen wir die gemeinsame Welt nannten (vgl. XXI). Dieses zusammengenommen ist der Gegenstand für das Geöffnetsein nach außen, so wie unser eignes denkendes Sein der Gegenstand für das Geöffnetsein nach innen. Ist nun ein Streiten nicht möglich, wenn nicht der Act des Denkens selbst von dem Resultate desselben unterschieden wird (vergl. XVII. Vorles.): so bedarf es eines Mittels, das gedachte festzuhalten, und das geschieht durch die Sprache. Natürlich braucht das Sprechen kein äußerliches zu sein, vielmehr wird es erst ein solches, wenn der Impuls zum Denkenwollen für andre hinzutritt. Aber dennoch kann man das Denken und das innere Sprechen nicht als ganz gleich ansehen. Denn jedem Denken liegt doch ein innerer Impuls zum Grunde, von welchem das Denken ausgeht, und dies ist eben das Denken rein für sich in seiner absoluten Innerlichkeit. So wie sich aber dies näher bestimmt und ein Denken von Etwas wird: so tritt das innere Sprechen hinzu, und das wird ein äußeres, wenn das Denken ein Denken für andre sein will. Das sind also zwei verschiedene Punkte einer und derselben Reihe. Wir nennen nun das Geöffnetsein nach außen als Thätigkeit betrachtet, die organische, das Geöffnetsein nach innen, als Thätigkeit betrachtet, die intellectuelle Seite des Denkens, und stellen uns die Aufgabe zu zeigen, wie beide zu jedem Denkacte stehen. Ist ein Denkact ein bestimmter geworden durch eine Einwirkung von außen: so ist schon im ersten Moment des impetus beides vereinigt. Nämlich die Aufforderung zum Denken kommt von außen und beruht auf einer organischen Function, aber das Festhalten desselben beruht auf dem Denkenwollen, und hat also seinen Grund in dem Geöffnetsein nach innen. Aber nicht jedes Denken beruht auf einer organischen Affection, und es fragt sich daher, ob bei jedem Denken beide Functionen wirksam sind.

Im Zustand des Streites ist alles vermittelt durch die Sprache; aber auch im einsamen Streit wird das Denken inneres Sprechen um des Festhaltens willen, und wir unterscheiden die rein intellectuelle Thätigkeitsseite von der organischen, ohnerachtet es kein Denken giebt ohne Sprechen. Das Sprechen ist das Dasein des Denkens; die rein intellectuelle Seite ist die reine Thätigkeit. In dieser Beziehung ist aber das organische nur das lezte. Denken wir aber streitiges Denken über organische Affectionen: so ist das Denkenwollen bestimmt durch die erfolgte organische Affection. Es kommt darauf an, ob dasselbe auch bei jedem wirklichen Denken statt findet, daß diese beiden Functionen dabei thätig sind.

XXIV. Daß in jedem wirklichen Denken beide Functionen sind. Erstlich von der intellectuellen ausgehend. Das Denkenwollen wird ein bestimmtes innerlich oder äußerlich gesprochenes nur indem es ethischen oder physikalischen Inhalt bekommt. Der ethische, da er auf menschliche Verhältnisse zurükkgeht, ist eben so organisch bedingt *). Nun giebt es allerdings auch logi-

---

*) Vorles. In der Grundvoraussezung des streitigen Denkens liegt die Annahme eines allen gemeinsamen Seins außer uns, was durch leibliche Vermittelung auf uns wirkt. Wollen wir nun ganz im allgemeinen sehen, wie in jedem wirklichen Denken eine Beziehung auf ein außer uns gegebenes Sein liege: so müssen wir uns die Gesammtheit des Wissen werden wollenden Denkens vorstellen, und das kann nicht geschehen ohne eine gewisse Organisirung desselben. Fragen wir die Geschichte der Philosophie: so finden wir fast überall die Theilung in Physik und Ethik. In der ersten ist unbezweifelt der Gegenstand des Denkens das außer uns gegebne Sein als gemeinsame Welt; in dem andern Zweige haben wir es zu thun mit den Relationen der einzelnen untereinander, und wenn auch Beziehungen auf die gemeinsame Welt vorkommen, so doch nur in untergeordneter Weise. Aber auch hier liegen organische Affectionen zum Grunde, denn ohne das würde die Annahme der menschlichen Gattung in einer Mehrheit von Einzelwesen nur problematisch sein. Und wenn wir uns denken, es käme hier nur darauf an die menschlichen Handlungen zu bestimmen: so sind di.se doch immer nur in den einzelnen als solchen gegeben; und wenn wir uns auch eine

schen *) Inhalt, aber er sagt nur Verhältnisse jenes Denkens aus, und sezt es also voraus. Jener Inhalt aber entsteht uns nur

---

Unentschiedenheit denken in Beziehung auf die Bestimmung einer Handlung, die also noch gar nicht da ist: so entsteht die Entscheidung nur durch die Beziehung auf einen äußeren Gegenstand, und anders kann sie im Denken gar nicht vorkommen. Das Vorbilden einer Handlung ist also gleichsam nur das Anticipiren der Wahrnehmung des Gegenstandes, worauf sie sich bezieht. Handelt es sich aber bloß um einen Act des einzelnen ohne Beziehung auf einen äußeren Gegenstand: so wird da der einzelne als eine persona duplex vorgestellt, nämlich 1. als der, von welchem die Handlung ausgeht, 2. als der, welchen sie betrifft, und darin liegt dann zugleich eine Vielheit und eine Einheit. Nämlich als handelnder ist er eine Einheit, als der, den die Handlung betrifft, eine Vielheit; denn sobald ein Zustand streitigen Denkens ist: so wird die Handlung vorgestellt als eine, welche geschehen kann oder nicht. Geschieht sie: so entsteht etwas in demjenigen, welchen die Handlung betrifft. Geschieht sie nicht: so entsteht nichts. Er wird also als eine Vielheit dargestellt, indem er dargestellt wird als einer, der bleiben kann, wie er ist, oder auch anders werden. Die Einheit repräsentirt nun das intellectuelle, die Vielheit den Organismus. Denn daß die Handlung als so oder so ausführbar gedacht wird, ist nur möglich durch den Organismus. So haben wir also von beiden Arten des Denkens dasselbe gefunden, nämlich daß der innere Impuls zum Denken nur dann ein bestimmtes Denken von etwas wird, wenn organische Affectionen hinzutreten.

*) Vorles. Fällt nun alles Denken in diese Duplicität des ethischen und physischen? Geschichtlich finden wir noch ein drittes Gebiet, das logische, d. h. das Denken, dessen Gegenstand das Denken selbst ist. Darunter gehört beides, sowol das Denken des Denkens in seiner Fortschreitung, als in seinem absoluten Anfang, also allem wirklichen Denken auf jedem Punkte der Fortschreitung gleichmäßig zum Grunde liegend. Jenes erste nun kann uns nur als wirkliches bestimmtes Denken gegeben sein, und ein solches wird nur festgehalten durch die Sprache, d. h. durch organische Thätigkeit, das zweite aber, das die Principien für alles Denken aufstellt, scheint nichts gemein zu haben mit der organischen Function. Aber es scheint nur so. Denn soll uns die Richtung zum Denken Gegenstand des Denkens werden: so muß sie zugleich als ein wirkliches Denken gegeben sein. Dann liegt aber immer darin die Beziehung der reinen inneren Agilität, die wir Geist oder Intelligenz nennen, auf einen Complexus, den wir Organismus nennen, zum Grunde, und anders entsteht kein wirkliches Denken. Also auch hier beide Elemente.

aus den organischen Functionen. — Wenn wir nun den Unterschied zwischen individuellem und universellem Denken finden wollen, müssen wir zuerst sehen, was jede dieser Functionen hinzubringt, alsdann aber auch auf das Verhältniß des einzelnen Denkens zu anderem Denken. Wenn wir Organschafficirtsein denken, ohne daß die intellectuelle Function dabei ist, also wenn sie anders beschäftigt ist: so ist *Denkstoff* da; aber es wird nicht in Bezug auf ihn gedacht, und er ist nur da schlechthin chaotisch. Die Sonderung geht also von der intellectuellen Function aus. Die intellectuelle Thätigkeit ist also die Richtung auf das Bestimmen und Sondern aus jenem Stoff. Allein gedacht ist *Denkform* da ohne Stoff. Alles wirkliche Denken ist also bedingt durch das Aufeinanderbezogensein beider Functionen.

XXV. Thesis. Das universelle Denken knüpft an das gemeinsam gedachte an, das individuelle reißt davon los. Ein erster Mensch ist nothwendig beim Anfang des Denkens in der Indifferenz von beidem, in der Fortschreitung aber wird sich beides unterscheiden. Der Unterschied wird zwar verschwinden, wenn z. B. Dichtung aus der Geschichte genommen wird, und dies kann so weit gehen, daß sie nur als Interpretation oder Auffassungsweise der Geschichte erscheint; aber da sie doch nie als

---

Gehen wir nun von der entgegengesezten Seite aus, von der organischen Function. Im Traum sezen wir keine Richtung auf das Wissen, aber zugleich ist auch das Geöffnetsein nach außen Null. Beim Erwachen ist das Wiederherstellen der organischen Thätigkeiten das erste. Denken wir uns nun den Moment, wo die Richtung auf das Wissenwollen noch nicht erwacht ist: so wären also bloß organische Affectionen ohne das intellectuelle, somit aber auch kein wirkliches Denken, denn die Affectionen gehen noch ganz verworren durcheinander. Tritt aber die Aufgabe ein, in diesem chaotischen zu unterscheiden: so ist auch die intellectuelle Thätigkeit da. Alles Denken also von den organischen Affectionen aus sezt die Einheit mit der intellectuellen Function voraus, und alles Denken von dieser aus muß den Organismus, als das zum wirklichen Denken vermittelnde, in sich tragen.

Verknüpfung in das gemeinsam gedachte über den Gegenstand zurükk will: so ist sie doch von Anfang an Losreißung.

Wenn nun wissenschaftlich neues (im realen und im transcendentten oft vorgekommen) mit Hypothesen anfängt: so scheint das nicht an gemeinsam gedachtes anzuknüpfen, sondern vielmehr dieses aufzuheben. Kommt es auch zulezt nicht in gemeinsam gedachtes hinein und macht sich als solches geltend: so hat es auch nur so viel Werth, (z. B. Fichte's Naturrecht) als es Kunstwerk = individualisirende Combination ist. Beim guten Ausgang aber endet es nicht nur im gemeinsam gedachten, sondern es geht auch darauf zurükk, und weiset nach, auf welche Weise das frühere falsche entstanden war. XXVI.

Bei diesem also an das gemeinsame Denken anknüpfenden = Wissen werden wollenden bleiben wir stehen, und fragen, was beide Functionen hineinbringen. Die organische bringt die verworrene Mannigfaltigkeit, die intellectuelle die Bestimmung, Sonderung, also Einheitsezung, zugleich aber auch Gegensezung *).

Das einfache Einiges aus dem Chaos bestimmen anderes in der Unbestimmtheit lassen wäre kein Gegensaz. Aber erst im Hinzutreten der intellectuellen Function entsteht Gegensaz zwischen Object und Subject, denn im rein organischen Zustand ist Wahrnehmung und Empfindung nicht getrennt. Das gesonderte wird also gesezt als ein bestimmtes bewirkend und dabei das denkende als leidend; das denkende wird gedacht die Sezung zur Erkenntniß vollendend durch Complexus von Säzen, und hierbei das gesonderte als leidend. Das wirkliche Denken wird XXVII.

*) Vorles. Das Sondern ist allemal zugleich ein Entgegensezen, und eins wie das andre ein Werk der intellectuellen Function. Ich meine hier unter Entgegensezen nicht ein solches, wobei eins gesezt wird und das andre negirt, sondern wo zweierlei gesezt wird was sich gegenseitig ausschließt.

also nur mit dem Gegensaz von Subject und Object, und umgekehrt *).

Sezen wir extensiv das Denken vollendet als allen identisches sonderndes Sezen: so erhalten wir die Gesammtheit der Dinge, (Ding = das als gedachtes aus der chaotischen Mannigfaltigkeit bestimmt gewordene) und die Gesammtheit der Begriffsanfänge = das als sondernd zu bestimmendes gedachte **).

---

*) Vorles. Die zunächst durch das Eintreten der intellectuellen Function entstehende Entgegensezung zwischen dem einzelnen gesonderten und der Totalität der verworrenen Mannigfaltigkeit ist e ne unvollkommene; der Gegensaz zwischen Object und Subject dagegen ist ein vollkommner, weil darin der Gegensaz von Thun und Leiden auf doppelte Weise in beiden Gliedern ist. Nämlich wenn etwas in der verworrenen Mannigfaltigkeit die Scheidung zwischen Object und Subject bewirkt: so ist das Außer uns das thätige und der Organismus das leidende, aufnehmende. Wogegen wenn etwas aus der verworrenen Mannigfaltigkeit herausgeschieden wird zum Behuf des Wissenwollens: dann wird das Subject als das thätige und das gesonderte Etwas als gedacht und als leidend gesezt.

Wir sagten oben (XIV.) alles wirkliche Denken sei immer schon Verknüpfung, hier sagen wir, alles Denken sei Sonderung und Entgegensezung. Zu jener Behauptung kamen wir durch die Betrachtung der beiden allgemein bekannten Formen des Denkens, nämlich des Begriffes und des Sazes. Aber eben diese Formen sind, indem sie Verknüpfung sind, auch Sonderung und Entgegensezung. Nämlich das Etwas sezen aus der verworrenen Mannigfaltigkeit, also das Sondern, das erste Werk der intellectuellen Function, ist offenbar die Grundlage des Begriffs. Das gesonderte Etwas selbst ist freilich noch kein Begriff, aber es ist der erste Anfang dazu. Soll nun ein vollständiger Begriff daraus entstehen: so gehört dazu eine Mannigfaltigkeit von Säzen, und es muß also die andre Form, die Verknüpfung, zu Hülfe genommen werden. Der Saz dagegen erscheint zunächst als eine Verknüpfung, denn in ihm sind Subject und Prädicat verbunden. Aber indem das Prädicat auf das Subject bezogen ist, wird für diesen Moment jede andre Beziehung ausgeschlossen: das Prädicat wird bloß auf das gesonderte Etwas bezogen, also in Beziehung auf die ungesonderte Mannigfaltigkeit negirt; und das ist eine Entgegensezung.

**) Vorles. Wollte man also von hier aus das wirkliche vollendete Wissen beschreiben in seiner Extension: so würde es sein die gesammte verworrene Mannigfaltigkeit zurükgeführt auf ein von allen denkenden gleichmäßig gedachtes Etwas. Objectiv betrachtet und auf das Außer uns be-

Mithin liegt allem wirklichen Denken in dieser Richtung zum Grunde die Voraussezung der Zusammengehörigkeit der Dinge, in welchen die Gesammtheit des Seins ist, und der Begriffsanfänge, in welchen der Umfang des Denkens ist *). Jeder kommt auf diesem Punkt im Denken zur Ruhe, wenn er sein gesetztes als allgemein zu sezen fordert, und umgekehrt. — In Begriffsanfängen und Dingen ist die Unendlichkeit des verworrenen aufgelöst in die bestimmte Vielheit. Das Etwas ist aber im Begriffsanfange als x gesezt, und ist in sofern in sich noch chaotisch und wird erst allmählig aufgelöst durch die Denkacte zwischen der Sonderung und der Erklärung **).

---

zogen sind das die Dinge, von der andern Seite auf die intellellectuelle Function bezogen sind es die Begriffe in ihren Anfängen, oder die intellectuellen Oerter.

*) Vorles. Sehen wir nun von hier auf die Totalität des Denkens, wo die ganze Möglichkeit der organischen Affectionen d. h. die ganze Welt in eine bestimmte Vielheit von Begriffen aufgelöst ist, was ist dann das diesem Denken zum Grunde liegende? nichts anderes, als die Voraussezung, daß die Gesammtheit der Begriffsanfänge und die Gesammtheit der Dinge einander entsprechen, d. h. identisch sind.

**) Vorles. Nun aber müssen wir dasselbe auch von der andern (intensiven) Seite zeigen. Nämlich wie wir den Begriffsanfang darstellten als das erste Bezogenwerden der organischen und intellectuellen Function auf denselben Moment, so sagten wir zugleich, die Vollendung des Begriffs geschehe nur durch eine Reihe von Denkthätigkeiten unter der Form des Sazes. In dem ersten Moment des Etwas sezen liegt zweierlei, 1. daß das Etwas aus der verworrenen Mannigfaltigkeit gesondert wird, und 2. daß das gesonderte im Gegensaz gegen die Totalität der verworrenen Mannigfaltigkeit gesezt wird. (Vergl. XXVII.) Dabei ist aber das Sein selbst, welches in diesem gedachten gesezt wird, noch ein unbekanntes. Ist das nun durch eine Reihe von Säzen hindurchgegangen und dabei ein gemeinsam gedachtes geworden, worin alle übereinstimmen: so ist der Begriff vollendet, und dann nennen wir ihn eine Erklärung oder Definition. Dieses, daß das chaotische, was in dem ersten Begriffsanfange liegt, in eine bestimmte Vielheit aufgelöst wird, die alle Denkacte enthält, welche zwischen dem Anfang und der vollständigen Erklärung liegen und welche die Form des Urtheils haben, ist die intensive Seite des Prozesses.

XXIX. Hieraus folgt das schon anderwärts festgestellte, daß kein Begriff vollendet ist als mit allen zugleich. Ferner daß Vollendung des Wissens nur gedacht werden kann unter der Voraussezung, daß die Gesammtheit der Dinge und Begriffsanfänge nicht ein Aggregat sind, sondern eine Totalität, und daß sie so auf einander zu beziehen sind. Dann die Formeln aus **XXIV**. *), und aus der lezten, daß die Uebertragung auch gelte für die Indifferenz der Anfänge.

XXX. Dies führt auf die Frage, ob sich die beiden **) Anfänge zum Werden des Wissens gleich verhalten, oder so, daß der eine schon mehr Wissen enthält, als der andre. Da die frühere Seite auch eine schnellere Bewegung haben muß (weil sonst die Differenz gleich aufgehoben würde,: so hat sie also am Resultat einen größern Antheil. Zu diesen beiden Resultaten giebt es aber ein drittes das schlechthinige Gleichgewicht repräsentirendes. Wenn man nun dieses dazu nimmt, wird jeder sagen wollen, daß dieses dritte (= Anschauung) mehr Wissen sei, als das mit überwiegend organischem (= Wahrnehmung in dem weiteren auch die Empfindung in sich schließenden Sinne) oder das mit überwiegend intellectuellem (= Denken im engeren

*) d. h. Beil. C, XXIV.

**) Vorles. So wie jedes wirkliche Denken aus der Einheit beider Functionen besteht: so kann an und für sich betrachtet ein Denkact mit einer organischen Affection, auf welche sich dann die intellectuelle Function richtet, anfangen, oder umgekehrt mit der intellectuellen Function, die sich auf die organische richtet. Hiezu kommt aber noch eine dritte Form. Man kann sich nämlich denken, daß weder in Beziehung auf die Zeit noch in Beziehung auf die Kraft die eine oder die andre Function ein Uebergewicht hat, sondern beide im völligen Gleichgewicht sind. Die Form, wo die intellectuelle Thätigkeit überwiegt nennen wir Denken im engern Sinne, die mit dem Uebergewicht der organischen Wahrnehmung, und zwar wenn es auf der Seite des Geöffnetseins nach außen ist, Wahrnehmung im engern Sinne, und wenn auf der Seite des Geöffnetseins nach innen, Empfindung. Die dritte Form aber, welche ein Gleichgewicht beider Functionen voraussezt, wollen wir Anschauung nennen.

Sinne), daß aber diese beiden gleich seien. Aber dies ist nur wahr, wenn die Merkmale des Wissens auf jene nicht anwendbar sind. Wir fragen zunächst nach dem Unterschiede beider Arten von Denkacten. Anticipation des Unterschiedes zwischen einzelnen und allgemeinen Vorstellungen. Jene scheinen mehr organisches zu enthalten, wenn man beide an und für sich vergleicht. Die allgemeinen scheinen mehr organisches zu enthalten, wenn man bedenkt, wie viele einzelne vorangehen mußten, um eine allgemeine zu bilden. Aber die lezte Betrachtung ist nicht die hieher gehörige, weil auch die künftigen einzelnen darin mitgesezt sind.

Der Unterschied zwischen einzelnen Vorstellungen und allgemeinen ist also auch nicht der Gegensaz zwischen überwiegend organischen und überwiegend intellectuellen Denkacten. Sondern wie die organische Affection immer Zusammenfassung ist: so sind alle Denkacte, die unter der Form der Zusammenfassung stehn, von der einen Art, und alle, welche unter dem Gegensaz stehn, sind Denkacte der andern Art. Vom ursprünglichen Gegensaz Subject und Object giebt es fortschreitende Entgegensezung; sie besteht aber nur unter der Form des Urtheils, und jedes Urtheil ist Entgegensezung, weil zum Subject die Vielheit der Prädicate, zum Prädicat die Vielheit der Subjecte gedacht wird. Jedes also kann Wissen sein, Wahrnehmung und Construction *). Transcen- XXXI.

*) Vorles. Das organische Afficirtsein, wie in ihm der Denkstoff prädeterminirt ist, ist eine verworrene Mannigfaltigkeit, aber unter der Form eines zusammengefaßten, und in sofern Einheit. Wir beziehen aber das organische Afficirtsein immer auf ein Sein, theils auf unser eignes, theils auf das außer uns. So repräsentirt uns also das organische in dem Denkact das Sein für das Denken als ein zusammenzufassendes, so daß das Denken, die organische Function als Anfang gesezt, mit dem Zusammenfassen beginnt. Die Richtung der intellectuellen Thätigkeit dagegen hat sich uns dargestellt als ein sonderndes Sezen, welches zugleich Entgegensezung ist. Also der intellectuellen Function gehört an die Identität von Sezen und Entgegensezen, welches im wirklichen Denken bezogen wird auf jenes zusammengefaßte. So steht die Bildung

dente Voraussezung ist die Identität vor Sezung und Entgegensezung = Identität des Denkens und Seins für das Sein, und Identität des Seins und Denkens für das Denken, beides für uns *).

(NB. Diese Stunde ist mir wenigstens in der Erinnerung etwas verworren.)

---

von einzelnen und allgemeinen Vorstellungen, weil sie auf der organischen Thätigkeit beruhen, unter der Potenz des Zusammmerfassens, wenn auch dieses selbst an und für sich noch ein verworrenes ist. Steht dagegen ein Denkact unter der Potenz der intellectuellen Thätigkeit: so hat er die Form der Entgegensezung. Jenes ist eine Wahrnehmung, und auch die allgemeinen Vorstellungen sind nichts als ein durch größeres Zusammenfassen gesteigertes Wahrnehmen; diese dagegen ist das Denken im engern Sinne. Denken wir uns das im Fortschreiten nach seinem eignen Gesez: so geschieht das nur durch entgegensezendes Sezen, es ist nichts als eine fortschreitende Entgegensezung von höheren Gegensäzen zu niederen. Der Anfang, der allen Denkacten dieser Art voraufgeht, muß also hier eine ursprüngliche Entgegensezung sein, welche alle untergeordneten implicite in sich hat. Die einen Denkacte sind uns demnach gegeben als fortschreitende Zusammenfassungen, die andern als fortschreitende Entgegensezungen. Aber das wirkliche Denken ist nur in dem Bezogenwerden beider Functionen auf einander.

*) Vorles. Was wird also von hier aus der transcendente Grund alles wirklichen Denkens sein? Die Voraussezung des Füreinandersseins beider Functionen, und also auch dessen, was sie beide repräsentiren, des Seins und des Denkens. Ursprünglich ist, wie gesagt, uns beides als eins gegeben in unserem eigenen Sein; aber wir müssen diese Identität auch voraussezen als Resultat der Totalität des wirklichen Denkens, d. h. die Einheit des Denkstoffes und der Denkform. — Dies ist jezt nur eine Formel, die wir in eine Anschauung verwandeln müssen. Der Anfang des Denkens von der Seite der intellectuellen Function ist, wie oben gesagt ist, die ursprüngliche Entgegensezung, und das ist die des Subjects als denkenden und des Objects als seienden, und die Totalität des Denkens von hier aus ist nur die fortschreitende Entgegensezung von der ursprünglichen Entgegensezung dessen, was als eines gegeben ist in uns selbst. Auf der Seite der organischen Function ist der Anfang das Zusammenfassen, und das Denken in seiner Totalität die fortschreitende Zusammenfassung von der ursprünglichen Zusammenfassung dessen aus, was ursprünglich entgegengesezt gegeben ist. Denn Denken und Sein ist ursprünglich entgegengesezt, in uns nämlich; denn in der denkenden Function ist das Object, das Sein, das thätige, und das Subject das leidende, dagegen in der wollenden Function ist das Denken das thätige

Die erste Frage war gewesen, ob beide Denkformen könnten Wissen sein, oder nur die mittlere. Wir müssen ihnen zuschreiben werdendes Wissen zu sein, weil die mittlere doch durch das Ausgehen von beiden entstanden ist. Aber sie sind es auch nur im Zusammentreffen, nicht minder in der Fortsezung, wie im ersten Auffassen. Beispiel, aus der Wahrnehmung entstandenes allgemeines Bild einer Thiergattung wird erst werdendes Wissen, wenn aus Construction von Theilung in geballte und ungeballte Materie durch Gegensaz zwischen lebendigem und todtem auf animalisches Leben, und weiter durch Gegensaz bis zum Ort der Gattung gekommen ist. Ist nun lezteres noch nicht geschehen: so bleibt ersteres noch werdendes Wissen, wenn nicht völlig abgeschlossen wird. Digression über die Einseitigkeit der Aposterioristen und der Aprioristen und das Verhältniß des scheinbar skeptischen XXXII.

---

und das Sein das leidende. Im Gebiet des Zusammenfassens liegen die Exemplificationen sehr nahe, und sind auch schon vorgekommen; aber auf dem Gebiet der Entgegensezung müssen wir uns das noch zur Anschauung bringen. Da haben wir die beiden Formen Urtheil und Begriff, die leztere im weitern Sinne, wo auch die Vorstellung darunter zu begreifen ist. Im Begriff ist immer eine Einheit, die geworden ist aus der Vielheit durch Zusammenfassen, und in der Totalität der Begriffe haben wir die Gesammtheit des zusammengefaßten. Eben so ist das Urtheil ein Verknüpfen. Wir waren im Zusammenhang unsrer Untersuchung auf das Urtheil gekommen, indem wir sagten, daß der Begriffsanfang durch dasselbe in den vollständigen Begriff verwandelt wird. Da zeigt sich nun gleich, daß das Urtheil immer auf der Entgegensezung beruht. Denn da bleibt das Subject immer dasselbe, das Prädicat aber wechselt, und in sofern wird Subject und Prädicat immer entgegengesezt, indem ich mir bewußt bin, dem Subject können noch andre Prädicate zugeschrieben und das Prädicat noch andern Subjecten beigelegt werden, die ich aber jezt ausschließe. So ruht also das Urtheil wesentlich auf der Entgegensezung, wie der Begriff auf der Zusammenfassung. Das liegt schon in unsrer deutschen Sprache. — Nun werden wir von hier aus unsre obige Frage (nach dem transcendenten Grunde alles wirklichen Denkens) beantworten können. Vorher aber noch eine Zwischenfrage. (Siehe XXXII.)

wissenwollenden zu ihnen. Im lezteren liegt der transcendente Grund als Impuls am wirksamsten vor *).

---

*) Vorles. Das Denken, welches vom organischen Afficirtsein beginnt, nennt man auch Erfahrung, oder das Denken a posteriori, das andre das a priori. Die Frage ist nun, ob beides dem Inhalte nach verschieden sei, so daß das dadurch gegebene Sein auch ein verschiedenes wäre. Indem wir eine dritte Form aufstellten, in welcher die beiden andern in einander aufgehen, haben wir uns schon dafür entschieden, daß das von beiden Denkacten repräsentirte Sein nicht ein verschiedenes ist, sondern dasselbe, und wir werden sagen müssen, nur in dem Maaß als das in beiden gesezte Sein identificirt wird, ist ein werdendes Wissen. Hier ist nun der Ort ein weit verbreitetes Mißverständniß zu berühren, welches dazu beigetragen, die Fortschreitung des Wissens zu hemmen. Einige behaupten nämlich, die Wahrheit sei nur in dem Denken a posteriori, und sezen damit das von dem andern Denken repräsentirte Sein gleich Null. Aber wenn sie doch zugeben müssen, daß die apriorischen Denkacte wirkliche Denkacte sind, und also auch, daß, wie alles Denken ein Sein, so auch dieses das Sein der so denkenden darstelle: so können sie dieses Sein wenigstens nicht gleich Null sezen. Andrerseits dagegen wird behauptet, die Wahrheit sei nur in dem apriorischen Denken, das andere gebe nur das zufällige. Aber man wird doch anerkennen müssen, daß auch das apriorische Denken nicht anders als zeitlich in dem einzelnen vorkommt. Sollte also das so entstandene Denken kein Wissen sein können: so gäbe es überhaupt kein Wissen, und wäre die ganze Wahrheit, sofern sie eine zeitliche Existenz in uns hat, in das Gebiet des zufälligen verwiesen. Darum werden wir uns nur von diesen Einseitigkeiten frei halten, wenn wir sagen, In jedem der beiden Denkacte ist Wahrheit, und also auch ein Sein repräsentirt, und zwar in beiden dasselbe; aber ein Werden des Wissens ist nur, sofern das eine auf das andre bezogen wird. Z. B. Gesezt, es wäre uns auf dem Wege der Wahrnehmung irgend eine Species der lebenden Natur, es sei der Thiere oder Pflanzen, geworden. Das ist nun eine Vorstellung und hat ein Uebergewicht der organischen Function; wann aber wird es ein Werden des Wissens sein? nur, wenn die andre Reihe von Denkacten, welche sich im Entgegensezen bewegt, hinzukommt. Nehmen wir nun da das allererste, das Aufgefaßthaben der chaotischen Mannigfaltigkeit: so könnte man hier einen Gegensaz machen zwischen gebundener und freier Materie, die erste mit dem Uebergewicht der Contraction, die andre mit dem der Expansion. Dann kommen wir zu der Vorstellung der Weltkörper, und dann weiter zu dem Gegensaz des todten und des lebendigen, und in diesem zu dem des animalischen und vegetabilischen, und wären wir nun in der weiteren Construction von Ge-

Die Frage, Was ist, in sofern das werdende Wissen in diesen beiden Formen ist, der transcendente Grund des Wissens? *) beantwortet sich so, Das Zusammentreffensollen beider Formen in Einem Act, oder die vorausgesezte Gleichhaltigkeit der Bilder und Formeln. **) Nun sind wir aber hiebei nur von der Einen XXXIII.

gensäzen auf den Punkt gekommen, wo jene aus der Wahrnehmung entstandene allgemeine Vorstellung ihren Ort hat, dann hätten wir das Wissen. Nun aber gehen beide Operationen unabhängig von einander ihren Weg fort; soll daher auch hier eine Fortschreitung zum Wissen sein: so müssen wir immer, so lange noch kein Zusammentreffen beider Operationen gegeben ist, unsre Ueberzeugung zurükkhalten, und nur indem wir die andre Operation anticipirend hinzunehmen, werden wir das Wissen erreichen. Jene Mißverständnisse sind nur eine Hemmung im Fortschreiten des Wissens. So zeigt es sich auch in der Geschichte. In den Naturwissenschaften treten oft verschiedene Systeme auf, ausgehend von allgemeinen Vorstellungen, theils von gegebenen Dingen, die aufgestellt werden, theils von Kräften, die den Erscheinungen zum Grunde gelegt werden, und man schloß ab, ehe der Prozeß der Construction auf demselben Punkt angelangt war. Aber die einen wie die andern Systeme haben die Wissenschaft nicht weiter gebracht. Wenn man sich dagegen die Aufgabe stellt, das Wissen nur erreichen zu wollen in dem Zusammentreffen beider Richtungen: so wird man jene Vorstellungen, welche einseitig das eine berükksichtigen, nur für provisorische halten können. Zwar wird man dann von solchen, die in jener Einseitigkeit stehen, für einen Skeptiker gehalten, aber es ist nicht der falsche sondern der wahre Skepticismus, welcher nichts anderes als die Wahrheit und das Wissen will, und in welchem der transcendente Grund alles Wissens lebendig ist als Impuls, und es ist nur die Unkräftigkeit dieses Impulses, welche jene zu einem voreiligen Abschließen der Ueberzeugung führt, was etwa nur dem geschäftlichen, dem Denken um eines anderen Interesses willen, angemessen ist.

*) Vorles. Kehren wir nun von hieraus zurükk zu unserer eigentlichen Hauptfrage, dem Grunde des Wissens: so werden wir sagen müssen, daß, wie die Ruhe des Denkens, oder das Wissen, nur ist in dem Zusammentreffen beider Elemente in Einem Moment, so auch in dem transcendenten Grund des Wissens zweierlei liegen muß, nämlich die Beziehung beider Operationen auf einander u. die Einheit des Denkens u. des Seins. Dies beides bildet die beiden Bestandtheile, welche zusammen auf gleiche Weise das Wissen constituiren, und was wir oben (XXXI.) als Formel für den transcendenten Grund gesezt haben.

**) Vorles. Wir kommen nun zu einer neuen Betrachtung, nämlich zu der Frage, wie dieser transcendente Grund des Wissens sich zu den Regeln des Verfahrens verhält, welches beides wir oben (XII.) identificirt haben. Der Grund des Denkens ist zwar selbst kein Denken, aber indem wir ihn aussprechen, wird er eo ipso ein wirkliches Denken, und in sofern nun soll er zugleich die Regel des Verfahrens enthalten. Da müssen wir noch einmal zurükkgehen auf die beiden Formen des Denkens, Begriff und Urtheil. Wir haben bisher überwiegend den Begriff betrachtet, einmal wie er beim Uebergewicht des organischen als Bild sich gestaltet, und dann auf der intellectuellen Seite als Construction, oder besser als Formel erscheint. Da müssen wir also eben so das Urtheil betrachten. Außerdem aber zu untersuchen, ob das beides auch die einzigen Formen des Denkens sind. Das richtigste Verfahren wird hierbei sein, daß wir die beiden Formen in ihrem Verhältniß zu einander betrachten, um zu sehen, ob uns das nicht auf eine dritte Form führt. Den Syllogismus können wir als eine solche nicht anführen, denn der ist nicht ein einzelner Denkact, sondern ein Verfahren im Fortschreiten von einem Denkact zum andern. Gehen wir also vom Begriff aus im weitesten Sinne des Wortes, und zwar zunächst von der Seite desselben, wo das organische überwiegt: so ist das erste hier eine einzelne Vorstellung. Nämlich es wird ein Etwas gesondert aus der chaotischen Mannigfaltigkeit der organischen Affection. Stellen wir dieses einzelne mit anderm ähnlichen zusammen: so kommen wir auf höhere Vorstellungen. Denken wir uns aber den entgegengesezten Weg: so kann uns, wenn wir von der einzelnen Vorstellung in derselben Linie bleibend hinabsteigen wollen, eine neue Vorstellung nur entstehen, wenn wir dasselbe Etwas in seinen verschiedenen Zuständen auffassen. Sagen wir z. B. a ist ein ruhendes und ein sich bewegendes: so sind wir von der einzelnen Vorstellung a zu zwei anderen hinabgestiegen. Aber genau genommen doch nicht zu zwei Vorstellungen, denn es ist ja nur ein und dasselbe a in seinen verschiedenen Zuständen aufgefaßt, sondern Urtheile sind es, die wir durch das Entgegengesezen von dem ruhenden und dem sich bewegenden a gewonnen haben. Die Vorstellung von Ruhe und Bewegung war uns nicht gegeben, sondern wir brachten sie mit, und indem wir sie mit dem gegebenen Etwas verknüpften, entstand uns das Urtheil. Daraus folgt, daß die Grenze der Vorstellung nach dieser Seite hin das Urtheil ist. Gehen wir nun aber umgekehrt von der einzelnen Vorstellung zur höheren, welche wird die höchste sein, unter die alle anderen befaßt sind? Nicht die der Materie, die gar nicht im Gebiet des sondernden Sezens liegt, sondern die des Dinges, unter die alle zusammengefaßt sind. Könnten wir noch höher hinaufsteigen? Das Ding ist nur für das Denken, steht also noch unter dem Gegensaz von Subject und Object. Wollten wir nun diesen auch noch aufheben: so kämen wir zu der Vorstellung des Seins, das alle Gegensäze ausgezogen hat. Aber dann müßten wir erst das Denken selbst aufgeben, denn das besteht nur in dem Gegensaz von Object und Subject. Wie nun aber der Gegensaz von Object und

(organischen) Begriffsform ausgegangen; wir müssen also auch von der andern und dann auch vom Urtheil ausgehen. Aber erst die Frage, ob diese beiden Formen das Denken erschöpfen. Dies müssen wir zunächst aus ihrem gegenseitigen Verhältniß erkennen. Organischer Begriff = Bild als einzelnes läßt kein Herabsteigen in derselben Form mehr zu, sondern nur Mannigfaltigkeit von Urtheilen. Bild als allgemeinstes = Ding läßt kein Hinaufsteigen zu, als indem man auch den Gegensaz von Subject und Object aufhebt. Damit fällt aber die Wirklichkeit des Denkens auch weg. Aber es entsteht die Aufgabe der Entgegensezung, d. h. die Aufgabe des Urtheilens; denn Entgegensezung ist nur in Form des Urtheils.

Betrachtung der Urtheilsform. Das leere Urtheil ist nur XXXIV.
das Sezen selbst, oder anfangende Begriffsbildung selbst in der Form des Urtheils, welche nur die Wiederholbarkeit oder das Festhalten des gesezten bedeutet. Das uneigentliche Urtheil habe ich übergangen, worin nämlich der höhere Begriff vom niederen prädicirt wird. Das eigentliche, d. h. das, wodurch das Prädicat erst in das Subject hineingesezt wird, hat sein Maaß in der Spannung beider Begriffe; je bestimmter sie auseinandertreten, desto mehr ist das Urtheil. Das Prädicat kommt zum Subject als dessen gewesenes Nichtsein. Je mehr schon durch Urtheile in das Subject hineingesezt ist, desto weniger Urtheils-

---

Subject nur aufgehoben und beides eins ist im Urtheil: so sehen wir, daß auch nach dieser Seite hin der Begriff begrenzt ist durch das Urtheil. Fänden wir nun dasselbe auch auf der Seite des Begriffs als Formel, und dann auch beim Urtheil, daß es seinerseits sein Ende im Begriff hat: so hätten wir die vollkommenste Ueberzeugung, daß Begriff und Urtheil die beiden einzigen Denkformen sind. Indeß brauchen wir die Untersuchung in Beziehung auf den Begriff als Formel nicht durchzuführen. Wir versiren ja hier immer im Gegensaz, und betrachten wir diesen selbst: so ist er nur Denken unter der Form des Urtheils. Das Urtheil aber müssen wir noch eben so betrachten wie den Begriff. (S. die folg. Stunde.)

stoff bleibt übrig, und das Urtheil hört auf in dem absoluten Subject, in welches alles gesezt ist *). Von der andern Seite, das Prädicat kommt zum Subject als auch in anderm seiendes. Wenn aber alles als Prädicat gesezt ist: so bleibt kein Subject übrig, sondern ein gemeinschaftliches Sein **).

Folgerung. Die unbestimmte Mannigfaltigkeit möglicher Urtheile (Begriffsgrenze) und die absolute Gemeinschaftlichkeit des Seins (Urtheilsgrenze) sind dasselbe ***). Die absolute Einheit des Seins (Begriffsgrenze) und das absolute Subject (Urtheilsgrenze) sind dasselbe †).

Ob beides dem transcendenten Grunde angehörig, wäre noch Gegenstand einer Untersuchung.

---

*) und das selbst nur unter der Form des Begriffs gesezt sein kann. Vorles.

**) Die Geschiedenheit des Seins wird aufhören und eine absolute Gemeinschaftlichkeit eintreten, denn wenn alle Prädicate allen Subjecten beilegbar sind: so ist dadurch alles identisch und gemeinschaftlich geworden, und nichts von dem andern geschieden. Ist die chaotische Verworrenheit in eine bestimmte Vielheit von bestimmten Einheiten aufgelöst: so ist das das System der Begriffe als Subjecte; wenn aber in diesem alles allem beigelegt ist: so hört die Geschiedenheit auf; d. h. sezen wir das absolute Prädiciren: so hört das Subjectsezen auf, so wie bei dem Sezen des absoluten Subjects das Prädiciren aufhört. Hört aber das Subjectsezen auf: so hört auch das Urtheilen auf, und wir haben also die Grenze des Urtheils von dieser Seite, nämlich die Gemeinschaftlichkeit des Seins, die wir nur als Begriff sezen können. Vorles.

***) Das zeigt sich so, Wenn ich urtheile, um ein unbekanntes Etwas aus der Verworrenheit zu bringen: so muß ich dies auf die Gesammtheit des Seins beziehen, d. h. ich gehe aus von der Gemeinschaftlichkeit des Seins. Sonst gäbe es keine Sezung, welche zugleich Scheidung wäre. Also die Möglichkeit der Urtheile und die Gemeinschaftlichkeit des Seins ist ein und dasselbe und das, was den Uebergang vom Urtheil zum Begriff möglich macht. Vorles.

†) Denn da in der absoluten Einheit des Seins alles eingeschlossen ist, und eben deshalb nichts von ihr prädicirt werden kann: so ist sie auch das absolute Subject; und eben so, da dieses nichts außer sich hat, weil nichts von ihm prädicirt werden kann: so ist es auch die absolute Einheit des Seins. So zeigen sich also auch von dieser Seite die Grenzen des Begriffs und des Urtheils als dieselben. Und da Begriff und Urtheil die einzigen Formen des werdenden Wissens sind: so sind dieselben Grenzen auch die des werdenden Wissens überhaupt. Vorles.

Aber es folgt 1. Wenn Begriff in Urtheil zu Ende geht und Urtheil in Begriff, daß es andre Formen nicht giebt *), und daß 2. was den Uebergang überhaupt bildet, auch der Grund sein muß von jedem Uebergang.

1. Das Sein, welches dem Begriff, und das Sein, wel- XXXV
ches dem Urtheil entspricht, ist nicht zweierlei, sondern dasselbe. Denn sonst könnte es keinen wirklichen Uebergang geben, sondern nur die gleichartigen Momente gehörten zusammen, und jeder Uebergang wäre nur zufällige Unterbrechung.

2. Was jedem Uebergang zum Grunde liegt, das liegt auch dem wissenwollenden Denken überhaupt zum Grunde, da bei jedem anfangenden Denken schon der Uebergang postulirt ist, und gehört daher dem transcendenten Grunde.

3. Dies ist also Beziehung der absoluten Einheit des Seins, die uns aber nirgend im wirklichen Denken gegeben ist, auf die absolute Gemeinschaftlichkeit des Seins, die uns auch nirgend gegeben ist. Dazwischen liegt bestimmte Vielheit des Seins als Resultat der Begriffsbildung = System der festen Formen, und Beziehung des auseinandergetretenen auf einander durch Bejahung und Verneinung als Resultat des Urtheils. Zugleich die doppelte Richtung auf beide Enden. Jeder ohne solche Richtung denkende will nicht das Wissen, entweder überall nicht als positiver Skeptiker, oder nur in diesem Act nicht, weil er eine freie Combination ist. Dieser Ausdrukk des transcendenten Grundes muß nun auch der sein, welcher sich am bestimmtesten auf die formale Seite bezieht, weil er den Uebergang aus einem Moment in den andern bezeichnet **).

*) Vorles. Fassen wir beides (daß der Begriff in Urtheil, das Urtheil in Begriff endet, d. h. daß wo der Begriff aufhört, das Urtheil anfängt, und umgekehrt) zusammen: so folgt daraus, daß das Denken in diesen Formen erschöpft ist; denn um eine andere Form zu haben, müßten wir aufgehört haben im Begriff oder Urtheil zu denken.

**) Vorles. Das absolute Subject ist ein Ausdrukk für die Gesammtheit des Denkens; denn es ist darin alles gesezt, was im Denken enthalten sein kann. Dieses hatten wir gleichgesezt der absoluten Einheit des Seins, welche uns entstanden war durch Aufhebung aller Gegensäze. Die Formel Unbestimmte Mannigfaltigkeit möglicher Urtheile, schließt die Möglichkeit von Entgegensezung von Subject und Prädicat in sich, und in der Formel Gemeinschaftlichkeit des Seins ist eine Vielheit des Seins gesezt, denn ohne Vielheit keine Gemeinschaftlichkeit. Also in der absoluten Einheit des Seins ist die Vielheit aufgehoben, in der Gemeinschaftlichkeit des Seins die Einheit; aber beides ist immer in Beziehung auf einander, weil nur dadurch ein Uebergang von der einen Form in die andre möglich ist. Beziehen wir das auf das Wissen in seinem Werden: so erhalten wir die Formel, Die absolute Einheit des Seins sezen wir voraus, indem wir die Gemeinschaftlichkeit des Seins hervorbringen im Denken, und die Gemeinschaftlichkeit des Seins sezen wir voraus, indem wir die absolute Einheit des Seins hervorbringen im Denken. Denken wir uns also die Begriffsbildung vollendet, wo wir eine solche Vielheit haben, denn jeder Begriff ist etwas für sich im Denken: so müssen wir sie beziehen auf die Gemeinschaftlichkeit des Seins, d. h. jedes muß so durch das andre bedingt erscheinen, daß in jedem zugleich das andre ist. Das ist die Voraussezung des allgemeinen Zusammenhangs des als vieles gesezten Seins, und diese ist von dieser Seite das allem wirklichen Denken, sofern es Wissen werden will, zum Grunde liegende. Eben so ist es auf der andern Seite; die absolute Einheit des Seins oder das absolute Subject ist immer dasselbe mit der Gemeinschaftlichkeit des Seins, d. h. wir haben sie nur in der durchgängigen Auseinanderbeziehung dessen, was als vieles gesezt ist. Ohne das wäre die absolute Einheit des Seins nur ein leerer Gedanke; sie wird nur ein erfüllter, wenn sie als aus der Vielheit entstanden gesezt wird. Denken wir uns die Vielheit des Seins unter der Form der Begriffsbildung: so haben wir die Gesammtheit der feststehenden Formen des Seins, doch so, daß das Geschiedensein derselben nur ein relatives ist und wir alles in der absoluten Einheit des Seins zusammenfassen können. Wir sezen die Vielheit nur in Beziehung auf die Einheit, und diese nur vermittelst jener. So wie das Geseztsein der Vielheit in Beziehung auf die Einheit durch die Form des Begriffs: so das der Einheit in Beziehung auf die Vielheit durch die Form des Urtheils. Das eine stellt dar das Auseinandertreten des Seins, das andre den allgem inen Zusammenhang des auseinandergetretenen. Wie nun das Wissen dasjenige Denken ist, welches mit dem Sein identisch ist: so haben wir also hier folgende Voraussezung. Das Sein für das Denken ist ein relativ auseinandergetretenes in allgemeinem Zusammenhang, und das Denken für das Sein ist das Produciren bestimmter Formen, theils solcher, welche dem Auseinandertreten des Seins (Begriffe), theils solcher, welche dem allgemeinen Zusammenhang des auseinander-

Liegt alles Wissen werdende Denken zwischen diesen End- XXXVI.
punkten *): so ist es auch ein Schweben zwischen ihnen in entgegengesezter Bewegung. Zwischen beiden liegt das System der Begriffe, möglichst in der gleichen Entwikkelung von beiden Seiten aus gedacht, und die Gesammtheit der Urtheile. Beides als vollendetes Wissen gesezt, was entspricht ihm im Sein? Dem System der Begriffe die festen Formen des Seins, jedes aber nur, weil unter dem absoluten Zusammenhang als relativ für sich bestehend. Der Gesammtheit der Urtheile entspricht die der Thatsachen. (Im weitern Sinne sind auch die uneigentlichen Urtheile Thatsachen = Verschiebbarkeiten des Schema). Beides aber ist dasselbe. So schlichten wir den Streit zwischen dem Stehn und Fließen des Seins. Die eine Behauptung bezieht sich auf das absolute Subject, die andere auf die absolute Gemeinschaftlichkeit des Seins. Beide haben Recht in dem was sie sezen, beide Unrecht in dem was sie ausschließen. Die beständige Beweglichkeit ist an dem festen, und das beharrliche ist im beständigen Wechsel. —

Betrachten wir den Begriff für sich im Schweben zwischen dem höheren und niederen: so entspricht dem höheren das Sein

---

getretenen (Urtheile) entsprechen. Dieses beides geht aller Richtung auf das Denken voraus; es ist auf der einen Seite Voraussezung, und dann Denken, auf der andern Impuls, und in sofern That. Das ursprüngliche dabei ist die That, nämlich die That des Uebergehens von einer Form in die andre, ohne welche es keine Entwikkelung des Denkens gäbe. Wollen wir uns aber ihrer bewußt werden: so geschieht das immer nur unter der Form der Voraussezung, und fragt man wiederum, Was heißt das, ich seze bei meinem Denken dies voraus? so ist die Antwort, Nichts anderes, als ich handle in meinem Denken danach. Wollte jemand nicht das voraussezen und nicht danach denken: so könnte er nicht das Wissen wollen. So haben wir hier den transcendenten Grund des Wissens zugleich in Beziehung auf den formalen Theil unserer Aufgabe. Denn nur von dieser Formel aus werden wir die Regeln des Verfahrens für die Begriffsbildung, für die Urtheilsbildung und für den Uebergang von der einen zur andern finden.

*) nämlich der absoluten Einheit und der absoluten Gemeinschaftlichkeit des Seins.

als **Kraft**, dem niederen das Sein als **Erscheinung**. Die untergeordnete Kraft ist eine Erscheinung der höheren *).

XXXVII. Erklärung darüber, wie die beiden Säze zusammenstimmen, daß dem Begriff überhaupt die relativ substantiellen Formen entsprechen, und dem höheren und niederrn das Sein als Kraft und Erscheinung. Dies muß betrachtet werden im Subjectsbegriff und im Prädicatsbegriff. Leztere sind auch Formen des Seins, wenn auch nicht Raum erfüllende. Aber auch dies gleicht sich aus, wenn man bedenkt, daß so wie Prädicatsbegriffe auch Subject werden (infinitivische und adjectivische Substantive), so werden dann die Subjectsbegriffe Prädicate (z. B. die Centripetalkraft inhärirt allen Weltkörpern). Erscheinung in unserm Sinn ist aber auch feste Form des Seins, nämlich der Complexus der Erscheinungen einer Kraft constituirt die **Arten zu sein** derselben. (**Anmerk.** So kann man auch Gattungen als Kraft ansehen und die Species eben so als ihre Erscheinungen.) **)

XXXVIII. Ueber die hier gebrauchten neuen (d. h. in unseren Auseinandersezungen noch nicht vorgekommenen, Ausdrükke ***). Es

---

*) Vorles. Die niederen Begriffe sind nur des höheren Begriffes Art und Weise zu erscheinen, der höhere Begriff ist die lebendige Quelle der Erscheinungen. Wir werden aber auch sagen können, Das Sein, welches dem System der Begriffe entspricht, ist gesezt in den Kräften, und das Sein, welches der Gesammtheit der Urtheile entspricht, ist gesezt in den Erscheinungen. Die Erscheinungen sind nichts als die aus den Kräften hervorgegangenen Thatsachen; das sich gleichbleibende Sein ist also das System der Kräfte, das sich beständig verändernde ist die Mannigfaltigkeit der Erscheinungen.

**) Vorles. Der Gegensaz ist ein fließender, d. h. die Prädicatsbegriffe als Kraft sind eben so feste Formen des Seins wie die Subjectsbegriffe als Dinge, und umgekehrt. Jede Kraft hat ihre verschiedenen Arten und Weisen zu sein, und das sind ihre Erscheinungen. Aber weil sie sich in bestimmten Thätigkeiten wiederholen: so sind sie feste Formen des Seins, und nur die Thatsachen sind es, die das wechselnde aussagen. Diese liegen aber im Gebiet des Urtheils.

***) Vorles. Die Sprache fängt niemals an sich durch die Wissenschaft zu bilden, sondern durch den allgemeinen Verkehr; die Wissenschaft kommt erst später dazu, und bringt nur eine Erweiterung, keine neue Schö-

kommt darauf an uns über sie im Zusammenhang mit den früheren zu erklären und im Zusammenhang mit dem Gebrauch im gemeinen Leben. Feste Form des Seins in Bezug auf Gegensaz zwischen Stoff und Form, wie schon vorgekommen in Denkstoff und Denkform. D. h. Sein ist dasselbe in Sonderungsweise und Gegensaz, was verschieden ist in Raum- und Zeiterfüllung *).

Man könnte denken, auf Subjectsbegriff wäre eher Form anwendbar, und auf Prädicatsbegriff eher Kraft; alsdann, wenn Kraft und Erscheinung als zusammengehörig gelten, würde zum

---

pfung, in der Sprache hervor. Da nun die Wissenschaft oft die Richtung nimmt von vorn anzufangen: so muß sie für neue Gedanken auch neue Ausdrükke wählen. Neue Stammwörter zu bilden würde nichts helfen, da diese doch wieder durch schon vorhandene erklärt werden müßten; man muß also Ausdrükke des gewöhnlichen Lebens in einem andern Sinne nehmen, und es kommt nur darauf an zu zeigen, in welchem, und daß dieser nicht willkührlich gewählt ist, sondern mit dem gewöhnlichen in Analogie steht. Dies wird nun unsre Aufgabe sein in Beziehung auf die von uns gewählten Ausdrükke, Feststehende, sich gleichbleibende Form des Seins als entsprechend dem Begriff überhaupt; Kraft und Erscheinung als entsprechend dem höheren und niederen Begriff, und Thatsache als entsprechend dem Urtheil.

*) Vorles. Die Selbigkeit der Form beim Wechsel des Stoffes ist das dem Begriffe entsprechende Sein. Oder, Was uns bei Verschiedenheit des Stoffes d. h. der Raum- und Zeiterfüllung als dasselbe gegeben ist, das ist das dem Begriff entsprechende Sein. Das einzelne als solches ist noch kein Begriff; es wird erst ein solcher durch die Beziehung auf den allgemeinen Begriff, d. h. indem es als in der Wiederholbarkeit dasselbe bleibend gedacht wird. Ohne solche Wiederholbarkeit aber auch keine Vervollkommnung des Begriffs. Nehmen wir hinzu, daß es gar keine Vollendung des Wissens geben könnte als durch die Zusammenfassung des Wissens aller denkenden d. h. die Substitution der Denkacte des einen in die des andern: so haben wir als nothwendige Voraussezung der Fortentwikkelung des Begriffs die Identität der Form bei der Differenz des Stoffs. Feste Form des Seins heißt also die Wiederholung derselben intellectuellen Thätigkeit an anderem Stoff, welches das Wesen des Begriffs ist, und worin eben dieses liegt, daß der Begriff als Resultat der intellectuellen Function dem Verhalten des Seins in sich selbst entspricht.

niedern Begriff auf der Subjectsseite ein anderer Terminus e forbert. Allein auch Prädicatsbegriff ist Form des Seins, n mit Richtung auf die Gemeinschaftlichkeit *).

XXXIX. Wir brauchen Kraft für das auf den Organismus wir same Sein, Erscheinung aber unterscheiden wir auch im gem nen Gebrauch von Schein, lezteren als indifferent gegen Wah heit. Zu dem, was wir Erscheinung nennen, suchen wir d Kraft, wenn sie noch nicht gegeben ist. Im Begriff Kraft i also gesezt Wiederholbar sich wirksam beweisendes Sen als se biges in mehreren (gegebenen oder zu suchenden verschiedenen Im Begriff Erscheinung ist gesezt Mehrere verschiedene gleich wirksames. Alles so gesezte ist auch das andre zwischem beide Seinsgrenzen, die den Begriffsgrenzen entsprechen. —

Dem Urtheil entspricht die Thatsache. Nämlich dem eigen lichen, nachdem alles in den Begriff aufnehmbare schon aufg nommen ist. Thatsache = der Wechsel des in seiner Einhe gleichen Seins, als Moment der Thätigkeit und Leidentlichkei

XL. Dem Begriff in der Totalität betrachtet entspricht das b stimmt gesonderte relativ für sich gesezte Sein, aber als Einhe der weltbildenden Kraft, deren Erscheinung die untergeordnete Systeme und Kräfte sind bis zur Gesammtheit von diesen selb sofern sie noch einzelnes bestimmen. Dem eigentlichen Urthe in der Totalität entspricht das gemeinschaftliche Sein der Ei

*) Vorles. Nun zu den speciellen Ausdrükken Kraft und Erscheinun Aeußerlich betrachtet scheint der obige Ausdrukk Feste Form des Sein mehr auf die Subjectsbegriffe, und der Ausdrukk Kraft mehr auf d Prädicatsbegriffe zu passen, dann aber auch der Ausdrukk Erscheinur für diese lezteren geeigneter. Dem ist aber nicht so. Bleiben wir nän lich bei dem ursprünglichen Subjectsbegriffe stehen: so ist der gewöhr liche Ausdrukk für das Sein, das dem höheren Begriffe entspricht, Ga tung, und für das, was dem niederen, Art. Am bestimmtesten ist un das gegeben im Gebiet der lebendigen Wesen, und da können wir de Gegensaz von Gattung und Art ganz dem von Kraft und Erscheinur gleichsezen. Denn in jeder Gattung lebendiger Wesen ist eine eigenthün liche Lebenskraft und die Gesammtheit ihrer Erscheinungen sind die Arter

zelgesammtheit *). Moment des transcendenten Grundes — Das speculative Wissen im System der Begriffe und das historische Wissen in der Gesammtheit der Urtheile sind dem Inhalte nach gleich, d. h. es ist dasselbe Sein, was in ihnen repräsentirt wird; mithin die Gesammtheit des relativ für sich gesezten Seins, und das in der absoluten Gemeinschaft begriffene Sein ist beides dasselbe. Theilung würde Annäherung an das Wissen unter beiden Denkformen unmöglich machen. Daher auch heben die, welche nur das eine für Wissen erklären, das dem andern entsprechende Sein auf und erklären es für Schein. Diese Identität wohnt als Impuls unserm wirklichen Denken ein als vermittelnd den Uebergang von Begriff zu Urtheil, und umgekehrt, und geht mithin

*) Vorles. Es kommt nun darauf an, die Gleichsezung desjenigen Seins, welches im Begriff, und desjenigen, welches im Urtheil gegeben ist, im transcendenten Grunde selbst zu betrachten. Hier bekommen wir nämlich ein doppeltes Resultat als dem transcendenten Grunde gleichmäßig angehörig. Gehen wir vom Begriff aus: so führt uns dies auf die wesentliche Zusammengehörigkeit aller Begriffe. Denn da alle durch Entgegensezung entstanden sind: so müssen sie sich auf die Einheit beziehen, aus der sie abgeleitet sind, und das war die eine Grenze des Begriffs. Ist nun die Begriffsbildung vollendet: so ist die Totalität des getheilten Seins zu einer bestimmten Vielheit geworden. So betrachtet ist also das Sein ein Sich aus sich selbst entwikkelndes, nämlich aus dieser Einheit zu einer bestimmten Vielheit. Das thatsächliche Sein dagegen hat eben so eine Richtung auf die absolute Gemeinschaftlichkeit des Seins, wie jenes die auf die absolute Einheit, und so ist das Sein im Gegensaz zu jenem ein Sich gegenseitig durch einander bedingendes. Das Gebiet des lezteren ist das der Nothwendigkeit, das des ersteren das der Freiheit. Ferner, Die Gesammtheit aller Denkacte in der Form des Urtheils, wie sie das Wissen realisiren, constituirt das geschichtliche Wissen; die Gesammtheit aller Denkacte in der Form des Begriffs, sofern sie das Wissen zu Stande bringen, constituirt das speculatie Wissen. Beides ist dem Inhalte nach dasselbe und in seiner Identität Moment des transcendenten Grundes; das heißt, sie ist thatsächlich als Wissen nie gegeben, aber sie ist eine nothwendige Voraussezung für alles Wissen werden wollende Denken.

allgemein voran, weil die erste Auffassung allemal für weiteres Urtheil auffaßt.

NB. Das für sich gesezte ist die Substanz, das gemeinschaftlich gesezte ist das Gebiet der Wechselwirkung. Jenes zugleich das der Selbstentwikkelung, oder der Freiheit, dieses zugleich das des allgemeinen Zusammenhanges oder der Nothwendigkeit.

XLI. Recapitulation des bisherigen. Wahrheit des Seins in sich, dazu auch die Wahrheit der Organisation als Vermittelung zwischen Sein und Denken. Identität beider Functionen in allen. Duplicität der Begriffsanfänge; transcendenter Grund = das Warten von dem einen aus auf die andere. Begriffsgrenzen. Richtung auf das Schwanken zwischen beiden im Auf- und Absteigen; transcendenter Grund = Voraussezung der Identität des substantiellen Seins und der absoluten Gemeinschaftlichkeit. Uebrig ist noch Betrachtung des Denkens im Wollen, und, wenn das Verwandschaft mit Wissen hat, die Frage, ob der transcendente Grund ein anderer, und Aufgabe beide zusammenzufassen *). Vorher noch Folgerungen aus dem bisherigen. A. Die Mittheilungsweise betreffend. 1. Theorie der

*) Vorles. Wir haben das Denken bisher betrachtet, wie es durch die organische und die intellectuelle Function bedingt ist, aber so, daß wir das Denken als Ausdrukk des Seins faßten. Aber es giebt, wie wir schon gesehen, auch ein Denken, welches ein Sein postulirt, das Ausdrukk des Denkens sein soll, nämlich das Wollen, und dieses Denken, welches also in einem umgekehrten Verhältniß zum Sein steht, haben wir nun noch in Beziehung auf den transcendenten Grund zu betrachten. Die Frage ist, Hat dieses Denken auch eine solche Richtung auf das Wissen? Im verneinenden Falle kommt es hier gar nicht in Betracht; im bejahenden wird es unsre Aufgabe sein, den transcendenten Grund dieses Denkens zu finden. Er kann entweder ein andrer sein oder derselbe, als der bereits gefundene. Daß das erste Resultat dem Parallelismus unseres Verfahrens sehr ungünstig wäre, leuchtet ein. Doch vorher ein Paar Folgerungen aus dem vorigen, die den Uebergang dazu bahnen werden.

angebornen Ideen. Richtig, wenn man darunter nur den Typus des Impulses versteht, unrichtig, wenn das reine Denken eine Wirklichkeit haben soll vor der organischen Function. Der Zustand steitigen Denkens hörte dann auf.

2. Theorie der Ueberlieferung. Sinn. Wir machen aus dem organischen Afficirtsein die Begriffe, so wie wir sie machen, weil andre sie eben so vor uns gemacht haben. Dies geht entweder auf außermenschliche Offenbarung zurükk, was sich aber nicht halten läßt, da es auch menschliche Rede voraussezt. Also sezt diese Theorie auch die Denkform als mit dem Denkstoff von außen gegeben *). Die eine **) ist Uebergewicht der intellectuelen Function, die andre Uebergewicht der organischen; die eine geht auf die festen Formen zurükk und sieht Thatsachen nur als Durchgang an ***). Beide stimmen mit uns in dem was sie sezen, verfälschen aber das gesezte, indem sie das gegenüberstehende aufheben †). Die Mittheilungsweise ist also die, daß sich in der identischen intellectuellen Function auf Veranlas- XLII.

---

*) Vorles. Entweder man sagt, im Denkstoff sei doch schon etwas von der intellectuellen Function enthalten; er würde nicht als solcher sondern immer in einer bestimmten Form aufgenommen. Dann verliert sich aber die Realität des Anlernens doch wieder; denn jedes spätere Geschlecht hätte auch unabhängig vom früheren seinen Denkstoff zugleich mit der Denkform erhalten können. Oder man sagt, In dem ersten Menschen ist auch alles angelernt, aber von einem außermenschlichen denkenden Sein, durch Offenbarung. Aber auch dieser Ausweg ist nur scheinbar. Denn die Offenbarung hätte doch nur in der Form der Rede erfolgen können, also müßte, um diese aufzunehmen, schon ein Denken da gewesen sein.

**) Theorie.

***) die andre sezt das Sein als schlechthin wechselnd.

†) Vorles. Die Wahrheit der Theorie der Ueberlieferung ist in der schlechthinigen Uebertragbarkeit der organischen Affection des einen in das Denken des andern, aber nicht daß auch die intellectuelle Function eben so übergehen kann. Die Wahrheit der Theorie der angebornen Begriffe ist, daß der Typus der Intelligenz in allen derselbe ist, aber nicht in der zeitlichen Entwikkelung ein absolut feststehendes und sich gleich bleibendes, weil nämlich das transcendente nur der Impuls ist zur Fortentwikkelung des Bewußtseins.

sung der organischen Affection die Begriffe entwikkeln, welche der Gesammtheit des organisch aufgefaßten entsprechen.

B. Die Aufhebung des Gegensazes betreffend. Anknüpfend an den Saz, daß das wirkliche Denken aufhört, wenn die Entgegensezung von Subject und Object aufhört, fragt sich, da das Subject hier nur im Denken gesezt ist, ob das wirkliche Denken auch aufhört, wenn der Gegensaz zwischen Begriff und Gegenstand und der zwischen Thatsache und Urtheil aufgehoben wird. Nämlich der Gegensaz lautet, Das Denken ist ein solches für das Sein, und das Sein ist ein solches für das Denken.

XLIII. Im Sein als höchster Kraft ist das Denken als einzelne Kraft mit aufgenommen, somit das Subject mit in das Object hineingesezt, eben so auch in den absoluten Zusammenhang. Aber in dem Act des Denkens selbst bleibt der Gegensaz. D. h. das Sein als höchste Kraft ist transcendental, es ist unmittelbar kein wirkliches Denken, sondern nur dem wirklichen Denken zum Grunde liegende Voraussezung. Denn es ist uns kein Denkstoff solcher Art gegeben. Aber wir können uns, wie wir es oben gethan haben, in dieser Voraussezung ergreifen und den Impuls als ein uns innerlich gegebenes finden, und so wird dann dies Moment des transcendenten Grundes ein wirklicher Gedanke. Eben so ist in dem Begriff des schlechthinigen Zusammenhanges das Urtheilen mit in das thatsächliche Sein aufgenommen, wie es denn in jedem Moment ein gemeinschaftliches Sein ist. Der absolute Zusammenhang, in welchem Urtheilen als thatsächliches Sein aufgenommen ist, ist auch transcendental *), sondern in jedem Urtheil eingeschlossene Voraussezung, indem er uns nie als Denkstoff gegeben ist. U. s. w. wie oben. Das Aufgehobensein des Gegensazes ist aber hier nur ein einseitiges, denn das Denken ist in das Sein aufgenommen, aber nicht umgekehrt. Es entsteht sonach die Frage, ob diese correspondirende Formel

*) er ist unmittelbar kein wirkliches Denken

auch einen Inhalt hat, oder nicht. Derselbe ist aus dem Denken, sofern es Wissen werden will, nicht abzunehmen, und so werden wir an den lezten Punkt geführt, der noch vor uns liegt, nemlich das Denken, welches dem Handeln zum Grunde liegt. Wir haben freilich noch außerdem unterschieden das geschäftliche, aber dieses liegt auch in der Richtung des Wissens, denn es begehrt kein Denken, welches dem Sein nicht entspricht, weil nur gedacht wird in Bezug auf das Verkehr mit dem Sein.

Anders ist es mit dem freien Spiel, welches indifferent ist XLIV. gegen die Wahrheit des einzelnen Bildes, aber nicht indifferent gegen das Verhältniß des Bildes zu dem dem Sein entsprechenden Begriff. Denn wenn der Dichtung diese Wahrheit fehlt: so ist sie schlecht. Auf der andern Seite, wenn das freie Spiel nicht nur passiv aufgenommen wird, sondern selbstthätig fortgesezt: so wird es selbst ein Handeln, welchem ein Gedanke zum Grunde liegt, und dann wird dieser Gedanke unser Gegenstand, das Handeln aber in seiner Besonderheit fällt aus unserer Betrachtung heraus. Es bleibt uns also das Wollen *). In

*) Vorles. Es ist das Denken, welches dem Handeln zum Grunde liegt, Zwekkbegriff, das vorbildliche Denken, dem eine von uns bewirkte Modification des Seins entsprechen soll, dieses im weitesten Sinne genommen, die Modification sei, welche sie sei, und eben so das Sein. Dies führt uns auf das schon ausgesprochene zurükk, daß der nächste Grund zur Aufeinanderbeziehung von Denken und Sein in uns selbst liege. In uns selbst nämlich ist unmittelbar eine Identität von Sein und Denken gegeben, und dies sezt voraus, daß wir uns unseres Seins eben so bewußt sind, als des gegebenen Seins, d. h. als eines wirksamen. Dadurch können wir unser Sein als einen Theil des gesammten Seins ansehn; wir nehmen unser denkendes Sein als seiendes Denken mit auf in die Einheit der höchsten Kraft. Das ist eben der Inhalt des Selbstbewußtseins.

Betrachten wir nun dies Denken, welches dem Handeln vorausgeht, näher: so ist es offenbar als Thatsache des Bewußtseins ganz dasselbe, wie das andre Denken, nur daß in dem Ausdrukk Zwekkbegriff zu liegen scheint, daß dieses Denken nur in der Form des Begriffs vorkommt. Als Begriff muß es nun auch jene beiden Elemente in sich haben, das organische und das intellectuelle. So weit ist also beiderlei Denken noch gleich. Sobald wir aber ihr Verhältniß zum Sein in Betracht ziehen, zeigt sich der gerade Gegensaz. Das Denken, welches Wissen werden will, bezieht sich auf ein vorausgeseztes Sein; das unsern Handlungen zum Grunde liegende bezieht sich auf ein Sein, das erst durch uns werden soll. Untersuchen wir zunächst, ob dieser Gegensaz auch streng und vollständig ist, d. h. auf der einen Seite, ob unter dem ersten Denken nicht auch solches vorkommt, was sich auf ein Sein bezieht, das erst werden soll, und auf der andern, ob unter dem zweiten Denken nicht auch solches vorkommt, was sich auf ein vorausgeseztes Sein bezieht.

Die erste Frage müssen wir offenbar bejahen. Denn ein astronomisches Jahrbuch z. B. gehört dem ersten Denken an, und bezieht sich doch auf ein Sein, das erst werden soll. Aber nicht durch uns, und so geschieht dem Gegensaz kein Eintrag. Ueberdies führen wir das Sein solcher Art immer wieder zurükk auf ein schon vorhandenes Sein, das dem Calcul zum Grunde liegt, und nur vermittelst der Beziehung auf dieses vorausgesezte machen wir die Beziehung auf das künftige Sein.

Auch die zweite Frage müssen wir bejahen, sofern alle unsre Handlungen sich auf ein vorausgeseztes Sein beziehen. Sonst würden sie ein Erschaffen aus Nichts sein, das wir uns nicht zuschrieben. Aber die Formel beim Handeln ist immer diese, Weil mir das Sein so gegeben ist: so soll es so werden durch meine That, wie ich es in meinem Denken vorbilde.

Alle Handlungen sind entweder immanente oder transeunte, d. h. sie haben ihre Vollendung entweder in uns oder außer uns. Aber genauer betrachtet hebt sich dieser Unterschied wieder auf. Denn in den immanenten Handlungen ist das Sein, was anders werden soll, und das Denken, wodurch es anders werden soll, beides gleicherweise das unsrige, und in sofern ist es immanentes Handeln. Aber es würde von keiner Handlung die Rede sein können, wenn wir nicht einen Unterschied zwischen beidem machten, und in sofern ist es ein transeuntes Handeln. Wäre nun in den andern Handlungen bloß im Denken die Möglichkeit des Anderswerden des Seins durch unsre denkende Thätigkeit gesezt, im Sein aber nicht: so wäre unser Wollen ein absolut leeres, so gäbe es nur Anfänge von Handlungen, kein Ende, so würden wir am Ende aufhören zu wollen, oder wenn wir doch müßten, uns desselben nur als einer Lebenshemmung bewußt sein. Also liegt allem Handeln ein Bezogensein des Denkens auf das Sein zum Grunde; ohnedas würde kein eigentliches Wollen als Denken zu Stande kommen. In dem auf das Wissen gerichteten Denken ist die Beziehung so, daß das Denken in uns dem Sein entsprechen soll; in dem jezt betrachteten Denken so, daß das Sein dem Denken entsprechen soll. Und beides kann nicht auf etwas verschiedenem ruhen, sondern muß denselben transcendenten Grund haben. Wäre dem nicht so: so würde der Zusammenhang zwischen Wis-

diesem nämlich sind wir uns selbst als wirksames Denken gegeben, gleichviel ob auf das dem äußern oder dem innern Organismus gegebene.

Das Wollen ist mit aufgenommen unter die absolute Kraft und bildet da einen Gegensaz zu dem nichtdenkenden Sein, aber einen vollständigen. Denn in Bezug auf das Verhältniß ist an dem einen Ort Activität des Seins und Passivität des Denkens, an dem andern, nämlich im Zwekkbegriff, Activität des Denkens und Passivität des Seins. Dieses kann aber nur denselben Grund haben, daß nämlich Identität des Seins und Denkens uns unmittelbar gegeben ist, nämlich in der Ueberzeugung, welche der Auffassung beiwohnt, die Bestimmtheit des Seins nach der Art unseres Denkens, mithin auch die Bestimmbarkeit anderer Modificationen desselben. — XLV.

Zweiter Punkt *). Wir finden uns im Zustand streitigen

---

sen und Wollen ganz und gar aufgehoben, denn unser Wollen bliebe dann dasselbe, wenn auch das Sein ein ganz anderes wäre, als es jezt unser Denken bestimmt. Es würde aber auch aufgehoben, was wir bereits gesezt haben, der transcendente Grund für das Wissen wollende Denken, daß nämlich die feste Form des Seins und die absolute Gemeinschaftlichkeit desselben identisch ist. Denn das Wollen ist ebensowol eine Thatsache, und als solche der Gemeinschaftlichkeit des Seins angehörig, als es eine Kraft ist, nämlich eine Kraft des denkenden Seins, und als solche mit aufgenommen in die Einheit der Kraft. Läge nun im Wollen als Thatsache ein anderes zum Grunde als im Denken als Kraft: so wäre die Gemeinschaftlichkeit des Seins ein anderes, als die feste Form des Seins. Also kann das Wissen mit dem Wollen nur zusammenbestehen unter der Voraussezung der Identität des transcendenten Grundes. In beidem ist eine Beziehung zwischen Denken und Sein; im Wissen ist das Sein die active, im Wollen die passive Seite, im Wissen das Denken die passive, im Wollen die active Seite. Dadurch erst ist dieser Gegensaz ganz real geworden.

*) Vorles. Gehört nun das Wollen auch in das Gebiet des streitigen Denkens? Allerdings, denn immer muß gefragt werden, ob etwas gewollt werden soll, oder nicht. Wie eine Mehrheit von denkenden, so ist eine Mehrheit der wollenden gesezt, und immer will der eine Bestimmungen des Seins, wodurch die des anderen aufgehoben werden. Bestände der Widerspruch nur im Verlauf der Handlung, nicht in dem

Wollens, so daß sich aufheben würde was mehrere vollen. In diesem können wir nicht bleiben. Das Herausgehen st nicht zu machen ohne den Begriff des Sollens.

XLVI. Wenn wir die Parallele verfolgen, müssen wir inneren Streit des Wollens = Unentschlossenheit gleich sezen dem äußern *), (Parenth. daß die Gewißheit der Freiheit nicht auf Wählen, also Unentschlossenheit, beruht, welche als Dirchgangspunkt nur Unvollkommenheit bezeichnet. Der ist freier, denn er kann mehr gleichzeitig bewirken, der im ersten Entschliß beruht.

---

zum Grunde liegenden Denken: so wäre kein streitiges Wolln, sondern nur streitiges Denken über das Sein. Der eine wollte iur deshalb etwas andres, weil er das Sein anders aufgefaßt. Stellen wir uns aber beide im Wissenwollen auf denselben Punkt, und mit ihrem Wollen in Streit: so liegt dabei nicht bloß ein Irrthum des Denkens zum Grunde, sondern ein Widerspruch im Wollen selbst. Und da entsteht uns natürlich die Aufgabe dem streitigen Wollen ein Ende zu machen, und zwar ist es eine nothwendige Aufgabe, nicht nur weil Einstimmigkeit im Wollen nothwendig ist, wenn nicht überall das Resultat des Wollens gefährdet sein soll, denn das ist nur analog dem Denken um eines andern willen, sondern weil wir den andern uns identisch sezen, d. h. unser Sein und Thun auf den gemeinsamen Gattungsbegriff beziehen.

Somit sind wir für beides, für das Wissen und das Wollen, auf diesen parallelen Punkt gekommen, 1. Das allem wirklichen Denken und allem wirklichen Wollen vorausgehende Bezogensein des Seins und Denkens auf einander ist dasselbe für die Activität des Denkens und dann Passivität des Seins, und für die Activität des Seins und dann Passivität des Denkens. 2. Der Grund zur Aufhebung des streitigen Wollens ist derselbe, als der zur Aufhebung des streitigen Denkens.

*) Vorles. So wie es im einzelnen, abgesehen von seinem Verhältniß zur Mehrheit, einen Zustand des streitigen Denkens giebt, den Zweifel: so auch beim Wollen, die Unentschlossenheit. Dieser wird ein Ende gemacht durch den Entschluß, dem die That folgt. Dem Entschluß aber muß vorhergehen eine Ruhe in Beziehung auf den gewählten Zweckbegriff, ganz analog der oben besprochenen Ruhe im Denken.

Anm. Mit Unrecht sieht man die Unentschlossenheit als Zeichen der Freiheit an; sie ist vielmehr eine Unvollkommenheit, denn sie hemmt die That und ist somit zeitverderbend. Der Schein von Vorzug entsteht nur, weil man an ihr sieht, daß die Bestimmung des Seins von unserer Selbstthätigkeit ausgegangen ist.

Auch das Bewußtsein der Freiheit kommt nicht sicherer aus der Wahl, denn wir sind nicht klarer darüber, daß die lezte Entscheidung von uns ausgeht) auch zugeben, daß jedes Beruhen in einem Zwekkbegriff = Entschluß nur provisorisch ist bis zur gänzlichen Uebereinstimmung aller im Wollen, ferner daß diesem Denken, wie dem Wissen, transcendentes zum Grunde liege, daß auch dieses identisch sein müsse mit der Regel des Verfahrens im Wollen, so daß diese aus dem transcendenten Grunde abgeleitet werden kann, endlich daß es nur der gleiche transcendente Grund ist, indem sonst die Einheit unseres Wesens müßte aufgehoben sein. Eben so daß die Beziehung zwischen dem receptiven Organismus und dem gegebenen Sein identisch sein müsse, oder vielmehr zu Einem ganzen zusammengehörig, mit denen zwischen dem Organismus der Spontaneität und dem bestimmbaren Sein. Endlich daß dies für das Geöffnetsein nach innen eben so gilt, wie für das nach außen.

Wir subsumiren sonach auf der einen Seite das dem Wollen zum Grunde liegende Denken unter das auf das Wissen gerichtete, auf der andern entsteht uns nun die Theilung in physisches Wissen und ethisches Wissen und dem Sein nach in Natur und Geist*). Der Gegensaz ist aber kein absoluter, schon XLVII.

---

*) Vorles. Im Gesammtgebiet des Denkens ist uns eine Theilung entstanden, indem einmal das Sein das active ist und das Denken das secundäre, und dann wieder das Denken das active und das Sein das secundäre. Wir wollen das erste das physische, das andre das sittliche Wissen nennen. Jenes stellt seine Gesammtheit dar in den festen Formen des Seins in Verbindung mit der absoluten Gemeinschaftlichkeit des Seins, dieses in der Gesammtheit von Zwekkbegriffen und Handlungen, beides zusammen aber macht erst die Gesammtheit des Wissens aus. Das Sein, welches der Gesammtheit unserer Begriffe und Urtheile entspricht, d. h. die Identität der festen Formen des Seins und der absoluten Gemeinschaftlichkeit desselben, ist die Natur; das Sein, was als wollend selbstthätig gesezt ist und seine Gesammtheit darstellt in der vom denkenden Sein ausgehenden Wirkung auf das natürliche Sein, ist der Geist.

wegen der festgestellten Identität des transcendenten Grundes, aber auch weil wir uns selbst beides sind, nicht nur dem leiblichen nach Natur, sondern auch wegen der Nothwendigkeit des Systems der Begriffe und der Gesammtheit der Urtheile ist uns dieses die Natur des Geistes *); aber die Bewegung innerhalb dieser Natur ist frei. Eben so ist die Natur Geist in der Gestaltung, denn an diese knüpft sich alle Empfänglichkeit derselben für den Geist, während der Stoff als Raumerfüllungsweise sich gleichbleibt, und wir alle Veränderung, auch die chemisch hervorgebrachte, auf Gestaltsveränderung zurükkführen.

XLVIII. Der Ueberzeugungzustand in den auf das Wollen bezüglichen Denkbestimmungen stellt sich dar darin, daß wir im Denken eines Zwekkbegriffes nur zur Ruhe kommen durch die Annahme der allgemeinen Zustimmung. Die Beziehung auf dieselbe ist das Gewissen, der Ausdrukk derselben ist im Gesez **). Beiden entspricht Sollen und Dürfen. Lezteres die

---

*) Vorles. Es ist die Natur des Geistes, daß er so denkt, wie das Sein ist.

**) Vorles. Es ist schon eine alte Erklärung, daß das Gesez nichts anderes sei als der Ausdrukk eines allgemeinen Willens, d. h. ein allgemein aufgestellter Zwekkbegriff. In seinem ganzen Umfang muß das ein von der Totalität aufgestellter Begriff sein, nur so, daß das Zusammentreffen der einzelnen in diesem Gesez nicht für etwas zufälliges gehalten wird, sondern für etwas in dem Wesen des menschlichen Geistes begründetes. Parallele mit dem physischen, wo wir auch eine Natur des Geistes fanden, daß er nämlich nicht anders als dem Sein gemäß das Sein in sich abbilden kann. Dies ist eben darum auch ein Gesez und Natur- und Sittengesez erscheint als dasselbe. Wenn man ein Naturgesez aufstellt: so sezt man voraus, daß alles streitige Denken in der Anerkennung desselben aufhören werde, d. h. man sezt die allgemeine Zustimmung als ein nothwendiges Resultat dazu voraus. Eben so auch mit dem Sittengesez. Aber dennoch bleibt der Gegensaz, wenngleich nur als ein relativer. Denn das Sittengesez ist nicht abhängig vom Sein, sondern der einzelne denkende ist abhängig von der Gesammtheit der denkenden oder dem Wesen des Geistes selbst als des thätigen, das Sein bestimmenden. Das Naturgesez dagegen drükkt diese Abhängigkeit vom Sein aus.

gewordene Ruhe, wenn der Zwekkbegriff vom einzelnen als solchem ausgegangen ist und angenommen wird, es sei kein allgemeiner Wille dagegen. Daher gehören Gewissen im gewöhnlichen Gebrauch des Wortes und Dürfen zusammen als Correlata. Sollen ist die ursprüngliche Ruhe, wenn der Zwekkbegriff nicht von mir als einzelnem, sondern als vom allgemeinen Wollen ausgeht. In diesem ist das ethische Wissen beschlossen, denn die Gewißheit in Beziehung auf die Möglichkeit des Erfolgs gehört dem physischen Wissen an. Die als Sollen gedachten Zwekkbegriffe haben ihren Impuls in dem uns einwohnenden Gesammtbewußtsein = Gattungsbewußtsein, welches die allgemeine Zustimmung in sich schließt, weil darin alle als Eins gesezt sind *). Die als Dürfen gedachten durch das Gewissen nur secundär bestimmten haben ihren Impuls in unserm einzelnen individuellen Bewußtsein. Wir können aber beides nur als Eins sezen, *das Dürfen als Erscheinung des Sollens*.

XLIX. Dieses Zusammensein des Gattungsbewußtseins und des individuellen in uns ist also das allem wirklichen Wollen vorausgehende, und dieses soll dasselbe sein mit dem allem Wissenwollen vorausgehenden. Wenn nun die Einheit von Kraft und Erscheinung in der Einheit von Natur und Geist = Welt ist, und als Identität der festen Formen und der fließenden Thatsachen = Weltordnung: so sezen wir also das *Gesez und die Weltordnung als dasselbe und diese Identität als das Sein, in welchem alle Gegensäze aufgehoben sind. Allein das abbildliche Denken und das vorbild-*

---

*) Vorles. Beim Sollen wird die allgemeine Zustimmung als das ursprüngliche Motiv des vorbildlichen Denkens anticipirt. Ist aber diese Anticipation am Ende nicht bloß freies Spiel und also alles Handeln nach einem Soll bloß ein Handeln nach Einbildung? Das ist der *ethische Skepticismus*. Aber diese Anticipation ist uns als eine ganz nothwendige gegeben; sie ist das Wesen des Geistes als Gattungsbewußtsein und gehört dem transcendenten Grunde an.

liche bleiben als unsere Thatsache immer auseinander. Denn wenn auch der Gegensaz nur ein relativer ist, weil das abbildliche Denken auch That ist, ihm mithin ein Zwekkbegriff, wenn auch nicht im einzelnen Moment doch der ganzen Reihe nach, zum Grunde liegt: so trägt doch der Denkact selbst die Bestimmtheit durch das Sein in sich, und wenngleich im Wollen der Zwekkbegriff Gedanke ist, der sich auf das gegebene Sein bezieht: so ist doch hernach die That die Bestimmung des Seins in sich. Also wird uns auch die Ruhe im Denken in beiden auf verschiedene Weise, mithin bleiben doch die Reihen getrennt, und wir müssen fragen, ob diese Differenz nicht aufzuheben ist. Dies geschieht im Selbstbewußtsein. Nämlich das wirkliche zeiterfüllende Bewußtsein wird uns als Uebergang von der einen Reihe zur andern. Jedes abbildliche Denken ist Bewußtsein von etwas, jedes vorbildliche auch. Der Uebergang als solcher ist also Bewußtsein von Null *), objectiv betrachtet, aber **) zugleich die Identität des Subjects im vorigen und folgenden = Ich. In diesem also auch der Ueberzeugungszustand für beide identisch. Wir kommen zur Ruhe im abbildlichen Denken, wenn es auf die in demselben wie das sittliche Gesez begründete Natur des Geistes zurükkgeführt wird. Wir kommen zur Ruhe im Beschließen, wenn es auf das in demselben wie die Natur des Geistes begründete Gesez zurükkgeführt wird. Diese Identität wird im Selbstbewußtsein aufgefaßt als Gott, und das Mitgeseztsein Gottes in jedem Uebergang ist die Uebertragung wie des Ich so auch des

*) die Grenze zwischen beiden, ein Aufgehörthaben des einen und Nochnichtangefangenhaben des andern. Vorles.

**) Vorles. aber auf der andern Seite das Bewußtsein der Identität unseres Seins in beiden. Jenes ist der Uebergang unter der Form der Passivität, dieses unter der der Activität. Für das leztere ist nun der positive Ausdrukk der Einheit unseres Seins das Ich, der Inhalt des Ueberganges ist nicht ein Bewußtsein von etwas, sondern vom Ich, d. h. das Selbstbewußtsein.

transcendenten Grundes von einer Reihe zur andern *).

Recapitulation. Dann Nachweisung, daß die aufgezeigte L.
Art den transcendenten Grund zu haben im Selbstbewußtsein dasselbe sei, was überall unter Gottesbewußtsein verstanden wird, Identität von Vorsehung und Sittengesez. Man wendet ein, die Formel sei indifferent gegen die Frage, ob der transcendente Grund als freies Einzelwesen oder als mechanische Nothwendigkeit wirke, und gegen die, ob Gott und Welt eines sei oder entgegengesezt. Abweisung des ersten. Gott als Einzelwesen ist nach der Weise des wirklichen Denkens aufgefaßt, also unangemessen; daher auch alle Entwikkelungen dieser Form immer un=

*) Vorles. Die Einheit unseres Seins beruht darauf, daß wir im Selbstbewußtsein den transcendenten Grund sowol in Beziehung auf das abbildliche als auf das vorbildliche Denken haben, d. h. daß in unserm Selbstbewußtsein die Einheit des Seins als Weltordnung und als Gesez mitgesezt ist. In der Einheit des physischen und des ethischen Wissens ist die Einheit von Weltordnung und Gesez, als beides in seinem Auseinandergehen in demselben begründet. Diese Einheit, als das im Selbstbewußtsein mitgesezte, ist das, was man überall durch den Ausdrukk Gott bezeichnet hat. Das Mitgesezztsein Gottes in unserm Selbstbewußtsein ist der wesentliche Grund der Einheit unseres Seins im Uebergang vom Uebergewicht der Activität zum Uebergewicht der Passivität, und umgekehrt, vom Thun zum Denken und vom Denken zum Thun. Das transcendente in Beziehung auf das abbildliche Denken, d. h. das Denken um die Natur, ist also die Idee der Welt. Denken wir diese in der Identität der Gesammtheit der festen Formen des Seins und der absoluten Gemeinschaftlichkeit des Seins: so giebt das den Begriff der Weltordnung. Stellen wir das ethische unter die Potenz des physischen: so sagen wir, Der Grund der Weltordnung ist zugleich Grund des Gesezes; stellen wir das physische unter die Potenz des ethischen: so sagen wir, der Grund des Gesezes ist zugleich das Princip der Weltordnung. In dem Gottesbewußtsein ist die Identität von beiden; es ist derselbe transcendente Grund in dem Auseinandergehen der beiden Functionen und in der Einheit des Selbstbewußtseins im Uebergange vom einen zum andern. Das ist das, wovon alle Untersuchung über die Regeln des Verfahrens im Denken ausgehen muß.

ter dem Vorbehalt gemacht werden das anthropoeidische wegzudenken. Gott als Nothwendigkeit ist auf eine Seite des Gegensazes gestellt, also auf anderes wirklich gedachtes bezogen nicht allem zum Grunde liegend. Daher auch für diese Entwikkelung immer was im Gegensaz mit Freiheit steht erst muß aufgehoben werden. Unsre Formel ist also nicht sowol die Indifferenz zwischen beiden, als vielmehr die Erkenntniß der Unangemessenheit beider.

LI. Was das Verhältniß zwischen Gott und Welt betrifft: so ist es für uns keine Identität, weil Welt Begriffsgrenze ist, aber nicht transcendenter Grund, sondern das transcendente dafür ist immer nur was wir als Gott gesezt *). Aber auch nicht eine solche Scheidung, daß wir uns Gott denken könnten ohne Welt, da wir ja nur in dem Bestreben die Idee der Welt zu vollziehen auf die Voraussezung Gottes kommen **).

---

*) Vorles. Wir verstanden unter Welt nicht bloß die Natur, sondern das Ineinander von Natur und Geist, so daß dabei also die Wirksamkeit des Geistes im Sein mitgesezt war. Das liegt auch schon in dem Ausdrukk Weltweisheit, die das physische wie das ethische Wissen begreift. Diese Idee der Welt war uns aber nur die Denkgrenze, d. h. der terminus ad quem, nicht der a quo.

**) Vorles. Soll mit der Entgegensezung von Gott und Welt bloß die Identification negirt sein: so haben wir nichts dawider. Aber wie die Identification von Gott und Welt auch so gefaßt wird, daß Gott das innere, die Welt das äußere sei: so faßt man die Entgegensezung auch so, daß Gott außerhalb der Welt gesezt sei. Auf gewisse Weise ist das in dem Leugnen der Identität mitgesezt. Wenn nämlich die Welt erst in der Totalität der Zeit gegeben ist, also die Idee der Welt als wirkliches Denken erst am Ende alles wirklichen Denkens, Gott dagegen das allem wirklichen Denken vorangehende ist, wenngleich er immer nur als Voraussezung für das Denken gegeben sein kann: so ist damit Gott und Welt außer einander gesezt, das eine als allem Denken vorangehend, das andre als folgend. Sagt man aber Gott müsse gedacht werden können ohne die Welt: so liegt das gar nicht in unserer Behauptung. Denn Gott ist sowol der Grund des dem Geiste, als des der Natur einwohnenden Gesezes, wir können ihn also nicht anders fassen, als in der Beziehung zu beidem, also als den Grund dessen, was zusammengefaßt eben die Idee der Welt ausmacht. Das Entgegensezen von Gott und Welt ist also so ungehörig als das Identificiren; beides geht über die Natur unsrer Aufgabe hinaus.

Aber die Richtung, Gott im Gegensaz als Freiheit zu fassen, haftet dem Selbstbewußtsein an; die Richtung, ihn als untrennbar von der Welt zu fassen, haftet dem speculativen an, welches daher auch lieber sich eigene andere Ausdrükke gewählt hat als Gott. Nur aus Mißverstand hat die Ansicht entstehen können, als ob Gott etwas anderes sei als das absolute *).

---

*) Z. Vorlles. Das Gottesbewußtsein, wie wir es bestimmt haben, ist die Art und Weise, wie wir in unserm Selbstbewußtsein die Identität unseres Seins in dem Uebergang von der einen Operation zur andern, den transcendenten Grund des Seins und Denkens haben, und zwar in der Gleichheit der Beziehung auf das vorbildliche Denken und sein Verhältniß zum Sein, und auf das abbildliche Denken und sein Verhältniß zum Sein. Die Identität zwischen dem Grunde des Gesezes und dem Grunde der Weltordnung läßt sich auf zwiefache Weise ausdrükken. Der Grund des Gesezes ist zugleich der Grund der Weltordnung, und Der Grund der Weltordnung ist zugleich der des Gesezes. Dem gleich stehen nun die beiden andern Formeln Gott als Gesezgeber ist zugleich die Vorsehung, und Gott als Vorsehung ist zugleich der Gesezgeber. Der Ausdrukk Vorsehung entspricht nicht ganz unserem Begriff, denn er bezieht sich auf das thatsächliche Sein, dessen Anordnung er bezeichnet, wie er denn auch die Unterscheidung von Gegenwart und Zukunft enthält. Sagen wir nun, Gott als Gesezgeber ist zugleich Vorsehung: so wird da das sittliche bezogen auf die Ordnung des thatsächlichen Seins und diese durch jenes bestimmt gedacht. Das umgekehrte wäre, Gott als Vorsehung ist zugleich Gesezgeber. Das läßt sich aber nicht sagen. Denn das Gesez als Impuls ist ein sich gleich bleibendes und kann nicht geordnet sein in Beziehung auf das thatsächliche, welches das beständig wechselnde ist. Daher müssen wir dem Ausdrukk Vorsehung einen anderen substituiren. Auch in der vorigen Formel ist er nicht ganz adäquat. Denn es liegt darin bloß die Beziehung auf das thatsächliche Sein, nicht auch auf die festen Formen des Seins, was wir doch beides im Begriff Welt zusammengefaßt haben. Wollen wir nun diese Beziehung mit ausdrükken: so müssen wir sagen, Gott als Gesezgeber ist zugleich der Urheber des Systems der festen Formen des Seins, die zusammengefaßt sind in dem Begriff der absoluten Kraft. Also erhalten wir die Formel, Gott als Gesezgeber ist zugleich (nicht die absolute Kraft, denn die ist nur Denkgrenze, sondern) der Grund der absoluten Kraft, d. h. er ist Schöpfer, und der andre Werth muß nun so ausgedrükkt werden, Gott als Schöpfer u. Vorsehung ist zugleich Gesezgeber, d. h. das Gesez hat seinen Bestimmungsgrund in der Art und Weise des gesammten Seins.

LII. Die Differenz zwischen speculativem und religiösem Ausdrukk für den transcendenten Grund findet sich von Anfang an, *θεῖον, εἱμαρμένη, ὄντως ὄν*, **ens perfectissimum**, das absolute, das Urwesen *). Beides muß neben einander bestehen; so

---

Dies beides müssen wir immer in Eins zusammenfassen; was wir aber nur durch Reflexion können, da wir unmittelbar immer nur eins haben.

Beide Formeln in ihrem Auseinandergehaltensein haben eine bestimmte Beziehung zum abbildenden und vorbildenden Denken in Hinsicht auf das Sein. Wenn nämlich das Wollen, da es eine Kraft des denkenden Seins ist, angesehen wird als ein integrirender Theil der Gesammtheit der Kräfte: so entspricht dem die Formel, Gott ist Gesezgeber, sofern er Schöpfer ist. Wenn man aber von der Entgegensezung der beiden Denkformen, der ethischen und physischen, ausgeht: so kann man das Gesez nicht mit aufnehmen in den Complexus der festen Formen des Seins, sondern muß beides einander gegenüberstellen, und das geschieht eben in der andern Formel, Gott als Gesezgeber ist zugleich Schöpfer. Offenbar hat nun diese Entgegensezung zwischen dem Verhältniß des Denkens zum Sein im vorbildlichen und abbildlichen Denken ihren eigentlichen Ort in derjenigen Reihe unseres Bewußtseins, wo der Wechsel zwischen beiden vorkommt und das Selbstbewußtsein in der Identität desselben sich geltend macht. Diese Art den transcendenten Grund im Selbstbewußtsein zu haben, und also das Selbstbewußtsein in dieser Identität mit dem transcendenten Grund, ist in dem erscheinenden Geist das religiöse Element, und für dieses ist also diese Formel die eigenthümliche. Jene andere aber, wobei die Kraft des denkenden Geistes im Wollen unter den Complexus der Kräfte subsumirt wird, geht auf die ursprüngliche Identität von Sein und Denken zurükk und ist die eigenthümliche Formel für das speculative Element. Der Ausdrukk Vorsehung bezieht sich nun auch auf das thatsächliche, und gehört daher mehr dem ersten Gebiet an. Es erklärt sich nun auch daraus, warum die religiöse Betrachtungsweise sich dahin neigt, Gott als freies Einzelwesen vorzustellen. Man kann das auch wohl gelten lassen, sofern das anthropoeidische darin wieder aufgehoben wird und als die nicht zu missende Form erscheint. Die speculative Richtung mußte sich aber von dieser Form sondern und der nähern, wo Gott und Welt als zusammengehörig betrachtet, aber weder identificirt noch getrennt werden. Natürlich mußte sich dabei die Terminologie ändern, woraus am Ende der ganz falsche Schein entstand, als ob die religiösen und speculativen Ausdrükke auch ihrer Bedeutung nach verschieden wären.

*) Vorles. Im hellenischen Gebiet war die Religion polytheistisch, und nur hinter der Vielgötterei lag die Einheit verborgen, aber als Schikk-

sal. Die Wissenschaft, die anfangs bloß eine naturwissenschaftliche Richtung hatte und erst durch die sokratische Schule die ethische mit aufnahm, bildete eine Bezeichnung des transcendenten Grundes auf der einen Seite im Analogie mit der religiösen, auf der andern davon abweichend. So entstand der Ausdrukk des seiend seienden, ὄντως ὄν, oder auch, daß dies lezte Ursein über das Sein, die οὐσία, hinaus liege. In der Folge wechselte die Annäherung und Entfernung beider Bezeichnungen. In dem scholastischen Zeitalter verlor sich die Differenz fast ganz, in der modernen Philosophie entwikkelte sich das speculative Element unabhängig vom religiösen, daher auch die Bezeichnungen sehr weit auseinandergingen. Hier aber müssen wir eben beide Richtungen in ihrem Verhältniß zu einander und in Beziehung auf die verschiedene Art den transcendenten Grund zu sezen, noch genauer zu verstehen suchen. Das ist eben die Aufgabe der Verständigung zwischen Philosophie und Religion.

Des Cartes. Cogito, ergo sum. Der Sinn des Sazes ist, daß das Subject in der einen Richtung auf das Denken und also in allem Wechsel der einzelnen Denkmomente identisch sei. Das ist aber im Grunde eine ganz leere Behauptung. Denn so lange nicht eine andre Form der Thätigkeit eintritt, ist auch kein Grund, diese Momente als verschieden zu denken, und also die Identität des Subjectes zu behaupten. Eben so ist es mit dem gegenüberstehenden Saze Facio, ergo sum. Dagegen im Selbstbewußtsein trennen wir Denken und Handeln gar nicht, sondern es ist die Identität von beiden. Warum neigt nun aber das Interesse des Selbstbewußtseins dahin, den transcendenten Grund als freies Einzelwesen zu sezen, was doch immer eine Verfälschung ist, da es nur Ein Glied eines Gegensazes ausspricht? Weil das Selbstbewußtsein das Bewußtsein des Lebens ist. Denn die Identität der Gewißheit in beiden Functionen ist eben die Gewißheit des Lebens; also muß auch der transcendente Grund, wovon diese Gewißheit ausgeht, unter der Form des Lebens gesezt werden. Daraus folgt aber nicht, daß die speculative Richtung, die einen andern Weg einschlägt, ihn auch so sezen müsse, sondern nur daß auf dem Gebiete des Selbstbewußtseins die allgemeine Form des Lebens von der bestimmten, in welcher das Selbstbewußtsein selbst nicht gegeben ist, sich nicht scheiden läßt. Wenn nun die speculative Richtung eine solche Scheidung vornimmt und zeigt, daß jener Ausdrukk inadäquat ist: so gehört dies Resultat der Speculation an, nicht der Religion; denn es ist hervorgegangen aus der Richtung auf das Wissen an und für sich, wozu die Religion kein anderes Verhältniß hat als zu jeder andern. Darum ist es auch Sache der speculativen Richtung sich über ihr Verhältniß zur religiösen zu verständigen.

Eben so deutlich muß es nun sein, warum die Speculation für die Bezeichnung des transcendenten Grundes das Verhältniß von diesem und der Gesammtheit des Seins (Welt), sofern alle Gegensäze darin zusammengefaßt sind, zum Grunde legt. Denn Gott und Welt ist gleichmäßig die Voraussezung zu allem wirklichen Denken, sofern es Wissen werden will, Gott die Voraussezung im Zurükkgehen, Welt die im Vorwärtsgehen. Ohne das erste keine Einheit im Moment, ohne das zweite kein Impuls zur Fortschreitung im Denken. So kann also die speculative Richtung nie dahin kommen, beide einander entgegenzusezen, d. h. so zu unterscheiden, daß eins ohne das andre sein könnte, vielmehr ist jenes Verhältniß der reine Ausdrukk für die Abhängigkeit alles wirklichen Denkens vom transcendenten Grunde. Darin liegt aber zugleich, daß der transcendente Grund eben als ein lebendiges gesezt ist, und diese Bezeichnung also keinesweges im Widerspruche steht mit dem Gehalte dessen, was vom unmittelbaren Selbstbewußtsein ausgeht.

Wenn wir auf den Gegensaz von Freiheit und Nothwendigkeit zurükkgehen: so ist die Freiheit das Gebiet des Lebens. Leben ist, wie die Freiheit, Selbstbewegung, Leben ist nur eine Abstufung der Freiheit. Wir sezten diesem gegenüber die Gemeinschaftlichkeit des Seins, wodurch jedes Fürsichgeseztsein aufgehoben wird. Aber dieser Gegensaz war uns nur ein relativer, indem wir die Gesammtheit des thatsächlichen Seins, welches das sich gegenseitig bedingende ist, und die Gesammtheit der festen Formen des Seins, welches das Leben ist, als identisch sezten. Dadurch hört nun auch der Gegensaz von Freiheit und Nothwendigkeit auf in dem Sinne, daß das eine Glied nicht bloß Negation ist. Eben so hat auch der Gegensaz von Tod und Leben für uns keine Stelle. Denn man sezt das als todtes, was nicht mehr als für sich gesezt werden kann. Aber dann ist entweder das Nichtfürsichsezen von Anfang an etwas falsches, oder es geht auf ein früheres Fürsichgeseztsein zurükk und bedeutet bloß dessen Negation. Soll nun der transcendente Grund gedacht werden: so ist es schlechthin unmöglich, ihn als ein todtes zu denken. Dennoch aber ist das vorgekommen in der materialistischen und atomistischen Weltansicht. Da wird nämlich das allem Denken zum Grunde liegende Sein als die Materie gesezt, die nur mechanisch bewegt werden kann, und das unter der Form einer verworrenen Mannigfaltigkeit. Dabei muß aber immer eine Art von Taschenspielerei geübt werden, wenn aus diesem todten etwas anderes entwikkelt werden soll, wie man denn eine Art von Stoß oder desgleichen fingirt, wodurch alles in Bewegung gesezt werde. Aber jeder muß einsehen, daß das unter dem Schein des Wissenwollens doch die Aufhebung der Idee des Wissens ist. Aber es hat zugleich eine antisittliche Richtung. Denn wird das sittliche Leben aus diesem todten abgeleitet: so muß es nothwendig als das zufällige angesehen werden. Daher ist nun von Seiten der Religion ein Mißtrauen entstanden gegen alle Bezeichnungen des transcendenten Grundes, die von den religiösen abweichen.

Aehnlich ist es nun mit dem Ausdrukk Schikksal, den man an die Stelle der Vorsehung gesezt hat. Wir bezeichneten damit die Identität der Abhängigkeit des thatsächlichen Seins und des Gesezes vom tran-

wie der speculative sich das Einzelwesen wird und aller Functionen sich bewußt, steht er auch auf dem religiösen Gebiet Daß beide in scheinbarer Entzweiung sind, kommt von den antireligiösen Resultaten der scheinbaren Philosophie des Atomismus und des Fatum. Nämlich das religiöse Interesse ist, den transcendenten Grund wie als Lebensquell so auch als Leben zu fassen, weil nämlich das Leben nicht kann aus dem Tode kommen, der nicht ist. Das absolute Sein ist aber immer Leben als die Gegensäze aus sich entwikkelnd, aber, weil zeitlos, nicht in sie übergehend.

Auch die wissenschaftliche Seite ist von je im Argwohn, LIII. daß die religiöse Richtung antiwissenschaftlich sei *). Die Verständigung muß von der Wissenschaft ausgehen.

Das erste dabei ist, daß die Philosophie deshalb, weil die Verständigung von ihr ausgehen muß, nicht glaube, die religiöse Richtung sei das Erzeugniß einer unvollendeten Entwikkelung, welche durch die Philosophie aufgehoben werden soll. Denn vor der religiösen Richtung geht ihrerseits ein anderes

---

scendenten Grunde. Negirt man aber damit die Abhängigkeit des sittlichen vom transcendenten Grunde: so wird das sittliche selbst nur als Schein gesezt. Wenn nun der transcendente Grund so bezeichnet wird, daß der Gegensaz von Nothwendigkeit und Freiheit nicht berührt wird: so entsteht die Vermuthung, er werde als Nothwendigkeit, d. h. als Negation der Freiheit, gesezt, wobei natürlich die Beziehung des sittlichen darauf verloren geht. Daraus erklärt sich nun die Opposition der religiösen Richtung gegen das speculative Verfahren, das allein die Verständigung in seiner Gewalt hat, die nur erreicht werden kann, wenn auf der einen Seite das religiöse anerkannt, auf der andern die Verschiedenheit klar gemacht wird.

*) Vorles. Aehnliches Mißtrauen der speculativen Richtung gegen die religiöse. Die leztere eignet nicht, wie jene, nur einigen sondern allen, übt also auch im Leben eine weit größere Gewalt aus. Daher die Besorgniß, daß die Repräsentanten der religiösen Richtung ihr Gewicht gegen die wissenschaftliche richten werden, wovon allerdings schon das hellenische Alterthum Beispiele giebt.

Element aus, nämlich das Einsbleiben in Liebe, während die Denkdifferenz noch besteht *).

Das zweite ist die Einsicht, daß von den scheinbar streitenden Formeln jede an ihrer Stelle ist. Die religiöse kann nicht die beiden Als Vorsehung Gesezgeber und Als Gesezgeber Vorsehung (**NB.** Diese liegen den beiden Hauptformen der Religiosität zum Grunde) der andern, welche das Gesez mit dem Wollen in den Complexus der Kraft aufnimmt, gleichstellen, weil eben hier das Wollen mit unter das Wissen subsumirt wird, welches für das Selbstbewußtsein nur eben so eine specielle Function ist, wie die Kunst auch **).

---

*) Vorles. Es ist einseitig nur auf die Verständigung Werth zu legen, und zu übersehen, daß dabei ein Sichverständigenwollen zum Grunde liegen muß, welches Wollen nicht im Gebiet des Denkens liegt, und daß es außerdem eine praktische Aufhebung der Feindseligkeit giebt, die unabhängig ist von allem streitigen Denken. So stellen sich beide Richtungen ganz gleich, jede hat ein Moment zur Ausgleichung, was der andern fehlt. Daher muß zuerst die Gleichheit beider von der speculativen Richtung anerkannt werden.

**) Vorles. In dem Selbstbewußtsein liegt das Ineinander des vorbildlichen und abbildlichen Denkens, in dem einzelnen Act der Speculation ist dieses Ineinander nicht. Dieses objective Bewußtsein nennen wir in seinem Indifferenzpunkt der organischen und der intellectuellen Function Anschauung; das subjective in seinem Indifferenzpunkt zwischen dem In sich zurükkgehen, als dem empfänglichen Sein, und dem Aus sich herausgehen, als dem spontaneen, Gefühl.

Was nun das Selbstbewußtsein betrifft: so haben beide Formeln, Der transcendente Grund des vorbildlichen Denkens als Gesez ist zugleich der des abbildlichen Denkens, und Der transcendente Grund des Seins, wie es im abbildlichen ist, ist zugleich der des Gesezes, gleiche Beziehung zu demselben. Woher nun, daß es zur Personification des transcendenten Grundes hinneigt, was doch nur der Einen Formel eignet? Das Selbstbewußtsein ist in allen, und in denen, welche die speculative Richtung repräsentiren, nicht mehr, wie z. B. in den Künstlern; es haftet daher auch nicht an solchen Unterscheidungen. Darum liegt es auch nicht in seinem Interesse das Denken um seiner selbst und das um eines anderen willen zu unterscheiden. Jene zweite Formel beruht aber ganz und gar auf einer isolirten Richtung des Wissen werden wollenden Denkens, wogegen die

Die speculative Function hat keine Veranlassung zur Darstellung des transcendenten als freies Einzelwesen, sondern nur als außerhalb aller Gegensäze die Gegensäze bedingend. Aber weder Nothwendigkeit noch todtes kann darin liegen, da Nothwendigkeit Zusammensein voraussezt und todt immer gewesenes Leben *). LIV.

Das dritte ist nun, daß die Philosophie sich theils ihre Anerkennung des religiösen Gebietes feststelle, wenn auch nicht in der Metaphysik, doch durch Aufstellung der Religionsphilosophie als von der Ethik abgeleitete Disciplin, theils dadurch, daß sie wie überall auch Aufsicht führe auf das Verfahren im dogmatischen Denken. Dann werden auch von selbst die Pseudophilosophеme, welche am meisten den gesammten Denkzustand verwirren, in Abnahme gerathen.

Wir gehen also nun mit Gott oder einem beliebigen unpersönlichen aber gleichgehaltigen Ausdrukk = absolutem im obigen Sinne zum

---

andere vom Gesez ausgeht, was überall geltend ist, weil es das Wesen des Geistes in der Form der Spontaneität ausdrükkt. Daraus folgt, daß das Gesez als Bestimmungsgrund des Lebens, seinen Grund auch nur im Leben haben kann, und so ist die Richtung auf die Personification bei den Aussagen des Selbstbewußtseins über den transcendenten Grund sehr erklärlich.

*) Vorles. In einem Acte des objectiven Bewußtseins dagegen geht das Subject in der Anschauung auf und das Selbstbewußtsein tritt dabei bis auf ein Minimum in den Hintergrund. Das vorbildliche Denken ist dabei aufgenommen in das abbildliche als ein Theil der Gesammtheit des denkenden Seins, so daß sich jenes auf dieses reducirt. Daher muß hier die Richtung sein, in dem transcendenten Grund nur das Sein zu sezen, sofern es alle Gegensäze in sich schließt, wodurch uns erst das System der Begriffe wird, so daß wir] es anschauen als das diesem vorausgehende und zum Grunde liegende Sein und als das selbst in diesen Complexus der Gegensäze nicht eingehende. (Siehe LII.) Darum ist nun hier zu einer Personification des transcendenten Seins gar keine Veranlassung, vielmehr wenn einmal etwas mehr über das absolute ausgesagt werden soll, dem wir eigentlich nichts anderes als es selbst als Prädicat geben können: so kann das nur geschehen in Analogie mit dem Sein als Gegenstande der Speculation.

über, und fragen, wie nun eben dieses Princip wird für die Regel des Verfahrens im Denken *).

LV. Recapitulation. Vom speculativen Ausdrukk ausgehend mit Bewußtsein seiner Selbigkeit mit dem religiösen. Anfang des zweiten, des technischen Theils. Aufgabe. Wie ist zu verfahren, um vom Zustand streitigen Denkens aus an die Idee des Wissens anzunähern, d. h. den jedesmaligen Irrthum zu eliminiren? **) Der corrective Weg durch das Disputiren, von den Sophisten aufgebracht, verhandelt die Sache zwischen den streitenden selbst. Kommen nun diese auf ein gemeinschaftliches: so muß auch der Irrthum aufgedekkt sein, d. h. sie müssen auf den nächsten gemeinschaftlichen Punkt vor dem Irrthum zurükkkommen, und von da aus der eine oder beide umbilden. War nun aber der Irrthum, als er entstand, nicht gleich erkannt, und giebt es also unbestrittenen Irrthum: so giebt das Disputiren keine Sicherheit ***).

---

*) Vorles. Vom zulezt besprochenen Mitgeseztsein des transcendenten in unserem Selbstbewußtsein, als nicht in der Form des Denkens gesezt, können wir hier nicht ausgehen, da unsre Aufgabe nur alle diejenigen Operationen umfaßt, wobei wir in dem Bewußtsein von Etwas aufgehen, also nur des objectiven Bewußtseins. Dabei wird aber das transcendente gesezt als jenseit aller Gegensäze, sowol jenseit des Beginnens aller Gegensäze (Anfang des Denkens) als jenseit der Gebundenheit aller Gegensäze (Endpunkt des Denkens). Jeder Ausdrukk dafür wird immer etwas bildliches an sich tragen; je weniger aber, desto zwekkmäßiger ist er. Der antike Ausdrukk τὸ ὄντως ὄν oder der moderne Das absolute Sein wird es am besten bezeichnen.

**) Vorles. Zwiefaches Verfahren. Das eine fragt, Wie soll man anknüpfen an das gedachte, damit das nächste Glied Annäherung an das Wissen und an die Ruhe im Denken werde, d. h. wie soll der Irrthum beim Denken vermieden werden? Das zweite fragt, Wie hätte früher verfahren werden müssen, um den Irrthum zu verhüten? Das erste das corrective, das zweite das präservative.

***) Vorles. Sind zwei im Streite jeder von der Richtigkeit seines Sazes

(**NB.** Die sophistische Tendenz, wenn sie nur nicht negativ gewesen wäre, war daher auch eine größere, indem sie alles streitig machen wollte.) Daher ist die Frage präservativ zu stellen, Wie ist von jedem richtigen Punkt aus so zu verfahren, daß kein Irrthum, mithin auch kein Streit entsteht?

Jeder Ausgangspunkt ist Begriff oder Urtheil, aber jeder Endpunkt auch. Es kommt also nur an auf Regel der Construction, sich theilend in Begriffsbildung und in Urtheilsbildung, und auf Regel der Combination.

Auch bei der präservativen Methode können wir auf ein LVI. erstes wirkliches Denken nicht zurükkgehen, weder bei dem einzelnen; denn der tritt in eine Tradition, in welcher schon Irrthümer sein können *), noch auch in Bezug auf die einzelnen Gebiete; denn da würden wir nicht vermeiden können materielle Elemente mit aufzunehmen **). —

überzeugt: so müssen sie immer auf das frühere zurükkgehen, bis sie einen gemeinschaftlichen Punkt finden, von wo aus fortschreitend der eine oder beide genöthigt werden das aufgestellte wieder zurükkzunehmen. Also soll das corrective Verfahren zu einem wirklichen Resultat führen: so geht es in das präservative über. Folglich genügt auch dieses der ganzen Aufgabe. Sobald die streitenden bloß beim Bewußtsein ihrer Differenz bleiben, ohne auf den Ursprung derselben zurükkzugehen: so kann kein Resultat beim Disputiren herauskommen, wie auch die Erfahrung lehrt sowol auf dem Gebiet des gewöhnlichen Lebens, als auf dem wissenschaftlichen. Man hat zwar versucht, das Disputiren selbst auf Regeln zu bringen, aber sie gelten doch nur unter gewissen Voraussezungen und gehören als individuell ganz in das Gebiet des freien Spiels und es ist nur eine glükkliche Ahndung, wenn etwas gemeinschaftliches zu Stande kommt. Daher sind wir lediglich an das präservative Verfahren gewiesen.

*) Vorles. Auch bei der Gesammtheit aller denkenden finden wir immer schon positive Irrthümer, wir mögen so weit zurükkgehen als wir wollen.

) Vorles. und dadurch unsre Aufgabe zu verfälschen. Denn sie bezieht sich bloß auf die Form des Denkens und alle Differenzen des Inhalts sind gleichgültig. So bleibt also nur der oben (LV.**) angegebene Weg

Betrachten wir nun das Wissen im Werden: so ist jeder Ausgangs- und jeder Endpunkt Begriff oder Urtheil bis an die Denkgrenzen nach allen Seiten. Sofern nun handelt es sich um die Bildungsregeln der Denkacte von beiden Formen, ohne sie in ihrer Abhängigkeit von früherem wirklichen Denken zu betrachten. Also Regeln der Production. Dann aber auch wie man von gegebenem zu anderem kommt *). Hier müssen

---

(Construction und Combination) übrig. Doch hierüber noch etwas näheres.

*) Vorles. Kein Denkact, außer entweder im Begriff, oder im Urtheil; also auch die Anfänge des Denkens nicht anders. Also ist der Anfang immer eine Verknüpfung, worin Einheit und Mannigfaltigkeit liegt, und da entsteht nun zuerst die Frage, Wie kommt diese zu Stande? Das ist die erste Aufgabe, die der Construction oder Production des einzelnen Wissens. Dann kommt es an auf das Uebergehen von einem Denken zum andern. In jener Untersuchung sezen wir das Denken als ein erstes und abstrahiren von dem Zurükk- und Fortschreiten; hier heben wir diese Abstraction wieder auf und betrachten jedes Denken in seiner Beziehung auf ein früheres. Das nennen wir die Combination. Der Gegensaz zwischen beiden ist nur relativ, eins sezt das andre voraus, und ist das eine vollendet: so ist es das andere auch. — Die Production theilt sich in die Begriffsbildung und die Urtheilsbildung. Dies beruht theils darauf, daß jeder Anfang eben so leicht ein Begriff als ein Urtheil werden kann; theils darauf, daß die Bildung des Begriffs eine Reihe von Urtheilen und die des Urtheils die Auseinanderhaltung und möglichst vollständige Ausbildung des Subjects- und Prädicatsbegriffes in sich schließt. Daher zeigt sich auch hier ein ähnliches Verhältniß, wie bei den beiden Haupttheilen, nämlich daß die Begriffsbildung die Urtheilsbildung voraussezt und diese wiederum jene. Sind alle Begriffe richtig gebildet: so sind darin auch alle Urtheile zusammengefaßt; ist dagegen die Urtheilsbildung vollendet: so müssen auch alle Begriffe auseinandergehalten und bestimmt sein. Demohnerachtet beruht die rechte Sicherheit unseres Verfahrens darauf, daß wir jedes für sich behandeln, um so von dem einen auf das andre zurükkgehen zu können.

Die Combination zerfällt auch in zwei Aufgaben, 1. von einem gegebenen Punkte aus denjenigen zu finden, zu welchem fortzuschreiten ist, Heuristik; 2. die Zusammenfassung des ganzen hervorzubringen, die Totalität des Wissens, in der alle Begriffe und Urtheile in ihrer durchgängigen Beziehung und in einer vollständigen Ordnung gegeben sind, Architektonik.

wir, schon der Symmetrie wegen, auch nach einer Theilung fragen. Sie findet sich folgendermaßen. Wenn wir uns das Wissen vollendet denken: so ist alles wieder Eins geworden, indem jedes einzelne in ein bestimmtes Verhältniß zu allem anderen einzelnen tritt; und dieses auch zusammenfassen, auch in untergeordneten Gebieten, ist ein anderes, als das Finden eines einzelnen aus einem anderen einzelnen.

Das Verfahren von einem Denkacte zu einem andern überzugehen, wenn wir es auch vollendet denken, bringt doch die Idee des Wissens noch nicht zur Vollendung, indem jedes dann nur mit den Gliedern derselben Reihe als solchen verbunden ist, das vollendete Wissen aber eine Beziehung aller bei- und untergeordneten Reihen auf einander postulirt. Diese zweite Verknüpfungsweise kann nicht erst nach der ersten beginnen, sondern sie ist schon immer mit angelegt, weil auch schon jeder höhere Begriff im Verhältniß zu seinen untergeordneten und jeder einzelne aus der Gesammtheit von Urtheilen fertig gebildete dasselbe enthält. Dieses zweite verknüpfende Verfahren ist also eben so ursprünglich und auch in jeder einzelnen Sezung mit aufgegeben. Wir nennen dieses das architektonische, jenes das heuristische. Beide sind durch einander bedingt, indem von einzelnem nur anderes bestimmt gesucht werden kann in Bezug auf eine solche Zusammenordnung, auf der andern Seite aber die architektonische Arbeit immer muß offen gehalten werden ein neues aufzunehmen, oder sich durch dasselbe modificiren zu lassen. Eben so sind Production und Combination durch einander bedingt. Das Interesse an der Production kann erst aufhören, wenn die Totalität absolut combinirt ist, es dauert also fort aufgeregt durch das Bewußtsein der nicht vollendeten architektonischen Arbeit. Die Combination unter beider Form geht voran als Impuls, aber sie kann nur hervortreten, nachdem einzelnes wirklich producirt ist. Natürlich bleibt immer mit der Production anzufangen. LVII.

Erster Abschnitt.

Die Production,

wiewol von demselben Impuls immer ausgehend, ist doch eine mehr passive, oder mehr active. Die nach allen Richtungen gleiche Agilität wird entweder von außen bestimmt durch die organische Affection. Das ist die gemeine Wahrnehmung, die uns auf passivem Wege wird. Sofern aber das System der Begriffe in der Intelligenz angelegt ist, mithin auch hervortreten will, und wo dieses Hervortretenwollen dominirt, da ist das active Produciren.

LVIII. Der aufgestellte Gegensaz hat die beiden Säze gegen sich, a. Da jedes bestimmte Denken unter Begriff gebracht ist, muß es auch von der activen Seite ausgehen, und die passive ist also Null; b. jedes in Bezug auf die Verwirklichung eines Begriffs gebildete Denken knüpft an diesen Begriff an, und ist also schon Combination, also ist die active Seite leer *). Allein beides ist auch in beidem, nur mit umgekehrter Priorität, und auf der activen Seite ist nicht ein bewußtes Denken eines Begriffes vorangehend, denn er kann nicht als wirkliches Denken vorkommen als indem er schon mit organischer Affection verbunden ist **).

Das transcendente ist auf der passiven Seite das absolute, aus welchem sich die Gegensäze entwikkeln sollen; denn der Act fängt damit an ein noch ganz unbekanntes Object dem Subject entgegenzusezen. Auf der activen ist es das absolute als alle Gegensäze unter sich befassend; denn in dem System der Begriffe, welches der Ausgangspunkt ist, sind alle zusammengefaßt.

---

*) nämlich im Gebiet der Production.

**) Vorles. Der Widerspruch hebt sich nur dadurch, daß wir den Gegensaz zwischen dem erfahrungsmäßigen und dem spontaneen Denken als relativen fassen und also sagen, Jeder Denkact hat zwei Momente, und der Gegensaz manifestirt sich in der Priorität des einen

Zweiter Saz *). (9.) **). Das Wissen um das Wissen ist nicht wieder ursprünglich ein zweites Denken, wovon das erste der Gegenstand wäre. Ein solches wäre Demonstration, die aber immer auf ein anderes in unserm Sinn gewußtes Wissen zurükkführt. Unser Wissen um das Wissen ist vielmehr die Reflexion auf das als Ueberzeugung begleitende Selbstbewußtsein. (NB. Daher auch die Beziehung des Denkens auf den transcendenten Grund immer wieder auf die Art, diesen im Selbstbewußtsein zu haben, zurükkommt.) Nächst dem Irrthum entfernt sich am meisten von der Annäherung das nicht gewußte

---

oder andern. In dem erfahrungsmäßigen Denken ist die Passivität der erste Moment, die Activität der zweite; in dem wissenwollenden umgekehrt.

*) Vorles. Wie wir hier die Entstehung des einzelnen Denkens betrachtet haben, ohne Begriffs- und Urtheilsbildung zu scheiden: so wollen wir in derselben Allgemeinheit das einzelne Denken in seiner Beziehung auf die Idee des Wissens betrachten. Dabei kann ein vierfaches Verhältniß statt haben: Nämlich auf der einen Seite kann ein Denken der Idee des Wissens gemäß sein, d. h. dem Sein entsprechen und den Grund in sich tragen für alle dasselbe zu werden, oder nicht. Auf der andern Seite kann der denkende um dies Verhältniß seines Denkens zur Idee des Wissens wissen, oder nicht. So giebt es also ein gewußtes Wissen und ein nichtgewußtes, und eben so ein gewußtes Nichtwissen, und ein nichtgewußtes. Das gewußte Wissen ist das mit Ueberzeugung gesezte; das nichtgewußte richtiges Denken ohne Ueberzeugung davon, eine Unvollkommenheit, die in der zeitlichen Entwikkelung des Denkens immer möglich ist. Das nichtgewußte Nichtwissen ist der Irrthum, und am weitesten von der Vollkommenheit des werdenden Wissens entfernt. Dieser steht das gewußte Nichtwissen näher, als das nicht gewußte Wissen; denn dieses enthält wie jenes eine Abforderung vom gegebenen abzugehen, leitet also vom rechten ab während jenes vom unrechten. — (Im Ausdrukk Irrthum scheint mehr positives ausgesagt, als in dem nichtgewußtes Nichtwissen, nämlich daß das falsche Denken auch für ein wahres gehalten wird. Aber das tritt auch immer ein, sobald das falsche Denken als solches abgeschlossen wird, wenngleich der Grund zum Abschließen nicht im Denken selbst, sondern in einem andern liegen kann). —

**) Die eingeklammerte Ziffer weist auf das Heft von 1814. Siehe also §. 238.

Wissen, indem es als Aufforderung das Denken fortzusezen irre führt.

LIX. Es geschieht aber auf dem Gebiet des bedingen Denkens häufig, daß mit nichtgewußtem Wissen abgeschlossen wird, um vom Denken zum Zwekk desselben überzugehen. Des ist dann was Platon *richtige Meinung* nennt. Allein es bleibt in diesem Zustande unerkennbar, ob der Inhalt richtig ist, oder falsch, und hier geschieht die Entscheidung sehr oft nach *Auctorität*. In sofern wir nun die speciellen Wissenschaften, wenn sie sich von der Totalität isoliren, nur unter die Analogie mit dem bedingten Denken bringen können, müssen wir also für diese gegen ein solches Abschließen protestiren. —

Das gewußte Nichtwissen kommt abschließend vor auf dem Gebiet des freien Spiels, dem wir daher die Wahrhät als Wirklichkeit der einzelnen Gegenstände absprechen. In der Analogie hiemit aber ist alles *hypothetische Verfahren* in einzelnen wissenschaftlichen Untersuchungen, und so hat dieses Moment einen Werth als *vorläufige Annahme*, wobei alles auf guten Instinct ankommt. Abgesehen hievon ist auf unserm Gebiet ein solcher Abschluß nur ein wieder aufzunehmender Act und deutet auf ein Mißlingen.

Dritter Saz. (Aus 10, 3) *). Die Thatsache des Irrthums läßt sich nur dadurch begreifen, daß *der Irrthum immer nur an der Wahrheit ist* **).

---

*) §. 239.

**) Vorlես. Wenn doch der Ueberzeugungszustand eine Zurükkführung des Denkens auf die Idee des Wissens ist, und sich eben darin das transcendente im Selbstbewußtsein abbildet, wie können Ueberzeugungszustände entstehen, die der Idee des Wissens nicht entsprechen? Das ist das Grundfactum, von dem aller positive Skepticismus ausgeht, der alle Beziehung des Denkens auf das Sein aufhebt und damit zugleich jedes Ueberzeugungsgefühl; denn die Ueberzeugung beruht ja gerade auf der Voraussezung, daß das Sein und Denken zusammengehören und beides vom Ursein und Urdenken ausgegangen ist. Will man nun jene Thatsache allein dadurch erklären, daß das Denken einer andern Function an-

Aber (16.) *) er ist an derselben als Sünde.

Fortsezung. Alles wirkliche Denken ist mittelbar oder unmittelbar am transcendenten und trägt dasselbe in sich, und da dieses die Wahrheit ist: so ist auch der Irrthum an der Wahrheit. Aber wenn er ein Abschließen ist, wo nicht abgeschlossen werden sollte, und zwar ein Abschließen um zu handeln: so hebt er auf, daß Gott als Gesezgeber zugleich Ordner des Seins ist. Denn eben deshalb kann nur sittlich gehandelt werden, indem man in der Uebereinstimmung mit der göttlichen Weltordnung bleibt. LX.

Vierter Saz. (16.) Der Irrthum ist unvermeidlich. Nicht weil das bedingte Denken schlechthin das erste wäre, es beginnt vielmehr ohne Beziehung auf die Selbsterhaltung (16, 1.); aber so ist es noch ganz an der Grenze der Bewußtlosigkeit. Wer aber in die Ueberlieferung hineinkommt, trifft schon zum Behuf des Handelns provisorisch abgeschlossenes und kann also dieses unwissend des Unterschiedes in das Wissenwollen übertragen (17, 1.) **).

Fünfter Saz. Kanon. Unter dieser Voraussezung ist also die Aufgabe an den Irrthum anzuknüpfen, so daß man zugleich vom Irrthum loskomme.

Der Kanon scheint sich mehr auf das combinatorische Verfahren zu beziehen. Allein kein einzelner kann anders Gedanken bilden, als theils nachdem er schon Denkstoff aus fremder Auffassung angeeignet, theils indem er auf die in der Sprache schon LXI.

---

gehört als die Ueberzeugung: so ist das nicht genug, denn die Ueberzeugung soll eben das Denken überall begleiten und das Maaß seiner Entwikkelung ausdrükken. Es ist aber auf analoge Weise zu begreifen, wie die Abschleßung eines Denkactes um eines Zwekkes willen ehe das Wissen erreicht ist. Er ist an der Wahrheit, wie das böse nur am guten, und eben auf das wahre in ihm bezieht sich das Ueberzeugungsgefühl.

*) §. 245.

niedergelegten Formen bezieht. Eine auf das Wissen gerichtete Reihe kann daher auf diese Art nur anfangen mit dem Beschluß zugleich alles darin noch nicht dafür erkannte irrige zum Bewußtsein zu bringen und zu eliminiren. Die positive Seite des Kanon heißt nun, daß, da kein einzelner Denkact als Wissen schlechthin gesezt werden kann, jeder nur sein kann provisorische Annahme oder freie Sezung (11, 1. 2.) *). Die erste hat ihre Region mehr wo das universelle dominirt, die andre mehr wo das eigenthümliche sich entwikkelt, sofern es nämlich auch in das Wissen kann aufgenommen werden (17.). — Nach diesem allgemeinen ist die Frage über Priorität von Begriff und Urtheil zu entscheiden (18.) **). Wir müssen auf das vollkommne in beiden sehen. Das vollständige Urtheil sezt Spannung von Subjectsbegriff und Objectsbegriff voraus. Also sezt auch der Begriff, welcher Urtheile voraussezt, einen Begriff voraus, welcher früher ist als das eigentliche Urtheil, während allerdings jeder erste Act der Sonderung von Etwas eben so gut oder so wenig Urtheil ist als Begriff.

Begriffsbildung.

LXII. 1. Jede aufzustellende Regel kann nur als provisorische Annahme oder als freie Sezung auftreten und erst im Gebrauch selbst sich dem vollkommnen Wissen nähern.

a. Denn abgesehen von ihrem Zusammenhang mit dem transcendenten Grunde muß eben dieses gelten von allen Begriffen, aus denen sie besteht, und auf denen ihre Form als Saz beruht.

b. Da aber der Ausdrukk für den transcendenten Grund nur inadäquat ist und wir ihn nicht genau als wirkliches Den-

*) §. 240.
**) §. 247.

ken haben: so kann er auch nicht die Quelle eines vollkommnen Ausdrukks für die Regel werden.

2. Jede Begriffsbildungsregel hat zuerst einen kritischen Werth und demnächst erst einen constructiven.

a. Denn es giebt keine absolut anfangende Begriffsbildung, sondern theils treten wir ein in schon gebildete Sprachen, wo mithin unrichtige Begriffe möglich sind, theils finden wir uns selbst im allmähligen Uebergang aus Bewußtlosigkeit in Bewußtsein, und haben also immer schon wenngleich unvollkommnes gedacht.

b. Einen constructiven Werth kann sie bei der Art, wie wir jedesmal Begriffe bilden, nur haben im allgemeinen auf dem Wege der Gewöhnung, also nach dem kritischen und in einzelnen Fällen, wenn die erste Aufforderung zu einem Denkact sich mit dem Bewußtsein der Regel in Eins bildet.

3. Weder die negative noch positive Seite der Regel kann allgemein sein. LXIII.

Da sie weder im Verhältniß zur Urtheilsbildung, noch im Verhältniß zu dem schwebenden Gegensaz gleich sind: so ist auch nicht im voraus gewiß, daß das richtige Verfahren dasselbe sei. Die Begriffsbildung muß daher in beider Beziehung getheilt werden, in Begriffe, die sich zu Subjectsbegriffen bilden und die zu Prädicatsbegriffen, und in Begriffsbildung von unten durch Zusammentragen = höhere Begriffe, und von oben durch Theilung = niedere Begriffe *).

*) Vorles. Wenn die Regeln zwar nicht als ein vollendetes Wissen aber doch so aufgestellt werden können, daß wir danach im Denken verfahren können: so kommt nun alles darauf an, daß wir uns überzeugen, wo im Prozeß der Begriffsbildung der Irrthum anfangen könne. Dies wird natürlich verschieden sein je nach der Verschiedenheit der Begriffe. Daher es nothwendig ist sich das ganze Gebiet der Begriffe zu diesem Behuf übersichtlich zu theilen. Es giebt zwei Beziehungen, von denen wir hiebei

ausgehen können. Hätten wir das Denken im Begriff erschöpft: so würde uns, da das uneigentliche Urtheil innerhalb der Begriffsbildung liegt, nichts als das eigentliche Urtheil fehlen, in welchem Subject und Prädicat ganz auseinanderfallen. Damit würde unserem Denken, weil die Begriffe die festen Formen und ihr Complexus auch die Veränderungen des Seins ausdrükken, die Verknüpfung beider mit einander fehlen, d. h. das die zeitliche Entwikkelung des Seins begreifende, das geschichtliche Denken. Darum ist es nothwendig die Begriffe auf die Urtheile zu beziehen, und so entstehen Subjects- und Prädicatsbegriffe. Der andre Punkt ist, daß jeder einzelne Begriff eine schwankende Dignität ist zwischen höherem und niederem. Die Grenze nach der einen Seite ist das einzelne Ding, der am meisten besondere Begriff, aber doch nicht absolut, in sofern wir im einzelnen Dinge verschiedene Zustände unterscheiden, die sich zu dem Begriff desselben als untergeordnete verhalten. Die Grenze nach der andern Seite ist die Einheit des Seins, das Sein als Subject, welches alle Prädicate in sich schließt, der schlechthin allgemeinste Begriff, dem nichts coordinirt, alles subordinirt ist. An und für sich betrachtet kann man danach die Begriffe nicht fixiren, denn sie können sowol allgemeine als besondere sein, aber in Beziehung auf ihr Vorkommen im wirklichen Denken werden sie immer im Uebergange erscheinen von der einen Denkgrenze zur andern. Und so giebt es Begriffe, welche sich von der oberen Denkgrenze bewegen nach der unteren, und dann sind sie theils Theilungen eines höheren Begriffes in mehrere untergeordnete, theils Entgegensezungen innerhalb desselben, und Begriffe, welche entstehen durch Fortschreitung vom niederen zum höheren, vom besonderen zum allgemeinen. Beide Theilungen, als von verschiedenen Principien aus gemacht, müssen sich als Theilungen desselben Gegenstandes kreuzen, d. h. die Subjectsbegriffe können durch die eine und durch die andre Bewegung entstehen und so auch die Prädicatsbegriffe; oder umgekehrt, die Begriffe sind theils solche, die durch das vom allgemeinen zum besondern sich bewegende Verfahren entstehen, und dann entweder Subjects- oder Prädicatsbegriffe, theils solche, die durch das Fortschreiten vom besonderen zum allgemeinen werden, und dann entweder Subjects- oder Prädicatsbegriffe. Die erste Theilungsform empfiehlt sich aber mehr, weil wir auch die Regeln für die Urtheilsbildung suchen wollen.

Nun wiederholt sich unsere frühere Frage und lautet so, Wo kann der Irrthum entstehen, wenn uns Subjectsbegriffe entstehen auf die eine oder die andre Art, und wo, wenn Prädicatsbegriffe? Das ist aber doch nur die negative Seite. Die positive ist die, daß jeder Begriff, der nicht in Bezug auf einen früheren entsteht, nur kann angesehen werden entweder als provisorische Annahme, oder als freie Sezung. So ist also die Frage von dieser Seite, Wo kann der Irrthum entstehen, wenn ein so oder so gesezter

4. Der Irrthum ist schon möglich, indem etwas als Subjectsbegriff *) oder als Ding **) gesezt wird. LXIV.

Subjects= oder Prädicatsbegriff entweder eine provisorische Annahme oder eine freie Sezung ist?

*) Prädicatsbegriff.

**) Vorles. Da wir es hier mit der Beziehung der Begriffe auf das eigentliche Urtheil zu thun haben, und dieses in dem Wissen um das thatsächliche Sein ausschließlich versirt: so führt uns das auf die Acte der Begriffsbildung, worin die organische Affection das erste ist, also auf die Acte der Wahrnehmung. Denken wir uns nun die Subjectbegriffsbildung: so wird aus der Unendlichkeit des Raums ein bestimmtes ausgesondert und gesezt, was nur möglich ist durch eine Reihe von Urtheilen, die das so ausgesonderte näher bestimmen. Der allgemeine Ausdrukk für dieses Etwas ist Ding, was also nur im Gebiet des thatsächlichen seine Geltung hat. Wird nun das Ding durch eine Reihe von Urtheilen näher bestimmt: so ist es für diese Reihe, die Prädicatsbegriffe zu demselben hinzubringt, das sich gleich bleibende Subject als das Eine, an welchem die Prädicatsbegriffe das verschiedene sind. So sind also die Subjectsbegriffe solche, durch welche Dinge als bestimmte Einheiten gesezt werden, Prädicatsbegriffe solche, durch welche verschiedenes überhaupt an den Dingen als Einheiten gesezt wird. Das verschiedene aber ist hier auf dem Gebiete der Wahrnehmung die Zeiterfüllung, d. h. das Nacheinander. Nun kann was im gedachten als nacheinander gesezt ist, im Sein als gleichzeitig gesezt sein, und dann würde das Ding bei der nähern Bestimmung durch die Urtheile Gegenstand einer Analyse; aber es kann auch was im Denken als nacheinander gesezt ist, auch im Sein ein Nacheinander sein. Da haben wir also zwei Classen von Prädicatsbegriffen, die eine das in dem Subject gleichzeitige, die andre das in ihm nicht gleichzeitige, d. h. seine Veränderungen aussagend. Die ersten sagen nur was im Subject enthalten ist (uneigentliche Urtheile), die andern (eigentliche) das in ihm seiende und nicht seiende d. h. an ihm werdende aus, mithin solches, was ihm nicht allein zugeschrieben werden kann. Diese Negation findet aber ihre Ergänzung darin, daß die eigentlichen Urtheile, mit denen wir es hier allein zu thun haben, dem Zusammensein des geschiedenen Seins angehören. Die Prädicatsbegriffe sind also Aussagen über das Zusammensein. Dieses aber zerfällt in Activität und Passivität; die Prädicatsbegriffe sind also Action und Passion des Subjects, Thun oder Leiden, wie der Subjectbegriff Ding.

Offenbar ist nun hier der erste mögliche Irrthum, wenn als Subject gesezt wird, was als Prädicat, oder wenn als Ding, was als Action oder Passion gesezt sein sollte. So hat man oft erst etwas als

Auf wissenschaftlichem Gebiet Wärme als Stoff und als Action. Beides hebt einander auf. Auf dem gewöhnlichen Es gewittert und Es ist ein Gewitter. Schwanken zwischen beiden.

LXV. 5. **Jede ursprüngliche Auffassung muß die reine Indifferenz zwischen beiden sein, und zu der muß zurükkgekehrt werden als zur irrthumsfreien.**

a. Dies folgt schon, da sie noch weiter zurükkliegt als das Schwanken. Aber sie ist uns so mit Bewußtsein nicht gegeben. Da nun aber die Ausbiegung auf eine Seite falsch sein kann: so muß man auf den Punkt jenseit des Irrthums zurükkkehren.

b. Die indifferente Auffassung ist irrthumsfrei, denn sie ist nur der Ausdrukk der Beziehung der chaotischen Mannigfaltigkeit als des theilbaren auf die Intelligenz als Ort der Ideen. Hiebei ist nun kein anderer Irrthum möglich, als daß man etwas nähme, was keine Einheit ist, was aber fast ein Fehler des Organes sein müßte.

6. **Kanon. Als Ergänzung der Unsicherheit muß man zu der Entscheidung, die man in der Ueberlieferung findet, hypothetisch die entgegengesezte annehmen *).**

Dieser Kanon ist für das wissenschaftliche Denken berechnet,

Ding, dann als Action gesezt. Früher z. B. nahm man Wärmestoff an, jezt dagegen sagt man, warmsein ist Action, kaltsein das Aufgehörthaben derselben. Und im gemeinen Leben denkt man sich oft ein und dasselbe zugleich als Ding und als Action, z. B. Gewitter, es gewittert. In jenem Fall ist ein ausgesprochener Gegensaz, eins hebt das andre auf, in diesem ist ein solcher Gegensaz erst im Werden. Ist nun der Gegensaz geworden: so fragt sich, Giebt es nicht jenseit desselben einen Punkt der Indifferenz?

*) Vorles. Wenn also ein Gegenstand in der Ueberlieferung als ein Subjectsbegriff aufgefaßt ist: so muß man als freie Sezung die entgegengesezte Auffassung, nämlich als Prädicatsbegriff sezen, um im weitern Verfolg an beide Voraussezungen anknüpfen zu können. Bei Beobachtung dieses Kanons wären viele Veränderungen in der Wissenschaft unterblie-

wenn zumal ein Begriff als erstes Glied einer Reihe von Denkacten gesezt werden soll. — Er postulirt die Beobachtung und giebt also die Entscheidung in die Hände der organischen Affection.

7. Es können auch beide Annahmen richtig sein, nur jede auf einem anderen Gebiet. LXVI.

Was in der speculativen Wissenschaft als Action (z. B. der Animalisation) gilt, das gilt in der empirischen Naturbeschreibung als Ding. Aber man kann nicht sagen, daß, weil das eine wahr, das andre falsch sei. Hier also kommt die Entscheidung aus einer Willensbestimmung *).

---

ben. Ursprünglich waren solche Annahmen auch nur freie Sezungen, was aber, weil sie in die Ueberlieferung aufgenommen sind, vergessen wurde, so daß der entgegengesezten Auffassung nicht ihr Recht widerfuhr.

*) Vorles. Wenn wir nun auf den ersten Theil unserer Untersuchung zurükkgehen, wo gesagt war, daß jedem wirklichen Denken das transcendente zum Grunde liegen muß: so entsteht die Frage, ob jenseit dieses Punktes der indifferenten Auffassung noch ein anderer ist, der zwischen diesen und das transcendente fällt. Einen solchen Punkt aber giebt es wirklich, denn wir müssen ja schon vor aller Begriffsbildung annehmen die Gegenwart der Intelligenz als lebendigen Impuls und die chaotisch erfüllten Organe als Receptivität. Ohne dies beides ist keine Begriffsbildung möglich; denn das Erfülltsein der Sinne an sich hat keine Richtung auf die Ausscheidung eines einzelnen, es ist bloß Moment des erfüllten Selbstbewußtseins als Lust oder Unlust, und das Denkenwollen an sich ohne jenes ist bloße innere Agilität. Demnach ist das Gesammterfülltsein der Sinne der Anfangspunkt für die Entwikkelung des ganzen Systems der Begriffe, aber nur wo die organische Function das Uebergewicht hat; alles Sezen eines einzelnen hängt zusammen mit dem ursprünglichen Bezogensein der Sinne auf die Intelligenz, und so oft ein einzelnes gesezt wird in der Indifferenz gegen beide Arten der Begriffsbildung: so liegt darin ein Impuls zur weiteren Entwikkelung des Denkens. Darin haben wir also eine ursprüngliche Repräsentation des transcendenten, wie es nämlich in das wirkliche Denken übergeht. —

Gehen wir nun von der indifferenten Auffassung aus einen Schritt weiter und denken uns von da eine Entwikkelung einer Reihe von Denkacten unter der einen oder unter der andern Form: so kommen wir gleich auf unser anderes Theilungsprincip vom Schwanken aus zwischen

LXVII. 8. Der Irrthum kann anfangen, indem der Begriff zu groß gesezt wird oder zu klein.

Dies gilt nicht nur den Prädicatsbegriffen, welche als solche das Mehr oder Minder wesentlich in sich tragen, sondern auch den Subjectsbegriffen *). Sie können zu klein sein, wenn man was nur zufällige Zustände sind als feste Formen sezt. Zu groß, wenn man Art oder Gattung überspringt, ist weniger unmittelbar ein Irrthum, aber doch eine Neigung alles dazwischen in chaotischer Mannigfaltigkeit zu lassen.

---

dem allgemeinen und besonderen. Wie verhält sich nun der daraus gefundene Gegensaz zu dem zwischen Subjects- und Prädicatsbegriff? Offenbar kann derselbe Gegenstand auf beide Weisen gedacht werden. Gesezt der Begriff Thier wäre uns durch Absteigen entstanden, ist er nun ein Ding? Nein, sondern das sind die einzelnen Exemplare. Also ist er Action. Zur Action gehört aber die Bestimmung des andern, worin sie ist; d. h. der Prädicatsbegriff ist auf einen Subjectsbegriff zu beziehen. Auf welchen in diesem Falle? Offenbar auf den des Lebens. So kann man also sagen, Thier ist eine einzelne Action des Lebens. Nun aber giebt es ein anderes Gebiet, wo wir dasselbe sezen unter der Form Ding, nämlich das Gebiet der Naturbeschreibung, auf welchem wir alles als Ding sezen. Es giebt also ein Sezen desselben Gegenstandes als Subjects- und als Prädicatsbegriff, ohne daß eins das andre aufhebt; denn es ist eben so wahr, daß es Ding, als daß es Zustand des Lebens ist. Das erstere Sezen ist die empirische, das andere die naturwissenschaftliche Ansicht der Sache, und der Irrthum ist bloß das Ausschließen der einen oder der andern.

Die ganze Behauptung beruht auf dem Saz, daß die Gesammtheit des uns gegebenen Seins mit dem in der Intelligenz liegenden System von Begriffen identisch sei. Leugnet man dies: so kommt man zum positiven Skepticismus, der die Richtung auf das Wissen selbst aufhebt. Sezt man es aber voraus: so muß was als Gegenstand des speculativen Denkens gesezt wird, auch in das empirische, und was empirisch entwikkelt wird, auch in das speculative Gebiet gehören. Die Gesammtheit der Kräfte stellt sich dar in der Gesammtheit der Erscheinungen, und diese weist auf jene zurükk; also sind auch Wissenschaft und Erfahrung nicht von einander zu sondern, nicht die eine für Wahrheit, die andre für Schein, die eine für höheres die andere für niederes zu erklären. — Ist nun aber dies noch irrthumsfrei, wo fängt der Irrthum an? Siehe LXVII.

*) Hier wird in den Vorles. entwikkelt, was oben im §. 251.

Auch dieser Irrthum ist aber nur an der Wahrheit, weil das Werden des Schema zugleich mit der einzelnen Vorstellung schon Wahrheit ist *). Nehmen wir die richtigen und die unrichtigen Bildungen zusammen: so ist zu wenig weggelassen und zu viel. Das ursprünglich indifferente zwischen beiden ist also die Verschiebbarkeit selbst verschiebbar zu sezen, und so ist darin der ganze fließende Gegensaz mitgesezt, und also die Affection auf das ganze Begriffssystem bezogen **).

9. **Der Irrthum entsteht nur, wenn entweder die Empfindung mitwirkt, oder ein praktisches Interesse.** LXVIII.

Aus dem reinen Impuls der Idee des Wissens kann er nicht hervorgehen, denn dieser müßte das angemessene hervorbringen. Die zu viele Merkmale mit aufnehmende Abweichung hat ihren Grund in dem Interesse an subjectiven Affectionen und

---

*) Hier geben die Vorlesungen was oben der §. 260. Vergl. unten **LXXIV, 19.**

**) Vorles. Was ist die Wahrheit, woran hier der Irrthum sich findet? Das wahre an allen solchen Operationen ist, daß mit dem einzelnen Bilde (Vorstellung, die in lauter von der organischen Affection herrührenden Elementen festgehalten wird) zugleich das allgemeine (Vorstellung, die zwar alle die Elemente der organischen Affection, welche in die einzelne Vorstellung eingegangen sind, festhalten will, aber so, daß als veränderlich gesezt wird was im einzelnen Bilde bestimmt war) sich gestaltet; also die Richtung auf das allgemeine. Der Irrthum ist nur die unrichtige Anwendung der Regel, die Regel selbst aber ist richtig. Die einzelne Vorstellung haftet allemal an dem organischen Eindrukk. Daran aber kann der Zusammenhang zwischen dieser und der allgemeinen nicht haften, weil die leztere gerade ein Hinwegsehen von jenem ersten Anfang verlangt. Dies geschieht auch im Irrthum. Wer z. B. zu wenig vom einzelnen Bilde wegläßt bei der Bildung des allgemeinen, sezt das veränderliche, aber als ein Minimum; wer zu viel überspringt, sezt auch das veränderliche, aber als ein Maximum. In beiden Fällen ist also schon der Gegensaz gesezt zwischen dem allgemeinen und besonderen, und so liegt der wesentliche Charakter der Begriffsbildung darin ausgedrükkt, denn es ist die organische und die intellectuelle Seite darin repräsentirt. Es ist die ursprüngliche Einheit beider Functionen in ihrem Verhältniß zum Sein ausgedrükkt, und das ist die Wahrheit am Irrthum.

erscheint als Trägheit im Aufsteigen; die zu wenig aufnehmende erscheint als Uebereilung und hat ihren Grund in den Forderungen eines ihr dem Gegenstande nach verwandten praktischen Interesses, also Einfluß des bedingten Denkens.

LXIX. 10. Jede reine Begriffsbildung ist auch in allen gleich construirtes Denken; aber nicht jedes ungleich construirte ist auf gleiche Weise Irrthum.

Die erste kommt aber erst in der Vollendung des Gesammtwissens vor. Bis jezt ist alles ungleich construirt in den Sprachen, und auch noch innerhalb jeder haben in verschiedenen Zeiten und Kreisen die Wörter verschiedene Gebiete, und die Gegenstände verschiedene Zeichen.

Man kann dieses differente nur Irrthum nennen, wenn es das andre nicht anerkennt. Aber wohl muß man im großen hierauf den Kanon anwenden, daß das ganze Begriffbildungssystem einer Sprache nur als provisorische Annahme zu sezen ist.

Der Grund der Differenz ist Verschiedenheit in der Structur des Organismus und zugleich Verschiedenheit in der Art, wie die klimatische Natur die Gesammtheit des Seins repräsentirt.

11. Das aufsteigende Begriffbildungsverfahren muß vom Anfang des kunstmäßigen Denkens an beständig von einem kritischen Verfahren begleitet sein.

Nämlich um uns des identischen im differenten, und umgekehrt, bewußt zu werden, müssen wir eins mit dem andern vergleichen, und beides auch im andern unterscheiden.

Vor dem kunstmäßigen Denken kann das Bedürfniß nicht eintreten, sondern die Sprachüberlieferung ist die Gewißheit selbst; mit demselben aber ist die Aufgabe gestellt, Geographische und geschichtliche Auffassung alles Denkens über denselben Gegenstand.

12. Die Grenze des differenten Denkens ist nur der Begriff Das Ding, und der Die Materie.

Erster ist nur das mit Wahrheit als Eins gesezte, lezter ist nur das der verworrenen Mannigfaltigkeit der Affection. Der lezte ist aber doch in der Indifferenz von Ding und Action, der erste in der Anwendung in der Indifferenz zwischen Wahrheit und Irrthum.

13. Der Inductionsprozeß kann nicht als eine stätige Entwikkelung von seinem Anfang bis zu seinem Ende fortgehen. LXX.

Jedes aus der sondernden Sezung entstehende allgemeine Bild kann nicht zu seiner völligen Bestimmtheit gelangen ohne dazwischen getretene Urtheilsbildung. — Aber da der Inductionsprozeß erst mit dem Wissen selbst vollendet wird: so muß auch der Deductionsprozeß schon gleichzeitig mit ihm im Gange sein.

Deduction.

14. Wenn die Deduction nicht warten kann bis zur vollendeten Induction: so muß sie möglichst gleichzeitig mit ihr anfangen.

Denn die gegebenen Inductionspunkte können wegen der Natur des geschichtlichen Verlaufes nicht ihrem Gewißheitswerthe nach gleichmäßig sein. Daher wäre er theils einer ungleichen und eben deshalb nicht zu beherrschenden Möglichkeit des Irrthums preisgegeben, theils willkührlich und deshalb kunstlos.

15. Zu der sondernden Sezung verhält sich das Eintreten des Gegensazes zwischen Subject und Object für den Deductionsprozeß wie das Eintreten des Schema für den Inductionsprozeß. LXXI.

Die chaotische Affection, in sofern die Elemente des subjectiven und objectiven Bewußtseins in ihr noch nicht geschieden sind, ist Repräsentant des gesammten Seins, und dieses ist zugleich der höchste Punkt, von welchem die Theilung ausgehen kann. In diesem nun ist das denkende noch mit eingeschlossen. Die sondernde Sezung scheidet das objective aus. Für den Inductionsprozeß geschieht hierdurch nichts, als daß das subjective in der Verworrenheit bleibt. Für den Deductionsprozeß aber wird dasselbe der Eintritt jenes Gegensazes, indem auf der einen Seite ein Außer sich sezen statt findet, auf der andern eine Beziehung auf die innerlich bleibende Denkfunction oder auf das Ich als denkendes.

Anmerk. Die Repräsentation ist nicht als eine im Bewußtsein gegebene zu denken, weder am Anfang des Denkens überhaupt noch auch bei jedem Erwachen rc., sondern uns entsteht nur dieser Gehalt, aber als ein wahrer, wenn wir vom Interesse des kunstmäßigen Denkens aus auf dieses Element zurükksehen.

Anmerk. Ist nun dieser Gegensaz Denkendes und gedachtes aufgenommen: so wird das einzelne gesezte Ding = einzelnes organisch einwirkendes. Was mithin für den Inductionsprozeß der übereilteste Sprung wäre, das wird, auf die Deduction bezogen, die erste Anwendung des höchsten Gegensazes, aber vor allen weiteren Theilungen. Und durch eben diesen Beziehungsact wird auch die Denkthätigkeit ein Ich.

LXXII. 16. **Der Gegensaz zwischen Subject und Object ist nicht ein einfacher von Action und Passion, sondern die entgegengesezte Identität von beiden.**

Das gesezte ist als gedachtes d. h. idealiter passiv, aber als auf die Organe eingewirkt habend d. h. realiter activ gesezt. Das denkende als Ich (Anmerk. 1.) ist afficirt, d. h. realiter (Anmerk. 2.) passiv, aber als denkend nicht nur, sondern weil es sich zugleich als wollend weiß (Anmerk. 3.), durchaus idealiter activ gesezt *).

---

*) Vorles. Der Gegensaz des Objects und Subjects, sofern er das Sein theilt, beruht auf dem Zustand der geöffneten und erfüllten Sinne. Das Erfülltsein der Sinne ist als Passivität gegeben, denn wir schreiben diesen Zustand dem Sein außer uns zu. Aber das Wissenwollen, welches

Anmerk. 1. Denn nur im zeiterfüllenden Moment kommt es so vor; als Träger des Begriffssystems und als die Idee des Wissens als Impuls in sich tragend ist es rein activ, weil es so ideal allein ist. Indem es aber als Ich mit dem einzelnen Ding zugleich wird: so gehen die für den Inductionsprozeß nur übersehenen Empfindungszustände in Selbstbewußtsein über. Eben so ist das gesezte nur in Bezug auf den Denkprozeß passiv; als afficirend und als Träger des geschiedenen Seins ist es rein activ, weil es so real allein ist.

Anmerk. 2. Nämlich im Zusammensein ist es auch realiter activ,

---

in diesem Acte auch liegt, ist immer zugleich mit da und bringt das Geöffnetsein der Sinne hervor. Also ist das objective in dem Erfülltsein der Sinne, das subjective in der Richtung auf das Wissen enthalten, was der eigentliche Gehalt dieses Gegensazes ist. Man kann also sagen, Das Subject ist eben sowol passiv als activ; passiv, sofern vom Äußeruns afficirt, activ, sofern es demselben die Sinne öffnet, um es in sich aufzunehmen. Ebenso, Das Object ist activ, sofern es auf die Sinne wirkt und das Subject in seinem Zusammensein mit dem gesammten Sein afficirt; passiv, sofern es von der geistigen Seite der Denkfunction in den Zusammenhang des Wissens hineingezogen wird. Wir wollen nun das, was die Activität des Objects ausmacht, das *reale*, was die Passivität, das *ideale* nennen. Die Identität von beiden ist der Begriff des Objects. Der Begriff des Subjects ist dieselbe Identität, aber hier ist das ideale die Activität und das reale die Passivität. Betrachten wir dieselben Momente auf der Seite des aufsteigenden Begriffbildungsprozesses: so geht das Subject, während sein Bestimmtwerden unbeachtet bleibt, lediglich in der Operation auf, das einzelne Bild als ein allgemeines zu sezen. Hier auf der Seite des absteigenden Prozesses bekommt es nun wieder seine Stelle, so daß mit dem einzelnen Bild, dem Object, zugleich das Subject, das Ich wird. Soll dieses aber nicht bloße Passivität bleiben: so muß es zugleich als Activität gedacht werden, was wie gesagt in dem Sichöffnen der Sinne geschieht, denn das ist freie Thätigkeit des Subjects und geht von der Idee des Wissens aus. So wird also das Selbstbewußtsein als einzelnes Ich nur unter der Form der Identität der freien Thätigkeit und des Bestimmtwerdens von einem andern, und das ist zugleich das ethische Subject, d. h. das Subject einer Stätigkeit freier Bewegung, und das physische Subject, d. h. das in dem lebendigen Zusammensein mit dem ganzen gesezte einzelne Sein. So haben wir also auf beiden Seiten als den *dominirenden Gegensaz die Identität des idealen und realen, aber mit umgekehrtem Uebergewicht der Activität und Passivität.* Das ist der oberste Gegensaz, aus welchem nachher wieder weiter getheilt werden soll.

theils als bloß leibliches, das nicht hieher gehört, theils als vom Wollen aus afficirend. Und als erste solche Affection ist nun anzusehen das (activ gedachte) Oeffnen der Sinne als das Einströmen der Einwirkungen des Außenseins bedingend.

Anmerk. 3. Als Ich weiß es sich sogleich auch wollend, sofern auch der erste Moment nur ist als ein beschlossener; er ist aber nur beschlossen durch den Uebergang, und in diesem ist das Ich auch wollend.

LXXIII. **17. Von diesem Gegensaze aus entsteht als freie Sezung ein zwiefaches Verfahren, nämlich alles auf die Seite des Lebens zu versuchen und alles auf die Seite des Mechanismus *).**

---

*) Vorles. Folgerung aus LXXII. Es können von diesem Punkte aus zwei abweichende Richtungen entstehen. Auf der einen Seite die Neigung alles objective zugleich als das subjective zu sezen, d. h. überall die ideale Activität mitzusezen. Das ist die alles beleben wollende Richtung. Sie ist den Kindern eigen, der erste Versuch, eine weitere Theilung vorzunehmen von der im Bewußtsein noch gar nicht gegebenen Urtheilung. Die Activität des idealen ist eigentlich das wesentliche im Begriff des Lebens; die Nullität des idealen ist der Begriff des Todes. Die Richtung ist also mit Recht als eine solche bezeichnet, die darauf ausgehe die Gesammtheit des Seins als Leben zu sezen. Es wird dabei das Außeruns als Action, d. h. als in Bewegung, gesezt und so mit dem Subject, das als solches activ und in Bewegung ist, identificirt. So wie nun bei erweiterter Urtheilsbildung sich zeigt, daß das sich bewegende ein bewegtes sein muß: so hört nachher der Grund der Identification auf und das Gebiet des Lebens verringert sich. Auf der andern Seite giebt es nun aber auch die entgegengesezte Richtung, die Activität des idealen, sofern darin der auf das Wissen gerichtete Impuls repräsentirt ist, allein als das Leben, alles übrige als Tod zu sezen. Das ist die Richtung keine freie Bewegung sondern nur eine aus dem Zusammensein entspringende d. h. Mechanismus anzunehmen. Die erste sezt außer vegetabilischem und animalischem Leben noch allgemeines Leben der Weltkörper, die zweite sieht dies alles als reinen Mechanismus an. Beide Richtungen als freie Sezungen rectificiren sich einander. —

Gehen wir darauf zurükk, daß der gesezmäßige Anfang dieser Methode der Begriffsbildung nur sein kann entweder nach Vollendung des aufsteigenden Verfahrens, was nicht möglich ist, oder gleich beim Anfang desselben, von wo aber kein stätiger Fortschritt ist: so führt das darauf Regeln des Verfahrens für diese Begriffsbildung zu suchen, auch

Beides findet sich geschichtlich, das erste mehr ursprünglich im kunstlosen Denken, das andre mehr ursprünglich im raisonnirenden. Aber beides nimmt sich einander auf. Jede Differenz in der Subsumtion ist Zeichen von Unsicherheit und Irrthum.

18. Wo die Deduction in der Mitte anfängt, muß der Anfangspunkt unter dem Typus der beiden legitimen gesezt sein.

Also auf der einen Seite, Es muß ein Gebiet als durch den Inductionsprozeß vollendet, mithin als in sich abgeschlossen gesezt sein (Anmerk. 1.), gleichviel ob von Subjects- oder Prädicatsbegriffen (Anmerk. 2.), und Es muß sich eine doppelte Entgegensezung als Theilungsgrund darbieten (Anmerk. 3.) *).

Anmerk. 1. Hier kann auch im Uebergang der Irrthum des Inductionsprozesses vorkommen, als Uebereilung und als Trägheit. Viel von dem so häufigen erkünstelten und willkührlichen Theilungsverfahren ist nur hieraus zu begreifen **).

---

wenn sie beliebig in der Mitte anfängt. (Diese Regeln im folgenden Saze.)

*) Vorles. Denken wir uns den aufsteigenden Bildungsprozeß vollendet: so müßte alles Sein gegeben sein in dem fließenden Gegensaz des allgemeinen und besonderen. Das wäre der Begriff der Welt als das Ineinander von allem unter der Form des einzelnen. Der andre Punkt, nämlich der erste Anfang dieses Prozesses, repräsentirt auch schon die Gesammtheit des Seins, nur auf eine absolut unentwikkelte Weise. Nun können wir also sehen, wie jeder Punkt beschaffen sein muß, auf welchem ein solches Verfahren der absteigenden Begriffsbildung eingeleitet werden kann; er muß als Totalität, die getheilt werden soll, gegeben sein, und es muß ein Theilungsgrund gegeben sein, welcher sich an das in allen Denkacten dieser Art identische anknüpft.

**) Vorles. Müssen wir immer einen vorangegangenen aufsteigenden Begriffbildungsprozeß voraussezen, und zwar so, daß das durch denselben gewonnene Resultat als eine Totalität gegeben ist, soll anders der absteigende Begriffbildungsprozeß als ein stätiger aufgefaßt werden: so ist der Irrthum leicht möglich unter denselben beiden Formen als vorher. Der aufsteigende Prozeß trägt immer mehr oder weniger den Charakter des zufälligen an sich; denn ich kann mir nicht aussuchen, sondern ich muß dem gegebenen folgen. Da nun erst beide Verfahren mit einan-

Anmerk. 2. Die ganze Thesis beruht darauf, daß wenn der Deductionsprozeß nach vollendeter Induction anfinge, wir auf dasselbe in umgekehrter Ordnung kommen müßten, und daß wo das empirisch producirte nicht durch den Deductionsprozeß erreicht wird, das zufällige gesezt ist. Dies aber ist immer ein Zeichen, daß wenn dies in Subjetsbegriffen verkomnt, auf Prädicatsbegriffe muß übergegangen werden, oder umgekehrt.

LXXIV. Anmerk. 3. Dies ist die Analogie mit dem nächsten Anfang. Alle negativen Gegensäze aber zeigen sich als nicht dem reinen Wissen angehörig, weil sie die andre Seite ganz unvorbereitet zu künftiger Bearbeitung zurükklassen. Die einfachen aber, wie im ersten Anfang der einfache Gegensaz ideal und real die Einheit unseres Wesens aufgehoben hätte, lassen auch die Einheit des zu theilenden nicht erkennen *).

---

der der Idee des Wissens entsprechen: so wird den aufsteigenden Prozeß immer das Bewußtsein der Einseitigkeit begleiten. Der Impuls dies zu beendigen geht aber nicht allein von der Idee des Wissens aus, und so ist leicht Uebereilung möglich, nämlich daß das im aufsteigenden Prozeß gesezte zu schnell als Totalität gefaßt wird. Eben so leicht aber auch Trägheit, indem übersehen wird, was relativ abgeschlossen ist, wenn die Gewöhnung ihre Kraft übt. Nur der, in welchem der reine von der Idee des Wissens ausgehende Impuls andere Motive nicht aufkommen läßt, wird auch dem Irrthum nicht ausgesezt sein.

*) Vorles. Zweite Forderung unserer Regel ist, So wie der erste Act der sondernden Sezung von Etwas einen doppelten Gegensaz, den des idealen und realen und den der Activität und Passivität enthält: so muß auch jeder Anfang des Deductionsprozesses die Duplicität des Gegensazes in sich schließen. Wollte man das Deductionsverfahren mit einem einfachen Gegensaz als Theilungsgrund beginnen und dabei zurükgehen auf die erste Operation, den Gegensaz des Objects und Subjects: so könnte das nur der des idealen und realen sein. Dabei wäre aber die Einheit unseres Seins aufgehoben, in der die Identität des idealen und realen unmittelbar gegeben ist. Ist aber daraus die Regel herzuleiten, daß niemals mit einem einfachen Gegensaz begonnen werden darf? Unser eignes Sein ist darin Typus und es muß sich nachweisen lassen, daß überall, wo mit einem einfachen Gegensaz der Prozeß begonnen wird, dasselbe geschieht, d. h. die Einheit eines schon gegebenen aufgehoben wird. Denkt man sich z. B. a getheilt in b und c: so sezt das voraus, daß in a eine Beziehung auf b und c ist und vermöge dieser gemeinschaftlichen Beziehung auf a müssen auch b und c auf einander bezogen sein. Aber eben dieses Aufeinanderbezogensein würde durch die Theilung aufgehoben sein. Also muß noch eine andre Theilung hinzugenommen werden, um dieses mit auszudrükken, so daß eine doppelte

19. **Das als durch zusammengesezte Entgegensezung theilbar gesezte ist gegenüber dem Schema, Formel; die Vereinigung von beiden ist Begriff im engern Sinn.**

Der Unterschied war nicht eher deutlich zu machen, als nachdem beide Formen des Begriffs im weitesten Sinne nachgewiesen werden konnten. Auch das Schema wird nur Begriff im engern Sinn, wenn es zugleich als ein durch Entgegensezung theilbares aufgefaßt wird.

In diesem Begriff im engern Sinn repräsentirt sich nun erst die Idee des Wissens, indem das Schema das durch die reale Action des Seins gegebene, die Formel das durch die ideale Action des Geistes gegebene ist und beides nun identificirt wird *).

Entgegensezung entsteht. Schlimmer, als durch einen einfachen ist es noch, wenn man durch einen negativen Gegensaz theilt. Wollte man z. B. eine Theorie über musikalische Instrumente aufstellen und sie eintheilen in blasende und nicht blasende: so ist das lezte Glied eigentlich nichts als eine leere Stelle. Nun weiß man freilich aus dem Inductionsverfahren, daß es noch Saiteninstrumente giebt; aber da das Verhältniß dieser zu den Blasinstrumenten nicht gewußt ist: so bleibt man bloß bei dem negativen stehen. Wollte man hier eine vollständige Theilung machen: so müßte man auf den Begriff des musikalischen Instrumentes zurükkgehen, und das führte auf das Wesen des gemessenen Tones. Dieser ist aber Identität von schwingendem Körper und bewegter Luft; und dabei läßt sich nun sogleich ein doppelter Gegensaz aufstellen. Denn eine solche Identität ist nie eine reine, sondern auf der einen und der andern Seite ist Priorität. Ist die Luft das primitiv bewegte: so ist das das eine; ist der Körper das primitiv bewegte: so ist das das andre. Man sieht hier, daß man eben so gut mit dem Inductions- wie mit dem Deductionsprozeß anfangen kann, aber man muß auch immer von dem einen auf den andern zurükkgehen. Erst in der Vereinigung beider ist die volle Realisation der Idee des Wissens.

*) Vorles. Das was aus dem einseitigen aufsteigenden Prozeß als gesezte Einheit hervorgegangen ist, nennen wir Begriff im weitern Sinne, und um das allgemeine vom einzelnen zu unterscheiden, bezeichnen wir dieses mit dem Ausdrukk Bild, jenes durch Schema. Was durch den absteigenden Prozeß gesezt ist, nennen wir Begriff im engeren

LXXV. 20. Der Deductionsprozeß kann auch angesehe werden als unmittelbar vor dem Inductionsprozeß be ginnend und diesen bedingend.

Nämlich wir sezten die sondernde Sezung als bedingt dur Erfülltsein der geöffneten Sinne, und diese wurde dann Geger sezung von Subject und Object. Denken wir uns das Oeffne als freie That: so geht sie nur von dem Impuls der Idee au und im Oeffnen und Erfüllen ist schon der Gegensaz aber al Action aufgestellt, indem das Verhältniß der Sinne zum äußer Sein bestimmt wird durch die ideale Action, und dann in de Sezung die reale Action bestimmend wirkt auf die Sonderung Denn wir sondern so wie wir afficirt sind.

Der so begonnene Prozeß hat überwiegend das ethische Ge biet unter sich; der nach dem Inductionsprozeß beginnende da physische. Denn in dem ersten ist die Selbstthätigkeit der In telligenz gesezt vor dem empirischen Ich rein von der Idee au Die Idee des guten kann nur von hier aus gefunden werde nicht aber auf ein Schema zurükkgeführt. Wogegen das phy sische immer gleich muß auf ein Schema zurükkgeführt werde können. Z. B. Humboldts geballte und freie Materie ist Raume füllung in Bezug auf Einen Punkt zurükkführbar auf das Schem der Contraction und Raumerfüllung in Bezug Alle Punkte zu rükk auf Expansion. Auch dies bleibt als oberste Theilung hypo thetisch, aber doch bei weitem nicht so, als wenn die Idee de guten von der Wahrnehmung aus als ethisches Princip soll au

---

Sinne. Stellt man es dem Schema gegenüber: so ist es Forme So sind z. B. jene beiden allgemeinen Vorstellungen von Saiten= un Blaseinstrumenten, die uns aus der Beobachtung entstanden sind, e allgemeines Bild. Wenn man dagegen durch einen Deductionsproz beides zu bestimmen sucht: so ist was man erhält eine Formel. B zieht man beides auf einander und führt eins auf das andre zurükk: hat man den Begriff im engern Sinn, worin sich beide Prozesse bege nen und der dadurch erst die Idee des Wissens vollständig realisirt.

gestellt werden. Denn dies geräth so individuell, daß man es dem Gutfinden eines jeden überlassen muß es anzuerkennen.

21. Die Säze in 18. und 19. (**LXXIII.** und **LXXIV.**) gelten von Subjectsbegriffen und von Prädicatsbegriffen, von jedem auf seine Weise. LXXVI.

Wegen der Relativität des Gegensazes geht auch eins ins andre über. Bei Subjectsbegriffen liegt oft der Theilungsgrund in den Actionen, so daß der Complexus derselben getheilt wird. Bei Prädicatsbegriffen werden oft die Subjecte getheilt, in denen sie gesezt werden können *).

---

*) Vorles. Für beide, für Subjects- und Prädicatsbegriffe, gilt der aufgestellte Kanon. Zuerst daß jeder Deductionsprozeß nur in der Mitte an einem beliebigen Punkte anfangend auf ein durch den Inductionsprozeß gewordenes zurükkgeht. Z. B. die vorhin aufgestellten Begriffe von Contraction und Expansion sind offenbar Prädicatsbegriffe; aber sie sind schon durch die Wahrnehmung gegeben, ohne welches auch ein weiterer Fortschritt damit nur als Spiel der Fantasie erscheinen könnte. Dasselbe gilt auch von den Subjectsbegriffen. Auch da muß jeder Anfangspunkt für das herabsteigende Verfahren zugleich an einem substantiellen Schema nachgewiesen werden können. Legte man z. B. den Begriff des animalischen Lebens zum Grunde und wollte nun von da aus weiter theilen: so kann das nur geschehen auf allgemeingültige Weise, wenn auf das durch die Wahrnehmung gegebene zurükkgegangen wird. Es ist in diesem Falle schwer den allgemeinen Charakter des animalischen Lebens zu fassen, weil so große Differenzen darunter gefaßt werden müssen. Aber eben so schwer ist es auch bei dem andern Verfahren und es wird dies immer den Charakter an sich tragen, der überhaupt dem Deductionsprozesse auf der Seite der Natur eigen ist, nämlich daß er unter der Potenz des Inductionsprozesses steht. Bedenkt man auch, wie schwankend alle speculativen Theorien über die Natur sind und welche Fortschritte das Wissen um die Natur durch die entgegengesezte Verfahrungsweise gemacht hat: so bewährt sich auch dadurch die Wahrheit des aufgestellten.

Wir müssen aber auch die andere Seite der Regel, nämlich daß jeder Anfang des herabsteigenden Verfahrens eine doppelte Ertgegensezung sein muß, auf beiderlei Begriffe anwenden. Ein Hauptpunkt ist, daß beide nicht mit einander verwechselt werden. Beispiel. Sehr oft ist auch auf dem wissenschaftlichen Gebiete der Gegensaz von Geisterwelt und Körperwelt gemacht, und doch ist er ganz falsch, denn es soll offenbar da-

22. **Kein Begriff ist eher bestimmt gesezt als mit seiner Quantität zugleich.**

Das Mehr und Minder der Prädicatsbegriffe ist die intensive Quantität, welche in den Subjectsbegriffen nur in sofern sein kann, als man sie auf Actionen zurükkführt. Die intensive Quantität wird aber nur bestimmt, wenn man sie auf einen relativen Gegensaz zurükkführt *). **NB.** Dieser Saz scheint freilich mehr dem Inductionsprozeß anzugehören, aber er afficirt auch schon die Aufstellung der Formeln.

23. **Kritisches Verfahren ist vorzüglich nöthig, wo eine Begriffsbildung aus verkehrlichen oder polemischen Gesichtspunkten gemacht ist.**

Davon ist die Geschichte der Wissenschaft so voll, daß man die Beispiele aus allen Zweigen nehmen kann **). Vgl. 72. (d. h. §. 301.)

---

durch eine Theilung des Begriffs Welt ausgesprochen werden. Der Begriff Welt ist aber eine Einheit schlechthin. Wenn es eine Welt gäbe, d. h. also ein abgeschlossenes System des Seins, welche rein körperlich wäre, und eine andre, welche rein geistig wäre: so wäre damit die Einheit aufgehoben. Sieht man also beide als Subjectsbegriffe an: so ist die Theilung falsch; aber sie wird richtig, wenn man sie als Prädicatsbegriffe betrachtet. Denn es giebt allerdings körperliche und geistige Actionen.

*) Vorles. Wir haben schon gesehen, daß die Prädicatsbegriffe den Unterschied des Grades zulassen und die Subjectsbegriffe einer Differenz der Ausdehnung fähig sind. Da aber der Gegensaz zwischen beiden nur ein relativer ist: so muß man auch in den Subjectsbegriffen den Unterschied des Mehr und Minder sezen. Z. B. Wie selten oder wie häufig ein Ding auf der Erde vorkommt, ändert nicht den Begriff davon, aber es ist, wenn man es in Beziehung zur Gattung denkt, ein Mehr und Minder in der Productivität derselben.

**) Vorles. Man denke nur an die politischen und religiösen Parteinamen, z. B. Liberalismus, Aristokratismus, Mysticismus: so ist klar, daß hier eine solche Verwirrung herrscht, daß man erst das ganze System von Terminologie ausrotten müßte, wenn man sie aufheben wollte.

Theorie der Urtheilsbildung.

1. Alle eigentliche Urtheilsbildung liegt zwischen gegen die Begriffsbildung indifferenten Anfangspunkten und einem die Grenze dieser Denkform bildenden absoluten Urtheil. LXXVII.

a. Indifferent mit der sondernden Sezung von etwas ist der einfache Gebrauch des impers. Verbums in der Formel z. B. Da glänzt's *). Indifferent mit der Entgegensezung des Subjects und Objects in Oeffnung und Erfüllung der Sinne ist das Urtheil Ich habe das erfahren, welches die Thatsache des Bewußtseins aussagt **).

---

*) Vorles. Auch hier, wo wir es aber nur mit dem eigentlichen Urtheil zu thun haben, zuerst der Anfang zu suchen.

Der erste Moment der organischen Affection ist ein Indifferenzpunkt, woran sich auf gleiche Weise Begriffs- und Urtheilsbildung anknüpfen kann. Wir haben den Anfang der Begriffsbildung so dargestellt, daß aus der verworrenen Mannigfaltigkeit der organischen Affection ein begrenztes gesezt wird. Fragt man, wodurch dieses als ein besonderes gesezt wird: so liegt die Einheit der organischen Affection zum Grunde. Es würde dies also unter der Form des Subjectsbegriffes gefaßt werden müssen. Z. B. wenn man in einem dunkeln Raum einen kleinern hellen sieht: so sagt man, Da ist etwas helles. Aber man kann auch sagen, Da glänzt's; und das wäre ein Prädicatsbegriff, auf welchen das bestimmte Erfülltsein des Sinnes in dieser Richtung ausgeht. Die Bestimmung des Subjects ist dann unterlassen, aber die Form des Urtheils gegeben. Man sieht also, daß an diesem ersten Moment sich eben so Begriffs- wie Urtheilsbildung anschließt, leztere also in ihrem Anfange in der Indifferenz ist mit der Begriffsbildung.

**) Vorles. Dasselbe zeigt sich auch, wenn wir auf die andere Seite der entstehenden Begriffsbildung sehen. Da ist in dem Moment des geöffneten und erfüllten Sinnes (LXXII.) eine doppelte Entgegensezung, welche für das absteigende Verfahren zur Basis dient. Hier ist nun gleich ein Urtheil. Nämlich das denkende, als Substrat der Intelligenz, und die Gesammtheit des außer demselben seienden werden einander entgegengesezt. Das gemeinschaftliche, worauf sich beide beziehen, ist das Erfülltsein der Sinne, welches eben so sehr von der Intelligenz ausgeht als es eine Wirkung des Außer uns ist. Darin haben wir also die Gesammtheit des Zusammenseins, wie sie der Idee des Wissens

b. Das absolute Urtheil ist das, in welchem alle Prädicate im Subject gesezt sind, also nur die Form des Urtheils übrig bleibt, aber das Subject ist dann die Totalität. Die Welt ist. Es hat aber auch eine andere Form, Alles getheilte Sein ist durchgängige Wechselwirkung.

2. **Alle eigentlichen Urtheile liegen zwischen diesen beiden Enden als vollständige oder unvollständige.**

Jenseit beider nämlich giebt es kein wirkliches Wissen. Jedes eigentliche Urtheil enthält mehr als das erste und ist mit allem, was daraus folgt, ein Theil des lezten.

Die unvollständigen Urtheile, welche in der Vollständigkeit des einzelnen Begriffes endigen, nähern sich dem Die Welt ist, welches selbst das absolute Urtheil unter der Form des unvollständigen ist; die vollständigen, welche zu dem im Subject prädicirten auch den andern Factor angeben, nähern sich der andern Form.

XXVIII. 3. **Die Aufgabe ist den ganzen Prozeß bis zur Vollendung aller Urtheile ohne Einmischung des Irrthums zu machen.**

Natürlich aber nur sofern von allem, was eigentliche Verknüpfung ist, abgesehen und jedes Urtheil als ein für sich werdendes gesezt wird, es sei nun ein vollständiges oder ein unvollständiges.

4. **Der gesammte Prozeß von dem mit der Indifferenz zum Begriff anfangenden Urtheil bis zum vollständigen verhält sich eben so zum Zusammensein, wie der Prozeß vom eben da anfangenden Begriff bis**

überhaupt zum Grunde liegt, als die Identität dessen, was auf reale Weise im Sein und auf ideale Weise im Denken gesezt ist. Dies der erste Anfang zu allen denjenigen Formen, welche wir vollständige Urtheile nennen, wie jenes zu denen, welche wir unvollständige nennen.

zum vollständigen (= der Erklärung) sich zum Sein verhält.

Der Weg vom sondernden Sezen eines Zustandes oder einer Action bis zum unvollständigen Urtheil (Schmelzen und das Eis schmilzt) ist wie der Weg von der sondernden Sezung von Etwas zum Bild und Schema. Das unvollständige Urtheil, sofern es ein eigentliches ist, läßt den zweiten Factor (der vorausgesezt werden muß, sofern der Prädicatsbegriff nicht im Subjecsbegriff enthalten ist) im chaotischen Zusammensein. Das vollsändige Urtheil (das Eis schmilzt durch die Wärme) bildet aus zweien eine abgeschlossene Sphäre des Zusammenseins, und diese ist hier eben so vollständig, als auf dem Begriffsgebiet die Erklärung.

5. **Der Unterschied zwischen analytischen und synthetischen Urtheilen ist ein fließender, welcher für uns gar nicht in Betracht kommt.**

Dasselbe Urtheil (Eis schmilzt) kann ein analytisches sein, wenn das Entstehen und Vergehen durch bestimmte Temperaturverhältnisse schon in den Begriff des Eises aufgenommen war, und ein synthetisches, wenn noch nicht. Dies gilt aber auch von den vollständigen Urtheilen, wenn doch eine bestimmte Sphäre des Zusammenseins unter einen Begriff auch gebracht werden kann, wie z. B. jedes Weltsystem ein solcher Begriff ist. Diese Differenz sagt also nur einen verschiedenen Zustand der Begriffsbildung aus.

Anmerk. (die aber im Vortrage nicht vorgekommen ist). Dies gilt auch von den mathematischen. Der Saz von den Winkeln im Dreiekk ist nur ein analytischer, wenn in den Begriff eines Dreiekkes aufgenommen ist die Entsthung aus der Bewegung einer Linie vom Scheitel herab, dem freilich die andern einfachen Bewegungen müssen vorangegangen sein.

6. **Da die vollständigen Urtheile als Zusammensezung aus zwei unvollständigen angesehen werden kön-** LXXIX.

nen: so haben wir nur die Regeln für die unvollständigen zu suchen.

Denn die Zusammensezung fällt unter die Regeln der Verknüpfung. — Der Saz Die Wärme schmelzt das Eis ist zusammengesezt aus Die Wärme schmelzt und Das Eis schmilzt. Die Zusammensezung muß sich als Verknüpfung besonders legitimiren. Sonach haben wir es hier nur zu thun mit der Urtheilsbildung, wie sie aufgeht in die Begriffsbildung. Aber die Richtung auf das Zusammensein wird immer vorausgesezt.

7. In der ursprünglichen Beziehung der Thatsache auf ein Subject ist Irrthum möglich nur durch falsche Schäzung des organischen Eindrukks, der aber hier nicht in Rechnung kommt.

Der bedeutendste und allgemeinste Fall ist die Verwechselung der innern Organbewegung mit der äußeren = Vision im weiteren Sinne des Worts. Eben so kann die Unkenntniß verursachen, daß das afficirende Sein in falscher Richtung gesucht wird.

Der Irrthum kommt hier nicht in Rechnung, weil wir die Ausgleichung durch die Gesammtwahrnehmung *κοινὴ αἴσθησις* schon voraussezen.

LXXX. 8. Wird nun das Prädicat bezogen auf die Identität zwischen einzelnem Bild und Schema: so ist Irrthum möglich, indem es auf ein mehr oder minder als richtig allgemeines Bild bezogen wird.

Das leztere ist nur Irrthum, in sofern die Fortschreitung gehemmt, d. h. in sofern ausschließend vom zu besonderen prädicirt wird.

Der Uebergang von Beziehung auf Bild zu der auf Schema ist der Uebergang vom einzelnen Urtheil zum allgemeinen.

Dieser Uebergang ist schon im einzelnen; nicht in der Formel Cartouche bellt, wohl aber in der Formel Ein Hund bellt, in welcher schon Mehrere Hunde bellen der Möglichkeit nach implicite mitgesezt ist. Auch das besondere Urtheil hat diese beiden Formen. Als Aggregat von Cartouche + Tyrus u. s. w. bellen ist es Zusammenziehung rein einzelner Urtheile. In der Form Einige Hunde bellen ist es Uebergang zum allgemeinen und zugleich Ausdrukk von der Unsicherheit, ob das Prädicat der Gattung, oder nur einigen Arten gebühre.

9. Diese zwiefache Neigung ist Sache des Charakters. Der eine geht auf das möglich größte, der andere auf das möglich sicherste, und beide müssen einander ergänzen.

Auch das Streben nach Sicherheit muß seine Grenzen haben, sonst kommt, da man nie alle Exemplare vornehmen kann, kein allgemeines Urtheil, mithin auch kein Denken zu Stande. Das Bestreben nach dem größten ebenfalls. Denn jedes zu groß ist ein positiver Irrthum. Die Beobachter scheuen dieses am meisten; die Theoretiker, welche zum Deductionsverfahren eilen, geben sich diesem mit Leichtigkeit hin.

10. Erweiterte Urtheile sind theils Zusammensezung von mehreren einzelnen, theils beschränkte einzelne *). LXXXI.

*) Vorles. Denkt man sich ein einfaches Urtheil und versucht, wie weit ein solches erweitert werden kann: so ist man nur an die einfachen Elemente gewiesen. Es können also sowol der Subjects- als der Prädicatsbegriff, oder auch beide zusammen Zuwachs bekommen haben. Da nun aber das Urtheil als Verknüpfung des Subjects mit dem Prädicat eine Einheit ist: so können auch zwei solcher Einheiten zu Einem Urtheil verbunden werden. Das ist alles, was über die einfache Form hinausgeht. Die erste Art, wo die Elemente für sich etwas hinzubekommen haben, nennen wir erweiterte, die andere, wo eigentlich zwei

Zusammenziehungen, wenn dem Subjecte Nebenbestimmungen beigelegt werden, die ihm nur vermöge eines frühern Urtheils zukommen konnten; beschränkte, sofern ein Theil des Subjects außer der Nebenbestimmung liegt und also auch vom Prädicat ausgeschlossen bleibt. — Die Nebenbestimmung des Prädicats, deren ursprüngliche Form das Adverbium ist, kann beim einzelnen Urtheil oft nur Zeitbestimmung sein, Ortsbestimmung auch beim allgemeinen, und kann dann leicht für ein vollständiges gehalten werden, z. B. Das Eis schmilzt an der Sonne für Die Sonne schmelzt das Eis. Man muß sich daher vor dem Excludiren hüten. — Die Gradbestimmung ist immer Beschränkung.

11. Die bedingten Urtheile sind zusammengesezte Urtheile, so daß das eine als Subjectsbegriff, das andre als Prädicatsbegriff gesezt ist. So fallen sie ganz unter die Regel der einfachen Urtheile.

Die Formel Wenn a ist: so ist b ist nur scheinbar zusammengesezt. Die wirklich, Wenn a ein b ist: so ist c ein d ist das einfache Urtheil Das b sein von a ist das d sein von c.

Urtheile verbunden sind, zusammengesezte Urtheile. Das Subject erhält seine Nebenbestimmung durch das Adjectiv, das Prädicat durch das Adverbium. Die erweiterten Urtheile sind nur der Form nach erweitert, dem Inhalte nach sind sie verengert. Es ist nämlich ein anderes Urtheil mit in das erste aufgenommen und man muß es auf die beiden zurükkführen, aus denen es zusammengesezt ist. In dem Maaß als beide Urtheile richtig sind, wird auch das erweiterte richtig sein. Bei den Prädicatsbegriffen, welche alle ein Mehr und Minder zulassen, ist die nächste Bestimmung die des Grades oder Maßes, in welchem die Thätigkeit oder der Zustand statt findet. Da ist also ebenfalls eine Beschränkung des Urtheils eingetreten, und es ist nur darauf zu achten, daß die Beschränkung nicht zu eng und der Begriff zu weit gefaßt sei.

Ganz anders und bei weitem schwieriger ist es mit den zusammengesezten Urtheilen. Die beiden bedeutendsten Formen desselben sind das hypothetische und das disjunctive Urtheil.

Das einzelne bedingte Urtheil ist Aussage des geschichtlichen Zusammenhanges; das besondere ist das Wahrscheinlichkeitsurtheil; das allgemeine ist das eines im Begriff gegebenen Causalzusammenhanges.

12. **Die disjunctiven Urtheile sind zusammengesezte Urtheile, welche mit dem Deductionsverfahren der Begriffsbildung zusammenhangen.** LXXXII.

Die Formel **a** ist entweder **b** oder **c** theilt das ganze **a**, und **a** als **b**, **a** als **c** sind aus **a** durch Ableitung gewordene Begriffe. Das Urtheil ist zusammengesezt aus den beiden einfachen **a** ist **b** und **a** ist **c**, und schließt in sich die beiden folgenden, Das nicht **b** seiende **a** ist **c**, und Das nicht **c** seiende **a** ist **b**; z. B. Alle Materie ist geballt oder zerstreut die beiden, Alle nicht zerstreute Materie ist geballt, Alle nicht geballte Materie ist zerstreut.

13. **Das disjunctive Urtheil als Beginn alles Deductionsverfahrens ist das Princip aller wissenschaftlichen Reihen im speculativen Gebiet.**

Beilage F.

Einleitung.

§. 1.

Dialektik ist Darlegung der Grundsäze für die kunstmäßige Gesprächführung im Gebiet des reinen Denkens.

Anmerk. Die hier gebrauchten Ausdrükke sind zwar im allgemeinen als verständlich vorauszusezen; allein da sie in sehr verschiedenem Umfange angewendet werden: so sind doch einige Erörterungen nöthig.

1. Denken wird hier als die allgemeinste Bezeichnung der bekannten geistigen Function in dem weitesten Umfange genommen, so daß nicht nur das im engern Sinne sogenannte Denken vermittelst der Sprache darunter zu verstehen ist, sondern auch das Vorstellen, oder das Beziehen sinnlicher Eindrükke und Bilder auf Gegenstände oder Thatsachen, mithin auch was wir die Thätigkeit der Fantasie nennen, dem Denken nicht entgegengesezt, sondern mit darunter begriffen wird. — Aehnlicherweise wird auch der Ausdrukk Gesprächführung in

dem weiteren Sinne verstanden, in welchem dabei nicht schlechthin wenigstens zwei denkende Einzelwesen vorausgesezt werden, sondern einer auch Gespräch mit sich selbst führen kann, sofern nur zwei verschiedene und aus einander gehaltene Folgen von Denkthätigkeiten wechselnd auf einander bezogen werden. Wogegen, was man sonst auch wol Selbstgespräch zu nennen pflegt, nämlich fortlaufende innere Rede oder Gedankenentwikkelung ohne eine solche Entgegensezung der einzelnen Bestandtheile, vermöge deren sich einer im Denken wie zweie verhält, auch nicht hieher gehört. In beiden Fällen aber hält sich die Gesprächsführung innerhalb des sprechenden Denkens.

2. Der Ausdrukk reines Denken bestimmt sich in der Unterscheidung desselben vom geschäftlichen Denken und vom künstlerischen Denken, sofern es nämlich keine andere Richtung giebt, in welcher gedacht wird, als diese drei. Zum geschäftlichen Denken, wobei lezteres Wort in dem weitesten Sinne genommen wird, rechnen wir alles Denken um eines anderen willen, welches dann immer irgend ein Thun sein wird, ein Verändern der Beziehungen des Außer uns auf uns. Und zwar können wir bei dem Außer uns auch alles unterbringen, was in und an uns zwar aber außer der Denkthätigkeit ist, so daß beginnend bei dem Bewußtsein, womit wir die Verrichtungen des animalischen Lebens begleiten und vorbereiten, bis zu den Selbstbestimmungen, wodurch wir unsere Herrschaft über die Natur und über andere Menschen befestigen und erweitern, alles zum geschäftlichen Denken gehört. Das künstlerische Denken hat mithin dieses mit dem reinen Denken gemein, daß es nicht um eines andern willen ist, und Denken ist auch hier im weitesten Sinn, indem das künstlerische Bilden nicht ausgeschlossen werden darf, zu fassen. Zu diesem künstlerischen aber gehört alles Denken, welches nur unterschieden wird an dem größeren oder geringeren Wohlgefallen, so daß auch nur dasjenige, dem ein ausgezeichnetes Wohlgefallen beiwohnt, aus dem ledig-

lich innerlichen, sei es nun eigentliches Denken oder Bilden, zur Mittheilung und Festhaltung hervortritt und ein äußeres wird. Das Denken und Bilden ist also hier von dem im Traume anfangend bis zu den Urbildern künstlerischer Werke sich steigernd eigentlich nur der momentane Act des Subjectes, durch den es sich auf bestimmte Weise zeitlich erfüllt und nur das lebendigste und wohlgefälligste davon nach außen verbreitet. Wenn diese beiden Erklärungen nicht hinreichende Schärfe zu haben scheinen, um eben so an die Spize anderer Erörterungen gestellt zu werden, wie wir die von dem reinen Denken noch zu gebende an die Spize der unsrigen zu stellen denken: so schadet das der beabsichteten Unterscheidung nicht. Und wenn wenigstens die Frage noch übrig bleibt, ob diese verschiedenen Abartungen der Denkthätigkeit streng entgegengesezt sind, oder durch Uebergänge vermittelt: so wird auch diese späterhin ihre Erledigung finden. Das reine Denken nun unterscheidet sich auf der einen Seite von dem geschäftlichen als nicht um eines anderen sondern um des Denkens selbst willen gesezt, auf der andern Seite von dem künstlerischen dadurch, daß es sich nicht auf die momentane Action des Subjectes nämlich des denkenden Einzelwesens beschränkt, mithin auch sein Maaß nicht hat an dem Wohlgefallen an dessen zeitlichem Erfülltsein. Sondern indem es um des Denkens willen ist, hat jeder solche Act sein Maaß nicht nur an dem Fortbestehen desselben in und mit allen Denkacten desselben Subjectes, sondern auch in dem Zusammenbestehen des Denkens in diesem Subject mit dem Denken in allen andern. Schreiben wir nun einem Denken dieses Fortbestehen und Zusammenbestehen zu: so sagen wir, ich weiß, und werden in sofern sagen können, das reine Denken sei das Denken um des Wissens willen, indem wir den etwa noch anderweitigen Gehalt des Ausdrukks Wissen hier noch gänzlich dahin gestellt sein lassen, sondern dadurch nur das Denken bezeichnen, sofern es als in Allen dasselbe und mit allem veränderlichen Denken zusammenbestehend oder in demselben mit enthalten gesezt wird, und alles Denken in dieser Richtung auf das Wissen ist das reine Denken. Es ist aber um des Wissens willen nicht in dem Sinne, als ob das Wissen ein anderes wäre; sondern weil alles reine Denken selbst Wissen werden will. Indem wir nun diese dreie unterscheiden, das reine Denken als das in sich selbst bleibende und sich uns zur Unveränderlichkeit und Allgemeinheit steigernde, das geschäftliche, welches in dem Anderswerden von etwas oder in der Erreichung eines Zwekkes sein Ende findet, und das künstlerische, welches in dem Moment des Wohlgefallens zur Ruhe kommt, besorgen wir nicht, daß wir in der Folge bei der weiteren Betrachtung des reinen Denkens in Verwirrung gerathen könnten mit einem andern zu keinem von diesen dreien gehörigen Denken, sondern bis uns ein solches aufgezeigt wird, behaupten wir, daß alles menschliche Denken in diesen drei Richtungen beschlossen ist. Ob aber auch alle dreie ohne Unterschied in jedem menschlichen Einzelwesen anzutreffen sind, so daß die einzelnen sich nur durch ein verschiedenes Verhältniß dieser Richtungen unterscheiden, dies bleibe ebenfalls für jezt dahingestellt, und nur dieses sezen wir fest, daß die Dialektik nur für diejenigen sei, welche sich der Richtung auf das Wissen oder des Wissenwollens bewußt sind, und sie soll auch nur für das Verfahren in dieser Richtung gelten.

3. Jede dieser drei Richtungen des Denkens hat nun auch eine ihr entsprechende Weise der Gesprächführung. Das freie Gespräch gehört überwiegend dem künstlerischen Denken an. Gehen wir aus von der Gedankenerzeugung als freier Thätigkeit des einzelnen und von der Möglichkeit der Mittheilung des gedachten durch die Sprache: so müssen wir auch eben so voraussezen, daß durch Mittheilung des Einen die Gedankenerzeugung des Andern theils erregt theils wenn sie schon im Gange ist umgelenkt und anders bestimmt werden kann. Das freie

Gespräch ist nun die auf diesem Wege durch gegenseitige Mittheilung sich entwikkelnde Wechselwirkung, wobei das Verhältniß der Gedanken des Einen zu denen des Andern ihrem Inhalte nach so gut als gar nicht in Betracht kommt, sondern nur die allerdings durch das Wohlgefallen an der Mittheilung zu unterstüzende erregende Kraft, welche die Gedankenerzeugung des Einen auf die des Andern ausübt. Dieses ursprüngliche in jedem Zusammenleben sich bildende Gespräch hat kein anderes natürliches Ende als die allmählige Erschöpfung des beschriebenen Prozesses, und kann also um so länger fortgesezt werden, je mehr erregende Kraft den hervortretenden Gedanken einwohnt; aber es kann freilich jeden Augenblikk übergehen sowol in das geschäftliche Denken als auch in die Richtung auf das Wissen. So lange es nun nicht auf diese Weise seine Natur ändert, läßt sich eine andere Anweisung dazu nicht denken als die Kenntniß der Bedingungen, unter welchen Gedankenmittheilung durch die Rede Wohlgefallen erregt.

Die Gesprächführung auf dem Gebiet des geschäftlichen Denkens ist dadurch bedingt, daß jemand zu seinem beabsichtigten Thun Anderer bedarf, sei es nun um es zu ihrem eigenen zu machen, damit sie übereinstimmend dazu mitwirken, oder nur um zu hindern, daß sie störend und hemmend entgegen wirken. In beiden Fällen kommt es darauf an durch die Rede den Willen anderer zu bestimmen, und hier hat die Kunst der Ueberredung ihr eigenthümliches Gebiet, wie sie überall im gemeinen Leben bei Verträgen und Berathungen aller Art geübt wird. Die Anweisung dazu aber ist bekanntlich in dem classischen Alterthum in der größten Vollkommenheit bearbeitet, zugleich aber von andern Seiten für höchst gefährlich erklärt worden. Sie ist aber nur gefährlich, wenn sie sich nicht auf die Aufgabe beschränkt wie die gewünschte Willensbestimmung mit dem mindesten Aufwand und doch zn beiderseitiger Zufriedenheit zu erreichen ist, sondern wenn sie durch das bloße Wohlgefallen gleichsam als Lohn für die Erregung desselben die Willensbestimmung erschleichen will, oder auch auf der andern Seite dadurch, daß sie den Zusammenhang derselben mit dem eigenen Thun des andern auf eine solche Weise darstellt, wie er sich ihm hernach nicht bewährt. Beides ist eine Täuschung; in dem lezteren Falle aber besonders wird ein Schein des Wissens erregt, und nicht selten ist dieser Nebenzweig der Ueberredungskunst mit dem Namen Dialektik bezeichnet worden, ein Sprachgebrauch, welcher mit dem unsrigen nichts gemein hat.

Die Gesprächführung endlich auf dem Gebiet des reinen Denkens in dem bereits angegebenen Sinn sezt eine Hemmung des reinen Denkens voraus entweder in Einem, und dann entsteht Selbstgespräch, oder zwischen mehreren in der reinen Gedankenerzeugung sich mittheilenden, und dann entsteht das eigentliche Gespräch. Denn sezen wir einen einzelnen im reinen Denken begriffen von einem ihm im obigen Sinne gewissen fortschreitend, so daß ihm jedes folgende eben so ein gewisses wird: so entsteht, so lange die Entwikkelung ungehemmt fortgeht, kein Selbstgespräch sondern eine fortlaufende innere Rede, deren einzelne Theile gleichmäßig unter sich und mit dem ganzen gewiß sind. Eben so wenn diese Rede einem anderen mitgetheilt wird, dem der Anfang schon gewiß ist, oder er wird ihm augenblikklich gewiß und eben so auch jedes folgende Glied der Reihe: so entsteht kein Gespräch, wenn man nicht die bloß begleitende Bejahung so nennen will, sondern ohne eigentliche Wechselwirkung wird in dem aufnehmenden dasselbe, was in dem mittheilenden war. Das Gespräch entsteht aber sogleich, wenn wir eine Hemmung sezen. Als Selbstgespräch, wenn entweder von einem Gliede der Reihe aus zwei andere entstehen, die nicht zugleich gewiß werden wollen, und also ein Schwanken zwischen beiden, oder auch wenn zwar nur ein Gedanke entsteht, um dessentwillen aber, wenn er gewiß sein soll, ein anderes schon gewiß gewesenes aufhören müßte gewiß zu sein. Eben so als eigentliches Gespräch, wenn von demselben Punkt aus dem einen Unterredner ein anderes Denken gewiß wird als dem anderen, und beide Gedanken nicht zugleich gewiß werden wollen, oder wenn einer von beiden, damit ihm dasselbe wie dem andern gewiß werde, ein ihm schon gewiß gewesenes als nicht mehr gewiß ausstreichen müßte. Diese Zustände nun sind die, welche wir durch die Ausdrükke Zweifel und Streit bezeichnen, ohne welche mithin das Bedürfniß unserer Disciplin gar nicht vorhanden sein würde, wie dieses auch die Geschichte derselben auf das bestimmteste nachweiset. Denn nur wo der Streit schon war, und zugleich die Richtung auf das Wissen stark genug, und das reine Denken bestimmt genug von dem andern unterschieden, um den Streit rein in seiner Natur zu unterhalten, nur da hat die Dialektik entstehen und sich ausbilden können. Wo hingegen reines Denken und künstlerisches nicht recht aus einander treten, oder auch wo es zwischen verschieden denkenden keine Denkgemeinschaft giebt, sondern nur die einfache Mittheilung der selbständig denkenden an die aufnehmenden, da tritt keine Dialektik ans Licht.

4. Aber freilich nicht alle, welche den Streit kennen, wollen deshalb auch die Dialektik ausbilden helfen oder auch nur anerkennen. Vielmehr hat es in dieser Beziehung fast von jeher zwei entgegengesezte Handlungsweisen gegeben, zwischen denen jeder, der sich im Gebiet des Streites findet, zu wählen hat. Die eine weiset alle Gesprächführung auf den Grund des Streites als vergebliche Mühe von sich. Dabei liegt die Voraussezung zum Grunde, das beschriebene Entgegenstreben im Denken, da nämlich dem einen nicht gewiß werden will, was dem andern gewiß ist, bedeute nichts anderes als die in der Natur gegebene und auf keine Weise aufzuhebende Differenz sei es nun mehrerer Einzelwesen oder auch nur mehrerer Momente in dem Leben desselben Einzelwesens. Keinem könne in einem Augenblikk anderes gewiß sein, als ihm ist, denn dieses sei das unvermeidliche Ergebniß der jedesmaligen Umgebungen in sein Da-

sein; und weil jedem jedesmal das seinige unvermeidlich sei: so sei jede Zusammenstimmung mehrerer im Gewißsein nur etwas zufälliges und nicht zu erwirken. Diese Handlungsweise in Bezug auf das Denken ist das Wesen des folgerechten Skepticismus. Die entgegengesezte, welche wir ohne einen neueren Gebrauch des Ausdrukks zu berükksichtigen nur als das Gegenstükk zu jener den Dogmatismus nennen, nimmt die Gesprächführung im Zustand des streitigen Denkens an, und geht dabei offenbar von der Voraussezung aus, daß das Entgegenstreben im Denken als ein Zerfallen der denkenden unter sich solle beseitiget werden. Diese Handlungsweise allein bedarf mithin der Dialektik; die skeptische kann von derselben keinen Gebrauch machen. Indem wir also die Dialektik aufstellen wollen, scheiden wir uns von der Skepsis von vorne herein und gänzlich. Man kann zwar hiegegen einwenden, die Skeptiker hätten allerdings eben auf den Grund ihres Streits gegen die Dogmatiker mit denselben kunstmäßiges Gespräch geführt; allein dieses ist entweder nur ein Schein, oder wenn mehr, nur eine Folgewidrigkeit. Es ist nur ein Schein, wenn der Skeptiker sich damit begnügt nachzuweisen, daß seine Gegner unter sich uneins sind und die Aussagen des einen Dogmatikers die eines andern aufheben. Denn eine solche Nachweisung ist keine Gesprächsführung, sondern nur die Entwikklung der einfachen Aussage, daß der Streit noch nirgend beendiget ist. Will aber der Skeptiker seinem Gegner dieses gewiß machen, daß der Streit nicht könne beendiget werden, dann freilich muß er Gespräch führen und auch kunstmäßig; aber von dem Augenblikk an wird er sich selbst untreu. Denn er will nun selbst eine Zusammenstimmung im Denken erwirken, welche nicht zufällig und vorübergehend sei, und er muß hiezu voraussezen, daß es im Denken, sowol in dem Act für sich als im Fortschreiten von dem einem zum andern, etwas von jener Verschiedenheit der Einzelwesen nicht afficirtes gebe, indem er sonst auch nicht einmal das eine Gespräch kunstmäßig, und so daß es für alle gelten soll, führen könnte. — Indem wir uns nun gleich auf diesem Punkt von dem Skeptiker scheiden, behalten wir offenbar das Gebiet des reinen Denkens für uns allein. Denn wird kein in allen selbiges Denken angestrebt, weil nämlich jedes nur die Verschiedenheit der Einzelwesen ausdrükkt: so giebt es auch keine Richtung auf das Wissen, und das Denken des einzelnen kann dann auch keinen andern Werth haben als an und für sich betrachtet den auf der Skala des Wohlgefallens, und, wenn überall noch ein Zusammenhang angenommen werden soll, die Beziehung auf die anderweitigen Zustände des Subjects. Jenes nun ist der künstlerische, dieses der geschäftliche; und wie keinen andern Werth, so kann der Skeptiker auch keine andere Kunst auf dem Gebiete des Denkens zugeben, als die zu bewirken, daß er selbst und andere so denken, wie es ihm wohlgefällig und nüzlich ist.

5. Soll nun die Dialektik sich ausschließlich auf das Wissen in dem angegebenen Sinne beziehen, und zwar so, daß sie den Zustand des Streites als vorhanden voraussezt, und nur für diesen wirksam sein will: so können wir nicht auch behaupten, daß die Regung zum Wissenwollen von ihr ausgehe, und sie der nothwendige Anfang alles Wissens sei, vielmehr sezen wir voraus, daß schon immer in der Richtung auf das Wissen ist gedacht worden. Eben so wenig aber haben wir ein Recht irgend ein Denken, als sei es ein schon vollendetes Wissen, zum Grunde zu legen. Vielmehr müssen wir von vorne herein als möglich annehmen, daß überall auf diesem Gebiet des Denkens um des Wissens willen gleichsam Stoff zu noch unentdekktem Streit vorhanden sei, welcher durch neue Denkacte kann aufgeregt werden, wie ja die Geschichte der meisten Wissenschaften in ihren mannigfaltigen Umgestaltungen nichts anderes darbietet, als ein sich immer erneuerndes Zurükkgehn auf früher für unstreitig gehaltene Vorstellungen und Säze als auf streitig gewordene. Nur geben wir auf der anderen Seite eben so gern zu,

daß, wenn jemals alles seinem Motiv nach reine Denken sollte Wissen geworden sein, so daß aller Streit beseitigt wäre, und neuer nicht mehr entstehen könnte, sondern das Wissen sich durch das einfache Verkehr zwischen mittheilenden und auffassenden fortpflanzte und verbreitete, sie alsdann, in der Form, wie sie in Beziehung auf den Streit dermalen aufgestellt werden muß, nicht mehr zur Anwendung kommen würde. In diesem Zwischenraum aber, das reine Denken als die Thatsache des Wissenwollens schon im Gange, aber das Wissen noch nicht vollendet, behauptet sie die Herrschaft auf diesem Gebiet als die Kunstlehre, nach welcher verfahren werden muß, so oft Streit entsteht, um ihn zu beseitigen. Denn Kunstlehre nennen wir jede Anleitung bestimmte Thätigkeiten richtig zu ordnen, um ein aufgegebenes zu erwirken. Weil sie aber als solche, und zwar als Eine, das ganze Gebiet beherrschen soll: so darf sie nicht andere Methoden aufstellen für den einen und andere für den anderen Streit, oder eben so für diese und für jene streitenden; sondern sie muß Grundsäze aufstellen, welche dieselben sind für Alle und allem Streit angemessen, nicht um vorübergehend den einen streitendem auf die Seite des andern hinüberzuführen, sondern um das zerfallene Denken zur Einheit des Wissens zu fördern. Jeder Erfolg dieser Art ist freilich dadurch bedingt beim eigentlichen Gespräch, daß beiden Theilen die dialektischen Grundsäze selbst gleich gewiß sind, und im Selbstgespräch, daß sie jedem in allen Momenten gleichmäßig gewiß bleiben, und nicht durch irgend einen anderen reinen Denkact selbst wieder in Zweifel gestellt werden.

§. 2.

Die Dialektik kann sich nicht in einer und derselben Gestalt allgemein geltend machen, sondern muß zunächst nur aufgestellt werden für einen bestimmten Sprachkreis; und es ist im voraus zuzugeben, daß sie

in verschiedenem Maaß werde anders gestellt werden müssen für jeden anderen.

Wenn alles reine Denken, so wie der einzelne zuerst in diese Thätigkeit hineintritt, immer schon vom Streit betheiligt ist: jedes förderliche Verfahren im Streit aber voraussezt, daß die dialektischen Regeln den streitenden gemeinsam geworden sind: so würden also diese — mit Ausnahme des Falles, wenn mehrere ohne vorangegangenen Streit in reinen Denkacten übereinstimmen — das erste sein, worin sich mit gegenseitigem Bewußtsein die Richtung auf das Wissen zu einem Resultat verwirklicht. Würden sie nun so jedem einzelnen, sobald sich in ihm die Möglichkeit des reinen Denkens ergiebt, auch mitgetheilt: so wäre dadurch der Grund gelegt zu einer sich immer weiter verbreitenden Aufhebung alles Streites, selbst für den Fall, wenn manches, das von selbst übereinstimmend gedacht wird, auch selbst wieder streitig würde. Die Aussicht auf diesen Erfolg wird aber sehr beschränkt durch obigen Saz, welcher noch der folgenden Erläuterungen bedarf.

1. Es giebt kein geschichtliches Zurükkgehen auf einen Zeitraum, wo alle Menschen dieselbe Sprache redeten; sondern das älteste gegebene ist das Getrenntsein der Menschen durch die Verschiedenheit der Sprachen, so daß das Gesprächführen ursprünglich nur zwischen Sprachgenossen vorkommt. Daher ent- entsteht auch in jeder Sprache, wie sie sich allmählig als ein in sich abgeschlossenes ganze entwikkelt, und die Richtung auf das Wissen darin hervortritt, der Streit, um den es sich hier handelt, und somit auch das Bedürfniß einer solchen Anweisung. Wenn daher eine Sprache in ihrem isolirten Zustand sich sonst vollständig entwikkelt, aber keine Dialektik producirt: so beweiset dieses entweder, daß das Volk außer dem geschäftlichen nur zu freiem künstlerischen Denken aufgeregt ist, oder daß das reine Denken auf übereinstimmende Weise in Allen mithin ohne Streit hervortritt. Treffen späterhin auch verschiedene Sprach-

genossen zusammen: so muß sich doch immer jeder Streit in dem Gebiet der einen von diesen Sprachen festsezen. Könnte nun angenommen werden, daß dasselbe Einzelwesen mit einem anders redenden in dessen Sprache denselben Streit eben so führen könnte, wie mit einem Sprachgenossen in der eignen: so wäre die Beschränkung, welche unser Saz ausspricht, ohne hinreichenden Grund. Allein wir dürfen, um uns vom Gegentheil zu überzeugen, nur den ältesten vorliegenden Fall dieser Art betrachten, ich meine den Uebergang des Philosophirens von den Griechen zu den Römern. Das unsichere und ängstliche Ringen des übertragenden Cicero, zumal verglichen mit seiner Sicherheit, wo er über andere Gegenstände den Streit in der Muttersprache führt, verräth zu deutlich, daß ein Römer, dem der Werth des wiedergegebenen griechischen fremd war, auch bei dem lateinischen nicht dasselbe denken konnte, wie einer der zugleich auch beim griechischen hergekommen war. Und dasselbe gilt nothwendig auch von den dialektischen Ausdrükken selbst, daß sie überall ihren vollen Werth nur haben können für die Sprachgenossen selbst. Ja es folgt noch weiter schon hieraus, daß wenn auch bei der Lösung unserer Aufgabe in allen verschiedenen Sprachgebieten dieselbe Tendenz zum Grunde liegt und von demselben Standpunkt ausgegangen wird, die ganze Entwikkelung doch nicht so dieselbe sein wird auch nur in ihren wesentlichsten Theilen, wie wenn dieselbe mathematische Formel in verschiedenen Sprachen ausgedrükkt wird, wo allerdings nur die Laute verschieden sind. Selbst der Umstand, daß der Kreis von Ausdrükken, aus welchem wir Deutsche diese Untersuchungen zu führen pflegen, eine Menge von griechischen und lateinischen Elementen in sich schließt, zu denen sich unsere anders redenden Nachbarvölker eben so verhalten wie wir selbst, übt auf die Verständigung in diesem Gebiet nicht so bedeutenden Einfluß als man glauben möchte. Denn die Eigenthümlichkeit einer Sprache wirkt auch bei der Auffassung jeder anderen mit; und schon wenn wir die

Engländer und Franzosen beobachten, wie sie sich die wissenschaftliche Sprache der alten aneignen, werden wir finden, daß ihr Resultat nicht ganz dasselbe ist, wie das unsrige. Auch die Rükksicht auf diese angeeigneten Elemente kann daher nicht hindern zur Begründung unseres Sazes ganz allgemein auszusprechen, daß es auch auf diesem Gebiet in jeder Sprache solche Elemente giebt, welche irrational sind gegen andere Sprachen, so daß sie auch nicht durch eine Verknüpfung mehrerer Elemente dieser Sprachen genau wiedergegeben werden können. Kommen nun solche Ausdrükke vor, denen in einer anderen Sprache keiner entspricht, welcher genau denselben Werth hätte: so ist auch zwischen beiden eine unaustilgbare Differenz im Denken gesezt. Im Gebiet unserer Aufgabe kann dieses gleich am Anfang der Fall sein mit den einem streitigen Saz oder Begriff wesentlichen Elementen, aber eben so auch noch am Ende bei den allgemeinen Bezeichnungen der Gruppen, unter welchen alles Wissen zusammenfassend vertheilt werden soll. Wenn nun an jenem Anfang und an diesem Ende, dann auch gewiß auf den zwischenliegenden Punkten überall mehr oder minder. Das natürliche also ist, daß wir an der Lösung unserer Aufgabe nur für unsre Sprachgenossen arbeiten; minder natürlich aber wäre freilich, wenn wir dabei der anders sprechenden doch auch im Wissenwollen begriffenen Menschen und unseres Verhältnisses zu ihnen so ganz vergäßen, daß wir behaupteten eine Darstellung geben zu können, welche für alle Zeiten ausreichte und auch im Raume überall hin sich verbreiten würde und in allen Sprachen anerkannt werden; wo nicht: so wäre auch darin keine erfolgreiche Richtung auf das Wissen und keine kunstmäßige Lösung des Streites. Aber wir verzichten auf eine solche Allgemeingültigkeit nicht nur wegen Unzulänglichkeit unserer Mittel; sondern wenngleich wir dadurch jenen Anspruch retteten, würden wir es doch für keine Verbesserung achten, wenn es nur Eine Sprache gäbe für Alle. Denn nur alle diese Abänderungen zusammen genommen erschöpfen das Denken des menschlichen Geistes; und dasselbe System von Formeln sich überall geltend machen zu sehen, wäre ein schlechter Gewinn gegen die weit reichere Aufgabe die an verschiedenen Orten sich bildenden verschiedenen Methoden einander möglichst anzunähern und sie nur so auf einander zurükkzuführen, daß einleuchtet, wie allen dasselbe zum Grunde liegt und nur jede Sprache von einer andern geistigen Eigenthümlichkeit aus auch eine andere Natur und Geschichte zu betrachten hat.

2. Der Ausdrukk Sprachkreis aber, dessen sich unser Saz bedient, ist beides, sowol in seinem engsten als in seinem weitesten Umfange zu nehmen. Denn einerseits bilden sich in jeder Sprache von irgend bedeutendem Umfang zumal für das Gebiet des reinen Denkens wieder verschiedene engere Organisationen, je nachdem hier das eine dort das andere Gebiet des Denkens vorzüglich angebaut wird, und sich das gegenüberstehende unterordnet; eben so aber auch je nachdem das Bedürfniß den Streit zu lösen überwiegend von der einen oder von der andern Seite her zuerst rege wird. Denn die Entwikklung trägt nothwendig immer etwas und zwar unausscheidbares von ihrem Ursprung an sich. Zwischen diesen verschiedenen Sprachorganisationen nun, mögen sie gleichzeitig sein oder auf einander folgen, und mögen sie absichtlich im Prozeß des reinen Denkens hervorgerufen worden sein oder sich von selbst gebildet haben, so daß sie sich schon vorfinden, wenn die ersten dialektischen Versuche entstehen, ist allemal das Verständniß gehemmt, wenn auch nur auf untergeordnete Weise. Aber je mehr dies sich verbirgt und je weniger die verhandelnden bemerken, daß sie vermittelnder Zurükkführungen bedürfen, um desto zahlreicher und heftiger entwikkeln sich die Mißverständnisse. Auf der andern Seite wiederum bilden auch mehrere Sprachen, bald mehr durch natürliche Verwandschaft, bald auch durch gegenseitige Einwirkungen, eine größere wenngleich losere Einheit, indem sie sich als eine zusammengehörige Gruppe von anderen eben solchen Gruppen oder

auch von noch ganz isolirten Sprachen bestimmter sondern, unter sich aber nach Maaßgabe der Innigkeit und Vielseitigkeit ihres Verkehrs immer mehrere Oerter auszeichnen, von wo aus ihre Verschiedenheiten richtiger geschäzt und leichter ausgeglichen werden können. In diesem Sinne können wir sagen, daß alle Sprachen der westeuropäischen Völker, welche ihre erste wissenschaftliche Entwikklung an der lateinischen Sprache gemacht haben, nicht nur damals einen solchen Kreis bildeten, sondern die Nachwirkung davon dauert noch in verschiedenem Maaße fort. Denn wenn sie sich gleich sehr bestimmt theilen in solche, welche sich überhaupt aus jener genährt und gebildet haben, so daß sie ganz und gar nur als Umbildungen derselben zu betrachten sind, und in solche, in denen das ursprünglich volksthümliche auch auf dem wissenschaftlichen Gebiete wieder die Oberhand gewonnen hat: so besteht doch unter ihnen vermittelst der gemeinschaftlichen Geschichte ein innigerer Zusammenhang als zwischen einer von ihnen und etwa den slavischen. Eben so, wiewol der Sprachzusammenhang zwischen uns und den Morgenländern deutlich nachgewiesen ist, sind die Völker doch durch einen ganz anderen Entwikklungsgang gänzlich von einander getrennt. Wir können mancherlei Anklänge finden für unsere Philosopheme in persischen und indischen Sprüchen und Dichtungen; aber mit den Nachkommen jener Geschlechter einen philosophischen Gang machen oder auf den Grund der Ergebnisse unserer Weisheitsschulen ein vorläufiges Abkommen zu gegenseitiger Verständigung mit ihnen abschließen wollen, das hieße das unmögliche versuchen. Und doch stehen uns diese noch ohne Vergleich näher als die Völker von anderer Farbe und Bauart, deren Sprachen auch schon von vorne her wie nach anderen Principien gebaut erscheinen. Demohnerachtet dürfen wir auch von diesen nicht voraussezen, daß gar kein Wissen auch in unserm Sinn in ihnen angelegt und in der Entwikkelung begriffen sei. Bedenken wir aber, wie schwierig ja fast unmöglich es uns sein würde in ihre Verfahrungsart einzugehen oder auch unsere Ergebnisse ihnen zugänglich zu machen: so ergiebt sich schon von selbst, wie sehr wir uns jedes Anspruchs auf Allgemeingültigkeit entsagen müssen.

3. Soll nun in unserm Saz der Ausdrukk Sprachkreis in seinem ganzen Umfang genommen werden, wie bereits gesagt ist: so wird dadurch die Frage, ob unsere Anweisung sich für den kleinsten oder für den größten einrichten soll, im voraus abgewiesen, weil sie es für beide soll; und die Sache liegt in dieser Beziehung folgendermaßen. Denken wir uns eine solche Betrachtung über das Gebiet des reinen Denkens irgend in einem Einzelwesen entstehend: so wird sie auch, in sofern sie etwas neues ist, nothwendig einen eignen Sprachkreis bilden, und in diesen nach der ihr einwohnenden Kraft mehr oder weniger andere Einzelwesen hineinziehen. Zuerst nun und am leichtesten wird dies mit solchen gelingen, die eben erst in dieses Gebiet einzutreten vermögen; dann aber werden auch solche folgen, welche sich an andern Betrachtungen dieser Art schon versucht, sie sich aber nicht vollkommen anzueignen vermocht haben. Wie stark nun diese Anziehung werden wird, das hängt von dem Willen des Urhebers nur in sofern ab, als dieser Wille als der reine Ausdrukk jener Kraft anzusehen ist. Da sich aber die neue Betrachtung noch mit der gesammten übrigen Sprach- und Denkgenossenschaft im Streit findet, dessen Ausgang von den in der Umgebung vorhandenen Momenten abhängt: so kann der Urheber niemals bestimmen, wie weit sich seine Gedanken verbreiten werden; sondern indem sich seine Betrachtung auf diese Weise innerhalb der eigenen Sprache und deren Verschiedenheiten und theilweise schon dafür anerkannten Verwirrungen erhält und fortentwikkelt, übt sie zugleich ihre Wirksamkeit in Bezug auf jenen größten Sprachkreis aus. Denn in dem ihr unmittelbar aufgegebenen Streit wird sie doch auch auf das am weitesten rükkwärts liegende gemeinsame Sprachgebiet

zurükkgehen müssen, und dadurch was sie für jenen Umfang an Annäherungs- und Ausgleichungsmitteln entwikkeln kann auch unfehlbar wirklich zu Tage fördern. So daß dieser Theil der Gesammtaufgabe von jedem Punkt aus von selbst fortschreitet, und nur über einen zwiefachen Zustand dessen, der die Betrachtung anregt und beherrscht, ist folgendes zu bemerken. Der Sprachkreis, den jeder sich selbst bildet, ist offenbar der Ausdrukk seiner Person, d. h. seiner eigenthümlichen Art als denkender zu sein. Je mehr er nun alles in diesen hineinzuziehen strebt, um desto mehr betrachtet er sein eigenthümliches als das Maaß und die Ordnung des Denkens überhaupt, oder auch umgekehrt, und dies ist das Zeichen eines beschränkteren Sinnes für das abweichende und ihm fremdere Denken. Je mehr hingegen ein solcher von der allgemeinen Freude an dem reinen Denken an sich ausgeht, um desto mehr wird er das gemeinsame in dem verschiedenen und das ausgleichende in dem streitigen aufsuchen und anerkennen, mithin seine Richtung ursprünglich auf die verschiedenen Sprachkreise haben, und indem er fast nur um ihretwillen den eigenen ausbildet, wird er eher an einem Mangel an Anziehungskraft für diesen leiden, und sonach seine eigenthümliche Denkweise weniger geltend machen. Diese beiden Methoden, wenn wir sie so nennen dürfen, stehen einander gegenüber, und das Verhältniß, in welchem sie vorhanden sind, bestimmt den zeitlichen und örtlichen Gang der Entwikklung des reinen Denkens bald so bald anders von jedem einzelnen fruchtbaren Keime aus.

§. 3.

Der Streit überhaupt sezt die Anerkennung der Selbigkeit eines Gegenstandes voraus, mithin überhaupt die Beziehung des Denkens auf das Sein.

1. Wenn wir den Streit voraussezend ein bestimmtes Verfahren begründen wollen, um ihn aufzuheben: so müssen

wir auch ein bestimmtes Ende desselben im Auge haben; dieses aber kann kein anderes sein, als daß, was vorher von mehreren verschieden gedacht wurde, nun von denselben soll einerlei gedacht werden. Denn wenn die Gesprächführung zwischen diesen mehreren das Ergebniß haben sollte, es müsse überall bei dem Verschieden denken bleiben: so hätte sie zu der skeptischen Ablehnung geführt, und das Verfahren also sich selbst vernichtet. Aber auch in keinem einzelnen Falle kann ein solches Uebereinkommen darüber, daß der Streit nicht zu beendigen sei, auf unserm Gebiet als ein schließliches angesehen werden. Denn das streitige Denken würde alsdann aus dem Gebiet des reinen Denkens hinaus in das geschäftliche oder künstlerische verwiesen, indem das Wissenwollen aufgehoben wäre. Vielmehr soll das Denken noch ferner als ein reines gelten: so darf ein solches Abkommen nur als ein Vertagen bis auf günstigere Zeit getroffen werden. Als ein solches kann es vorkommen, vornämlich wenn sich im Verlauf ergiebt, entweder daß der Streit nicht eher entschieden werden kann, bis ein anderer noch unentschiedener geschlichtet ist, oder daß ein Denkact zu Hülfe genommen werden muß, welcher zwar schon angeregt aber noch nicht vollzogen ist. Denn in beiden Fällen bleibt der Streit noch im Gang, und nur die unmittelbare Förderung desselben ist ausgesezt. Können wir nun kein anderes Ende im Auge haben: warum soll denn nicht lieber verschieden gedacht werden, da doch überall gedacht werden soll und wenn mehrere verschiedenes denken doch mehr gedacht wird als wenn dasselbe? Offenbar wollen wir nur in dem Fall das Verschieden denken nicht, wenn wir glauben, ein Denken sei nur eine scheinbare Vermehrung, indem ein anderes dadurch aufgehoben würde.

2. Dieses Aufheben aber kann gar nicht vorkommen, wenn wir nicht über das Denken selbst hinausgehen auf ein anderes. Denn so wenig überall etwas aufgehoben wird, wenn ich **A** denke und ein anderer denkt **B**: eben so wenig auch, wenn ich

A denke und ein anderer denkt nicht A. Dann nämlich denkt er entweder gar nicht, oder er denkt irgend ein B; ja es gälte auch gleich zu sagen, er denke Nicht-A, indem auch dieses nur irgend ein B ist, und es gar keinen Grund giebt das eine Denken dem andern entgegenzusezen. Wir wollen aber weiter gehend den Gedanken selbst A und das davon ausgesagte b, c, d ꝛc. unterscheiden. So wenig alsdann eine Hemmung entsteht, wenn der eine A als b denkt und der andere A als c: eben so wenig auch, wenn der eine A als b denkt und der andere denkt A als nicht b. Denn auch dieses ist, so lange wir innerhalb des Denkens selbst bleiben, nur ein verschiedenes Denken, indem das A des einen offenbar ein anderes ist, nämlich ein mit b verträgliches oder es in sich schließendes, das A des andern aber schließt b aus. Unter diese Formeln aber müssen alle noch so verschiedenen Fälle eingestellt werden können; und weiter als zu der Unterscheidung des Hauptgedankens und der Aussage kommen wir nicht innerhalb des Denkens allein; mithin gäbe es auch unter dieser Bedingung keinen Streit, und unsere ganze Aufgabe hätte keinen Inhalt. Nun aber kennen wir Alle als eine schon von je bei uns vorgekommene Thatsache das mit dem Denken über das Denken hinausgehen und es auf ein anderes beziehen, welches wir das Sein nennen, und welches sich uns von unseren Denkacten unzertrennlich von Anfang an ergiebt als das von außen her zu unsern Affectionen mitwirkende und von unserm Heraustreten nach außen leidende. Wie denn eben dieses die älteste Erklärung des seienden ist, es sei das zugleich wirkende und leidende. Indeß gehen wir hier gar nicht auf diese Erklärung zurükk als die uns hier nicht geworden ist, sondern wir bleiben nur bei jener bekannten Thatsache stehen, um dadurch den Streit zu erklären und das Gebiet desselben zu bestimmen, und uns bewußt zu werden, daß die Stellung unserer Aufgabe und die Anerkennung jener Thatsache wesentlich zusammengehören. Denn nehmen wir diese Beziehung des Denkens auf das seiende weg: so giebt es keinen Streit, sondern so lange das Denken nur rein in sich bleibt, giebt es nur Verschiedenheit. Daher auch dieses Insichbleiben des Denkens der skeptischen Ablehnung zum Grunde liegt, und diese zunächst gegen die Beziehung des Denkens auf das Sein als auf ein anderes vielmehr das Sein mit in das Denken hineinzuziehen sucht. Sobald wir aber das Denken auf Sein als auf ein anderes, das nicht wieder Denken ist, beziehen: so sind alle Bedingungen des Streites gegeben. Denn der Streit erfordert ein selbiges für beide streitende Theile, und nur in Bezug auf ein solches kann gesagt werden, daß das verschiedene Denken in beiden nicht verträglich sei sondern sich aufhebe. Wie nun diese Unverträglichkeit ohne jene Beziehung nicht ist: so tritt sie sogleich ein mit derselben. Denn zweie sind nur im Streit, sofern sie ihr Denken auf ein von beiden gemeinschaftlich als dasselbige gesetztes Sein beziehen, und in sofern das Denken des einen das des andern aufhebt. Wie wir aber den Streit nur finden zwischen dem in einzelnen Acten zeitlich vertheilten Denken: so sezt er auch voraus, daß auf das Sein als ein getheiltes bezogen werde, so jedoch, daß es für mehrere Acte dasselbige bleibe, weil sonst wieder das selbige aus zwei Acten verschwände und sie nicht mehr könnten streitig sein. Dieses vereinzelte Sein nun, in sofern darauf verschiedenes Denken bezogen wird, bezeichnen wir durch den Ausdrukk G e g e n s t a n d. Und hieraus erst erklären sich die beiden oben angeführten Formen des Streits. Nämlich in der Formel **Ab** im Gegensaz zu **A** nicht **b** sezen beide denselben Theilungsact des Seins, wodurch nämlich im Sein überhaupt **A** wird, und sind hierüber einig, das heißt, sie sezen **A** seiend; sie streiten aber über **b**, jedoch nicht an sich, sondern in Bezug auf **A**, indem der eine sagt, Im seienden **A** denke ich **b**, der andere, **b** kann ich nicht in das seiende **A** denken, ohne daß dieses als solches aufhöre. Dieses ist das sich aufhebende Denken, welches Aufheben aber sogleich selbst wieder aufgehoben wird

als wir die Beziehung auf das Sein herausnehmen. Die andere Formel, **A** ist, im Gegensaz zu der, **A** ist nicht, zeigt den weitesten Umfang des Streits. Denn indem hier der Denkinhalt **A** von dem einen entsprechend gesezt wird einem im Sein überhaupt abgetheilten, von dem andern aber nicht: so ist das streitige der Theilungsact selbst, und das als selbig von beiden vorausgesezte ist nur das Sein als zu theilendes, und die Beziehung des Denkens darauf. Das aufgehobene ist irgend eine oder auch jede bisher zwischen beiden selbig gewesene Theilung des Seins, und dies ist das Maximum des Streites. Denn wollten wir weiter greifend unter **A** nicht einzelnes sondern den gesammten reinen Denkgehalt verstehen: so würde dann der eine diesem die Beziehung auf das Sein zugestehen der andere aber absprechen, und beide hätten dann nichts mehr gemein, worauf ein Streit könnte bezogen werden; das heißt, dies wäre nicht mehr ein Streit innerhalb unseres Gebietes, sondern ein Streit um unser Gebiet selbst, über welchen wir uns daher schon entschieden haben, als wir in demselben, wenn auch nur als in dem Gebiet des Streites, unseren Plaz ergriffen.

3. Folgt nun hieraus, daß Beziehung des Denkens auf das Sein die Bedingung alles Streites ist, und ist der Streit die eigenthümliche Form der eigentlichen Gesprächführung auf dem Gebiet des reinen Denkens, mithin die Voraussezung der Dialektik: so ist auch die Beziehung des Denkens auf das Sein Bedingung der Dialektik. So daß wir zu dem früheren (§. 1., 2.) hinzufügend sagen können, Denken gleichmäßig mit allen denkenden auf Sein beziehen wollen, Wissenwollen und im reinen Denken begriffen sein, dieses alles sei dasselbe, und das, worauf allein die Aufgabe der Dialektik sich bezieht. Sehen wir nun von hier aus noch einmal zurükk auf unsere Zusammenstellung der verschiedenen Formen des Denkens: so ergiebt sich, daß wir in dem Ausdrukk Denken für sich allein die Beziehung auf das Sein entweder gar nicht oder nur als eine unbestimmte gesezt

haben; und anders erscheint sie in dem reinen Denken, wo sie sich im Wissen verwirklicht, mithin in einer Beschaffenheit des Denkens, anders in dem geschäftlichen, wo sie sich mittelst des Thuns, also in einer Beschaffenheit des Seins, verwirklicht. Ob nun in dem künstlerischen Denken auch aber auf eine von diesen beiden verschiedene Weise eine Beziehung auf das Sein statt findet, oder ob sie dort überall nicht ist, diese Frage liegt außerhalb unserer Aufgabe, indem für uns diese Denkform schon durch die Unbestimmtheit dieses Punktes sich von den andern beiden hinreichend unterscheidet. So wie auch dieses noch dahin gestellt bleibt, ob unsere drei Formen einander so streng entgegengesezt sind, daß, wo die eine sich zeigt, nichts von der andern sein kann, oder ob an jedem Denkmoment, welcher wesentlich der einen Form angehört, doch auch eine Betheiligung der andern möglich ist. Denn es genügt uns vorläufig festzustellen, daß wenn irgend in einem geschäftlichen oder künstlerischen Denken etwas zugleich dem reinen Denken angehört, auf dieses auch die Dialektik ihre Anwendung finden wird, so wie umgekehrt, sofern an reinem Denken auch künstlerisches wäre oder geschäftliches, auf dieses nicht.

§. 4.

Das reine Denken hat in keinem denkenden Einzelwesen einen besonderen Anfang für sich, sondern es ist, ehe es zu einem gesonderten Dasein gelangt, in jedem einzelnen schon in und an dem andern Denken vorhanden.

Wenn in dem zweiten von den hier verbundenen Säzen geradehin behauptet wird, was wir so eben nur als möglich vorbehalten haben: so liegt der Grund davon in dem ersten Saz, welcher daher auch vorzüglich erörtert werden muß; indeß wird auch die eigentliche Bedeutung des zweiten noch genauer auseinander zu sezen sein.

1. Gesezt also das reine Denken nähme einen Anfang erst irgend wann, während die Denkthätigkeit überhaupt schon länger im Gange ist, und gleichviel ob sie ursprünglich anfinge in einem oder gleichzeitig in mehreren Einzelwesen: so müßte immer in diesen vorher nur, sei es nun viel oder wenig, aber nur geschäftliches oder künstlerisches Denken gewesen sein. Wenn aber auch wenig, soll doch nur irgend menschliches Verkehr auf diesen Gebieten bestanden haben: so ist auch bedes schon gesprochenes Denken gewesen. Soll nun das reine Denken, welches doch auch, wenngleich vom Bilden anfangend, wesentlich immer gesprochenes sein muß, ursprünglich entstehen: so kann es doch nur zu Stande kommen entweder vermittelst derselben Sprachelemente, die auch auf dem geschäftlichen und künstlerischen Gebiete schon im Gange sind, oder vermittelst ganz anderer. Läßt sich also nachweisen, daß keiner von beiden Fällen statt haben kann: so fällt damit auch die ganze Voraussezung über den Haufen, und es bleibt, wenn überhaupt reines Denken sein soll, nichts übrig als was wir bereits im zweiten Saz aufgestellt haben. Mithin müssen beide Fälle in dieser Beziehung geprüft werden. Nehmen wir nun zuerst an, zu dem eben entstehenden reinen Denken müßten lauter neue Sprachelemente verwendet werden: so müßte es dann auch in der Folge immer nur in solchen Säzen und Reihefolgen von Säzen zu finden sein, welche ausschließend aus solchen Sprachelementen beständen, die erst von einer gewissen Zeit an um des Wissens willen wären gebildet worden. Und wir wollen hiebei nicht allein auf dem Ton bestehen, wie es bei neuen Zusammensezungen der Fall ist, denn ursprüngliche Wörter werden nicht gebildet, oder auch bei Uebertragungen von Wörtern aus anderen Sprachen. Sondern auch das wollen wir als neue Sprachelemente gelten lassen, wenn jemand hergebrachten Wörtern und Redensarten, wie dem An sich und Für sich u. dgl., ganz neue Bedeutungen unterlegt. Nun giebt es dergleichen Elemente viele in jeder nur irgend

wissenschaftliches enthaltenden Sprache; aber sie bilden nirgend ein ganz für sich abgeschlossenes und vollständiges ganze, sondern erscheinen immer in den mannigfaltigsten Verbindungen mit solchen, die auch im gemeinen Gebrauch vorkommen. Mithin kann auch das reine Denken nicht in ihnen allein enthalten sein. Indessen, wollen wir auf diese, wiewol gewiß allgemein anzuerkennende, Thatsache noch kein entscheidendes Gewicht legen sondern die Möglichkeit der Sache für den Augenblikk zugeben: so könnte sie auf zweierlei Weise erfolgen. Entweder nämlich entsteht das reine Denken in und mit seiner eigenen Sprache gleichsam von selbst als eine naturgemäße innere Erschließung des Geistes, oder es ist gesucht worden und wird kunstmäßig gefunden. Dies zweite aber zeigt sich sogleich als unstatthaft. Denn das Suchen läßt sich auch nicht ungesprochen vorstellen, sondern innerlich wenigstens muß es gesprochen sein, weil jedes Wollen innerlich gesprochen wird. Und da das Suchen dem reinen Denken vorangehen soll: so müßte es sonach sich ausgesprochen haben in der gemeinen Sprache. Dann aber muß entweder das reine Denken überhaupt auflösbar sein in die gemeine Sprache, der Annahme gänzlich zuwider, oder das Suchen ginge uns verloren, weil keine Vergleichung möglich wäre zwischen dem gesuchten und dem, was uns während des Suchens im Denken wird. Also ohne Suchen und Methode müßte das reine Denken gleichviel ob plözlich oder allmählig als ein streng in sich abgeschlossenes entstehen. Aber ein gemeinsames könnte es auf diese Weise weder ursprünglich sein noch durch Mittheilung werden. Nicht durch Mittheilung werden, weil es andern, in denen es nicht eben so ursprünglich entstanden wäre, nur könnte verständlich und beifällig gemacht werden vermittelst der gemeinen Sprache. Dies aber würde gegen die Annahme streiten; denn könnte es in der gemeinen Sprache mitgetheilt werden: so müßte es in derselben auch haben ursprünglich entstehen können. Aber auch ursprünglich konnte es nicht als ein gemeinsames werden. Denn gesezt auch es entstände in mehreren gleichmäßig: so gäbe es doch für diese, wenn sie nicht auch gegen die Annahme zur gemeinen Sprache ihre Zuflucht nehmen sollen, kein Mittel sich zu versichren, ob sie auch wirklich dasselbe denken, oder ob ihre Töne zwar dieselben sind, der Sinn aber doch nicht. Was also übrig bliebe auf diesem Wege wäre nur, daß es in vielen oder wenigen einzelnen ein reines Denken gebe, abgesondert von allem andern Denken, aber in jedem auch nur mit einer auf ihn allein beschränkten Gewißheit, also nicht mehr nach unseren obigen Bestimmungen als ein solches, das in allen denkenden dasselbe sein und werden soll, sondern das reine Denken wäre ein seiner Natur nach ganz isolirt persönliches, welches freilich jedem für sich könnte völlig gewiß sein; aber jede Zusammenstimmung mehrerer einzelnen in einem und demselben reinen Denken wäre nur eine zufällige. — Gehen wir nun zu dem andern Falle über, das reine Denken nämlich entstehe eben so ursprünglich und als ein besonderes für sich, während das Denken überhaupt schon im Gange ist, aber doch in denselben Sprachelementen sich ausdrükkend: so ist leicht zu sehen, daß dieser zweite Fall sich doch auf den vorigen zurükkzieht. Denn die geforderte Sonderung zwischen dem früheren Denken und dem reinen, so daß dieses als ein neues und anderes einen eigenen Anfang nehme, kann doch unter dieser Bedingnng nur bestehen, wenn wenigstens die Gebrauchsweise derselben Elemente in dem neuen Denken eine gänzlich verschiedene ist von der bisherigen. Denn sonst könnte das reine Denken in seinen ursprünglichen Ausdrükken aus dem bisherigen Denken erklärt werden, mithin müßte es auch in und aus demselben haben entstehen können, und wäre dann nicht ein eigenes und abgesondertes für sich, sondern nur eine Fortsezung und weitere Entwikkelung des früheren. Bildet also auch jemand eine Darstellung des reinen Denkens, wie es Wissen sein oder werden will, aus einer Mischung von neuen Sprachelementen und neu gebrauchten mit schon üblichen in ihrer gewohnten Gebrauchsweise, wie dieses mit jeder Terminologie eines philosophischen Systems der Fall ist: so entspricht auch ein solches Verfahren nicht der Voraussezung, daß dieses Wissen sich aus einem eigenen Anfang mithin auch als ein in sich abgeschlossenes besondere entwikkle. Kommen aber auch die schon in Uebung gewesenen Sprachelemente durchaus nur in neuer Gebrauchsweise vor: so sind sie auch nur äußerlicher Weise dem Tone nach dieselben, mithin wird diese Selbigkeit etwas ganz zufälliges und bedeutungsloses, und der Fall geht gänzlich auf den ersten zurükk, daß das reine Denken als ein völlig abgesondertes auch nur in einer ihm gänzlich eigenen Sprache erscheinen könne, welche Voraussezung aber, wie wir gesehen, sich selbst aufhebt.

2. So wie wir uns also zuerst von der skeptischen Denkungsart losgesagt haben: so müssen wir uns nun auf dieselbe Weise, wenn unser Unternehmen seinen Fortgang haben soll, auch von diesem gänzlichen Isoliren des reinen Denkens lossagen, und dürfen uns in unserem weiteren Verfahren immer nur so auf dem zwischen diesen beiden Punkten liegenden Gebiet bewegen, daß wir außer Berührung mit denselben bleiben. Ueber die eigentliche Bedeutung dieser lezten Lossagung haben wir uns nun noch näher zu erklären; es ist aber darin vorzüglich zweierlei enthalten. Zuvörderst, in sofern alle solche Gegensäze, wie zwischen Erkenntniß und Vorstellung oder Wissen und Meinung, zwischen gemeinem Standpunkt und höherem Standpunkt, zwischen Speculation und Empirie, und wie sie sonst noch ausgedrükkt worden sein mögen, dahin gemeint sind, daß das eine Glied das übrige Denken insgesammt, das andere aber das reine Denken und eben dieses als ein so gänzlich von dem andern gesondertes und ihm schlechthin entgegengeseztes bezeichnen soll, welches gar nicht aus dem andern entwikkelt werden könne: so sagen wir uns von diesen Gegensäzen zunächst los, weil wir nach dem obigen keine Möglichkeit zu kunstmäßiger Gesprächführung sehen zwischen solchen, die jeder ganz außer der Sprache

des andern stehen. Denn zwischen solchen, in denen sich das Wissen zufälligerweise von selbst ganz auf gleiche Weise ausgedrükkt hätte, würde eigentliche Gesprächführung schwerlich statt finden; denken wir uns aber entweder zwei wissende, in denen sich aber das reine Denken verschieden ausgedrükkt hat, oder einen wissenden und einen, in dem das reine Denken sich erst entwikkeln soll: so besteht nach obigem zwischen beiden keine Sprachgemeinschaft. Wobei wir uns allerdings vorbehalten müssen in dem Gebiet des reinen Denkens, wie wir es in Zusammenhang mit dem übrigen sezen, dennoch untergeordnete Gegensäze nachzuweisen, und vielleicht auch sie mit ähnlichen Ausdrükken zu bezeichnen, wiewol dieselben sofern sie mehr bedeuten sollen abgewiesen worden sind. Zweitens aber sagen wir uns eben so von dem Verfahren aller derer los, welche, indem sie einen Inbegriff von Säzen aufstellen, der das wesentliche des Wissens so enthalten soll, daß das weitere sich daraus entwikkeln läßt, mögen sie ihn nun Wissenschaftslehre nennen oder Logik oder Metaphysik oder Naturphilosophie oder wie sonst immer, hiebei einen sogenannten Grundsaz an die Spize stellen als denjenigen, mit dem das Wissen nothwendig anfange, und der selbst schlechthin angenommen werden müsse. ohne schon in früher gedachtem enthalten gewesen zu sein oder daraus entwikkelt werden zu können. Denn alle diese befinden sich in demselben Fall, daß sie alles was von diesem Punkt ausgeht gänzlich und zwar als das reine Denken von allem übrigen isoliren, und ebenfalls so, daß das Gemeinsam werden desselben nur als etwas zufälliges betrachtet werden kann, und lediglich davon abhängt, ob andere bei den Ausdrükken jenes Sazes dasselbe denken, und ihn, so wie er mitgetheilt ist, als ihren eigenen nachbilden können. Sagen wir uns daher von der gänzlichen Isolirung des Wissens los: so können wir auch dieses Verfahren weder loben noch selbst nachahmen. Wir werden vielmehr behaupten müssen, daß solche Versuche sich mit gleichem Recht immer aufs neue wiederholen können, ohne daß die Lösung des Streites dadurch im geringsten weiter gedeiht, wenngleich jeder neue Versuch immer in der bestimmten Hoffnung unternommen wird, daß er allem Streit ein Ende machen werde. Wenn wir nur erwägen, wie solche Anfänge entstehen, in solchen einzelnen nämlich, die mehr oder weniger von allen früheren Versuchen dieser Art angeregt sind, also als Producte alles früheren in ihre eigenthümliche Persönlichkeit: so muß einleuchten, daß, wenn die Aufgabe ungehemmt in Anregung bleibt, immer mehrere und mehr von einander verschiedene Anfänge in den so bearbeiteten Denkern keimen müssen. In demselben Maaß aber als sich die empfängliche Masse unter diese vertheilen kann, muß auch der Einfluß, den die Anziehungskraft eines einzelnen auf seine Mitwelt ausüben kann, immer schwächer werden, so daß der spätere Meister bei ganz gleicher innerer Kraft sich doch nur einen kleineren Theil derer, die an der Sache theilnehmen, wird aneignen können, als ein früherer vermochte. Bedenken wir nun noch, daß diese Anfänge, wenngleich aus dem tiefsten der Begeistung hervorgehend, doch ihrer Entstehungsart nach, da sie eigentlich um es herauszusagen Einfälle sind, sich ganz dem Gebiet des freien oder künstlerischen Denkens anschließen: so werden wir keinen großen Anstand nehmen dürfen zu erklären, daß die weiteren Entwikkelungen solcher Anfänge so betrachtet einen hohen Werth haben können als Kunstwerke, demohnerachtet aber eher geeignet sind Uebergänge zu bezeichnen aus dem künstlerischen Denken in das reine oder wenn man will aus der Poesie in die Philosophie, als daß sie für Darstellungen des Wissens selbst gelten dürften. Wobei sie allerdings in vollkommen gutem Recht sein können gegen Versuche anderer Art, die sich ihnen gegenüberstellen, und die nur als Uebergänge aus dem geschäftlichen Denken in das reine anzusehen sind.

3. Was wir nun aber an die Stelle jener Isolirung des reinen Denkens sezen wollen und wie dies zu verstehen sei, daß es früher in den beiden andern Richtungen des Denkens mit

enthalten ist, als es allein aufzutreten vermag, das bleibt nun noch näher zu erklären. Wir gehen nämlich davon aus, daß die drei Richtungen des Denkens gleich ursprünglich sind, weil alle dreie dem Leben des Menschen wesentlich, daß sie sich aber erst allmählig bestimmt von einander scheiden, so jedoch, daß sobald wir je zwei derselben von einander unterscheiden können wir auch die dritte an ihnen und mit ihnen finden. In den ersten menschlichen Zuständen sind die Keime, daß ich so sage, zu diesen drei Richtungen so chaotisch in einander, daß uns eben deshalb diese Zustände in ihrer Verworrenheit noch an die Bewußtlosigkeit zu grenzen scheinen. Sobald aber die Empfindungs- und Begehrungszustände einen begleitenden Ausdrukk gewinnen, der uns, gleichviel jezt ob mit Recht oder Unrecht, nicht mehr als eine rein mechanische Rükkwirkung erscheint: so sezen wir voraus, daß diese Zustände vorgestellt werden, und dies schreiben wir dem geschäftlichen Denken zu, in sofern dieses die Verhältnisse zwischen dem Einzelwesen und seinen Umgebungen insgesammt ausdrükkt, sowol wie sie sind als wie sie angestrebt werden. Gleichlaufend hiermit wo wir ein Träumen voraussezen unabhängig von mechanischer Wirkung eines innern Empfindungszustandes, da würden wir die ersten Spuren der freien oder künstlerischen Richtung als ein inneres Bilden erkennen, wenn nur nicht der Traum als ein sich jedesmal von dem stätigen Verlauf des Denkens ausschließender Zustand auch von unserer Betrachtung ausgeschlossen bleiben müßte. Sobald nun aber, nachdem Schlaf und Wachen vollkommen auseinander getreten sind, auch im Wachen analoge Bilder und Vorstellungen entstehen, und von jenen andern, die auf festgehaltenen Sinneseindrükken beruhen, unterschieden werden, als nicht die Wirklichkeit des Seins zu ihrem Maaß habend: so sind diese in Wahrheit schon als das freie Bilden und Vorstellen gesezt, woraus sich weiterhin die Anfänge zu künstlerischen Hervorbringungen entwikkeln eben so wie in den andern schon die Elemente des geschäftlichen Denkens gesezt sind. Diese Unterscheidung aber beruht lediglich darauf, daß in den zulezt erwähnten immer zugleich schon Gegenstände fixirt werden, womit eben das freie Vorstellen nichts zu thun hat, vielmehr sich als eine Negation des Gegenstandsezens verhält und nie ein anderes als die vorstellende Thätigkeit selbst ankündigt. In dem Sezen der Gegenstände und des Vonaußenbestimmtseins aber ist schon eine Richtung auf das Wissen und auf das Bestimmen des Seins. Denn das eben beschriebene Interesse des Subjects hat es nur mit den Zuständen desselben zu thun, wie sie durch die momentanen Veränderungen des Außer ihm bestimmt werden. Daher wir zwar hernach, wenn wir dieses Interesse handhaben, wol das Dasein der Gegenstände voraussezen können, aber diese Thatsache des Bewußtseins, daß wir Gegenstände sezen, kann nicht in ihm ihren Ursprung haben. Eben so, wenn sich in dem freien Vorstellen das Bestimmtsein von außen verneint, wird nicht zugleich mit verneint, daß es mit denselben allgemeinen Gestalten behaftet und darunter befaßt sei, unter welchen auch Dinge gesezt werden; denn freie Bildungen, welche sich fern von diesem Gebiet halten, wie die verschiedenen Zusammensezungen von Mensch und Thier, die geflügelten Menschengestalten und dergleichen, so wie auf der andern Seite was wir mit dem Namen der Arabeske zu bezeichnen gewohnt sind, reihen wir noch näher an die träumerischen Spiele an. Der wahre Gehalt dieser Sonderung aber ist offenbar der, daß in jenen Thätigkeiten das freie Bilden dem reinen Denken verwandt gesezt ist, in diesen aber nicht. Ist nun das reine Denken seinem Keime nach schon in dem Sezen von Gegenständen oder Dingen: so können wir es auch schon auf das Suchen derselben zurükkführen, ich meine auf das willkührliche Umherschweifen des Auges, welches einestheils dem geschäftlichen Denken angehörig den Lichtreizen folgt, zugleich aber auch dem reinen angehörig das seiende begehrt. Und eben so, ist das reine Denken schon in dem Unterscheiden fantastischer

Bildungen des freien Vorstellens von den den bereits aufgenommenen freien Formen des Seins angemessenen freien Bildern: so ist es auch schon in dem auf dieselbe Weise zu Stande kommenden Festhalten der Wahrnehmung, welches auf der einen Seite dem freien Bilden angehörig diesem Elemente darbietet, auf der andern Seite aber von dem reinen Denken ausgehend sich zu den allgemeinen auf mannigfaltige Weise verschiebbaren Bildern steigert, welche wir auch Schemata nennen, und nach denen sich dann die einzelnen Wahrnehmungen gruppiren. In diesem Sinne behaupten wir, ohne durch das was hier nur beispielsweise aufgenommen ist etwas für die Folge erschleichen zu wollen, daß die Richtung des reinen Denkens sich schon in jenen frühen ungesonderten Zuständen offenbart, zu einer Zeit wo sie in vereinzelter Selbständigkeit noch nicht heraustreten kann, weil sie dem eigentlichen d. h. dem sich aussprechenden Denken noch vorangehn. Denn die Selbständigkeit des reinen Denkens ist an den Besiz der Sprache gebunden, und wenn sie sich hier zuerst vielleicht auf ausgezeichnete Weise in dem Gebrauch solcher allgemeinen Benennungen zeigt, welche nicht nach den Beziehungen der Dinge zu dem Menschen sondern nach deren inneren Verhältnissen unter sich eingerichtet sind: so sind dieses doch nur Fortentwikklungen jener früheren Momente. Will man also diesen Punkt übergehend erst weiterhin irgend einen Act als den Anfang des reinen Denkens sezen: so wird sich immer nachweisen lassen, daß dieser selbst schon auf früherem ruht, worin das reine Denken auch schon gewesen ist. Wir können mithin dieses nur auffassen als eine ursprüngliche sich fortschreitend in allem Denken realisirende Richtung. Und wie dasselbe in seinem ganzen Verlauf immer zugleich für die beiden anderen ist, als welche sich immer nur an den Resultaten des reinen Denkens fortentwikkeln: so ist es auch von Anfang an eben so in ihnen gewesen, wie es auch ursprünglich für sich war. Wie denn auch auf der andern Seite, nur daß diese Beziehungen hier nicht aufzunehmen und weiter durchzuführen sind, schon aus dem gesagten geahndet werden muß, daß in jedem Act des reinen Denkens auch die beiden andern Richtungen immer auf irgend eine Weise mitgesezt sind. Und wenn jezt nichts leichter ist, als in dem entwikkelten Zustand des Bewußtseins an jeder Thätigkeit zu unterscheiden, was der einen und was der andern Richtung des Denkens angehört: so tritt doch diese Bestimmtheit aus der Verworrenheit der frühesten Bewußtseinszustände nur so allmählig hervor, daß es nicht möglich ist zwei an einander liegende Momente nachzuweisen, in deren erstem das reine Denken noch nicht gewesen, in dem andern aber schon sei, mithin können wir immer nur von der Annahme ausgehen, daß das Wissenwollen schon in den ersten Lebensthätigkeiten des Menschen immer mitgesezt ist, wenngleich nur als ein kleinstes, und daß es sich stätig fortentwikkelt, ohne sich, ohnerachtet aller Veränderungen, die es durchgeht, jemals so loszureißen, daß irgend ein neuer Anfang alles frühere gleichsam ungeschehen machte und zerstörte.

§. 5.

Eine Anleitung von jedem Punkt aus, auf welchem wir uns im reinen Denken finden, den Streit aufzulösen mithin das Wissenwollen seinem Ziel zuzuführen, kann nur mit dem Versuch beginnen, wie aus dem Gehalt jeder reinen Denkthätigkeit ein außer dem Streit liegendes Denken entwikkelt und gesondert werden kann.

1. Vor der näheren Erörterung dieses Sazes muß erst ein Bedenken aus dem Wege geräumt werden, wozu vielleicht das früher gesagte die Veranlassung geben kann. Man könnte nämlich sagen, die Dialektik, wie wir sie §. 1. bestimmt haben, sei allerdings etwas sehr nüzliches und auf dem Gebiet des reinen Denkens in jedem einzelnen Falle, wenn ein Streit wirklich entsteht, wohl zu gebrauchen ja unentbehrlich; auch könne sie wol auf die hier

gestellte Voraussezung zurükkgehen, und sie irgendwie zum Grunde legen, nur streitfreies Denken selbst zu entwikkeln, das dürfe nicht ihre Sache sein, indem diese Aufgabe innerhalb des Gebietes des reinen Denkens selbst liege, die Dialektik aber, je nachdem man es nehmen wolle, dem geschäftlichen oder dem künstlerischen Denken angehöre, welche beide wir selbst von dem reinen gesondert hätten. Denn auf der einen Seite sei es ein Geschäft den Streit zu schlichten, mithin müßten auch alle dabei anzuwendenden Regeln die Natur des geschäftlichen Denkens an sich tragen. Auf der anderen Seite könne man sagen liege diesem Geschäft das Wohlgefallen an der zunehmenden Uebereinstimmung zum Grunde; sofern also die dialektischen Regeln allerdings auch aus dem Wesen dieses bestimmten Geschäftes zu nehmen wären, würden sie dem künstlerischen Denken anheimfallen. Denn die Schlichtung des Streites sei auch ein solcher momentaner Act, in welchem das Subject auf diese besondere Weise durch das Bewußtsein der wieder hergestellten Uebereinstimmung zeitlich erfüllt ist, und die dialektischen Regeln könnten gar wohl, wie andere technische Säze, auf guten Beobachtungen darüber beruhen, auf welchem Wege dieses Bewußtsein zu erreichen sei. Da aber nach §. 3. das reine Denken in der Beziehung auf das Sein zunächst sein Wesen hat: so könne streitfreies Denken in diesem Sinn zu entwikkeln niemals das Geschäft der Dialektik sein, die es nur mit den Verhältnissen der im Act des Denkens begriffenen denkenden Subjecte zu einander zu thun hat. — Beides nun, sowol daß die Schlichtung des Streites als ein Geschäft betrachtet werden kann, als auch daß die dialektisch bewirkte Uebereinstimmung ein Wohlgefallen erregt, welches dem an Kunstwerken ähnlich ist, hat eine untergeordnete Wahrheit. Aber es liegt darin nur die besondere Anwendung dessen auf die Dialektik, was wir schon für alles reine Denken beiläufig zugegeben haben, daß nämlich in demselben die beiden andern Richtungen immer zugleich mitgesezt sind. Denn denken wir uns eine Zusammenstellung von streitfreien reinen Denkthätigkeiten zu einem ganzen: so wird auch diese ein solches Wohlgefallen erregen, ohne daß daraus gefolgert werden dürfte, daß diese Denkthätigkeiten ihrem Gehalt nach betrachtet keine Beziehung auf das Sein hätten. Eben so könnte man jede Ausfüllung eines vorher nur im allgemeinen gesezten Ortes im Wissen, wie z. B. die ordnungsmäßige Zusammenstellung der verschiedenen Formen des irdischen Lebens, um so den Begriff des Lebens auszufüllen, als ein Geschäft ansehen. Mithin ließe sich auf dieselbe Weise jedes Verfahren im reinen Denken bei den andern beiden Formen unterstellen, woraus schon hervorgeht, daß die Einwendung zu viel beweiset; denn niemand, der nicht dem Skepticismus huldigt, wird sich dadurch abhalten lassen das reine Denken als eine dritte von jenen beiden verschiedene Richtung im Denken anzuerkennen. Wollen wir aber der Einwendung auch geradezu entgegentreten, um so der Dialektik ihren Ort im Gebiet des reinen Denkens und damit zugleich auch das Recht zu jenem Versuch zu sichern: so dürfen wir nur die Beschaffenheit des Geschäfts und der Verhältnisse der denkenden Einzelwesen, von denen hier die Rede sein kann, näher betrachten. Denn was das erste anlangt: so haben wir schon nachgewiesen, daß der Streit über das Denken nur geführt wird, sofern es auf das Sein bezogen werden soll. Muß also etwas in den dialektischen Regeln von dem Wesen des Geschäftes ausgehen: so muß eben dieses die Beziehung des Denkens auf das Sein betreffen. Die Abneigung dieses zuzugestehen und die Trennung dessen, was man im engern Sinne Logik nannte, von dem, was Metaphysik hieß, ist wesentlich eines und dasselbe. Die Logik in diesen Schranken folgerecht gehalten kann nur solche Regeln zum Verfahren im Denken hervorbringen, welche zu irgend welchem Inhalt desselben gar kein Verhältniß habem. Solche können dann nur die Form betreffen, und daher auch höchstens nur Mißverständnisse aufdekken, die auch von sellbst leicht zum Vorschein kommen; sie sind aber so weit entfernt zur Auflösung des eigentlichen Streites beizutragen, daß sie nicht einmal die Entstehung neuen Streitstoffes zu verhindern vermögen. Denn wenn der eine **A** mit **b** und der andere dasselbe **A** mit einem **b** ausschließenden **c** zusammendenkt, woraus nothwendig früher oder später Streit entstehen muß: so wird der Widerspruch nicht unmittelbar durch die Anwendung der logischen Regeln entdekkt, sondern erst wenn eine Veranlassung entsteht **b** und **c** auf einander zurükkzuführen. Daher versagen diese Regeln bei jedem ursprünglichen Zusammendenken ihren Dienst, und es bleibt kein anderes Fortschreiten im Denken übrig als von solchen Anfängen, die nicht nach diesen Regeln zu prüfen sind; das heißt, wir müssen uns mit den willkührlichen Anfängen in allen Gebieten des Wissens begnügen. Denn wollte man die Forderung dahin erweitern, daß nur solche Aussagen **Ab**, **Ac** mit einander in Verbindung gebracht werden dürften, in welchen das ausgesagte **b** und **c** unmittelbar auf einander zurükkgeführt werden könne: so hörten alle vermehrenden Fortschritte im Denken auf, und alles wäre nur Entwikklung eines willkührlich angefangenen und nicht zu prüfenden Denkens in und aus sich selbst oder mehrerer solcher unter sich nicht verbundener Denkacte, mithin bliebe jedes denkende Einzelwesen vollständig in seiner eigenen oder eines anderen, dem es sich angefügt hätte, Einzelheit befangen. Und auf diese Weise freilich könnte es dahin kommen, daß bei der Verschiedenheit mehrerer solcher ursprünglicher Grundgedanken die Wahl zwischen denselben eine Geschmakkssache würde, und das Wohlgefallen an der Uebereinstimmung ganz dem an einem Kunstwerk ähnlich würde, wie auch die Erfahrung es lehrt bei der Mehrheit philosophischer Schulen und von verschiedenen Grundannahmen ausgehender Systeme in andern Wissenschaften. Daher allerdings die beiden Theile der Einwendung unter sich zusammenhangen, aber nur an dem was daran falsch ist. Denn es verhält sich eben so, wenn wir den anderen Theil für sich betrachten. Fragen wir nämlich, von was für Verhältnissen der denkenden Einzelwesen die Rede sei bei der Gesprächführung im Gebiet des reinen Denkens: so sind es keinesweges solche, welche die Einzelheit derselben ausdrükken, vielmehr soll die Einwirkung von dieser im Gebiet des reinen Denkens so weit aufgehoben werden, daß sie sich nur in demjenigen zeigt, was der künstlerischen oder geschäftlichen Seite angehört. Denn beide haben und behalten ihren Antheil an den Zusammenstellungen des gedachten, welche theils für bestimmte Zwekke können eingerichtet werden, theils auch ganz die Natur von Kunstwerken an sich tragen; die Dialektik hingegen hat es mit der Berichtigung des einzelnen streitig werdenden Denkens zu thun; und sofern sie an diesem ihr Werk vollbringt, wird die Verschiedenheit der denkenden aufgehoben, indem das nach Auflösung des Streits in der Sprache festgewordene Denken nur die Selbigkeit des denkenden Seins in diesem Sprachkreise, und von da weiter, ausdrükkt. Mithin haben wir es hier auch gar nicht mit einem Erfülltsein des denkenden Einzelwesens als solchen in einem bestimmten Moment zu thun, indem das gewisse nothwendig auch ein unzeitliches wird, weil es in allen Momenten nur als dasselbe gesezt sein kann. Vielmehr ist das Wohlgefallen an jeder Uebereinstimmung im Gebiet des reinen Denkens nur die Freude an der Erscheinung der Selbigkeit des denkenden Seins, wobei dieses, ob die Uebereinstimmung in andern schon ist oder nicht, gar nicht in Betracht kommt. Wogegen bei jeder Uebereinstimmung in Geschmakkssachen allemal das Bewußtsein, daß andere anders empfinden, eine das Gepräge der Subjectivität an sich tragende verbindende Kraft äußert. Uebersieht man diesen Unterschied: dann freilich kann man dahin kommen auch die Dialektik nur für einen bestimmten Geschmakk einrichten zu wollen, dessen besonderes Princip sie dann an ihrer Spize trägt als einen Saz, den immer nur einige annehmen, während andere ihm einen andern entgegenstellen. Von beiden Seiten der aufgestellten

Einwendung aus kommen wir also dahin, daß unsere Aufgabe allen Einfluß der Besonderheit ausschließt, sowol wenn wir sie als Geschäft betrachten als auch wenn wir auf das der Lösung desselben anhaftende Wohlgefallen sehen. Mithin bleibt die Dialektik von Anfang bis zu Ende in dem Gebiet des reinen Denkens, und kann aus diesem Moment gegen den Versuch, womit sie anfangen muß, nichts eingewendet werden.

2. Aus dem gesagten folgt aber auch schon weiter, eben so wenig als sich das Wissen aus schlechthin neuen Anfängen entwikkeln kann, wie wir bereits gesehen, eben so wenig würden wir unser Ziel erreichen, wenn wir aus dem vorhandenen aber streitigen reinen Denken einzelne beliebige Säze als streitfreie herausheben und an die Spize stellen wollten, indem uns dieses nothwendig in das Gebiet der Besonderheit zurükkführen müßte. Denn wollten wir hiezu eine Methode suchen, und ohne diese wäre das Verfahren nur ein Einfall, d. h. das allerbesonderste: so werden wir zuerst doch feststellen, daß keiner einen Saz hiezu wählen wird, der ihm selbst schon streitig geworden wäre, oder auch den er im Zusammenhang mit streitigem Denken wüßte. Aber da auch ein anderer Anknüpfungspunkt sich nicht denken läßt: so folgt schon selbst, daß jede hieraus hervorgehende Wahl mit der besondern Denkgeschichte des wählenden zusammenhangen muß *).

---

*) Hier endigt, was Schl. selbst für den Drukk niedergeschrieben hat. Die Vorarbeit zu dieser Einleitung enthält §. 1. fast dasselbe, als oben die §§. 1. und 3., §. 3. fast dasselbe, als oben §. 2., §. 2. aber dieses,

§. 2. Die Kunst den Streit auf dem Gebiet des reinen Denkens zu beendigen, und die streitfreies Denken zu entwikkeln, sind nur eine und dieselbe, mithin ist die Dialektik auch die Anweisung zur lezten.

1. Wenn die Anweisung auf Beendigung des Streites durch Ermittelung eines in beiden Theilen übereinstimmenden Denkens auf entsprechende Weise gerichtet und als solche richtig ist, und es wird überall, wo Streit auf dem Gebiet des reinen Denkens entsteht, nach

ihr verfahren: so muß auf diesem Wege zulezt überall das Sein übereinstimmend gedacht werden, ohne daß es einer andern Anweisung als jener bedürfte, und unser Saz könnte nur bezweifelt werden, sofern es einem anderen Weg gäbe zum Wissen zu gelangen, als durch den Streit. Nun aber dürfen wir wol als allgemein zugestanden annehmen, daß niemand seine Denkthätigkeit im Gebiet des reinen Denkens mit dem Wisssen anfängt, es müßte denn jemand die mathematischen Operationen mit hiher rechnen. Allein diese schließen wir hier aus, ohne dadurch den Streit, der anderwärts darüber geführt worden ist, schlichten zu wollen. Nämlich wie wir uns über den Ausdrukk Denken verständigt haben, können wir zwar diese Operationen nicht vom Denken ausschließen: allein so wie jeder sie mit einer vollkommnen Gewißheit anfängt, bilden sie ein gänzlich in sich abgeschlossenes Gebiet, welches mit keinem anderweitig streitigen zusammenhängt, noch auf irgend einen anderwärts obwaltenden Streit Einfluß haben kann. Seine Gewißheit aber hat es darin, daß es ein Thun ist, und sie bezieht sich lediglich hierauf, indem das als Zeichen des Thuns gewordene Sein, die Figur oder der Calculus, als etwas völlig gleichgültiges bei Seite gestellt wird. Als ein solches abgesondertes Gebiet also steht es dem reinen auf das Sein sich beziehenden Denken eben sowol als dem geschäftlichen gegenüber; aber nicht wie das künstlerische als ein freies, sondern auch diesem gegenüber als ein durch die Art eines bestimmten Thuns gebundenes. Sobald es aus diesem heraustritt in allen seinen Anwendungen, erscheint es als dem geschäftlichen angehörig, wird sich aber auch in Bezug auf das Sein seiner Ungewißheit bewußt, indem es sich überall die Aufgabe stellt die Unsicherheit in die geringsten Grenzen einzuschließen. Dieses nun abgerechnet wird der aufgestellte Saz keinen Widerspruch finden. Entsteht aber alles streitfreie Denken aus dem Streit: so entsteht es gewiß auch nur aus der der Idee unserer Wissenschaft gemäßen Führung desselben.

2. Hieraus folgt aber zugleich, daß sich die Dialektik zunächst nur bewähren kann als eine gegebenes prüfende, oder kritische Anweisung, nicht als eine ursprünglich hervorbringende, oder didaktische. Um so gewisser ist sie eine Kunstlehre. Denn auf dem Gebiet der schönen Kunst finden wir überall dasselbe. Alle Anweisungen zur Erfindung in Mahlerei und Musik können immer nur Cautelen enthalten, Angaben dessen was vermieden werden soll; selbst die, welche einen positiven Inhalt zu haben scheinen, werden sich, wenn es irgend ein bestimmter ist, theils auf negative Säze zurükkführen lassen, theils wenigstens immer auf schon gemachte Operationen, welche also vorausgesezt werden, zurükkgehen. Bleiben wir nun aber dabei stehen, daß ehe irgendwo von Dialektik die Rede sein kann, schon Ergebnisse der ursprünglichen Productivität im Denken vorangegangen sein müssen, und wenden wir auch hiebei die Analogie der schönen Künste an: so eröffnet sich allerdings die Möglichkeit, daß jene freie Thätigkeit als ausgezeichnetes Talent oder Genie könne das rechte treffen, und so Wissen wirklich wer-

den vor unserer Anweisung dazu; eben wie es in den Künsten geht, wo auch die Theorie immer erst nachkommt hinter den Werken der Meister. Diese Möglichkeit wollen wir auch keinesweges bestreiten. Denn erneuern wir die obige Annahme, daß die drei Entstehungsweisen des Denkens streng genommen in jedem Menschen vorkommen, und jeder, dem eine von ihnen gänzlich fehlte, nur ein verstümmelter sein würde: so müssen wir auch zugleich eine Ungleichheit in der Wirksamkeit derselben mit annehmen, welche sich uns überall zeigt als ein wesentlicher Bestandtheil der wie auch immer gewordenen Ungleichheit der einzelnen selbst. Mithin wird auch die reine Denkthätigkeit in einigen ein kleinstes sein, in anderen aber ein größtes. In jenen wird dann wenig davon zu merken sein, daß gedachtes als bleibend an sich gewollt wird, sondern sie werden sich am gleichgültigsten verhalten gegen alles nicht geschäftliche oder nicht künstlerische Denken; die anderen hingegen werden nicht nur das meiste gedachte bleibend wollen, sondern auch Zusammenstimmung mit ihren Gedanken bei anderen zn erwekken streben. Allein gesezt auch, ihr Denken eines Seins wäre jedesmal ein Wissen vor aller Dialektik und gänzlich abgesehen von ihr, wie ja schon die ältesten Philosopheme sich immer dafür ausgeben: so war es doch nie ein streitfreies Denken, da es sich nicht mittheilen konnte ohne Zusammenhang mit früherem Denken, welches immer auch schon streitig war. Denn gesezt auch, die Grundgedanken einer solchen Reihe wären etwas ganz neues, mithin ohne Zusammenhang mit früherem Denken, wie manche neueren Philosopheme von sich behaupten: so können sie doch nur wirklich mitgetheilt werden durch schon im Umlauf sich findende Ausdrükke, immer also vermittelst Bejahens oder Verneinens dessen, was bisher bei diesen gedacht und entweder schon in das Gebiet des Streites hineingezogen war, oder nun hineingezogen wird. Ueber jeden solchen Grundgedanken also muß gestritten werden; und da er nur durch glükkliche Beendigung des Streites sich Anerkennung verschaffen kann: so ist diese entweder ein ganz zufälliges Ergebniß, oder sie beruht auf dem Vorhandensein und dem Gebrauch der Dialektik.

3. Wollen wir hierauf die Probe machen: so müßten wir versuchen zwischen diese beiden Fälle ein Mittelglied einzuschieben, so daß die Dialektik entbehrt werden könnte, und doch die Anerkennung nicht zufällig wäre. Deren sind aber nur zweie möglich; entweder die Anerkennung beruht auch darauf, daß eine Anweisung zu kunstmäßigem Verfahren befolgt worden, nur nicht zu dem den Streit zu beendigen, oder es giebt Gedanken, welche sich eine allgemein als allgemein anerkannte Anerkennung, welche eben deshalb nicht zufällig sein kann, von selbst verschaffen. Was das erste anbetrifft: so müßte das Wozu dieser Anweisung vor der Möglichkeit des Streites liegen, das heißt das Hervorbringen des Denkens selbst sein. Diese könnte aber keine unmittelbare werden unter der Formel, Verfahre im ursprünglichen Denken so: so wirst du mit allgemeiner Anerkennung denken; denn das Ent-

stehen eines Denkens außerhalb einer angefangenen Reihe ist unwillkührlich, innerhalb derselben aber nicht mehr in diesem Sinne ursprünglich, sondern entweder beruht es auf der wenngleich inneren und einsamen Gesprächführung, und geht also auf die Dialektik zurükk, oder es ist ein späteres Glied einer einfachen Fortschreitung. Dann aber wäre die Anweisung nur eine zum Weiterdenken und könnte der Aufgabe nur entsprechen, sofern das erste Glied schon ein allgemein anerkanntes wäre, was uns dann auf den zweiten Fall zurükkführte. Hier also bliebe nur die mittelbare Anweisung übrig. Auch dergleichen sind öfter gegeben worden; indeß, wenn man nicht etwa auch die Behauptung hieher rechnen will, daß der menschliche Geist die Wahrheit nur auf leidentliche Weise empfangen könne, wol immer nur in der Form, das Gemüth müsse in diesen oder jenen Zustand versezt werden, um so zu denken, daß es sich allgemeine Anerkennung verschaffe. Dergleichen Anweisungen aber, und auch in die vorige Behauptung verbirgt sich eine solche, können sich wegen der Ungleichheit der einzelnen, für welche derselbe Zustand ganz verschiedene Werthe hat, keine allgemeine Anerkennung verschaffen. Sonach bleibt nur der zweite Fall übrig. Und offenbar sind fast alle Anfänge philosophischer Systeme mit dem Anspruch aufgetreten solche Gedanken zu sein; aber keines von allen hat vermocht diesen Anspruch durchzusezen, und dies kann auch nicht anders sein. Denn wenn sie sich auf Sein beziehen: so ist entweder über denselben Gegenstand schon anderes gedacht, und der neue Grundgedanke mit diesem in Streit, wie fast immer die philosophischen Anfänge mit den volksthümlichen Vorstellungen; oder wenn auf dasselbe Sein noch kein Denken bezogen worden ist: so kann das neue sich auch nicht anders verständlich machen, als durch seine Beziehungen auf anderes schon gedachtes Sein. Hätte nun das neue auch aus diesem entwikkelt werden können: so wäre es nur zufällig ein ursprüngliches und nicht als solches zu behandeln; wo aber nicht: so müßte es auch mit demselben in Streit sein, und brächte also seine Anerkennung nicht mit. Wir gelangen daher zu keinem andern Ergebniß, als daß, nachdem der Zustand des Streites einmal vorhanden ist, das streitfreie Denken sich nur aus dem Streit und durch denselben entwikkelt.

4. Hiemit hängt aber unmittelbar zusammen, was eigentlich den Nerv unseres Sazes ausmacht, daß nämlich jeder Saz, der als ein Act der reinen Denkthätigkeit in der Richtung auf das Wissen vorkommt, auch schon im Streit begriffen und aus demselben hervorgegangen ist, und daß daher jeder solche um so mehr zur Entwikkelung streitfreien Denkens beiträgt, je mehr in ihm selbst und in der ganzen rükkwärts von ihm liegenden Reihe das kunstmäßige Verfahren, um den Streit zu beendigen, vorgewaltet hat. Es giebt also auch keinen Gedanken, mit welchem das Wissen beginnen könnte an und für sich, sondern nur sofern sich die Dialektik in ihm verwirklicht hat. Was aber ein solcher außerdem enthält, das kann zur Fortentwikkelung des Wissens nicht

nothwendig sein, sondern, wenn auch nicht schlechthin gleichgültig, so daß der Unterschied eines jeden von allen anderen in unserer Beziehung Null wäre, so verhält sich doch jeder zu jedem nur wie leichter und schwerer oder wie mehr und minder bequem.

5. Das leztere gilt nun besonders von solchen Säzen, welche ein philosophisches System beginnen, das eine Wissenschaft des Wissens aufzustellen bestimmt ist. Denn so lange dergleichen mehrere nicht übereinstimmende neben einander bestehen, liegen sie in dem Gebiete des Streites, indem wer das eine annimmt die anderen verwerfen muß; aber als Anfänge lassen sie nicht zu rükkwärts zu gehen, um zu untersuchen, wiefern durch ihre Aufstellung im Vergleich mit früherem etwas geschehen sei, um das Gebiet des Streites zu beschränken, und es bleibt nur ihr streitiger Inhalt selbst zurükk, der sich in allem folgenden wiederholen muß. Man betrachte nur beispielsweise den Anfang der Ethik des Spinoza: so ist zuerst nicht einzusehen, warum die Begriffe Wesen Dasein und Natur weniger einiger Erklärung bedürften, als der Begriff der Substanz. Aber in der Erklärung des lezteren ist gleich das Insichsein ein Ausdrukk, welcher zurükkgewiesen werden kann, da In ein Verhältniß bezeichnet, irgend etwas aber zu sich selbst nicht kann in einem Verhältniß stehen, so daß dies eine leere Position ist, welches aus demselben Grunde auch von der causa sui gilt. Auch möchte von dem Ausdrukk Natur schwerlich eine Erklärung aufgestellt werden können, welche auch nur die Möglichkeit übrig ließe, daß etwas als Natur gedachtes auch nicht existiren könnte (denn ein Centaur etwa oder eine Feye werden nicht als Natur vorgestellt); und dann ist auch dieser Theil der Erklärung ein leerer Saz. Auf eine andere Weise ist gefehlt in der Erklärung der Substanz, in welcher das Insichsein und Durchsichbegriffenwerden verknüpft wird, aber ohne nachzuweisen, wie das eine durch das andre bedingt wäre. Aus der Erklärung selbst entstehen mir also als mögliche die Vorstellung von einem insichseienden, das aber nicht durch sich begriffen würde, und von einem durchsichbegriffenen, das aber nicht in sich ist; und indem nicht gesagt wird, wie sich diese zur Substanz verhalten: so ist auch dieser Begriff nicht erklärt. Wenn nun aber der Ausdrukk Gott erklärt wird als das absolut unendliche seiende, oder die Substanz aus unendlichen Attributen: so ist dies eine dort ganz willkührlich gebildete Vorstellung, und aus dem Saz, daß es zur Natur der Substanz gehöre zu existiren, kann nicht geschlossen werden, daß auch jede willkührlich gebildete Substanz existire. Darum wird auch hernach der Saz zu Hülfe genommen, daß eine seine Existenz verhindernde Ursache da sein müßte, und das ganze Gebäude beruht, so wie es hier aufgeführt ist, auf dem Kanon, daß jede willkührlich gebildete Vorstellung auch für wahr zu achten ist, wenn nicht eine verhindernde Ursache nachgewiesen werden kann; ein Kanon, den man offenbar ohne in die größte Verwirrung zu gerathen nicht annehmen kann. Nehmen wir nun dazu, daß was hier von Gott

gesagt ist anderwärts theils zugegeben wird, nämlich daß er nothwendig existirt, anderentheils aber geleugnet, nämlich daß er nicht andere Substanzen hervorgebracht habe, und daß eben da der Begriff zwar auf dieselbe Weise bestimmt wird, wie hier, nämlich daß Gott alle Wesenheit zukomme, unter dieser aber freilich anderes gedacht, als hier, und was hier ein Attribut ist, nämlich die Ausdehnung, dort als eine Negation betrachtet wird; nimmt man alles dieses zusammen: so muß zugegeben werden, daß durch dieses Verfahren kein Fortschritt zur Beilegung des Streites gemacht sei, sondern daß wir uns vermittelst desselben nur wieder in dem Zustand des streitigen Gesprächführens auf dem Gebiet des reinen Denkens befinden. Daher scheint es nun ziemlich nahe zu liegen, daß man versuche den entgegengesezten Weg einzuschlagen. Nämlich statt eine Wissenschaft des Wissens aufzustellen in der Hoffnung, dadurch von selbst dem Streite ein Ende zu machen, gelte es nun eine Kunstlehre des Streitens aufzustellen in der Hoffnung, dadurch von selbst auf gemeinschaftliche Ausgangspunkte für das Wissen zu kommen. Ein Standpunkt, von welchem aus allerdings die alte Philosophie schon einmal ihren Lauf begonnen hat, den sie aber zu zeitig scheint verlassen zu haben; wie denn der menschliche Wille sehr leicht auf jedem Gebiet, wo es etwas zu wagen giebt aber auch zu gewinnen, das sichrere aber minder scheinbare aufgiebt gegen das glänzendere wiewol unsichrere. Und alle diese Versuche das Wissen als System darzustellen treiben ihr Geschäft durch Wagesäze, und wollen auf solchem Wege ein stabiles Wissen erwerben, das man am Ende auch wol ohne Liebe muß besizen können, lieber, als daß sie sich mit dem begnügen, was in der ursprünglichen Bezeichnung dieser Thätigkeit als Wissensliebe ausgesprochen ist, welcher Ausdrukk hingegen auf unserem Standpunkt vollkommen einheimisch. Denn die angestrebte Kunstlehre kann keinen andern Ausgangspunkt haben, als das Wissenwollen, weil dieses unfehlbar zuerst denen gemeinsam ist, welche auf unserem Gebiete Streit führen, daß sie wissen wollen.

Ein die bisher gegebenen §§. kurz andeutendes Blatt giebt noch

§. 6. Die Gesammtaufgabe der Dialektik zerfällt in die beiden, zu wissen, was in jedem reinen Denken lediglich vermöge des Wissenwollens ist, und zu zeigen, wie von jedem Punkt aus in der Annäherung zum Wissen fortgeschritten werden kann.

wozu auch dieses gehört, was ein ihm anliegender Zettel anmerkt

Sie muß zurükkgehen auf das, was jeder, der das Wissen will, in Bezug auf das Denken voraussezen muß, und dies ist ihr regressiver (transcendenter) Theil. Dann aber hat sie das Denken als solches, an der Form des Denkens die Beschaffenheit des streitfreien aufzustellen, und das ist ihr formaler Theil.

Ein anderes enthält

Einleitung. Hier ist der erste Hauptpunkt Definition von Dialektik und Umfang so wie Vollendung.

Das zweite ist Bestimmung des Gebietes des reinen Denkens.

Das dritte ist die gegenseitige Ableitung des transcendentalen und formellen.

Das historische gedenke ich sehr untergeordnet zu behandeln, (Plat. Aristot., am liebsten ungenannt, Skeptik. und Dogmat. rc.) wahrscheinlich nur als Anmerkung. Ueberhaupt wenig Hauptsäze, wenigstens in der Einleitung und im transcendentalen Theil.

Hätte also Schl. seine Einleitung vollendet: so würde er wahrscheinlich an §. 5. noch das herangebracht haben, was er aus §. 2. der Vorarbeit noch nicht aufgenommen hatte, wie denn darauf die begonnene zweite Unterabtheilung des §. 5. ihren Anlauf zu nehmen scheint. Wie er weiter gegangen sein würde, um §. 6. einzuleiten, und was er diesem als Erläuterung würde mitgegeben haben, das mag sich jeder denken auf seine Weise; aber das ist deutlich, einerseits daß kein Anlauf hervortritt zu irgend etwas, das im wesentlichen nicht hier oder da auch der Text zusammengenommen mit den andern Beilagen schon enthielte, andrerseits daß nichts den früheren einleitenden Darstellungen wesentliches hier vermißt wird. Woraus wol mit Recht der Schluß zu ziehen ist, daß durch den Tod des geliebten Lehrers der Dialektik desselben schwerlich ein anderes Mißgeschikk erwachsen ist, als das für sie freilich mehr als für irgend eine andere Disciplin zu beklagende, daß sie der Form nach auch die künstlerische Vollendung nicht erhalten hat, die, wie wir aus der lezten Beilage sehen, der Verfasser auch als Greis ihr wohl noch hätte geben können. Möge nur der Schmerz über das, was wir vermissen, uns die Freude nicht verkümmern an dem, was wir haben! —

FSC
www.fsc.org
MIX
Papier | Fördert
gute Waldnutzung
FSC® C083411

Kolibri 360 GmbH
Ferdinand-Jühlke-Straße 7
99095 Erfurt, Deutschland
produktsicherheit@kolibri360.de